学习资源展示

课堂案例·课堂练习·课后习题

课堂案例：科技苑　所在页：46页
学习目标：掌握After Effects CC的基本工作流程

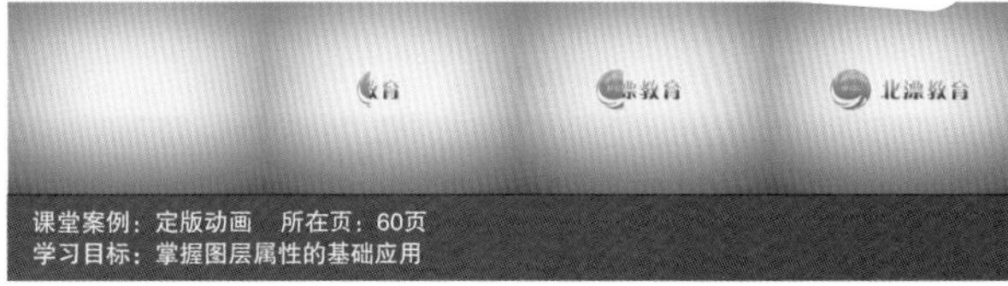

课堂案例：定版动画　所在页：60页
学习目标：掌握图层属性的基础应用

课堂案例：踏行天际　所在页：63页
学习目标：掌握父子关系的具体应用

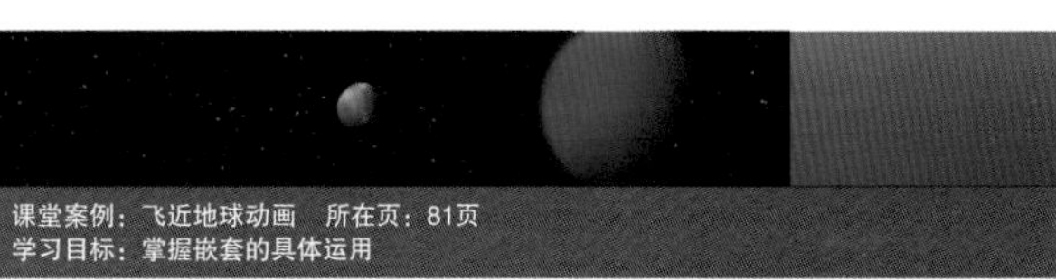

课堂案例：飞近地球动画　所在页：81页
学习目标：掌握嵌套的具体运用

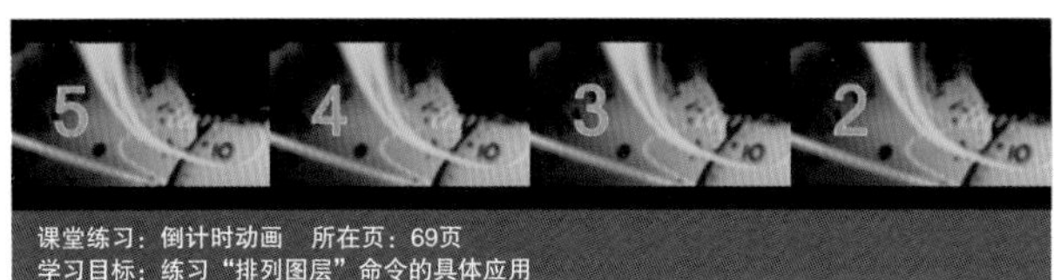

课堂练习：倒计时动画　所在页：69页
学习目标：练习“排列图层”命令的具体应用

课后习题：镜头的溶解过渡　所在页：70页
学习目标：巩固“排列图层”命令的具体应用

课堂案例：标版动画　所在页：72页
学习目标：掌握图层、关键帧等常用制作技术

课堂案例：流动的云彩　所在页：79页
学习目标：掌握变速剪辑的具体应用

课堂练习：定版放射光线　所在页：84页
学习目标：练习关键帧及Shine（扫光）滤镜的应用

课后习题：融合文字动画　所在页：84页
学习目标：学习关键帧动画及“毛边”等滤镜的应用

课堂案例：蒙版动画　所在页：94页
学习目标：掌握蒙版动画的应用

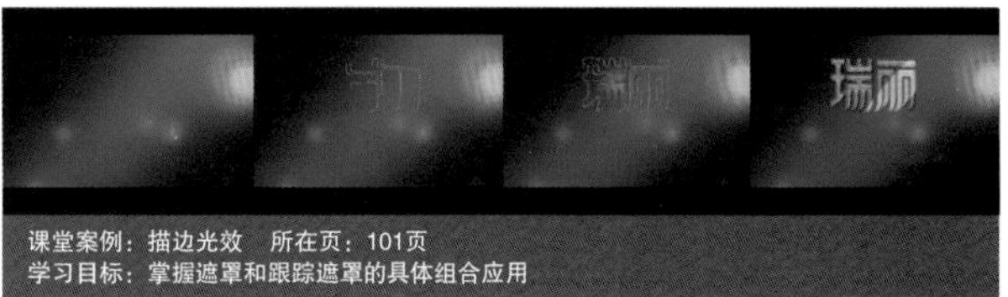

课堂案例：描边光效　所在页：101页
学习目标：掌握遮罩和跟踪遮罩的具体组合应用

课堂练习：跟踪遮罩的应用　所在页：105页
学习目标：练习跟踪遮罩的应用

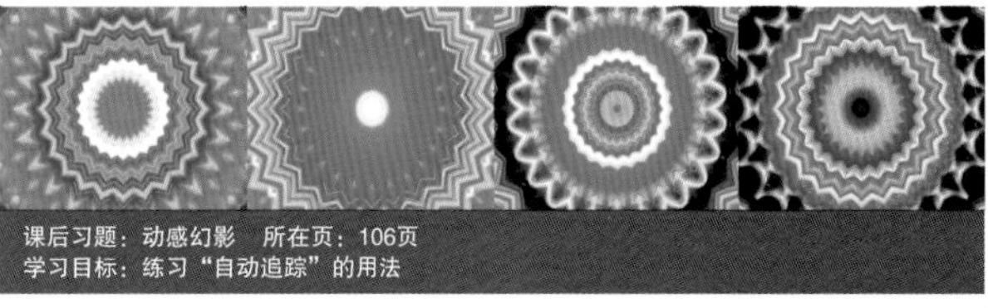

课后习题：动感幻影　所在页：106页
学习目标：练习“自动追踪”的用法

课堂案例：画笔变形　所在页：108页
学习目标：掌握画笔工具的使用方法

课堂练习：阵列动画　所在页：122页
学习目标：练习形状属性的组合使用

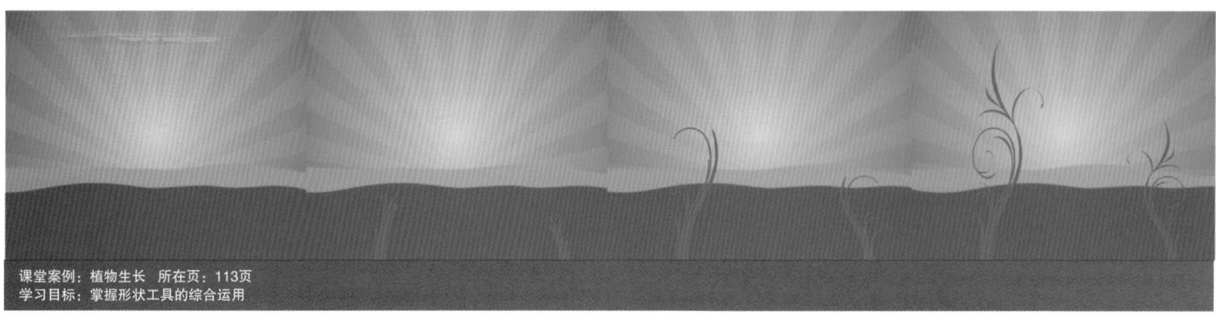

课堂案例：植物生长　所在页：113页
学习目标：掌握形状工具的综合运用

课后习题：克隆虾动画　所在页：122页
学习目标：练习“仿制图章工具”的使用方法

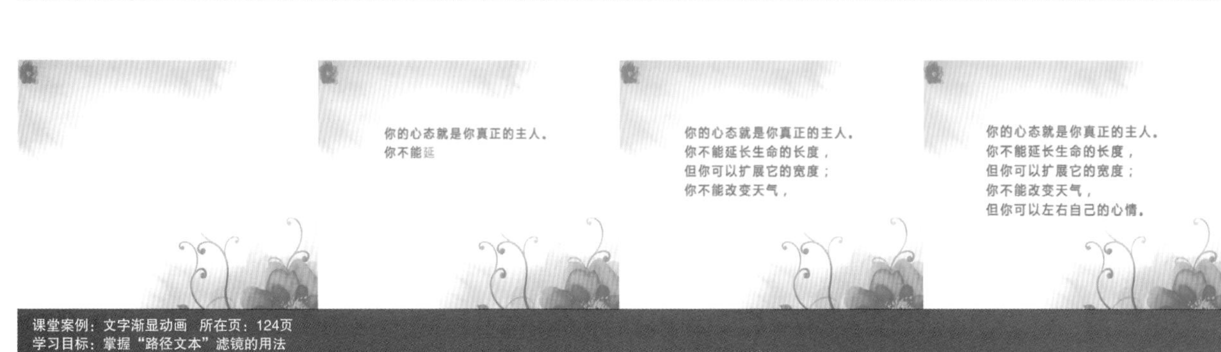

课堂案例：文字渐显动画　所在页：124页
学习目标：掌握“路径文本”滤镜的用法

课堂案例：文字键入动画　所在页：132页
学习目标：掌握文字动画及特效技术综合运用

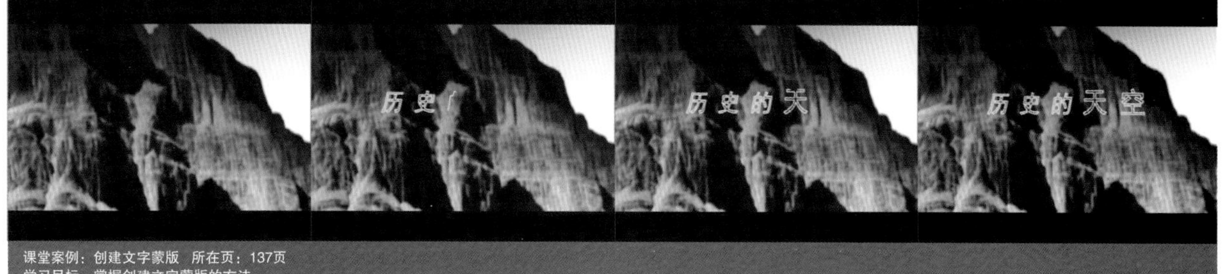

课堂案例：创建文字蒙版　所在页：137页
学习目标：掌握创建文字蒙版的方法

课堂练习：路径文字动画　所在页：139页
学习目标：练习“路径文本”滤镜的用法

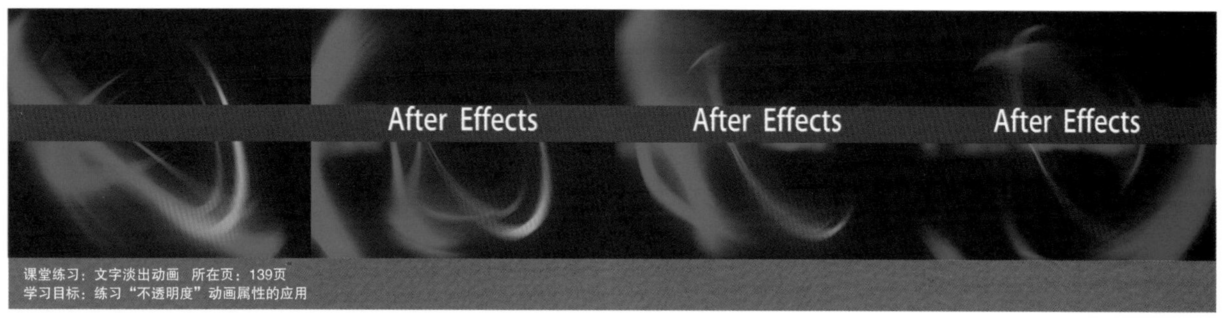

课堂练习：文字淡出动画　所在页：139页
学习目标：练习“不透明度”动画属性的应用

课后习题：逐字动画　所在页：140页
学习目标：练习目标“源文字”的具体应用

课后习题：创建文字形状轮廓　所在页：140页
学习目标：练习创建文字形状的方法

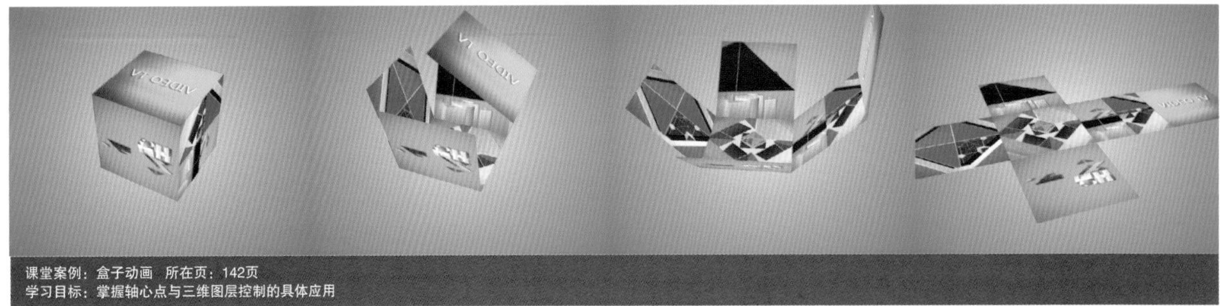

课堂案例：盒子动画　所在页：142页
学习目标：掌握轴心点与三维图层控制的具体应用

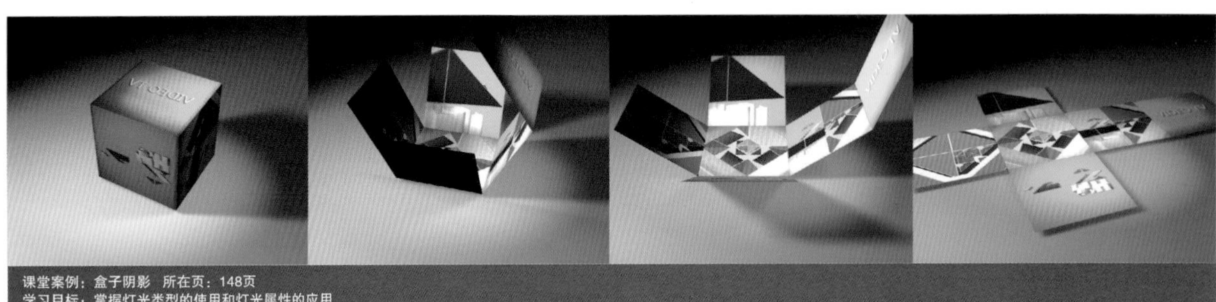

课堂案例：盒子阴影　所在页：148页
学习目标：掌握灯光类型的使用和灯光属性的应用

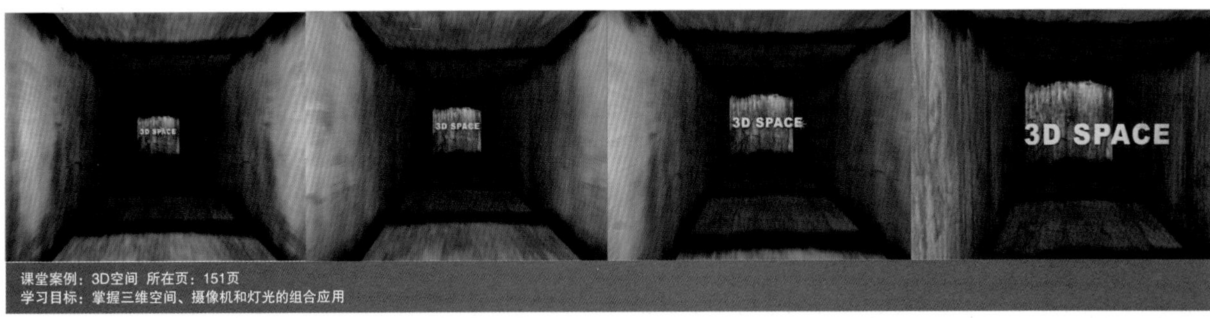

课堂案例：3D空间　所在页：151页
学习目标：掌握三维空间、摄像机和灯光的组合应用

课堂练习：翻书动画　所在页：157页
学习目标：练习三维技术综合运用

课后习题：文字动画　所在页：158页
学习目标：练习三维摄像机的运用

课堂案例：三维立体文字 所在页：163页
学习目标：掌握色彩修正技术综合运用

课堂案例：电影风格的校色 所在页：168页
学习目标：掌握色彩修正技术综合运用

课堂练习：季节更换 所在页：173页
学习目标：练习“色相/饱和度”滤镜的用法

课堂练习：色彩平衡滤镜的应用 所在页：174页
学习目标：练习“颜色平衡”滤镜的用法

课后习题：三维素材后期处理 所在页：174页
学习目标：练习色彩修正技术综合运用

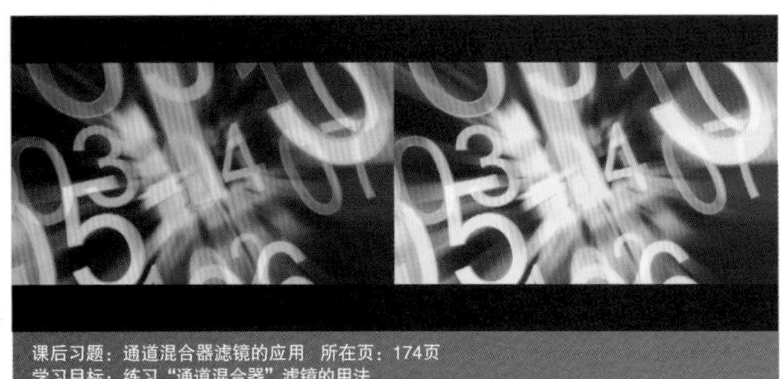

课后习题：通道混合器滤镜的应用 所在页：174页
学习目标：练习“通道混合器”滤镜的用法

课堂案例：虚拟演播室 所在页：184页
学习目标：掌握特技键控技术的综合运用

课堂案例：使用颜色差值键滤镜 所在页：176页
学习目标：掌握“颜色差值键”滤镜的用法

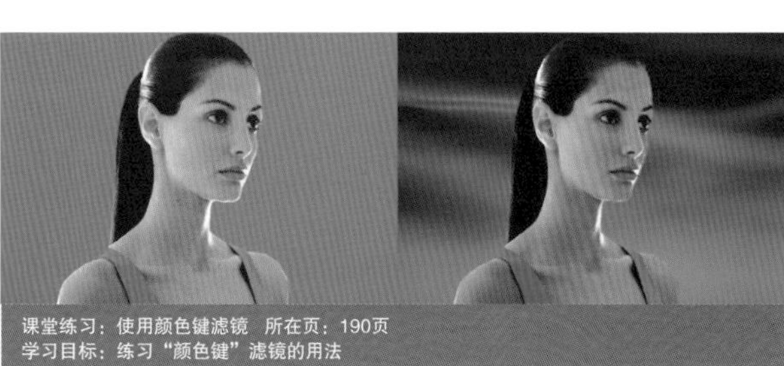

课堂练习：使用颜色键滤镜 所在页：190页
学习目标：练习“颜色键”滤镜的用法

课堂练习：抠取颜色接近的镜头　所在页：190页
学习目标：练习Keylight（1.2）滤镜的高级用法

课后习题：使用Keylight（1.2）滤镜快速键控　所在页：190页
学习目标：练习Keylight（1.2）滤镜的常规用法

课后习题：使用颜色范围滤镜　所在页：190页
学习目标：练习“颜色范围”滤镜的用法

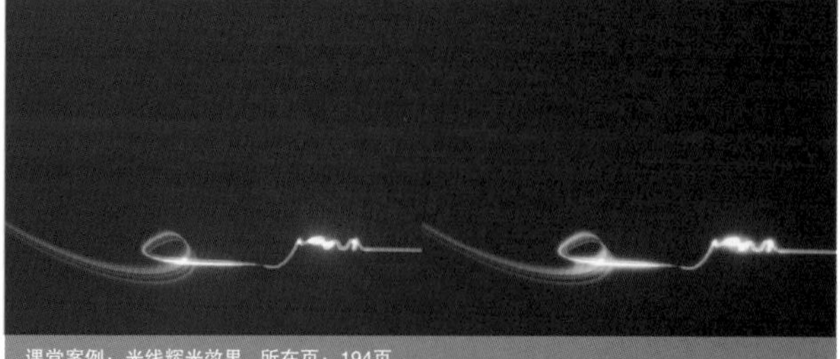

课堂案例：光线辉光效果　所在页：194页
学习目标：掌握“发光”滤镜的用法

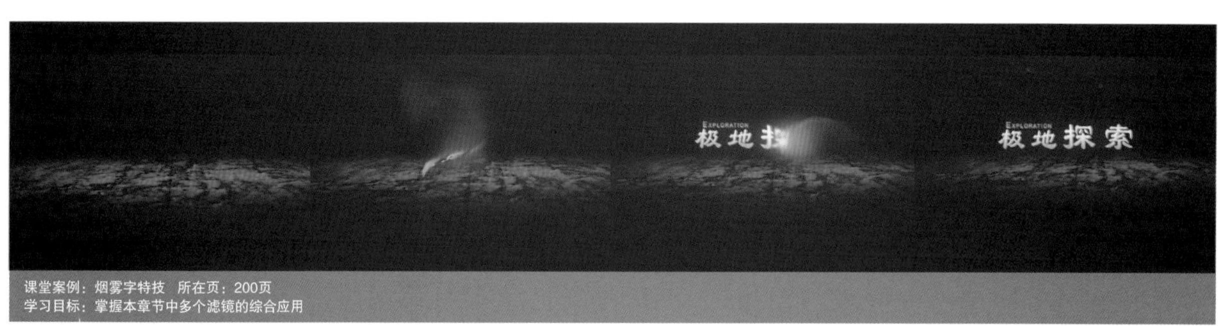

课堂案例：烟雾字特技　所在页：200页
学习目标：掌握本章节中多个滤镜的综合应用

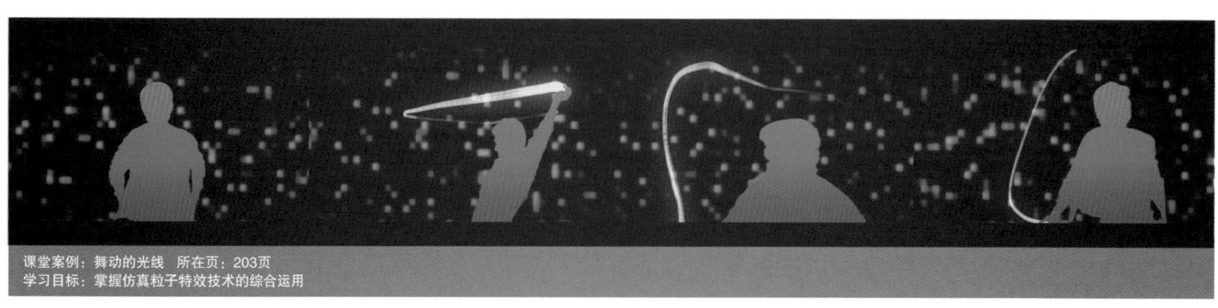

课堂案例：舞动的光线　所在页：203页
学习目标：掌握仿真粒子特效技术的综合运用

课堂练习：镜头转场特技　所在页：220页
学习目标：练习“块融合”滤镜的用法

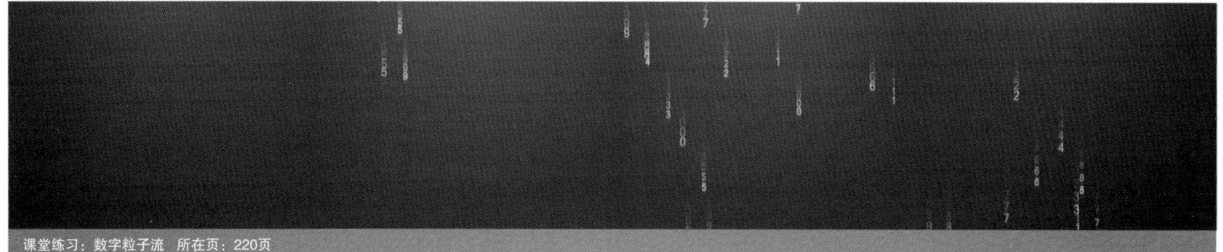

课堂练习：数字粒子流　所在页：220页
学习目标：练习“粒子动力场”的应用方法

课后习题：镜头模糊开场　所在页：220页
学习目标：练习“快速模糊”滤镜的用法

课后习题：卡片翻转转场特技　所在页：220页
学习目标：练习“卡片擦除”滤镜的用法

课堂案例：产品表现　所在页：222页
学习目标：掌握Light Factory（灯光工厂）滤镜的使用方法

课后习题：模拟日照　所在页：238页
学习目标：练习Optical Flare（光学耀斑）滤镜的使用方法

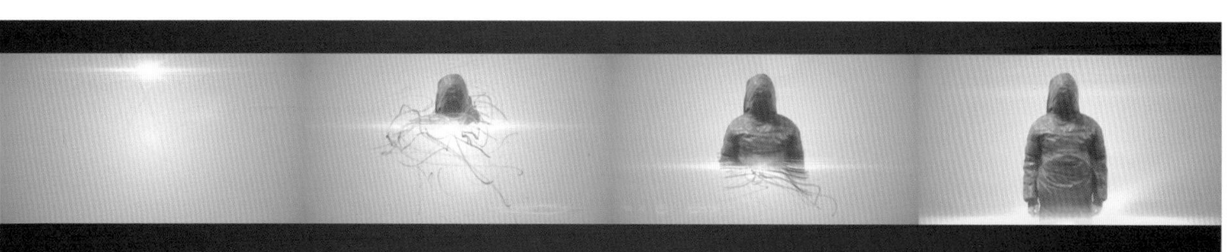

课堂案例：光闪特效　所在页：226页
学习目标：掌握各光效滤镜的综合运用

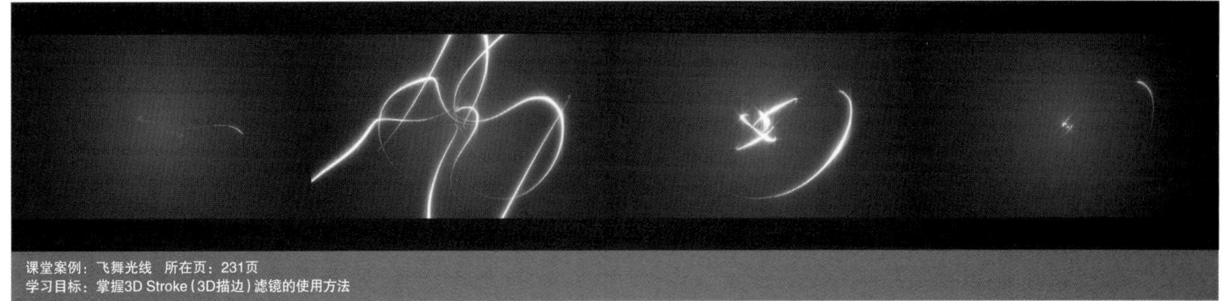
课堂案例：飞舞光线　所在页：231页
学习目标：掌握3D Stroke（3D描边）滤镜的使用方法

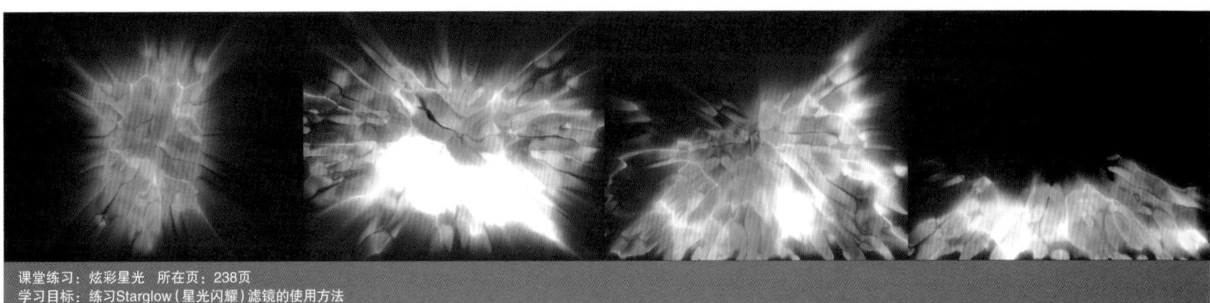
课堂练习：炫彩星光　所在页：238页
学习目标：练习Starglow（星光闪耀）滤镜的使用方法

商业制作实训：导视系统后期制作　所在页：240页
学习目标：掌握图层混合模式、Light Factory（灯光工厂）滤镜的高级应用

商业制作实训：电视频道ID演绎　所在页：250页
学习目标：掌握画面的色彩优化、画面视觉中心处理以及文字翻页动画等技术的应用

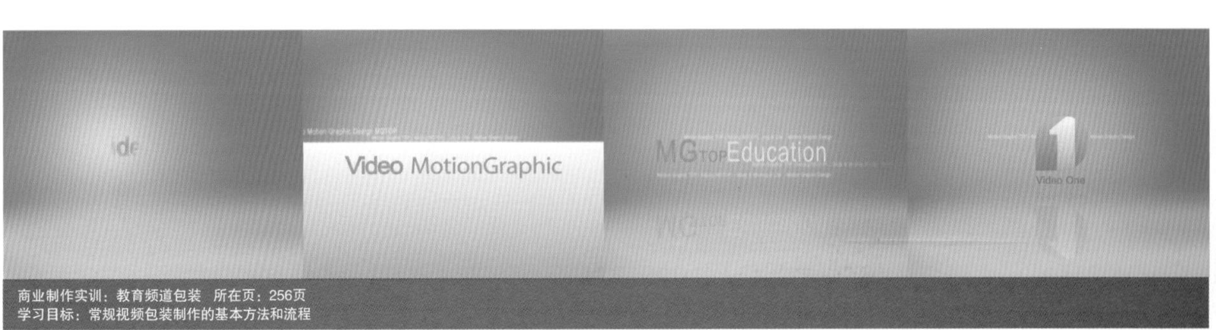

商业制作实训：教育频道包装　所在页：256页
学习目标：常规视频包装制作的基本方法和流程

中文版

After Effects CC
基础培训教程

时代印象 编著

人民邮电出版社
北京

图书在版编目（CIP）数据

中文版After Effects CC基础培训教程 / 时代印象编著. -- 北京 : 人民邮电出版社, 2017.5(2021.1重印)
ISBN 978-7-115-45160-6

Ⅰ. ①中… Ⅱ. ①时… Ⅲ. ①图象处理软件－教材
Ⅳ. ①TP391.413

中国版本图书馆CIP数据核字(2017)第056215号

内容提要

这是一本全面介绍 After Effects CC 基本功能及实际运用的书，内容包含 After Effects 的基本操作、图层、动画、绘画与形状、文字与文字动画、三维空间、色彩修正、抠像技术以及特效滤镜等方面的技术。本书主要针对零基础读者编写，是入门级读者快速、全面掌握 After Effects CC 的必备参考书。

本书内容均以课堂案例为主线，通过对各个案例的实际操作，读者可以快速上手，熟悉软件功能和制作思路。课堂练习和课后习题可以拓展读者的实际操作能力，提高读者的软件使用技巧。商业实例训练都是实际工作中经常会遇到的案例项目，既达到了强化训练的目的，又可以让读者了解实际工作中会做些什么，该做些什么。

本书附带下载资源，内容包括课堂案例、课堂练习及课后习题的项目文件、素材文件和多媒体教学视频以及与本书配套的 PPT 教学课件。读者可通过在线方式获取这些资源，具体方法请参看本书前言。

本书非常适合作为院校和培训机构艺术专业课程的教材，也可以作为 After Effects CC 自学人员的参考书。另外，请读者注意，本书使用的软件是中文版 After Effects CC 2015，插件有 Trapcode Particular V2.2.5、Trapcode Form V2.0.8、Trapcode Shine V1.6.4、Trapcode 3D Stroke V2.6.5、Trapcode Starglow V1.6.4、Knoll Light Factory V3.0.3、Video Copilot Optical Flares V1.3.5。

◆ 编　　著　时代印象
　责任编辑　张丹丹
　责任印制　陈　犇
◆ 人民邮电出版社出版发行　　北京市丰台区成寿寺路 11 号
　邮编 100164　　电子邮件 315@ptpress.com.cn
　网址 http://www.ptpress.com.cn
　固安县铭成印刷有限公司印刷
◆ 开本：787×1092　1/16
　印张：17　　　　　　　　彩插：4
　字数：510 千字　　　　　2017 年 5 月第 1 版
　印数：12 301－12 800 册　　2021 年 1 月河北第 13 次印刷

定价：49.80 元

读者服务热线：(010)81055410　印装质量热线：(010)81055316
反盗版热线：(010)81055315

前言

Adobe的After Effects是一款专业的高端视频特效合成软件。After Effects的强大功能使其从诞生以来就一直受到CG艺术家的喜爱，并被广泛应用于电影、电视、广告和动画等诸多领域。目前，我国很多院校和培训机构的艺术专业，都将After Effects作为一门重要的专业课程。为了帮助院校和培训机构的教师比较全面、系统地讲授这门课程，使读者能够熟练地使用After Effects CC进行图像、动画及各种特效的制作，我们组织经验丰富的专业人员共同编写了本书。

我们对本书的体系做了精心的设计，全书按照“课堂案例→软件功能解析→课堂练习→课后习题”这一思路进行编排，通过课堂案例演练使读者快速熟悉软件功能和设计思路，通过软件功能解析使读者深入学习软件功能，并通过课堂练习和课后习题拓展读者的实际操作能力。在内容编写方面，我们力求通俗易懂，细致全面；在文字叙述方面，我们注意言简意赅、突出重点；在案例选取方面，我们强调案例的针对性和实用性。

为了让读者学到更多的知识和技术，我们在编排本书的时候专门设计了“技巧与提示”，千万不要跳读这些知识点，它们会给您带来意外的惊喜。

为了方便读者学习，本书配备了书中所有课堂案例、课堂练习和课后习题的实例文件。同时，为了便于读者理解，本书还配备了所有案例的多媒体教学视频，这些视频均由专业人员录制，详细记录了每一个操作步骤。另外，为了方便教师教学，本书还配备了PPT课件等丰富的教学资源，以便任课教师使用。

本书的参考学时为50学时，其中讲授环节为30学时，实训环节为20学时，各章的参考学时如下表所示。

章	课程内容	学时分配	
		讲授	实训
第1章	图形、视频、音频格式以及学习该软件的一些建议	1	
第2章	After Effects CC的功能特点、工作界面和工作环境设置	2	
第3章	素材导入与管理、创建合成的方法、添加滤镜的方法、动画设置方法以及视频输出方法	1	1
第4章	图层的属性、图层的创建以及图层的操作方法	2	1
第5章	关键帧动画的原理和设置方法、曲线编辑器的用法、嵌套的概念和使用方法	2	2
第6章	图层叠加模式、蒙版的创建与修改、蒙版的属性与叠加模式以及蒙版动画制作	2	2
第7章	画笔工具、仿制图章工具、橡皮擦工具、形状工具以及钢笔工具的运用	2	1
第8章	文字的创建方法、文字属性、文字动画、文字蒙版以及文字形状轮廓的创建方法	2	2
第9章	三维空间的坐标系统及基本操作、灯光的属性与分类、摄像机的使用以及镜头运动	3	2
第10章	使用各种滤镜来进行色彩校正	2	1
第11章	使用各种滤镜来进行抠像处理	3	2
第12章	各种常用内置滤镜制作特效的方法	4	2
第13章	各种常用插件滤镜制作特效的方法	2	2
第14章	综合运用After Effects CC进行电视包装制作	2	2
学时总计		30	20

书中若存在错误和不妥之处，敬请广大读者批评指正。

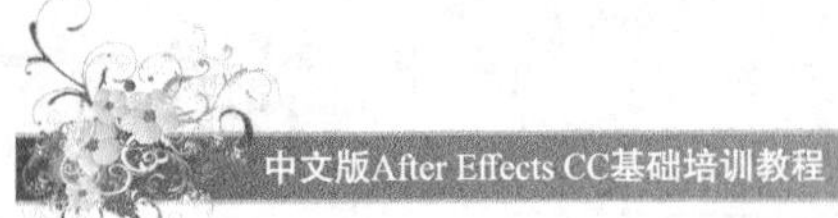

我们衷心地希望能够为广大读者提供力所能及的阅读服务，尽可能地帮读者解决一些实际问题，如果读者在学习过程中需要我们的支持，请通过以下方式与我们取得联系，我们将尽力解答。

售后服务

本书所有的学习资源文件均可在线下载（或在线观看视频教程），扫描右侧或封底的“资源下载”二维码，关注我们的微信公众号即可获得资源文件下载方式。资源下载过程中如有疑问，可通过邮箱szys@ptpress.com.cn与我们联系。在学习的过程中，如果遇到问题，也欢迎您与我们交流，我们将竭诚为您服务。

资源下载

时代印象

2017年3月

目录

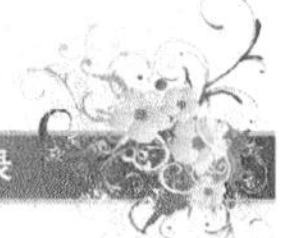

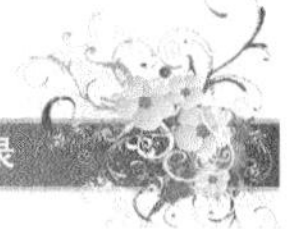

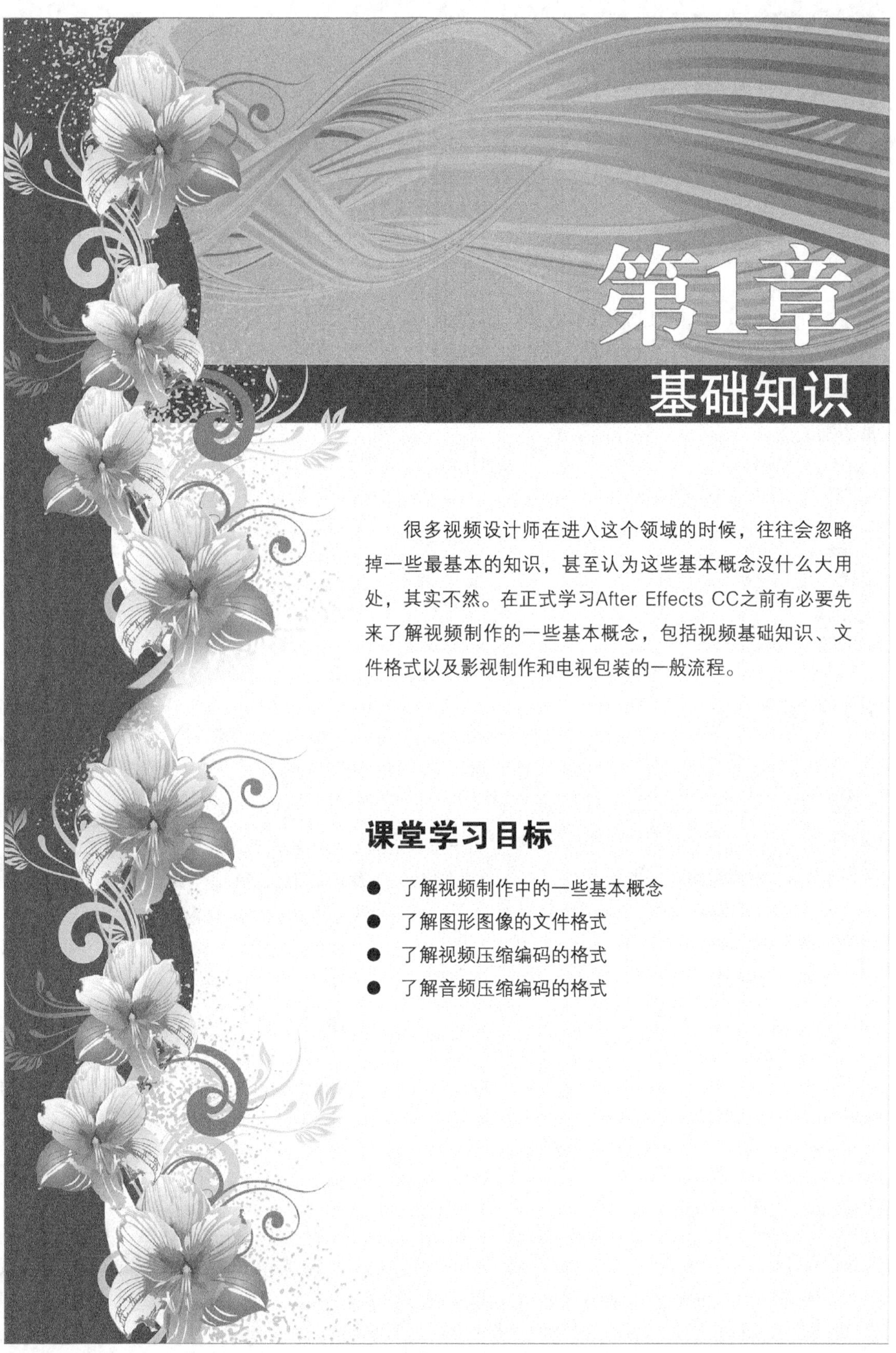

第1章 基础知识

很多视频设计师在进入这个领域的时候，往往会忽略掉一些最基本的知识，甚至认为这些基本概念没什么大用处，其实不然。在正式学习After Effects CC之前有必要先来了解视频制作的一些基本概念，包括视频基础知识、文件格式以及影视制作和电视包装的一般流程。

课堂学习目标

- 了解视频制作中的一些基本概念
- 了解图形图像的文件格式
- 了解视频压缩编码的格式
- 了解音频压缩编码的格式

1.1 视频基础知识

在影视制作中，由于不同硬件设备、平台和各种软件的组合使用以及不同视频标准的差别，引发的诸如"画面产生变形或抖动""视频分辨率和像素比不一致"等一系列问题，都会极大地影响画面的最终效果。

本节将针对影视制作中所涉及的基础知识做简要讲解，这些知识点虽然很枯燥，但是非常关键，对设计师来说都是非常重要并且必须深刻理解的概念。

本节知识点

名称	作用	重要程度
电视标准	了解电视的标准制式	高
逐行扫描	了解显示器的逐行扫描方式	中
隔行扫描	了解显示器的隔行扫描方式	中
分辨率	了解分辨率的含义	高
像素比	了解像素比的含义	中
帧速率	了解帧速率的含义	中
运动模糊	了解运动模糊的概念	中
帧混合	了解帧混合的含义	中
抗锯齿	了解抗锯齿的含义	中

1.1.1 数字化

关于数字化，这里不具体讲解其工作原理。用摄像机拍摄的素材不可能直接拿到电视上去播放，需要对拍摄的画面进行必要的剪辑与特效处理，而这些操作是无法直接通过摄像机来完成的。

将摄像机拍摄的素材采集到计算机硬盘中，通过非线性编辑软件对这些素材进行处理，将处理好的画面内容输出，最后在电视或相应的设备上播放，以上的过程就可以理解为数字化应用的过程。

数字化非线性编辑技术的应用，颠覆了传统工作流程中十分复杂的线性编辑技术和应用模式，极大提升了现代视频设计师创作的自由度和灵活度，同时也将视频制作水平提升到了一个新的层次。

1.1.2 电视标准

1.NTSC制

NTSC制（国家电视标准委员会，National Television Standards Committee的缩写）奠定了"标清"的基础。不过该制式从产生以来除了增加了色彩信号的新参数之外没有太大的变化，且信号不能直接兼容于计算机系统。

NTSC制式的电视播放标准有如下4点。

第1点：分辨率720像素×480像素。

第2点：画面的宽高比为4∶3。

第3点：每秒播放29.97帧（简化为30帧）。

第4点：扫描线数为525。

目前，美国、加拿大等大部分西半球国家以及日本、韩国、菲律宾等国家在使用该制式。

2.PAL制

PAL制式又称为帕尔制，由前联邦德国在NTSC制的基础上研制出来的一种改进方案，并克服了NTSC制对相位失真的敏感性。

PAL制式的电视播放标准有如下4点。

第1点：分辨率720像素×576像素。

第2点：画面的宽高比为4∶3。

第3点：每秒播放25帧。

第4点：扫描线数为625。

目前，中国、印度、巴基斯坦、新加坡、澳大利亚、新西兰以及一些西欧国家和地区在使用该制式。

3.SECAM制

SECAM制（法文Sequentiel Couleur A Memoire的缩写，意思是"按顺序传送彩色与存储"）又称塞康制，由法国研制，SECAM制式的特点是不怕干扰，彩色效果好，但兼容性差。

SECAM制式的电视播放标准有如下3点。

第1点：画面的宽高比为4∶3。

第2点：每秒可播放25帧。

第3点：扫描线数为819。

SECAM制式有3种形式：一是SECAM（SECAM-L），主要用在法国；二是SECAM-B/G，用在中东、德国东部和希腊；三是SECAM D/K，用在俄罗斯和西欧国家。

4.HD（HIGH DEFINITION）

通常把物理分辨率达到720P以上的格式称作为高清，即HD（High Definition的缩写）。所谓全高清（FullHD），是指物理分辨率高达1920×1080逐行扫描，即1080P，这是目前成熟应用的顶级高清规格。

HD的电视播放标准有如下4点。

第1点：分辨率1280像素×720像素或1920像素×1080像素。

第2点：画面的宽高比为16∶9。

第3点：每秒可播放23.98、24、25、29.97、30、50、59.94以及60帧。

第4点：HD既可以以隔行扫描的方式录制，也可以以逐行扫描的方式录制。

提示 至于选择使用哪一种扫描方式，主要取决于视频系统的用途。在电视的标准显示模式中，i表示隔行扫描，p表示逐行扫描。

1.1.3 逐行扫描与隔行扫描

通常显示器分隔行扫描和逐行扫描两种扫描方式。

逐行扫描相对于隔行扫描是一种先进的扫描方式，它是指显示屏显示图像进行扫描时，从屏幕左上角的第1行开始逐行进行，整个图像扫描一次完成。因此图像显示画面闪烁小，显示效果好，如图1-1所示。目前先进的显示器大都采用逐行扫描方式。

图1-1

隔行扫描就是每一帧被分割为两场，每一场包含了一帧中所有的奇数扫描行或者偶数扫描行，通常是先扫描奇数行得到第1场，然后扫描偶数行得到第2场。由于视觉暂留效应，人眼将会看到平滑的运动而不是闪动的半帧半帧的图像。但是这种方法造成了两幅图像显示的时间间隔比较大，从而导致图像画面闪烁较大，如图1-2所示。因此这种扫描方式较为落后，通常用在早期的显示产品中。

图1-2

1.1.4 分辨率

分辨率（Resolution，也称之为“解析度”）是指单位长度内包含的像素点的数量，它的单位通常为像素/英寸（ppi）。

由于屏幕上的点、线和面都是由像素组成的，因此显示器可显示的像素越多，画面就越精细，同样的屏幕区域内能显示的信息也就越多。以分辨率为720像素×576像素的屏幕来说，即每一条水平线上包含720个像素点，共有576条线，即扫描列数为720列，行数为576行。

分辨率不仅与显示尺寸有关，还受显像管点距、视频带宽等因素的影响。其中，分辨率和刷新频率的关系比较密切。当然，过大分辨率的图像在视频制作时会浪费掉很多的制作时间和计算机资源，过小分辨率的图像则会使图像在播放时清晰度不够。

在After Effects软件中，可以在新建合成面板中设置标准的PAL制式分辨率，如图1-3所示。

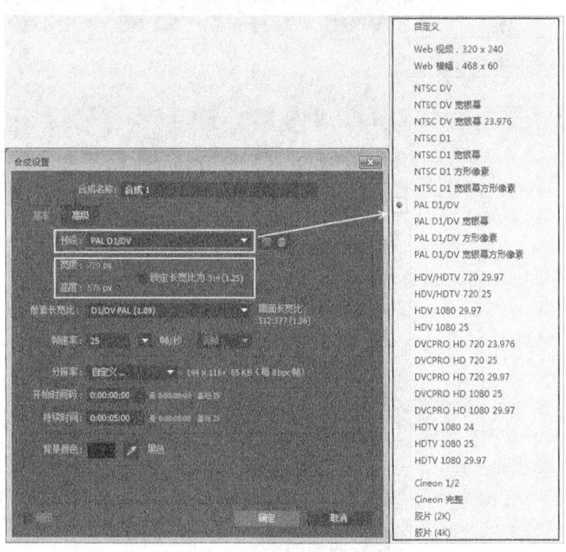

图1-3

1.1.5 像素比

像素比是指图像中的一个像素的宽度与高度的比。使用计算机图像软件制作生成的图像大多使用方形像素，即图像的像素比为1∶1，而电视设备所产生的视频图像，就不一定是1∶1。

PAL制式规定的画面宽高比为4∶3，分辨率为720像素×576像素。如果在像素为1∶1的情况下，可根据宽高比的定义来推算，PAL制图像分辨率应为768像素×576像素。而实际PAL制的分辨率为720像素×576像素，因此，实际PAL制图像的像素比是768∶720=16∶15=1.07。即通过将正方形像素“拉长”的方法，保证了画面4∶3的宽高比例。

在After Effects软件中，可以在新建合成的面板中设置画面的像素比，如图1-4所示。或者在项目窗口中，选择相应的素材，按快捷键Ctrl+Alt+G，打开素材属性设置面板，对素材的像素比进行设置，如图1-5所示。

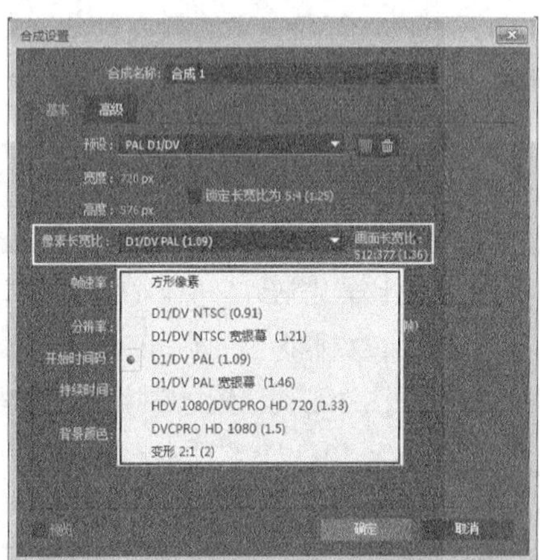

图1-4

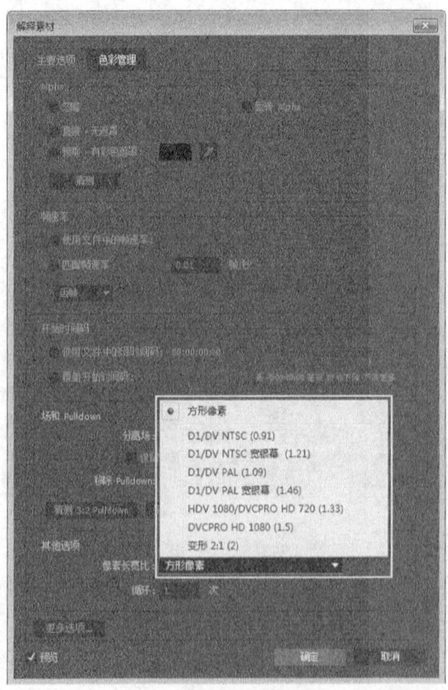

图1-5

1.1.6 帧速率

帧速率就是FPS（Frames Per Second的缩写），即帧/秒，是指每秒可以刷新的图片的数量，或者理解为每秒钟可以播放多少张图片。

帧速率越高，每秒所显示的图片数量就越多，画面越流畅，视频的品质也越高，当然也会占用更多的带宽。当然，过少的帧速率会使画面播放不流畅，从而产生“跳跃”现象。

在After Effects软件中，可以在新建合成面板中设置画面的帧速率，如图1-6所示。当然也可以在素材属性设置面板进行自定义设置，如图1-7所示。

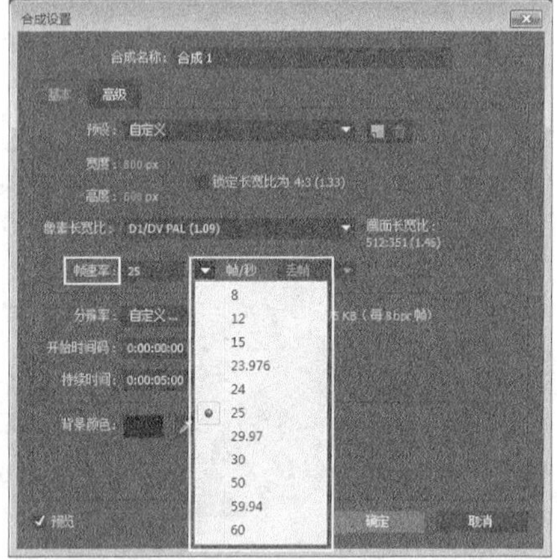

图1-6

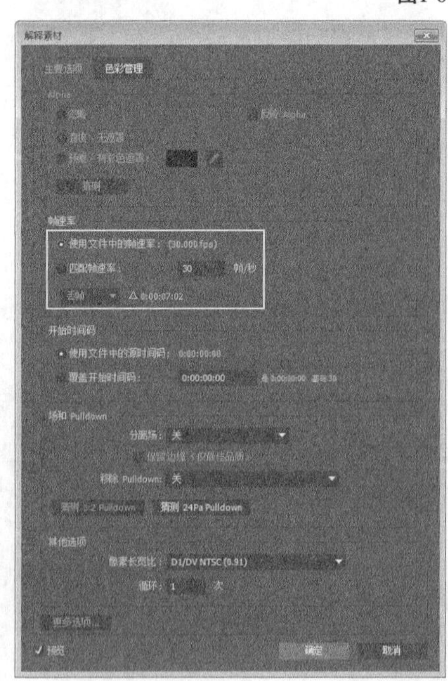

图1-7

1.1.7 运动模糊

运动模糊的英文全称是Motion Blur，运动模糊并不是在两帧之间插入更多的信息，而是将当前帧与前一帧混合在一起所获得的一种效果，如图1-8所示。

开启运动模糊最核心的目的是使每帧画面更接近，减少帧之间因为画面差距大而引起的闪烁或抖动，从而增强画面的真实感和流畅度。当然，应用了运动模糊之后，也会在一定程度上牺牲图像的清晰度。

在After Effects软件中，可以在时间线窗口中开启素材的运动模糊和运动模糊总按钮，如图1-9所示。

图1-8

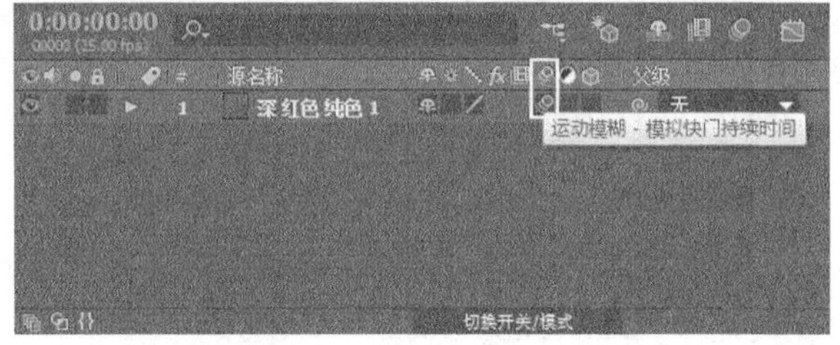

图1-9

1.1.8 帧混合

帧混合是针对画面变速（快放或慢放）而言的，将一段视频进行慢放处理，在一定时间内没有足够多的画面来表现，因此会出现卡顿的现象，将这段素材进行帧混合处理，就会在一定程度上解决这个现象。

在After Effects软件中，可以在时间线窗口中开启素材的帧混合和帧混合总按钮，如图1-10所示。

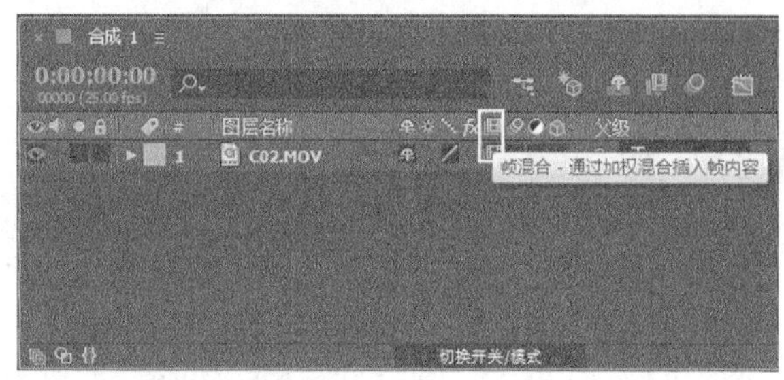

图1-10

1.1.9 抗锯齿

抗锯齿的英文全称是Anti-aliasing，抗锯齿是指对图像边缘进行柔化处理，使图像边缘看起来更平滑，如图1-11所示。同时，抗锯齿也是提高画质，使画面变柔和的一种方法。

在After Effects软件中，可以在时间线窗口中开启素材的抗锯齿按钮，如图1-12所示。

图1-11

图1-12

1.2 支持的文件格式

在视频制作中，涉及的文件格式和压缩编码也是多种多样的。为了以后更好地制作，下面详细介绍一下常用的图形图像、视频和音频文件的压缩编码格式。

本节知识点

名称	作用	重要程度
图形图像的文件格式	了解图形图像的7种文件格式	中
视频压缩编码的格式	了解视频压缩编码的9种格式	中
音频压缩编码的格式	了解音频压缩编码的5种格式	中

1.2.1 图形图像的格式

1.GIF格式

GIF是英文Graphics Interchange Format（图形交换格式）的缩写，它的特点是压缩程度比较高，存储空间占用较少，所以这种图像格式迅速得到了广泛的应用。GIF格式只能保存最大8位色深的数码图像，所以它最多只能用256色来表现物体，对于色彩复杂的物体它就力不从心了。

尽管如此，这种格式仍在网络上大行其道，这和GIF图像文件短小、下载速度快、可用许多具有同样大小的图像文件组成动画等优势是分不开的。

2.SWF格式

利用Flash可以制作出一种后缀名为SWF（Shockwave Format的缩写）的动画，这种格式的动画图像能够用比较小的数据量来表现丰富的多媒体形式。

在图像的传输方面，SWF格式的图像不必等到文件全部下载才能观看，而是可以边下载边观看，因此特别适合网络传输。特别是在传输速率不佳的情况下，也能取得较好的效果。

SWF如今已被大量应用于WEB网页进行多媒体演示与交互性设计。此外，SWF动画是用矢量技术制作的，因此不管将画面放大多少倍，画面品质都不会有任何损失。

3.JPEG格式

JPEG也是常见的一种图像格式，它的扩展名为.jpg或.jpeg，其压缩技术十分先进，它用有损压缩的方式去除冗余的图像和彩色数据，在获取极高的压缩率的同时展现十分丰富生动的图像。

换句话说，就是可以用最少的存储空间得到较好的图像质量。由于JPEG格式的压缩算法是采用平衡像素之间的亮度色彩来压缩的，因而更有利于表现带有渐变色彩且没有清晰轮廓的图像。

4.PNG格式

PNG（Portable Network Graphics的缩写）是一种新兴的网络图像格式，具有以下4个优点。

第1个：PNG格式是目前最不失真的格式，它汲取了GIF和JPEG二者的优点，存储形式丰富，兼有GIF和JPEG的色彩模式。

第2个：能把图像文件压缩到极限以利于网络传输，又能保留所有与图像品质有关的信息，因为PNG是采用无损压缩方式来减少文件的大小，这一点与牺牲图像品质以换取高压缩率的JPEG有所不同。

第3个：显示速度很快，只需下载1/64的图像信息就可以显示出低分辨率的预览图像。

第4个：PNG同样支持透明图像的制作，透明图像在制作网页图像的时候很有用，可以把图像背景设为透明，用网页本身的颜色信息来代替设为透明的色彩，这样可让图像和网页背景很和谐地融合在一起。

PNG格式的缺点是不支持动画应用效果。

5.TGA格式

TGA（Tagged Graphics的缩写）文件的结构比较简单，是一种图形、图像数据的通用格式，在多媒体领域有着很大影响，是计算机生成图像向电视转换的一种首选格式。

6.TIFF格式

TIFF（Tag Image File Format的缩写）是Mac（苹果机）中广泛使用的图像格式，它的特点是存储的图像细微层次的信息非常多。

该格式有压缩和非压缩两种形式，其中压缩可采用LZW无损压缩方案存储。目前在Mac和PC上移植TIFF文件也十分便捷，因而TIFF现在也是PC上使用最广泛的图像文件格式之一。

7.PSD格式

这是著名的Adobe公司的图像处理软件Photoshop的专用格式Photoshop Document（PSD）。PSD其实是Photoshop进行平面设计的一张草稿图，它里面包含各种图层、通道和遮罩等多种设计的样稿，以便于下次打开文件时可以修改上一次的设计。

在Photoshop所支持的各种图像格式中，PSD的存取速度比其他格式快很多，功能也很强大。

1.2.2 视频编码的格式

1.AVI格式

AVI格式的英文全称为Audio Video Interleaved，

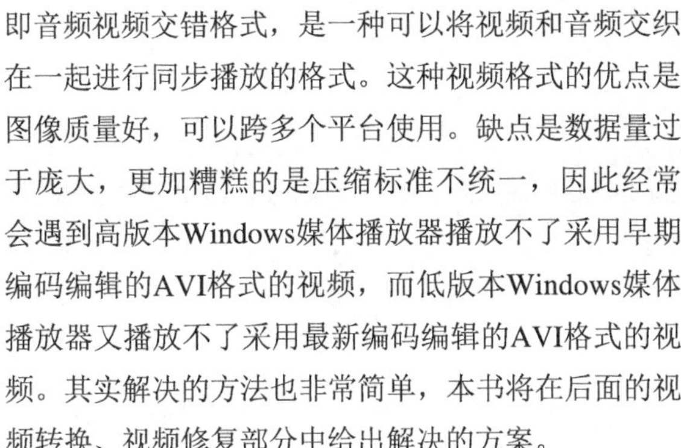

即音频视频交错格式，是一种可以将视频和音频交织在一起进行同步播放的格式。这种视频格式的优点是图像质量好，可以跨多个平台使用。缺点是数据量过于庞大，更加糟糕的是压缩标准不统一，因此经常会遇到高版本Windows媒体播放器播放不了采用早期编码编辑的AVI格式的视频，而低版本Windows媒体播放器又播放不了采用最新编码编辑的AVI格式的视频。其实解决的方法也非常简单，本书将在后面的视频转换、视频修复部分中给出解决的方案。

2.DV-AVI格式

DV的英文全称是Digital Video Format，目前非常流行的数码摄像机就是使用这种格式记录视频数据的。它可以通过计算机的IEEE 1394端口传输视频数据到计算机，也可以将计算机中编辑好的视频数据回录到数码摄像机中。这种视频格式的文件扩展名一般也是.avi，所以人们习惯地叫它DV-AVI格式。

3.MPEG格式

MPEG的英文全称为Moving Picture Expert Group，即运动图像专家组格式，常看的VCD、SVCD、DVD就是这种格式。MPEG文件格式是运动图像压缩算法的国际标准，它采用了有损压缩方法，从而减少运动图像中的冗余信息。MPEG的压缩方法就是保留相邻两幅画面绝大多数相同的部分，而把后续图像中和前面图像有冗余的部分去除，从而达到压缩的目的。目前MPEG格式有3个压缩标准，分别是MPEG-1、MPEG-2和MPEG-4。

MPEG-1：是针对1.5Mbps以下数据传输率的数字存储媒体运动图像及其伴音编码而设计的国际标准，也就是通常所见到的VCD制作格式，这种视频格式的文件扩展名包括.mpg、.mlv、.mpe、.mpeg及VCD光盘中的.dat文件等。

MPEG-2：设计目标为高级工业标准的图像质量以及更高的传输率，这种格式主要应用在DVD/SVCD的制作（压缩）方面，同时在一些HDTV（高清晰电视广播）和一些高要求视频编辑、处理上面也有相当的应用。这种视频格式的文件扩展名包括.mpg、.mpe、.mpeg、.m2v及DVD光盘上的.vob文件等。

MPEG-4：是为了播放流式媒体的高质量视频而专门设计的，它可利用很窄的带度，通过帧重建技术，压缩和传输数据，以求使用最少的数据获得最佳的图像质量。MPEG-4最有吸引力的地方在于它能够保存接近于DVD画质的小数据量视频文件。这种视频格式的文件扩展名包括.asf、.mov、.divx 和.avi等。

4.H.264格式

H.264是由ISO/IEC与ITU-T组成的联合视频组（JVT）制定的新一代视频压缩编码标准。在ISO/IEC中，该标准被命名为AVC（Advanced Video Coding），作为MPEG-4标准的第10个选项，在ITU-T中正式命名为H.264标准。

H.264和H.261、H.263一样，也是采用DCT变换编码加DPCM的差分编码，即混合编码结构。同时，H.264在混合编码的框架下引入了新的编码方式，提高了编码效率，更贴近实际应用。

H.264没有烦琐的选项，而是力求简洁的“回归基本”，它具有比H.263++更好的压缩性能，同时H.264也加强了对各种通信的适应能力。

H.264的应用目标广泛，可满足各种不同速率、不同场合的视频应用，具有较好的抗误码和抗丢包的处理能力。

H.264的基本系统无需使用版权，具有开放的性质，能很好地适应IP和无线网络的使用，这对目前因特网传输多媒体信息、移动网中传输宽带信息等都具有重要意义。

H.264标准使运动图像压缩技术上升到了一个更高的阶段，在较低带宽上提供高质量的图像传输是H.264的应用亮点。

5.DivX格式

DivX格式是由MPEG-4衍生出的另一种视频编码（压缩）标准，也就是通常所说的DVDrip格式。它采用了MPEG-4的压缩算法，同时又综合了MPEG-4与MP3各方面的技术，说白了就是使用DivX压缩技术对DVD盘的视频图像进行高质量压缩，同时用MP3或AC3对音频进行压缩，然后将视频与音频合成并加上相应的外挂字幕文件而形成的视频格式，其画质直逼DVD并且数据量只有DVD的数分之一。

6.MOV格式

MOV格式是由美国Apple公司开发的一种视频格

式，默认的播放器是苹果的Quick Time Player。具有较高的压缩比率和较完美的视频清晰度。MOV的最大特点还是跨平台性，既能支持Mac OS，又能支持Windows系列。

7.ASF格式

ASF格式的英文全称是Advanced Streaming Format，是微软公司和现在的Real Player竞争而推出的一种视频格式，用户可以直接使用Windows自带的Windows Media Player对其进行播放。由于它使用了MPEG-4的压缩算法，所以压缩率和图像的质量都很不错。

8.RM格式

RM格式的英文全称是Real Media，是由Networks公司制定的音频/视频压缩规范，用户可以使用RealPlayer或RealOne Player对符合RealMedia技术规范的网络音频/视频资源进行实况转播，并且Real Media还可以根据不同的网络传输速率制定出不同的压缩比率，从而实现在低速率的网络上进行影像数据实时传送和播放。

这种格式的另一个特点是用户使用RealPlayer或Real One Player播放器可以在不下载音频/视频内容的条件下实现在线播放。

9.RMVB格式

RMVB格式是一种由RM视频格式升级延伸出的新视频格式，先进之处在于RMVB视频格式打破了原先RM格式那种平均压缩采样的方式，在保证平均压缩比的基础上合理利用比特率资源，就是说静止和动作场面少的画面场景采用较低的编码速率。这样可以留出更多的带宽空间，而这些带宽会在出现快速运动的画面场景时被利用。这样在保证了静止画面质量的前提下，大幅地提高了运动图像的画面质量，从而使图像质量和文件大小之间达到了微妙的平衡。

1.2.3 音频编码的格式

1.CD格式

CD格式是当今世界上音质最好的音频格式。在大多数播放软件的“打开文件类型”中，都可以看到*.cda格式，这就是CD音轨。标准CD格式也就是44.1k的采样频率、速率为88k/s、16位量化位数。因为CD音轨可以说是近似无损的，因此它的声音是非常接近原声的。

CD光盘可以在CD唱机中播放，也能用计算机里的各种播放软件来播放。一个CD音频文件是一个*.cda文件，这只是一个索引信息，并不是真正的包含声音信息，所以不论CD音乐的长短，在计算机上看到的*.cda文件都是44字节长。

提示 不能直接复制CD格式的.cda文件到硬盘上播放，需要使用像EAC这样的抓音轨软件把CD格式的文件转换成WAV，在这个转换过程中，如果光盘驱动器质量过关而且EAC的参数设置得当的话，基本上是无损抓音频，推荐大家使用这种方法。

2.WAV格式

WAV格式是微软公司开发的一种声音文件格式，它符合RIFF（Resource Interchange File Format的缩写）文件规范，用于保存Windows平台的音频信息资源，被Windows平台及其应用程序所支持。WAV格式支持MSADPCM、CCITT A LAW等多种压缩算法，支持多种音频位数、采样频率和声道。标准格式的WAV文件和CD格式一样，也是44.1k的采样频率、速率为88k/s、16位量化位数。WAV格式的声音文件质量和CD相差无几，也是目前PC上广为流行的声音文件格式，几乎所有的音频编辑软件都认识WAV格式。

由苹果公司开发的AIFF（Audio Interchange File Format）格式和为UNIX系统开发的AU格式，和WAV非常相像，大多数音频编辑软件也都支持这几种常见的音乐格式。

3.MP3格式

MP3格式诞生于20世界80年代的德国，所谓MP3是指MPEG标准中的音频部分，也就是MPEG音频层。根据压缩质量和编码处理的不同分为3层，分别对应.mp1、.mp2和.mp3这3种声音文件。

提示 MPEG音频文件的压缩是一种有损压缩，MPEG3音频编码具有10：1~12：1的高压缩率，同时基本保持低音频部分不失真，但是牺牲了声音文件中12kHz~16kHz高音频这部分的质量来换取文件的尺寸。

相同长度的音乐文件，用MP3格式来存储，文件大小一般只有WAV文件的1/10，而音质要次于CD格式或WAV格式的声音文件。

MP3音乐的版权问题一直找不到办法解决，因为MP3没有版权保护技术，说白了就是谁都可以用。

MP3格式压缩音乐的采样频率有很多种，可以用64Kbps或更低的采样频率节省空间，也可以320Kbps的标准达到极高的音质。用装有Fraunhofer IIS Mpeg Lyaer3的 MP3编码器（现在效果最好的编码器）Music Match Jukebox 6.0在128Kbps的频率下编码一首3分钟的歌曲，得到2.82MB的MP3文件。

采用默认的CBR（固定采样频率）技术可以以固定的频率采样一首歌曲，而VBR（可变采样频率）则可以在音乐“忙”的时候加大采样的频率获取更高的音质，不过产生的MP3文件可能在某些播放器上无法播放。

4.MIDI格式

MIDI格式的英文全称是Musical Instrument Digital Interface，该格式允许数字合成器和其他设备交换数据。MIDI文件并不是一段录制好的声音，而是记录声音的信息，然后告诉声卡如何再现音乐的一组指令。这样一个MIDI文件每存1分钟的音乐只用5KB～10KB。

MIDI文件主要用于原始乐器作品、流行歌曲的业余表演、游戏音轨以及电子贺卡等。MIDI文件重放的效果完全依赖声卡的档次。MID格式的最大用处是在计算机作曲领域。MIDI文件可以用作曲软件写出，也可以通过声卡的MIDI口把外接音序器演奏的乐曲输入计算机里，制成MIDI文件。

5.WMA格式

WMA格式的英文全称是Windows Media Audio，该格式的音质要强于MP3格式，更远胜于RA格式，它和日本YAMAHA公司开发的VQF格式一样，是以减少数据流量但保持音质的方法来达到比MP3压缩率更高的目的，WMA的压缩率一般可以达到1：18左右。

WMA的另一个优点是内容提供商可以通过DRM（Digital Rights Management）方案（如Windows Media RightsManager 7）加入防拷贝保护。内置了版权保护技术可以限制播放时间和播放次数，甚至于播放的机器等，这对被盗版搅得焦头烂额的音乐公司来说可是一个福音，另外，WMA还支持音频流（Stream）技术，适合在网络上在线播放。

WMA这种格式在录制时可以对音质进行调节。同一格式，音质好的可与CD媲美，压缩率较高的可用于网络广播。

1.3 学好After Effects CC的一些建议

学习的过程是相对枯燥乏味的，也是自我修正与自我完善的一个过程。学习After Effects CC大致有以下3个阶段（或称3个过程），这3个阶段无法逾越，需要一步一个脚印踏实走过。

第1阶段：修炼基本功。需要对After Effects CC软件的界面和菜单有一个相对系统的了解和认识。在对软件有了基本认识和了解之后，以“模块化”方式去专项学习（如图层叠加模式与遮罩、画笔与形状、常规滤镜特效、文字动画、三维动画、镜头色彩修正、特技抠像、镜头稳定与反求、表达式应用、仿真粒子、视觉光效等模块），模块化的学习是一种行之有效的方法，可以在有效的时间内快速提升学习效果。

第2阶段：模仿好作品。在各个模块学习完成之后，也就具备了一定的软件操作和应用能力。此时，可以尝试去模仿一些优秀的作品和看一些比较优秀的视频教学。在模仿的过程中，需要多想、多思考、多总结。这个阶段可以把模仿的一些视频效果适当运用到相关的商业项目中，这样既可以检验学习效果，又可以增强学习信心。

第3阶段：技艺都重要。这个阶段就不仅是技术所涉及的范畴，我们的目标是软件+创意，制作出优秀的作品。从事影视制作需要的不仅仅是技术和经验的积累，更重要的是综合素质和艺术修养的不断提升，平时多看看平面设计、设计排版和色彩搭配，提高自己的美感，技术固然重要，但艺术占的比重更大。

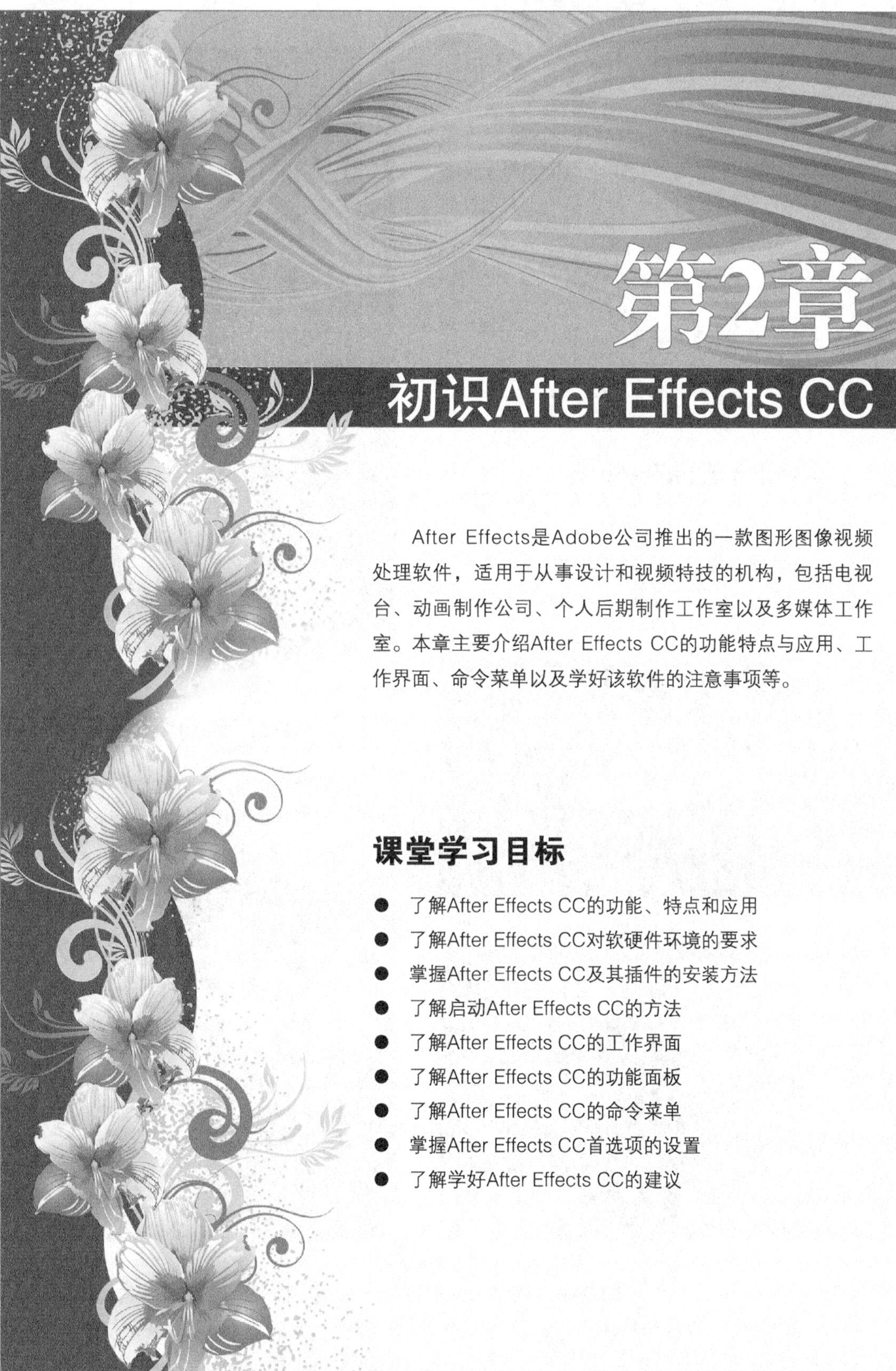

第2章 初识After Effects CC

After Effects是Adobe公司推出的一款图形图像视频处理软件，适用于从事设计和视频特技的机构，包括电视台、动画制作公司、个人后期制作工作室以及多媒体工作室。本章主要介绍After Effects CC的功能特点与应用、工作界面、命令菜单以及学好该软件的注意事项等。

课堂学习目标

- 了解After Effects CC的功能、特点和应用
- 了解After Effects CC对软硬件环境的要求
- 掌握After Effects CC及其插件的安装方法
- 了解启动After Effects CC的方法
- 了解After Effects CC的工作界面
- 了解After Effects CC的功能面板
- 了解After Effects CC的命令菜单
- 掌握After Effects CC首选项的设置
- 了解学好After Effects CC的建议

2.1 After Effects CC概述

首先带领大家来初步认识After Effects CC，本节主要对后期合成的软件分类、After Effects的主要功能和应用领域以及After Effects CC的特色工具进行简单介绍。

本节知识点

名称	作用	重要程度
后期合成软件分类	了解后期合成软件的两种类型	低
After Effects的功能	熟悉After Effects CC的主要功能	高
After Effects的应用	熟悉After Effects CC的应用领域	高
After Effects的特色工具	了解After Effects CC的特色工具	中

2.1.1 后期合成软件分类

影视后期合成方向的软件分为两大类型，分别是层编辑和节点操作。以“层编辑”为代表的主流软件是Adobe After Effects以及曾经的Discreet Combustion，其工作界面如图2-1和图2-2所示。

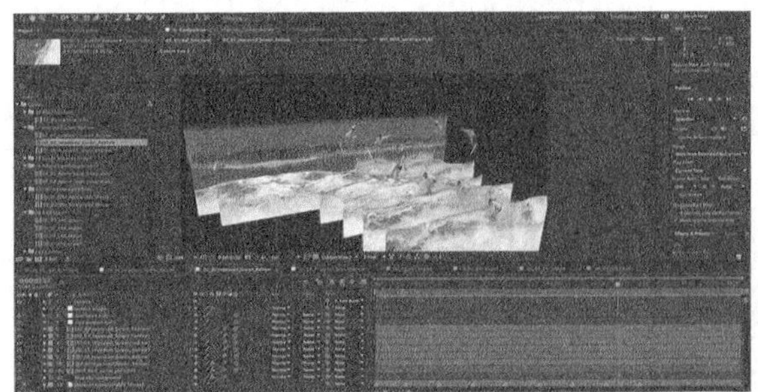

图2-1

图2-2

以“节点操作”为代表的主流软件是The Foundry Nuke和Eyeon Digital Fusion，其工作界面如图2-3和图2-4所示。

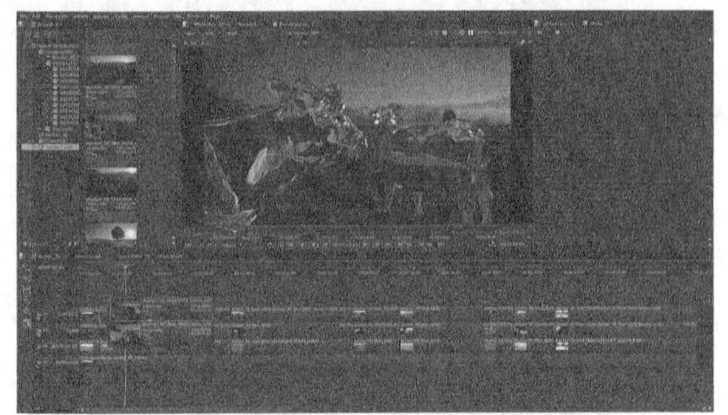

图2-3

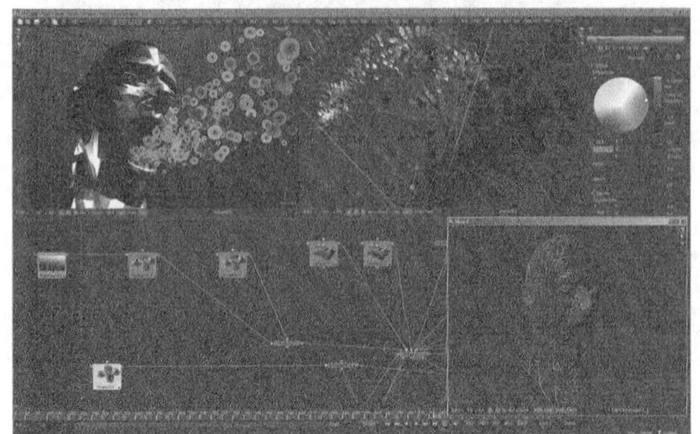

图2-4

2.1.2 After Effects的主要功能

After Effects（简称AE）由世界领先的数字媒体和在线营销解决方案供应商Adobe公司研发推出，本书使用的是After Effects CC版本，如图2-5所示。

图2-5

After Effects作为一款功能强大且低成本的后期合成软件，能与Adobe公司的其他软件（如Photoshop、Illustrator、Premiere和Audition等）无缝结合，并且受大量第三方插件的支持，凭借着易上手、良好的人机交互而获得众多设计师的青睐。

使用After Effects能够高效且精确地创建无数种引人注目的动态图形和震撼人心的视觉效果，数百种预设和动画效果，更为电影、视频、DVD和Flash等作品增添令人耳目一新的效果。

2.1.3 After Effects的应用领域

After Effects适用于从事设计和视觉特技的机构（包括影视制作公司、动画制作公司、各媒体电视台、个人后期制作工作室以及多媒体工作室等）。目前主要的应用领域为三维动画片后期合成、建筑动画的后期合成、视频包装的后期合成、影视广告的后期合成和电影、电视剧特效合成等，如图2-6和图2-7所示。

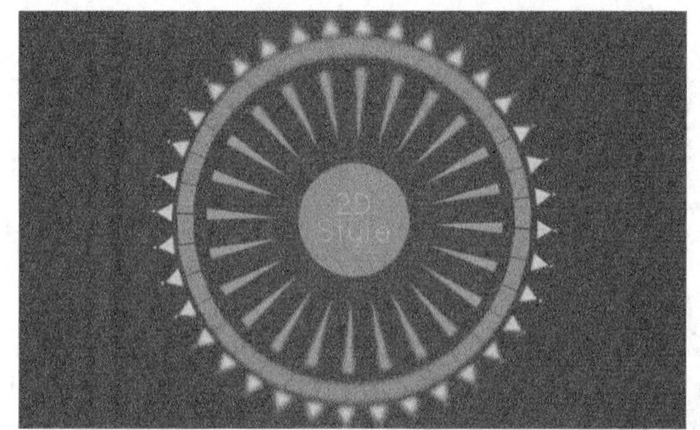

图2-6

图2-7

2.2 After Effects CC对软/硬件环境的要求

After Effects CC软件可以安装在Windows或Mac OS系统中，下面简单介绍一下它对软硬件环境的要求，以方便读者配置自己的工作平台。

本节知识点

名称	作用	重要程度
After Effect对Windows系统的要求	了解在Windows系统下，After Effects CC对硬件的需求	低
After Effect对Mac OS系统的要求	了解在Mac OS系统下，After Effects CC对硬件的需求	低

2.2.1 对Windows系统的要求

After Effects CC对Windows系统的要求如下所述。

第1点：需要支持64位Intel® Core™2 Duo或AMD Phenom® II处理器。

第2点：Microsoft® Windows® 7 Service Pack 1（64 位）版本（或更新版本）。

第3点：至少4GB的RAM（建议分配 8 GB）。

第4点：至少3GB可用硬盘空间，安装过程中需要其他可用空间（不能安装在移动闪存存储设备上）。

第5点：用于缓存的其他存储空间，建议分配10GB。

第6点：1280×900分辨率（或更高分辨率）的显示器。

第7点：支持OpenGL 2.0的系统。

第8点：需要安装QuickTime。

第9点：可选，Adobe认证的GPU卡，用于GPU加速的光线跟踪3D渲染器。

2.2.2 对Mac OS系统的要求

After Effects CC对Mac OS系统的要求如下所述。

第1点：支持64位的多核 Intel 处理器。

第2点：Mac OS X v10.6.8（或更新版本）。

第3点：至少4GB的RAM（建议分配 8 GB）。

第4点：用于安装的4GB可用硬盘空间，安装过程中需要其他可用空间（不能安装在移动闪存存储设备上）。

第5点：用于缓存的其他存储空间，建议分配10GB。

第6点：1280×900分辨率（或更高分辨率）的显示器。

第7点：支持OpenGL 2.0的系统。

第8点：需要安装QuickTime。

第9点：可选，Adobe认证的GPU 卡，用于GPU加速的光线跟踪3D渲染器。

2.3 After Effects CC的工作界面

下面带领大家来认识After Effects CC的工作界面，并通过自定义的方式来设置工作界面。

本节知识点

名称	作用	重要程度
软件的标准工作界面	熟悉After Effects CC的标准工作界面	高
面板操作方法	掌握停靠面板、成组面板以及浮动操作的方法	高
调整面板的尺寸	掌握如何调整面板或面板组的尺寸	高
打开、关闭显示面板或窗口	掌握如何打开、关闭显示面板或窗口	高
工作区操作方法	掌握如何保存、重置和删除工作区	高

2.3.1 标准工作界面

初次启动After Effects CC之后，进入该软件的工作界面，如图2-8所示。此时软件显示的是“标准”工作区，也就是软件默认的工作界面。

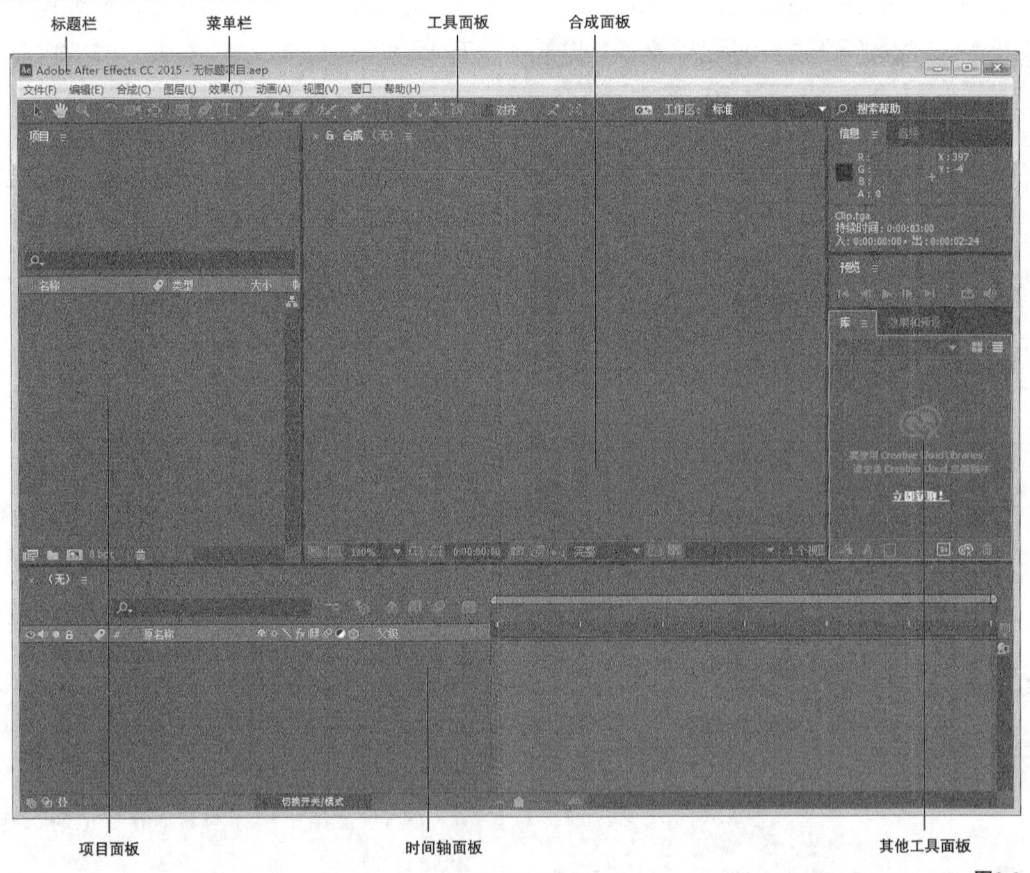

图2-8

从上图可以看出，After Effects CC的标准工作界面很简洁，布局也非常清晰。总得来说，“标准”工作区主要由7大部分组成。

标准工作界面各组成部分介绍

* 标题栏：主要用于显示软件版本、软件名称和项目名称等。
* 菜单栏：包含“文件”“编辑”“合成”“图层”“效果”“动画”“视图”“窗口”和“帮助”9个菜单。
* 工具面板：主要集成了选择、缩放、旋转、文字和钢笔等一些常用工具，其使用频率非常高，是After Effects CC

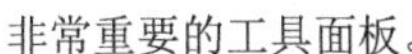

非常重要的工具面板。

* 项目面板：主要用于管理素材和合成，是After Effects CC的四大功能面板之一。

* 合成面板：主要用于查看和编辑素材。

* 时间轴面板：是控制图层效果或运动的平台，是After Effects CC的核心部分。

* 其他工具面板：这一部分的面板看起来比较杂一些，主要是“信息”“音频”“预览”和“特效与预设”面板等。

2.3.2 面板操作

下面将对上述提到的面板和菜单分别进行详细说明。

1.停靠面板

停靠区域位于面板、群组或窗口的边缘。如果将一个面板停靠在一个群组的边缘，那么周边的面板或群组窗口将进行自适应调整，如图2-9所示。

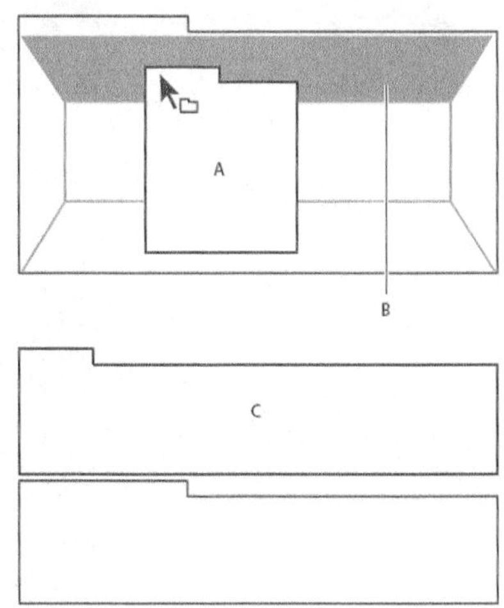

图2-9

在图2-10中，将A面板拖曳到另一个面板正上方的高亮显示B区域，最终A面板就停靠在C位置。同理，如果要将一个面板停靠在另外一个面板的左边、右边或下面，那么只需要将该面板拖曳到另一个面板的左、右或下面的高亮显示区域就可以完成停靠操作。

2.成组面板

成组区域位于每个组或面板的中间或是在每个面板最上端的选项卡区域。如果要将面板进行成组操作，只需要将该面板拖曳到相应的区域即可，如图2-10所示。

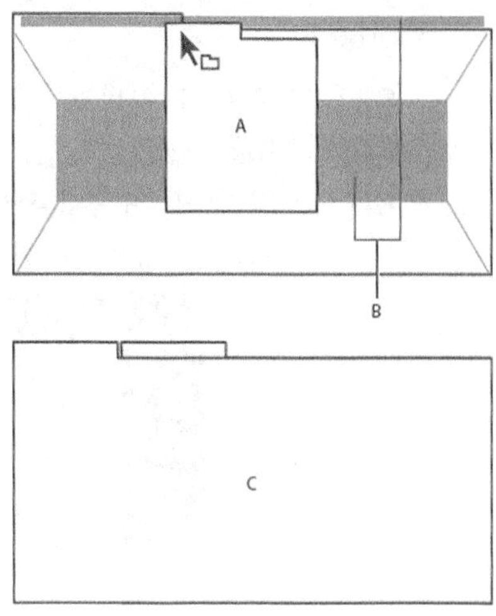

图2-10

在图2-11中，将A面板拖曳到另外的组或面板的B区域，最终A面板就和另外的面板成组在一起放置在C区域。

在进行停靠或成组操作时，如果只需要移动单个窗口或面板，使用鼠标左键拖曳选项卡左上角的抓手区域，然后将其释放到需要停靠或成组的区域，这样即可完成停靠或成组操作，如图2-11所示。

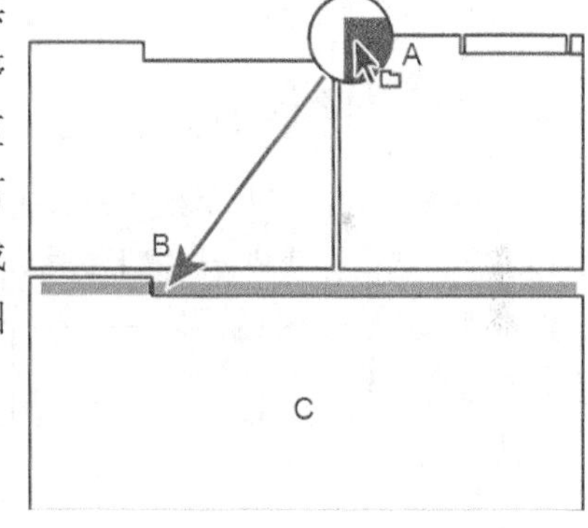

图2-11

如果要对整个组进行停靠和成组操作，使用鼠标左键拖曳组选项卡右上角的抓手区域，然后将其释放到停靠或成组的区域，这样即可完成整个组的停靠或成组操作，如图2-12所示。

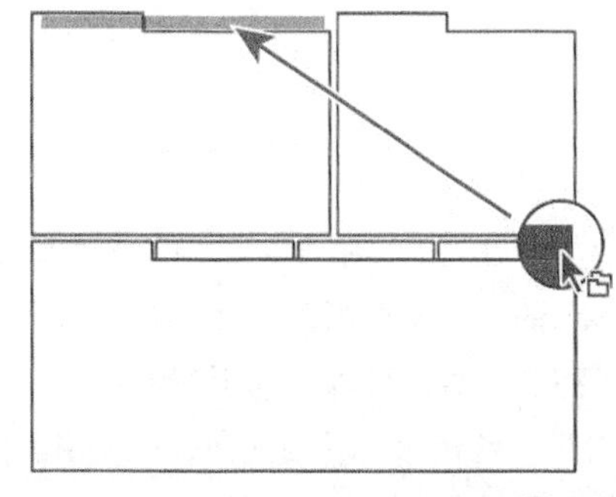

图2-12

3.浮动操作

如果要将停靠的面板设置为浮动面板，有以下3种操作方法可供选择。

第1种：在面板窗口中单击按钮，在打开的菜单中执行“浮动面板”命令，如图2-13所示。

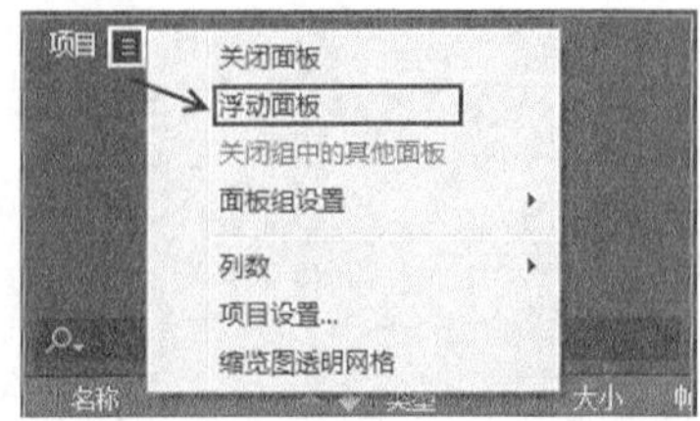

图2-13

第2种：按住Ctrl键的同时使用鼠标左键将面板或面板组拖曳出当前位置，当释放鼠标左键时，面板或面板组就变成了浮动窗口。

第3种：将面板或面板组直接拖曳出当前应用程序窗口之外，如果当前应用程序窗口已经最大化，只需将面板或面板组拖曳出应用程序窗口的边界就可以了。

2.3.3 调整尺寸

将光标放置在两个相邻面板或群组面板之间的边界上，当光标变成分隔形状时，拖曳光标就可以调整相邻面板之间的尺寸，如图2-14所示。

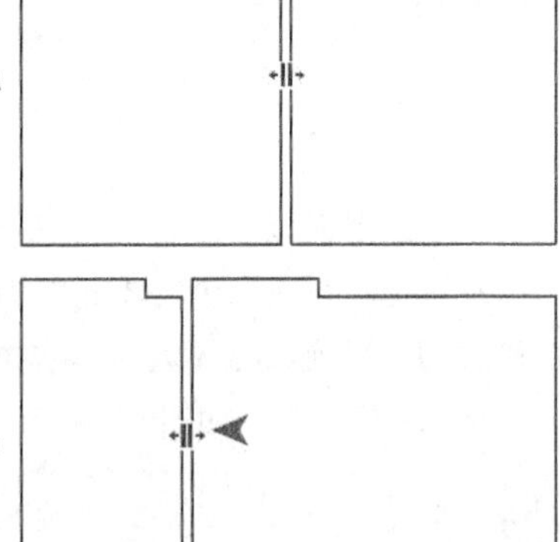

图2-14

在图2-14中，A显示的是面板的原始状态，B显示的是调整面板尺寸后的状态。当光标显示为分隔形状时，可以对面板左右或上下尺寸进行单独调整；当光标显示为四向箭头形状时，可以同时调整面板上下和左右的尺寸。

提示 如果要以全屏的方式显示出面板或窗口，可以按~键（主键盘数字键1左边的键）执行操作，再次按~键可以结束面板的全屏显示，在预览影片时这个功能非常适用。

2.3.4 打开、关闭显示面板或窗口

单击面板名称旁的按钮，然后选择“关闭面板”命令，可以关闭面板，如图2-15所示。通过执行“窗口”菜单中的命令，可以打开相应的面板，如图2-16所示。

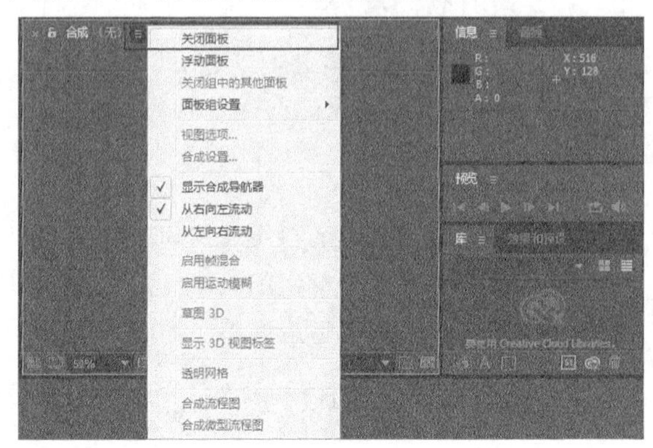

图2-15

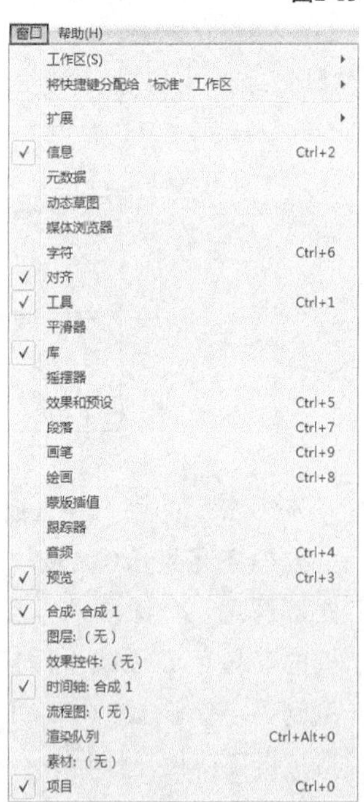

图2-16

当一个群组里面包含过多的面板时，有些面板的标签会被隐藏起来，这时在群组上面就会显示出一个按钮，单击该按钮，则会显示隐藏的面板，如图2-17所示。

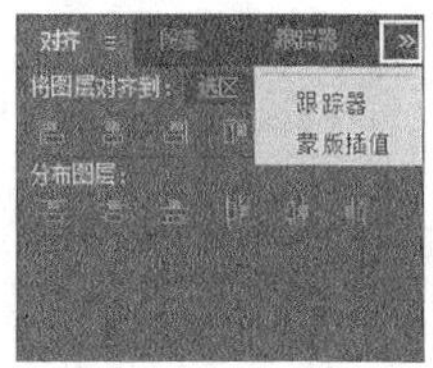

图2-17

2.3.5 工作区操作

自定义好工作界面后，执行“窗口>工作区>新建工作区”菜单命令，如图2-18所示。然后在“新建工作区”对话框中输入工作区名称，接着单击“确定”按钮即可保存当前工作区，如图2-19所示。

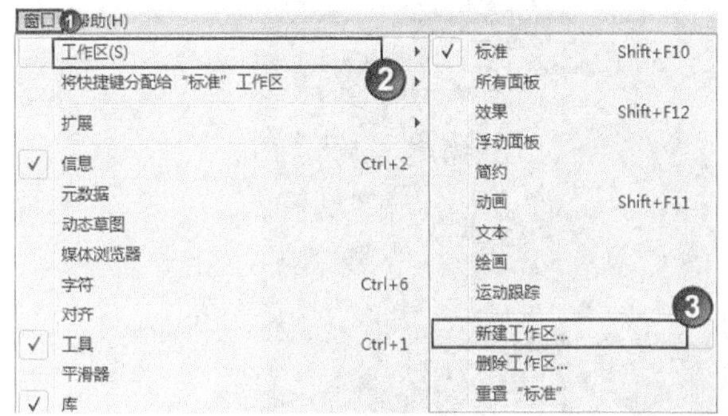

图2-18

图2-19

如果要恢复工作区的原始状态，执行“窗口>工作>重置标准”菜单命令即可，如图2-20所示。

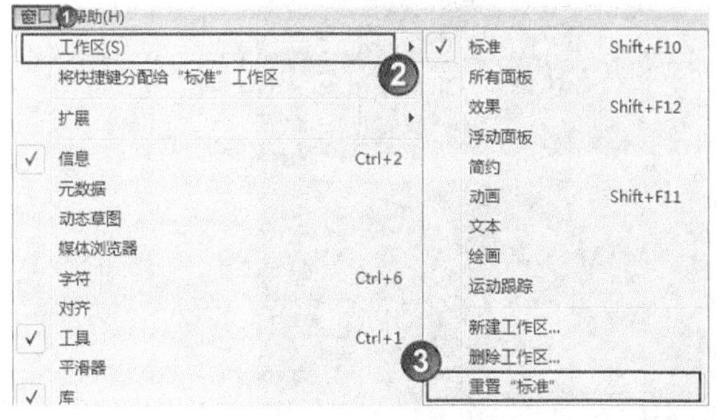

图2-20

如果要删除工作区，执行“窗口>工作区>删除工作区”菜单命令，如图2-21所示。然后在“删除工作区”对话框中的“名称”菜单中选择工作区名字，接着单击“确定”按钮即可，如图2-22所示。

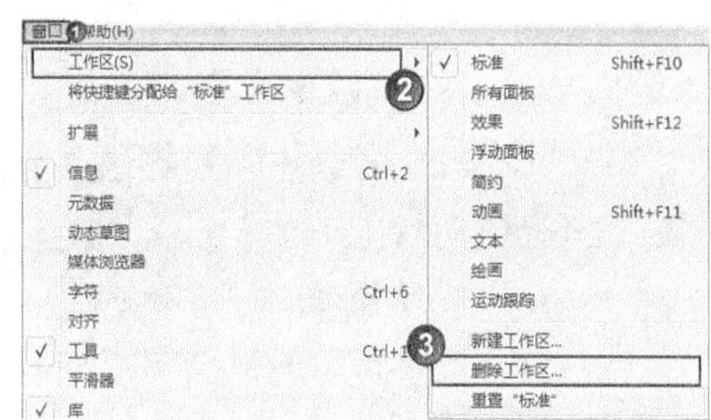

图2-21

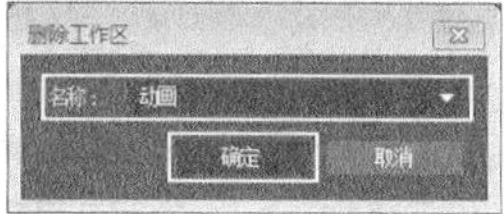

图2-22

2.4 After Effects CC的功能面板

在本节中，我们来学习After Effects CC的四大核心功能面板，分别是“项目”面板、“合成”面板、“时间轴”面板和“工具”面板。这是After Effects CC的技术精华之所在，是学习的重点。

本节知识点

名称	作用	重要程度
“项目”面板	查看每个合成或素材的尺寸、持续时间和帧速率等相关信息	高
“合成”面板	能够直观地观察要处理的素材文件	高
“时间轴”面板	控制图层的效果或运动的平台	高
“工具”面板	该面板集成了一些在项目制作中经常要用到的工具	高

2.4.1 项目面板

“项目”面板主要用于管理素材与“合成”面板，在“项目”面板中可以查看到每个合成或素材的尺寸、持续时间、帧速率等相关信息，如图2-23所示。

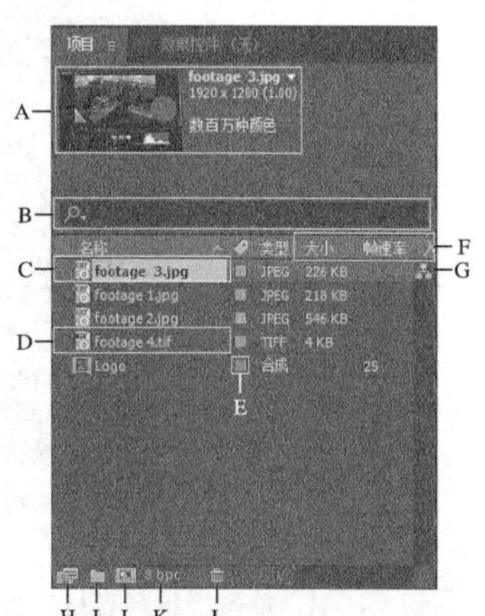

图2-23

参数详解

* A：在这里可以查看到被选择的素材的信息，这些信息包括素材的分辨率、时间长度、帧速率和素材格式等。

* B：利用这个功能可以找到需要的素材或合成，当文件数量庞大，在项目中的素材数目比较多，难以查找的时候，这个功能非常有用。

* C：预览选择的文件的第一帧画面，如果是视频的话，双击素材可以预览整个视频动画。

* D：被导入的文件称作素材，可以是视频、图片、序列和音频等。

* E：可以利用标签进行颜色的选择，从而区分各类素材。单击色块图标可以改变颜色，也可以通过执行“编辑>首选项>标签”菜单命令自行设置颜色。

* F：可以查看到有关素材的详细内容（包括素材的大小、帧速率、入点与出点和路径信息等），只要把“项目”面板向一侧拉开即可查看到，如图2-24所示。

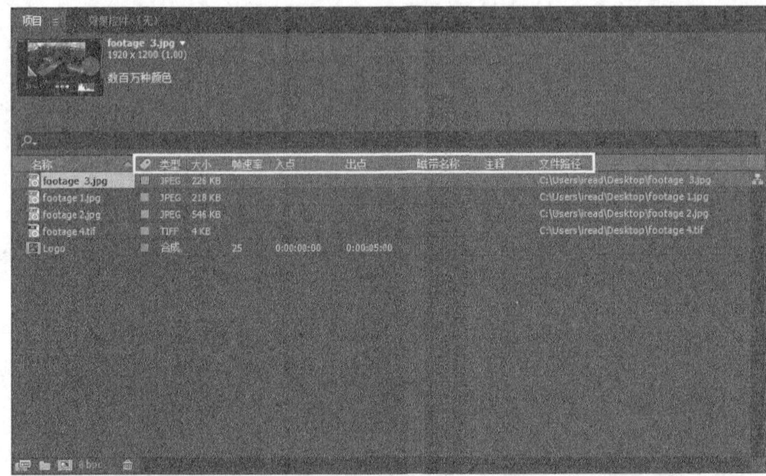

图2-24

* G：单击“项目流程图”按钮，可以直接查看项目制作中的素材文件的层级关系，如图2-25所示。

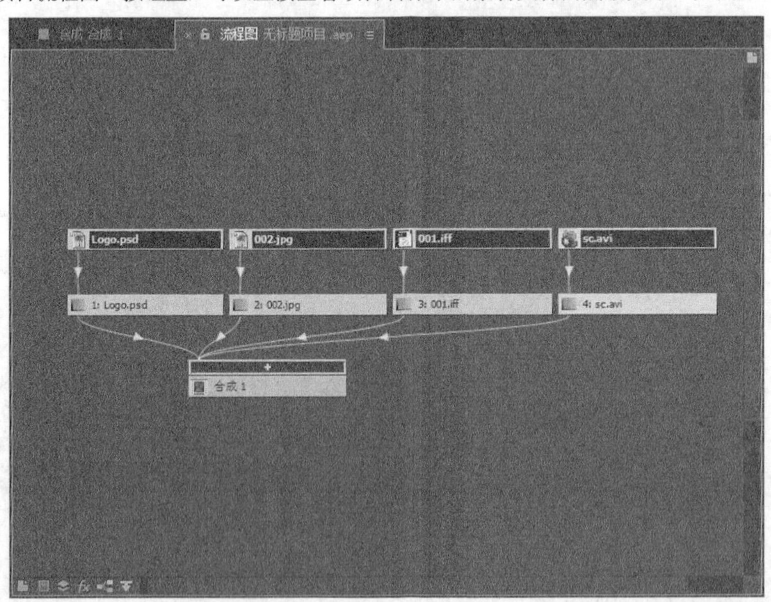

图2-25

* H：单击“解释素材”按钮，可以直接调出素材属性设置的窗口。在该窗口中，可以设置素材的通道处理、帧速率、开始时间码、场和像素比等，如图2-26所示。

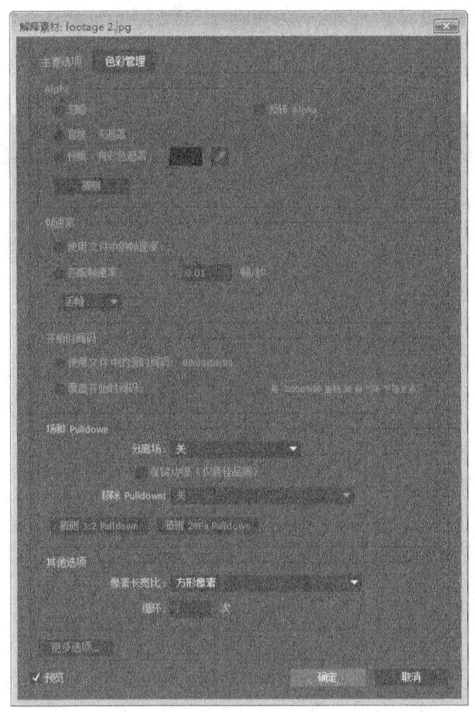

图2-26

* I：单击“新建文件夹”按钮可以建立新的文件夹，这样的好处是便于在制作过程中有序地管理各类素材，这一点对于刚入门的设计师来说非常重要，最好在一开始就养成这样一个好习惯。

* J：单击“新建合成”按钮可以建立新的合成，它和执行“合成>新建合成”菜单命令的功能完全一样。

* K：按住Alt键单击8 bpc可以在8bpc、16bpc和32bpc中切换颜色的深度选择。

提示 Bit per Channel（缩写bpc），即用每个通道的位数表示颜色深度，从而决定每个通道应用多少颜色。一般来讲，8bit等于2^8，即包含了256种颜色信息。16bit和32bit的颜色模式主要应用于HDTV或胶片等高分辨率项目，但在After Effects CC中并不是所有特效滤镜都能支持16bit和32bit的。

* L：在删除素材或者是文件夹的时候使用。选择要删除的对象，然后单击按钮，或者将选定的对象拖曳到按钮上即可。

2.4.2 合成面板

在“合成”面板中能够直观地观察要处理的素材文件，同时“合成”面板并不只是一个效果的显示窗口，还可以在其中对素材进行直接处理，而且在After Effects中的绝大部分操作都要依赖该面板来完成。可以说，“合成”面板在After Effects中是绝对不可以缺少的部分，如图2-27所示。

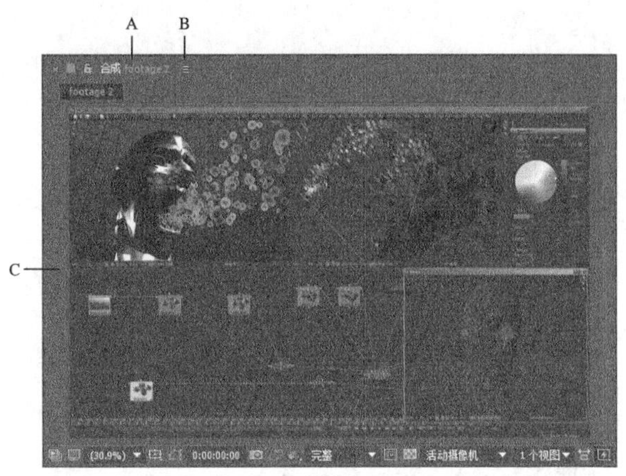

图2-27

参数详解

* A：显示当前正在进行操作的合成的名称。

* B：单击按钮可以打开图2-28所示的菜单，其中包含“合成”面板的一些设置命令，如关闭面板、扩大面板等。“视图选项”命令还可以设置是否显示“合成”面板中图层的“手柄”和“蒙版”等，如图2-29所示。

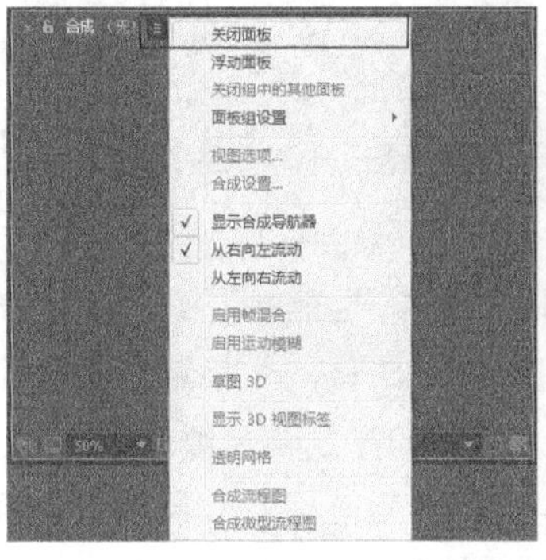

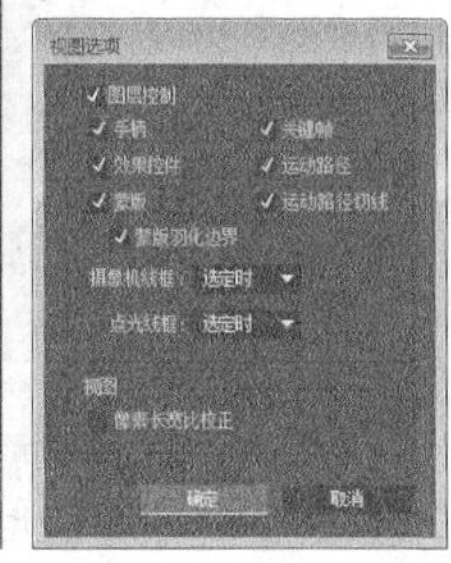

图2-28 图2-29

* C：显示当前合成工作进行的状态，即画面合成的效果、遮罩显示、安全框等所有相关的内容。

* 放大率打开式菜单(100%)：显示从预览窗口看到的图像的显示大小。用鼠标单击这个图标以后，会显示出可以设置的数值，如图2-30所示，直接选择需要的数值即可。

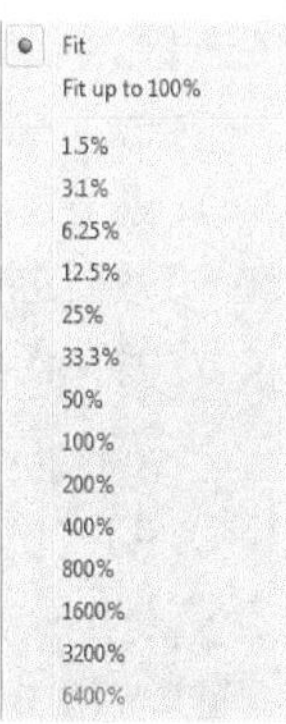

图2-30

提示 通常，除了在进行细节处理的时候要调节大小以外，按照100%或者50%的大小显示进行制作即可。

* 选择网格和参考线选项：该选项下包括“标题/动作安全”“对称网格”“网格”“参考线”“标尺”和“3D参考轴”6个选项，如图2-31所示。

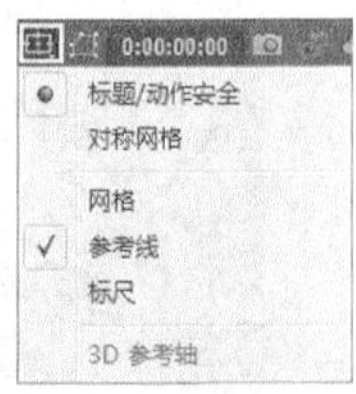

图2-31

提示 “安全框”的主要目的是表明显示在TV监视器上的工作的安全区域。安全框由内线框和外线框两部分构成，如图2-32所示。

图2-32

内线框是标题安全框，也就是在画面上输入文字的时候不能超出这个部分。如果超出了这个部分，那么从电视上观看的时候就会被裁切掉。

外线框是操作安全框，运动的对象或者图像等所有的内容都必须显示在该线条的内部。如果超出了这个部分，就不会显示在电视的画面上。

* 切换蒙版和形状路径可见性：该按钮用于确定是否制作成显示蒙版。在使用“钢笔工具”、“矩形工具”或“椭圆工具”绘制蒙版的时候，使用这个按钮可以确定是否在预览窗口中显示蒙版，如图2-33所示。

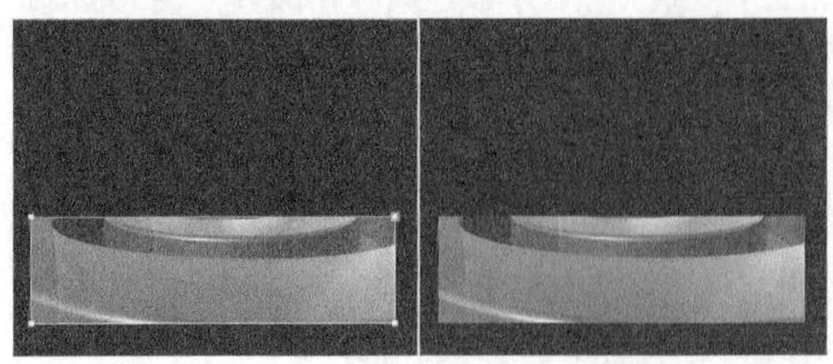

图2-33

※ 当前时间0:00:00:00：显示当前时间指针所在位置的时间。用鼠标单击这个按钮，会打开一个如图2-34所示的对话框，在对话框中输入一个时间段，时间指针就会移动到输入的时间段上，预览窗口中就会显示出当前时间段的画面。

图2-34

提示 上图中的0:00:00:00按照顺序显示的分别是时、分、秒和帧，如果要移动的位置是1分30秒10帧，只要输入0:01:30:10就可以移动到该位置了。

※ “快照”和“显示快照”。

* 快照：快照的作用是把当前正在制作的画面，也就是预览窗口的图像画面拍摄成照片。单击图标后会发出拍摄照片的提示音，拍摄的静态画面可以保存在内存中，以便以后使用。在进行这个操作的时候，也可以使用快捷键Shift+F5，如果想要多保存几张快照以便以后使用，只要按顺序按快捷键Shift+F5、Shift+F6、Shift+F7、Shift+F8就可以了。

* 显示快照：在保存了快照的以后，这个图标才会被激活。它显示的是保存为快照的最后一个文件。当依次按快捷键Shift+F5、Shift+F6、Shift+F7、Shift+F8，保存好几张快照以后，只要按顺序按F5、F6、F7、F8键，就可以按照保存顺序查看快照了。

提示 因为快照要占据计算机的内存，所以在不使用的时候，最好把它删除。删除的方法是执行“编辑>清除>快照”菜单命令，如图2-35所示。使用快捷键Ctrl+Shift+F5、Ctrl+Shift+F6、Ctrl+Shift+F7和Ctrl+Shift+F8也可以进行清除。

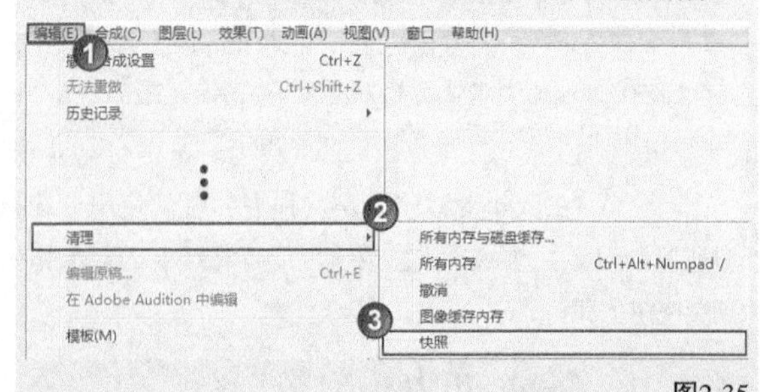

图2-35

“清除”命令，可以在运行程序的时候删除保存在内存中的内容，包括可以删除“所有内存与磁盘缓存”“所有内存”“撤销”“图像缓存内存”和“快照”保存的内容。

* 显示通道及色彩管理设置：这里显示的是有关通道的内容，通道是RGBA，按照“红色”“绿色”“蓝

色”、Alpha的顺序依次显示。Alpha通道的特点是不具有颜色属性，只具有与选区有关的信息。因此，Alpha通道的颜色与“灰阶”是统一的，Alpha通道的基本背景是黑色，而白色的部分表示的是选区。另外，灰色系列的颜色会显示成半透明状态。在层中可以提取这些信息并加以使用，或者应用在选区的编辑工作中，如图2-36所示。

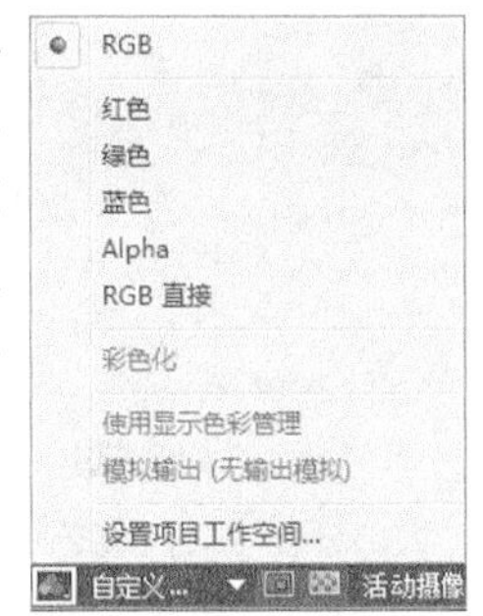

图2-36

* 分辨率/向下采样系数打开式菜单完整：在这个下拉列表中包括6个选项，用于选择不同的分辨率，如图2-37所示。该分辨率只是在预览窗口中，用来显示图像的显示质量，不会影响最终图像输出的画面质量。

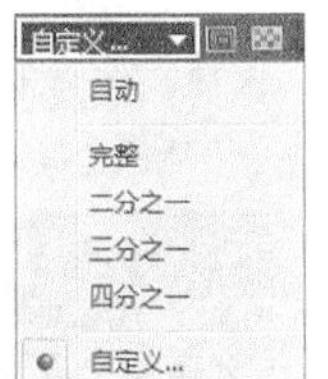

图2-37

* 自动：根据预览窗口的大小自动适配图像的分辨率。

* 完整：显示最好状态的图像，这种方式预览时间相对较长，计算机内存比较小的时候，有可能会无法预览全部内容。

* 二分之一：显示的是整体分辨率拥有像素的1/4。在工作的时候，一般都会选择“二分之一”选项，而需要修改细节部分的时候，再使用“完整”选项。

* 三分之一：显示的是整体分辨率拥有像素的1/9，渲染时间会比设定为整体分辨率快9倍。

* 四分之一：显示的是整体分辨率拥有像素的1/16。

* 自定义：自定义分辨率，如图2-38所示，用户可以直接设定纵横的分辨率。

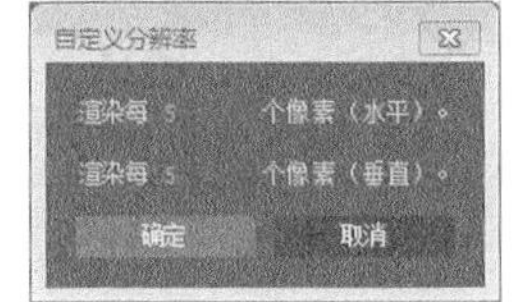

图2-38

提示 选择分辨率时，最好能够根据工作效率来决定，这样会对制作过程中的快速预览有很大的帮助。因此，与将分辨率设定为Full相比，设定为Half会在图像质量显示没有太大损失的情况下加快制作速度。

* 目标区域：在预览窗口中只查看制作内容的某一个部分的时候，可以使用这个图标。另外，在计算机配置较低、预览时间过长的时候，使用这个图标也可以达到不错的效果。使用方法是单击图标，然后在预览窗口中拖曳光标，绘制出一个矩形区域就可以了。制作好区域以后，就可以只对设定了区域的部分进行预览了。如果用鼠标再次单击该图标，又会恢复成原来的整个区域显示，如图2-39所示。

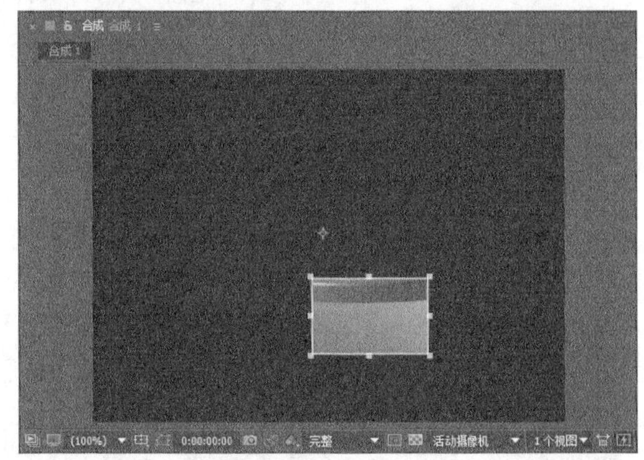

图2-39

* 切换透明网格：可以将预览窗口的背景从黑色转换为透明显示（前提是图像带有Alpha通道），如图2-40所示。

图2-40

* 3D视图打开式菜单活动摄像机：单击该按钮，可以在打开的下拉列表中变换视图，如图2-41所示。

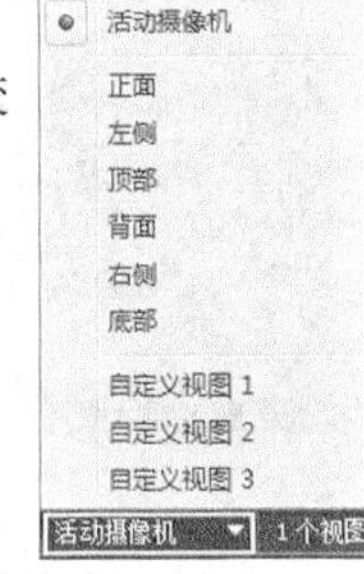

图2-41

提示 只有当“时间轴”面板中存在3D层的时候，变换视图显示方式才有实际效果；当层全部都是2D层的时候则无效。关于这部分内容，在以后使用3D层的时候，会做详细讲解。

* 选择视图布局1个视图：在这个下拉菜单中可以按照当前的窗口操作方式进行多项设置组合，如图2-42所

示。选择视图布局可以将预览窗口设置成三维软件中视图窗口那样，拥有多个参考视图，如图2-43所示。这个对于After Effects中三维视图的操作特别有用，关于三维视图的操作会在后面详细讲解。

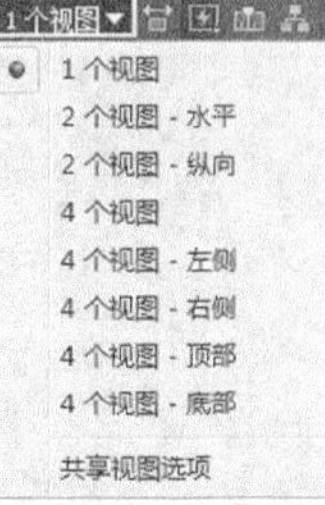

图2-42

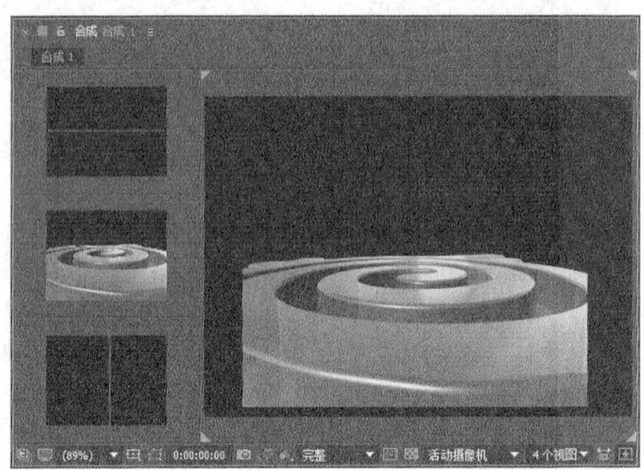

图2-43

* 切换像素长宽比校正：单击这个按钮可以改变像素的纵横比例。但是，激活这个按钮不会对层、预览窗口以及素材产生影响。如果在操作图像的时候使用，即使把最终结果制作成电影，也不会产生任何影响。如果目的是预览，为了获得最佳的图像质量，最好将窗口关闭。下面的图像显示了变化的状态，单击该按钮后观察它们之前和之后的差异，如图2-44所示。

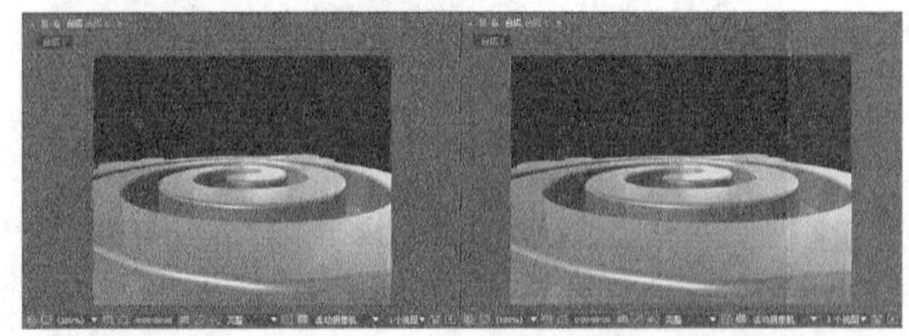

图2-44

* 快速预览：用来设置预览素材的速度，其下拉菜单如图2-45所示。

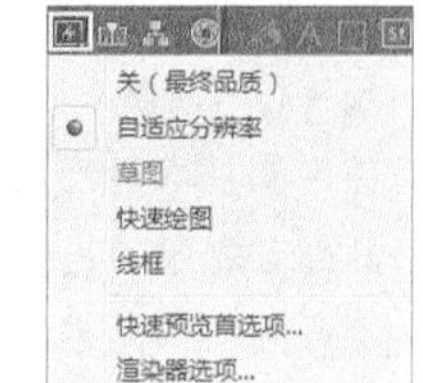

图2-45

* 时间轴：当“合成”面板占据了显示器画面的大部分位置，但又必须要选择“时间轴”面板时，就会出现互相遮盖的情况。这时，单击这个按钮就可以快速移动到“时间轴”面板上。这个功能用得比较少，大家了解即可。

* 合成流程图：这是用于显示“流程图”窗口的快捷按钮。利用这个功能，整个合成的各个部分一目了然，如图2-46所示。

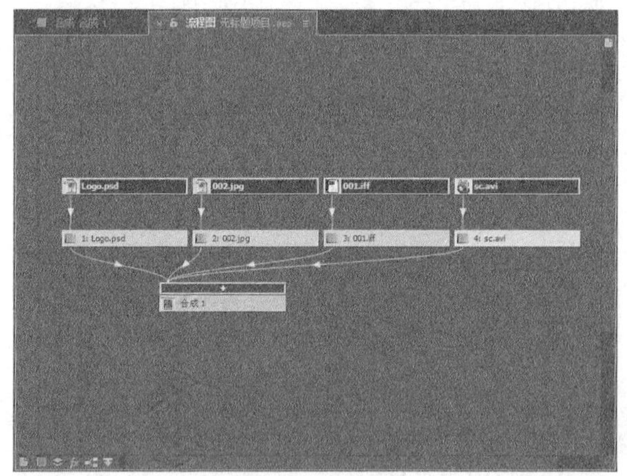

图2-46

* 重置曝光：该功能主要是使用HDR影片和曝光控制，设计师可以在预览窗口中轻松调节图像的显示，而曝光控制并不会影响到最终的渲染。其中，用来恢复初始曝光值，+0.0用来设置曝光值的大小。

2.4.3 时间轴面板

当将“项目”面板中的素材拖到时间轴上并确定好时间点后，位于“时间轴”面板上的素材将会以图层的方式存在并显示。此时的每个图层都有属于自己的时间和空间，而“时间轴”面板就是控制图层的效果或运动的平台，它是After Effects软件的核心部分。本节将对“时间轴”面板的各个重要功能和按钮进行详细讲解。

“时间轴”面板在标准状态下的全部内容如图2-47所示。

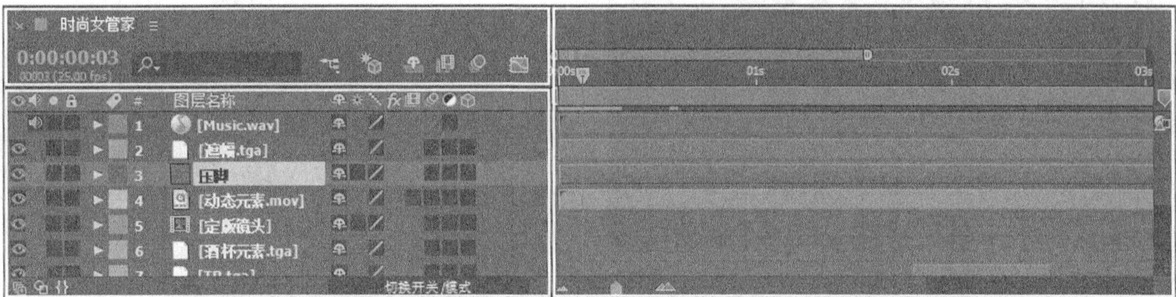

图2-47

“时间轴”面板的功能较其他面板来说相对复杂一些，下面就来进行详细介绍。

1.功能区域1

下面来学习图2-48所示的区域，也就是“功能区域1”。

图2-48

功能区域1功能详解

※ A. 显示当前合成项目的名称。

※ B. 当前合成中时间指针所处的时间位置以及该项目的帧速率。按住Alt键的同时，用鼠标左键单击该区域，可以改变时间显示的方式，如图2-49和图2-50所示。

图2-49　图2-50

⋆ 层查找栏：利用该功能可以快速查找到指定的图层。

⋆ 合成微型流程图：单击该按钮可以快速查看合成与图层之间的嵌套关系或快速在嵌套合成间切换，如图2-51所示。

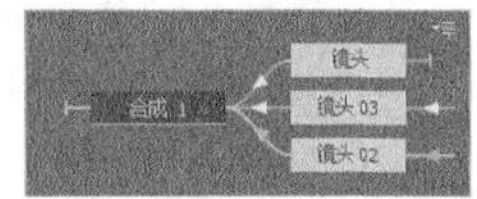

图2-51

⋆ 草图：开启该功能后，可以忽略掉合成中所有的灯光、阴影和摄像机景深等效果，如图2-52所示。

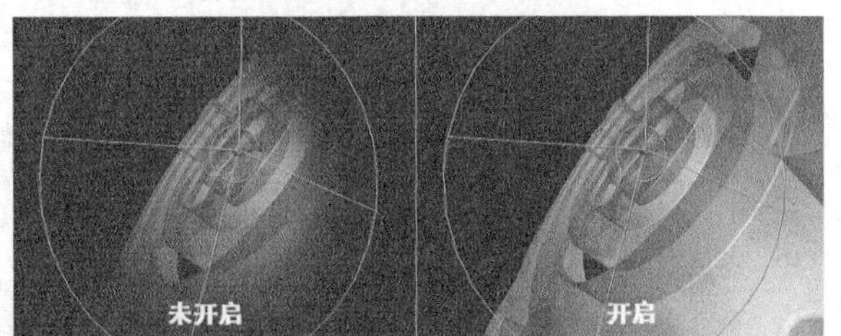

图2-52

⋆ 消隐开关：用来隐藏指定的图层。当项目的图层特别多的时候，该功能的作用尤为明显。选择需要隐藏的图层，单击图层上的按钮，如图2-53所示。这时并没有任何变化，然后再单击总按钮，图层就被隐藏了，如图2-54所示。再次单击按钮，刚才隐藏的层又会重新显示出来。

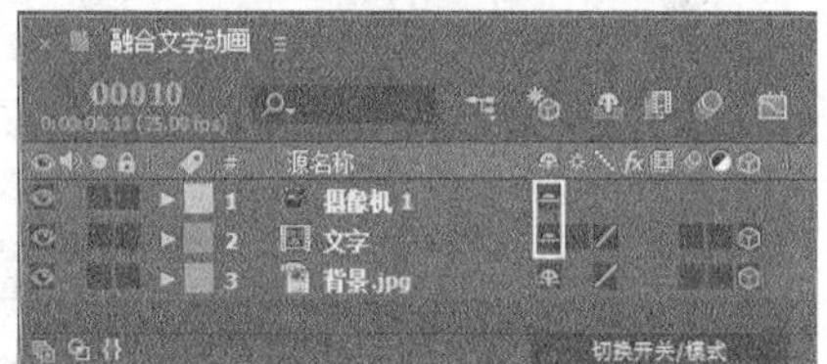

图2-53

图2-54

⋆ 帧混合开关：在渲染的时候，该功能可以对影片进行柔和处理，一般是在使用“时间伸缩”以后进行应用。使用方法是选择需要加载帧混合的图层，单击图层上的帧混合按钮，最后单击总按钮，如图2-55所示。

图2-55

⋆ 运动模糊开关：该功能是在After Effects中移动层的时候应用模糊效果。其使用方法跟帧混合一样，必须先单击图层上的运动模糊按钮，然后单击总按钮才能开启运动模糊效果。图2-56所示的是一段文字从左到右的位移，在运用运动模糊前后的区别。

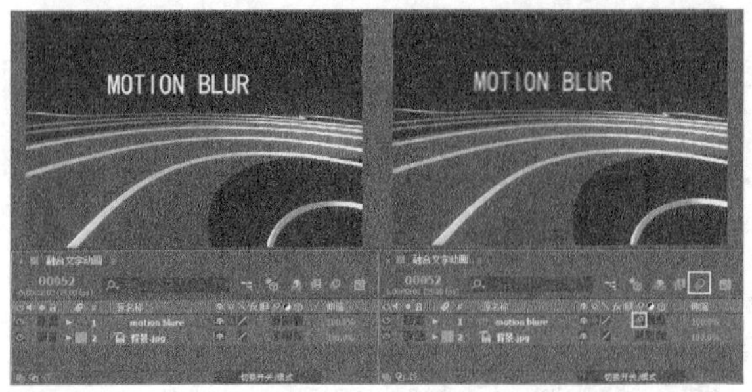

图2-56

提示 对于“隐藏所有图层”“帧混合”和“运动模糊”来说，这3项功能都分别在“功能区域1”和“功能区域2”有控制按钮，其中“功能区域1”的控制按钮是一个总开关，而“功能区域2”的控制按钮是针对单一图层，操作时必须把两个地方的控制按钮同时开启才能产生作用。

* 图表编辑器：单击该按钮可以打开曲线编辑器窗口。单击“图表编辑器”按钮，然后激活“缩放”属性，这时候可以在曲线编辑器当中看到一条可编辑曲线，如图2-57所示。

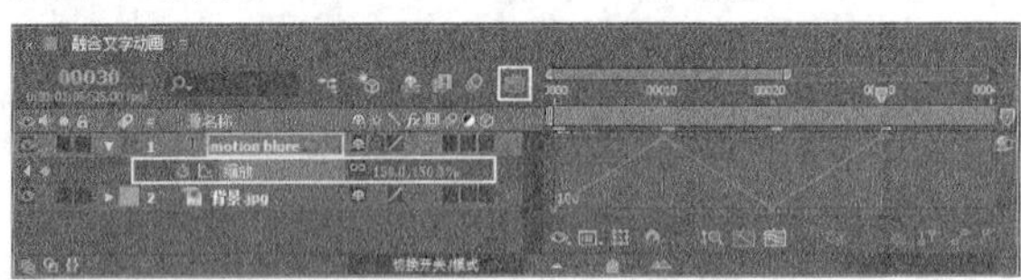

图2-57

2.功能区域2

下面来学习图2-58所示的区域，也就是“功能区域2”。

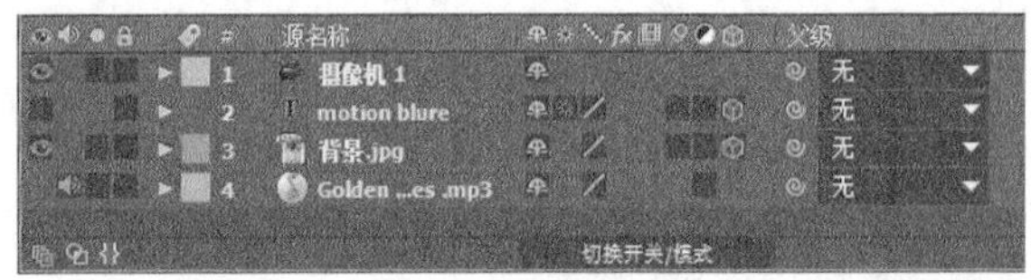

图2-58

功能区域2功能详解

* 显示图标：其作用是在预览窗口中显示或者隐藏图层的画面内容。当打开“显示”时，图层的画面内容会显示在预览窗口中；相反，当关闭“显示”时，在预览窗口看不到图层的画面内容。

* 音频图标：在时间轴中添加了音频文件以后，图层上会生成“音频”图标，单击“音频”图标就会消失，再次预览的时候就听不到声音了。

* 单独显示：在图层中激活“单独显示”图标以后，其他层的显示图标就会从黑色变成灰色，在“合成”面板上就只会显示出激活“单独显示”功能的图层，其他图层则暂停显示画面内容，如图2-59所示。

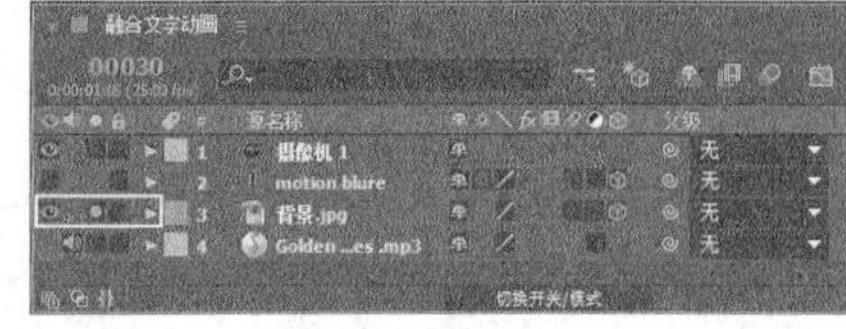

图2-59

* 锁定图标：显示该图标表示相关的图层处于锁定状态，再次单击该图标就可以解除锁定。一个图层被锁定后，就不能再通过鼠标来选择这个层了，也不能再应用任何效果。这个功能通常会应用在已经完成全部制作的图层上，从而避免由于失误而删除或者损坏制作完成的内容。

* 三角图标：用鼠标单击三角形图标以后，三角形指向下方，同时显示出图层的相应属性，如图2-60所示。

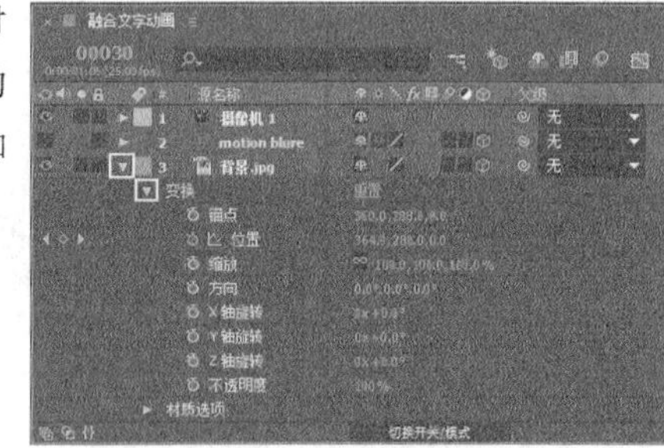

图2-60

* 标签颜色图标：单击标签图标色块后，会有多种颜色选项，如图2-61所示。用户只要从中选择自己需要的颜色就可以改变标签的颜色。其中，“选择标签组”命令是用来选择所有具有相同颜色的层的。

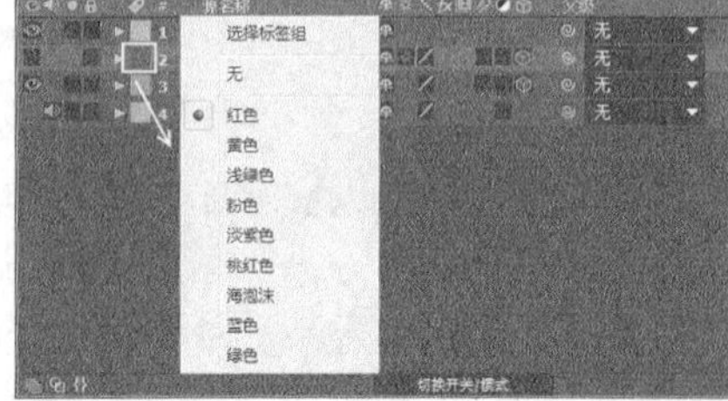

图2-61

* 编号图标：用来标注图层的编号，它会从上到下依次显示出图层的编号，如图2-62所示。

图2-62

* 源名称 /图层名称 ：用鼠标单击“源名称”后，就会变成“图层名称”。这里，素材的名称不能更改，而图层的名称则可以更改，只要按Enter键就可以改变图层的名称。

* 隐藏图层 ：用来隐藏指定的图层。当项目的图层特别多的时候，该功能的作用尤为明显。

* 栅格化 ：当图层是“合成”或*.ai文件时才可以使用“栅格化”命令。应用该功能后，“合成”图层的质量会提高，渲染时间会减少。也可以不使用“栅格化”功能，以使*.ai文件在变形后保持最高分辨率与平滑度。

* 抗锯齿 ：这里显示的是从预览窗口中看到的图像的“质量”，单击可以在“低质量”和“高质量”这两种显示方式之间切换，如图2-63所示。

图2-63

* 特效图标 ：在图层上添加了特效滤镜以后，就会显示出该图标，如图2-64所示。

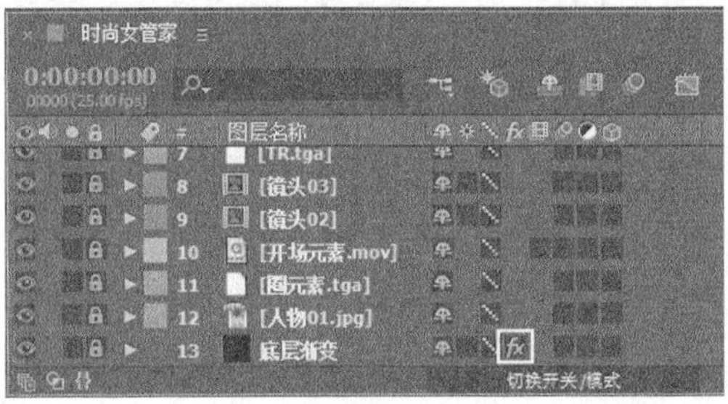

图2-64

* 帧混合、运动模糊 ：帧混合功能在视频快放或慢放时，进行画面的帧补偿应用。添加运动模糊的目的就在于增强快速移动场景或物体的真实感。

* 调节图层 ：调节图层在一般情况下是不可见的，它的主要作用是调节图层下面所有的图层都会受到调节图层上添加的特效滤镜的控制，一般在进行画面色彩校正的时候用得比较多，如图2-65所示。

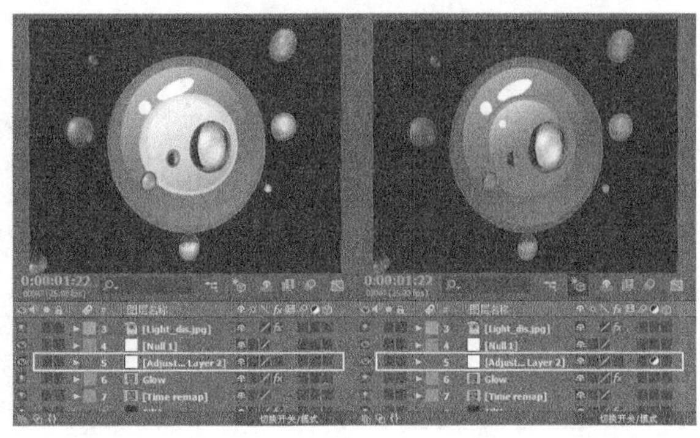

图2-65

* 三维空间按钮 ：其作用是将二维图层转换成带有深度空间信息的三维图层。

* 父子控制面板 ：将一个图层设置为父图层时，对父图层的操作（位移、旋转和缩放等）将影响到它的子图层，而对子图层的操作则不会影响到父图层。父子图层犹如一个太阳系，如图2-66所示。在太阳系中，行星围绕着恒星（太阳）旋转，太阳带着这些行星在银河系中运动，因此太阳就是这些行星的父图层，而行星就是太阳的子图层。

图2-66

* ：用来展开或折叠图2-67所示的“开关”面板，也就是矩形框选的部分。

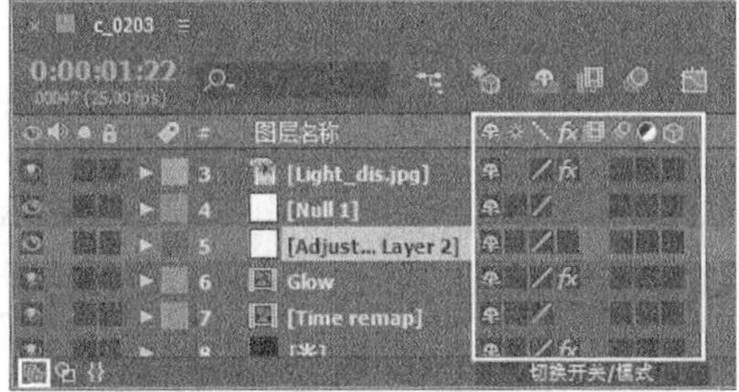

图2-67

* ：用来展开或折叠图2-68所示的“样式”面板，也就是矩形框选的部分。

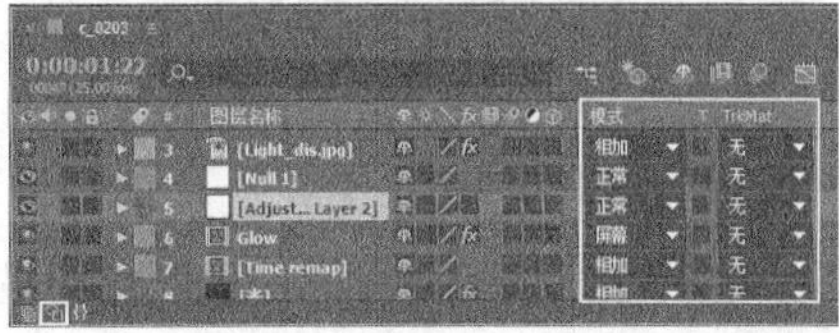

图2-68

* ▣：用来展开或折叠如图2-69所示的“入点”“出点”“持续时间”和“伸缩”面板。

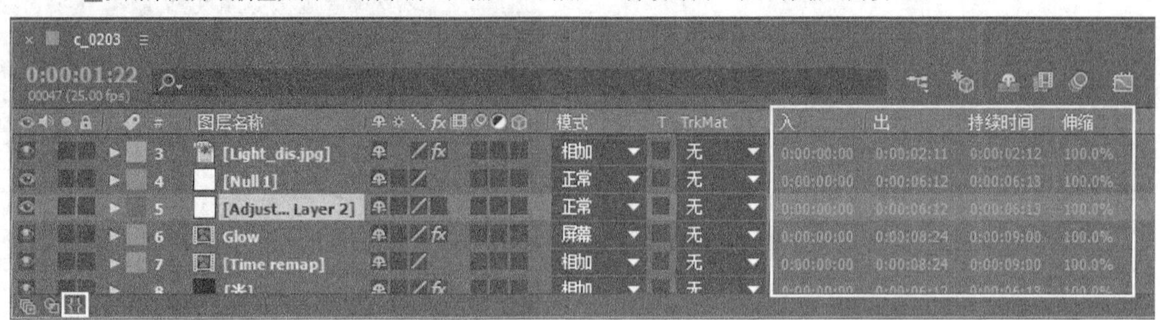

图2-69

※ 切换开关/模式：单击该按钮可以在“开关”面板和“样式”面板间切换。执行该操作，在时间轴面板中只能显示其中的一个面板。当然，如果同时打开了“开关”和“样式”按钮，那么该选项将会被自动隐藏掉。

3.功能区域3

下面来学习如图2-70所示的区域，也就是“功能区域3”。

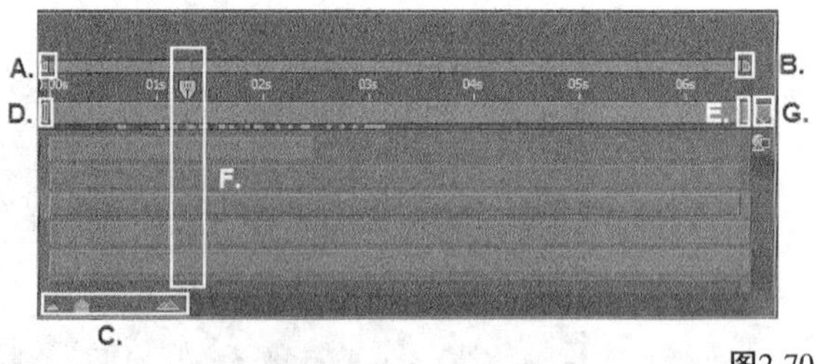

图2-70

功能区域3功能详解

※ 图中标识的A、B和C部分用来调节时间轴标尺的放大与缩小显示。这里的放大和缩小与“合成”窗口中预览时的缩放操作不一样，这里是指显示时间段的精密程度。将图2-71的移动滑块拖曳至最右侧，时间标尺以帧为单位进行显示，此时可以进行更加精确的操作。

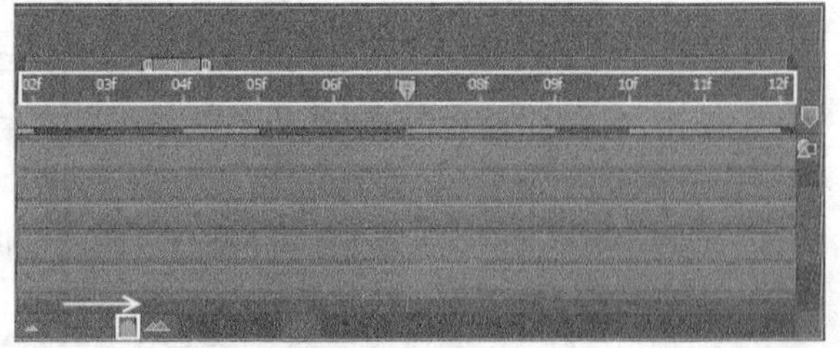

图2-71

※ 图中标识的D和E部分用来设置项目合成工作区域的开始点和结束点。

※ 图中标识的F部分为时间指针在当前所处的时间位置点。按住滑块，然后左右移动，通过移动时间标签可以确定当前所在的时间位置。

※ 图中标识的G部分为标记点按钮。在“时间轴”面板右侧单击“合成标记素材箱”，就会在时间指针所在的位置上显示出数字1，还可以拖曳标记滑块到所需的位置，这时松开鼠标就可以生成新的标记滑块了，生成的标记滑块会按照顺序显示，如图2-72所示。

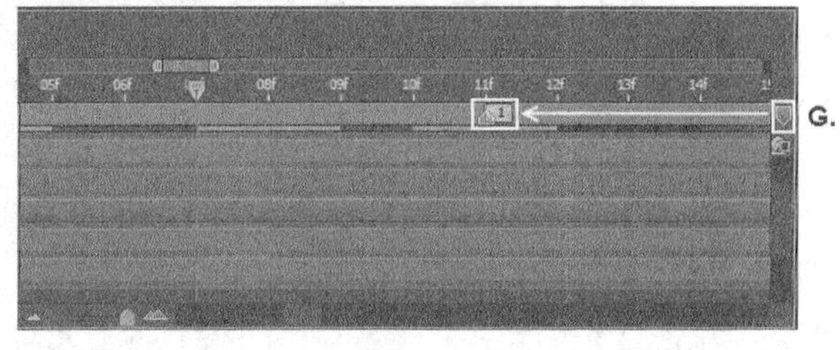

图2-72

2.4.4 工具面板

在制作项目的过程中，读者经常要用到“工具”面板中的一些工具，如图2-73所示。这些都是项目操作中使用频率极高的工具，希望读者熟练掌握。

图2-73

工具详解

* 选取工具▣：主要作用就是选择图层和素材等，快捷键为V。

* 手形工具▣：与Photoshop中的功能一样，它能够在预览窗口中整体移动画面，快捷键为H。

* 缩放工具▣：缩放工具具有放大与缩小画面显示的功能，快捷键为Z。默认的放大工具是呈▣状，在“合成”面板中单击鼠标左键将会放大画面，每次的放大比例是100%。如果缩小画面，在选取“缩放工具”后按住Alt键，光标就会呈▣状，这时候单击鼠标左键就会缩小画面。

* 旋转工具：当在“工具”面板中选择了“旋转工具”之后，会发现工具箱的右侧会出现图2-74所示的两个选项。这两个选项表示在使用三维图层的时候，将通过什么方式进行旋转操作，它们只适合于三维图层，因为只有三维层才具有x、y和z轴，在“方向”的属性中只能改动x、y和z中的一个，而“旋转”则可以旋转各个轴。该工具的快捷键为W。

图2-74

* 摄像机工具：在After Effects的工具面板中有4个摄像机控制工具，分别可以用来调节摄像机的位移、旋转和推拉等，如图2-75所示。该工具的快捷键为C。

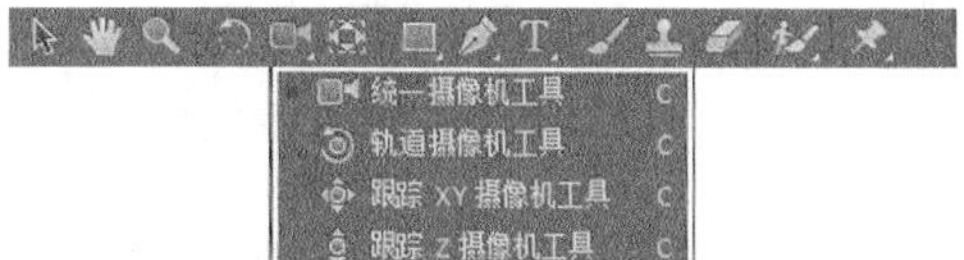

图2-75

* 轴心点工具：主要用于改变图层中心点的位置。确定了中心点就意味着将按照哪个轴点进行旋转、缩放等。在图2-76中演示了不同位置的轴心点对画面元素缩放的影响。该工具的快捷键为Y。

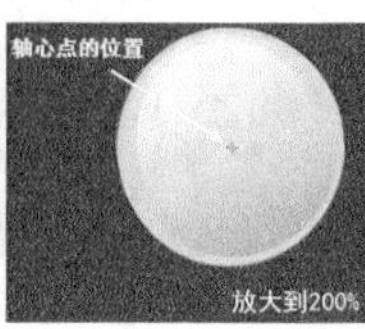

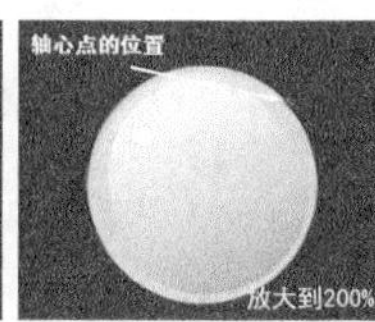

图2-76

* 矩形工具：使用矩形工具可以创建相对比较规整的蒙版。在该工具上按住鼠标左键，数秒后将打开子菜单，其中包含5个子工具，如图2-77所示。该工具的快捷键为Q。

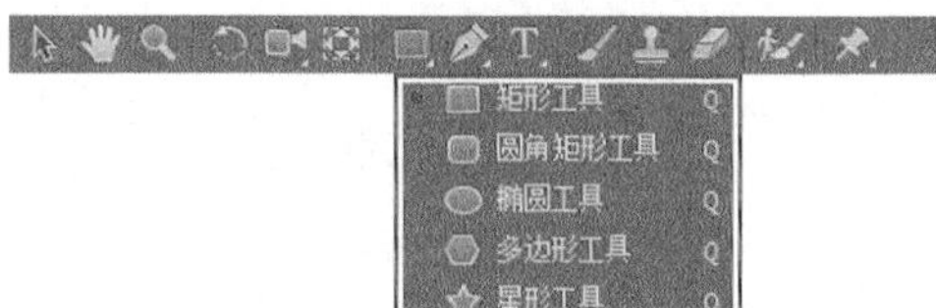

图2-77

* 钢笔工具：使用“钢笔工具”可以创建出任意形状的蒙版。在该工具上按住鼠标左键，数秒后将打开子菜单，其中包含5个子工具，如图2-78所示。该工具的快捷键为G。

图2-78

* 文字工具（快捷键Ctrl+T）：在该工具上按住鼠标左键，数秒后将打开子菜单，其中包含两个子工具，分别为“横排文字工具”和“竖排文字工具”，如图2-79所示。该工具的快捷键为Ctrl+T。

图2-79

* 绘图工具（快捷键Ctrl+B）：绘图工具由“画笔工具”、“仿制图章工具”和“橡皮擦工具”组成。

• 画笔工具：该工具可以在图层上绘制出需要的图像，但“画笔工具”并不能单独使用，而是要配合“绘画”面板、“画笔”面板一起使用。

• 仿制图章工具：该工具和Photoshop中的“仿制图章工具”一样，可以复制需要的图像并应用到其他部分生成相同的内容。

• 橡皮擦工具：该工具可以擦除图像，可以调节它的笔触大小，加宽或者缩小区域等属性来控制擦除区域的大小。

* Roto：该工具可以对画面进行自动抠像处理。例如，把非蓝绿屏拍摄的人物从背景里分离开来，如图2-80所示。该工具的快捷键为Alt+W。

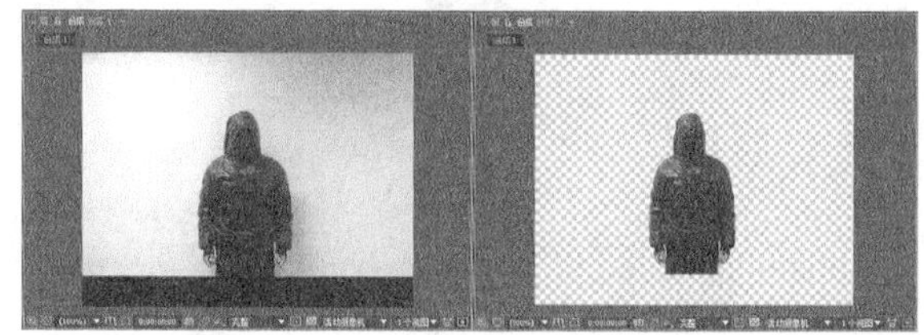

图2-80

* 操控点工具：在该工具上按住鼠标左键，数秒后将打开子菜单，其中包含3个子工具，如图2-81所示。使用“操控点”工具可以为光栅图像或矢量图形快速创建出非常自然的动画。该工具的快捷键为Ctrl+P。

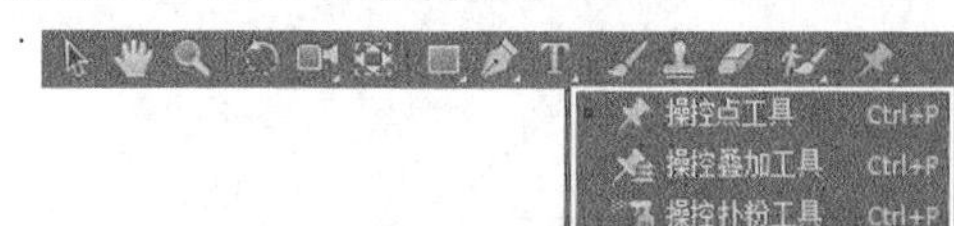

图2-81

2.5 After Effects CC的命令菜单

After Effects CC菜单栏中共有9个菜单，分别是“文件”“编辑”“合成”“图层”“特效”“动画”“视图”“窗口”和“帮助”菜单，如图2-82所示。

文件(F) 编辑(E) 合成(C) 图层(L) 效果(T) 动画(A) 视图(V) 窗口 帮助(H)

图2-82

本节知识点

名称	作用	重要程度
文件	针对项目文件的一些基本操作	中
编辑	包含一些常用的编辑命令	中
合成	设置合成的相关参数以及对合成的一些基本操作	中
图层	包含与图层相关的大部分命令	中
效果	集成了After Effects中的所有滤镜	中
动画	设置动画关键帧以及关键帧的属性	中
视图	设置视图的显示方式	中
窗口	打开或关闭浮动窗口或面板	中
帮助	软件的辅助工具	中

2.5.1 文件

“文件”菜单中的命令主要是针对项目文件的一些基本操作，如图2-83所示。

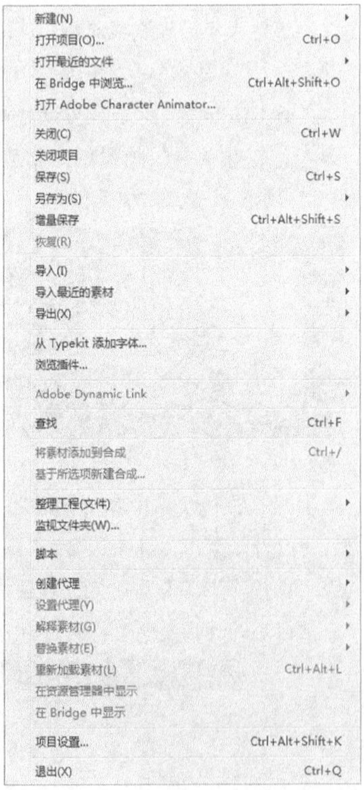

新建(N)
打开项目(O)... Ctrl+O
打开最近的文件
在 Bridge 中浏览... Ctrl+Alt+Shift+O
打开 Adobe Character Animator...
关闭(C) Ctrl+W
关闭项目
保存(S) Ctrl+S
另存为(S)
增量保存 Ctrl+Alt+Shift+S
恢复(R)
导入(I)
导入最近的素材
导出(X)
从 Typekit 添加字体...
浏览插件...
Adobe Dynamic Link
查找 Ctrl+F
将素材添加到合成 Ctrl+/
基于所选项新建合成...
整理工程(文件)
监视文件夹(W)...
脚本
创建代理
设置代理(Y)
解释素材(G)
替换素材(E)
重新加载素材(L) Ctrl+Alt+L
在资源管理器中显示
在 Bridge 中显示
项目设置... Ctrl+Alt+Shift+K
退出(X) Ctrl+Q

图2-83

2.5.2 编辑

“编辑”菜单中包含一些常用的编辑命令，如图2-84所示。

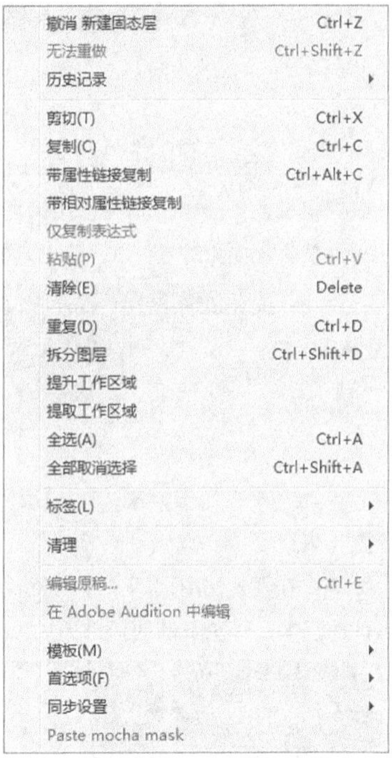

撤消 新建固态层 Ctrl+Z
无法重做 Ctrl+Shift+Z
历史记录
剪切(T) Ctrl+X
复制(C) Ctrl+C
带属性链接复制 Ctrl+Alt+C
带相对属性链接复制
仅复制表达式
粘贴(P) Ctrl+V
清除(E) Delete
重复(D) Ctrl+D
拆分图层 Ctrl+Shift+D
提升工作区域
提取工作区域
全选(A) Ctrl+A
全部取消选择 Ctrl+Shift+A
标签(L)
清理
编辑原稿... Ctrl+E
在 Adobe Audition 中编辑
模板(M)
首选项(F)
同步设置
Paste mocha mask

图2-84

2.5.3 合成

“合成”菜单中的命令主要用于设置合成的相关参数以及对合成的一些基本操作，如图2-85所示。

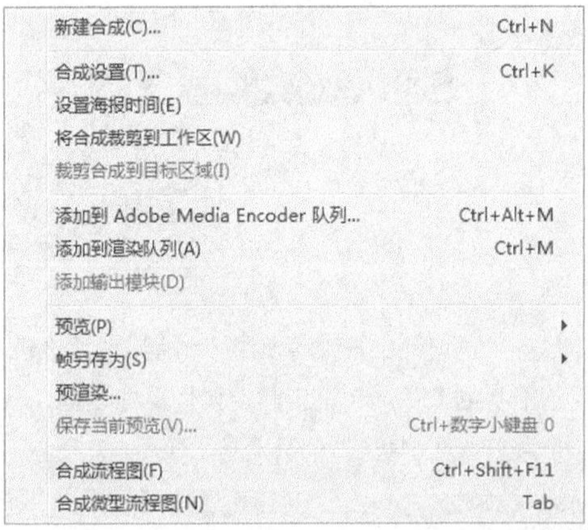

新建合成(C)... Ctrl+N
合成设置(T)... Ctrl+K
设置海报时间(E)
将合成裁剪到工作区(W)
裁剪合成到目标区域(I)
添加到 Adobe Media Encoder 队列... Ctrl+Alt+M
添加到渲染队列(A) Ctrl+M
添加输出模块(D)
预览(P)
帧另存为(S)
预渲染...
保存当前预览(V)... Ctrl+数字小键盘 0
合成流程图(F) Ctrl+Shift+F11
合成微型流程图(N) Tab

图2-85

2.5.4 图层

“图层”菜单中包含与图层相关的大部分命令，如图2-86所示。

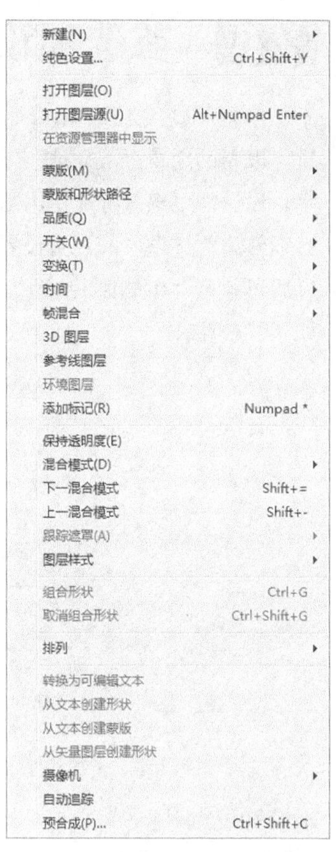

图2-86

2.5.5 效果

“效果”菜单主要集成了一些滤镜相关的命令，如图2-87所示。

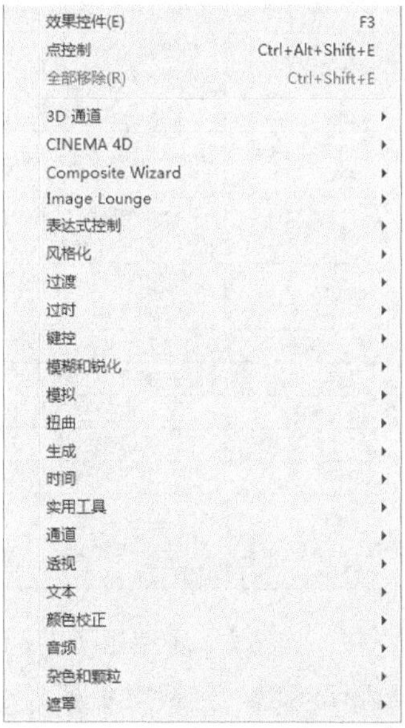

效果控件(E) F3
点控制 Ctrl+Alt+Shift+E
全部移除(R) Ctrl+Shift+E
3D 通道
CINEMA 4D
Composite Wizard
Image Lounge
表达式控制
风格化
过渡
过时
键控
模糊和锐化
模拟
扭曲
生成
时间
实用工具
通道
透视
文本
颜色校正
音频
杂色和颗粒
遮罩

图2-87

2.5.6 动画

“动画”菜单中的命令主要用于设置动画关键帧以及关键帧的属性，如图2-88所示。

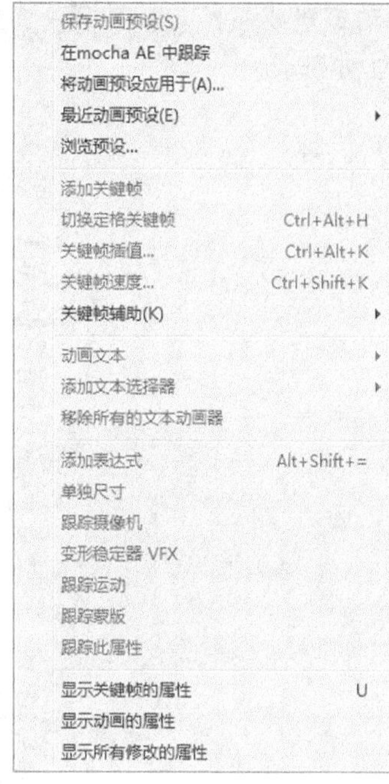

图2-88

2.5.7 视图

“视图”菜单中的命令主要用来设置视图的显示方式，如图2-89所示。

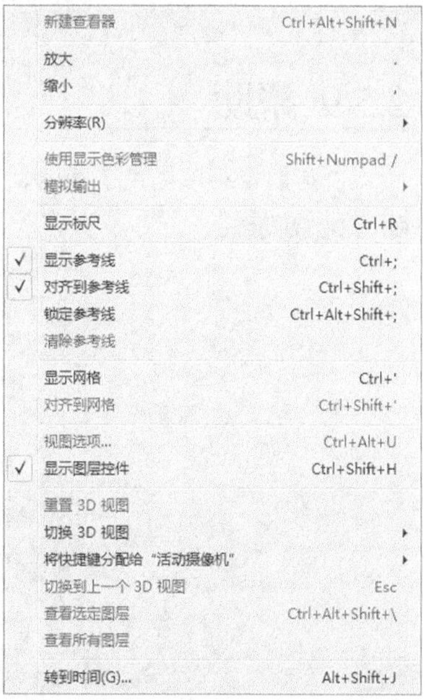

新建查看器 Ctrl+Alt+Shift+N
放大 .
缩小 ,
分辨率(R)
使用显示色彩管理 Shift+Numpad /
模拟输出
显示标尺 Ctrl+R
✓ 显示参考线 Ctrl+;
✓ 对齐到参考线 Ctrl+Shift+;
锁定参考线 Ctrl+Alt+Shift+;
清除参考线
显示网格 Ctrl+'
对齐到网格 Ctrl+Shift+'
视图选项... Ctrl+Alt+U
✓ 显示图层控件 Ctrl+Shift+H
重置 3D 视图
切换 3D 视图
将快捷键分配给“活动摄像机”
切换到上一个 3D 视图 Esc
查看选定图层 Ctrl+Alt+Shift+\
查看所有图层
转到时间(G)... Alt+Shift+J

图2-89

2.5.8 窗口

“窗口”菜单中的命令主要用于打开或关闭浮动窗口或面板，如图2-90所示。

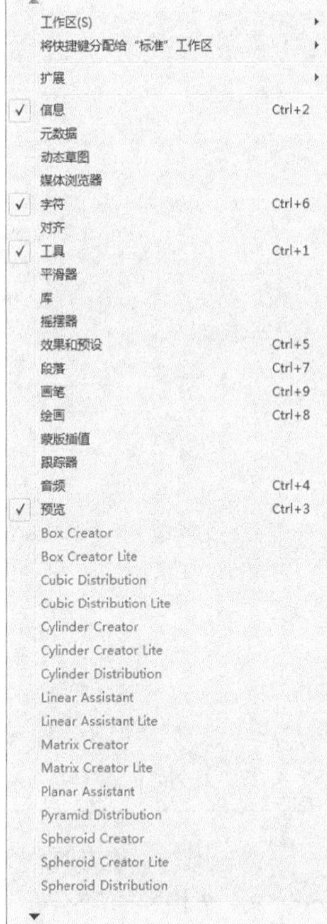

图2-90

2.5.9 帮助

“帮助”菜单提供了帮助、反馈和更新信息，如图2-91所示。

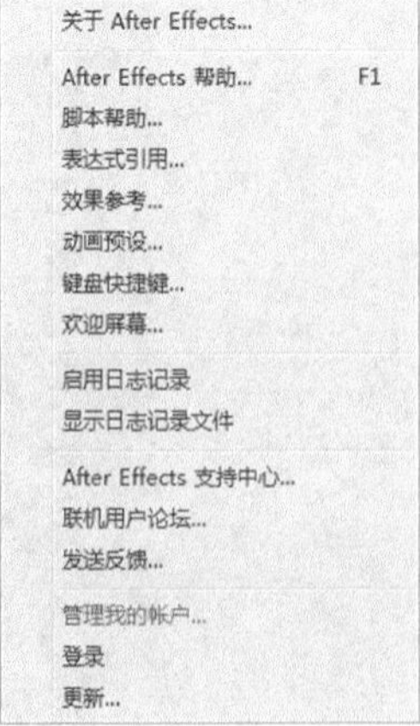

图2-91

2.6 首选项设置

掌握和使用After Effects首选项中的基本参数设置可以帮助用户最大化地利用有限资源，提升制作效率。设计师要想熟练地运用After Effects制作项目，就必须熟悉首选项中的参数设置。“首选项”对话框可以通过执行“编辑>首选项”菜单中的命令来打开，如图2-92所示。

常规(E)... Ctrl+Alt+;
预览(P)...
显示(D)...
导入(I)...
输出(O)...
网格和参考线...
标签(B)...
媒体和磁盘缓存...
视频预览(V)...
外观...
自动保存...
内存...
音频硬件...
音频输出映射...
同步设置...

图2-92

本节知识点

名称	作用	重要程度
常规	设置After Effects CC的运行环境	中
预览	设置预览画面的相关参数	中
显示	设置运动路径、图层缩略图等信息的显示方式	中
导入	设置静帧素材在导入合成中的相关信息	低
输出	设置存放溢出文件的存储路径以及输出参数	低
网格和参考线	设置网格和参考线的颜色以及线条数量和线条风格等	低
标签	设置标签的颜色及名称	低
媒体和磁盘缓存	设置内存和缓存的大小	低
视频预览	设置视频预览输出的硬件配置以及输出的方式等	低
外观	设置用户界面的颜色以及界面按钮的显示方式	低
自动保存	设置自动保存文件的相关信息	低
内存	设置是否使用多处理器进行渲染	低
音频硬件	设置当前使用的声卡	低
音频输出映射	对音频输出的左右声道进行映射	低
同步设置	设置需要同步的内容	低

2.6.1 常规

“常规”属性组主要用来设置After Effects的运行环境，包括对手柄大小的调整以及与整个操作系统协调性的设置，如图2-93所示。

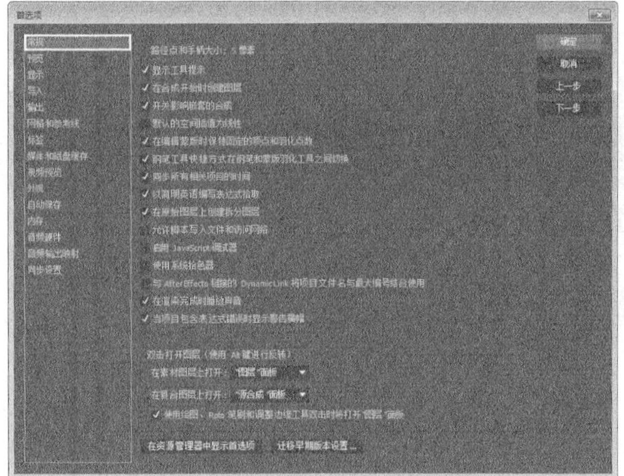

图2-93

2.6.2 预览

“预览”属性组主要用来设置预览画面的相关参数，如图2-94所示。

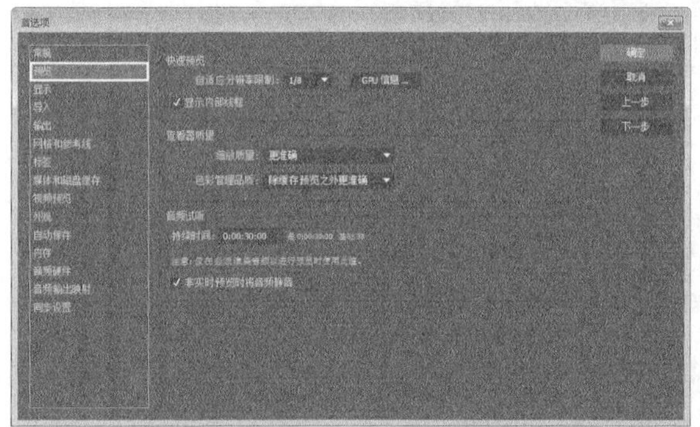

图2-94

2.6.3 显示

“显示”属性组主要用来设置运动路径、图层缩略图等信息的显示方式，如图2-95所示。

图2-95

2.6.4 导入

“导入”属性组主要用来设置静止素材在导入合成中显示出来的长度以及导入序列图片时使用的帧速率，同时也可以标注带有Alpha通道的素材的使用方式等，如图2-96所示。

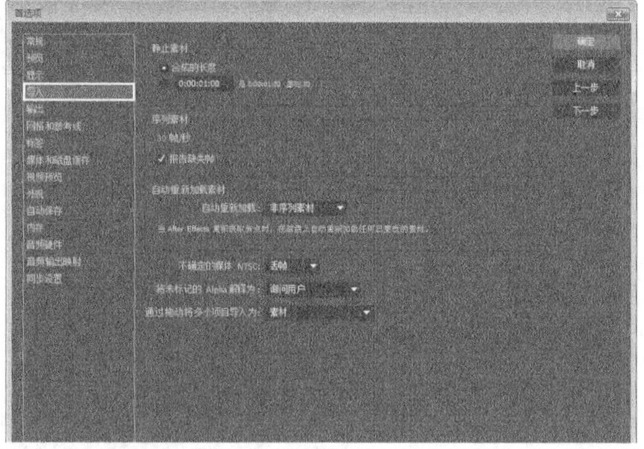

图2-96

2.6.5 输出

当输出文件的大小超过存储空间时，“输出”属性组主要用来设置存放溢出文件的存储路径，同时也可以设置序列输出文件的最大数量以及影片输出的最大容量等，如图2-97所示。

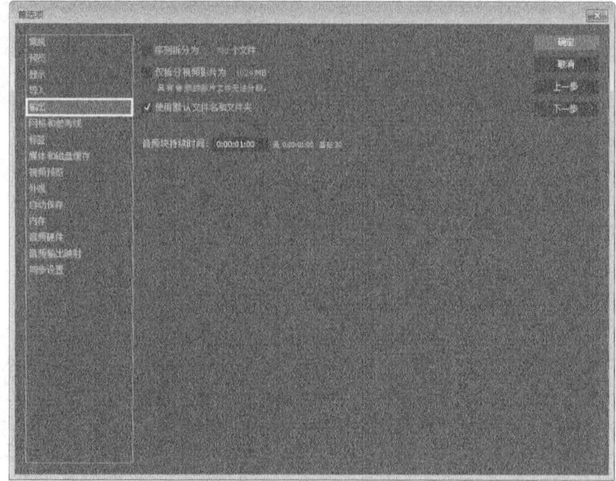

图2-97

2.6.6 网格和参考线

“网格和参考线”属性组主要用来设置网格和参考线的颜色以及线条数量和线条风格等，如图2-98所示。

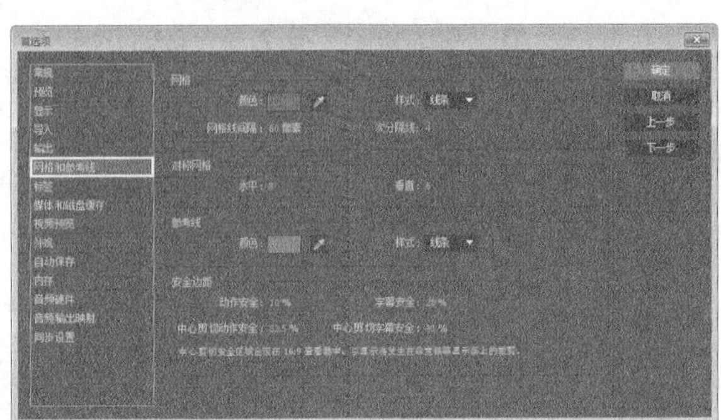

图2-98

2.6.7 标签

“标签”属性组包含两个部分，分别是“标签默认值”和“标签颜色”。“标签默认值”主要用来设置默认的几种元素的标签颜色，这些元素包括“合成”“视频”“音频”“静止图像”“文件夹”“空对象”“纯色”“摄像机”“灯光”“形状”“调整”和“文本”。“标签默认值”主要用来设置各种标签的颜色以及标签的名称，如图2-99所示。

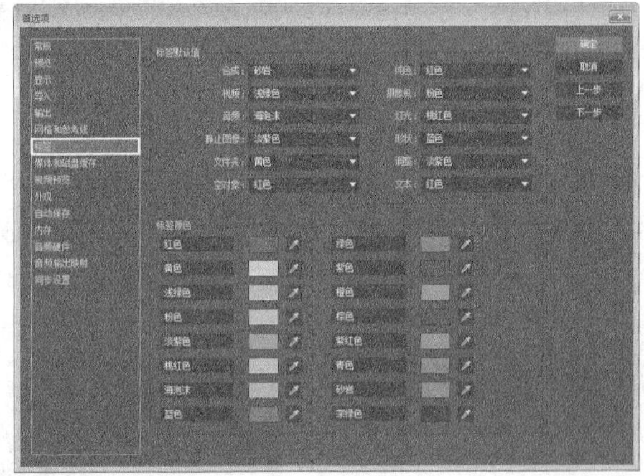

图2-99

2.6.8 媒体和磁盘缓存

“媒体和磁盘缓存”属性组主要用来设置内存和缓存的大小，如图2-100所示。

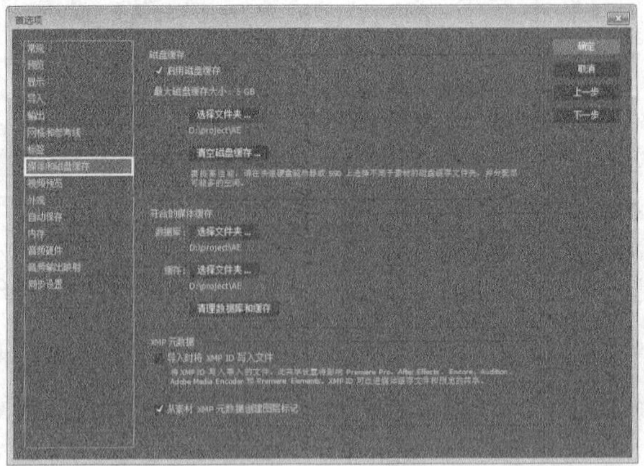

图2-100

2.6.9 视频预览

“视频预览”属性组主要用来设置视频预览输出的硬件配置以及输出的方式等，如图2-101所示。

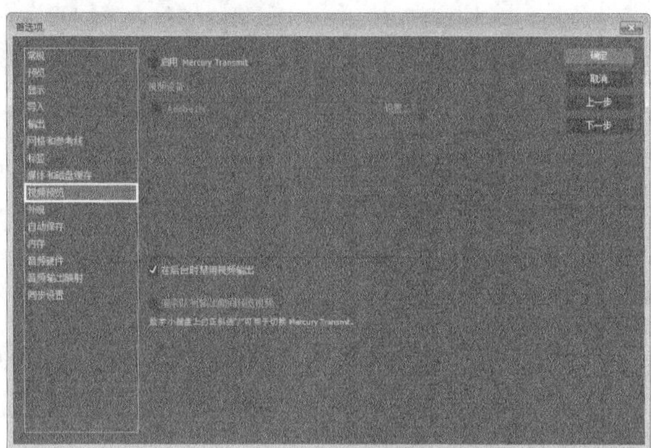

图2-101

2.6.10 界面

“界面”属性组主要设置用户界面的颜色以及界面按钮的显示方式，如图2-102所示。

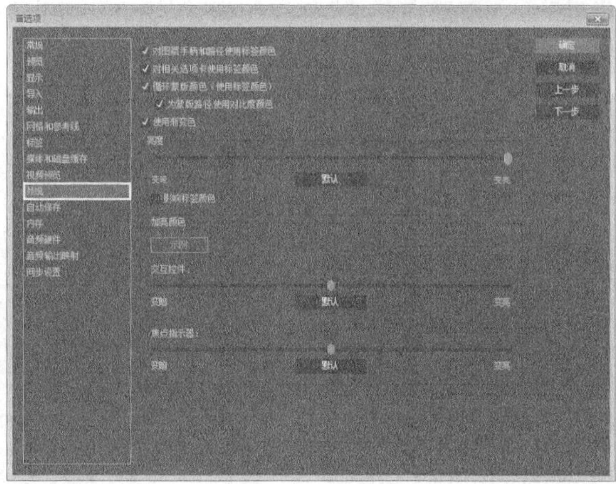

图2-102

2.6.11 自动保存

“自动保存”属性组用来设置自动保存工程文件的时间间隔和文件自动保存的最大个数，如图2-103所示。

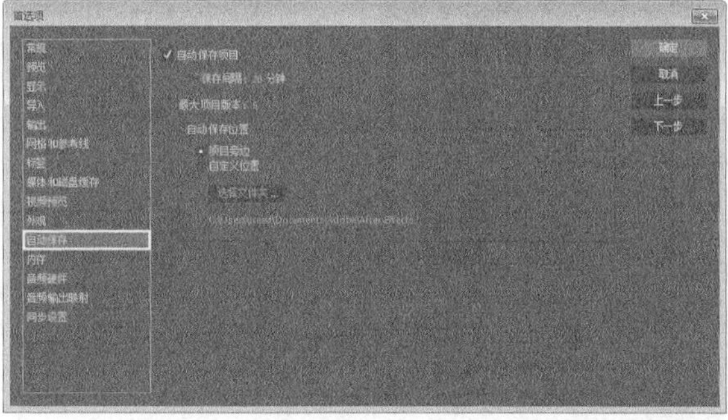

图2-103

2.6.12 内存

“内存”属性组主要用来设置是否使用多处理器进行渲染，这个功能是基于当前设置的存储器和缓存设置，如图2-104所示。

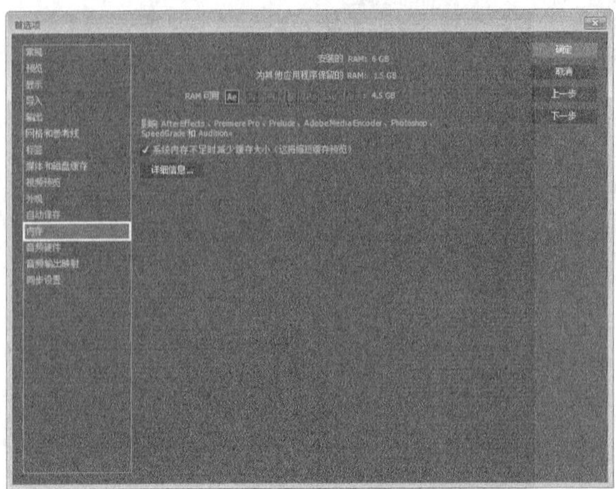

图2-104

2.6.13 音频硬件

“音频硬件”属性组用来设置当前使用的声卡，如图2-105所示。

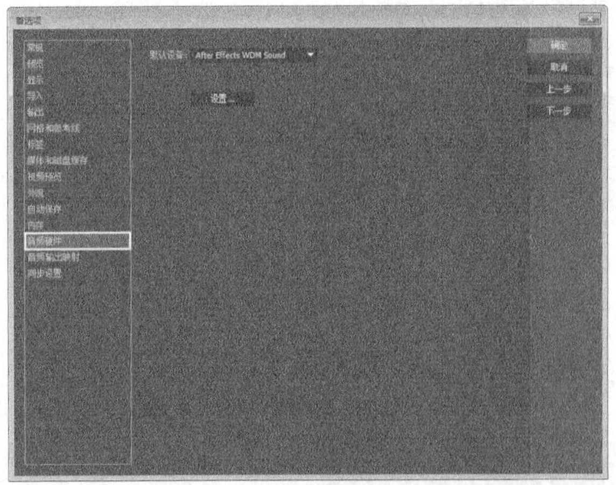

图2-105

2.6.14 音频输出映射

“音频输出映射”属性组用来对音频输出的左右声道进行映射，如图2-106所示。

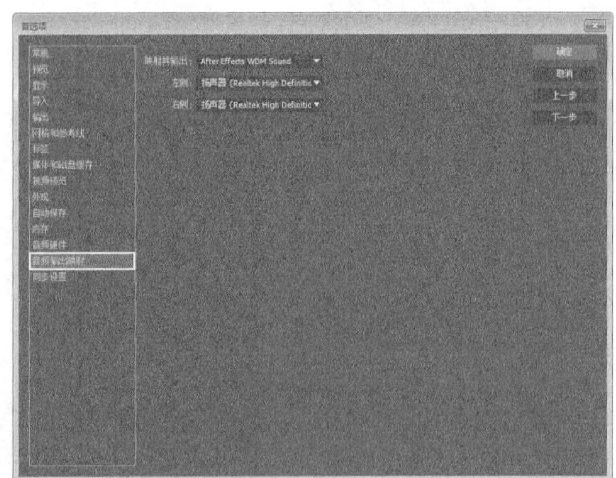

图2-106

2.6.15 同步设置

“同步设置”属性组用来将一台计算机中的After Effects设置信息复制到其他计算机上，如图2-107所示。

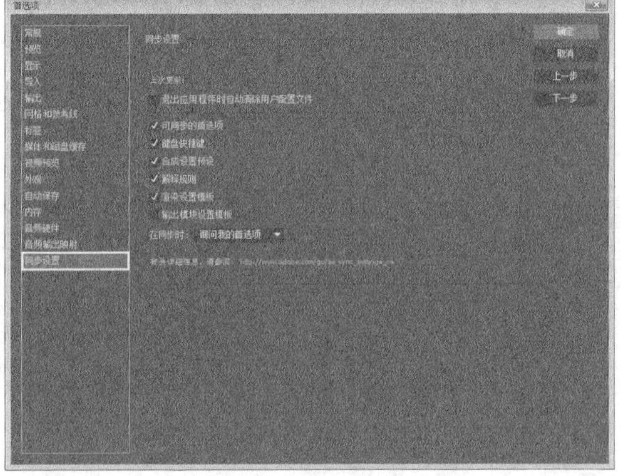

图2-107

提示 在实际工作的“首选项”设置中，我们一般会在“导入”属性组中设置“图像序列”为“25 帧/秒”，提高“外观”属性组中的“亮度”，在“自动保存”属性组中选择“自动保存项目”。

第3章 After Effects CC的工作流程

本章主要介绍After Effects CC的基本工作流程，遵循After Effects CC的工作流程既可提升工作效率，又能避免出现不必要的错误和麻烦。

课堂学习目标

- 掌握导入与管理素材的方法
- 掌握创建项目合成的方法
- 掌握添加特效滤镜的方法
- 掌握设置动画关键帧的方法
- 掌握预览画面的方法
- 掌握输出视频的方法

3.1 素材的导入与管理

当开始一个项目时，首先要完成的工作便是将素材导入项目。

素材是After Effects的基本构成元素，在After Effects中可导入的素材包括动态视频、静帧图像、静帧图像序列、音频文件、Photoshop分层文件、Illustrator文件、After Effects工程中的其他合成、Premiere工程文件以及Flash输出的swf文件等。

本节知识点

名称	作用	重要程度
一次性导入素材	掌握一次性导入一个或多个素材的方法	高
连续导入素材	掌握连续导入单个或多个素材的方法	高
以拖曳方式导入素材	掌握以拖曳方式导入素材的方法	高

3.1.1 课堂案例——科技苑

素材位置　实例文件>CH03>课堂案例——科技苑
实例位置　实例文件>CH03>课堂案例——科技苑
难易指数　★★☆☆☆
学习目标　掌握After Effects CC的基本工作流程

本案例的制作效果如图3-1所示。

图3-1

（1）启动After Effects CC，执行“文件>导入>文件”菜单命令，然后在“导入文件”对话框中打开下载资源中的“实例文件>CH03>课堂案例——科技苑>Logo.psd”文件，接着选择Logo.psd文件，最后单击“导入”按钮，如图3-2所示。

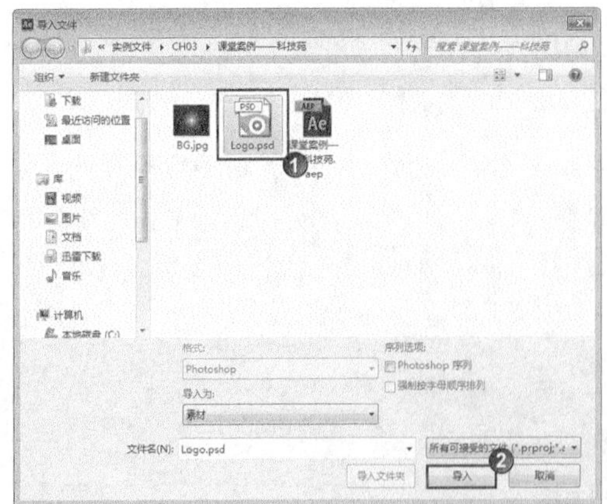

图3-2

（2）在打开的对话框中设置“导入种类”为“合成 - 保持图层大小”，然后选择“可以编辑的图层样式”选项，接着单击“确定”按钮，如图3-3所示。

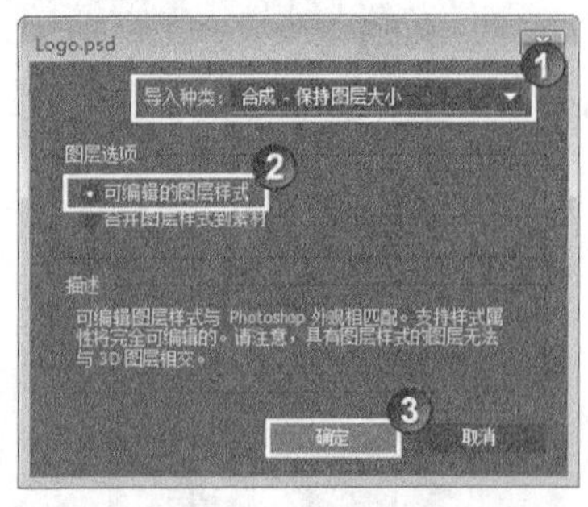

图3-3

（3）执行“文件>导入>文件”菜单命令，导入下载资源中的“实例文件>CH03>课堂案例——科技苑>BG.jpg”文件，这样在“项目”面板中就会显示导入的文件，如图3-4所示。

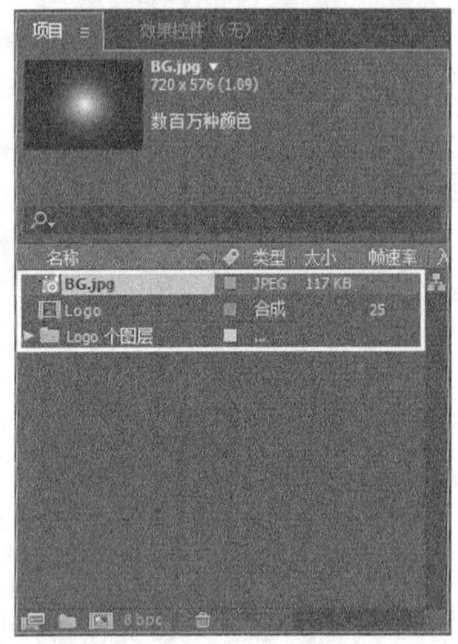

图3-4

（4）执行“合成>新建合成”菜单命令，然后在打开的“合成设置”对话框中设置“合成名称”为“科技苑”、“预设”为PAL D1/DV、“持续时间”为3秒，接着单击“确定”按钮，如图3-5所示。

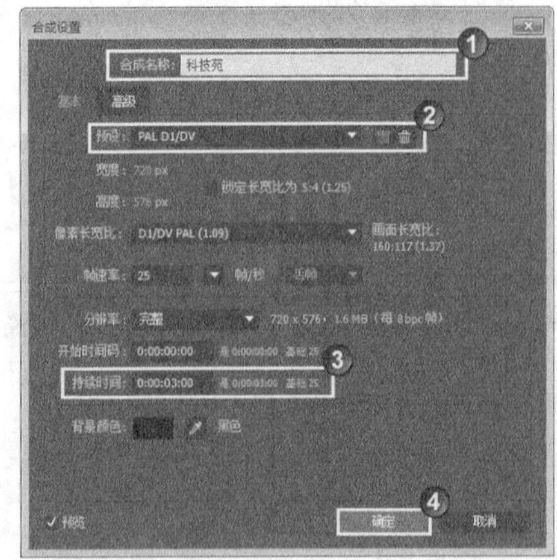

图3-5

（5）在“项目”面板中选择BG.jpg文件，然后将其拖曳到“时间轴”面板中，此时“合成”面板中会显示BG.jpg文件中的内容，如图3-6所示。接着将Logo文件拖曳到“时间轴”面板中的顶层，如图3-7所示。

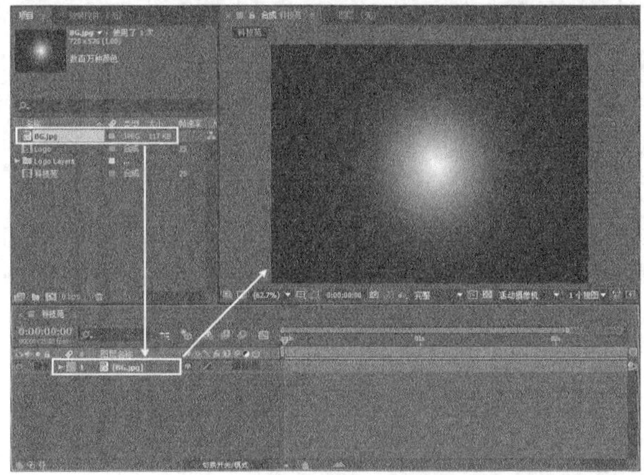

图3-6

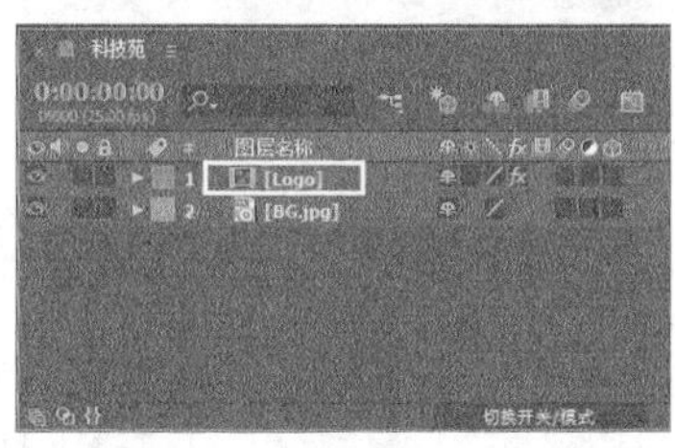

图3-7

（6）在“时间轴”面板中选择Logo图层，然后执行“效果>扭曲>CC Lens（CC镜头）”菜单命令，如图3-8所示。

图3-8

（7）在“时间轴”面板中展开Logo图层的“效果>CC Lens（CC镜头）> Size（大小）”属性，然后在第0帧处激活关键帧，在第2秒处设置Size（大小）为200，如图3-9所示。

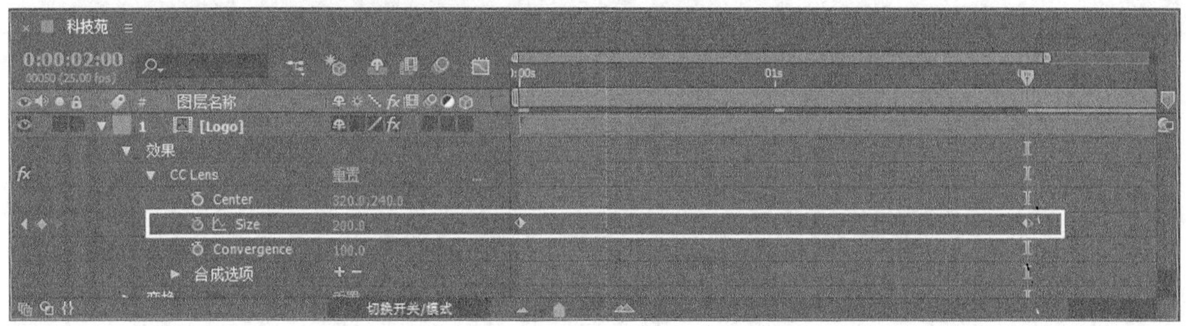

图3-9

（8）按数字键0键预览画面效果，如图3-10所示。

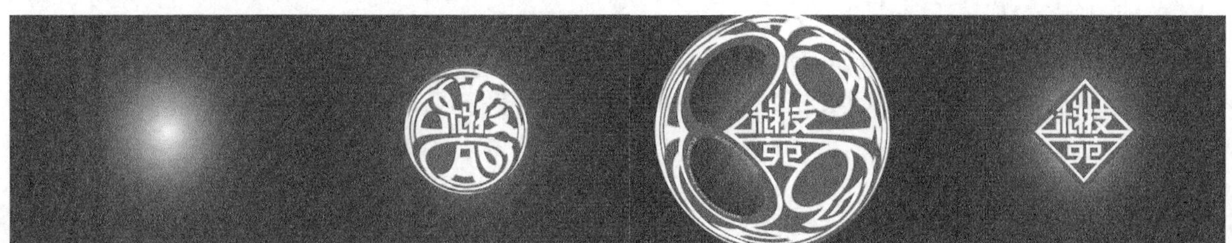

图3-10

（9）预览结束后执行“合成>添加到渲染队列”菜单命令，进行视频的输出工作。然后在“渲染队列”面板中单击“输出到”属性的蓝色字样，接着在打开的“将影片输出到”对话框中指定输出路径，最后单击“渲染”按钮即可，如图3-11所示。

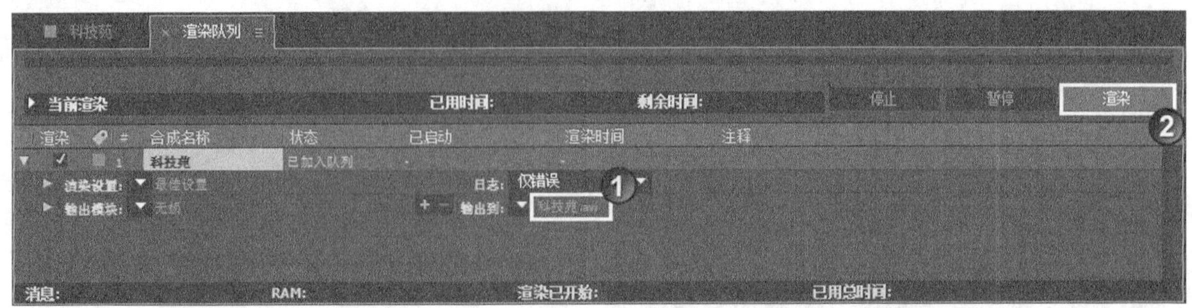

图3-11

3.1.2 一次性导入素材

将素材导入到“项目”面板中的方法有多种，首先介绍一次性导入的方法。

执行“文件>导入>文件”菜单命令或按快捷键Ctrl+I打开“导入文件”对话框，然后在磁盘中选择需要导入的素材，接着单击“打开”按钮即可将素材导入到“项目”面板中，如图3-12所示。

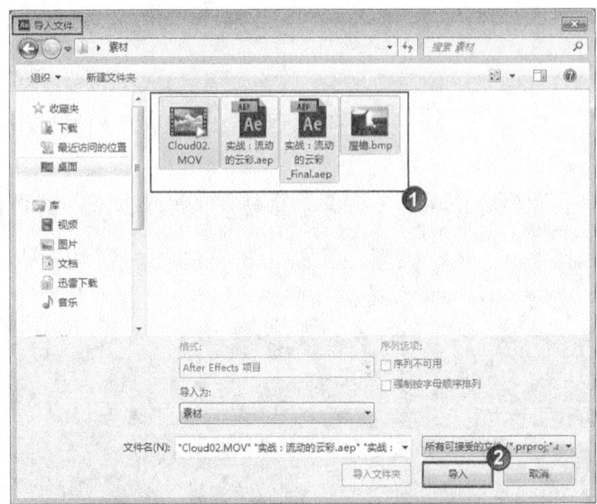

图3-12

如果需要导入多个单一的素材文件，可以配合使用Ctrl键加选素材。

在“项目”面板的空白区域单击鼠标右键，然后在打开的菜单中执行“导入>文件”命令也可以导入素材。

提示 在“项目”面板的空白区域双击可以打开“导入文件”对话框。

3.1.3 连续导入素材

执行“文件>导入>多个文件”菜单命令或按快捷键Ctrl+Alt+I打开“导入多个文件”对话框，选择需要的单个或多个素材，接着单击“打开”按钮即可导入素材，如图3-13所示。

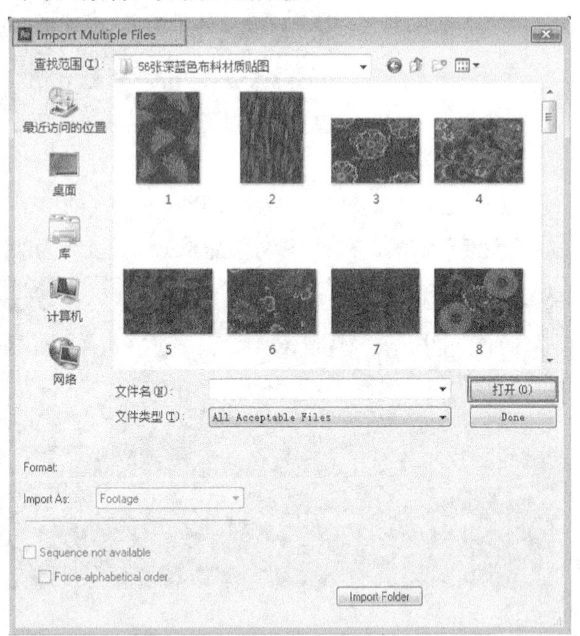

图3-13

提示 在“项目”面板的空白区域单击鼠标右键，然后在打开的菜单中执行“导入>多个文件”命令也可以达到相同的效果。

从图3-12和图3-13中不难发现这两种导入素材方式的差别。图3-12中显示的是“打开”和“取消”按钮，也就是说在导入素材的时候只能一次性完成，选择好素材后单击“打开”按钮就可以导入素材。

而图3-13中显示的是“打开”和“完成”按钮，选择好素材后单击“打开”按钮即可导入素材，但是“导入多个文件”对话框仍然不会关闭，此时还可以继续导入其他的素材，只有单击“完成”按钮后才能完成导入操作。

3.1.4 以拖曳方式导入素材

在Windows系统资源管理器或Adobe Bridge窗口中，选择需要导入的素材文件或文件夹，然后直接将其拖曳到“项目”面板中，即可完成导入素材的操作，如图3-14所示。

图3-14

提示 如果通过执行“文件>在Bridge中浏览”菜单命令方式来浏览素材，则可以直接用双击素材的方法把素材导入到“项目”面板中。

在“导入文件”对话框中选择“序列”选项，这样就可以以序列的方式导入素材，最后单击“打开”按钮完成导入，如图3-15所示。

图3-15

提示 如果只需导入序列文件中的一部分，可以在选择“序列”选项后，框选需要导入的部分素材，最后单击“打开”按钮。

在导入含有图层的素材文件时，After Effects可以保留文件中的图层信息，如Photoshop的psd文件和Illustrator的ai文件，可以选择以“素材”或“合成”的方式进行导入，如图3-16所示。

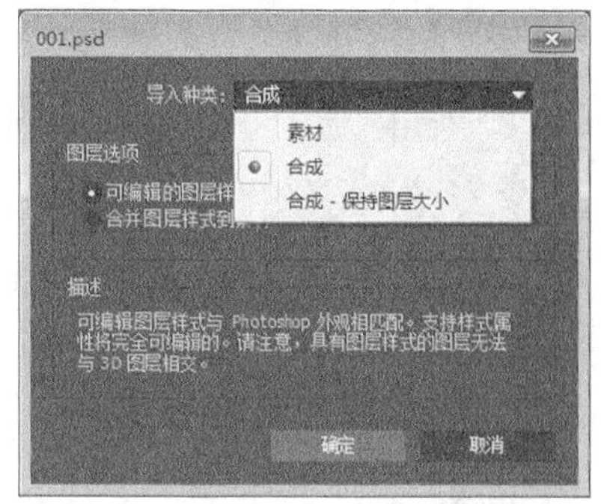

图3-16

当以“合成”方式导入素材时，After Effects会将整个素材作为一个合成。在合成里面，原始素材的图层信息可以得到最大限度的保留，用户可以在这些原有图层的基础上再次制作一些特效和动画。此外，采用“合成”方式导入素材时，还可以将“图层样式”信息保留下来，也可以将图层样式合并到素材中。

如果以“素材”方式导入素材，用户可以选择以“合并图层”的方式将原始文件的所有图层合并后一起进行导入。用户也可以选择“选择图层”的方式选择某些特定图层作为素材进行导入。

另外，选择单个图层作为素材进行导入时，还可以选择导入的素材尺寸是按照“文档大小”还是按照“图层大小”进行导入，如图3-17所示。

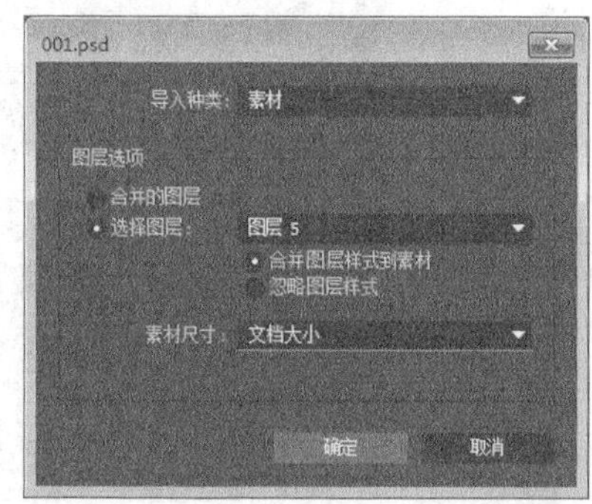

图3-17

3.2 创建项目合成

将素材导入项目窗口之后就需要创建项目合成。没有项目合成的建立就无法正常进行素材的特技处理。

在After Effects CC中，一个工程项目中允许创建多个合成，而且每个合成都可以作为一段素材应用到其他的合成中。一个素材可以在单个合成中被多次使用，也可以在多个不同的合成中同时被使用，如图3-18所示。

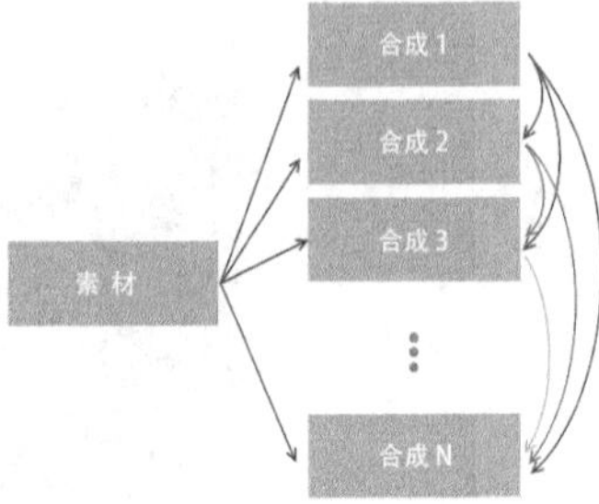

图3-18

本节知识点

名称	作用	重要程度
项目设置	掌握正确进行项目设置的方法	高
创建合成	掌握创建合成的几种方法以及合成的相关参数设置	高

3.2.1 设置项目

正确的项目设置可以帮助用户在输出影片时避免发生一些不必要的错误和结果，执行“文件>项目设置”菜单命令可以打开“项目设置”对话框，如图3-19所示。

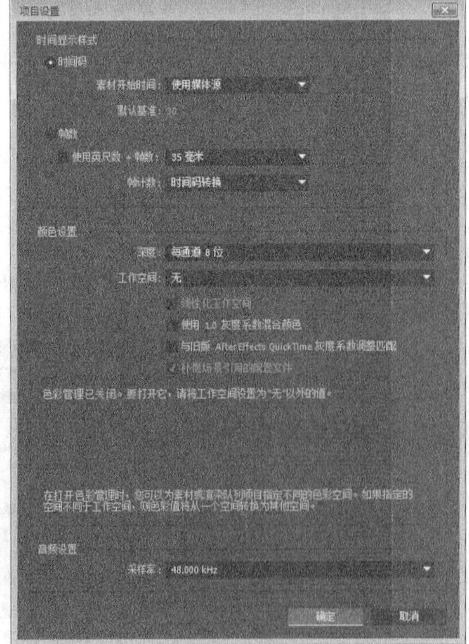

图3-19

在“项目设置”对话框中的参数主要分为3个部分，分别是时间显示、颜色管理和声音取样率。

其中，颜色设置是在设置项目时必须考虑的，因为它决定了导入的素材的颜色将如何被解析，以及最终输出的视频颜色数据将如何被转换。

3.3.2 创建合成

创建合成的方法主要有以下3种。

第1种：执行“合成>新建合成”菜单命令。

第2种：在“项目”面板中单击“新建合成工具”按钮。

第3种：按快捷键Ctrl+N。

创建合成时，After Effects会打开“合成设置”对话框，默认显示“基本”参数设置，如图3-20所示。

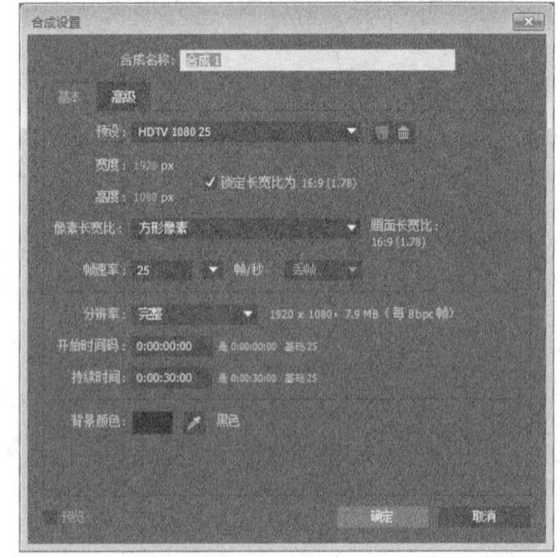

图3-20

参数详解

* 合成名称：设置要创建的合成的名字。

* 预设：选择预设的影片类型，用户也可以选择“自定义”选项来自行设置影片类型。

* 宽度/高度：设置合成的尺寸，单位为px（px就是像素）。

* 锁定长宽比为：选择该选项时，将锁定合成尺寸的宽高比，这样当调节“宽度”和“高度”中的某一个参数时，另外一个参数也会按照比例自动进行调整。

* 像素长宽比：用于设置单个像素的宽高比例，可以在右侧的下拉列表中选择预设的像素宽高比，如图3-21所示。

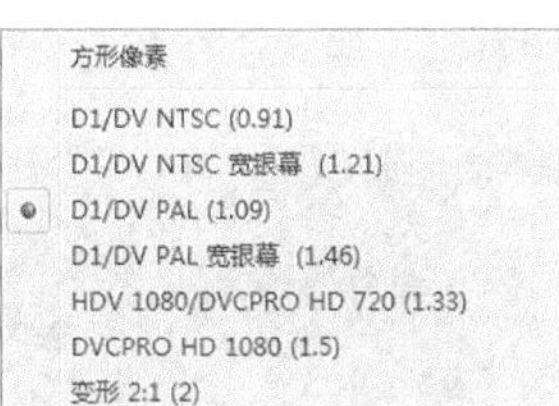

图3-21

* 帧速率：用来设置项目合成的帧速率。

* 分辨率：设置合成的分辨率，共有4个预设选项，分别是“完整”“二分之一”“三分之一”和“四分之一”。另外，用户还可以通过“自定义”选项来自行设置合成的分辨率。

* 开始时间码：设置合成项目开始的时间码，默认情况下从第0帧开始。

* 持续时间：设置合成的总共持续时间。

* 背景颜色：用来设置创建的合成的背景色。

提示 我国电视制式执行PAL D1/DV、720×576、帧速率为25fps的标准设置。

在“合成设置”对话框中单击“高级”选项卡，切换到“高级”参数设置，如图3-22所示。

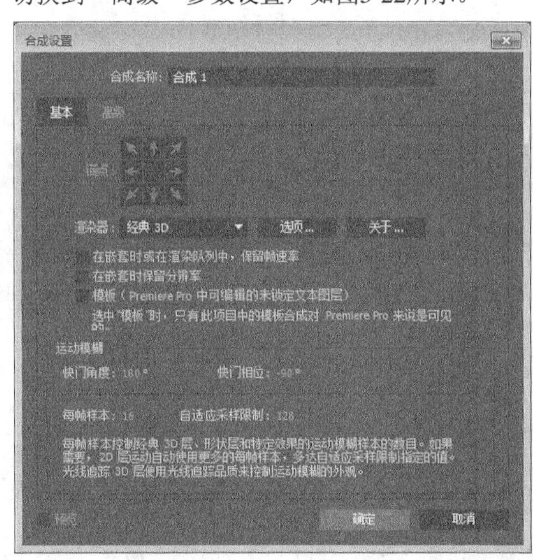

图3-22

参数详解

* 锚点：设置合成图像的轴心点。当修改合成图像的尺寸时，锚点位置决定了如何裁切和扩大图像范围。

* 渲染器：设置渲染引擎。用户可以根据自身的显卡配置来进行设置，其后的“选项”属性可以设置阴影的尺寸来决定阴影的精度。

* 在嵌套时或在渲染队列中，保留帧速率：选择该选项后，在进行嵌套合成或在渲染队列中时可以继承原始合成设置的帧速率。

* 在嵌套时保留分辨率：选择该选项后，在进行嵌套合成时可以保持原始合成设置的图像分辨率。

* 快门角度：如果开启了图层的运动模糊开关，该参数可以影响到运动模糊的效果。图3-23所示的是为同一个圆制作的斜角位移动画，在开启了运动模糊后，不同的“快门角度”产生的运动模糊效果也是不相同的（当然运动模糊的最终效果还取决于对象的运动速度）。

Shutter Angel=0(最小值)

Shutter Angel=180(默认值)

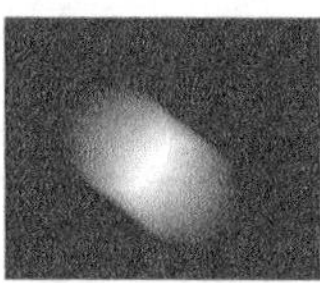
Shutter Angel=720(最大值)

图3-23

* 快门相位：设置运动模糊的方向。

* 每帧样本：该参数可以控制3D图层、形状图层和包含有特定效果图层的运动模糊效果。

* 自适应采样限制：当图层运动模糊需要更多的帧取样时，可以通过提高该参数值来增强运动模糊效果。

提示 “快门角度”和快门之间的关系可以用“快门速度=1/[帧速率×（360 /快门角度）]”这个公式来表达。例如，当“快门角度”为180，Pal的帧速率为25帧/秒时，那么快门速度就是1/50。

3.3 添加特效滤镜

在After Effects CC中自带的滤镜有200多种，将不同的滤镜应用到不同的图层中可以产生各种各样的特技效果，这类似于Photoshop中的滤镜。

提示 默认情况下，效果文件存储在After Effects CC安装路径下的“Adobe After Effects CC>Support Files>Plug-ins”文件夹中。因为效果都是作为插件的方式引入到After Effects CC中的，所以在After Effects CC的Plug-ins文件夹中添加各种效果（前提是效果必须与当前软件的版本相兼容）后，在重启After Effects CC时，系统会自动将效果加载到“效果和预设”面板中。

在After Effects CC中，主要有以下6种添加滤镜的方法。

第1种：在“时间轴”面板中选择图层，然后在菜单栏中选择“效果”菜单中的子命令。

第2种：在“时间轴”面板中选择图层，然后单击鼠标右键，接着在打开的菜单中选择“效果”菜单中的子命令，如图3-24所示。

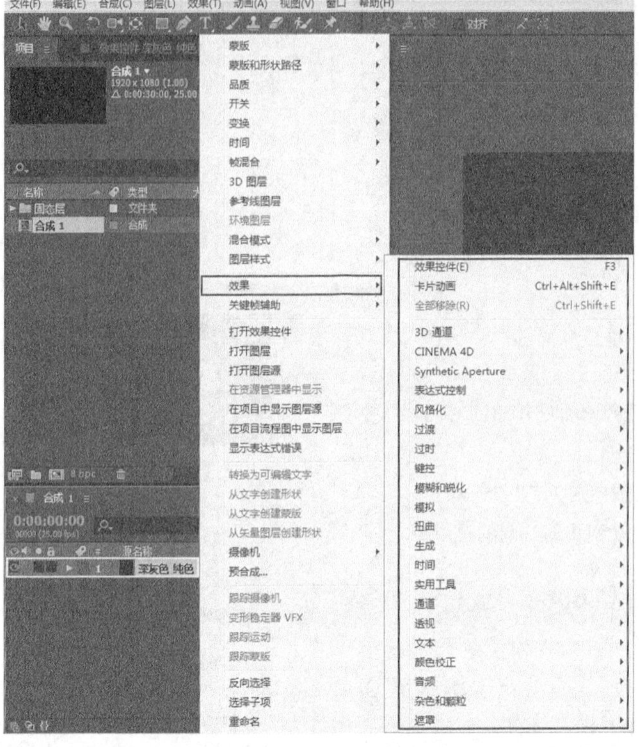

图3-24

第3种：在“效果和预设”面板中选择效果，然后将其拖曳到“时间轴”面板图层中，如图3-25所示。

图3-25

第4种：在“效果和预设”面板中选择效果，然后将其拖曳到图层的“效果控件”面板中，如图3-26所示。

图3-26

第5种：在“时间轴”面板中选择图层，然后在“效果控件”面板中单击鼠标右键，接着在菜单中选择需要应用的效果，如图3-27所示。

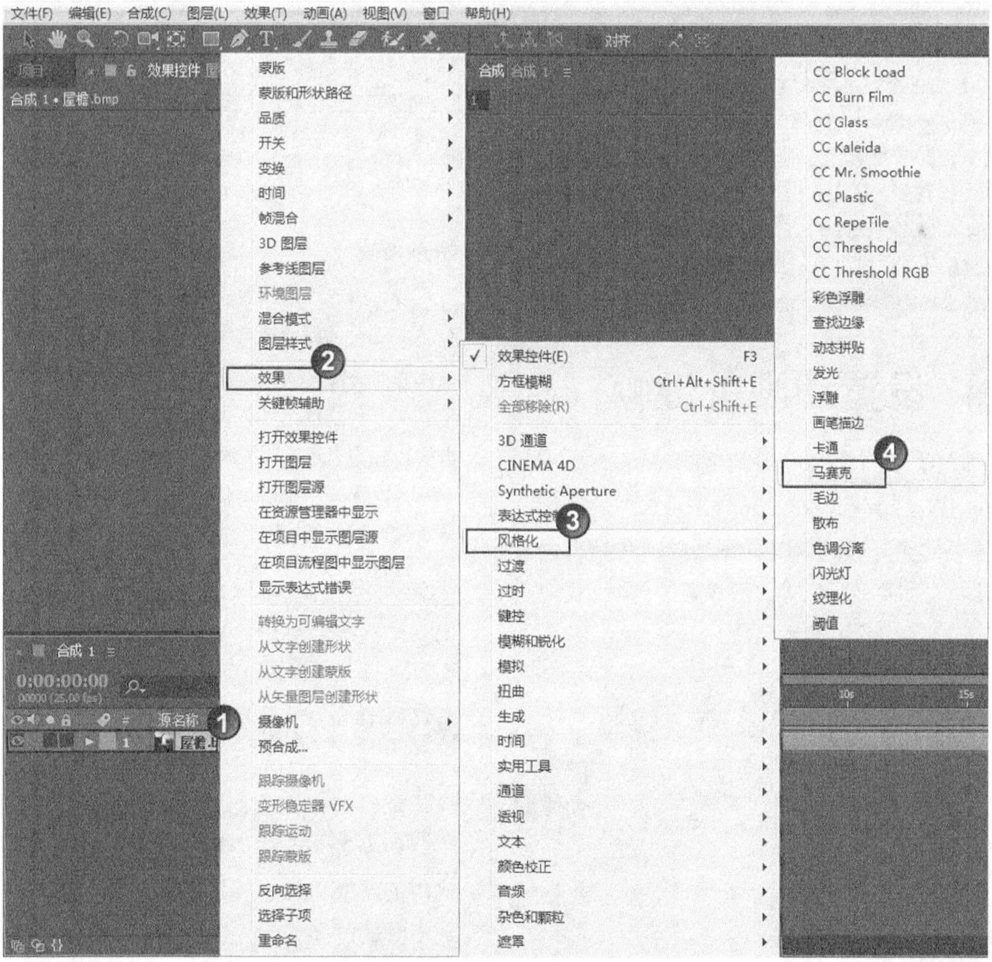

文件(F) 编辑(E) 合成(C) 图层(L) 效果(T) 动画(A) 视图(V) 窗口 帮助(H)

效果控件 屋檐 | 合成 1 • 屋檐.bmp | 合成 合成 1

蒙版
蒙版和形状路径
品质
开关
变换
时间
帧混合
3D 图层
参考线图层
环境图层
混合模式
图层样式
效果 ②
关键帧辅助
打开效果控件
打开图层
打开图层源
在资源管理器中显示
在项目中显示图层源
在项目流程图中显示图层
显示表达式错误
转换为可编辑文字
从文字创建形状
从文字创建蒙版
从矢量图层创建形状
摄像机
预合成...
跟踪摄像机
变形稳定器 VFX
跟踪运动
跟踪蒙版
反向选择
选择子项
重命名

效果控件(E) F3
方框模糊 Ctrl+Alt+Shift+E
全部移除(R) Ctrl+Shift+E
3D 通道
CINEMA 4D
Synthetic Aperture
表达式控制
风格化 ③
过渡
过时
键控
模糊和锐化
模拟
扭曲
生成
时间
实用工具
通道
透视
文本
颜色校正
音频
杂色和颗粒
遮罩

CC Block Load
CC Burn Film
CC Glass
CC Kaleida
CC Mr. Smoothie
CC Plastic
CC RepeTile
CC Threshold
CC Threshold RGB
彩色浮雕
查找边缘
动态拼贴
发光
浮雕
画笔描边
卡通
马赛克 ④
毛边
散布
色调分离
闪光灯
纹理化
阈值

合成 1
0:00:00:00
源名称 ①
屋檐

图3-27

第6种：在“效果和预设”面板中选择效果，然后将其拖曳到“合成”面板的图层中（在拖曳的时候要注意“信息”面板中显示的图层信息），如图3-28所示。

图3-28

提示 复制滤镜有两种情况，一种是在同一图层内复制滤镜，另一种是将一个图层的滤镜复制到其他的图层中。

第1种：在同一图层中复制滤镜。在“效果控件”面板或“时间轴”面板中选择需要复制的滤镜，然后按快捷键Ctrl+D即可完成复制操作。

第2种：将一个图层的滤镜复制到其他图层中。首先在“效果控件”面板或“时间轴”面板中选择图层的一个或多个滤镜，然后执行“编辑>复制”菜单命令或按快捷键Ctrl+C复制滤镜，接着在“时间轴”面板中选择目标图层，最后执行“编辑>粘贴”菜单命令或按快捷键Ctrl+V粘贴滤镜。

删除滤镜的方法很简单，在“效果控件”面板或“时间轴”面板中选择需要删除的滤镜，然后按Delete键即可删除。

3.4 设置动画关键帧

动画是在不同的时间段改变对象运动状态的过程，如图3-29所示。在After Effects中，动画的制作也遵循这个原理，就是为图层的“位置”“旋转”“遮罩”和“效果”等参数设置关键帧动画。

图3-29

After Effects可以使用关键帧、表达式、关键帧助手和图表编辑器等技术来制作动画。此外，After Effects还可以使用“运动稳定”和“跟踪控制”功能来生成关键帧，并且可以将这些关键帧应用到其他图层中产生动画，同时也可以通过嵌套关系来让子图层跟随父图层产生动画。

3.5 画面预览

预览是为了让用户确认制作效果，如果不通过预览，就没有办法确认制作效果是否达到要求。在预览的过程中，可以通过改变播放帧速率或画面的分辨率来改变预览的质量和预览等待的时间。执行“合成>预览”菜单命令可以预览画面效果，如图3-30所示。

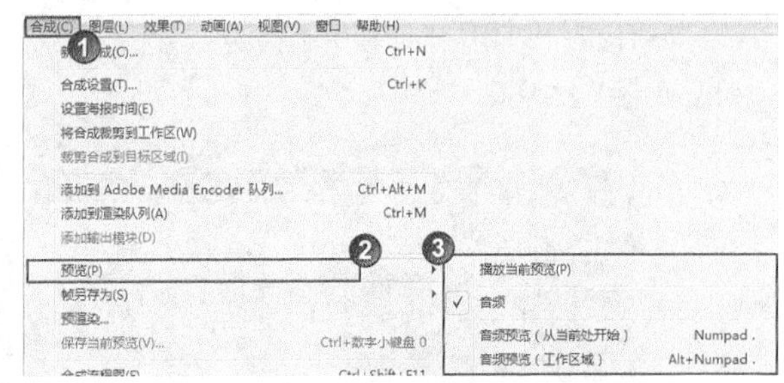

图3-30

命令详解

* 播放当前预览：对视频和音频进行内存预览，内存预览的时间跟合成的复杂程度以及内存的大小相关，其快捷键为小键盘数字0键。

* 音频预览（从当前处开始）：是对当前时间指示滑块之后的声音进行渲染，其快捷键为小键盘数字.键。

* 音频预览（工作区域）：对声音进行单独预览，是对整个工作区的声音进行渲染，其快捷键是Alt+.。

提示 如果要在“时间轴”面板中实现简单的视频和音频同步预览，可以在拖曳当前时间指示滑块的同时按住Ctrl键。

3.6 视频输出

项目制作完成之后，就可以进行视频渲染输出了。根据每个合成的帧的大小、质量、复杂程度和输出的压缩方法，输出影片可能会花费几分钟甚至数小时的时间。此外，当After Effects开始渲染项目时，不能在After Effects中进行任何其他的操作。

本节知识点

名称	作用	重要程度
“渲染设置”对话框	设置输出影片的质量、分辨率，以及特效等	高
“输出模块设置”对话框	设置输出影片的音频格式	高
设置输出路径和文件名	掌握如何设置影片的输出路径和名称	高

用After Effects把合成项目渲染输出成视频、音频或序列文件的方法主要有以下两种。

第1种：在“项目”面板中选择需要渲染的合成文件，然后执行“文件>导出”菜单中的子命令，输出单个合成项目，如图3-31所示。

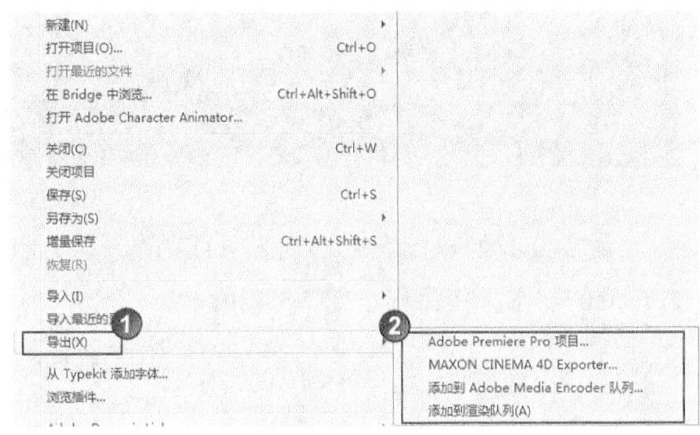

图3-31

第2种：在“项目”面板中选择需要渲染的合成文件，然后执行“合成>添加到Adobe Media Encoder队列”或“合成>添加到渲染队列”菜单命令，将一个或多个合成添加到渲染对列中进行批量输出，如图3-32所示。

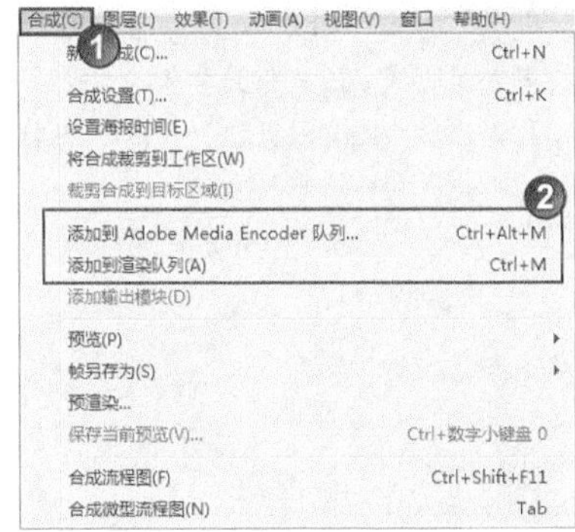

图3-32

提示 执行“添加到渲染队列”菜单命令，视频的输出可以使用快捷键Ctrl+M。

执行“合成>添加到渲染队列”菜单命令，会打开“渲染队列”面板，如图3-33所示。

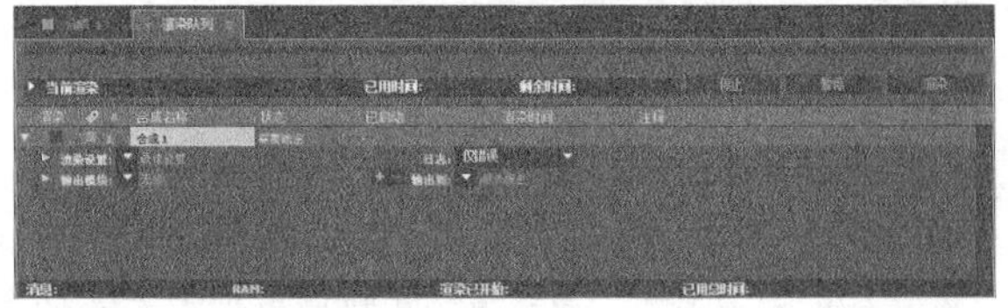

图3-33

3.6.1 渲染设置

在“渲染队列”面板中的“渲染设置”选项后面单击“最佳设置”蓝色字样可以打开“渲染设置”对话框，如图3-34所示。或者单击“渲染设置”选项后面的▼按钮，然后在打开的菜单中可以选择不同的“渲染设置”选项，如图3-35所示。

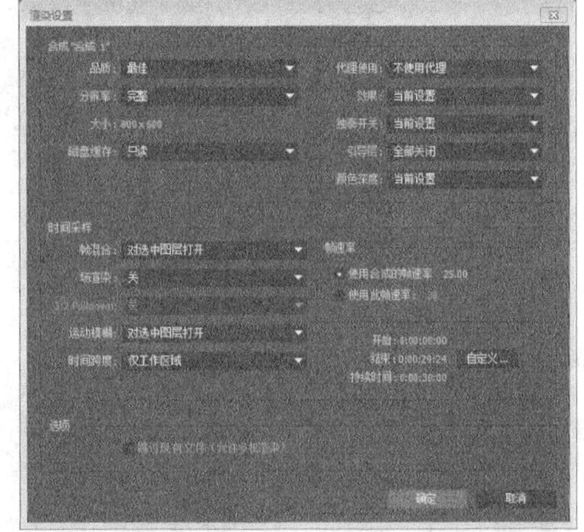

图3-34

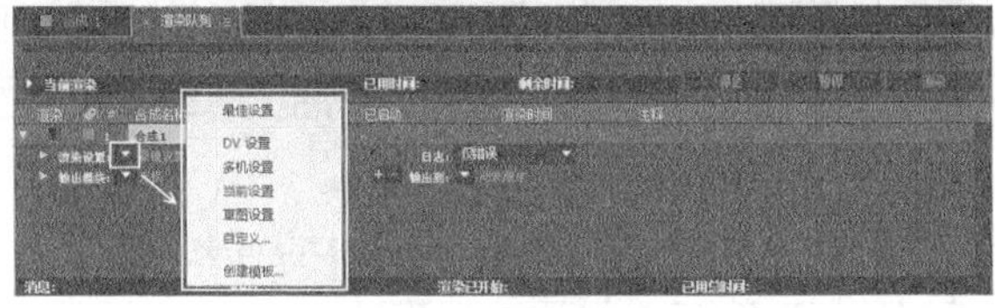

图3-35

3.6.2 日志类型

日志是用来记录After Effects处理时文件的信息的，从“日志”选项后面的下拉列表中选择日志类型，如图3-36所示。

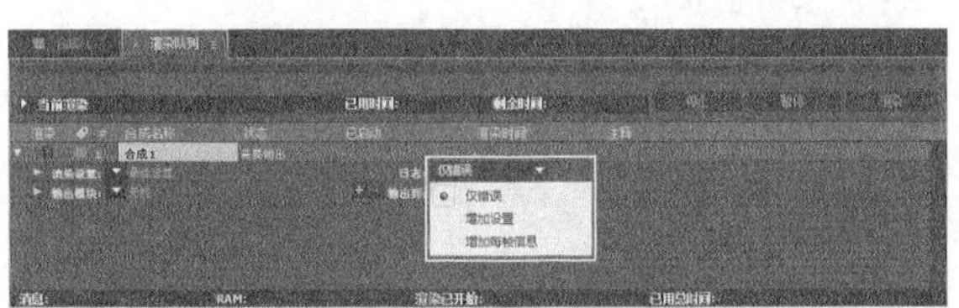

图3-36

3.6.3 输出模块参数

在“渲染队列”面板中的“输出模块”选项后面单击“无损”选项，打开“输出模块设置”对话框，如图3-37所示。单击“输出模块”选项后面的▼按钮，可以在打开的菜单中选择相应的音视频格式，如图3-38所示。

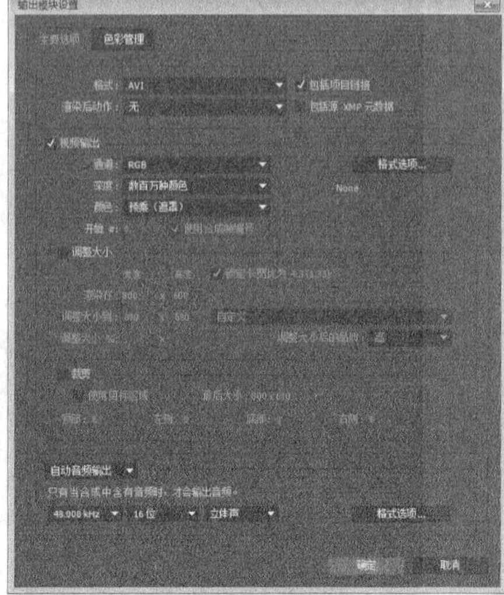

图3-37

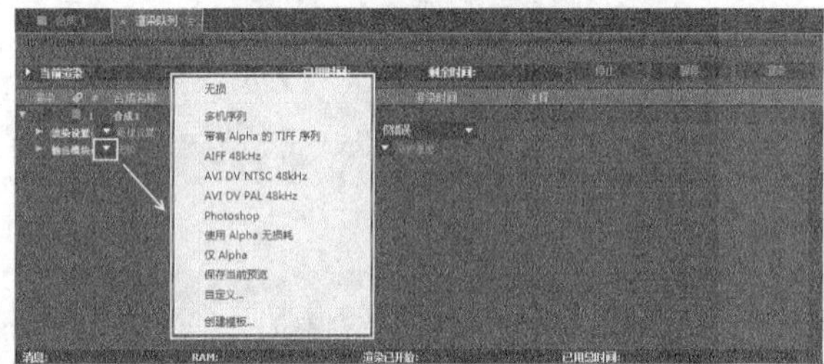

图3-38

3.6.4 设置输出路径和文件名

单击“输出到”选项后面的“尚未指定”选项，可以打开“将影片输出到”对话框，在该对话框中可以设置影片的输出路径和文件名，如图3-39所示。

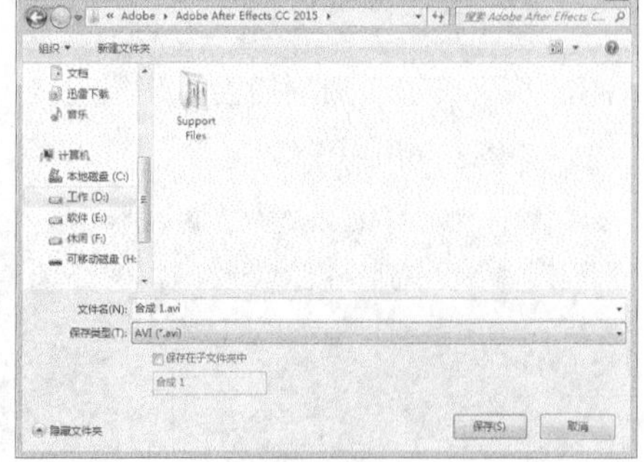

图3-39

3.6.5 开启渲染

在“渲染”栏下选择要渲染的合成，这时“状态”栏中会显示为“已加入队列”状态，如图3-40所示。

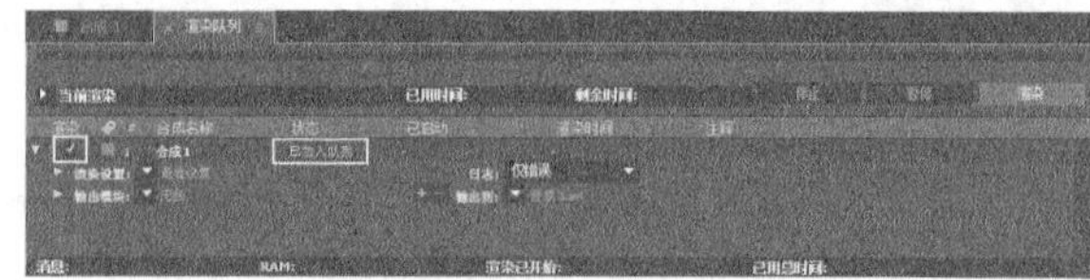

图3-40

3.6.6 渲染

单击“渲染”按钮进行渲染输出，如图3-41所示。

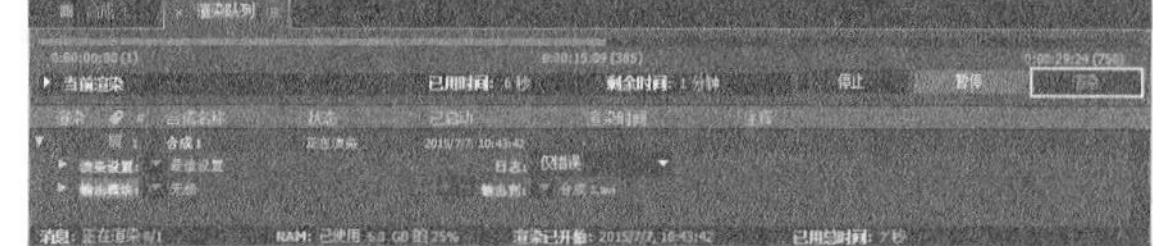

图3-41

最后，我们以图表的形式来总结归纳一下After Effects的基本工作流程，如图3-42所示。

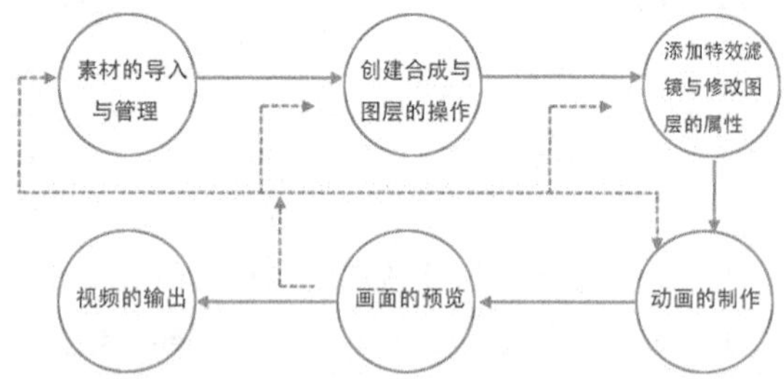

图3-42

提示 在After Effects中，无论是为视频制作一个简单的字幕还是制作一段复杂的动画，一般都遵循以上的基本工作流程。当然，因为设计师个人喜好，有时候也会先创建项目合成再执行素材的导入操作。

第4章 图层操作

无论是创建合成、动画还是特效都离不开图层。本章主要介绍图层的相关内容，包括图层的种类、图层的创建方法、图层的属性以及图层的基本操作。

课堂学习目标

- 了解图层的种类
- 掌握图层的创建方法
- 熟悉图层的属性
- 掌握图层的基本操作

4.1 图层概述

使用After Effects制作画面特效合成时，它的直接操作对象就是图层，无论是创建合成、动画还是特效都离不开图层。After Effects中的图层和Photoshop中的图层一样，在"时间轴"面板中可以直观地观察到图层的分布。图层按照从上向下的顺序依次叠放，上一层的内容将遮住下一层的内容，如果上一层没有内容，将直接显示下一层的内容，如图4-1所示。

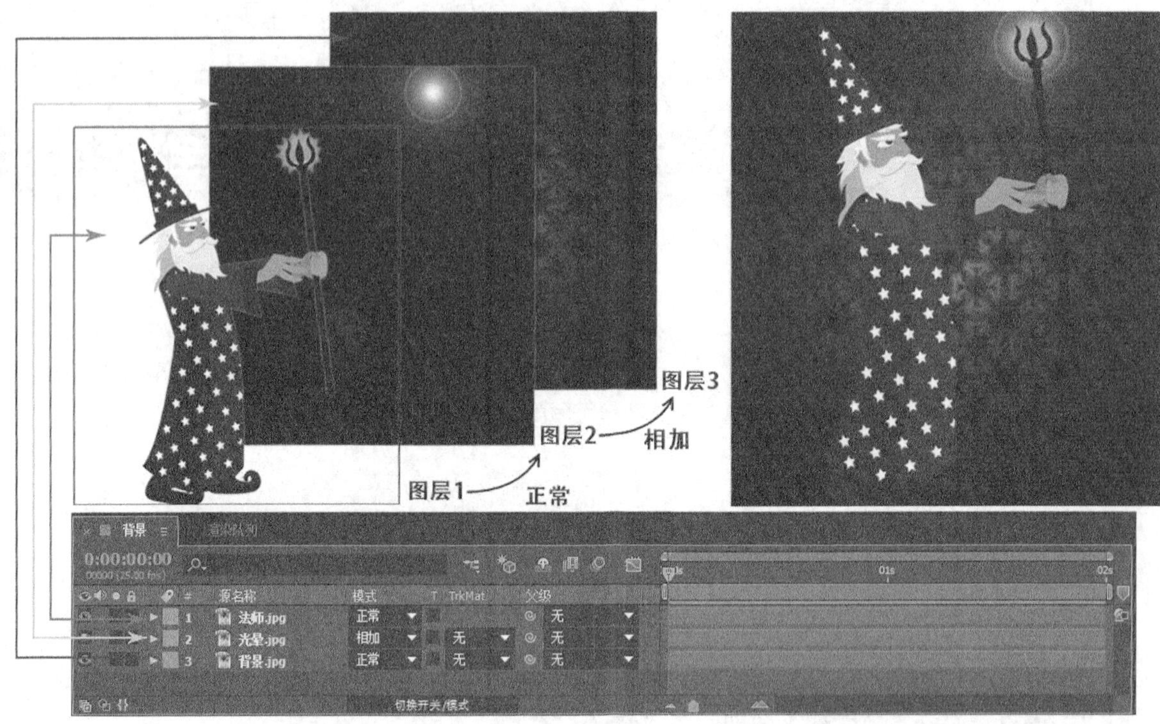

图4-1

提示 After Effects可以自动为合成中的图层进行编号。在默认情况下，这些编号显示在"时间轴"面板靠近图层名字的左边。图层编号决定了图层在合成中的叠放顺序，当叠放顺序发生改变时，这些编号也会自动发生改变。

本节知识点

名称	作用	重要程度
图层的种类	了解图层的种类	高
图层的创建方法	了解图层的创建方法	高

4.1.1 图层的种类

能够用在After Effects软件中的合成元素非常多，这些合成元素体现为各种图层，在这里将其归纳为以下9种。

第1种："项目"面板中的素材（包括声音素材）。

第2种：项目中的其他合成。

第3种：文本图层。

第4种：纯色图层、摄像机图层和灯光图层。

第5种：形状图层。

第6种：调整图层。

第7种：已经存在图层的复制层（即副本图层）。

第8种：拆分的图层。

第9种：空对象图层。

4.1.2 图层的创建方法

不同类型的图层所使用的创建和设置方法也不大相同，可以通过导入的方式创建，也可以通过执行命令的方式创建，下面介绍几种不同类型图层的创建方法。

1.素材图层和合成图层

素材图层和合成图层是After Effects中最常见的

图层。要创建素材图层和合成图层，只需要将“项目”面板中的素材或合成项目拖曳到“时间轴”面板中即可。

提示 如果要一次性创建多个素材或合成图层，只需要在“项目”面板中按住Ctrl键的同时连续选择多个素材图层或合成图层，然后将其拖曳到“时间轴”面板中。“时间轴”面板中的图层将按照之前选择素材的顺序进行排列。另外，按住Shift键也可以选择多个连续的素材或合成项目。

2.颜色固态图层

在After Effects中，可以创建任何颜色和尺寸（最大尺寸可达30000像素×30000像素）的纯色图层。纯色图层和其他素材图层一样，可以在纯色图层上创建蒙版，也可以修改图层的“变换”属性，还可以对其添加特技效果，创建纯色图层的方法主要有以下两种。

第1种：执行“文件>导入>纯色”菜单命令，如图4-2所示，此时创建的纯色图层只显示在面板中作为素材使用。

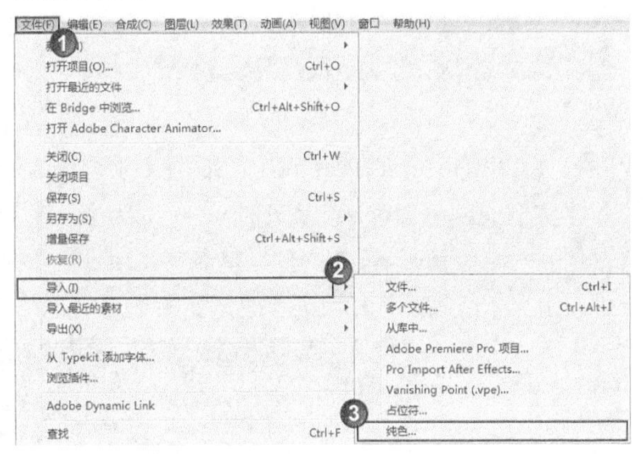

图4-2

第2种：执行“图层>新建>纯色”菜单命令或按快捷键Ctrl+Y，如图4-3所示。纯色图层除了显示在“项目”面板的“固态层”文件夹中以外，还会自动放置在当前“时间轴”面板中的顶层位置。

图4-3

提示 通过以上两种方法创建纯色图层时，系统都会打开“纯色设置”对话框，在该对话框中可以设置纯色图层相应的尺寸、像素比例、层名字及层颜色等，如图4-4所示。

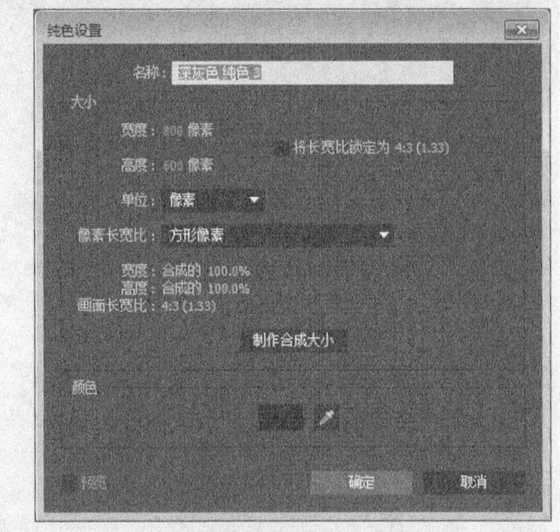

图4-4

3.灯光、摄像机和调节层

灯光、摄像机和调整图层的创建方法与纯色图层的创建方法类似，可以通过“图层>新建”菜单下面的子命令来完成。在创建这类图层时，系统也会打开相应的参数对话框。图4-5和图4-6所示的分别为“灯光设置”和“摄像机设置”对话框（这部分知识点将在后面的章节内容中进行详细讲解）。

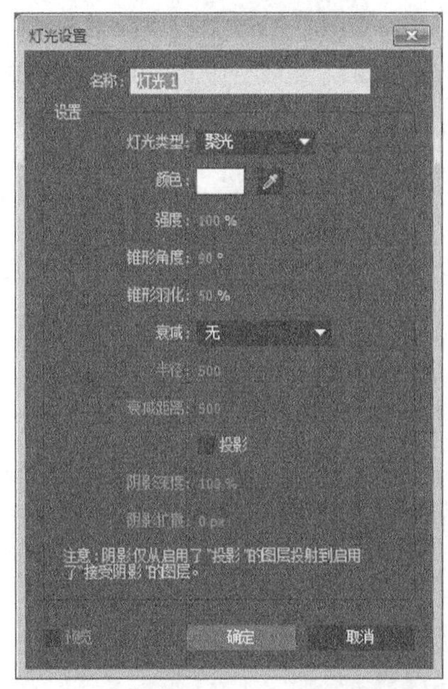

图4-5

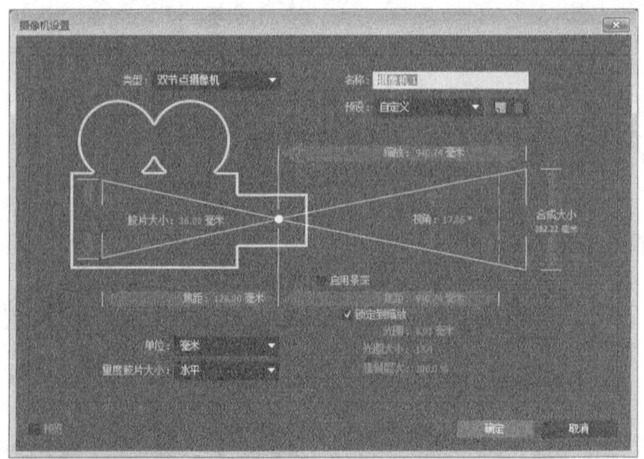

图4-6

提示 在创建调整图层时，除了可以通过执行“图层>新建>调整图层”菜单命令来完成外，还可以通过“时间轴”面板来把选择的图层转换为调整图层，其方法就是单击图层后面的“调整图层”按钮，如图4-7所示。

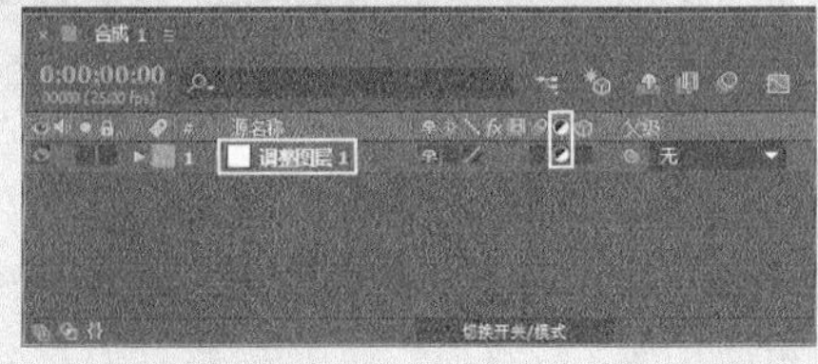

图4-7

4.Photoshop图层

执行“图层>新建>Adobe Photoshop文件”菜单命令，可以创建一个和当前合成尺寸一致的Photoshop图层，该图层会自动放置在“时间轴”面板的最上层，并且系统会自动打开这个Photoshop文件。

提示 执行“文件>新建>Adobe Photoshop文件”菜单命令，也可以创建Photoshop文件，不过这个Photoshop文件只是作为素材显示在“项目”面板中，这个Photoshop文件的尺寸大小和最近打开的合成的大小一致。

4.2 图层属性

在After Effects中，图层属性在制作动画特效时占据着非常重要的地位。除了单独的音频图层以外，其余的所有图层都具有5个基本“变换”属性，分别是“锚点”“位置”“缩放”“旋转”和“不透明度”，如图4-8所示。通过在“时间轴”面板中单击按钮，可以展开图层变换属性。

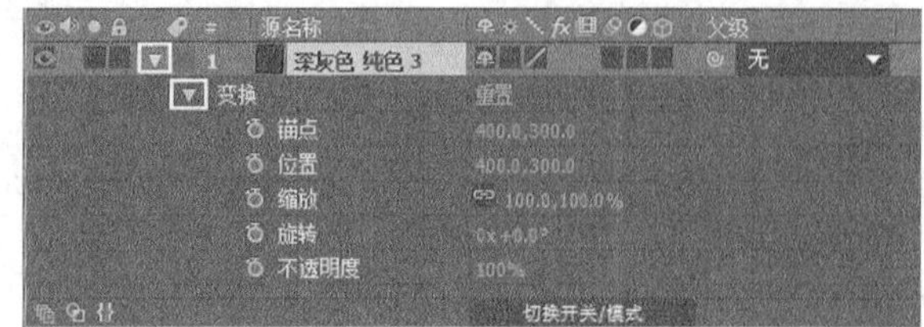

图4-8

本节知识点

名称	作用	重要程度
“位置”属性	制作图层的位移动画	高
“缩放”属性	以轴心点为基准来改变图层的大小	高
“旋转”属性	以轴心点为基准旋转图层	高
“锚点”属性	基于该点来对图层的位置、旋转和缩放进行操作	中
“不透明度”属性	以百分比的方式来调整图层的不透明度	高

4.2.1 课堂案例——定版动画

素材位置　实例文件>CH04>课堂案例——定版动画
实例位置　实例文件>CH04>课堂案例——定版动画
难易指数　★★☆☆☆
学习目标　掌握图层属性的基础应用

本案例的制作效果如图4-9所示。

图4-9

（1）启动After Effects CC，然后导入下载资源中的“实例文件>CH04>课堂案例——定版动画>课堂案例——定版动画.aep”文件，接着在“项目”面板中双击“定版动画”加载该合成，如图4-10所示。

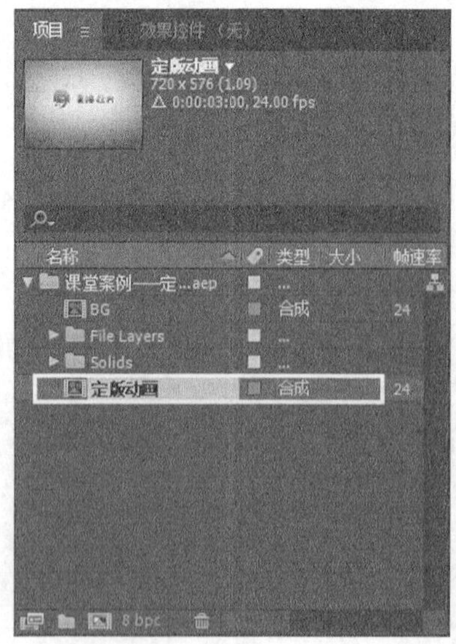

图4-10

（2）选择“文字”图层，按P键展开其“位置”属性，然后在第0帧处设置“位置”为（175，260）并激活关键帧；在第2秒处设置“位置”为（440，260），如图4-11所示。

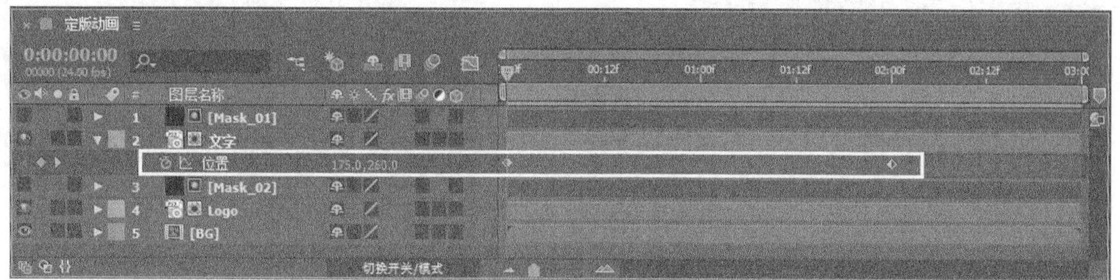

图4-11

（3）选择“文字”图层，按快捷键Shift+S显示图层的“缩放”属性，然后在第0帧处设置“缩放”为（100，100%）；在第2秒23帧处设置“缩放”为（108，108%），如图4-12所示。

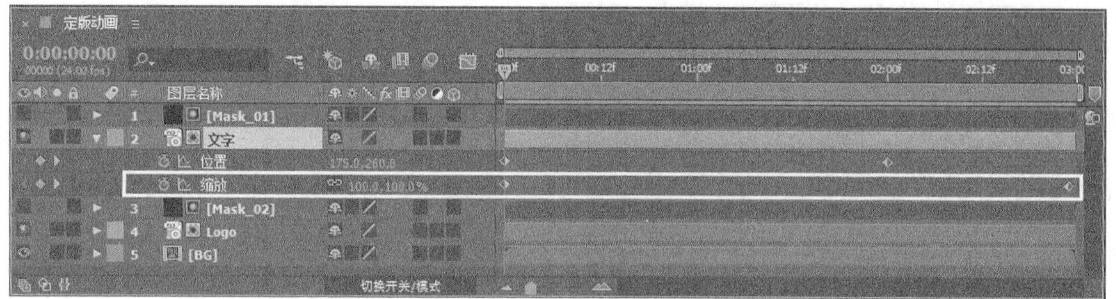

图4-12

（4）选择Logo图层，按P键展开“位置”属性，然后在第0帧处“位置”为（360，260）；在第2秒处设置“位置”为（230，260），如图4-13所示。

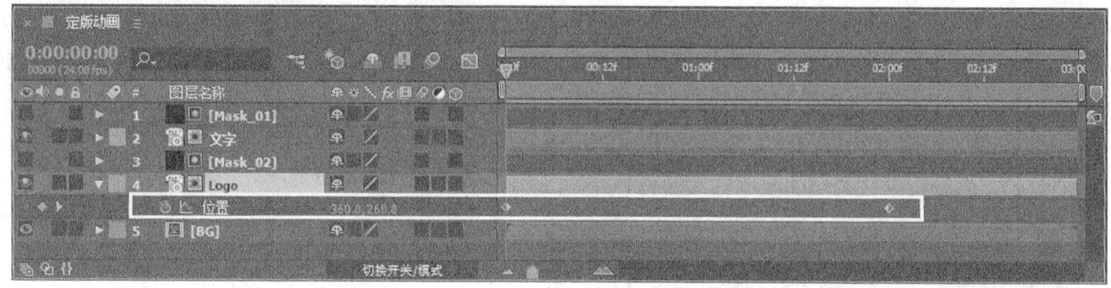

图4-13

（5）选择Logo图层，按快捷键Shift+S显示图层的“缩放”属性，然后在第0帧处设置“缩放”为（100，100%）；在第2秒23帧处设置“缩放”为（110，110%），如图4-14所示。

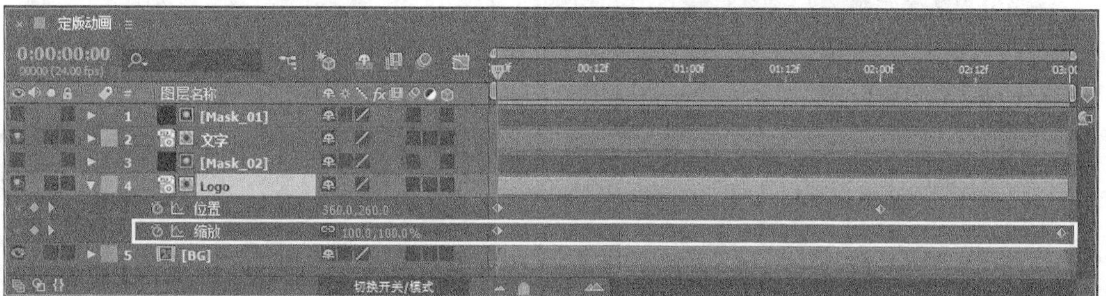

图4-14

（6）按数字键0键预览画面效果，如图4-15所示。

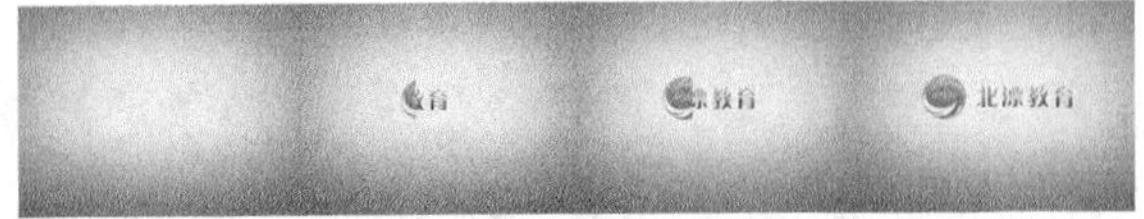

图4-15

4.2.2 位置属性

“位置”属性主要用来制作图层的位移动画，展开“位置”属性的快捷键为P键。普通的二维图层包括x轴和y轴两个参数，三维图层包括x轴、y轴和z轴3个参数。图4-16所示的是利用图层的“位置”属性制作的大楼移动动画效果。

图4-16

4.2.3 缩放属性

“缩放”属性可以以轴心点为基准来改变图层的大小，展开“缩放”属性的快捷键为S键。普通二维层的缩放属性由x轴和y轴两个参数组成，三维图层包括x轴、y轴和z轴3个参数。在缩放图层时，可以开启图层缩放属性前面的“锁定缩放”按钮，这样可以进行等比例缩放操作。图4-17所示的是使用图层的“缩放”属性制作的球体放大动画。

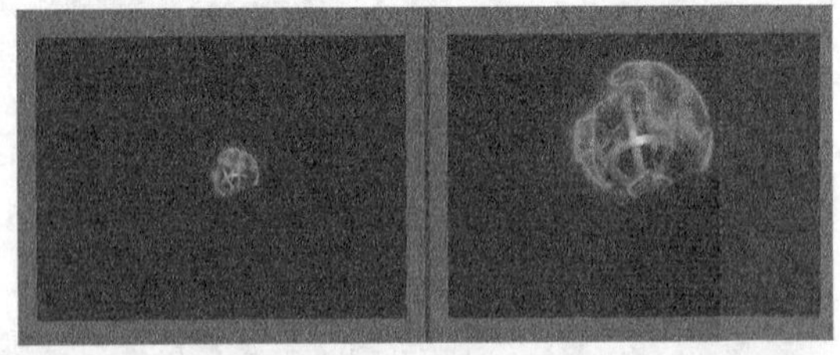

图4-17

4.2.4 旋转属性

“旋转”属性是以轴心点为基准旋转图层，展开“旋转”属性的快捷键为R键。普通二维层的旋转属性由“圈数”和“度数”两个参数组成，如（1×45°）就表示旋转1圈又45°。图4-18所示的是使用“旋转”属性制作的枫叶旋转动画。

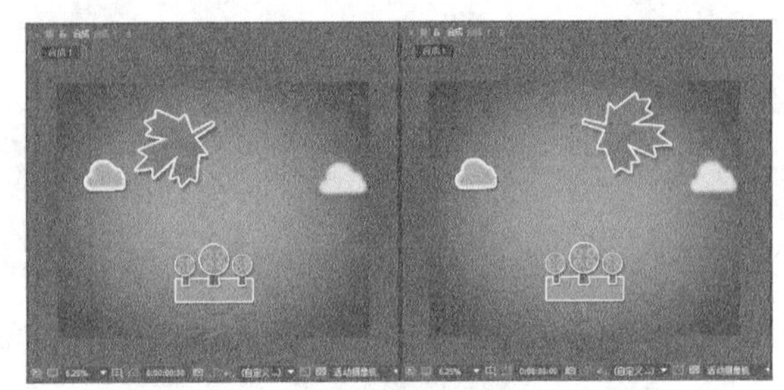

图4-18

如果当前图层是三维图层，那么该图层有4个旋转属性，分别是“方向”（可同时设定x轴、y轴和z轴3个方向）、“X轴旋转”（仅调整x轴方向的旋转）、“Y轴旋转”（仅调整y轴方向的旋转）和“Z轴旋转”（仅调整z轴方向的旋转）

4.2.5 锚点属性

图层的轴心点坐标。图层的位置、旋转和缩放都是基于锚点来操作的，展开“锚点”属性的快捷键为A键。当进行位移、旋转或缩放操作时，选择不同位置的轴心点将得到完全不同的视觉效果。图4-19所示的是将“锚点”位置设在树根部，然后通过设置“缩放”属性制作圣诞树生长动画。

图4-19

4.2.6 不透明度属性

图层的不透明百分比。“不透明度”属性是以百分比的方式来调整图层的不透明度，展开“不透明度”属性的快捷键为T键。图4-20所示的是利用不透明度属性制作的渐变动画。

图4-20

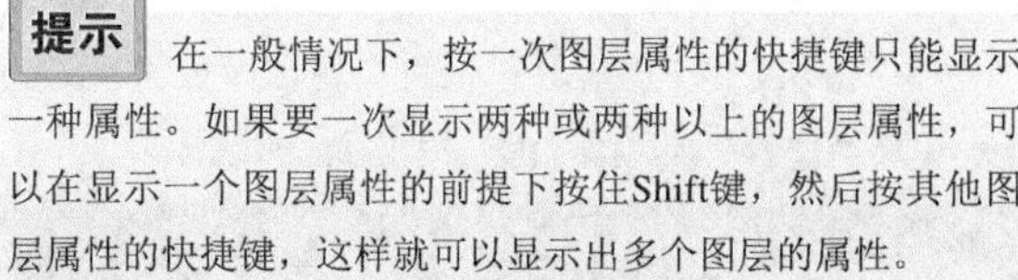

提示 在一般情况下，按一次图层属性的快捷键只能显示一种属性。如果要一次显示两种或两种以上的图层属性，可以在显示一个图层属性的前提下按住Shift键，然后按其他图层属性的快捷键，这样就可以显示出多个图层的属性。

4.3 图层的基本操作

本节知识点

名称	作用	重要程度
图层的排列顺序	了解图层的排列顺序	高
图层的对齐和分布	了解图层进行对齐和平均分布操作	高
排序图层	了解如何运用排序图层	高
设置图层时间	掌握设置图层时间的方法	高
拆分图层	掌握如何分拆分图层	中
提升/提取图层	掌握如何提升或提取图层	中
父子图层/父子关系	了解父子图层的设置及父子图层的关系	高

4.3.1 课堂案例——踏行天际

素材位置　实例文件>CH04>课堂案例——踏行天际

实例位置　实例文件>CH04>课堂案例——踏行天际

难易指数　★★☆☆☆

学习目标　掌握父子关系的具体应用

本案例的制作效果如图4-21所示。

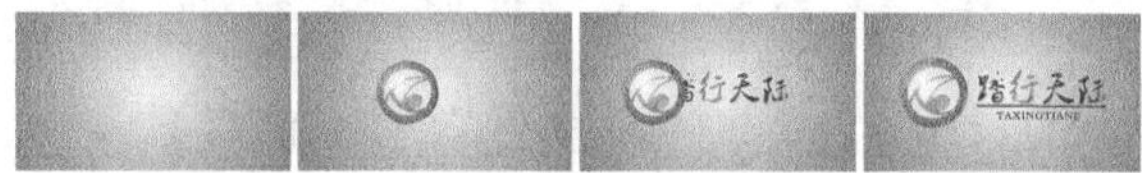

图4-21

（1）启动After Effects CC，然后导入下载资源中的“实例文件>CH04>课堂案例——踏行天际>课堂案例——踏行天际.aep”文件，接着在“项目”面板中双击“父子运动”加载该合成，如图4-22所示。

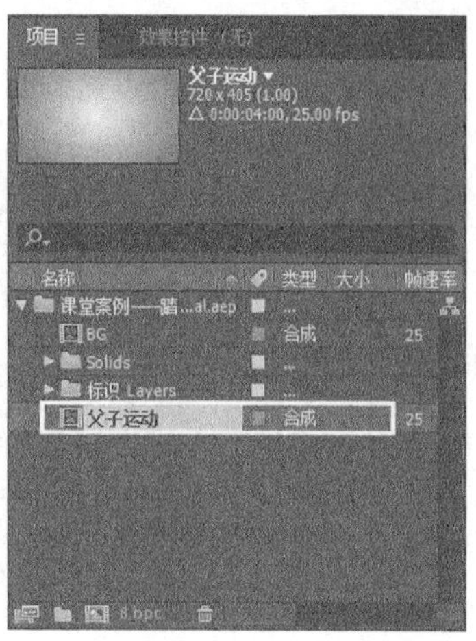

图4-22

（2）使用“图层>新建>空对象”菜单命令创建3个空对象图层，然后将“踏”“行”“天”和“际”图层作为“空 2”的子物体，接着将“英文”和“条”图层作为“空 3”的子物体，最后将“空 2”和“空 3”图层作为“空 1”的子物体，如图4-23所示。

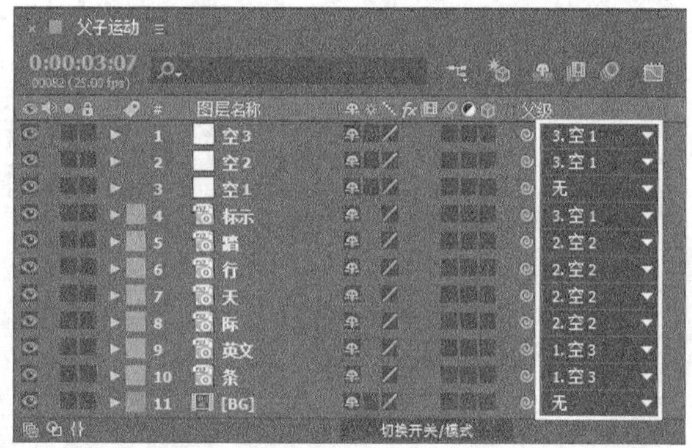

图4-23

（3）选择“空 1”图层，按P键展开“位置”属性，然后在第20帧处设置“位置”为（535，202.5）并激活关键帧；在第1秒5帧处设置“位置”为（360，202.5），接着按快捷键Shift+S展开“缩放”属性，在第0帧处设置“缩放”为（0，0%）再激活关键帧；在第15帧处设置“缩放”为（90，90%）；在第4秒处设置“缩放”为（100，100%），如图4-24所示。

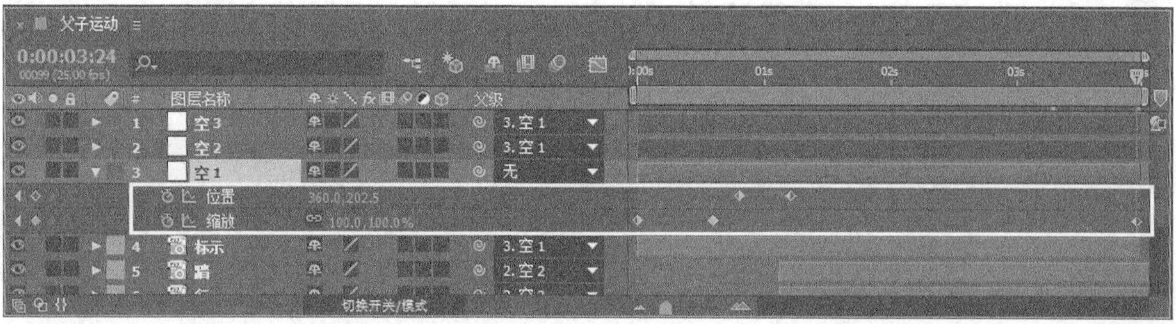

图4-24

（4）选择“空 2”图层，按P键展开“位置”属性，然后在第1秒3帧处设置“位置”为（－363，0）并激活关键帧；在第1秒18帧处设置“位置”为（0，0），接着选择“空 3”图层，按P键展开“位置”属性，在第1秒16帧处设置”位置“为（－380，0）再激活关键帧；在第2秒6帧处设置“位置”为（0，0），如图4-25所示。

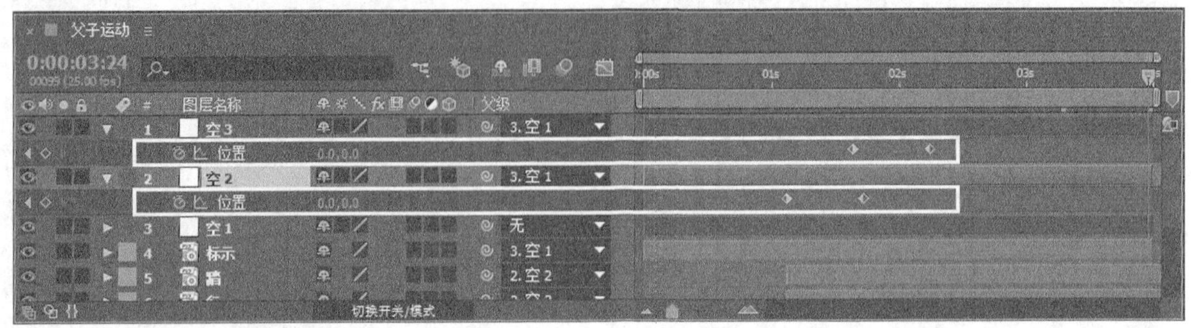

图4-25

（5）将“踏”“行”“天”和“际”图层的入点时间设置在第1秒3帧处，然后设置这4个图层的“不透明度”的动画关键帧。在第1秒3帧处设置“不透明度”为0%；在第1秒10帧处设置“不透明度”为100%，如图4-26所示。

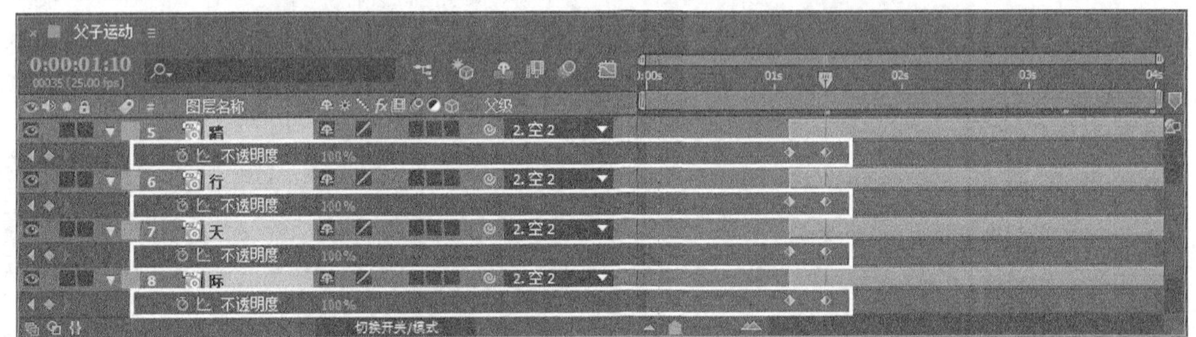

图4-26

（6）将“英文”和“条”图层的入点时间设置在第1秒20帧处，然后设置这两个图层的“不透明度”的动画关键帧。在第1秒20帧处设置“不透明度”的为0%；在第2秒5帧处设置“不透明度”为100%，如图4-27所示。

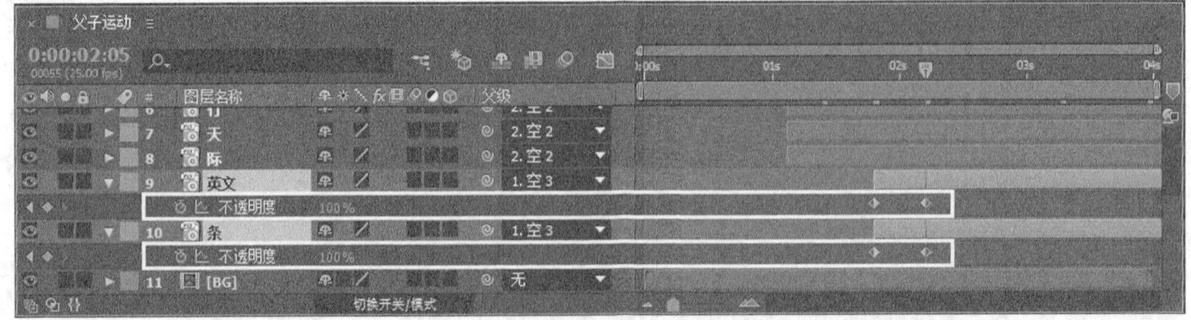

图4-27

（7）按数字键0键预览画面效果，如图4-28所示。预览结束后对影片进行输出和保存。

图4-28

4.3.2 图层的排列顺序

在“时间轴”面板中可以观察到图层的排列顺序。合成中的最上面的图层显示在“时间轴”面板的最上层，然后依次为第2层、第3层……往下排列。改变“时间轴”面板中的图层顺序将改变合成的最终输出效果。

执行“图层>排列”菜单下的子命令可以调整图层的顺序，如图4-29所示。

图4-29

命令详解

* 将图层置于顶层：可以将选择的图层调整到最上层，快捷键为Ctrl+Shift+]。

* 使图层前移一层：可以将选择的图层向上移动一层，快捷键为Ctrl+Shift+[。

* 使图层后移一层：可以将选择的图层向下移动一层，快捷键为Ctrl+[。

* 将图层置于底层：可以将选择的图层调整到最底层，快捷键为Ctrl+]。

提示 当改变“调整图层”的排列顺序时，位于调整图层下面的所有图层的效果都将受到影响。在三维图层中，由于三维图层的渲染顺序是按照Z轴的远近深度来进行渲染的，所以在三维图层组中，即使改变这些图层在“时间轴”面板中的排列顺序，显示出来的最终效果还是不会改变。

4.3.3 图层的对齐和分布

使用“对齐”面板可以对图层进行对齐和平均分布操作。执行“窗口>对齐”菜单命令可以打开“对齐”面板，如图4-30所示。

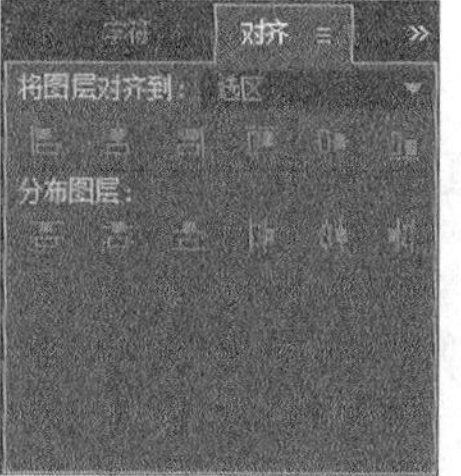

图4-30

提示 在进行对齐和分布图层操作时需要注意以下5点问题。

第1点：在对齐图层时，至少需要选择2个图层；在平均分布图层时，至少需要选择3个图层。

第2点：如果选择右边对齐的方式来对齐图层，所有图层都将以位置靠在最右边的图层为基准进行对齐；如果选择左边对齐的方式来对齐图层，所有图层都将以位置靠在最左边的图层为基准来对齐图层。

第3点：如果选择平均分布方式来对齐图层，After Effects会自动找到位于最极端的上下或左右的图层来平均分布位于其间的图层。

第4点：被锁定的图层不能与其他图层进行对齐和分布操作。

第5点：文字（非文字图层）的对齐方式不受“对齐”面板的影响。

4.3.4 排序图层

当使用“关键帧辅助”中的“序列图层”命令来自动排列图层的入点和出点时，在“时间轴”面板中依次选择作为序列图层的图层，然后执行“动画>关键帧辅助>序列图层”菜单命令，打开“序列图层”对话框，在该对话框中可以进行两种操作，如图4-31所示。

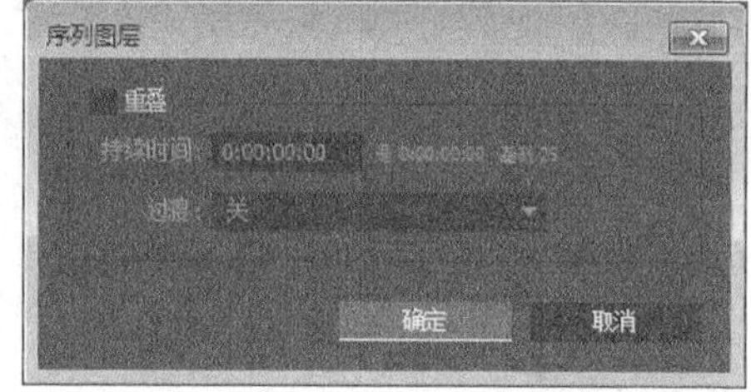

图4-31

参数详解

* 重叠：用来设置是否执行图层的交叠。

* 持续时间：用来设置层之间相互交叠的时间。

* 过渡：用来设置交叠部分的过渡方式

使用“序列图层”命令后，图层会依次排列。如果不选择“重复”选项，序列图层的首尾将相互连接起来，但是不会产生交叠现象，如图4-32所示。

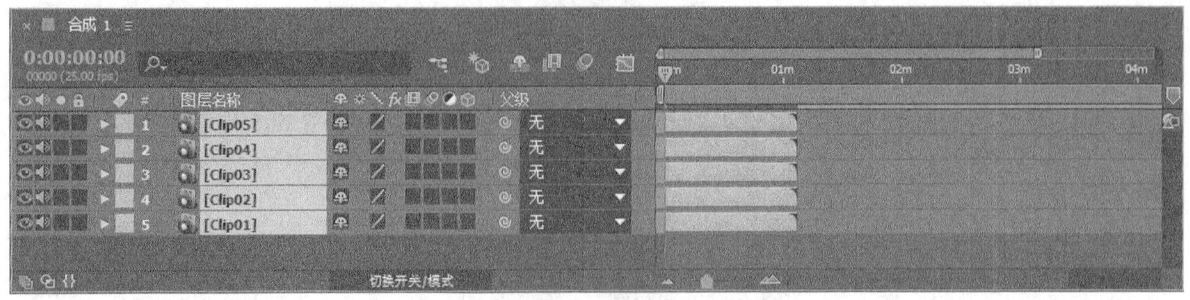

未使用【序列图层】命令的效果

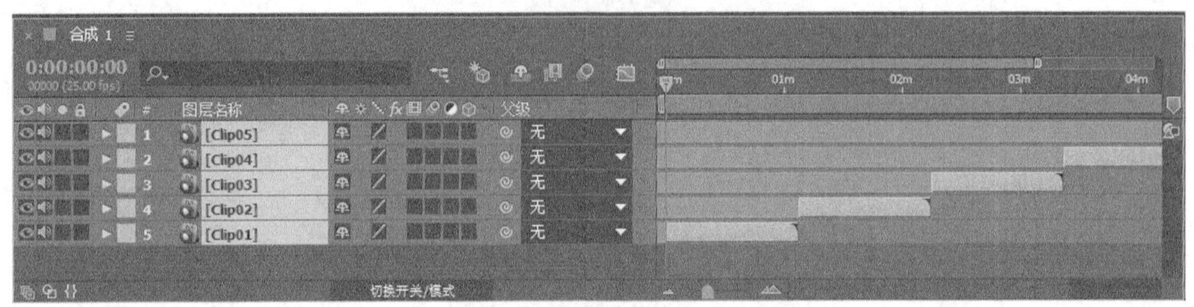

使用【序列图层】命令的效果

图4-32

如果选择“重叠”选项，序列图层的首尾将产生交叠现象，并且可以设置交叠时间和交叠之间的过渡是否产生淡入淡出效果，如图4-33所示。

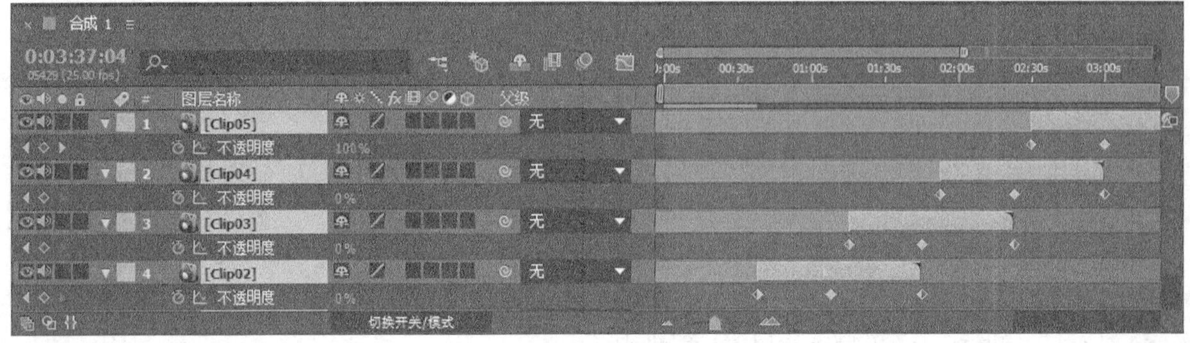

图4-33

提示 选择的第1个图层是最先出现的图层，后面图层的排列顺序将按照该图层的顺序进行排列。另外，“持续时间”参数主要用来设置图层之间相互交叠的时间，“变换”参数主要用来设置交叠部分的过渡方式。

4.3.5 设置图层时间

设置图层时间的方法有很多种，可以使用时间设置栏对时间的出入点进行精确设置，也可以使用手动方式来对图层时间进行直观操作，主要有以下两种方法。

第1种：在“时间轴”面板中的出入点时间上拖曳或单击这些时间，然后在打开的对话框中直接输入数值来改变图层的出入点时间，如图4-34所示。

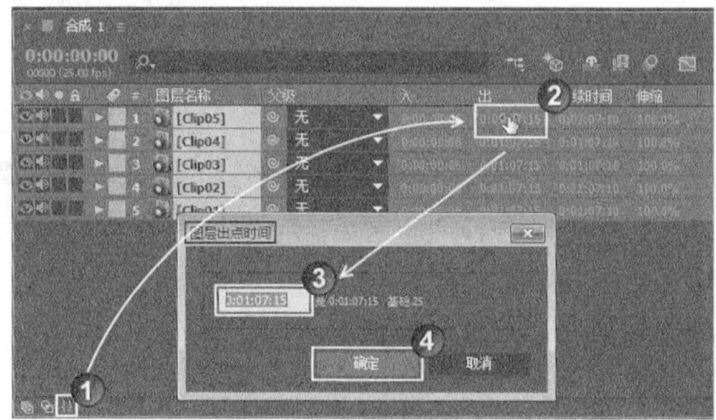

图4-34

第2种：在“时间轴”面板的图层时间栏中，通过在时间标尺上拖曳图层的出入点位置进行设置，如图4-35所示。

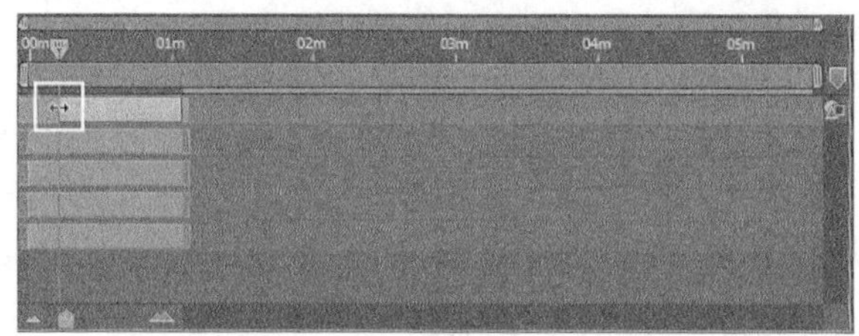

图4-35

提示 设置素材的入点快捷键为Alt+[，设置出点的快捷键为Alt+]。

4.3.6 拆分图层

拆分图层就是将一个图层在指定的时间处，拆分为多段图层。选择需要分离/打断的图层，然后在“时间轴”面板中将当前时间指示滑块拖曳到需要分离的位置，如图4-36所示。接着执行“编辑>拆分图层”菜单命令或按快捷键Ctrl+Shift+D，如图4-37所示。这样就把图层在当前时间处分离开，如图4-38所示。

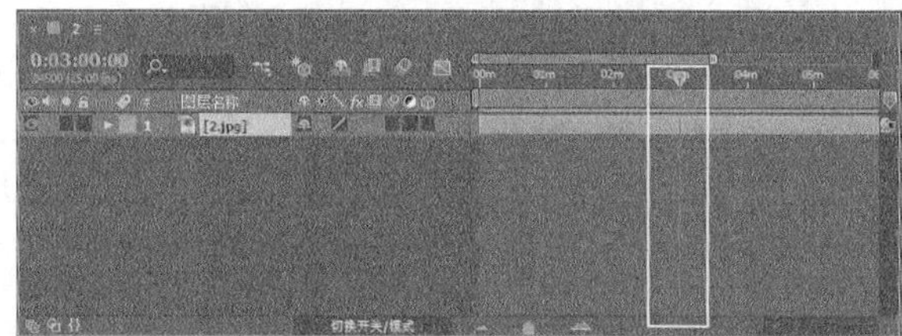

图4-36

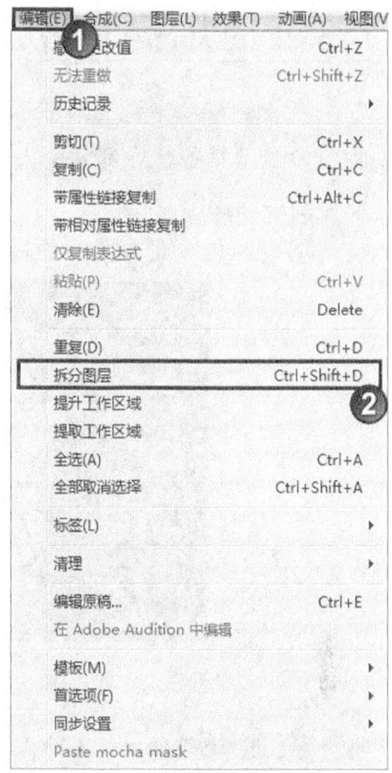

图4-37

图4-38

提示 在分离图层时，一个图层被分离为两个图层。如果要改变两个图层在“时间轴”面板中的排列顺序，可以执行“编辑>首选项>常规”菜单命令，然后在打开的“首选项”对话框中进行设置，如图4-39所示。

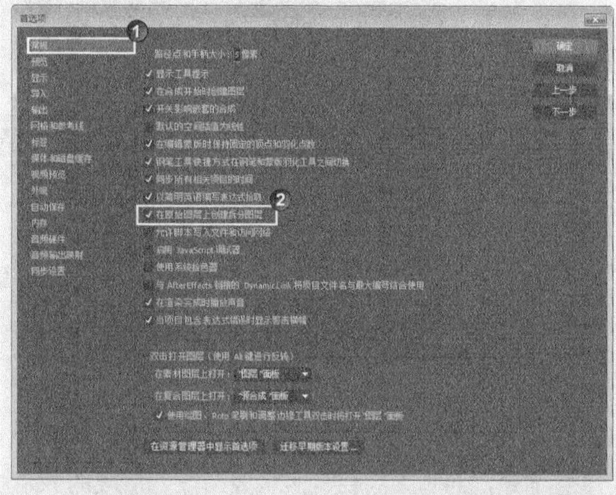

图4-39

4.3.7 提升/提取图层

在一段视频中，有时候需要移除其中的某几个片段，这时就需要使用到“提升”和“提取”命令，这两个命令都具备移除部分镜头的功能，但是它们也有一定的区别。下面以实操的形式来讲解“提升”和“提取”图层的操作方法。

第1步：在“时间轴”面板中拖曳“时间标尺”，以确定要提升或提取的片段，如图4-40所示。

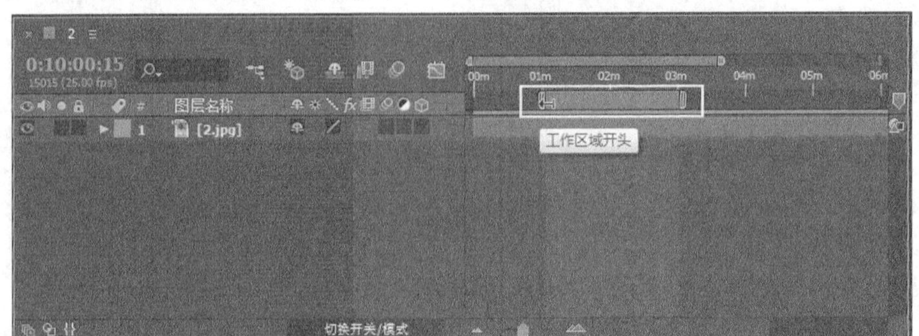

图4-40

提示 按快捷键Alt+6可以隐藏“主工具栏”，再次按快捷键Alt+6可以显示出“主工具栏”。

第2步：选择需要提取和挤出的图层，然后执行“编辑>提升工作区域（或提取工作区域）”菜单命令进行相应的操作，如图4-41所示。

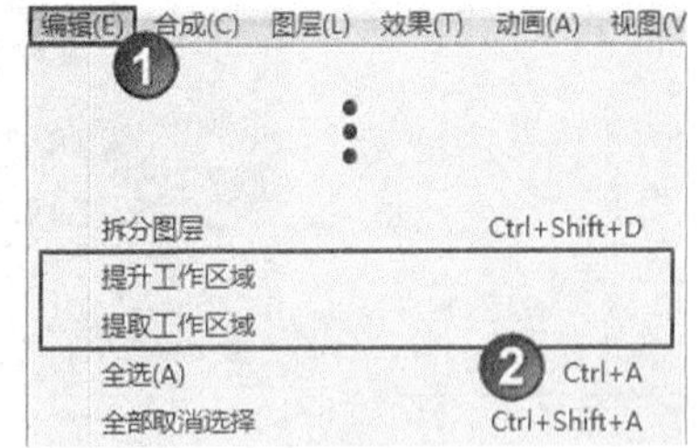

图4-41

下面介绍一下“提升工作区域”和“提取工作区域”两个命令的区别。

使用“提升工作区域”命令可以移除工作区域内被选择图层的帧画面，但是被选择图层所构成的总时间长度不变，中间会保留删除后的空隙，如图4-42所示。

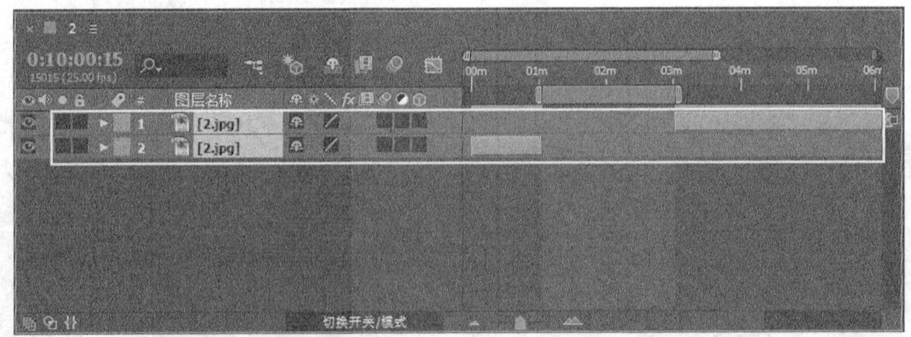

图4-42

使用“提取工作区域”命令可以移除工作区域内被选择图层的帧画面，但是被选择图层所构成的总时间长度会缩短，同时图层会被剪切成两段，后段的入点将连接前段的出点，不会留下任何空隙，如图4-43所示。

图4-43

4.3.8 父子图层/父子关系

当移动一个图层时，如果要使其他的图层也跟随该图层发生相应的变化，此时可以将该图层设置为父图层，如图4-44所示。

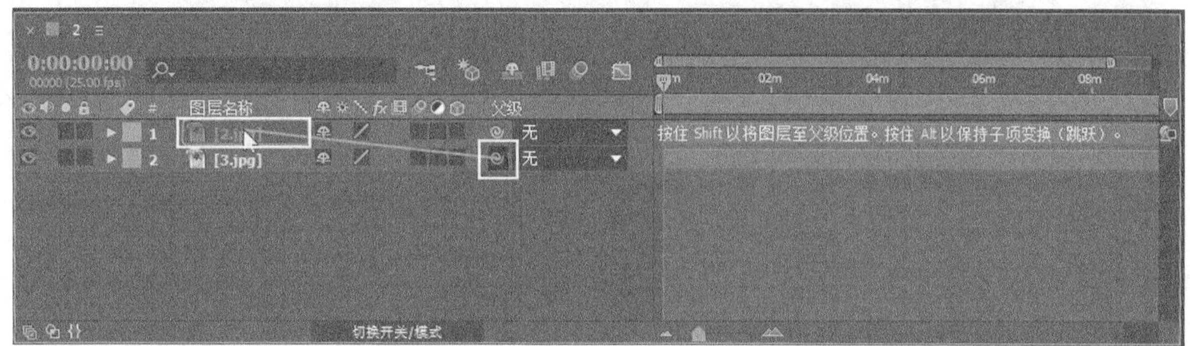

图4-44

当为父图层设置“变换”属性时（“不透明度”属性除外），子图层也会随着父图层产生变化。父图层的变换属性会导致所有子图层发生联动变化，但子图层的变换属性不会对父图层产生任何影响。

提示 一个父图层可以同时拥有多个子图层，但是一个子图层只能有一个父图层。在三维空间中，图层的运动通常会使用一个空对象图层来作为一个三维图层组的父图层，利用这个空图层可以对三维图层组应用变换属性。

若“时间轴”面板中没有“父级”属性，可按快捷键Shift + F4打开父子关系控制面板

课堂练习——倒计时动画

素材位置　实例文件>CH04>课堂练习——倒计时动画

实例位置　实例文件>CH04>课堂练习——倒计时动画

难易指数　★★☆☆☆

练习目标　练习“排列图层”命令的具体应用

本练习的制作效果如图4-45所示。

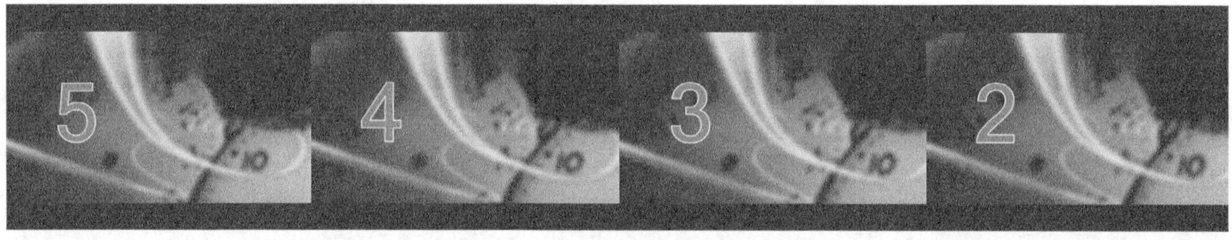

图4-45

操作提示

第1步：打开“实例文件>CH04>课堂练习——倒计时动画>课堂练习——倒计时动画.aep”文件。

第2步：选择“时间轴”面板中的5个文字层，然后使用“排列图层”命令进行图层排列。

课后习题——镜头的溶解过渡

素材位置　实例文件>CH04>课后习题——镜头的溶解过渡
实例位置　实例文件>CH04>课后习题——镜头的溶解过渡
难易指数　★★☆☆☆
练习目标　巩固“排列图层”命令的具体应用

本习题的制作效果如图4-46所示。

图4-46

操作提示

第1步：打开“实例文件>CH04>课后习题——镜头的溶解过渡>课后习题——镜头的溶解过渡.aep”文件。

第2步：选择“时间轴”面板中的3个图层，然后将持续时间改为3秒。

第3步：选择“时间轴”面板中的3个图层，然后使用“排列图层”命令进行图层排列。

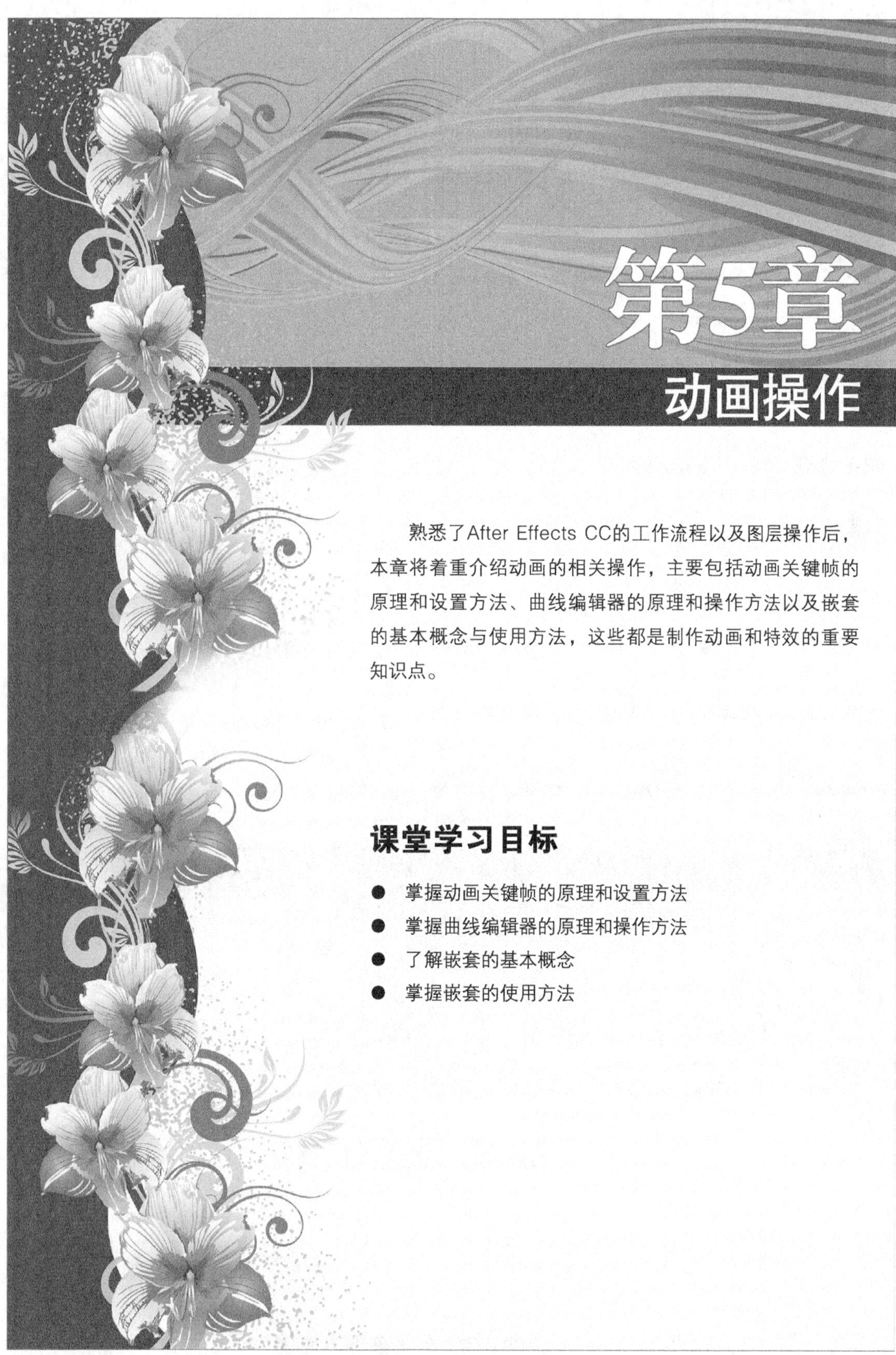

第5章 动画操作

熟悉了After Effects CC的工作流程以及图层操作后，本章将着重介绍动画的相关操作，主要包括动画关键帧的原理和设置方法、曲线编辑器的原理和操作方法以及嵌套的基本概念与使用方法，这些都是制作动画和特效的重要知识点。

课堂学习目标

- 掌握动画关键帧的原理和设置方法
- 掌握曲线编辑器的原理和操作方法
- 了解嵌套的基本概念
- 掌握嵌套的使用方法

5.1 动画关键帧

在After Effects中，制作动画主要是使用关键帧技术配合动画曲线编辑器来完成的，当然也可以使用After Effects的表达式技术来制作动画。

本节知识点

名称	作用	重要程度
关键帧概念	了解关键帧的概念	高
激活关键帧	掌握如何激活关键帧	高
关键帧导航器	掌握如何运用关键帧导航器	高
选择关键帧	掌握在多种情况下选择关键帧的方式	高
编辑关键帧	掌握如何编辑关键帧	高
插值方法	了解如何使用差值方法	高

5.1.1 课堂案例——标版动画

素材位置 实例文件>CH05>课堂案例——标版动画

实例位置 实例文件>CH05>课堂案例——标版动画

难易指数 ★★★☆☆

学习目标 掌握图层、关键帧等常用制作技术

本例介绍的制作标版动画，综合应用了本章讲述的多种技术，例如，图层和关键帧等，其案例效果如图5-1所示。本案例涉及的制作方法和最终效果对大家今后的商业项目制作有一定的帮助。

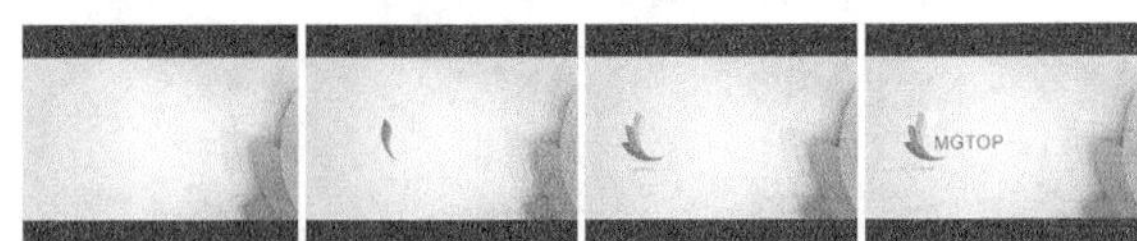

图5-1

（1）导入下载资源中的“实例文件>CH05>课堂案例——标版动画>课堂案例——标版动画.aep”文件，接着在“项目”面板中双击IM加载该合成，如图5-2所示。

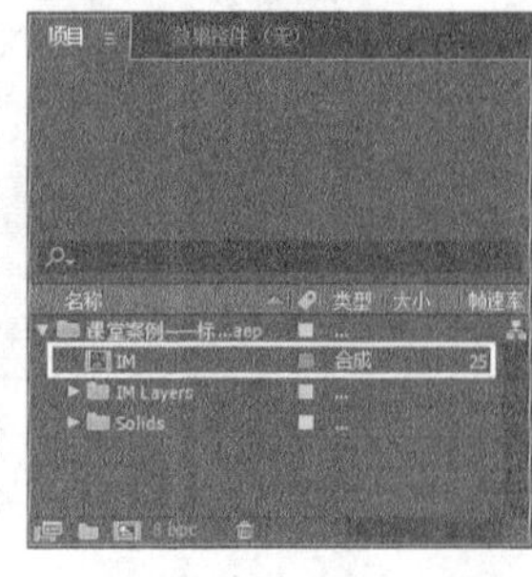

图5-2

（2）在“时间轴”面板中，将C2、C3和C4图层作为C1图层的子物体，如图5-3所示。

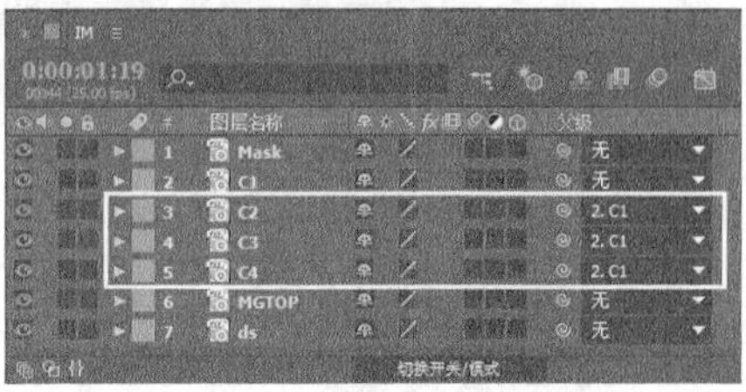

图5-3

（3）设置C1图层动画关键帧。在第0帧处设置“位置”为（196，215）、“缩放”为（0，0%）、“旋转”为（1×0°）、“不透明度”为0%；在第1秒处设置“位置”为（129，215）、“缩放”为（110，110%）、“旋转”为（0×0°）、“不透明度”为100%；在第1秒5帧处设置“缩放”为（100，100%），如图5-4所示。此时画面的预览效果如图5-5所示。

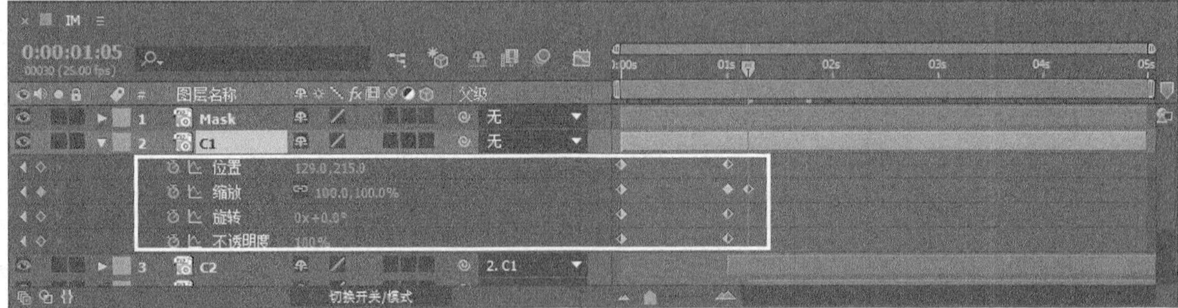

图5-4

图5-5

（4）设置C2图层的时间入点在第1秒处，C3图层的时间入点在第1秒5帧处，C4图层的时间入点在第1秒10帧处，如图5-6所示。

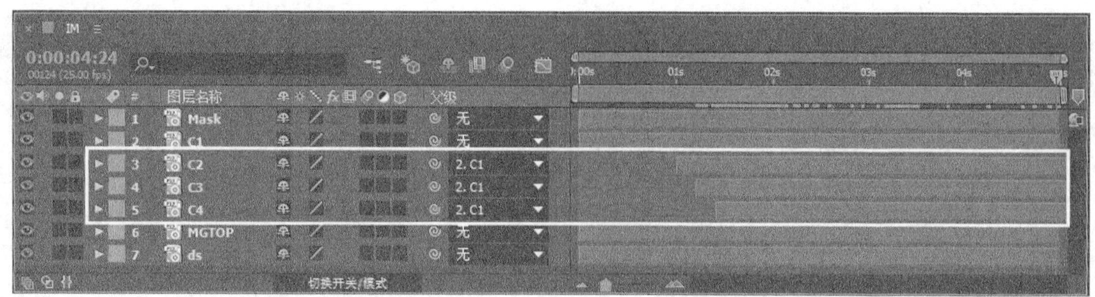

图5-6

（5）设置C2图层动画关键帧。在第1秒处设置“旋转”为（0×-20°）、“不透明度”为0%；在第1秒8帧处设置“旋转”为（0×0°）、“不透明度”为100%，如图5-7所示。

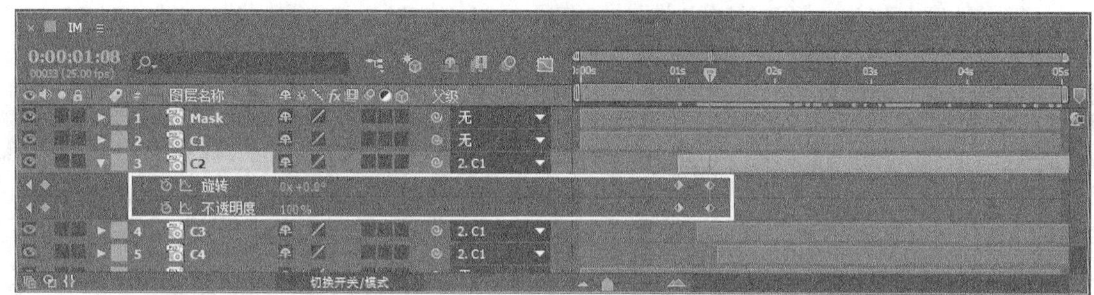

图5-7

（6）设置C3图层动画关键帧。在第1秒5帧处设置“旋转”为（0×-35°）、“不透明度”为0%；在第1秒13帧处设置“旋转”为（0×0°）、“不透明度”为100%，如图5-8所示。

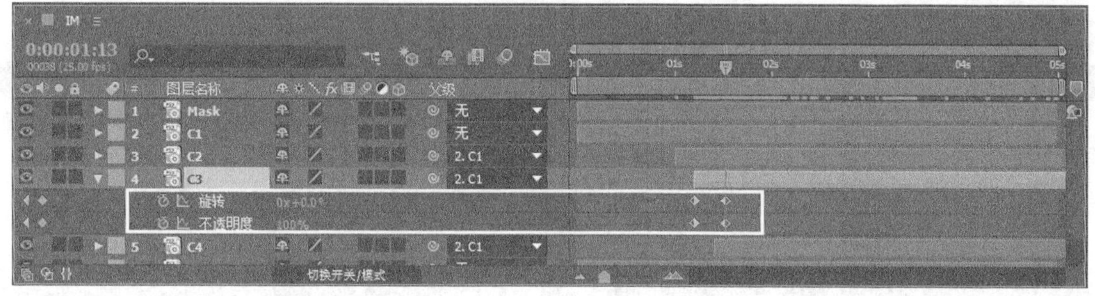

图5-8

（7）设置C4图层动画关键帧。在第1秒10帧处设置“旋转”为（0×-50°）、“不透明度”为0%；在第1秒18帧处设置“旋转”为（0×0°）、“不透明度”为100%，如图5-9所示。

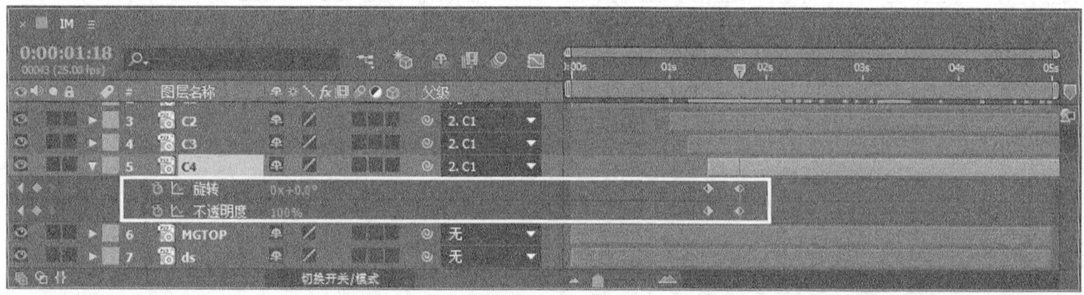

图5-9

（8）设置ds图层动画关键帧。在第23帧处设置“不透明度”为0%；在第1秒处设置“不透明度”为100%，如图5-10所示。

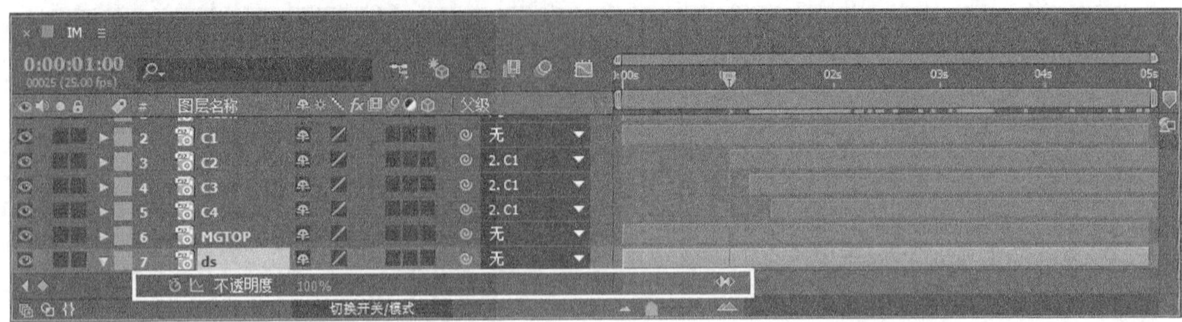

图5-10

（9）设置 MGTOP图层的动画关键帧。在第1秒15帧处设置“位置”为（80，186）、“缩放”为（0，0%）、“不透明度”为0%；在第2秒5帧处设置“位置”为（168，186）、“缩放”为（100，100%）、“不透明度”值为100%，如图5-11所示。

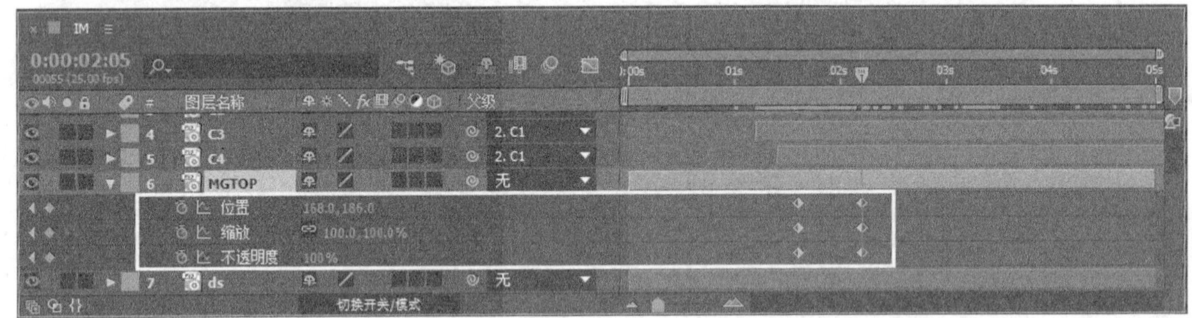

图5-11

（10）渲染并输出动画，最终效果如图5-12所示。

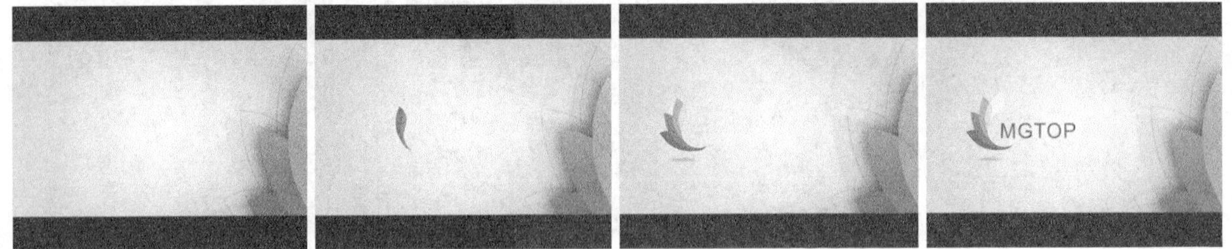

图5-12

5.1.2 关键帧概念

关键帧的概念来源于传统的卡通动画。在早期的迪斯尼工作室中，动画设计师负责设计卡通片中的关键帧画面，即关键帧，如图5-13所示。然后由动画设计师助理来完成中间帧的制作，如图5-14所示。

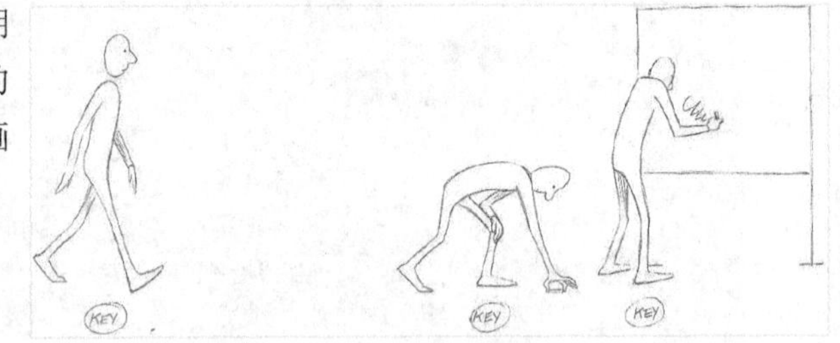

图5-13

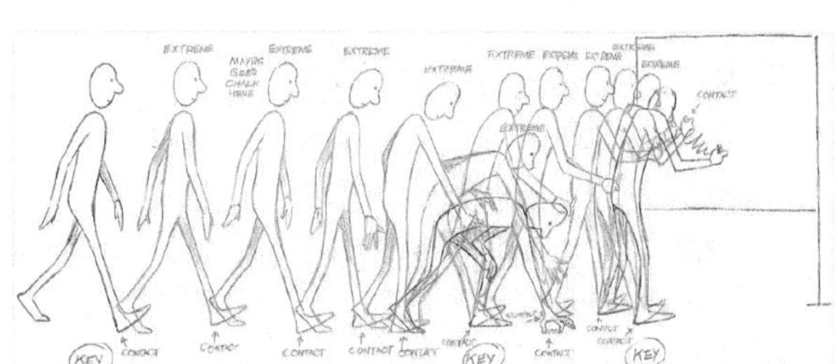

图5-14

在计算机动画中，中间帧可以由计算机来完成，插值代替了设计中间帧的动画师，所有影响画面图像的参数都可以成为关键帧的参数。After Effects可以依据前后两个关键帧来识别动画的起始和结束状态，并自动计算中间的动画过程来产生视觉动画，如图5-15所示。

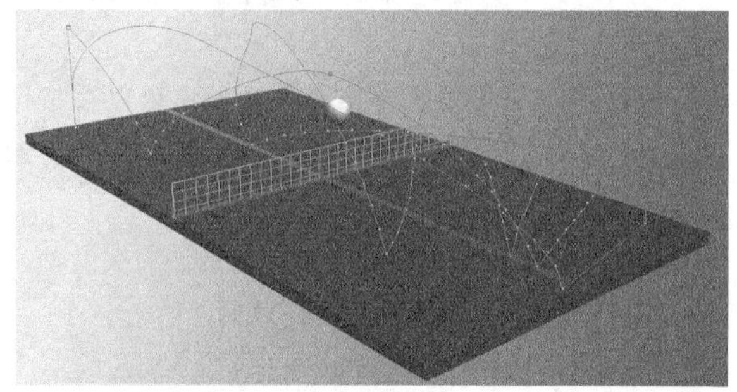

图5-15

在After Effects的关键帧动画中，至少需要两个关键帧才能产生作用。第1个关键帧表示动画的初始状态，第2个关键帧表示动画的结束状态，而中间的动态则由计算机通过插值计算得出。在图5-16所示的钟摆动画中，状态1是初始状态，状态9是结束状态，中间的状态2~8是通过计算机插值生成的中间动画状态。

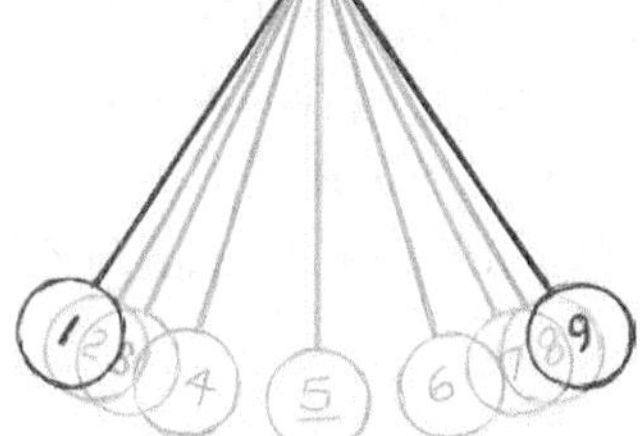

图5-16

提示 在After Effects CC中，还可以通过表达式来制作动画。表达式动画通过程序语言来实现动画，它可以结合关键帧来制作动画，也可以完全脱离关键帧，完全由程序语言来控制动画的过程。

5.1.3 激活关键帧

在After Effects中，每个可以制作动画的图层参数前面都有一个“时间变化秒表”按钮，单击该按钮，使其呈凹陷状态就可以开始制作关键帧动画了。

一旦激活“时间变化秒表”按钮，在“时间轴”面板中的任何时间进程都将产生新的关键帧；关闭“时间变化秒表”按钮后，所有设置的关键帧属性都将消失，参数设置将保持当前时间的参数值，图5-17所示是激活与未激活的“时间变化秒表”按钮。

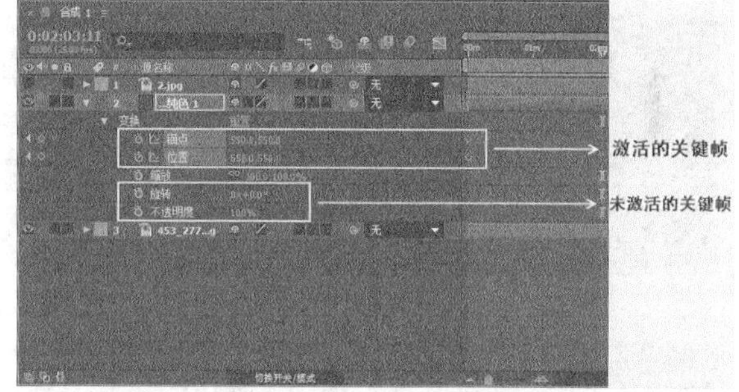

图5-17

生成关键帧的方法主要有2种，分别是激活“时间变化秒表”按钮，如图5-18所示。制作动画曲线关键帧，如图5-19所示。

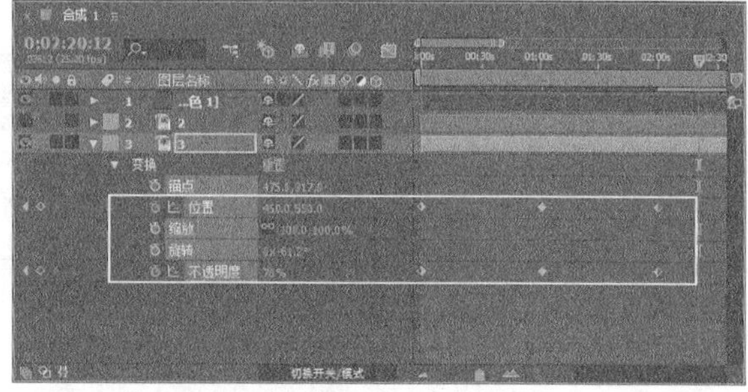

图5-18

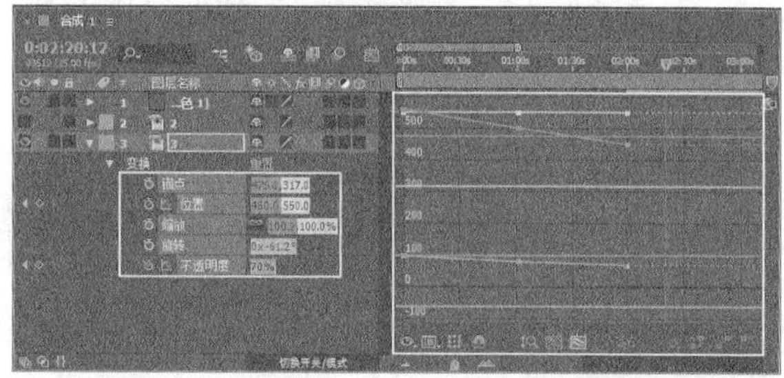

图5-19

5.1.4 关键帧导航器

当为图层参数设置了第1个关键帧时，After Effects会显示出关键帧导航器，通过导航器可以方便地从一个关键帧快速跳转到上一个或下一个关键帧，如图5-20所示。也可以通过关键帧导航器来设置和删除关键帧，如图5-21所示。

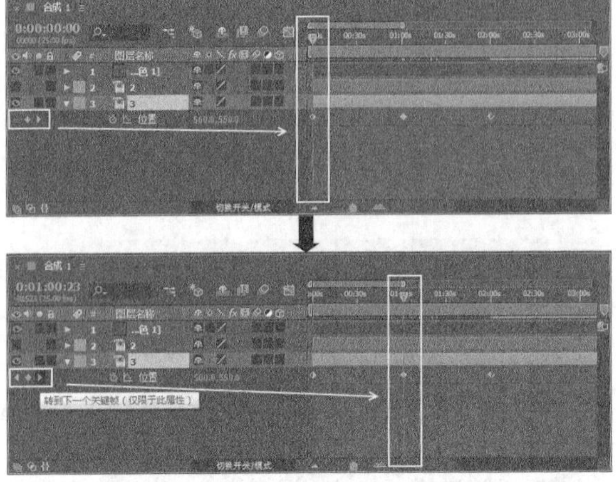

图5-20

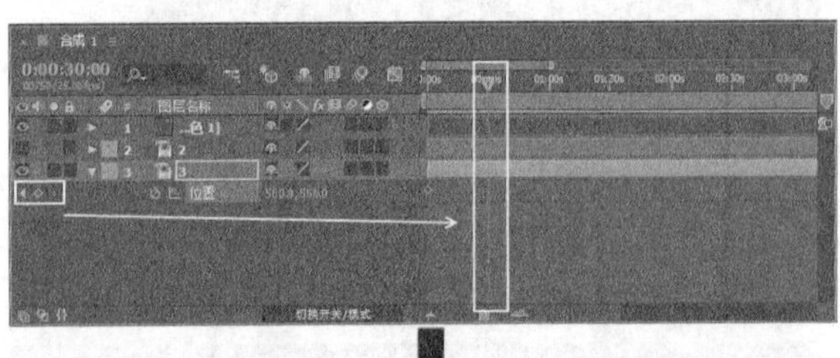

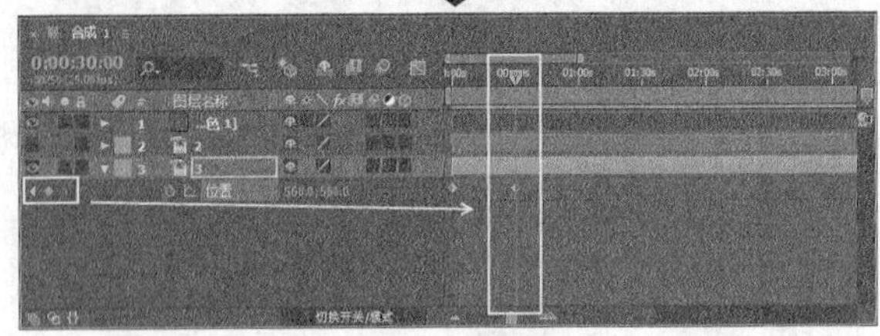

图5-21

工具详解

* 转到上一个关键帧：单击该按钮可以跳转到上一个关键帧的位置，快捷键为J键。

* 转到下一个关键帧：单击该按钮可以跳转到下一个关键帧的位置，快捷键为K键。

* ：表示当前没有关键帧，单击该按钮可以添加一个关键帧。

* ：表示当前存在关键帧，单击该按钮可以删除当前选择的关键帧。

提示 操作关键帧时需要注意的有3点。

第1点：关键帧导航器是针对当前属性的关键帧导航，而J键和K键是针对画面上展示的所有关键帧进行导航的。

第2点：在“时间轴”面板中选择图层，然后按U键可以展开该图层中的所有关键帧属性，再次按U键将取消关键帧属性的显示。

第3点：如果在按住Shift键的同时移动当前的时间指针，那么时间指针将自动吸附对齐到关键帧上。同理，如果在按住Shift键的同时移动关键帧，那么关键帧将自动吸附对齐当前时间指针处。

5.1.5 选择关键帧

在选择关键帧时，主要有以下5种情况。

第1种：如果要选取单个关键帧，只需要单击关键帧即可。

第2种：如果要选择多个关键帧，可以在按住Shift键的同时连续单击需要选择的关键帧，也可通过框选来选择需要的关键帧。

第3种：如果要选择图层属性中的所有关键帧，只需单击“时间轴”面板中的图层属性的名字。

第4种：如果要选择一个图层中的属性里面数值相同的关键帧，只需要在其中一个关键帧上单击鼠标右键，然后选择“选择相同关键帧”命令即可，如图5-22所示。

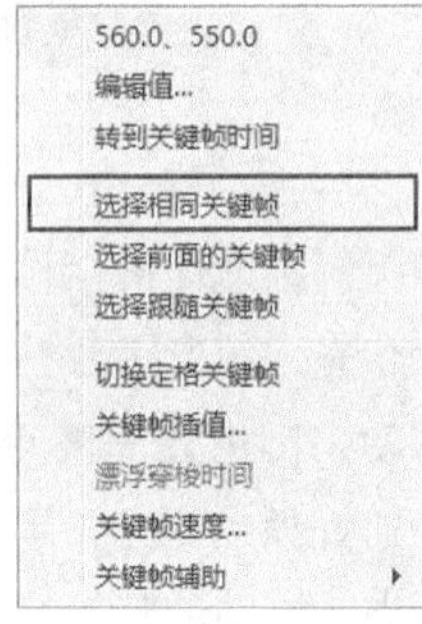

图5-22

第5种：如果要选择某个关键帧之前或之后的所有关键帧，只需要在该关键帧上单击鼠标右键，然后选择“选择前面的关键帧”命令或“选择跟随关键帧”命令即可，如图5-23所示。

560.0、550.0
编辑值...
转到关键帧时间
选择相同关键帧
选择前面的关键帧
选择跟随关键帧
切换定格关键帧
关键帧插值...
漂浮穿梭时间
关键帧速度...
关键帧辅助

图5-23

5.1.6 编辑关键帧

1.设置关键帧数值

如果要调整关键帧的数值，可以在当前关键帧上双击，然后在打开的对话框中调整相应的数值即可，如图5-24所示。另外，在当前关键帧上单击鼠标右键，在打开的菜单中选择“编辑值”命令也可以调整关键帧数值，如图5-25所示。

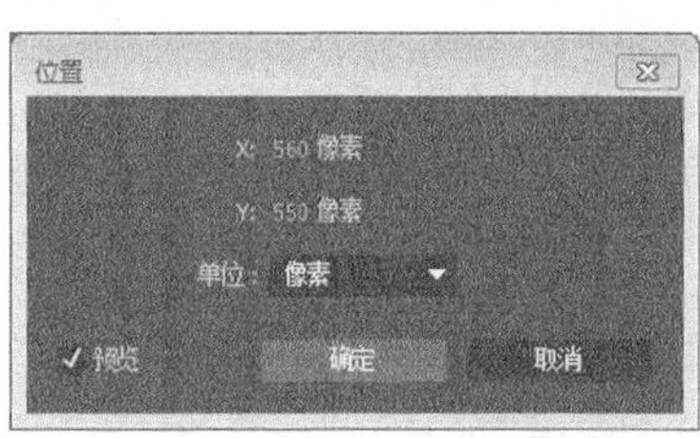

图5-24

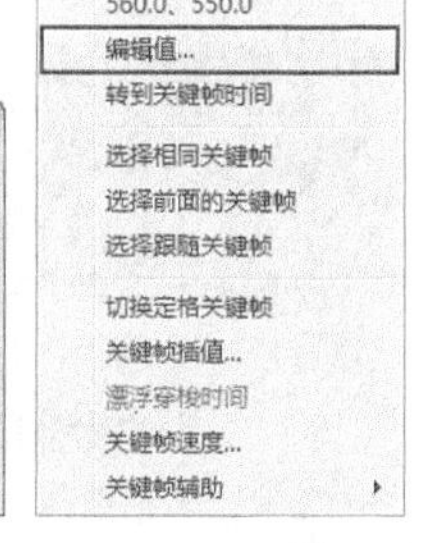

图5-25

提示 不同图层属性的关键帧编辑对话框是不相同的，图5-24所示的是“位置”关键帧对话框，而有些关键帧没有关键帧对话框（例如，一些复选项关键帧或下拉列表关键帧）。

对于涉及空间的一些图层参数的关键帧，可以使用“钢笔工具”进行调整，具体操作步骤如下。

第1步：在“时间轴”面板中选择需要调整的图层参数。

第2步：在“工具”面板中单击“钢笔工具”。

第3步：在“合成”面板或“图层”面板中使用“钢笔工具”添加关键帧，以改变关键帧的插值方式。如果结合Ctrl键还可以移动关键帧的空间位置，如图5-26所示。

图5-26

2.移动关键帧

选择关键帧后，按住鼠标左键的同时拖曳关键帧就可以移动关键帧的位置。如果选择的是多个关键帧，在移动关键帧后，这些关键帧之间的相对位置将保持不变。

3.对一组关键帧进行时间整体缩放

同时选择3个以上的关键帧，在按住Alt键的同时使用鼠标左键拖曳第1个或最后1个关键帧，可以对这组关键帧进行整体时间缩放。

4.复制和粘贴关键帧

可以对不同图层中的相同属性或不同属性（但是需要具备相同的数据类型）关键帧进行复制和粘贴操作，可以进行互相复制的图层属性包括以下4种。

第1种：具有相同维度的图层属性，例如，“不透明度”和“旋转”属性。

第2种：效果的角度控制属性和具有滑块控制的图层属性。

第3种：效果的颜色属性。

第4种：蒙版属性和图层的空间属性。

一次只能从一个图层属性中复制关键帧，把关键帧粘贴到目标图层的属性中时，被复制的第1个关键帧出现在目标图层属性的当前时间中。而其他关键帧将以被复制的顺序依次进行排列，粘贴后的关键帧继续处于被选择状态，以方便继续对其进行编辑，复制和粘贴关键帧的步骤如下。

第1步：在“时间轴”面板中展开需要复制的关键帧属性。

第2步：选择单个或多个关键帧。

第3步：执行“编辑>复制”菜单命令或按快捷键Ctrl+C，复制关键帧。

第4步：在“时间轴”面板中展开需要粘贴关键帧的目标图层的属性，然后将时间滑块拖曳到需要粘贴的时间处。

第5步：选择目标属性，然后执行“编辑>粘贴”菜单命令或按快捷键Ctrl+V，粘贴关键帧。

提示 如果复制相同属性的关键帧，只需要选择目标图层就可以粘贴关键帧，如果复制的是不同属性的关键帧，需要选择目标图层的目标属性才能粘贴关键帧。特别注意，如果粘贴的关键帧与目标图层上的关键帧在同一时间位置，将覆盖目标图层上原有的关键帧。

5.删除关键帧

删除关键帧的方法主要有以下4种。

第1种：选择一个或多个关键帧，然后执行“编辑>清除”菜单命令。

第2种：选择一个或多个关键帧，然后按Delete键进行删除。

第3种：当时间指针对齐当前关键帧时，单击“添加或删除关键帧”按钮可以删除当前关键帧。

第4种：如果需要删除某个属性中的所有关键帧，只需要选择属性名称（这样就可以选择该属性中的所有关键帧），然后按Delete键或单击“时间变化秒表”按钮即可。

5.1.7 插值方法

插值就是在两个预知的数据之间以一定方式插入未知数据的过程，在数字视频制作中就意味着在两个关键帧之间插入新的数值，使用插值方法可以制作出更加自然的动画效果。

常见的插值方法有两种，分别是“线性”插值和“贝塞尔”插值。“线性”插值就是在关键帧之间对数据进行平均分配，“贝塞尔”插值基于贝塞尔曲线的形状来改变数值变化的速度。

如果要改变关键帧的插值方式，可以选择需要调整的一个或多个关键帧，然后执行“动画>关键帧插值”菜单命令，在“关键帧插值”对话框中可以进行详细设置，如图5-27所示。

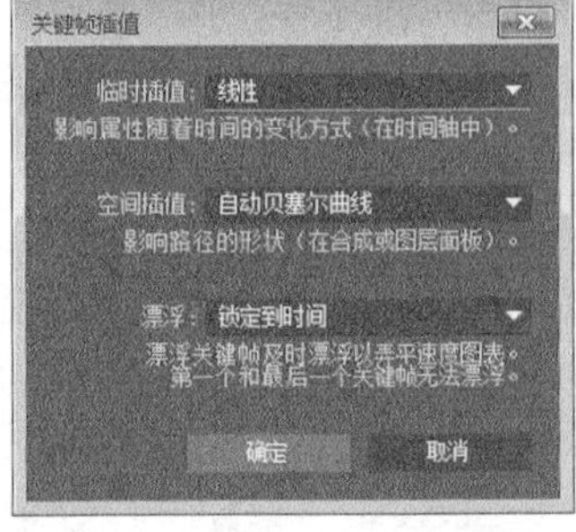

图5-27

从“关键帧插值”对话框中可以看到调节关键帧的插值有3种运算方法。

第1种：“临时插值”运算方法可以用来调整与时间相关的属性、控制进入关键帧和离开关键帧时的速度变化，也可以实现匀速运动、加速运动和突变运动等。

第2种：“空间插值”运算方法仅对“位置”属性起作用，主要用来控制空间运动路径。

第3种：“漂浮”运算方法对漂浮关键帧及时漂浮以弄平速度图表。第一个和最后一个关键帧无法漂浮。

1.时间关键帧

时间关键帧可以对关键帧的进出方式进行设置从而改变动画的状态，不同的进出方式在关键帧的外观上表现出来也是不一样的。当为关键帧设置不同的出入插值方式时，关键帧的外观也会发生变化，如图5-28所示。

* A：表现为线性的匀速变化，如图5-29所示。

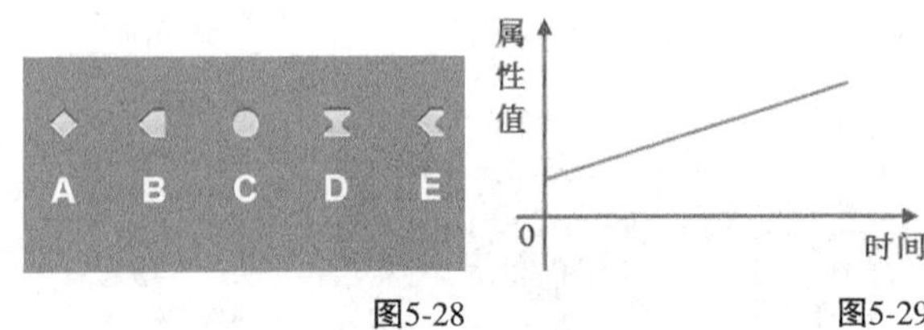

图5-28　图5-29

* B：表现为线性匀速方式进入，平滑到出点时为一个固定数值。

* C：自动缓冲速度变化，同时可以影响关键帧的出入速度变化，如图5-30所示。

* D：进出的速度以贝塞尔方式表现出来。

* E：入点采用线性方式，出点采用贝塞尔方式，如图5-31所示。

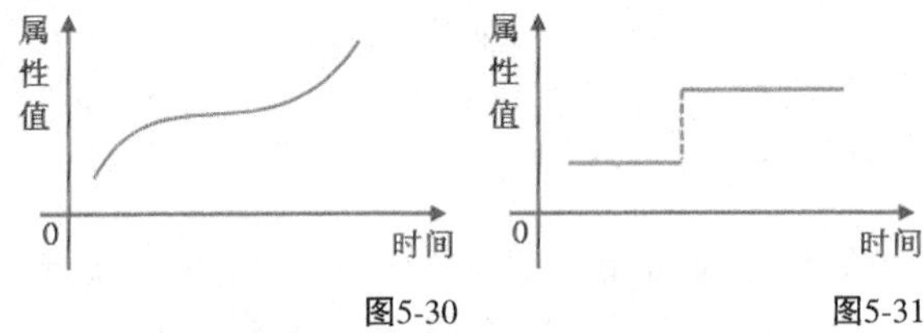

图5-30　图5-31

2.空间关键帧

空间关键帧会影响路径的形状，当对一个图层应用了“位置”动画时，可以在“合成”面板中对这些位移动画的关键帧进行调节，以改变它们的运动路径的插值方式。常见的运动路径插值方式有以下几种，如图5-32所示。

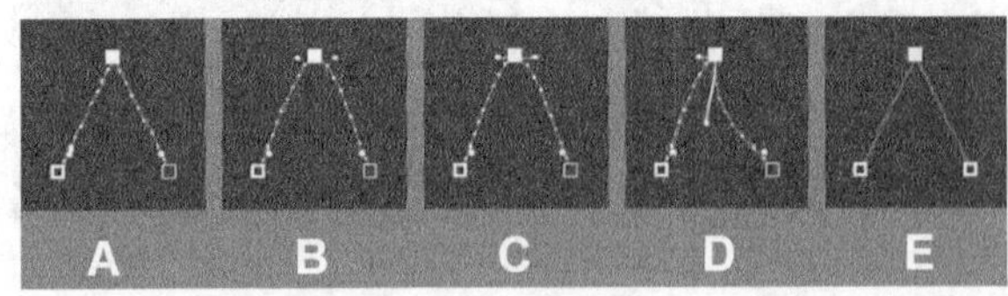

图5-32

差值方式详解

* A：关键帧之间表现为直线的运动状态。
* B：运动路径为光滑的曲线。
* C：这是形成位置关键帧的默认方式。
* D：可以完全自由地控制关键帧两边的手柄，这

样可以更加随意地调节运动方式。

＊ E：运动位置的变化以突变的形式直接从一个位置消失，然后出现在另一个位置上。

3.漂浮关键帧

漂浮关键帧主要用来平滑动画。有时关键帧之间的变化比较大，关键帧与关键帧之间的衔接也不自然，这时就可以使用漂浮对关键帧进行优化，如图5-33所示。可以在“时间轴”面板中选择关键帧，然后单击鼠标右键，接着在打开的菜单中选择“漂浮穿梭时间”命令。

图5-33

5.2 动画图表编辑器

本节知识点

名称	作用	重要程度
动画图表编辑器功能介绍	了解动画图表编辑器的参数及使用方法	中
变速剪辑	了解变速剪辑的相关命令	中

5.2.1 课堂案例——流动的云彩

素材位置　实例文件>CH05>课堂案例——流动的云彩
实例位置　实例文件>CH05>课堂案例——流动的云彩
难易指数　★★☆☆☆
学习目标　掌握变速剪辑的具体应用

本案例的制作效果如图5-34所示。

图5-34

（1）导入下载资源中的“实例文件>CH05>课堂案例——流动的云彩>课堂案例——流动的云彩.aep”文件，接着在“项目”面板中双击“流动的云彩”加载该合成，如图5-35所示。

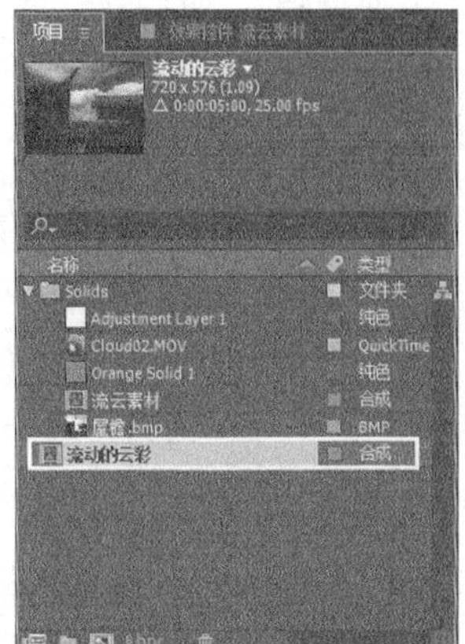

图5-35

（2）选择“流云素材”图层，执行“图层>时间>启用时间重映射”菜单命令。“流云素材”图层会自动添加“时间重映射”属性，并且在素材的入点和出点自动设置两个关键帧，这两个关键帧就是素材的入点和出点时间的关键帧，如图5-36所示。

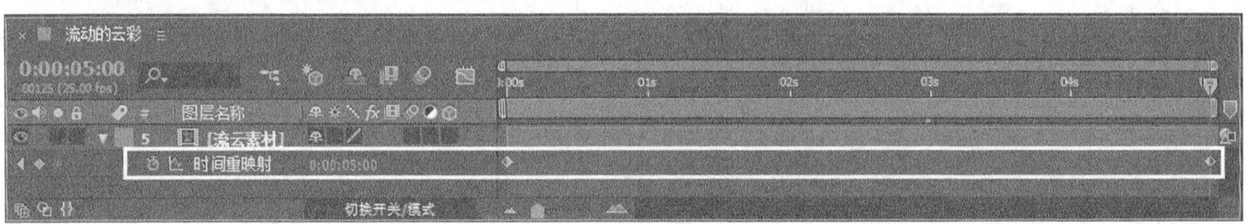

提示

在这段素材中，可以发现拍摄的房屋是静止不动的（摄影机也是静止的），而流云是运动的，因为静止的房屋不管怎么变速，它始终还是静止的，而背景中运动的云彩通过变速就能产生特殊的效果。

（3）在第4秒处单击“时间重映射”属性前面的◆按钮，为该属性添加关键帧，如图5-37所示。

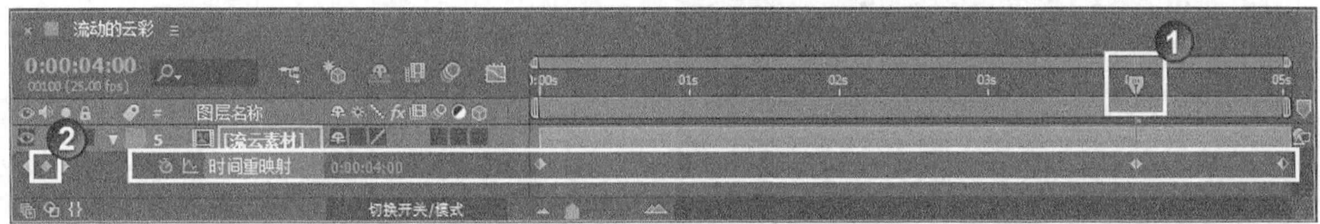

图5-37

（4）在“时间轴”面板中选择最后两个关键帧，然后将其往前移动（将第2个关键帧拖曳到第2秒处），这样原始素材的前4秒就被压缩为两秒，如图5-38所示。

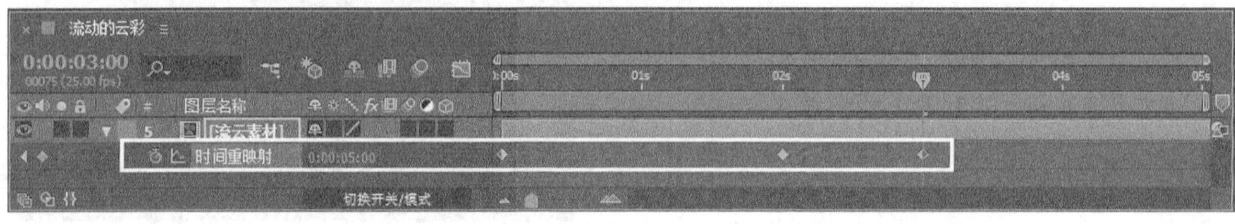

图5-38

（5）为了使变速后的素材与没有变速的素材能够平滑地进行过渡，选择“时间重映射”属性的第2个关键帧，然后单击鼠标右键并在打开的菜单中选择“关键帧辅助>缓入”命令，如图5-39所示。

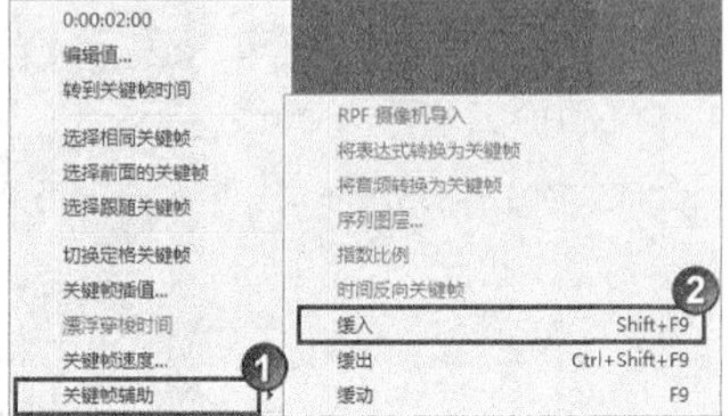

图5-39

（6）渲染并输出动画，最终效果如图5-40所示。

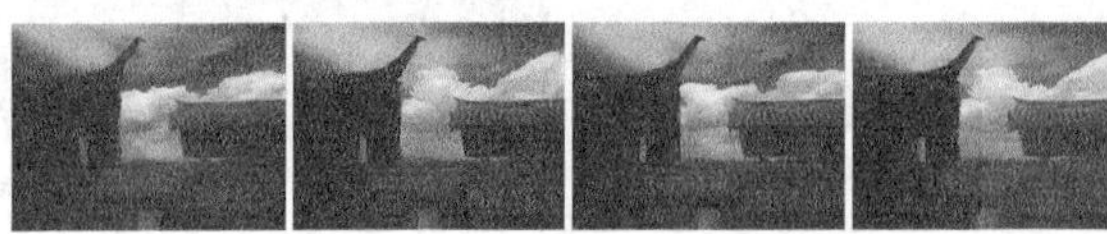

图5-40

5.2.2 动画图表编辑器功能介绍

无论是时间关键帧还是空间关键帧，都可以使用动画“图表编辑器”来进行精确调整。使用动画关键帧除了可以调整关键帧的数值外，还可以调整关键帧动画的出入方式。

选择图层中应用了关键帧的属性名，然后单击“时间轴”面板中的“图表编辑器”按钮，打开图表编辑器，如图5-41所示。

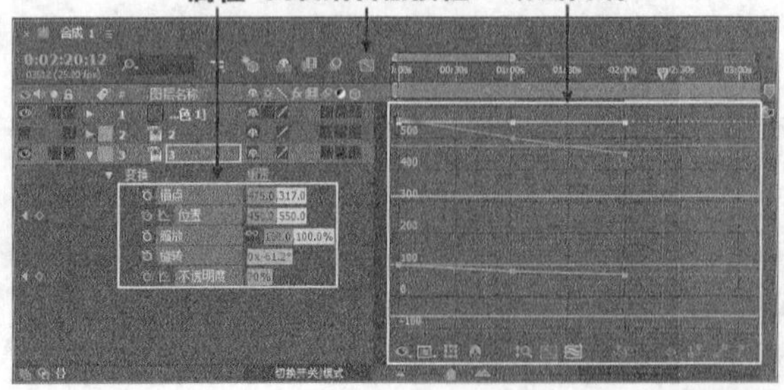

图5-41

参数详解

* ：单击该按钮可以选择需要显示的属性和曲线。
- 显示选择的属性：显示被选择属性的运动属性。
- 显示动画属性：显示所有包含动画信息属性的运动曲线。
- 显示图表编辑器集：同时显示属性变化曲线和速度变化曲线。

* ：浏览指定的动画曲线类型的各个菜单选项和是否显示其他附加信息的各个菜单选项。
- 自动选择图表类型：选择该选项时，可以自动选择曲线的类型。
- 编辑值图表：选择该选项时，可以编辑属性变化曲线。
- 编辑速度图表：选择该选项时，可以编辑速度变化曲线。
- 显示参考图表：选择该选项时，可以同时显示属性变化曲线和速度变化曲线。
- 显示音频波形：选择该选项时，可以显示出音频的波形效果。
- 显示图层的入点/出点：选择该选项时，可以显示出图层的入/出点标志。
- 显示图层标记：选择该选项时，可以显示出图层的标记点。
- 显示图表工具技巧：选择该选项时，可以显示出曲线工具的提示。
- 显示表达式编辑器：选择该选项时，可以显示出表达式编辑器。

* ：当激活该功能后，在选择多个关键帧时可以形成一个编辑框。

* ：当激活该功能后，可以在编辑时使关键帧与入/出点、标记、当前指针及其他关键帧等进行自动吸附对齐等操作。

* //：调整“图表编辑器”的视图工具，依次为“自动缩放图表高度”“使选择适于查看”和“使所有图表适于查看”。

* ▣：单独维度按钮，在调节“位置”属性的动画曲线时，单击该按钮可以分别单独调节位置属性各个维度的动画曲线，这样就能获得更加自然平滑的位移动画效果。

* ▣：从其下拉菜单选项中选择相应的命令可以编辑选择的关键帧。

* ▣/▣/▣：关键帧插值方式设置按钮，依次为“将选择的关键帧转换为定格”“将选择的关键帧转换为线性”和“将选择的关键帧转换为自动贝塞尔曲线”。

* ▣/▣/▣：关键帧助手设置按钮，依次为“缓动”“缓入”和“缓出”。

5.2.3 变速剪辑

在After Effects中，可以很方便地对素材进行变速剪辑操作。在“图层>时间”菜单下提供了4个对时间进行变速的命令，如图5-42所示。

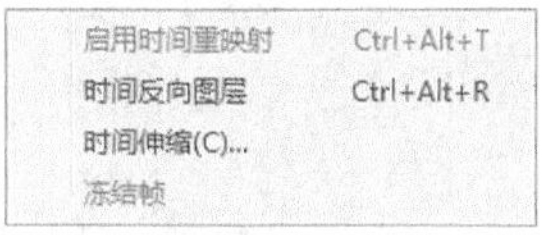

启用时间重映射 Ctrl+Alt+T
时间反向图层 Ctrl+Alt+R
时间伸缩(C)...
冻结帧

图5-42

命令详解

* 启用时间重映射：这个命令的功能非常强大，它差不多包含下面3个命令的所有功能。

* 时间反向图层：对素材进行回放操作。

* 时间伸缩：对素材进行均匀变速操作。

* 冻结帧：对素材进行定帧操作。

5.3 嵌套关系

本节知识点

名称	作用	重要程度
嵌套概念	了解嵌套的概念	中
嵌套的方法	掌握嵌套的方法	中
折叠变换/连续栅格化	掌握如何使用“折叠变换/连续栅格化”功能	中

5.3.1 课堂案例——飞近地球动画

素材位置 实例文件>CH05>课堂案例——飞近地球动画
实例位置 实例文件>CH05>课堂案例——飞近地球动画
难易指数 ★★☆☆☆
学习目标 掌握嵌套的具体运用

本案例制作的飞近地球动画效果如图5-43所示。

图5-43

（1）执行“合成>新建合成”菜单命令，然后在打开的“合成设置”对话框中设置“合成名称”为“地图”、“宽度”为1024 px、“高度”为512 px、“持续时间”为5秒，如图5-44所示。

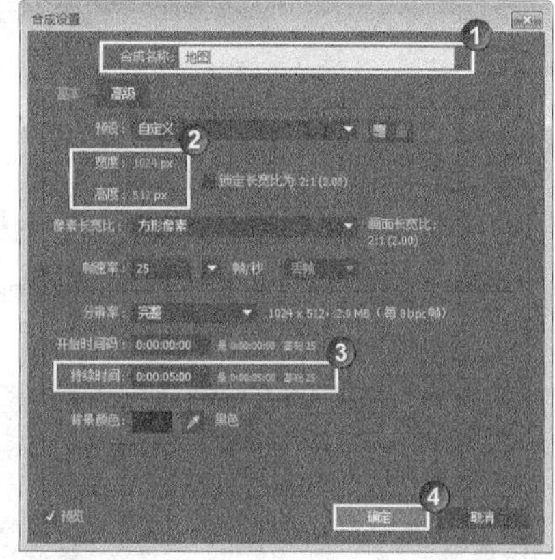

图5-44

（2）导入下载资源中的“实例文件>CH05>课堂案例——飞近地球动画>世界地图.jpg”文件，然后将该文件拖曳到“时间轴”面板中，接着为该图层执行“效果>风格化> CC RepeTile（CC重复平铺）”滤镜，最后在“效果控件”面板中设置Expand Right（右扩展）为1024，如图5-45所示。

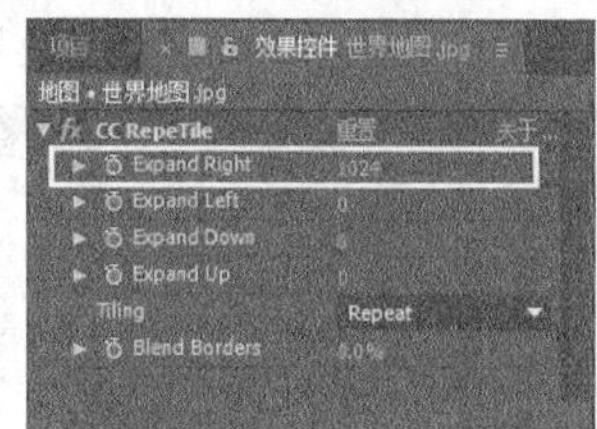

图5-45

（3）为“地图”图层设置关键帧动画。在第0帧处设置“位置”为（512，256）；在第4秒24帧设置“位置”为（－512，256），如图5-46所示。

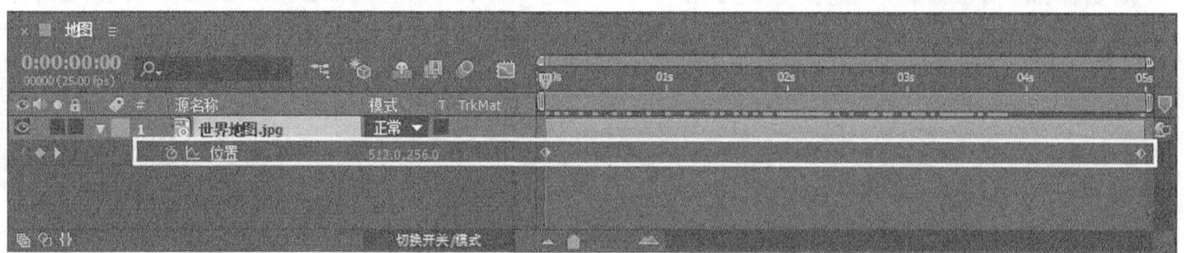

图5-46

（4）新建合成，设置“合成名称”为“飞近地球”、“宽度”为1024 px、“高度”为512 px、“持续时间”为5秒，接着将“地图”合成拖曳到“飞近地球”合成的“时间轴”面板中，如图5-47所示。

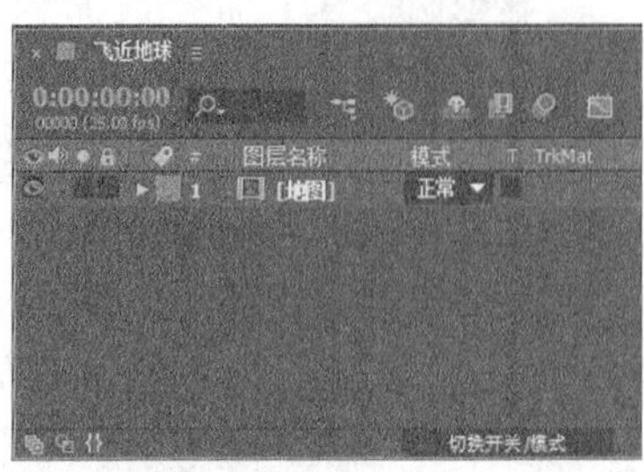

图5-47

（5）选择“地图”图层，然后执行“效果>透视>CC Sphere（CC球体）”菜单命令，接着在“效果控件”面板中展开Light（灯光）属性组，设置Light Intensity（灯光强度）为125、Light Height（灯光高度）为49、Light Direction（灯光方向）为（0×－53°），最后展开Shading（着色）属性组，选择Transparency Fallof（透明衰减）选项，如图5-48所示。

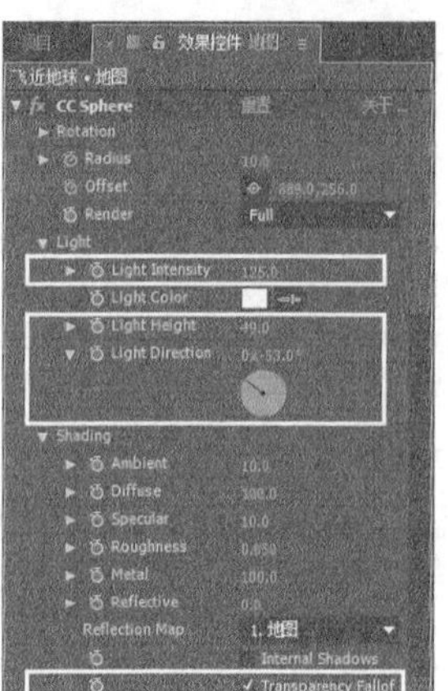

图5-48

（6）为CC Sphere（CC球体）滤镜设置关键帧动画。在第0帧处设置Radius（半径）为10、Offset（偏移）为（889，256）；在第2秒处设置Offset（偏移）为（377.9，256）；在第4秒24帧处设置“半径”为1426、“偏移”为（520，256），如图5-49所示。

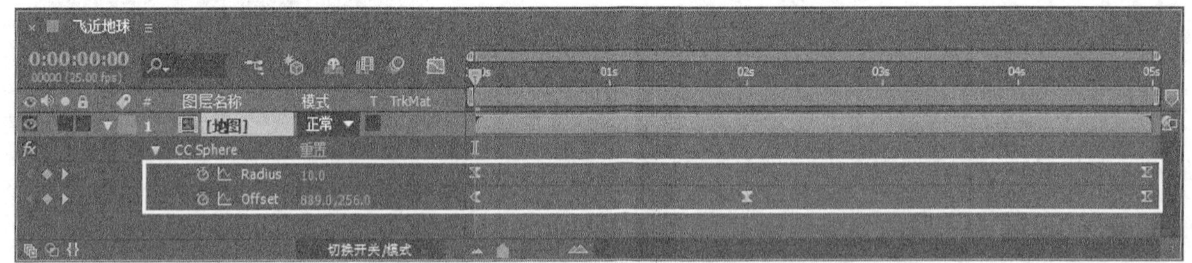

图5-49

（7）选择“地图”图层，然后执行“效果>模糊和锐化>径向模糊”菜单命令，接着为该滤镜设置关键帧动画。在第2秒处设置“数量”为0；在第4秒24帧处设置“数量”为67，如图5-50所示。

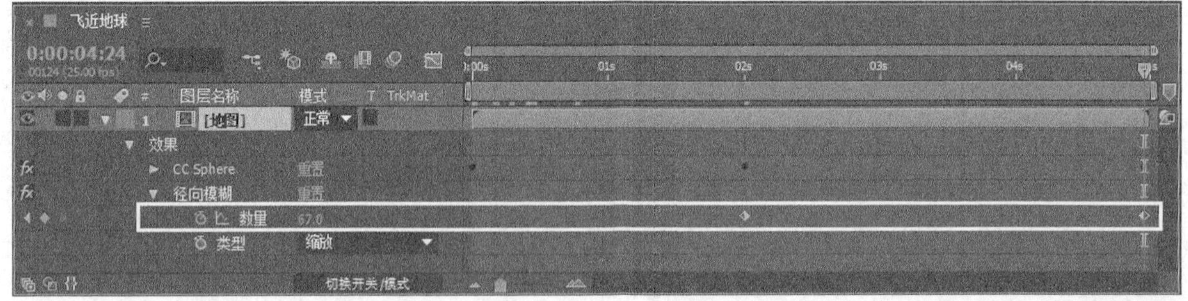

图5-50

（8）按快捷键Ctrl+Y新建一个名为“太空”的纯色图层，然后将其移至底层，接着执行“效果>模拟>CC Star Burst（CC星爆）”菜单命令，最后在“效果控件”面板中设置Speed（速度）为－0.5，如图5-51所示。

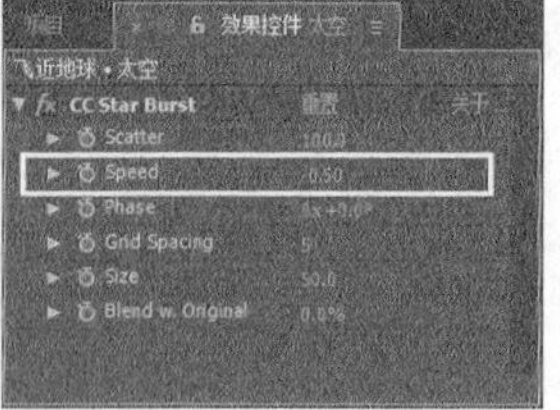

图5-51

（9）选择“太空”图层，然后执行“效果>模糊和锐化>径向模糊”菜单命令，接着在“效果控件”面板中设置“Amount”为5，如图5-52所示。

图5-52

（10）渲染并输出动画，最终效果如图5-53所示。

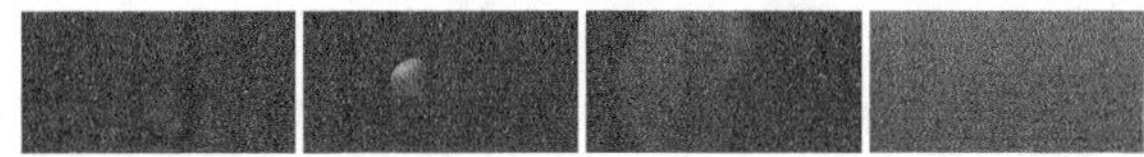

图5-53

5.3.2 嵌套概念

嵌套是将一个合成作为另外一个合成的一个素材进行相应操作，当希望对一个图层使用两次或两次以上的相同变换属性时（也就是说在使用嵌套时，用户可以使用两次蒙版、滤镜和变换属性），就需要使用到嵌套功能。

5.3.3 嵌套的方法

嵌套的方法主要有以下两种。

第1种：在“项目”面板中将某个合成项目作为一个图层拖曳到“时间轴”面板中的另一个合成中，如图5-54所示。

图5-54

第2种：在“时间轴”面板中选择一个或多个图层，然后执行“图层>预合成”菜单命令（或按快捷键Ctrl+Shift+C），如图5-55所示。打开“预合成”对话框设置好参数，然后单击“确定”按钮即可完成嵌套合成操作，如图5-56所示。

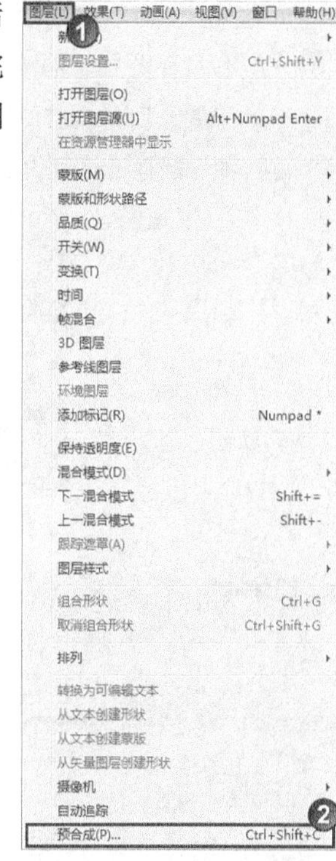

图5-55

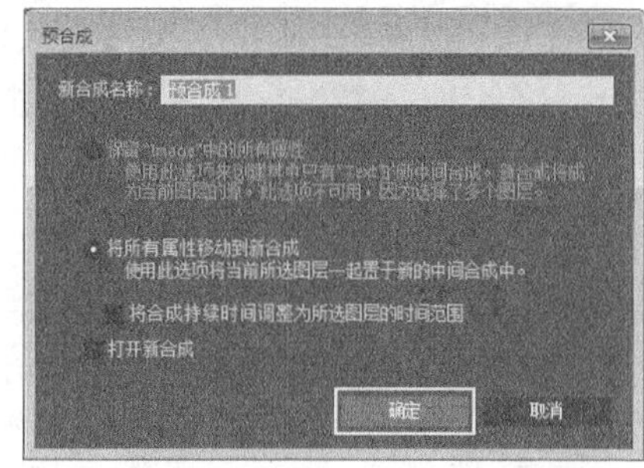

图5-56

参数详解

* 保留Image中的所有属性：将所有的属性、动画信息以及效果保留在合成中，只是将所选的图层进行简单的嵌套合成处理。

* 将所有属性移动到新合成：将所有的属性、动画信息以及效果都移入到新建的合成中。

* 打开新合成：执行完嵌套合成后，决定是否在“时间轴”面板中立刻打开新建的合成。

5.3.4 折叠变换/连续栅格化

在进行嵌套时，如果不继承原始合成项目的分辨率，那么在对被嵌套合成制作“缩放”之类的动画时就有可能产生马赛克效果，这时就需要开启

“折叠变换/连续栅格化”功能，该功能可以提高图层分辨率，使图层画面清晰。

如果要开启“折叠变换/连续栅格化”功能，可在“时间轴”面板的图层开关栏中单击“折叠变换/连续栅格化”按钮，如图5-57所示。

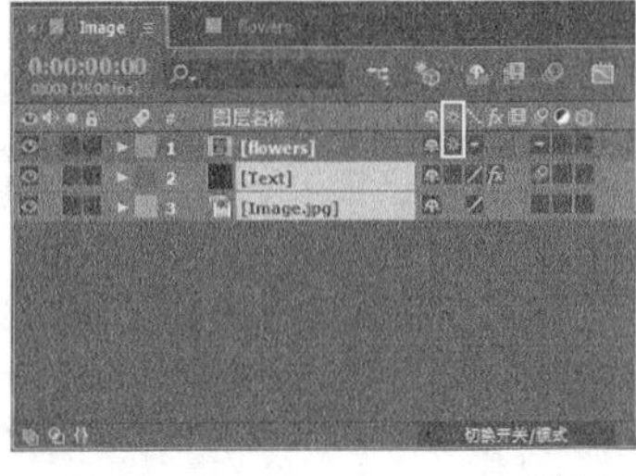

图5-57

提示 使用“折叠变换/连续栅格化”功能的3点优势分别如下。

第1点：可以继承“变换”属性，开启“折叠变换/连续栅格化”功能可以在嵌套的更高级别的合成项目中提高分辨率，如图5-58所示。

图5-58

第2点：当图层中包含Adobe Illustrator文件时，开启“折叠变换/连续栅格化”功能可以提高素材的质量。

第3点：当在一个嵌套合成中使用了三维图层时，如果没有开启“折叠变换/连续栅格化”功能，那么在嵌套的更高一级合成项目中对属性进行变换时，低一级的嵌套合成项目还是作为一个平面素材引入到更高一级的合成项目中；如果对低一级的合成项目图层使用了塌陷开关，那么低一级的合成项目中的三维图层将作为一个三维组引入到新的合成中，如图5-59所示。

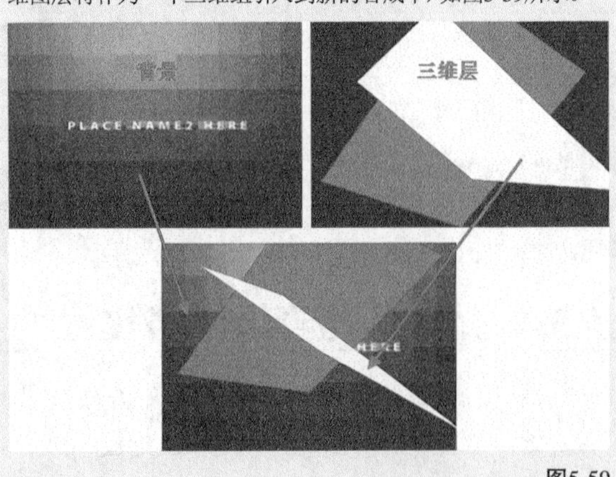

图5-59

课堂练习——定版放射光线

素材位置	实例文件>CH05>课堂练习——定版放射光线
实例位置	实例文件>CH05>课堂练习——定版放射光线
难易指数	★★★☆☆
练习目标	练习关键帧及Shine（扫光）滤镜的应用

本练习完成的定版放射光线效果如图5-60所示。

图5-60

操作提示

第1步：打开“实例文件>CH05>课堂练习——倒计时动画>课堂练习——倒计时动画.aep”文件。

第2步：加载“光线元素_合成”，然后为“发光元素.mov”图层添加Shine（扫光）滤镜。

第3步：为Shine（扫光）滤镜设置关键帧动画。

课后习题——融合文字动画

素材位置	实例文件>CH05>课后习题——融合文字动画
实例位置	实例文件>CH05>课后习题——融合文字动画
难易指数	★★★☆☆
练习目标	学习关键帧动画及“毛边”等滤镜的应用

本习题完成的融合文字动画效果如图5-61所示。

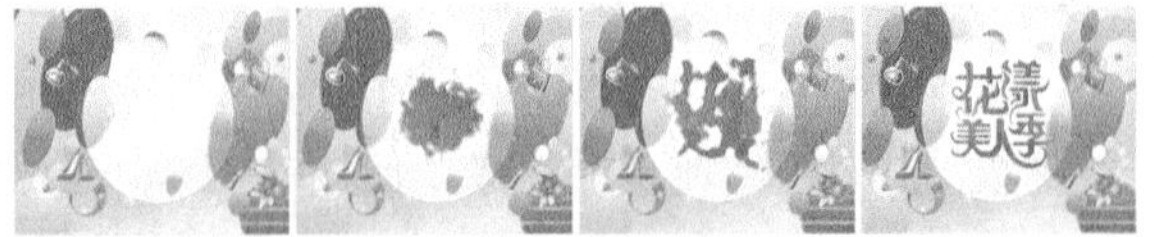

图5-61

操作提示

第1步：打开“实例文件>CH05>课堂练习——倒计时动画>课堂练习——倒计时动画.aep”文件。

第2步：加载“文字”，然后为调整图层添加“毛边”和CC Vector Blur（CC矢量模糊）滤镜。

第3步：为“毛边”和CC Vector Blur（CC矢量模糊）滤镜设置关键帧动画。

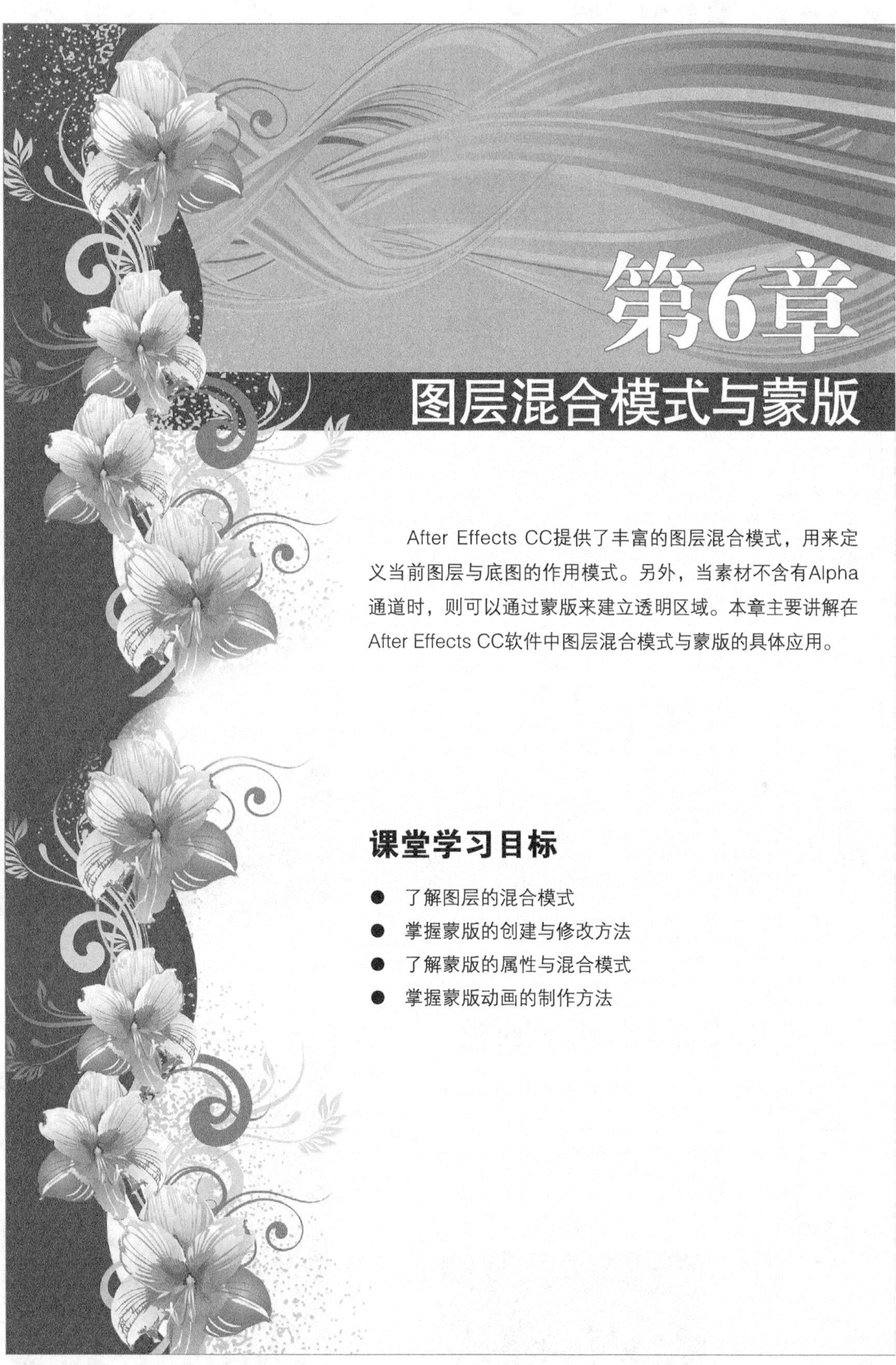

第6章 图层混合模式与蒙版

After Effects CC提供了丰富的图层混合模式，用来定义当前图层与底图的作用模式。另外，当素材不含有Alpha通道时，则可以通过蒙版来建立透明区域。本章主要讲解在After Effects CC软件中图层混合模式与蒙版的具体应用。

课堂学习目标

- 了解图层的混合模式
- 掌握蒙版的创建与修改方法
- 了解蒙版的属性与混合模式
- 掌握蒙版动画的制作方法

6.1 图层混合模式

在After Effects CC中，系统提供了较为丰富的图层混合模式，所谓图层混合模式就是一个图层与其下面的图层发生颜色叠加关系，并产生特殊的效果，最终将该效果显示在视频合成窗口中。

本节知识点

名称	作用	重要程度
打开图层的混合模式面板	掌握打开图层的混合模式面板的两种方法	中
普通模式	包括“正常”“溶解”和“动态抖动溶解”3种混合模式	高
变暗模式	使图像的整体颜色变暗，包括“变暗”“相乘”“颜色加深”“经典颜色加深”“线性加深”和“较深的颜色”6种混合模式	高
变亮模式	使图像的整体颜色变亮，包括“相加”“变亮”“屏幕”“颜色减淡”“经典颜色减淡”“线性减淡”和“较浅的颜色”7种混合模式	高
叠加模式	包括“叠加”“柔光”“强光”“线性光”“亮光”“点光”和“纯色混合”7种叠加模式	高
差值模式	基于当前图层和底层的颜色值来产生差异效果，包括“差值”“经典差值”“排除”“相减”和“排除”5种混合模式	高
色彩模式	改变底层颜色的一个或多个色相、饱和度和明度值，包括“色相”“饱和度”“颜色”和“发光度”4种混合模式	高
蒙版模式	这种类型的混合模式可以将当前图层转化为底图层的一个遮罩，包括Stencil Alpha（Alpha蒙版）、Stencil Luma（亮度蒙版）等	高
共享模式	可以使底层与当前图层的Alpha通道或透明区域像素产生相互作用，包括“模板Alpha”“模板亮度”“轮廓Alpha”和“轮廓亮度”4种混合模式	中

6.1.1 打开图层的混合模式面板

在After Effects中，显示或隐藏混合模式选项有3种方法。

第1种：在“时间轴”面板中的类型名称区域，如图6-1所示。单击鼠标右键，然后在打开的菜单中选择“列数>模式”命令，可显示或隐藏混合模式选项，如图6-2所示。

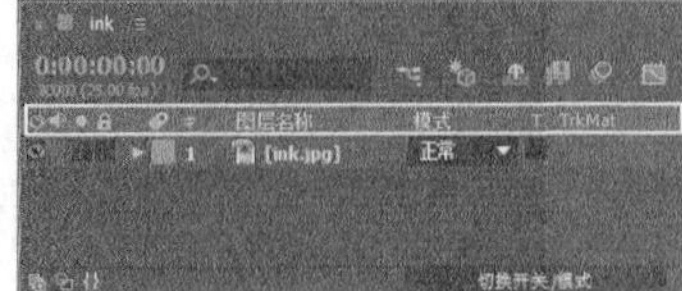

图6-1

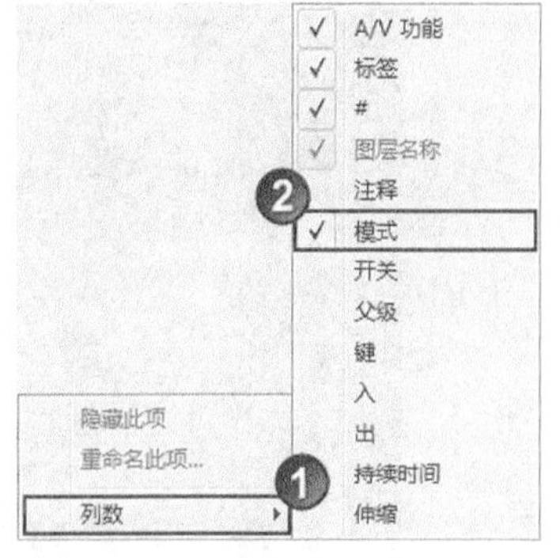

图6-2

第2种：在“时间轴”面板中单击“切换开关/模式”按钮，显示或隐藏混合模式选项，如图6-3所示。

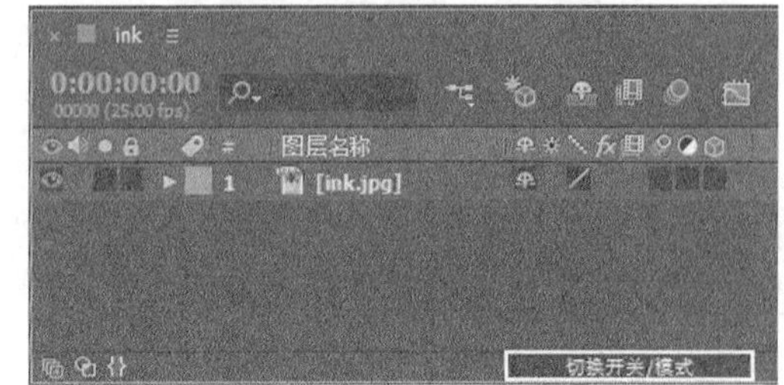

图6-3

第3种：在“时间轴”面板中，按快捷键F4可以显示或隐藏混合模式选项，如图6-4所示。

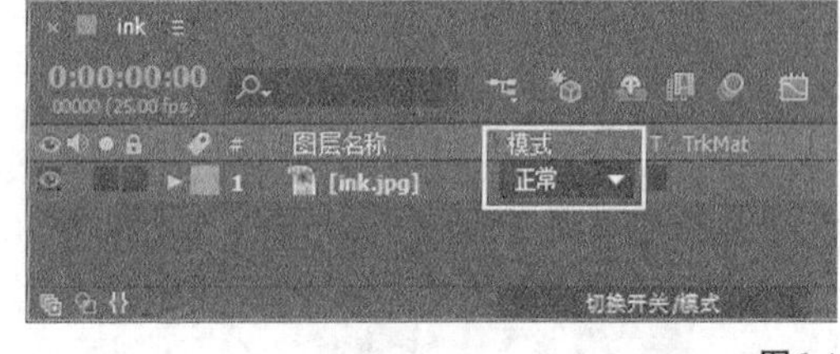

图6-4

下面用两层素材来详细讲解图层的各种混合模式，一个作为底层素材，如图6-5所示；另一个作为当前图层素材（也可以理解为叠加图层的源素材），如图6-6所示。

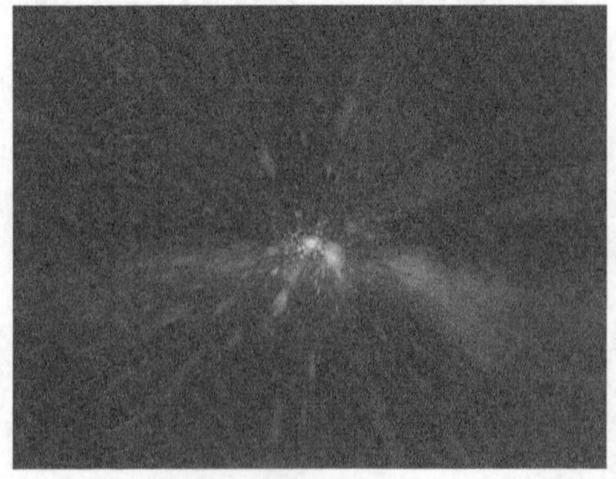

图6-5

图6-6

6.1.2 普通模式

在普通模式中，主要包括“正常”“溶解”和“动态抖动溶解”3种混合模式。

在没有透明度影响的前提下，这种类型的混合模式产生最终效果的颜色不会受底层像素颜色的影响，除非底层像素的不透明度小于当前图层。

1.正常模式

“正常”模式是After Effects中的默认模式，当图层的不透明度为100%时，合成将根据Alpha通道正常显示当前图层，并且不受下一层的影响，如图6-7所示。当图层的不透明度小于100%时，当前图层的每个像素点的颜色将受到下一层的影响。

图6-7

2.溶解模式

在图层有羽化边缘或不透明度小于100%时，“溶解”模式才起作用。“溶解”模式是在当前图层选取部分像素，然后采用随机颗粒图案的方式用下一层图层的像素来取代，当前图层的不透明度越低，溶解效果越明显，如图6-8所示。

图6-8

提示 当图层的“不透明度”为60%时，“溶解”模式的效果如图6-9所示。

图6-9

3.动态抖动溶解模式

“动态抖动溶解”模式和“溶解”模式的原理相似，只不过“动态抖动溶解”模式可以随时更新随机值，而“溶解”模式的颗粒都是不变的。

提示 在普通模式中，“正常”模式是日常工作中最常用的图层混合模式。

6.1.3 变暗模式

在变暗模式中，主要包括“变暗”“相乘”“颜色加深”“经典颜色加深”“线性加深”和“较深的颜色”6种混合模式，这种类型的混合模式都可以使图像的整体颜色变暗。

1.变暗模式

“变暗”模式是通过比较当前图层和底图层的颜色亮度来保留较暗的颜色部分。例如，一个全黑的图层与任何图层的变暗叠加效果都是全黑的，而白色图层和任何图层的变暗叠加效果都是透明的，如图6-10所示。

图6-10

2.相乘模式

“相乘”模式是一种减色模式，它将基本色与叠加色相乘形成一种光线透过两张叠加在一起的幻灯片效果。任何颜色与黑色相乘都将产生黑色，与白色相乘将保持不变，而与中间的亮度颜色相乘可以得到一种更暗的效果，如图6-11所示。

图6-11

3.线性加深模式

“线性加深”模式是比较基色和叠加色的颜色信息，通过降低基色的亮度来反映叠加色。与“相乘”模式相比，“线性加深”模式可以产生一种更暗的效果，如图6-12所示。

图6-12

4.颜色加深模式

“颜色加深”模式是通过增加对比度来使颜色变暗（如果叠加色为白色，则不产生变化）以反映叠加色，如图6-13所示。

图6-13

5.经典颜色加深模式

“经典颜色加深”模式是通过增加对比度来使颜色变暗，以反映叠加色，它要优于“颜色加深”模式，如图6-14所示。

图6-14

6.较深的颜色模式

“较深的颜色”模式与“变暗”模式的效果相似，不同的是该模式不对单独的颜色通道起作用，如图6-15所示。

图6-15

提示 在变暗模式中，“变暗”和“相乘”是使用频率较高的图层混合模式。

6.1.4 变亮模式

在变亮模式中，主要包括“相加”“变亮”“屏幕”“颜色减淡”“经典颜色减淡”“线性减淡”和“较浅的颜色”7种混合模式，这种类型的混合模式都可以使图像的整体颜色变亮。

1.相加模式

“相加”模式是将上下层对应的像素进行加法运算，可以使画面变亮，如图6-16所示。

图6-16

提示 需要将一些火焰、烟雾和爆炸等素材合成到某个场景中时，将该素材图层的混合模式修改为“相加”模式，这样该素材与背景进行叠加时，就可以直接去掉黑色背景，如图6-17所示。

图6-17

2.变亮模式

“变亮”模式与“变暗”模式相反，它可以查看每个通道中的颜色信息，并选择基色和叠加色中较亮的颜色作为结果色（比叠加色暗的像素将被替换掉，而比叠加色亮的像素将保持不变），如图6-18所示。

图6-18

3.屏幕模式

“屏幕”模式是一种加色混合模式，与“相乘”模式相反，可以将叠加色的互补色与基色相乘，以得到一种更亮的效果，如图6-19所示。

图6-19

4.线性减淡模式

“线性减淡”模式可以查看每个通道的颜色信息，并通过增加亮度来使基色变亮，以反映叠加色（如果与黑色叠加则不发生变化），如图6-20所示。

图6-20

5.颜色减淡模式

“颜色减淡”模式是通过减小对比度来使颜色变亮，以反映叠加色（如果叠加色为黑色则不产生变化），如图6-21所示。

图6-21

6.经典颜色减淡模式

“经典颜色减淡”模式是通过减小对比度来使颜色变亮，以反映叠加色，其效果要优于“颜色减淡”模式。

7.较亮颜色模式

“较亮颜色”模式与“变亮”模式相似，略有区别的是该模式不对单独的颜色通道起作用。

提示 在变亮模式中，“相加”和“屏幕”模式是使用频率较高的图层混合模式。

6.1.5 叠加模式

在使用这种类型的叠加模式时，需要比较当前图层的颜色和底层的颜色亮度是否低于50%的灰度，然后根据不同的叠加模式创建不同的混合效果。

1.叠加模式

“叠加”模式可以增强图像的颜色，并保留底层图像的高光和暗调，如图6-22所示。“叠加”模式对中间色调的影响比较明显，对于高亮度区域和暗调区域的影响不大。

图6-22

2.柔光模式

“柔光”模式可以使颜色变亮或变暗（具体效果要取决于叠加色），这种效果与发散的聚光灯照在图像上很相似，如图6-23所示。

图6-23

3.强光模式

使用“强光”模式时，当前图层中比50%灰色亮的像素会使图像变亮；比50%灰色暗的像素会使图像变暗。这种模式产生的效果与耀眼的聚光灯照在图像上很相似，如图6-24所示。

图6-24

4.线性光模式

“线性光”模式可以通过减小或增大亮度来加深或减淡颜色，具体效果取决于叠加色，如图6-25所示。

图6-25

5.亮光模式

“亮光”模式可以通过增大或减小对比度来加深或减淡颜色，具体效果取决于叠加色，如图6-26所示。

图6-26

6.点光模式

“点光”模式可以替换图像的颜色。如果当前图层中的像素比50%灰色亮，则替换暗的像素；如果当前图层中的像素比50%灰色暗，则替换亮的像素，这在为图像添加特效时非常有用，如图6-27所示。

图6-27

7.纯色混合模式

在使用“纯色混合”模式时，如果当前图层中的像素比50%灰色亮，会使底层图像变亮；如果当前图层中的像素比50%灰色暗，则会使底层图像变暗。这种模式通常会使图像产生色调分离的效果，如图6-28所示。

图6-28

提示 在混合模式中，“叠加”和“柔光”模式是使用频率较高的图层混合模式。

6.1.6 差值模式

在差值模式中，主要包括“差值”“经典差值”“排除”“相减”和“排除”5种混合模式。这种类型的混合模式都是基于当前图层和底层的颜色值来产生差异效果。

1.差值模式

“差值”模式可以从基色中减去叠加色或从叠加色中减去基色，具体情况取决于哪个颜色的亮度值更高，如图6-29所示。

图6-29

2.经典差值模式

“经典差值”模式可以从基色中减去叠加色或从叠加色中减去基色，其效果要优于“差值”模式。

3.排除模式

“排除”模式与“差值”模式比较相似，但是该模式可以创建出对比度更低的叠加效果，如图6-30所示。

图6-30

6.1.7 色彩模式

在色彩模式中，主要包括“色相”“饱和度”“颜色”和“发光度”4种混合模式。这种类型的混合模式会改变底层颜色的一个或多个色相、饱和度和明度值。

1.色相模式

“色相”模式可以将当前图层的色相应用到底层图像的亮度和饱和度中，可以改变底层图像的色相，但不会影响其亮度和饱和度。对于黑色、白色和灰色区域，该模式将不起作用，如图6-31所示。

图6-31

2.饱和度模式

“饱和度”模式可以将当前图层的饱和度应用到底层图像的亮度和色相中，可以改变底层图像的饱和度，但不会影响其亮度和色相，如图6-32所示。

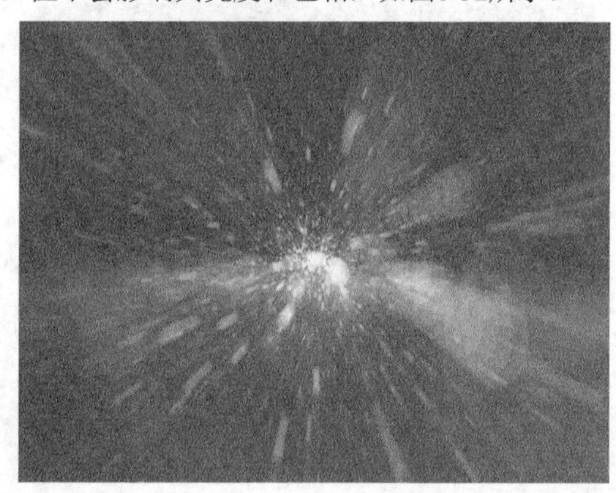

图6-32

3.颜色模式

“颜色”模式可以将当前图层的色相与饱和度应用到底层图像中，但保持底层图像的亮度不变，如图6-33所示。

图6-33

4.发光度模式

“发光度”模式可以将当前图层的亮度应用到底层图像的颜色中，可以改变底层图像的亮度，但不会对其色相与饱和度产生影响，如图6-34所示。

图6-34

提示 在色彩模式中，“发光度”模式是使用频率较高的图层混合模式。

6.1.8 蒙版模式

在蒙版模式中，主要包括“模板Alpha”“模板亮度”“轮廓Alpha”和“轮廓亮度”4种混合模式。这种类型的混合模式可以将当前图层转化为底图层的一个遮罩。

1.模板Alpha模式

“模板Alpha”模式可以穿过蒙版层的Alpha通道来显示多个图层，如图6-35所示。

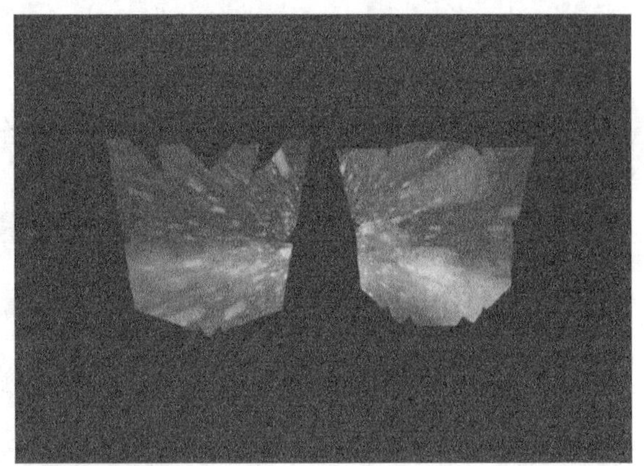

图6-35

2.模板亮度模式

“模板亮度”模式可以穿过蒙版层的像素亮度来显示多个图层，如图6-36所示。

图6-36

3.轮廓Alpha模式

“轮廓Alpha”模式可以通过当前图层的Alpha通道来影响底层图像，使受影响的区域被剪切掉，如图6-37所示。

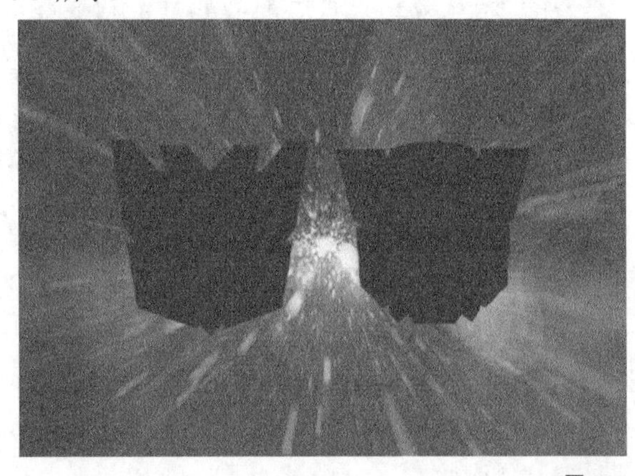

图6-37

4.轮廓亮度模式

“轮廓亮度”模式可以通过当前图层上的像素亮度来影响底层图像，使受影响的像素被部分剪切或被全部剪切掉，如图6-38所示。

图6-38

6.1.9 共享模式

在共享模式中，主要包括“Alpha添加”和“冷光预乘”两种混合模式。这种类型的混合模式都可以使底层与当前图层的Alpha通道或透明区域像素产生相互作用。

1.Alpha添加模式

“Alpha添加”模式可以使底层与当前图层的Alpha通道共同建立一个无痕迹的透明区域，如图6-39所示。

图6-39

2.冷光预乘模式

“冷光预乘”模式可以使当前图层的透明区域像素与底层相互产生作用，可以使边缘产生透镜和光亮效果，如图6-40所示。

图6-40

提示 使用快捷键Shift+-或Shift++可以快速切换图层的混合模式。

6.2 蒙版

在进行项目合成的时候，由于有的素材本身不具备Alpha通道信息，因而无法通过常规的方法将这些素材合成到镜头中。当素材没有Alpha通道时，可以通过创建蒙版来建立透明的区域。

本节知识点

名称	作用	重要程度
蒙版的概念	了解蒙版的概念	中
蒙版的创建与修改	掌握如何创建与修改蒙版	高
蒙版的属性	了解蒙版的属性	高
蒙版的混合模式	了解蒙版的混合模式	高
蒙版的动画	了解蒙版的动画	高

6.2.1 课堂案例——蒙版动画

素材位置　实例文件>CH06>课堂案例——蒙版动画
实例位置　实例文件>CH06>课堂案例——蒙版动画
难易指数　★★☆☆☆
学习目标　掌握蒙版动画的应用

本案例制作的蒙版动画效果如图6-41所示。

图6-41

（1）导入下载资源中的“实例文件>CH06>课堂案例——蒙版动画>课堂案例——蒙版动画.aep”文件，接着在“项目”面板中双击“蒙版动画”加载该合成，如图6-42所示。

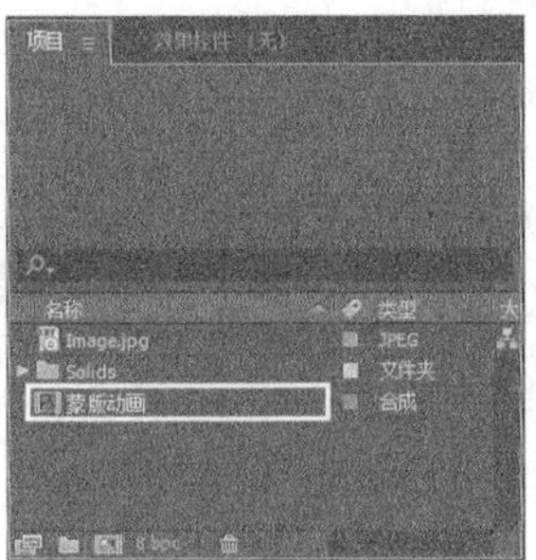

图6-42

（2）在“时间轴”面板，选择Image图层，然后按快捷键Ctrl+D复制图层，将复制后的图层命名为Animation，如图6-43所示。

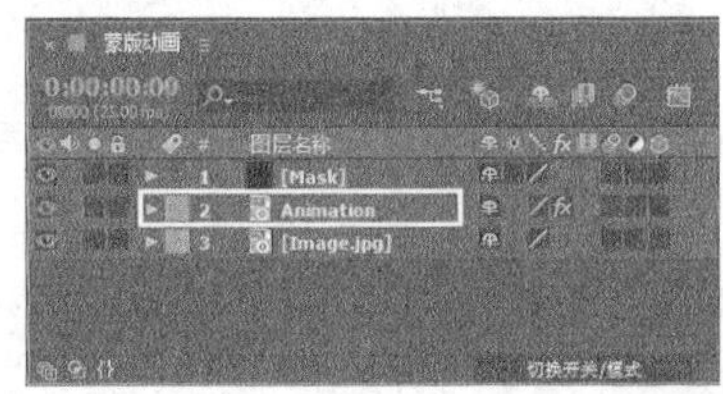

图6-43

（3）选择 Animation图层后，使用“工具”面板中的“矩形工具”▢绘制蒙版，如图6-44所示。

图6-44

（4）展开 Animation图层中“蒙版 1”的属性后，设置“蒙版路径”属性的动画关键帧，如图6-45所示。在第2秒处的蒙版位置如图6-46所示；在第3秒处的蒙版位置如图6-47所示。

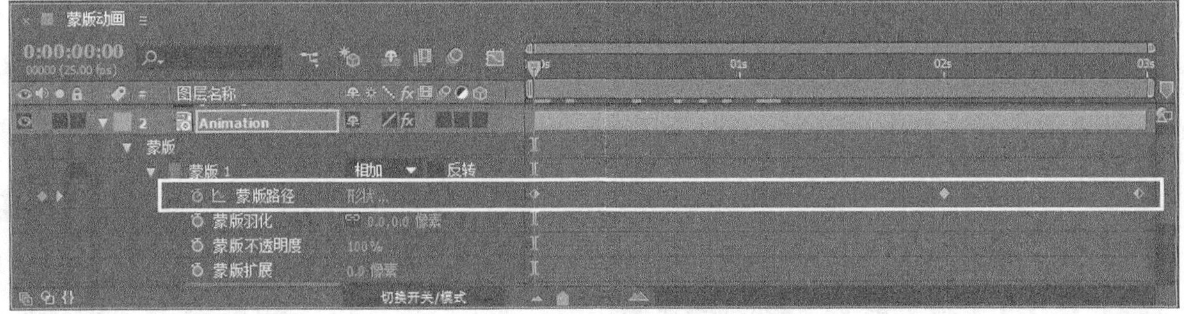

图6-45

图6-46

图6-47

提示 调节蒙版的形状和大小等属性，可以在“合成”面板中进行，双击蒙版的任意一个顶点，即可进入蒙版的编辑状态，编辑完成后，再次双击确认即可。蒙版的编辑状态如图6-48所示。

图6-48

（5）使用同样的方法创建多个蒙版，并可以任意自定义蒙版的大小和动画，如图6-49和图6-50所示。

图6-49

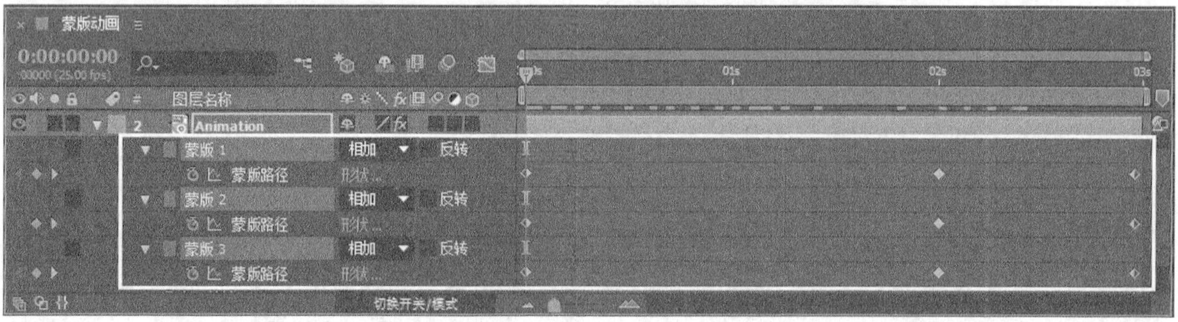

图6-50

（6）选择Animation图层，执行“效果>颜色校正>色相/饱和度”菜单命令，然后在“效果控件”面板中设置“主饱和度”为-100，如图6-51所示。

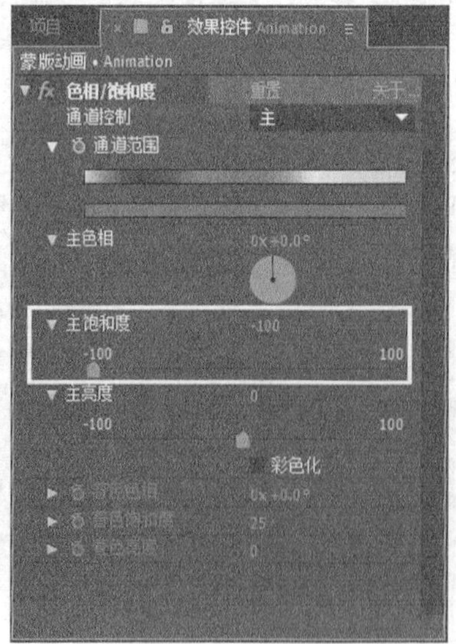

图6-51

（7）设置Animation图层的“不透明度”为60%，如图6-52所示。最终的单帧动画效果如图6-53所示。

图6-52

图6-53

6.2.2 蒙版的概念

After Effects 中的蒙版其实就是一个封闭的贝塞尔曲线所构成的路径轮廓，轮廓之内或之外的区域可以作为控制图层透明区域和不透明区域的依据，如图6-54所示。如果不是闭合曲线，那就只能作为路径来使用，如图6-55所示。

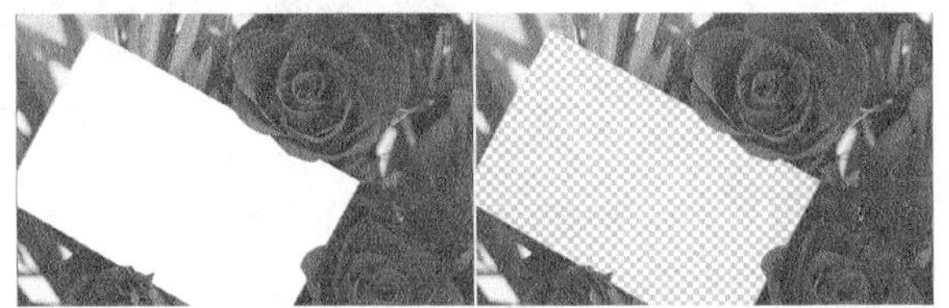

图6-54

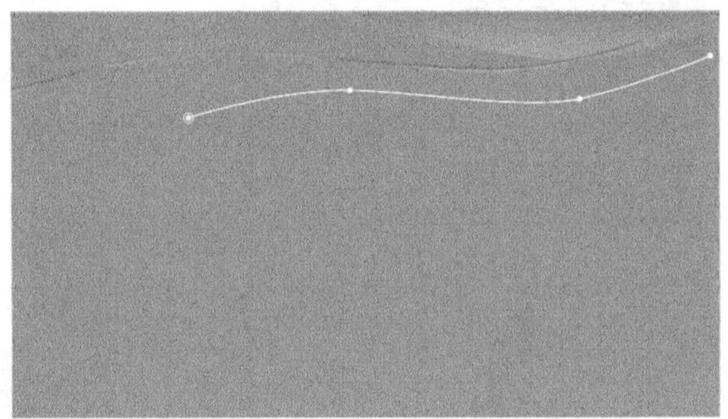

图6-55

6.2.3 蒙版的创建与修改

创建蒙版的方法比较多，但在实际工作中主要使用以下4种方法。

1.形状工具

使用形状工具创建蒙版的方法很简单，但软件提供的可选择的形状工具比较有限。使用形状工具创建蒙版的步骤如下。

第1步：在“时间轴”面板中选择需要创建蒙版的图层。

第2步：在“工具”面板中选择合适的蒙版创建工具，如图6-56所示。

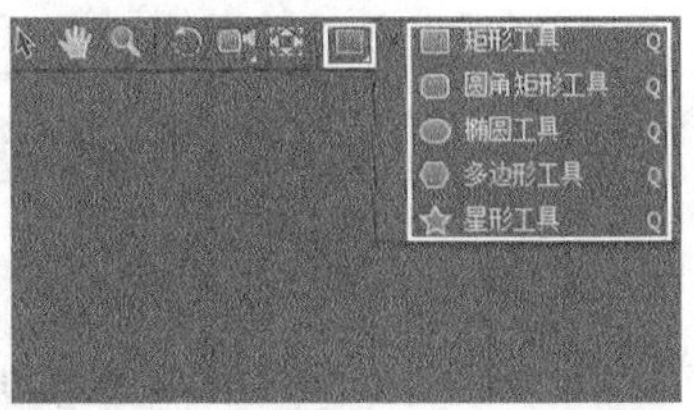

图6-56

提示 可选择的形状工具包括“矩形工具”、“圆角矩形工具”、“椭圆工具”、“多边形工具”和“星形工具”。

第3步：保持对形状工具的选择，在“合成”面板或“图层”面板中使用鼠标左键进行拖曳就可以创建出蒙版，如图6-57所示。

图6-57

提示 在选择好的形状工具上双击鼠标左键可以在当前图层中自动创建一个最大的蒙版。

在“合成”面板中，按住Shift键的同时使用形状工具可以创建出等比例的蒙版形状。例如，使用“矩形工具”可以创建出正方形的蒙版，使用“椭圆工具”可以创建出圆形的蒙版。

如果在创建蒙版时按住Ctrl键，可以创建一个以单击鼠标左键确定的第1个点为中心的蒙版。

2.钢笔工具

在“工具”面板中按住“钢笔工具”数秒，可以在打开的菜单中切换工具，如图6-58所示。可以创建出任意形状的面板，在使用“钢笔工具”创建蒙版时，必须使蒙版成为闭合的状态。

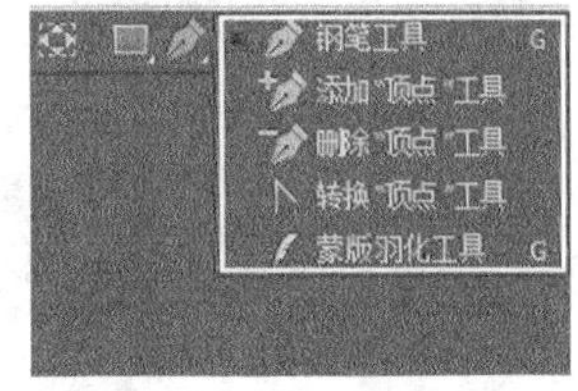

图6-58

使用“钢笔工具”创建蒙版的步骤如下。

第1步：在“时间轴”面板中选择需要创建蒙版的图层。

第2步：在“工具”面板中选择“钢笔工具”。

第3步：在“合成”面板或“图层”面板中单击鼠标左键确定第1个点，然后继续单击鼠标左键绘制出一个闭合的贝塞尔曲线，如图6-59所示。

图6-59

提示 在使用“钢笔工具”创建曲线的过程中，如果需要在闭合的曲线上添加点，可以使用“添加顶点工具”；如果需要在闭合的曲线上减少点，可以使用“删除顶点工具”；如果需要对曲线的点进行贝塞尔控制调节，可以使用“转换顶点工具”；如果需要对创建的曲线进行羽化，可以使用“蒙版羽化工具”。

3.新建蒙版命令

使用“新建蒙版”命令创建的蒙版与使用蒙版工具创建的蒙版差不多，蒙版形状都比较单一。使用“新建蒙版”命令创建蒙版的步骤如下。

第1步：在“时间轴”面板中选择需要创建蒙版的图层。

第2步：执行“图层>蒙版>新建蒙版”菜单命令，这时可以创建一个与图层大小一致的矩形蒙版，如图6-60所示。

图6-60

第3步：如果需要对蒙版进行调节，可以使用“选择工具”选择蒙版，然后执行“图层>蒙版>蒙版形状”菜单命令，打开“蒙版形状”对话框，在该对话框中可以对蒙版的位置、单位和形状进行调节，如图6-61所示。

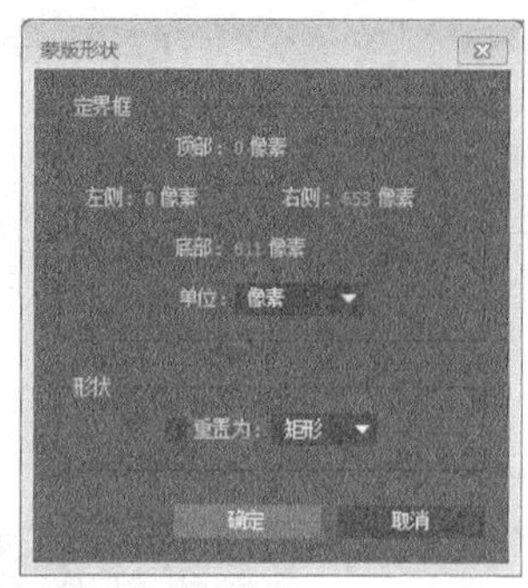

图6-61

提示 可以在“重置为”下拉列表中选择“矩形”和“椭圆”两种形状。

4.自动追踪命令

执行“图层>自动追踪”菜单命令，可以根据图层的Alpha、红、绿、蓝和亮度信息来自动生成路径蒙版，如图6-62所示。

图6-62

执行“图层>自动追踪”菜单命令将会打开“自动追踪”对话框，如图6-63所示。

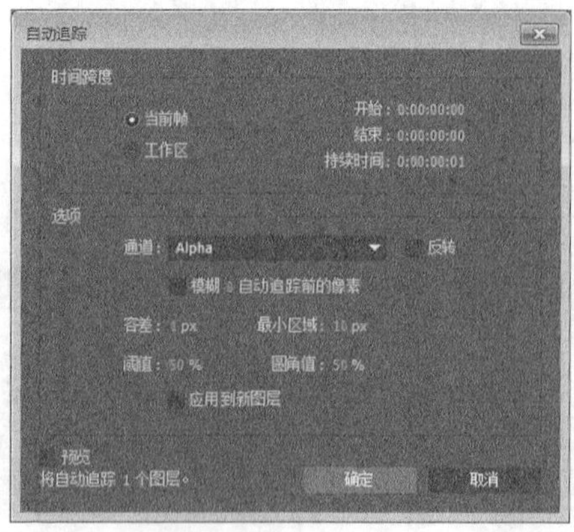

图6-63

参数详解

⋆ 时间跨度：设置“自动追踪”的时间区域。

• 当前帧：只对当前帧进行自动跟踪。

• 工作区：对整个工作区进行自动跟踪，使用这个选项可能需要花费一定的时间来生成蒙版。

⋆ 选项：设置自动跟踪蒙版的相关参数。

• 通道：选择作为自动跟踪蒙版的通道，共有Alpha、“红色”“绿色”“蓝色”和“明亮度”5个选项。

• 反转：选择该选项后，可以反转蒙版的方向。

• 模糊：在自动跟踪蒙版之前，对原始画面进行虚化处理，这样可以使跟踪蒙版的结果更加平滑。

• 容差：设置容差范围，可以判断误差和界限的范围。

• 最小区域：设置蒙版的最小区域值。

• 阈值：设置蒙版的阈值范围。高于该阈值的区域为不透明区域，低于该阈值的区域为透明区域。

• 圆角值：设置跟踪蒙版的拐点处的圆滑程度。

• 应用到新图层：选择此选项时，最终创建的跟踪蒙版路径将保存在一个新建的固态层中。

⋆ 预览：选择该选项时，可以预览设置的结果。

5.其他蒙版的创建方法

在After Effects中，还可以通过复制Adobe Illustrator和Adobe Photoshop的路径来创建蒙版，这对于创建一些规则的蒙版或有特殊结构的蒙版非常有用。

6.2.4 蒙版的属性

在“时间轴”面板中连续按两次M键可以展开蒙版的所有属性，如图6-64所示。

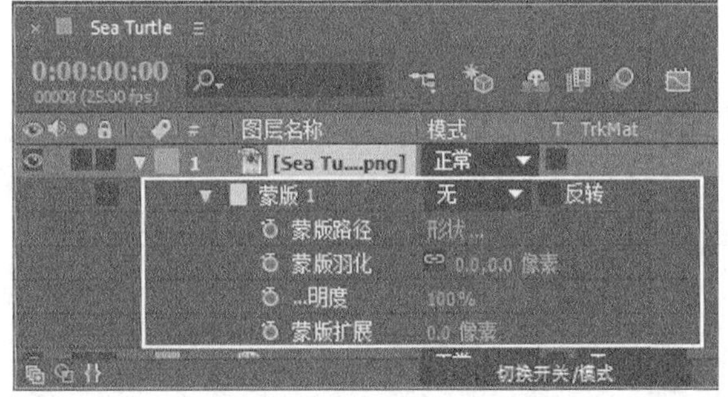

图6-64

参数详解

⋆ 蒙版路径：设置蒙版的路径范围和形状，也可以为蒙版节点制作关键帧动画。

⋆ 反转：反转蒙版的路径范围和形状，如图6-65所示。

图6-65

⋆ 蒙版羽化：设置蒙版边缘的羽化效果，这样可以使蒙版边缘与底层图像完美地融合在一起，如图6-66所示。单击“锁定”按钮，将其设置为“解锁” 状态后，可以分别对蒙版的x轴和y轴进行羽化。

图6-66

⋆ 蒙版不透明度：设置蒙版的不透明度，如图6-67所示。

图6-67

* 蒙版扩展：调整蒙版的扩展程度。正值为扩展蒙版区域，负值为收缩蒙版区域，如图6-68所示。

图6-68

6.2.5 蒙版的混合模式

当一个图层中具有多个蒙版时，可以通过选择各种混合模式，来使蒙版之间产生叠加效果，如图6-69所示。另外蒙版的排列顺序对最终的叠加结果有很大影响，After Effects处理蒙版的顺序是按照蒙版的排列顺序，从上往下依次进行处理的，也就是说先处理最上面的蒙版及其叠加效果，再将结果与下面的蒙版和混合模式进行计算。另外，“蒙版不透明度”也是需要考虑的必要因素之一。

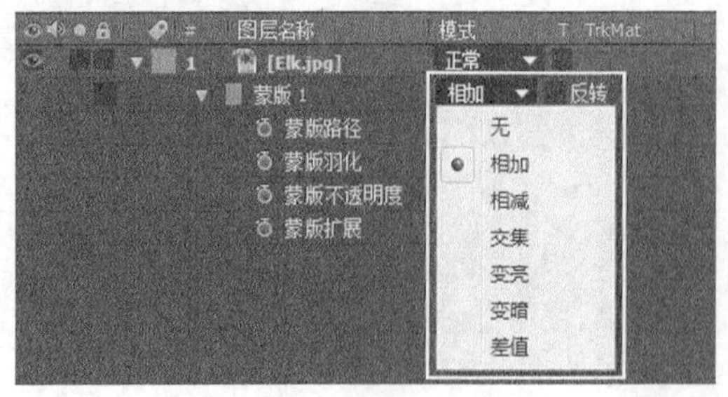

图6-69

参数详解

* 无：选择“无”模式时，路径将不作为蒙版使用，而是作为路径存在，如图6-70所示。

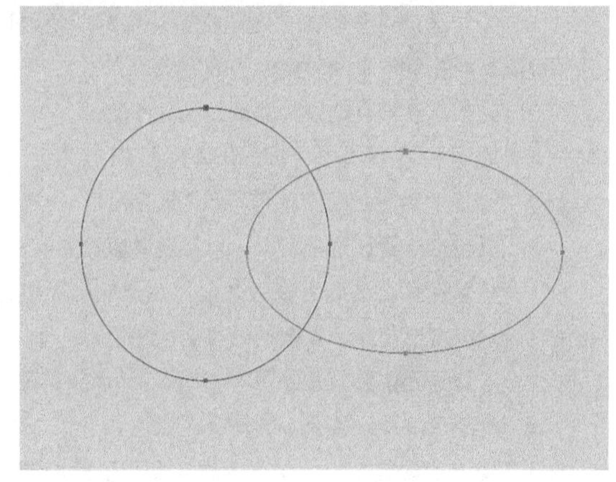

图6-70

* 相加：将当前蒙版区域与其上面的蒙版区域进行相加处理，如图6-71所示。

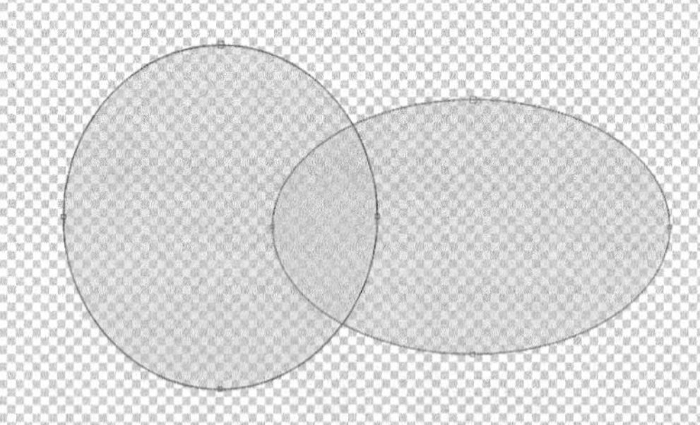

图6-71

* 相减：将当前蒙版上面的所有蒙版的组合结果进行相减处理，如图6-72所示。

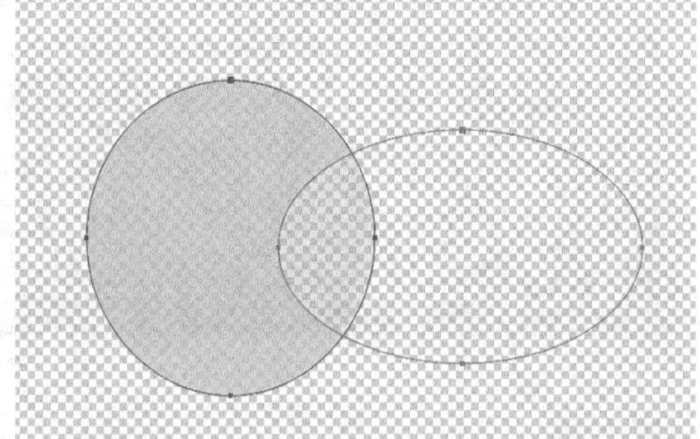

图6-72

* 交集：只显示当前蒙版与上面所有蒙版的组合结果相交的部分，如图6-73所示。

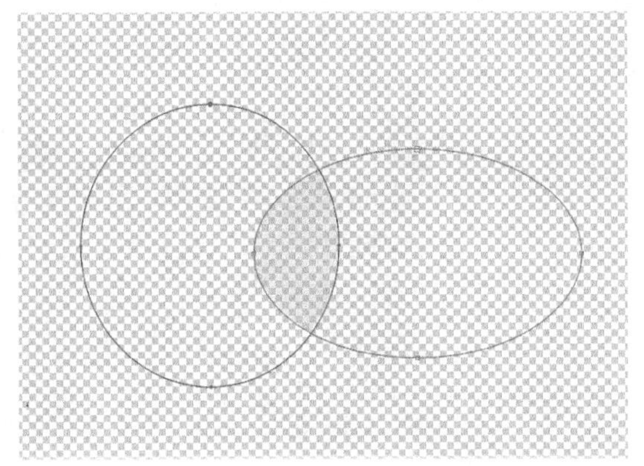

图6-73

* 变亮："变亮"模式与"加法"模式相同，对于蒙版重叠处的不透明度则采用不透明度较高的值，如图6-74所示。

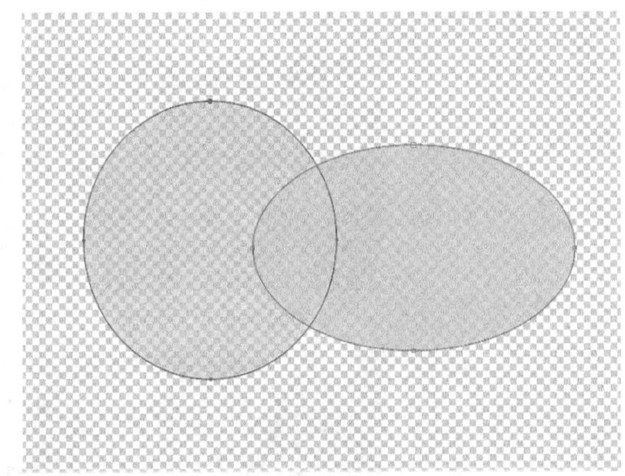

图6-74

* 变暗："变暗"模式与"相交"模式相同，对于蒙版重叠处的不透明度则采用不透明度较低的值，如图6-75所示。

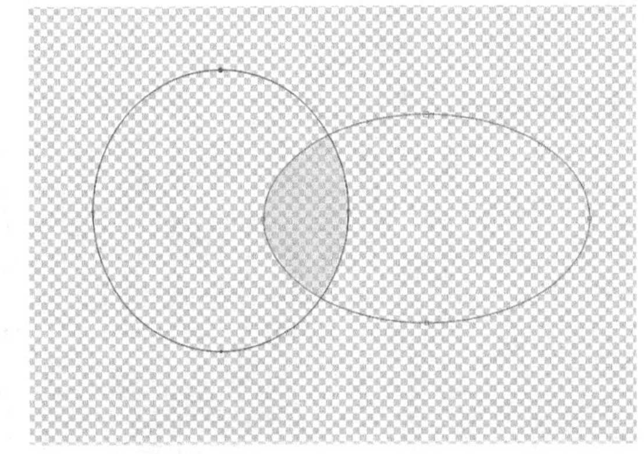

图6-75

* 差值：采取并集减去交集的方式，换而言之，先将所有蒙版的组合进行并集运算，然后将所有蒙版组合的相交部分进行相减运算，如图6-76所示。

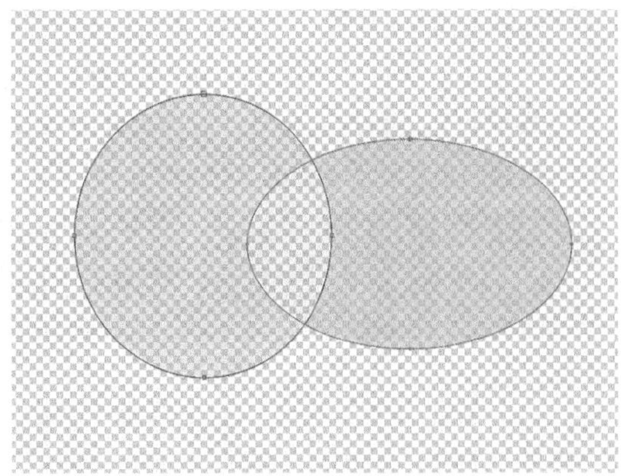

图6-76

6.2.6 蒙版的动画

在实际工作中，为了配合画面的需要，会使用到蒙版动画。实际上就是设置"蒙版路径"属性的动画关键帧。

6.3 跟踪遮罩

"跟踪遮罩"属于特殊的一种蒙版类型，它可以将一个图层的Alpha信息或亮度信息作为另一个图层的透明度信息，同样可以完成建立图像透明区域或限制图像局部显示的工作。

当遇到有特殊要求的时候（如在运动的文字轮廓内显示图像），则可以通过"跟踪遮罩"来完成镜头的制作，如图6-77所示。

图6-77

本节知识点

名称	作用	重要程度
面板切换	了解如何使用面板切换来打开轨道蒙版	中
"跟踪遮罩"菜单	了解如何使用菜单命令打开跟踪遮罩	中

6.3.1 课堂案例——描边光效

素材位置　实例文件>CH06>课堂案例——描边光效
实例位置　实例文件>CH06>课堂案例——描边光效
难易指数　★★★☆☆
学习目标　掌握遮罩和跟踪遮罩的具体组合应用

本案例综合应用了“自动追踪”命令创建蒙版、“描边”滤镜和“椭圆工具”配合轨道蒙版来完成描边光效和扫光效果，对同类商业项目制作具有较强的指导意义，案例效果如图6-78所示。

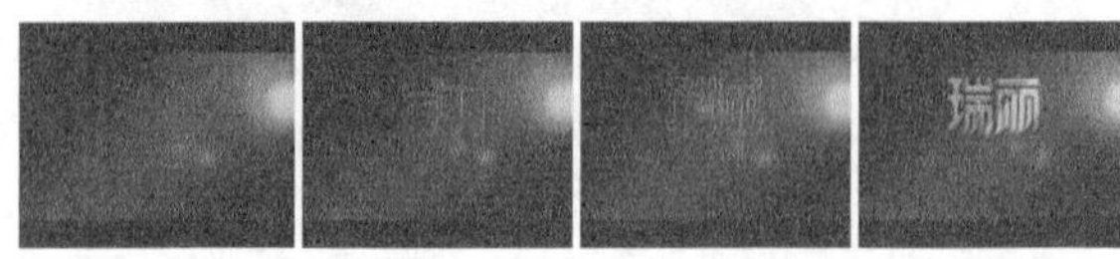

图6-78

（1）新建合成，设置“合成名称”为Logo、“预设”为PAL D1/DV、“持续时间”为3秒，然后单击“确定”按钮，如图6-79所示。

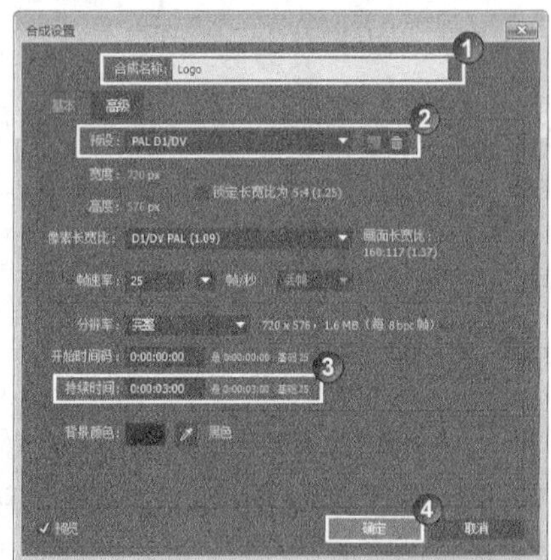

图6-79

（2）导入下载资源中的“实例文件>CH06>课堂案例——描边光效>LOGO.tga”文件，然后将其拖曳到“时间轴”面板中，效果如图6-80所示。

图6-80

（3）选择LOGO图层，执行“图层>自动追踪”菜单命令，在打开“自动追踪”对话框中选择“当前帧”选项，然后设置“通道”为Alpha，接着单击“确定”按钮，如图6-81所示。

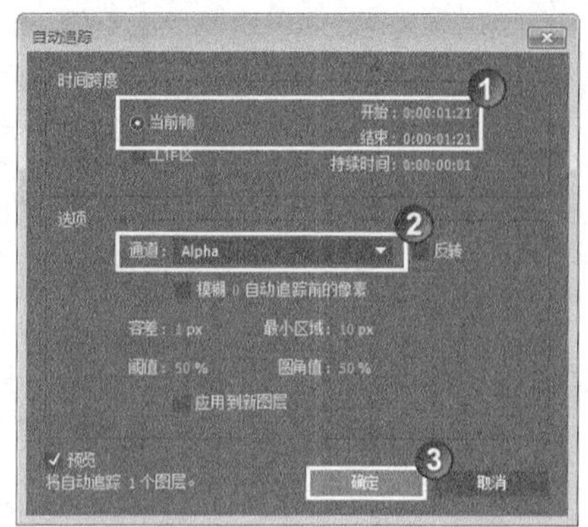

图6-81

（4）应用了“自动追踪”菜单命令之后，Logo图层会自动生成蒙版，如图6-82所示。新建5个黑色的纯色图层，然后将Logo图层中的5个蒙版分别剪切并复制到新建的5个纯色图层中，如图6-83所示。

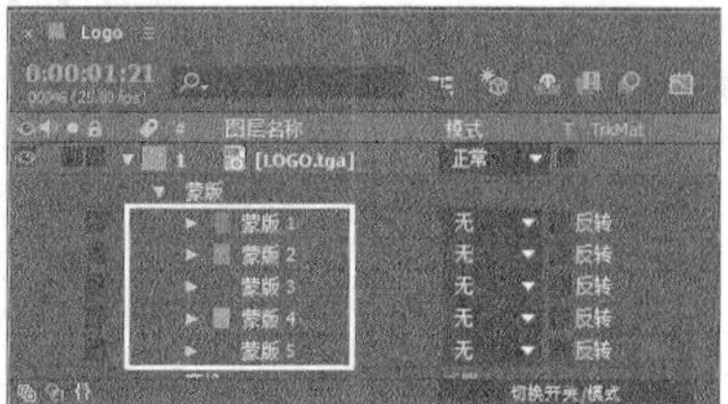

图6-82

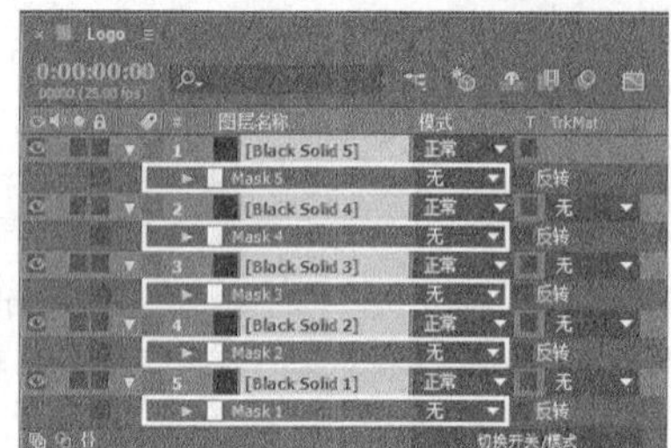

图6-83

（5）选择第一个图层，然后执行“效果>生成>描边”菜单命令，接着在“效果控件”面板中设置“颜色”为（R:255，G:175，B:200）、“画笔硬度”为100%、“间距”为100%、“绘画样式”为“在透明背景上”，如图6-84所示。

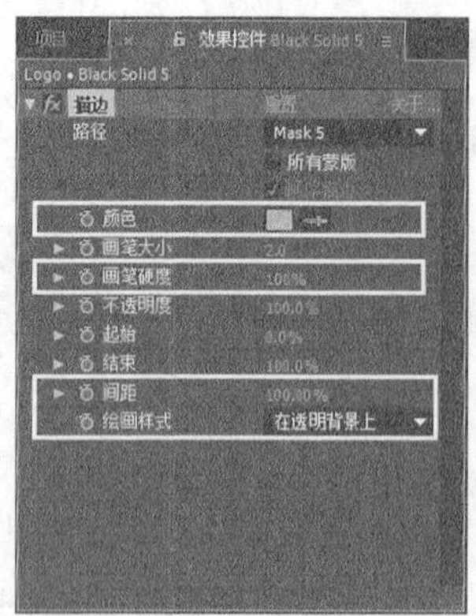

图6-84

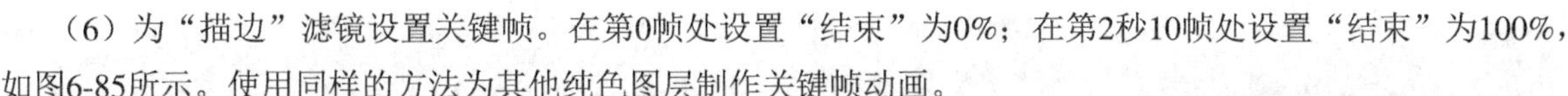

（6）为“描边”滤镜设置关键帧。在第0帧处设置“结束”为0%；在第2秒10帧处设置“结束”为100%，如图6-85所示。使用同样的方法为其他纯色图层制作关键帧动画。

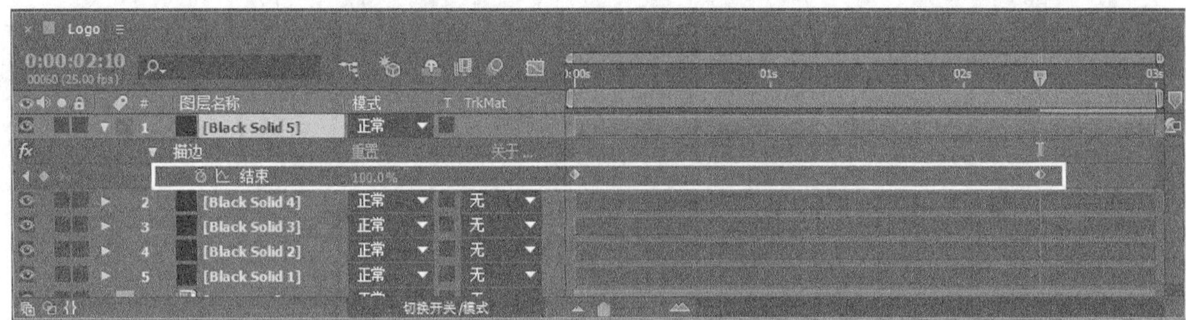

图6-85

（7）选择Logo图层，为其添加一个蒙版，接着设置“蒙版羽化”为（50，50 像素）、“蒙版扩展”为 - 125 像素，如图6-86和图6-87所示。

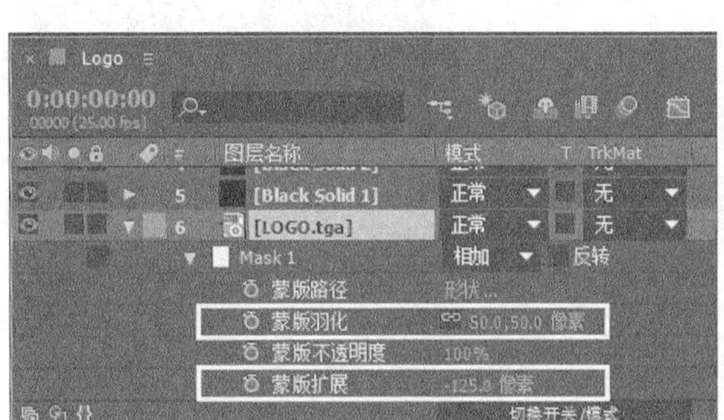

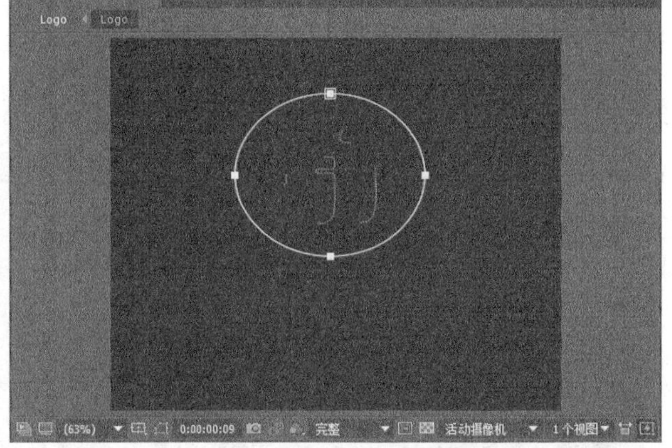

图6-86

图6-87

（8）为“蒙版扩展”属性设置关键帧动画。在第1秒15帧处设置“蒙版扩展”为 - 125 像素；在第2秒处设置“蒙版扩展”为35 像素，如图6-88所示。

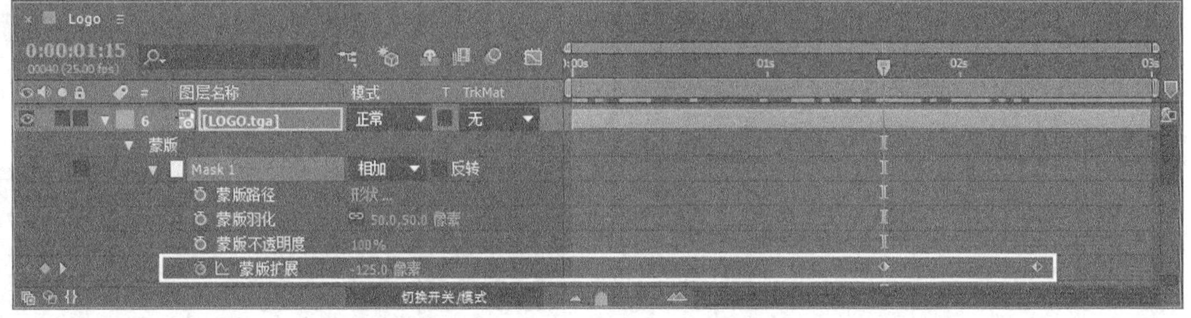

图6-88

（9）选择所有的纯色图层，设置“不透明度”属性的动画关键帧。在第2秒处设置“不透明度”为100%；在第2秒10帧处设置“不透明度”为1%，如图6-89所示。

图6-89

（10）导入下载资源中的“实例文件>CH06>课堂案例——描边光效>Image.jpg”文件，然后将其拖曳到“时间轴”面板中的底层，如图6-90所示。效果如图6-91所示。

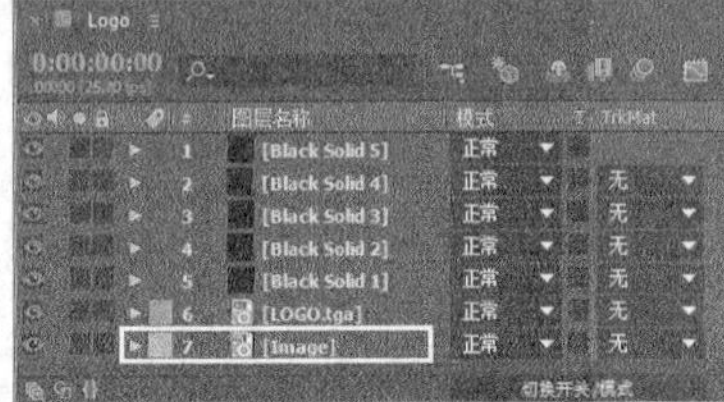

图6-90

图6-91

（11）选择除Image图层外的其他6个图层，然后按快捷键Ctrl+Shift+C，接着在打开的“预合成”对话框中，设置“新合成名称”为Logo，最后单击“确定”按钮，如图6-92所示。

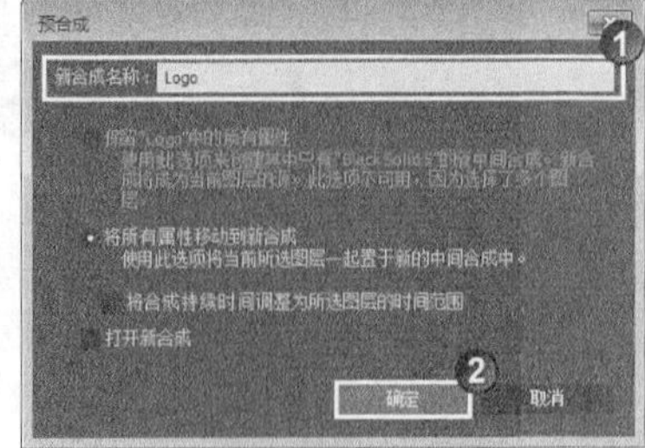

图6-92

（12）新建一个名为Mask的白色纯色图层，然后将LOGO.tga拖曳到“时间轴”面板中的顶层，接着将Mask图层的轨道遮罩设置为“Alpha 遮罩 [LOGO.tga]”，如图6-93所示。

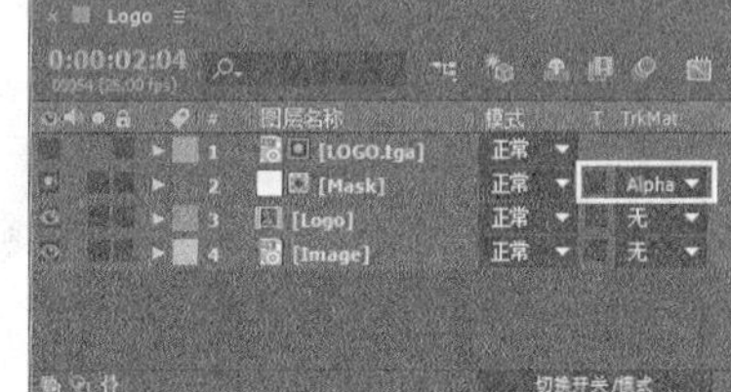

图6-93

（13）选择 Mask图层，使用“椭圆工具”绘制蒙版，然后设置“蒙版羽化”为（2，2 像素）、“蒙版不透明度”为60%，如图6-94和图6-95所示。

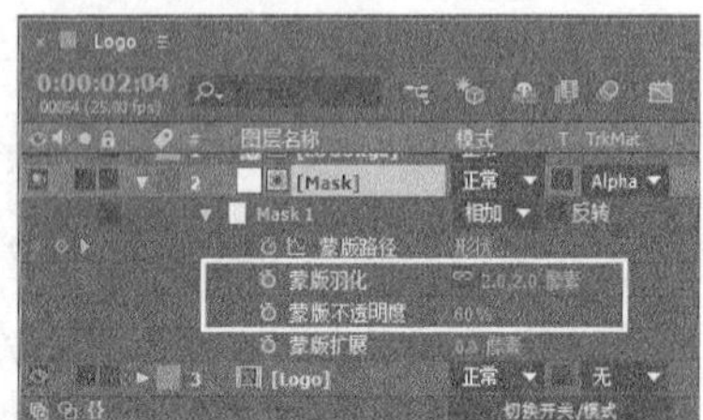

图6-94

图6-95

（14）设置“蒙版路径”属性的动画关键帧。在第2秒6帧处调整蒙版的位置，如图6-96所示；在第3妙处调整蒙版的位置，如图6-97所示。

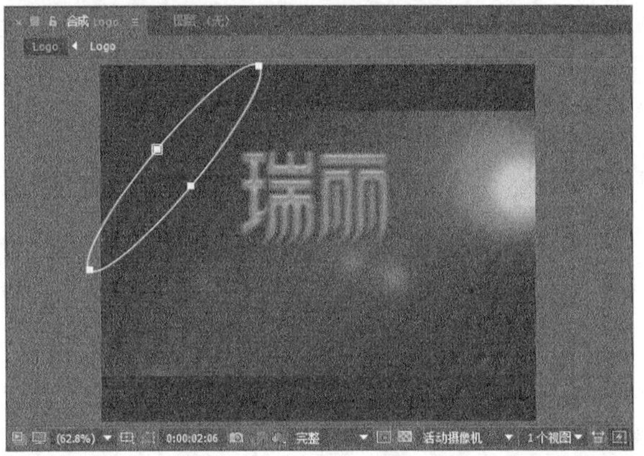

图6-96

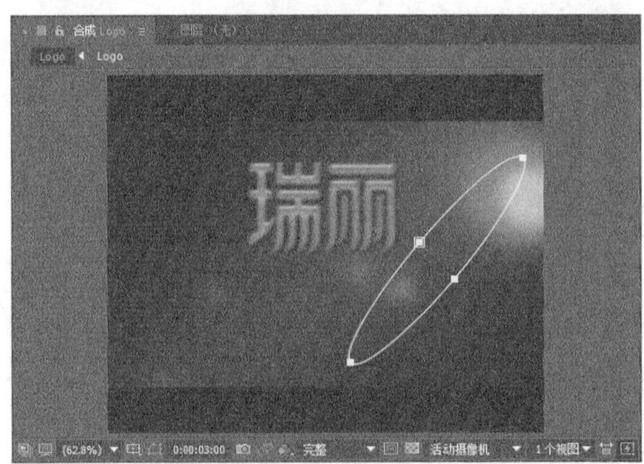

图6-97

（15）渲染并输出动画，最终效果如图6-98所示。

图6-98

6.3.2 面板切换

在After Effects中单击“切换开关/模式”按钮可以打开“跟踪遮罩”控制面板，如图6-99所示。

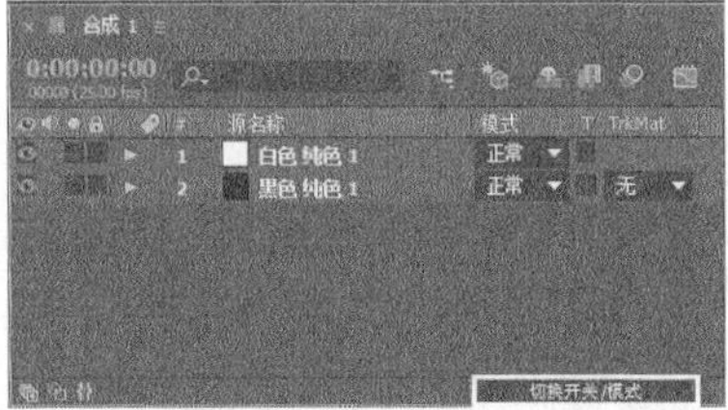

图6-99

6.3.3 跟踪遮罩菜单

选择某一个图层后，执行“图层>跟踪遮罩”菜单命令，然后在其子菜单中选择所需要的类型即可，如图6-100所示。

没有轨道遮罩
Alpha 遮罩 “白色 纯色 1”
Alpha 反转遮罩 “白色 纯色 1”
亮度遮罩 “白色 纯色 1”
亮度反转遮罩 “白色 纯色 1”

图6-100

提示 使用“跟踪遮罩”时，蒙版图层必须位于最终显示图层的上一图层，并且在应用了轨道遮罩后，将关闭蒙版图层的可视性，如图6-101所示。另外，在移动图层顺序时一定要将蒙版图层和最终显示的图层一起进行移动。

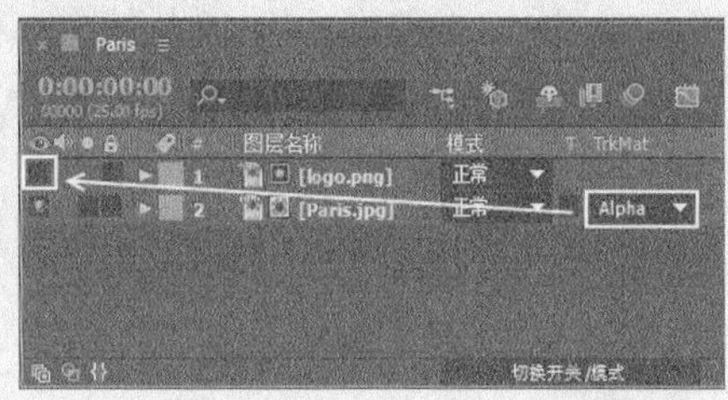

图6-101

参数详解

* 没有轨道遮罩：不创建透明度，上方接下来的图层充当普通图层。

* Alpha遮罩：将蒙版图层的Alpha通道信息作为最终显示图层的蒙版参考。

* Alpha反转遮罩：与Alpha遮罩结果相反。

* 亮度遮罩：将蒙版图层的亮度信息作为最终显示图层的蒙版参考。

* 亮度反转遮罩：与“亮度遮罩”结果相反

课堂练习——跟踪遮罩的应用

素材位置 实例文件>CH06>课堂练习——跟踪遮罩的应用
实例位置 实例文件>CH06>课堂练习——跟踪遮罩的应用
难易指数 ★★☆☆☆
练习目标 练习跟踪遮罩的应用

本练习的制作效果如图6-102所示。

图6-102

操作提示

第1步：打开“实例文件>CH06>课堂练习——跟踪遮罩的应用>课堂练习——跟踪遮罩的应用.aep”文件。

第2步：加载“跟踪遮罩的应用”合成，然后创建一个名为Mask的图层，接着为该图层添加蒙版。

第3步：设置Mask图层的混合模式为“相加”，然后设置跟踪遮罩。

课后习题——动感幻影

素材位置	实例文件>CH06>课后习题——动感幻影
实例位置	实例文件>CH06>课后习题——动感幻影
难易指数	★★☆☆☆
练习目标	练习“自动追踪”的用法

本习题制作的动感幻影效果如图6-103所示。

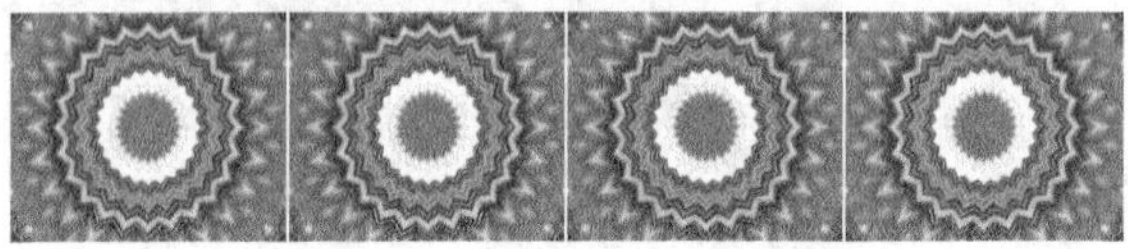

图6-103

操作提示

第1步：打开“实例文件>CH06>课后习题——动感幻影>课后习题——动感幻影.aep”文件。

第2步：加载Video合成，然后选择Video.mov图层，执行“图层>自动追踪”菜单命令。

第3步：选择“自动追踪”后生成的图层，然后添加“描边”效果。

第7章 绘画与形状

本章主要讲解笔刷和形状工具的相关属性以及具体应用。矢量绘画工具（画笔）是以Photoshop的画笔工具为基础的，可以对素材进行润色、逐帧加工以及创建新的元素。形状工具升级与优化为我们的影片制作提供了无限的可能，尤其是形状组中的颜料属性和路径变形属性。

课堂学习目标

- 了解绘画面板与画笔面板
- 掌握画笔工具的运用
- 掌握仿制图章工具的运用
- 掌握橡皮擦工具的运用
- 掌握形状工具的运用
- 掌握钢笔工具的运用

7.1 绘画的应用

After Effects CC中提供的绘画工具以Photoshop的绘画工具为原理，可以对指定的素材进行润色、逐帧加工以及创建新的图像元素。

在使用绘画工具进行创作时，每一步的操作都可以被记录成动画，并能实现动画的回放。使用绘画工具还可以制作出一些独特的、变化多端的图案或花纹，如图7-1和图7-2所示。

图7-1

图7-2

在After Effects中，绘画工具由“画笔工具”、“仿制图章工具”和“橡皮擦工具”组成，如图7-3所示。

图7-3

提示 使用这些工具可以在图层中添加或擦除像素，但是这些操作只影响最终结果，不会对图层的源素材造成破坏，并且可以删除笔刷或制作位移动画。

本节知识点

名称	作用	重要程度
“绘画”面板与“画笔”面板	了解“绘画”面板与“画笔”面板的运用及参数	中
“画笔”工具	可以在当前图层的“图层”面板中进行绘画操作	高
“仿制图章”工具	通过取样源图层中的像素，将取样的像素直接复制应用到目标图层中	中
“橡皮擦”工具	可以擦除图层上的图像或笔刷	高

7.1.1 课堂案例——画笔变形

素材位置　实例文件>CH07>课堂案例——画笔变形
实例位置　实例文件>CH07>课堂案例——画笔变形
难易指数　★★☆☆☆
学习目标　掌握画笔工具的使用方法

本案例制作的画笔变形效果如图7-4所示。

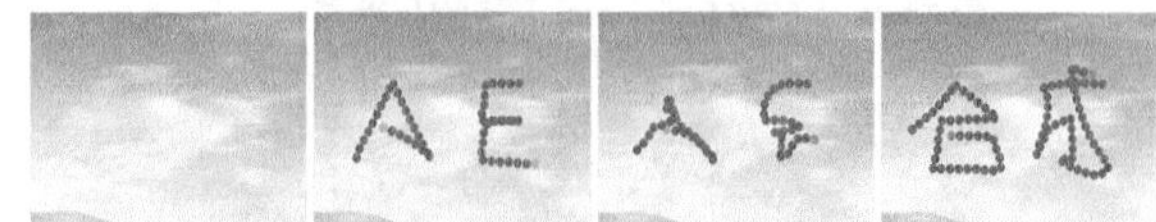

图7-4

（1）新建合成，设置“合成名称”为“画笔变形”、“预设”为PAL D1/DV、“持续时间”为6秒，然后单击“确定”按钮，如图7-5所示。

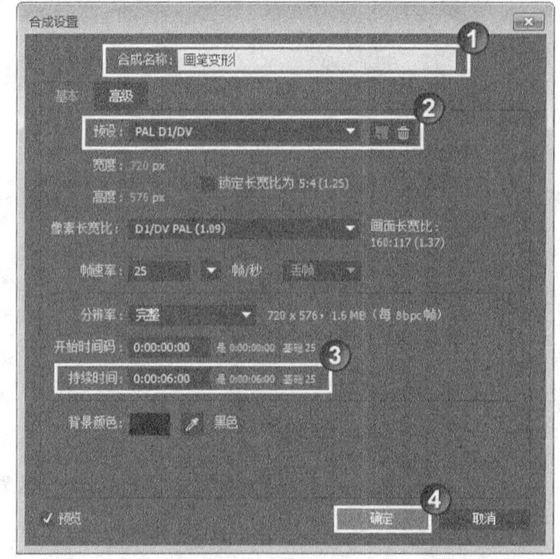

图7-5

（2）新建一个名为BG的黑色纯色图层，然后双击该图层进入“图层”面板，接着在“工具”面板中选择“画笔工具”，并在“画笔”面板中设置“直径”为25 像素、“角度”为0°、“圆度”为100%、“硬度”为100%、“间距”为100%，如图7-6所示。最后在“绘画”面板中设置颜色为（R:0，G:76，B:147），如图7-7所示。

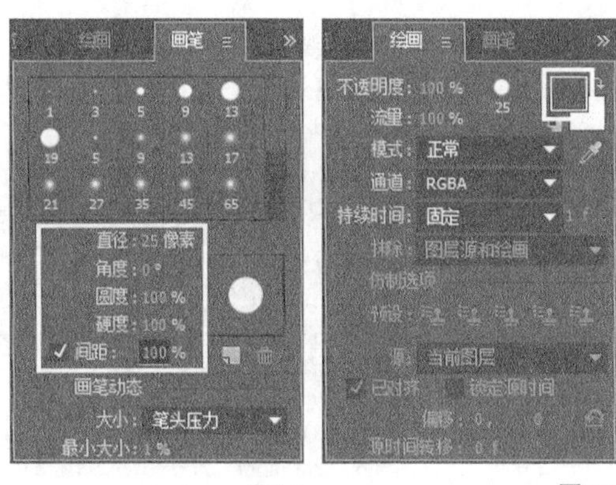

（3）在“图层”面板中绘制字母A（要求一气呵成，绘制过程中不要松开鼠标），效果如图7-8所示。

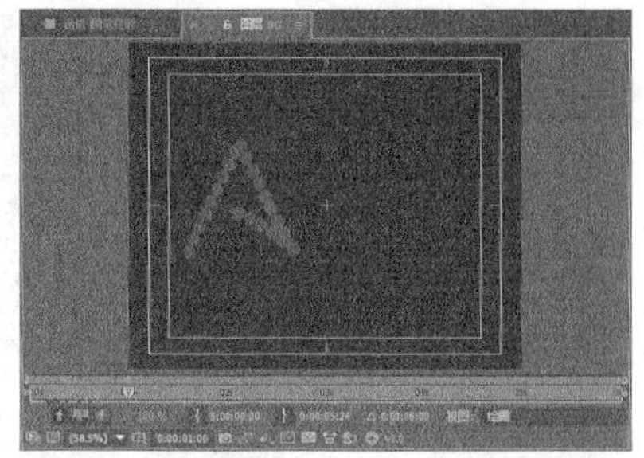

图7-6　　图7-7　　图7-8

（4）在“时间轴”面板中展开BG图层的“绘画>画笔 1>描边选项”属性组，设置结束的关键帧动画。在第0帧处设置“结束”为0%；在第1秒处设置“结束”为100%，如图7-9所示。

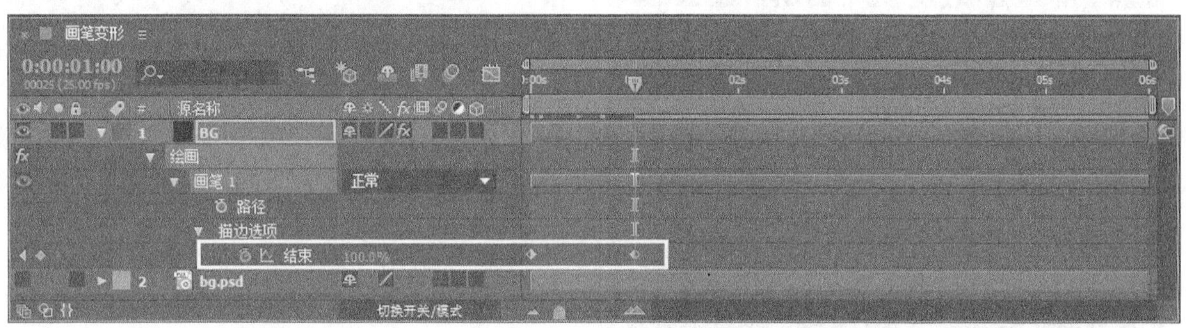

图7-9

（5）设置“路径”属性的关键帧动画。在第2秒处创建关键帧；在第3秒1帧处绘制“合”字（同样要求一气呵成，绘制过程中不要松开鼠标），如图7-10和图7-11所示。

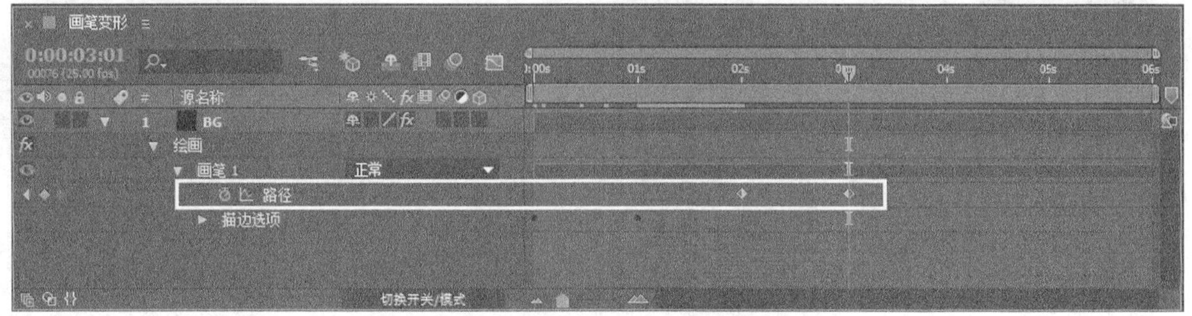

图7-10

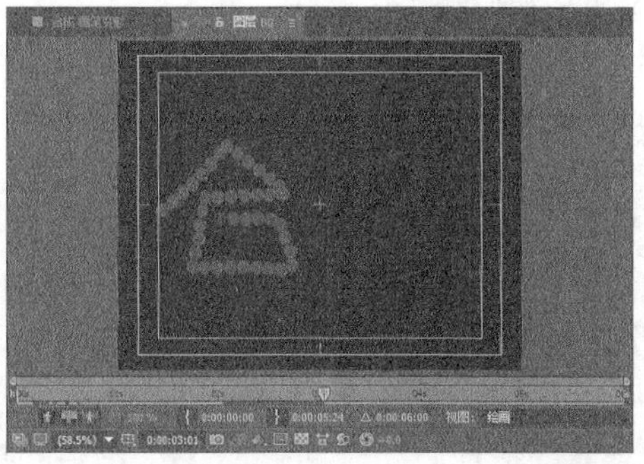

图7-11

（6）使用同样的方法，绘制字母E，最后将字母E演变为“成”字，效果如图7-12和图7-13所示。

图7-12

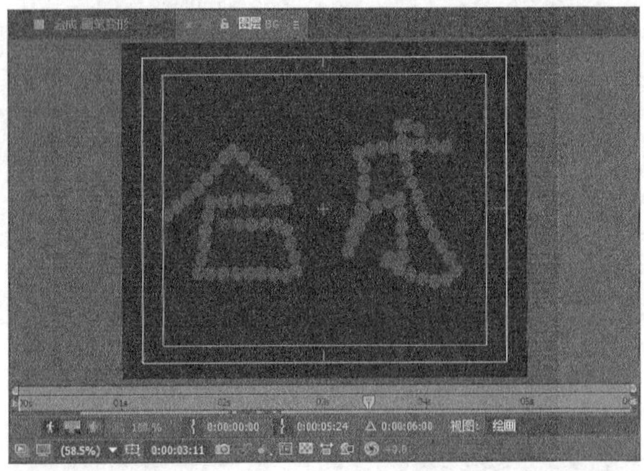

图7-13

提示 如果要改变笔刷的直径，可以在“图层”面板中按住Ctrl键的同时拖曳鼠标左键。

按住Shift键的同时使用“画笔工具”可以继续在之前绘制的笔触效果上进行绘制。注意，如果没有在之前的笔触上进行绘制，那么按住Shift键可以绘制出直线笔触效果。

连续按两次P键可以在“时间轴”面板中展开已经绘制好的各种笔触列表。

（7）选择BG图层，在“在效果控件”面板中，选择“在透明背景上绘画”选项，如图7-14所示。

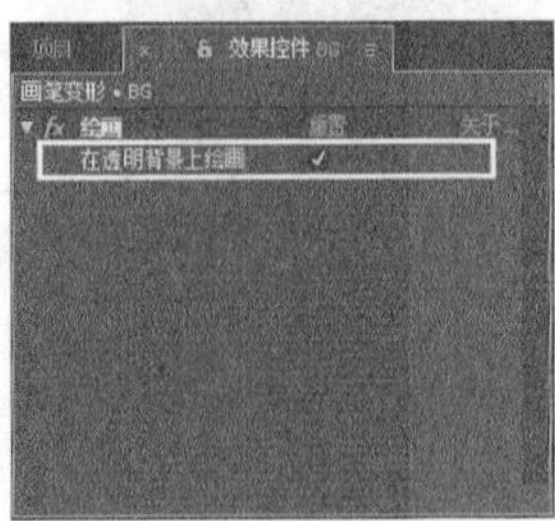

图7-14

（8）导入下载资源中的“实例文件>CH07>课堂案例——画笔变形>bg.psd”文件，然后将其拖曳到“时间轴”面板中的底层，如图7-15所示。

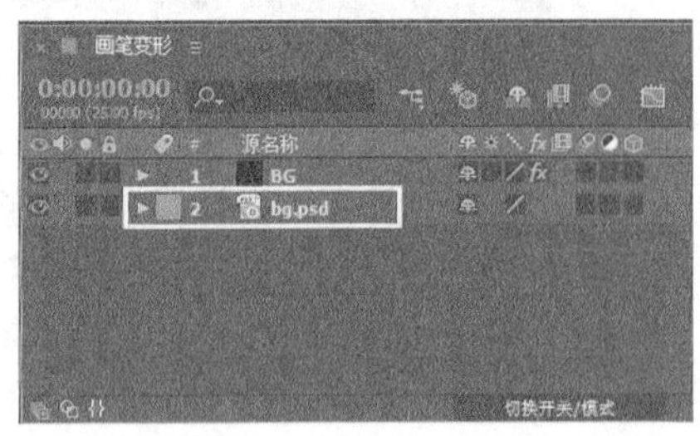

图7-15

（9）渲染并输出动画，最终效果如图7-16所示。

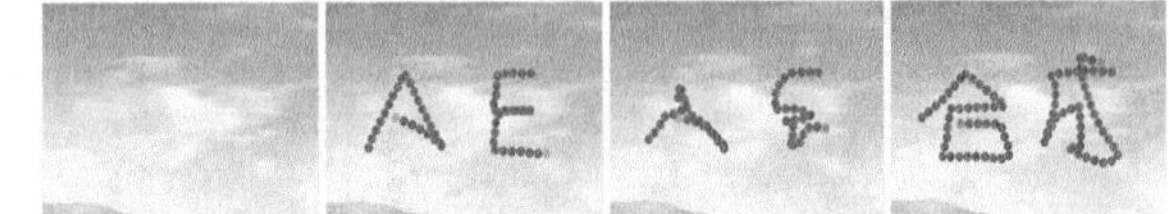

图7-16

7.1.2 绘画面板与画笔面板

1.绘画面板

“绘画”面板主要用来设置绘画工具的笔刷不透明度、流量、混合模式、通道以及持续方式等。每个绘画工具的“绘画”面板都具有一些共同的特征，如图7-17所示。

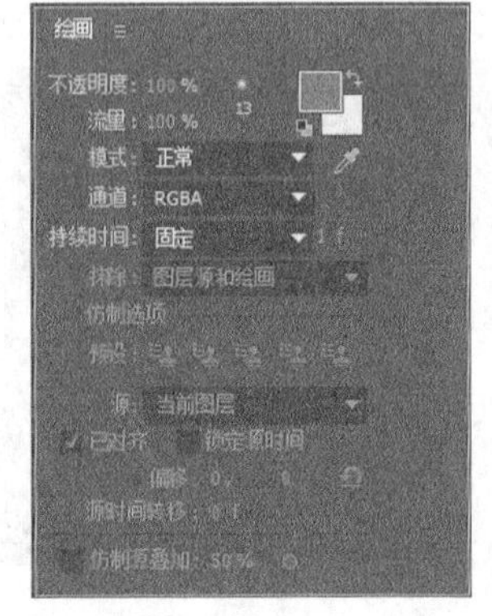

图7-17

参数详解

* 不透明度：对于“画笔工具”和“仿制图章工具”，该属性主要用来设置画笔笔刷和仿制图章工具的最大不透明度；对于“橡皮擦工具”，该属性主要用来设置擦除图层颜色的最大量。

* 流量：对于“画笔工具”和“仿制图章工具”，该属性主要用来设置笔画的流量；对于“橡皮擦工具”，该属性主要用来设置擦除像素的速度。

提示 “不透明度”和“流量”这两个参数很容易混淆，在这里简单讲解一下这两个参数的区别。

“不透明度”参数主要用来设置绘制区域所能达到的最大不透明度，如果设置其值为50%，那么不管以后经过多少次绘画操作，笔刷的最大不透明度都只能达到50%。

“流量”参数主要用来设置涂抹时的流量，如果在同一个区域不断地使用绘画工具进行涂抹。其不透明度值会不断地进行叠加，按照理论来说，最终不透明度值可以接近100%。

* 模式：设置画笔或仿制笔刷的混合模式，这与图层中的混合模式是相同的。

* 通道：设置绘画工具影响的图层通道。如果选择Alpha通道，那么绘画工具只影响图层的透明区域。

提示 使用纯黑色的“画笔工具”在Alpha通道中绘制，相当于使用“橡皮擦工具”擦除图像。

* 持续时间：设置笔刷的持续时间，共有以下4个选项。

- 固定：使笔刷在整个绘制过程中都能显示出来。
- 写入：根据手写时的速度再现手写动画的过程。其原理是自动产生“开始”和“结束”关键帧，可以在“时间轴”面板中对图层绘画属性的“开始”和“结束”关键帧进行设置。
- 单帧：仅显示当前帧的笔刷。
- 自定义：自定义笔刷的持续时间。

其他参数在涉及相关具体应用的时候，再做详细说明。

2.画笔面板

对于绘画工作而言，选择和使用笔刷是非常重要的。在“画笔”面板中可以选择绘画工具预设的一些笔刷，也可以通过修改笔刷的参数值来快捷地设置笔刷的尺寸、角度和边缘羽化等属性，如图7-18所示。

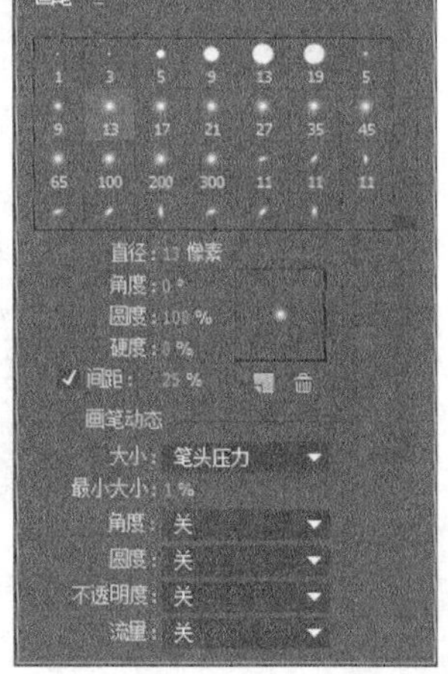

图7-18

参数详解

* 直径：设置笔刷的直径，单位为像素，图7-19所示的是使用不同直径的笔刷的绘画效果。

图7-19

* 角度：设置椭圆形笔刷的旋转角度，单位为度，图7-20所示的是笔刷旋转角度为45°和－45°时的绘画效果。

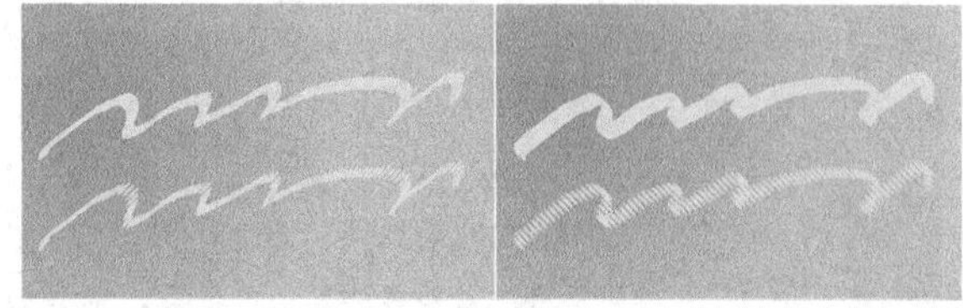

图7-20

* 圆度：设置笔刷形状的长轴和短轴比例。其中圆形笔刷为100%，线形笔刷为0%，介于0%~100%的笔刷为椭圆形笔刷，如图7-21所示。

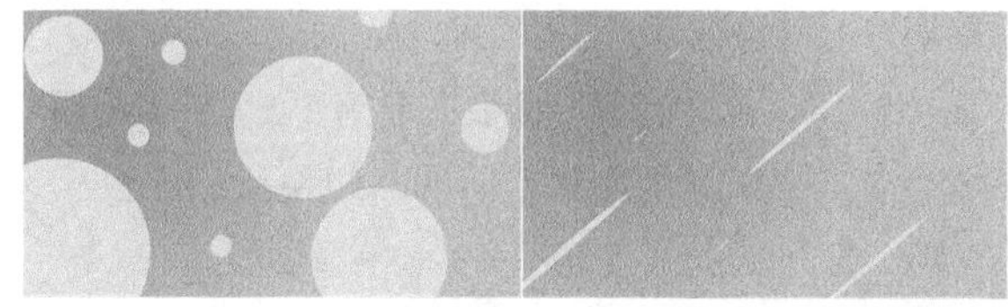

图7-21

* 硬度：设置画笔中心硬度的大小。该值越小，画笔的边缘越柔和，如图7-22所示。

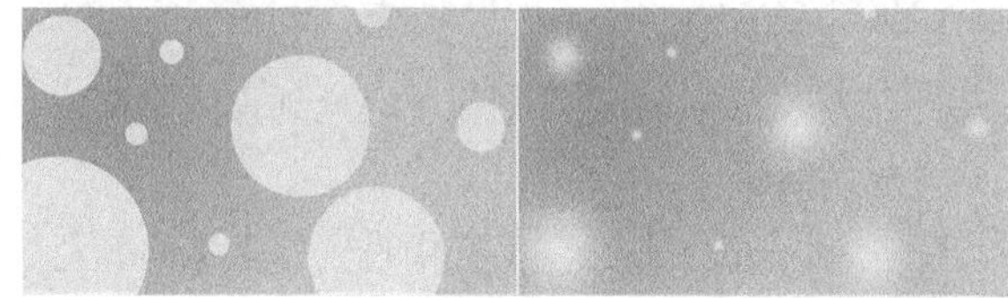

图7-22

* 间距：设置笔刷的间隔距离（鼠标的绘图速度也会影响笔刷的间距大小），如图7-23所示。

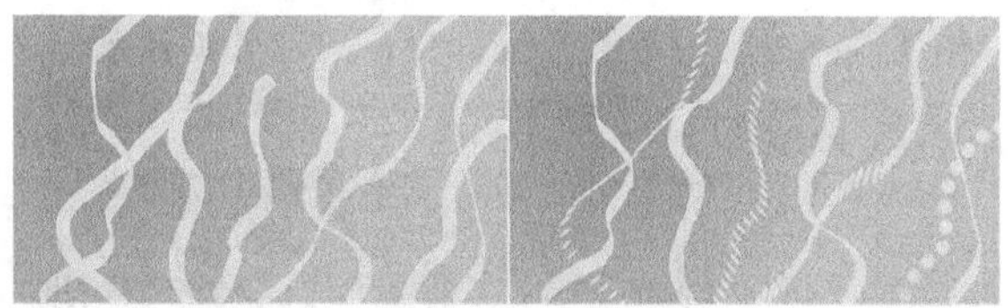

图7-23

* 画笔动态：当使用手绘板进行绘画时，该属性可以用来设置对手绘板的压笔感应。

其他参数将在后面涉及相关应用时，再做详细说明。

7.1.3 画笔工具

使用“画笔工具”可以在当前图层的“图层”面板中进行绘制，如图7-24所示。

图7-24

使用“画笔工具”进行绘制的基本流程如下。

第1步：在“时间轴”面板中双击要进行绘制的图层，此时将打开“图层”面板。

第2步：在“工具”面板中选择“画笔工具”，然后单击“工具”面板中间的“切换绘画面板”按钮，打开“绘画”面板和“画笔”面板。

提示 如果在“工具”面板中选择了“自动打开面板”选项，那么在“工具”面板中选择“画笔工具”时，After Effects会自动打开“绘画”面板和“画笔”面板。

第3步：在“画笔”面板中选择预设的笔刷或自定义笔刷的形状。

第4步：在“绘画”面板中设置好画笔的颜色、不透明度、流量及混合模式等参数。

第5步：使用“画笔工具”在图层预览窗口中进行绘制，松开鼠标左键即可完成一个笔触效果，并且每次绘制的笔触效果都会在图层的绘画属性栏下以列表的形式显示出来，如图7-25所示。

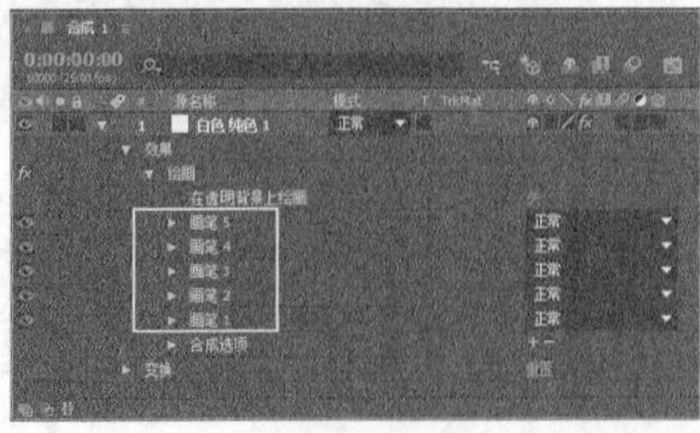

图7-25

7.1.4 仿制图章工具

“仿制图章工具”是对源图层中的像素进行取样，然后将取样的像素直接复制应用到目标图层中。也可以将某一时间某一位置的像素复制并应用到另一时间的另一位置中。在这里，目标图层可以是同一个合成中的其他图层，也可以是源图层自身。

在使用“仿制图章工具”前需要设置“绘画”参数和“笔刷”参数，在仿制操作完成后可以在“时间轴”面板中的“仿制”属性中制作动画。图7-26所示的是“仿制图章工具”的特有参数。

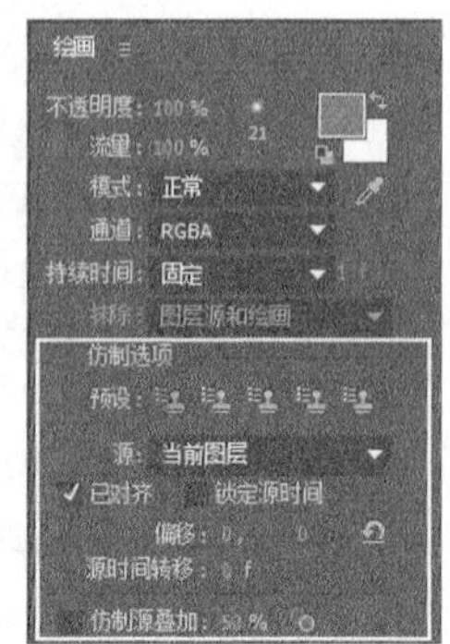

图7-26

参数详解

* 预设：仿制图像的预设选项，共有5种。
* 源：选择仿制的源图层。
* 已对齐：设置不同笔画采样点的仿制位置的对齐方式，选择该项与未选择该项时的对比效果如图7-27和图7-28所示。

勾选Aligned（对齐）选项

图7-27

未勾选Aligned（对齐）选项

图7-28

* 锁定源时间：控制是否只复制单帧画面。
* 偏移：设置取样点的位置。
* 源时间转移：设置源图层的时间偏移量。
* 仿制源叠加：设置源画面与目标画面的叠加混合程度。

提示 选择“仿制图章工具”，然后在图层预览窗口中按住Alt键对采样点进行取样，设置好的采样点会自动显示在“偏移”中。

7.1.5 橡皮擦工具

使用“橡皮擦工具”可以擦除图层上的图像或笔刷，还可以选择仅擦除当前的笔刷。选择该工具后，在“绘画”面板中就可以设置擦除图像的模式，如图7-29所示。

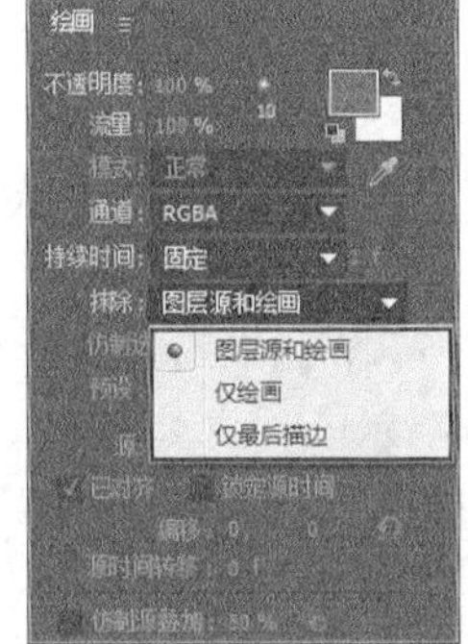

图7-29

参数详解

* 源图层和绘画：擦除源图层中的像素和绘画笔刷效果。
* 仅绘画：仅擦除绘画笔刷效果。
* 仅最后描边：仅擦除之前的绘画笔刷效果。

如果设置为擦除源图层像素或笔刷，那么擦除像素的每个操作都会在“时间轴”面板的“绘画”属性中留下擦除记录，这些擦除记录对擦除素材没有任何破坏性，可以对其进行删除、修改或是改变擦除顺序等操作。

提示 如果当前正在使用“画笔工具”绘画，要想将当前的“画笔工具”切换为“橡皮擦工具”的“仅最后描边”擦除模式，可以按快捷键Ctrl+Shift进行切换。

7.2 形状的应用

使用After Effects 中的形状工具可以很容易地绘制出矢量图形，并且可以为这些形状制作动画效果。形状工具的升级与优化为影片制作提供了无限的可能，尤其是形状组中的颜料属性和路径变形属性。

本节知识点

名称	作用	重要程度
形状概述	了解形状概述，包括矢量图形、位图图像及路径	中
形状工具	可以创建形状图层或形状路径遮罩，包括“矩形工具”、“圆角矩形工具”等	高
钢笔工具	可以在合成或“图层”面板中绘制出各种路径，它包含4个辅助工具	高
创建文字轮廓形状图层	掌握如何创建文字轮廓形状图层	高
形状组	了解创建形状组的意义及方法	中
形状属性	关于形状属性的介绍	低

7.2.1 课堂案例——植物生长

素材位置	实例文件>CH07>课堂案例——植物生长
实例位置	实例文件>CH07>课堂案例——植物生长
难易指数	★★★☆☆
学习目标	掌握形状工具的综合运用

本案例的综合性比较强，其核心是形状工具的使用。在影视包装制作中，生长动画是经常使用的一种表现手法，因此本案例对实际工作具有较强的指导意义，读者要重点把握，案例效果如图7-30所示。

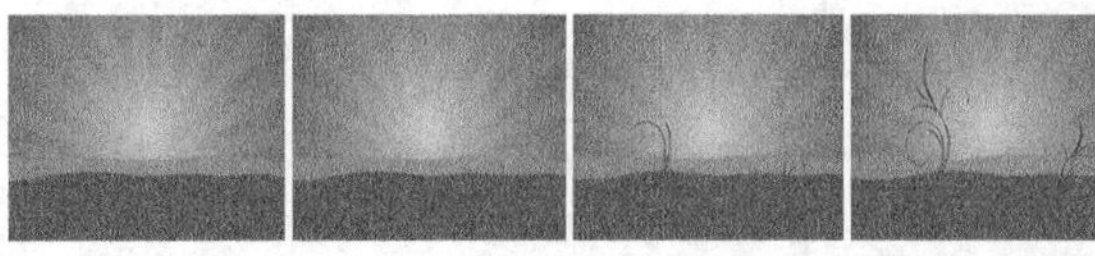

图7-30

（1）新建一个合成，设置“合成名称”为PlantGrowth、“预设”为PAL D1/DV、“持续时间”为3秒，接着单击“确定”按钮，如图7-31所示。

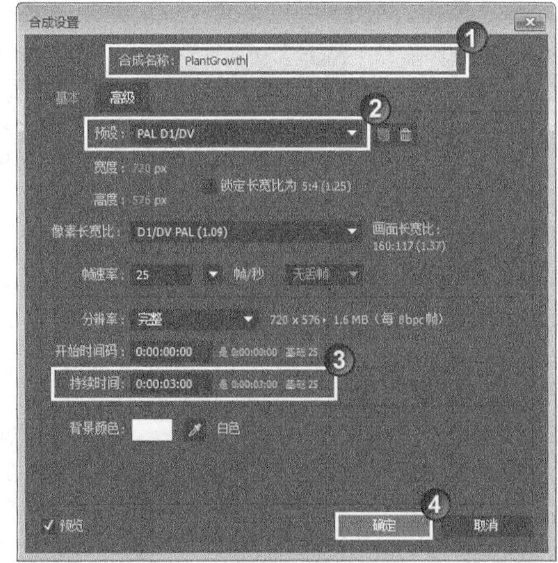

图7-31

（2）新建一个名为Grow 1的纯色图层，然后将其“颜色”设置为（R:45，G:56，B:121），接着用“钢笔工具”绘制出植物茎叶的形状，如图7-32所示。

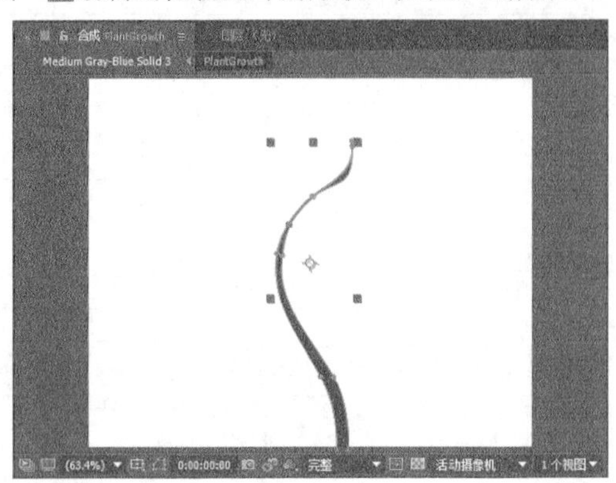

图7-32

（3）在“时间轴”面板中按快捷键Ctrl+Shift+A，确保没有选择任何图层，然后使用“钢笔工具”顺着茎叶的形状绘制一条曲线，如图7-33所示。

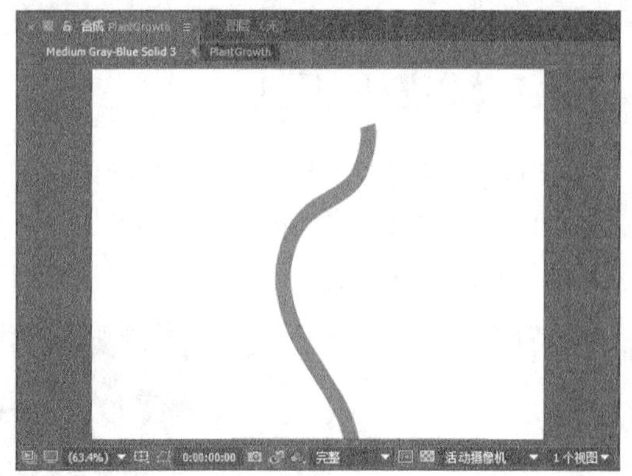

图7-33

（4）为形状图层添加一个“修剪路径”属性，然后在第0帧处设置“内容>修剪路径 1>结束”为0%并激活关键帧，接着在第2秒处设置“结束”为100%，如图7-34所示。

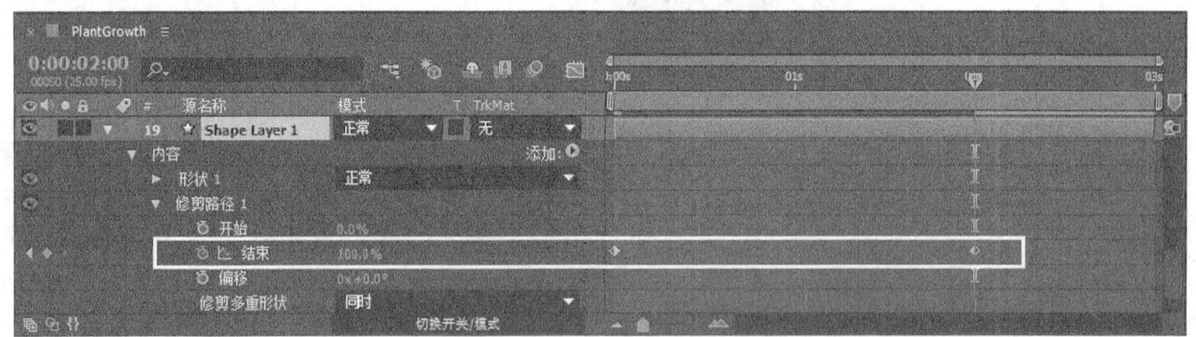

图7-34

（5）设置Grow 1 的轨道遮罩为“Alpha 遮罩 形状图层 1”，如图7-35所示。这样一条植物茎叶的生长动画就制作好了。

图7-35

（6）采用相同的方法制作出其他茎叶的生长动画，效果如图7-36所示。

图7-36

（7）新建一个合成，设置“合成名称”为“植物生长”、“预设”为PAL D1/DV、“持续时间”为3秒，接着单击“确定”按钮，如图7-37所示。

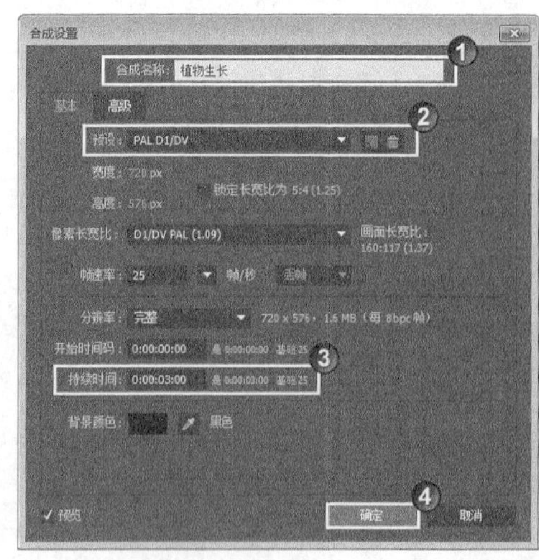

图7-37

（8）导入下载资源中的“实例文件>CH07>课堂案例——植物生长>BG02.mov”文件，然后将PlantGrowth合成和BG02.mov拖曳到“时间轴”面板中，接着设置PlantGrowth图层的“位置”为（584，414）、“缩放”为（58，58%），如图7-38所示。效果如图7-39所示。

图7-38

图7-39

（9）复制一个PlantGrowth图层，然后设置其“位置”为（223.2，320.6）、“缩放”为（-70，89%），如图7-40所示。效果如图7-41所示。

图7-40

图7-41

（10）渲染并输出动画，最终效果如图7-42所示。

图7-42

7.2.2 形状概述

1.矢量图形

构成矢量图形的直线或曲线都是由计算机中的数学算法来定义的，数学算法采用几何学的特征来描述这些形状。将矢量图形放大很多倍，仍然可以清楚地观察到图形的边缘是光滑平整的，如图7-43所示。

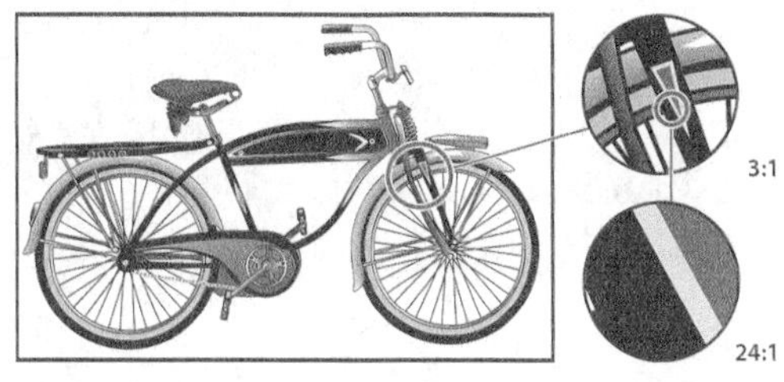

图7-43

2.位图图像

位图图像也叫光栅图像，它是由许多带有不同颜色信息的像素点构成的，其图像质量取决于图像的分辨率。图像的分辨率越高，图像看起来越清晰，图像文件需要的存储空间也越大，所以当放大位图图像时，图像的边缘会出现锯齿，如图7-44所示。

图7-44

After Effects可以导入其他软件（如Illustrator、CorelDRAW等）生成的矢量图形文件，在导入这些文件后，After Effects会自动将这些矢量图形位图化处理。

3.路径

蒙版和形状都是基于路径的概念。一条路径是由点和线构成的，线可以是直线也可以是曲线，由线来连接点，而点则定义了线的起点和终点。

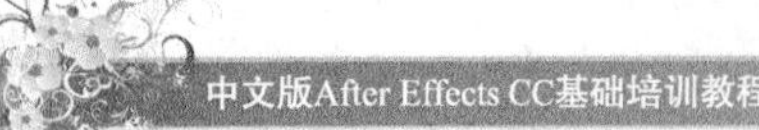

在After Effects中，可以使用形状工具来绘制标准的几何形状路径，也可以使用钢笔工具来绘制复杂的形状路径，通过调节路径上的点或调节点的控制手柄可以改变路径的形状，如图7-45所示。

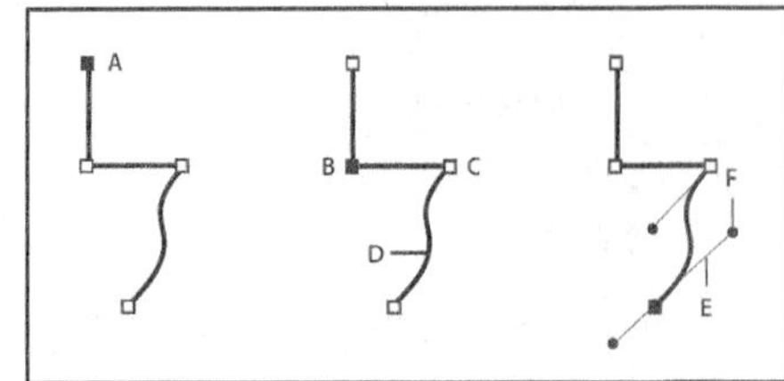

图7-45

提示 在After Effects 中，路径具有两种不同的点，即角点和平滑点。平滑点连接的是平滑的曲线，其出点和入点的方向控制手柄在同一条直线上，如图7-46所示。

对于角点而言，连接角点的两条曲线在角点处发生了突变，曲线的出点和入点的方向控制手柄不在同一条直线上，如图7-47所示。

图7-46

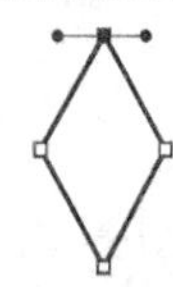

图7-47

用户可以将角点和平滑点结合来绘制各种路径形状，也可以在绘制完成后对这些点进行调整，如图7-48所示。

当调节平滑点上的一个方向控制手柄时，另外一个手柄也会跟着进行相应调节，如图7-49所示。

图7-48

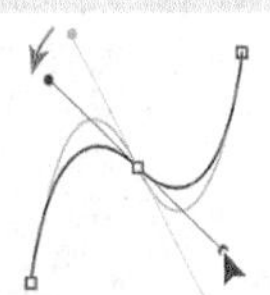

图7-49

当调节角点上的一个方向控制手柄时，另外一个方向的控制手柄不会发生改变，如图7-50所示。

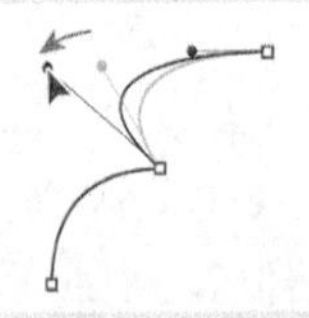

图7-50

7.2.3 形状工具

在After Effects中，使用形状工具既可以创建形状图层，也可以创建形状路径。形状工具包括“矩形工具”、“圆角矩形工具”、“椭圆工具”、“多边形工具”和“星形工具”，如图7-51所示。

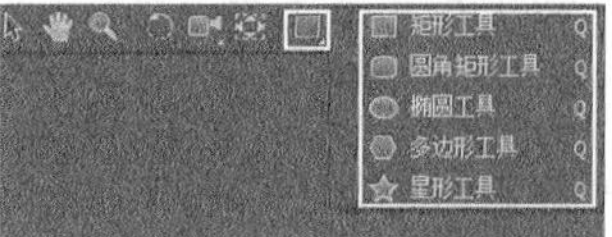

图7-51

提示 因为“矩形工具”和“圆角矩形工具”所创建的形状比较类似，名称也都是以“矩形”来命名的，而且它们的参数完全一样，因此这两种工具可以归纳为一种。

对于“多边形工具”和“星形工具”，它们的参数也完全一致，并且属性名称都是以“多边星形”来命名的，因此这两种工具可以归纳为一种。

通过归纳后，就剩下最后一种“椭圆工具”，因此形状工具实际上就只有3种。

选择一个形状工具后，在“工具”面板中会出现创建形状或蒙版的选择按钮，分别是“工具创建形状”按钮和“工具创建蒙版”按钮，如图7-52所示。

图7-52

在未选择任何图层的情况下，使用形状工具创建出来的是形状图层，而不是蒙版；如果选择的图层是形状图层，那么可以继续使用形状工具创建图形或是为当前图层创建蒙版；如果选择的图层是素材图层或纯色图层，那么使用形状工具只能创建蒙版。

提示 形状图层与文字图层一样，在“时间轴”面板中都是以图层的形式显示出来的，但是形状图层不能在“图层”面板中进行预览，同时它也不会显示在“项目”面板的素材文件夹中，所以不能直接在其上面进行绘制。

当使用形状工具创建形状图层时，还可以在“工具”面板右侧设置图形的“填充”“描边”以及“描边宽度”，如图7-53所示。

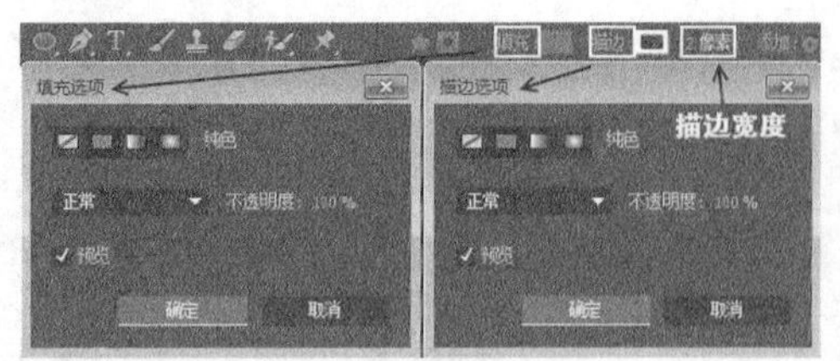

图7-53

1.矩形工具

使用“矩形工具”▣可以绘制出矩形和正方形，如图7-54所示。也可以为图层绘制蒙版，如图7-55所示。

图7-54

图7-55

2.圆角矩形工具

使用“圆角矩形工具”▢可以绘制出圆角矩形和圆角正方形，如图7-56所示。也可以为图层绘制蒙版，如图7-57所示。

图7-56

图7-57

提示 如果要设置圆角的半径大小，可以在形状图层的矩形路径选项组下修改“圆度”属性，如图7-58所示。

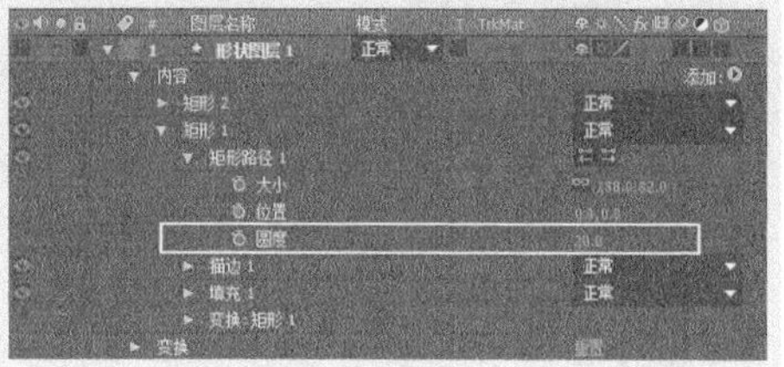

图7-58

3.椭圆工具

使用“椭圆工具”◯可以绘制出椭圆和圆，如图7-59所示。也可以为图层绘制椭圆形和圆形蒙版，如图7-60所示。

图7-59

图7-60

提示 如果要绘制圆形路径或圆形图形，可以在按住Shift键的同时使用“椭圆工具”◯进行绘制。

4.多边形工具

使用“多边形工具”⬡可以绘制出边数至少为5边的多边形路径和图形，如图7-61所示。也可以为图层绘制多边形蒙版，如图7-62所示。

图7-61

图7-62

提示 如果要设置多边形的边数，可以在形状图层的“多边星形路径”卷展栏下修改“点”属性，如图7-63所示。

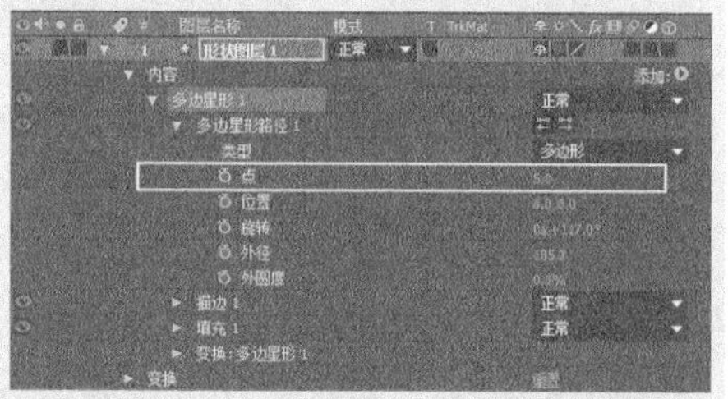

图7-63

5.星形工具

使用“星形工具”☆可以绘制出边数至少为3边的星形路径和图形，如图7-64所示。也可以为图层绘制星形蒙版，如图7-65所示。

图7-64

图7-65

7.2.4 钢笔工具

使用“钢笔工具”可以在合成或“图层”面板中绘制出各种路径，它包含4个辅助工具，分别是“添加顶点工具”、“删除顶点工具”、“转换顶点工具”和“蒙版羽化工具”。

在“工具”面板中选择“钢笔工具”后，在面板的右侧会出现一个RotoBezier选项，如图7-66所示。

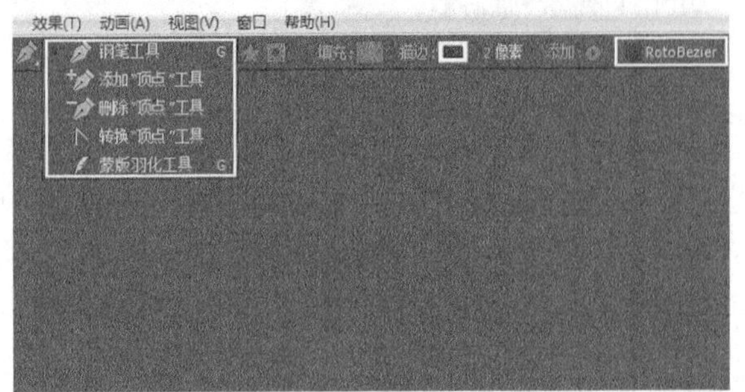

图7-66

在默认情况下，RotoBezier选项处于关闭状态，这时使用钢笔工具绘制的贝塞尔曲线的顶点包含控制手柄，可以通过调整控制手柄的位置来调节贝塞尔曲线的形状。

如果选择RotoBezier选项，那么绘制出来的贝塞尔曲线将不包含控制手柄，曲线的顶点曲率由After Effects自动计算。

如果要将非平滑贝塞尔曲线转换成平滑贝塞尔曲线，可以通过执行“图层>蒙版和形状路径>RotoBezier”菜单命令来完成。

在实际工作中，使用“钢笔工具”绘制的贝塞尔曲线主要包含直线、U形曲线和S形曲线3种，下面分别讲解如何绘制这3种曲线。

1.绘制直线

使用“钢笔工具”绘制直线的方法很简单。首先使用该工具单击确定第1个点，然后在其他地方单击确定第2个点，这两个点形成的线就是一条直线。如果要绘制水平直线、垂直直线或是与45°成倍数的直线，可以在按住Shift键的同时进行绘制，如图7-67所示。

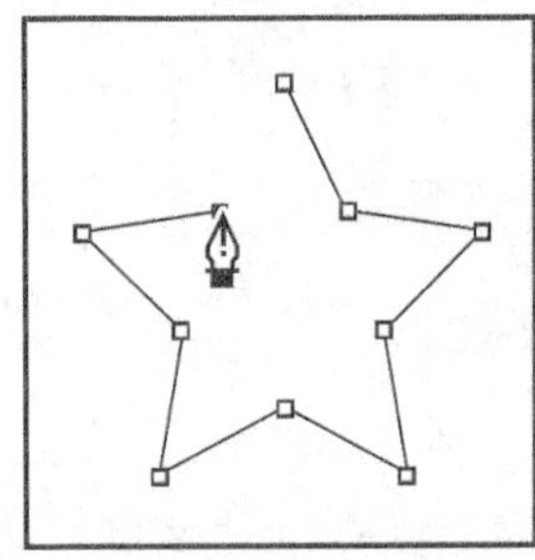
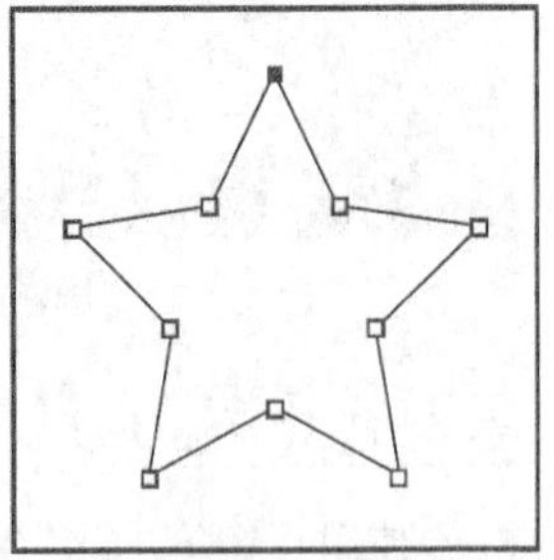

图7-67

2.绘制U形曲线

如果要使用“钢笔工具”绘制U形的贝塞尔曲线，可以在确定好第2个顶点后拖曳第2个顶点的控制手柄，使其方向与第1个顶点的控制手柄的方向相反。在图7-68中，A为开始拖曳第2个顶点时的状态，B是将第2个顶点的控制手柄调节成与第1个顶点的控制手柄方向相反时的状态，C为最终结果。

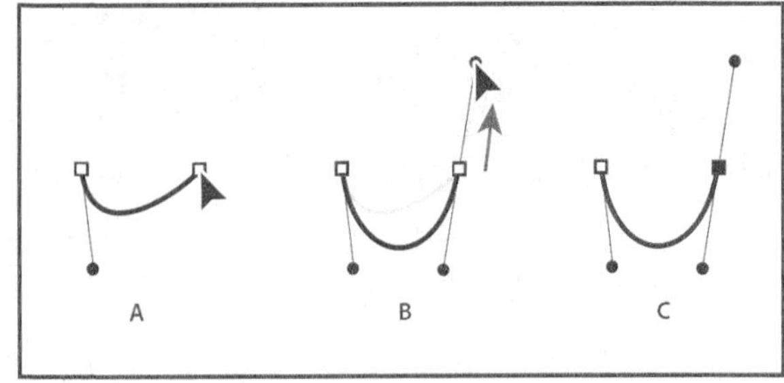

图7-68

3.绘制S形曲线

如果要使用“钢笔工具”绘制S形的贝塞尔曲线，可以在确定好第2个顶点后拖曳第2个顶点的控制手柄，使其方向与第1个顶点的控制手柄的方向相同。在图7-69中，A为开始拖曳第2个顶点时的状态，B是将第2个顶点的控制手柄调节成与第1个顶点的控制手柄方向相同时的状态，C为最终结果。

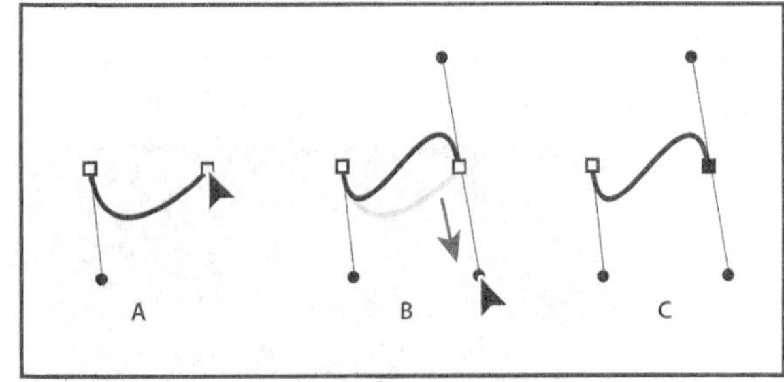

图7-69

提示 在使用“钢笔工具”时，需要注意以下3种情况。

第1种：改变顶点位置。在创建顶点时，如果想在未松开鼠标左键之前改变顶点的位置，按住Space键，然后拖曳光标即可重新定位顶点的位置。

第2种：封闭开放的曲线。如果在绘制好曲线形状后，想要将开放的曲线设置为封闭曲线，可以通过执行“图层>蒙版和形状路径>已关闭”菜单命令来完成。也可以将光标放置在第1个顶点处，当光标变成形状时，单击鼠标左键封闭曲线。

第3种：结束选择曲线。在绘制好曲线后，如果想要结束对该曲线的选择，可以激活“工具”面板中的其他工具或按F2键。

7.2.5 创建文字轮廓形状图层

在After Effects中，可以将文字的外形轮廓提取出来，形状路径将作为一个新图层出现在“时间轴”面板中。新生成的轮廓图层会继承源文字图层的变换属性、图层样式、滤镜和表达式等。

如果要将一个文字图层中的文字轮廓提取出来，可以先选择该文字图层，然后执行“图层>从文本创建形状”菜单命令，如图7-70所示。

图7-70

提示 如果要将文字图层中所有文字的轮廓提取出来，可以选择该图层，然后执行“图层>从文本创建形状”菜单命令。

如果要将某个文字的轮廓单独提取出来，可以先在“合成”面板中选择该文字，然后执行“图层>从文本创建形状”菜单命令。

7.2.6 形状组

在After Effects中，每条路径都是一个形状，而每个形状都包含一个单独的“填充”属性和一个“描边”属性，这些属性都在形状图层的“内容”栏下，如图7-71所示 。

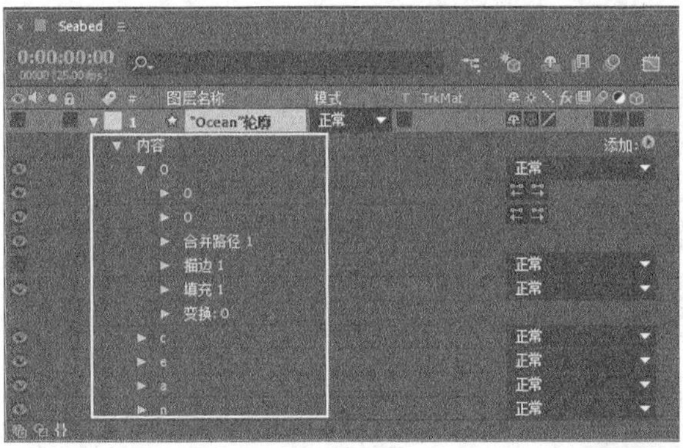

图7-71

在实际工作中，有时需要绘制比较复杂的路径，例如，在绘制字母i时，至少需要绘制两条路径才能完成操作，而一般制作形状动画都是针对整个形状来进行制作的。因此，在为单独的路径制作动画时将会相当困难，这时就需要使用“组”功能。

如果要为路径创建组，可以先选择相应的路径，然后按快捷键Ctrl+G对其进行群组操作（解散组的快捷键为Ctrl+Shift+G），当然也可以通过执行“图层>组合形状”菜单命令来完成。

完成群组操作后，被群组的路径就会被归入到相应的组中，还会增加一个“变换：组”属性，如图7-72所示。

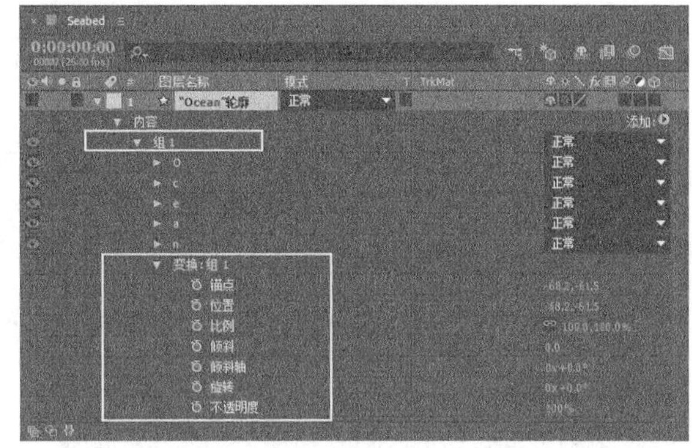

图7-72

从上图中的“变换：组”属性中可以观察到，处于组里面的所有形状路径都拥有一些相同的变换属性，如果对这些属性制作动画，那么处于该组中的所有形状路径都将拥有动画属性，这样就大大减少了制作形状路径动画的工作量。

提示 群组路径形状还有另外一种方法，先单击“添加”选项后面的按钮，然后在打开的菜单中选择“组（空）”命令（这时创建的组是一个空组，里面不包含任何对象），如图7-73所示。接着将需要群组的形状路径拖曳到空组中即可。

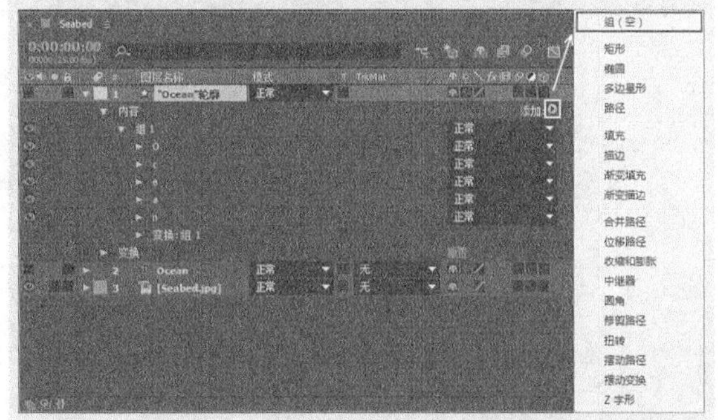

图7-73

7.2.7 形状属性

创建完一个形状后，可以在“时间轴”面板或“添加”选项的下拉菜单中，为形状或形状组添加属性，如图7-74所示。

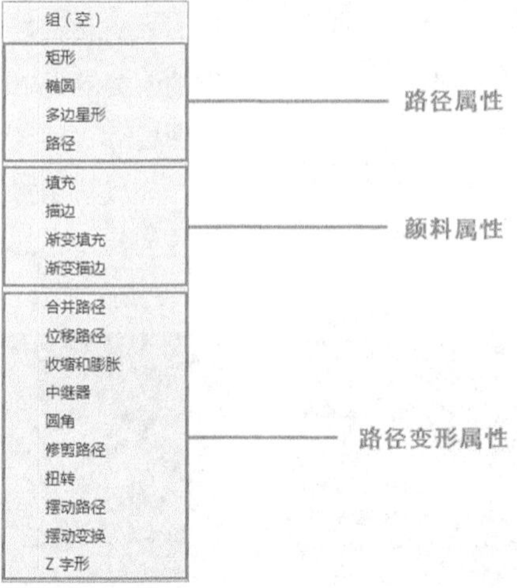

图7-74

关于路径属性，前面的内容中已经讲过，在这里就不再重复，下面只针对颜料属性和路径变形属性进行讲解。

1.颜料属性

颜料属性包含“填充”“描边”“渐变填充”以及“渐变描边”4种，下面对其进行简要介绍。

颜料属性介绍

* 填充：该属性主要用来设置图形内部的固态填充颜色。
* 描边：该属性主要用来为路径描边。
* 渐变填充：该属性主要用来为图形内部填充渐变颜色。
* 渐变描边：该属性主要用来为路径设置渐变描边色，如图7-75所示。

图7-75

2.路径变形属性

在同一个群组中，路径变形属性可以对位于其上的所有路径起作用，另外，可以对路径变形属性进行复制、剪切、粘贴等操作。

参数详解

* 合并路径：该属性主要针对群组形状，为一个路径组添加该属性后，可以运用特定的运算方法将群组里面的路径合并起来。为群组添加“合并路径”属性后，可以为群组设置5种不同的模式，如图7-76所示。

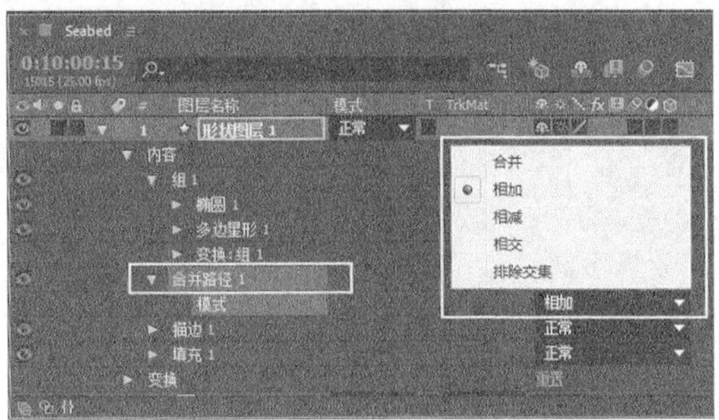

图7-76

图7-77~图7-81所示的模式分别为“合并”“相加”“相减”“相交”和“排除交集”。

图7-77 图7-78 图7-79 图7-80 图7-81

* 位移路径：使用该属性可以对原始路径进行缩放，如图7-82所示。
* 收缩和膨胀：使用该属性可以将原曲线中向外凸起的部分往内塌陷，向内凹陷的部分往外凸出，如图7-83所示。

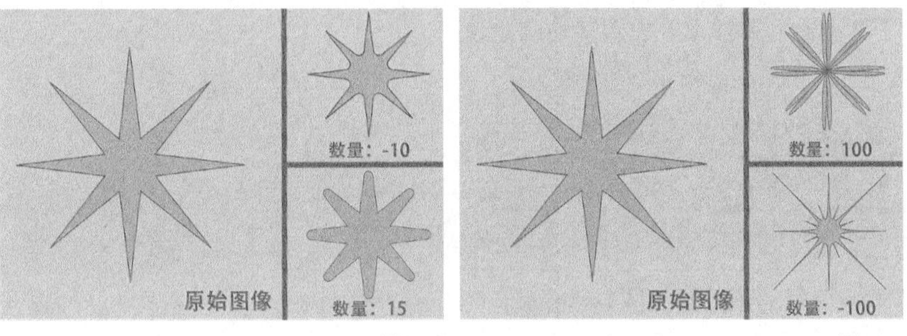

图7-82 图7-83

* 中继器：使用该属性可以复制一个形状，然后为每个复制对象应用指定的变换属性，如图7-84所示。
* 圆角：使用该属性可以对图形中尖锐的拐角点进行圆滑处理。
* 修剪路径：该属性主要用来为路径制作生长动画。
* 扭转：使用该属性可以以形状中心为圆心对图形进行扭曲。正值可以使形状按照顺时针方向进行扭曲，负值可以使形状按照逆时针方向进行扭曲，如图7-85所示。

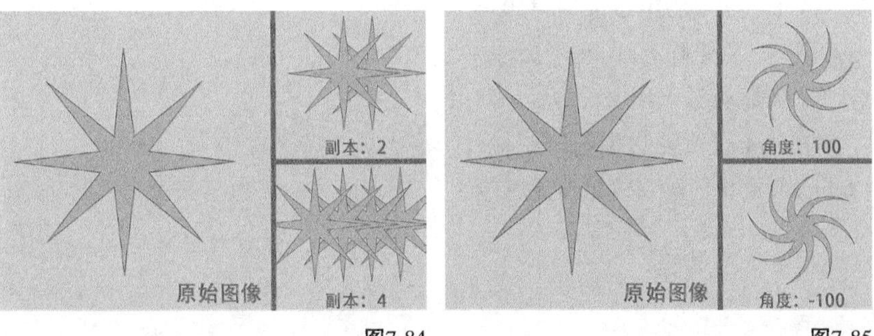

图7-84 图7-85

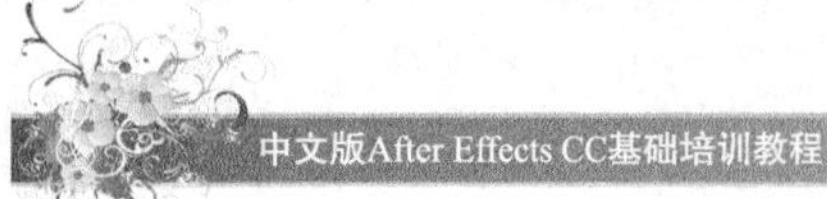

* 摆动路径：该属性可以将路径形状变成各种效果的锯齿形状路径，并且该属性会自动记录下动画。

* 摆动变换：该属性可以为路径形状制作摇摆动画。

* Z字形：该属性可以将路径变成具有统一规律的锯齿状路径。

课堂练习——阵列动画

素材位置	实例文件>CH07>课堂练习——阵列动画
实例位置	实例文件>CH07>课堂练习——阵列动画
难易指数	★★★☆☆
练习目标	练习形状属性的组合使用

本练习制作的阵列动画效果如图7-86所示。

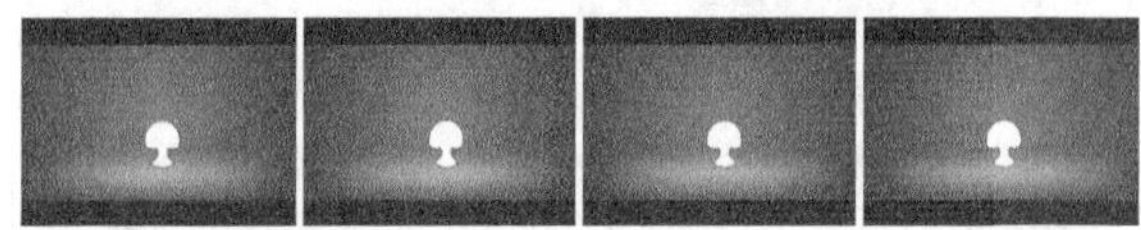

图7-86

操作提示

第1步：打开“实例文件>CH07>课堂练习——阵列动画>课堂练习——阵列动画.aep”文件。

第2步：加载Comp1合成，然后为形状图层添加两个“中继器”属性。

第3步：为“中继器”属性设置关键帧动画，使形状在横向和纵向方向产生动画效果。

课后习题——克隆虾动画

素材位置	实例文件>CH07>课后习题——克隆虾动画
实例位置	实例文件>CH07>课后习题——克隆虾动画
难易指数	★★★☆☆
练习目标	练习“仿制图章工具”的使用方法

本习题制作的克隆虾动画效果如图7-87所示。

图7-87

操作提示

第1步：打开“实例文件>CH07>课后习题——克隆虾动画>课后习题——克隆虾动画.aep”文件。

第2步：加载“克隆虾动画”合成，然后，使用“仿制图章工具”在Clone 1图层上克隆出一只虾。

第3步：为Clone 1图层中的绘画效果设置属性。

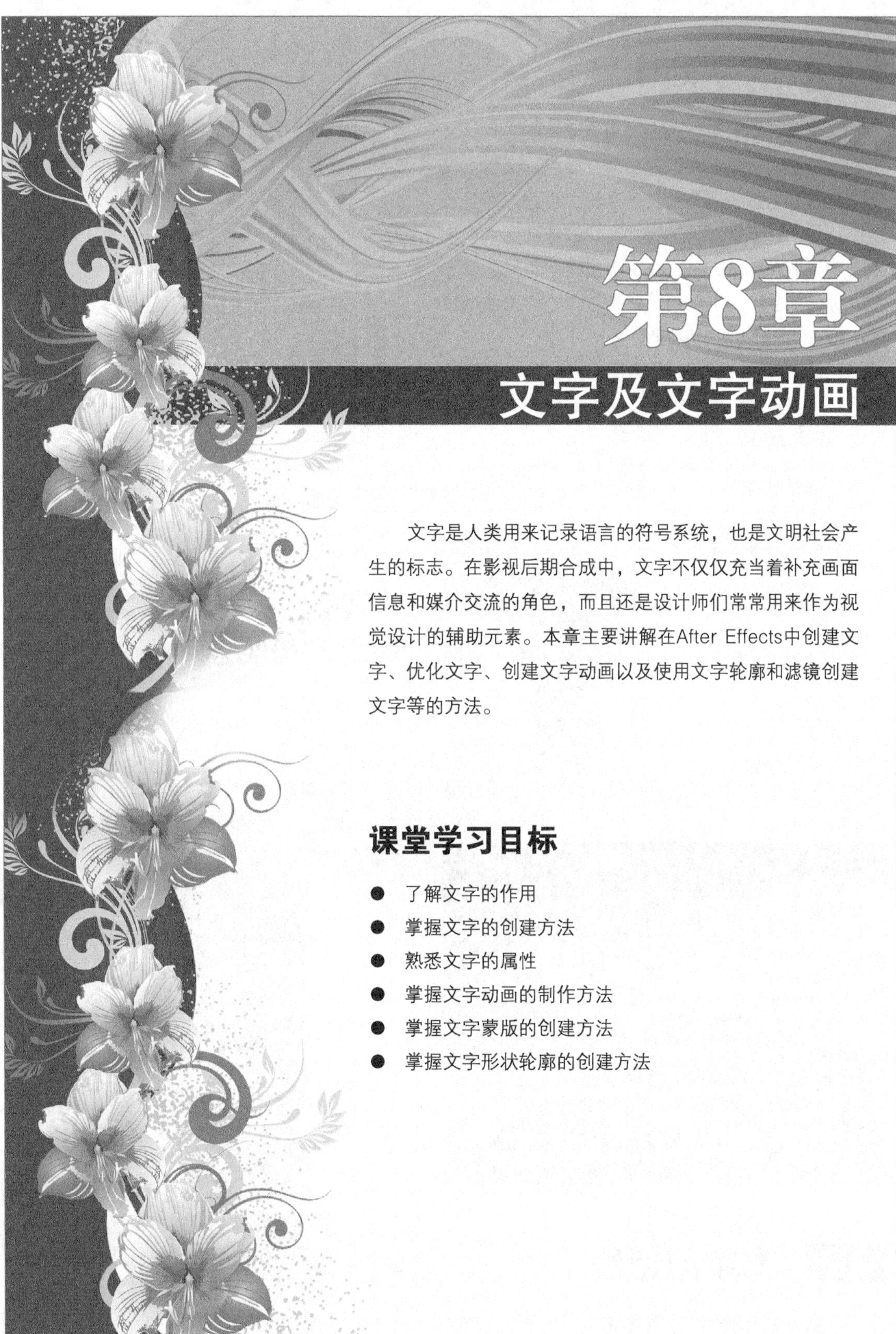

第8章 文字及文字动画

文字是人类用来记录语言的符号系统，也是文明社会产生的标志。在影视后期合成中，文字不仅仅充当着补充画面信息和媒介交流的角色，而且还是设计师们常常用来作为视觉设计的辅助元素。本章主要讲解在After Effects中创建文字、优化文字、创建文字动画以及使用文字轮廓和滤镜创建文字等的方法。

课堂学习目标

- 了解文字的作用
- 掌握文字的创建方法
- 熟悉文字的属性
- 掌握文字动画的制作方法
- 掌握文字蒙版的创建方法
- 掌握文字形状轮廓的创建方法

8.1 文字的作用

文字是人类用来记录语言的符号系统，也是文明社会产生的标志。在影视后期合成中，文字不仅仅充当着补充画面信息和媒介交流的角色，而且还是设计师们常常用来作为视觉设计的辅助元素。本章主要讲解After Effects 的文字功能，包括创建文字、优化文字和文字动画等。特效合成师应熟练使用After Effects中的文字功能。

图8-1和图8-2所示的是文字元素的应用效果，从图中可以看出，只要把文字应用到位，就完全可以给视频制作增色。

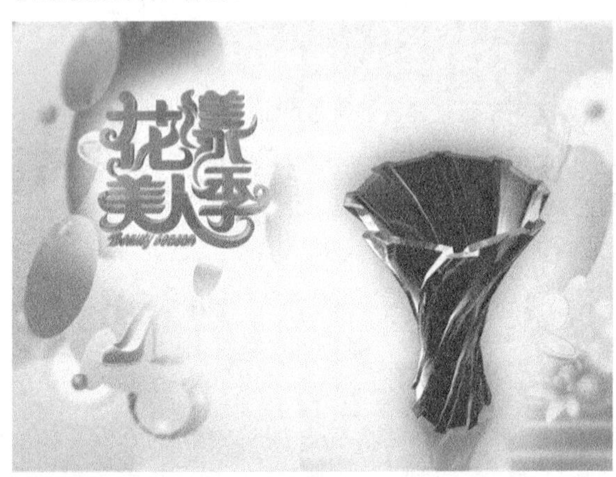

图8-1

图8-2

8.2 文字的创建

在After Effects 中，可以使用以下5种方法来创建文字。

第1种：“文字工具”T。

第2种：“图层>新建>文本”菜单命令。

第3种：“过时”滤镜组。

第4种：“文本”滤镜组。

第5种：外部导入。

本节知识点

名称	作用	重要程度
使用文字工具	掌握如何使用文字工具创建文字	高
使用“文本”菜单命令	掌握如何使用“文本”菜单命令创建文字	高
使用“过时”滤镜组	掌握如何使用“基本文字”和“路径文字”滤镜创建文字	中
使用“文本”滤镜组	掌握如何使用“编号”和“时间码”滤镜创建文字	中
外部导入	了解如何外部导入文字	中

8.2.1 课堂案例——文字渐显动画

素材位置　实例文件>CH08>课堂案例——文字渐显动画
实例位置　实例文件>CH08>课堂案例——文字渐显动画
难易指数　★★☆☆☆
学习目标　掌握“路径文本”滤镜的用法

本案例的文字渐显动画效果如图8-3所示。

图8-3

（1）新建一个合成，设置“合成名称”为“文字渐显动画”、“预设”为PAL D1/DV、“持续时间”为4秒，接着单击“确定”按钮，如图8-4所示。

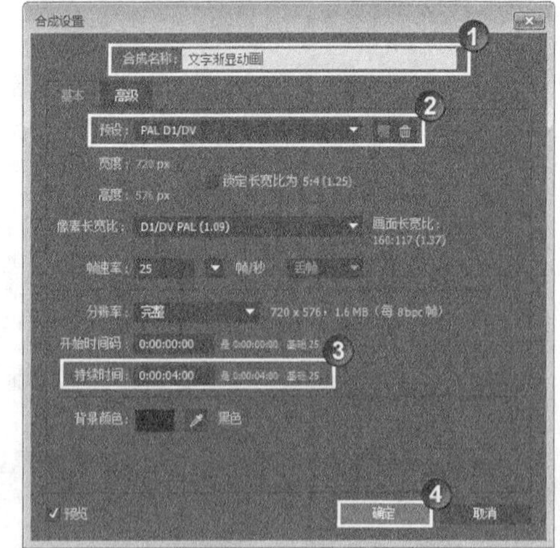

图8-4

（2）导入下载资源中的“实例文件>CH08>课堂案例——花纹生长>Image.jpg”文件，然后将其拖曳到“时间轴”面板中，效果如图8-5所示。

图8-5

（3）新建一个名为Text的黑色纯色图层，然后为其执行“效果>过时>路径文本”菜单命令，接着在打开的“路径文字”对话框中设置“字体”为Microsoft YaHei，再输入文字信息，最后单击“确定”按钮，如图8-6所示。效果如图8-7所示。

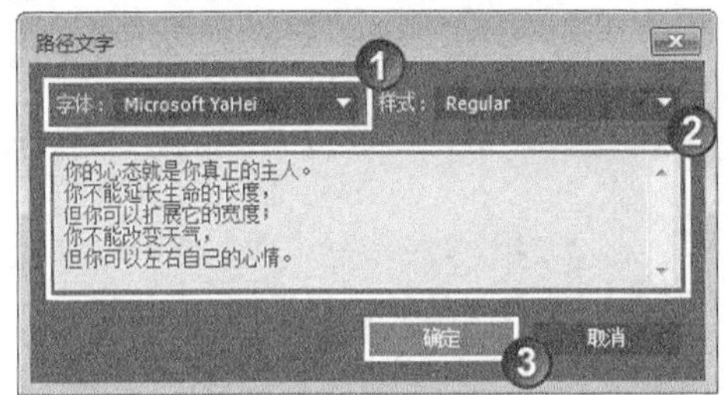

图8-6

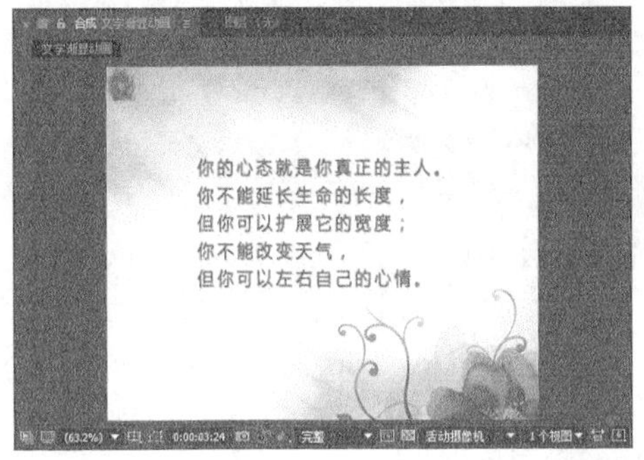

图8-7

（4）在“效果控件”面板中，展开“路径选项”属性组，设置“形状类型”为“线”，然后展开“控制点”属性组，设置“顶点 1/圆心”为（150，175）、“顶点2”为（574，175），接着展开“填充和描边”属性组，设置“选项”为“仅填充”、“填充颜色”为（R:197，G:28，B:2），如图8-8所示。

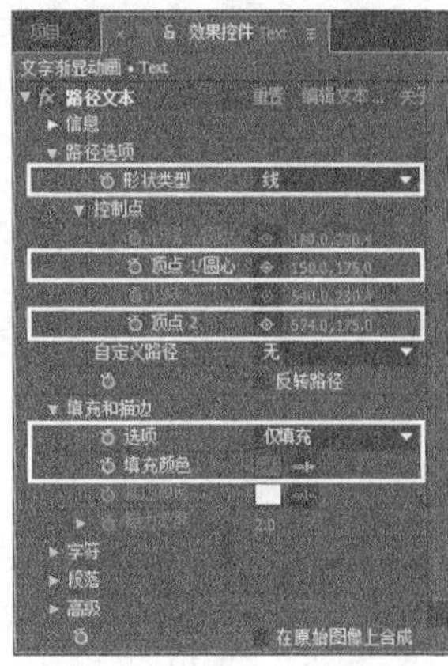

图8-8

（5）展开“字符”属性组，设置“大小”为30、“字符间距”为6，然后展开“段落”属性组，设置“行距”为150，接着展开“高级”属性组，设置“淡化时间”为100%，如图8-9所示。

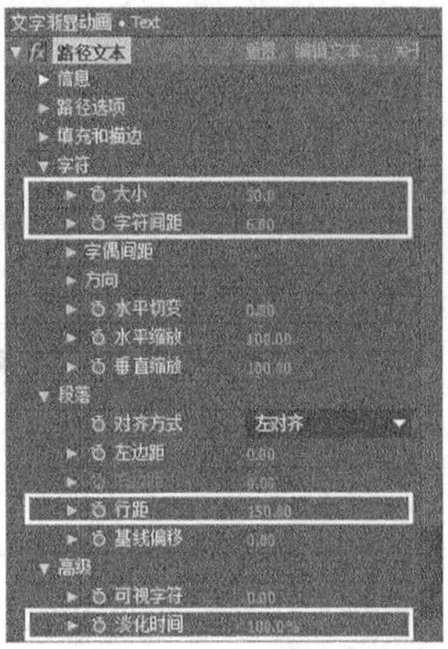

图8-9

（6）选择Text图层，设置“路径文本”滤镜下的“高级>可视字符”属性的关键帧动画。在第0帧处设置“可视字符”为0；在第3秒处设置“可视字符”为63，如图8-10所示。

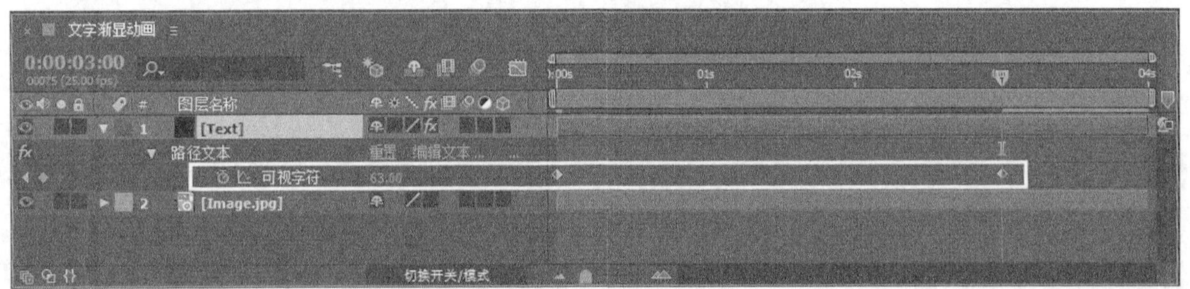

图8-10

（7）选择Text图层，设置“缩放”属性的关键帧动画。在第0帧处设置“缩放”为（95，95%）；在第3秒24帧处设置“缩放”为（100，100%），如图8-11所示。

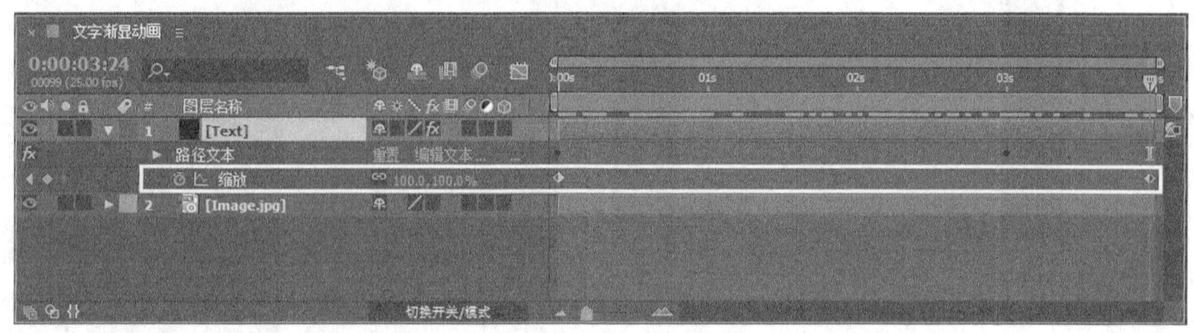

图8-11

（8）选择Text图层，执行“效果>透视>投影”菜单命令，然后在“效果控件”面板中设置“不透明度”为40%、“距离”为1.5，如图8-12所示。

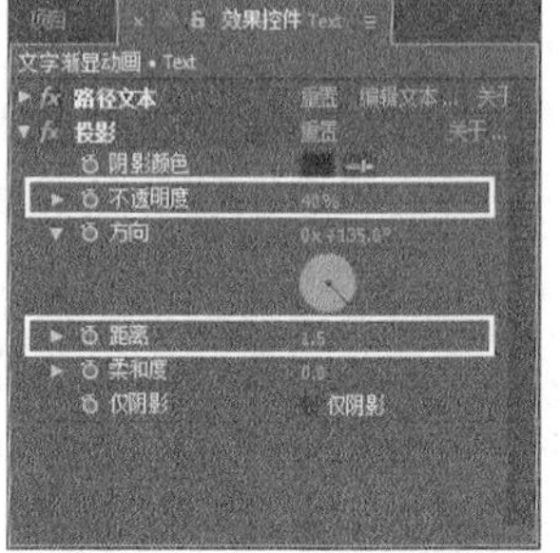

图8-12

（9）渲染并输出动画，最终效果如图8-13所示。

图8-13

8.2.2 使用文字工具

在“工具” 面板中单击“文字工具”即可创建文字。在该工具上按住鼠标左键，数秒后将打开子菜单，其中包含两个子工具，分别为“横排文字工具”和“竖排文字工具”，如图8-14所示。

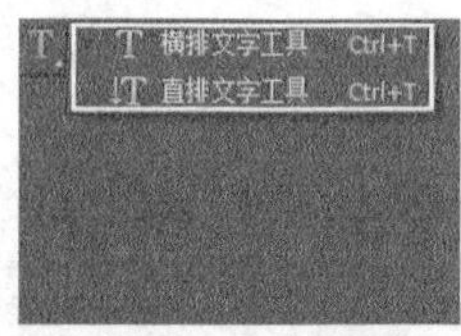

图8-14

选择相应的文字工具后，在“合成”面板中单击鼠标左键确定文字的输入位置，当显示文字光标后，就可以输入相应的文字，按Enter键完成操作，这时在“时间轴”面板中，After Effects将自动新建一个文字图层。

提示 选择文字工具后，也可以使用鼠标左键拖曳出一个矩形选框来输入文字，这时输入的文字分布在选框内部，称为“段落文本”，如图8-15所示。如果直接输入文字，那么所创建的文字称为“点文本”。

图8-15

如果要在“点文本”和“段落文本”之间进行转换，可采用下面的步骤完成操作。

第1步：使用“选择工具”在“合成”面板中选择文字图层。

第2步：选择“文字工具”，然后在“合成”面板中单击鼠标右键，在打开的菜单中选择“转换为段落文本”或“转换为点文本”命令即可完成相应的操作。

8.2.3 使用文本命令

使用菜单创建文字的方法有以下两种。

第1种：执行“图层>新建>文本”菜单命令或按快捷键Ctrl+Alt+Shift+T，如图8-16所示。新建一个文字图层，然后在“合成”面板中单击鼠标左键确定文字的输入位置，当显示文字光标后，就可以输入相应的文字，最后按Enter键确认完成。

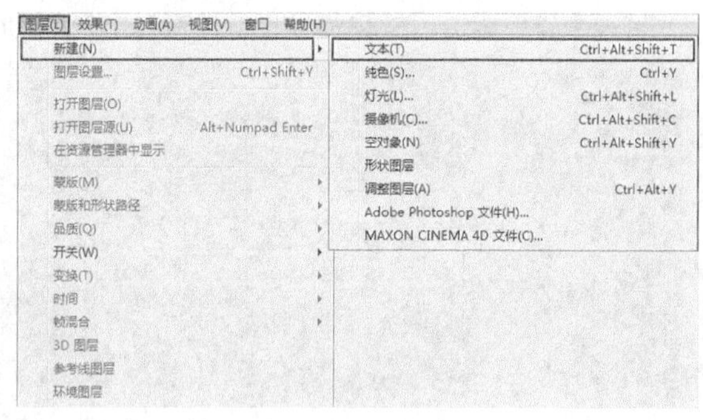

图8-16

第2种：在“时间轴”面板的空白处单击鼠标右键，然后在打开的菜单中选择“新建>文本”命令，如图8-17所示。新建一个文字图层，然后在“合成”面板中单击鼠标左键确定文字的输入位置，当显示文字光标后，就可以输入相应的文字，最后按Enter键确认完成。

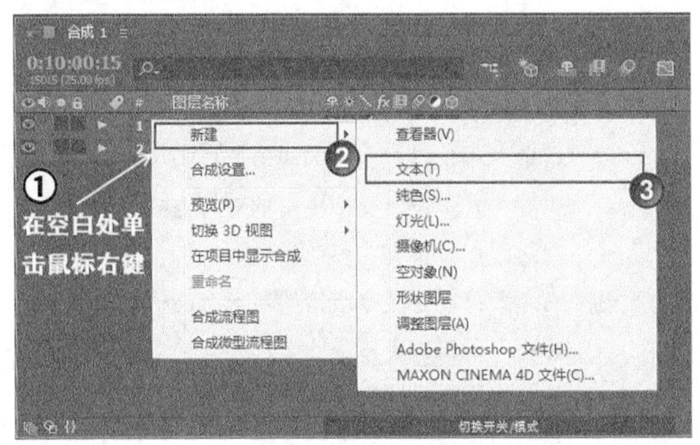

图8-17

8.2.4 使用过时滤镜组

在“过时”滤镜组中，可以使用“基本文字”和“路径文字”滤镜来创建文字。

1.基本文字

“基本文字”滤镜主要用来创建比较规整的文字，可以设置文字的大小、颜色以及文字间距等。

执行“效果>过时>基本文字”菜单命令，然后在打开的“基本文字”面板中输入相应的文字，如图8-18所示。

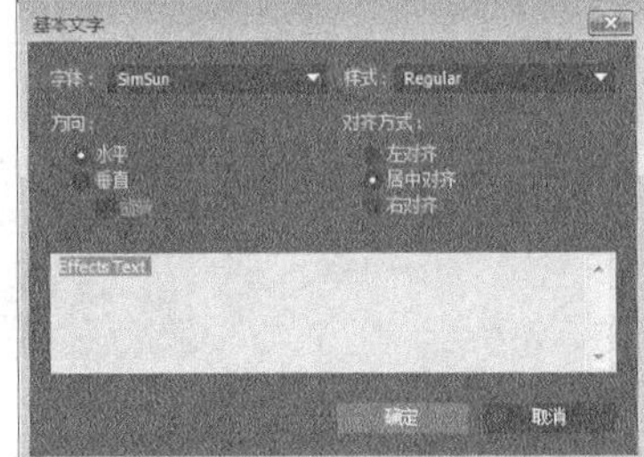

图8-18

参数详解

* 字体：设置文字的字体。

* 样式：设置文字的风格。

* 方向：设置文字的方向，有“水平”“垂直”和“旋转”3个选项。

* 对齐方式：设置文字的对齐方式，有“左对齐”“居中对齐”和“右对齐”3个选项。

在“效果控件”面板中可以设置文字的相关属性，如图8-19所示。

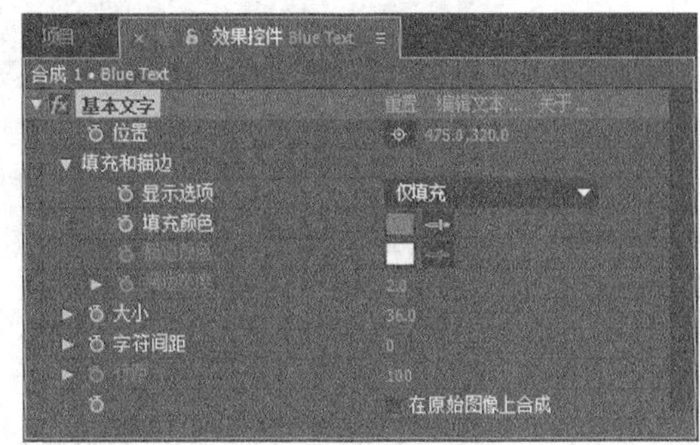

图8-19

* 位置：用来指定文字的位置。

* 填充和描边：用来设置文字颜色和描边的显示方式。

• 显示选项：在其下拉列表中提供了4种方式供选择。“仅填充”，只显示文字的填充颜色；“仅描边”，只显示文字的描边颜色；“仅描边上填充”，文字的填充颜色覆盖描边颜色；“仅填充上描边”，文字的描边颜色覆盖填充颜色。

• 填充颜色：设置文字的填充色。

• 描边颜色：设置文字的描边颜色。

• 描边宽度：设置文字描边的宽度

* 大小：设置字体的大小。

* 字符间距：设置文字的间距。

* 行距：设置文字的行间距。

* 在原始图像上合成：用来设置与原图像合成。

2.路径文本

“路径文本”滤镜可以让文字在自定义的路径上产生一系列的运动效果，还可以使用该滤镜完成“逐一打字”的效果。

执行“效果>过时>路径文字”菜单命令，然后在“路径文字”对话框中输入相应的文字，如图8-20所示。最后在“效果控件”面板中设置文字的相关属性，如图8-21所示。

图8-20

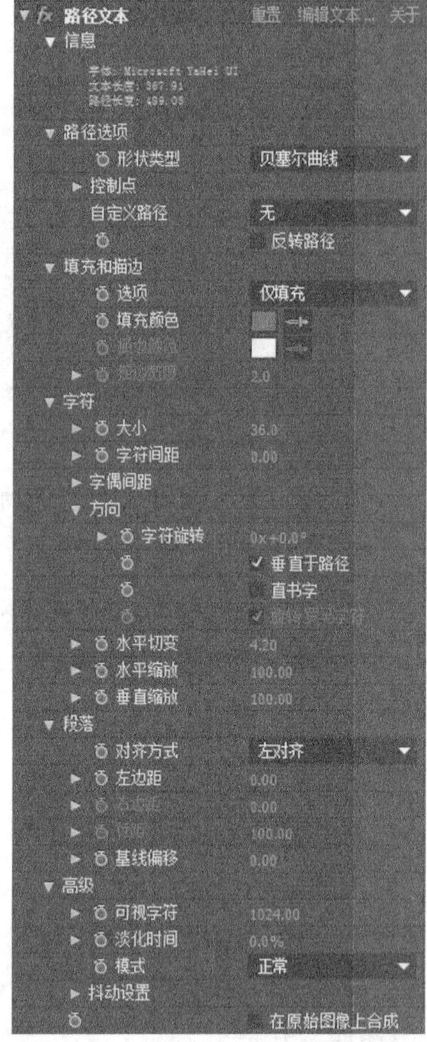

图8-21

参数详解

* 信息：可以查看文字的相关信息。
* • 字体：显示所使用的字体名称。
* • 文本长度：显示输入文字的字符长度。
* • 路径长度：显示输入的路径的长度。
* 路径选项：用来设置路径的属性。
* • 形状类型：设置路径的形态类型。
* • 控制点：设置控制点的位置。
* • 自定义路径：选择创建的自定义的路径。
* • 反转路径：反转路径。
* 填充和描边：用来设置文字的颜色和描边的显示方式。
* • 选项：选择文字的颜色和描边的显示方式。
* • 填充颜色：设置文字的填充色。
* • 描边颜色：设置文字的描边颜色。
* • 描边宽度：设置文字描边的宽度。
* 字符：用来设置文字的相关属性，如文字的大小、间距和旋转等。
* • 大小：设置文字的大小。
* • 字符间距：设置文本之间的间距。
* • 字偶间距：设置字与字之间的间距。
* • 字符旋转：设置文字的旋转。
* • 水平切变：设置文字的倾斜。
* • 水平缩放：设置文字的宽度缩放比例。
* • 垂直缩放：设置文字的高度缩放比例。
* 段落：用来设置文字的段落属性。
* • 对齐方式：设置文字段落的对齐方式。
* • 左边距：设置文字段落的左对齐的值。
* • 右边距：设置文字段落的右对齐的值。
* • 行距：设置文字段落的行间距。
* • 基线偏移：设置文字段落的基线。
* 高级：设置文字的高级属性。
* • 可视字符：设置文字的可见属性。
* • 淡化时间：设置文字显示的时间。
* • 抖动设置：设置文字的抖动动画。
* 在原始图像上合成：用来设置与原图像合成。

8.2.5 使用文字滤镜组

在“文字”滤镜组中，可以使用“编号”和“时间码”滤镜来创建文字。

1.编号

“编号”滤镜主要用来创建各种数字效果，尤其对创建数字的变化效果非常有用。执行“效果>文本>编号”菜单命令，打开“编号”对话框，如图8-22所示。在“效果控件”面板中展开“编号”滤镜的属性，如图8-23所示。

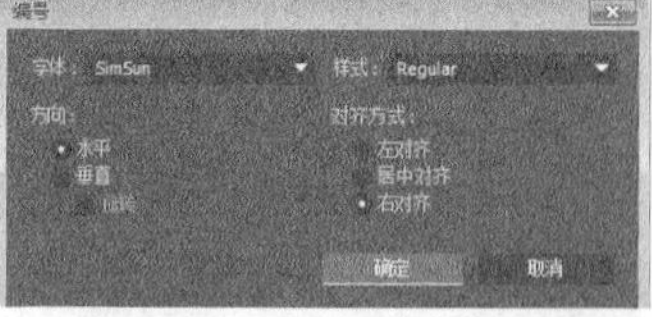

图8-22

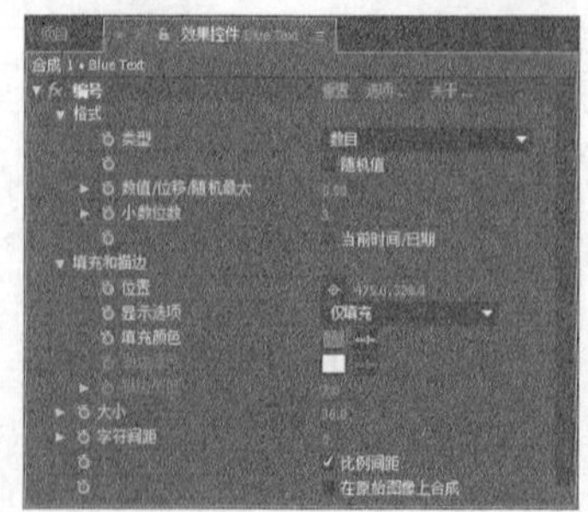

图8-23

参数详解

- ⋆ 格式：设置文字的类型。
- • 类型：用来设置数字类型，包括“数目”“时间码”“时间”和“十六进制的”等选项。
- • 随机值：用来设置数字的随机变化。
- • 数值/位移/随机最大：用来设置数字随机离散的范围。
- • 小数位数：用来设置小数点后的位数。
- • 当前时间/日期：用来设置当前系统的时间和日期。
- ⋆ 填充和描边：用来设置文字的颜色和描边的显示方式。
- • 位置：用来指定文字的位置。
- • 显示选项：在其下拉列表中提供了4种方式供选择。“仅填充”，只显示文字的填充颜色；“仅描边”，只显示文字的描边颜色；“在描边上填充”，文字的填充颜色覆盖描边颜色；“在填充上描边”，文字的描边颜色覆盖填充颜色。
- • 填充颜色：设置文字的填充色。
- • 描边颜色：设置文字的描边颜色。
- • 描边宽度：设置文字描边的宽度。
- ⋆ 大小：设置字体的大小。
- ⋆ 字符间距：设置文字的间距。
- ⋆ 比例间距：用来设置均匀的间距。

2.时间码

“时间码”滤镜主要用来创建各种时间码动画，与“编号”滤镜中的时间码效果比较类似。

“时间码”是影视后期制作的时间依据，由于我们渲染的影片还要拿去配音或加入特效等，每一帧包含时间码就会有利于其他制作方面的配合。

执行“效果>文本>时间码”菜单命令，然后在“效果控件”面板中展开“时间码”滤镜的参数，如图8-24所示。

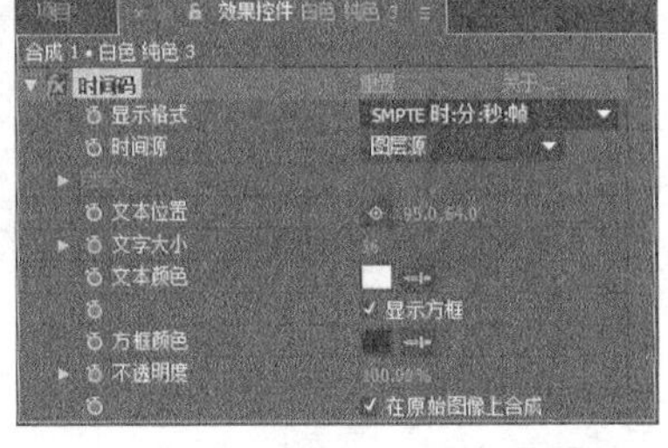

图8-24

参数详解

- ⋆ 显示格式：用来设置时间码的格式。
- ⋆ 时间源：用来设置时间码的来源。
- ⋆ 自定义：用来自定义时间码的单位。
- ⋆ 文本位置：用来设置时间码显示的位置。
- ⋆ 文字大小：用来设置时间码的大小。
- ⋆ 文本颜色：用来设置时间码的颜色。
- ⋆ 方框颜色：用来设置外框的颜色。
- ⋆ 不透明度：用来设置透明度。

8.2.6 外部导入

可以将Photoshop或者Illustrator软件中设计好的文字导入After Effects软件中，供设计师二次使用。以导入文字为例，操作步骤如下。

第1步：执行“文件>导入>文件”菜单命令，导入一个素材文件，然后在“导入种类”下拉菜单中选择“合成-保留图层的大小”选项，接着在“图层选项”属性中选择“可编辑的图层样式”，最后单击“确定”按钮，如图8-25所示。

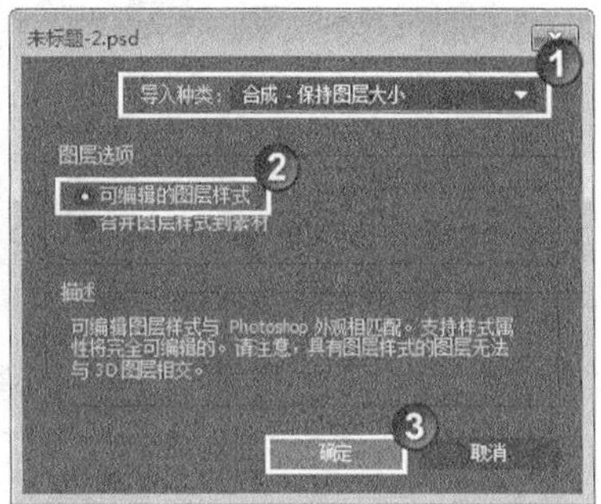

图8-25

第2步：将“项目”面板中的Text合成添加到“时间轴”面板中，如图8-26所示。

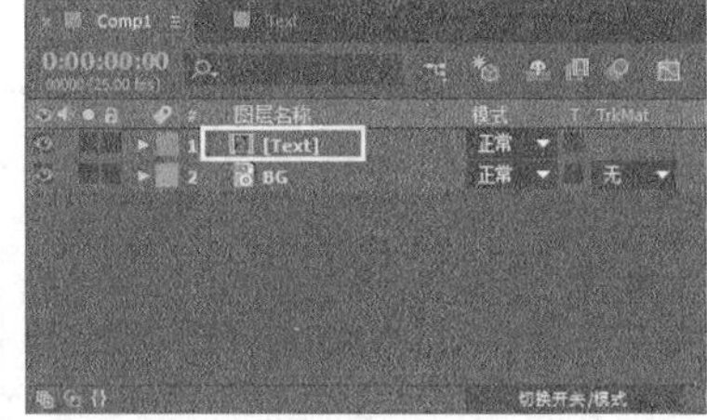

图8-26

8.3 文字的属性

在文字创建之后，常常要根据设计要求或设计修改，随时去调整文字的内容、字体、颜色、风格、间距和行距等基本属性。

本节知识点

名称	作用	重要程度
修改文字内容	了解如何修改文字内容	高
“字符”和“段落”属性面板	了解“字符”和“段落”面板中的各个参数	高

8.3.1 课堂案例——设置文字的属性

素材位置	实例文件>CH08>课堂案例——设置文字的属性
实例位置	实例文件>CH08>课堂案例——设置文字的属性
难易指数	★★☆☆☆
学习目标	掌握设置文字属性的基本方法

本案例修改文字基本属性的效果如图8-27所示。

图8-27

（1）打开“实例文件> CH08>课堂案例——设置文字的属性>课堂案例——设置文字的属性.aep”文件，然后在“项目”面板中双击BG加载合成，如图8-28所示。

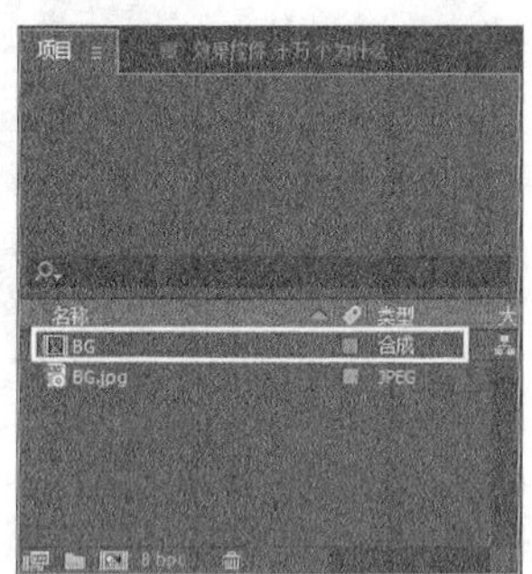

图8-28

（2）在“工具”面板中选择“文字工具”，然后在“字符”面板中设置字体为“微软雅黑”、颜色为（R:180，G:255，B:232）、字号为15像素、字符间距为50，如图8-29所示。接着在“合成”面板中输入文字，如图8-30所示。

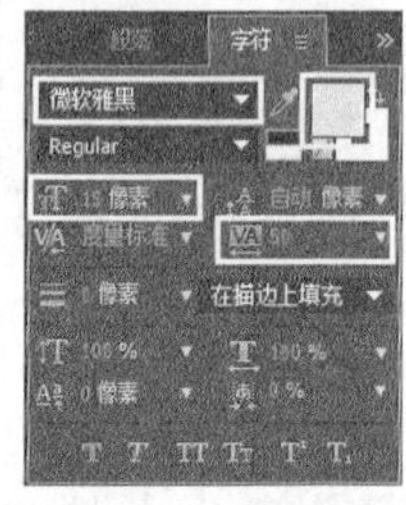

图8-29

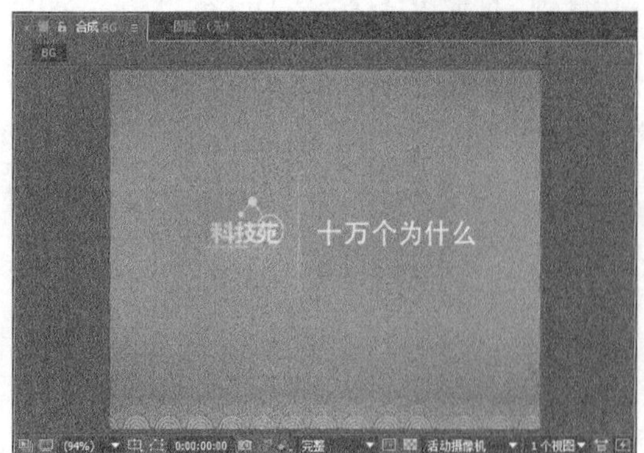

图8-30

（3）选择文本图层，按快捷键Ctrl+D进行复制，然后设置复制图层的“位置”为（230，235）、“缩放”为（100，-100%），如图8-31和图8-32所示。

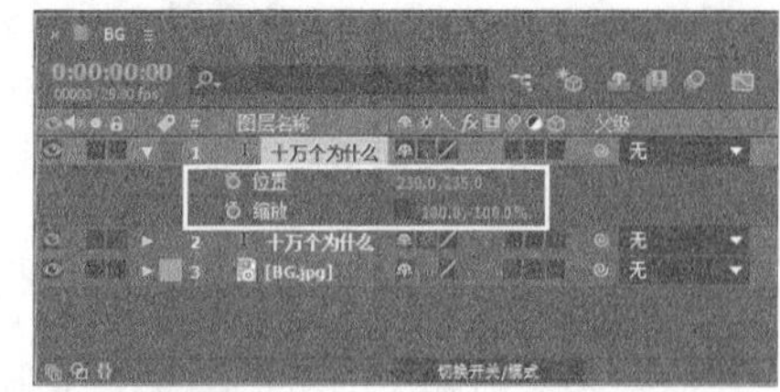

图8-31

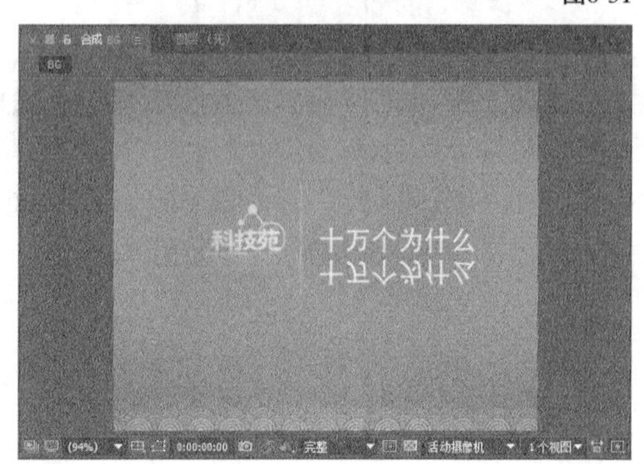

图8-32

（4）选择该文本图层，使用“椭圆工具”绘制蒙版，然后调整蒙版的形状，如图8-33所示。

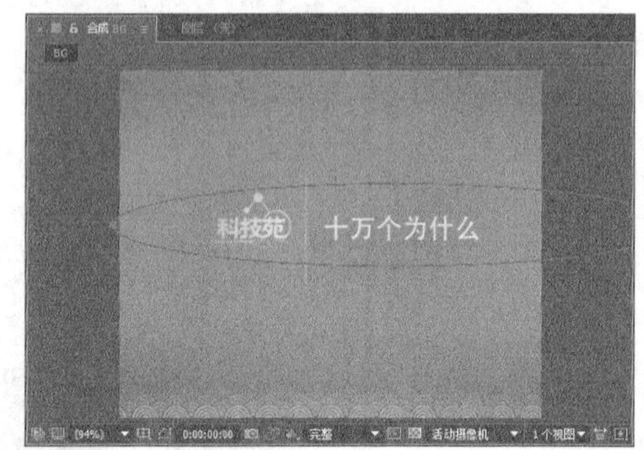

图8-33

（5）展开文本图层的“蒙版”属性，然后设置“蒙版羽化”为（40，40像素）、“蒙版不透明度”为30%，“蒙版扩展”为-15像素，如图8-34所示。效果如图8-35所示。

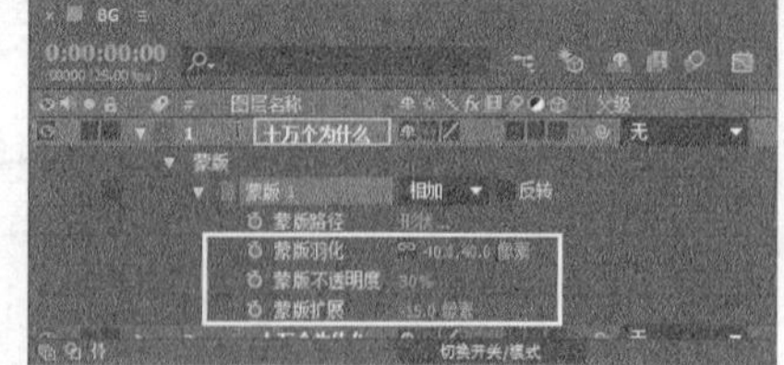

图8-34

图8-35

8.3.2 修改文字内容

要修改文字的内容，可以在“工具” 面板中单击“文本工具”，然后在“合成”面板中单击需要修改的文字；接着按住鼠标左键拖曳，选择需要修改的部分，被选择的部分将会以高亮反色的形式显示出来，最后只需要输入新的文字信息即可。

8.3.3 字符和段落面板

修改字体、颜色、风格、间距、行距和其他的基本属性，就需要用到文字设置面板。After Effects中的文字设置面板主要包括“字符”面板和“段落”面板。

执行“窗口>字符”菜单命令，打开“字符”面板，如图8-36所示。

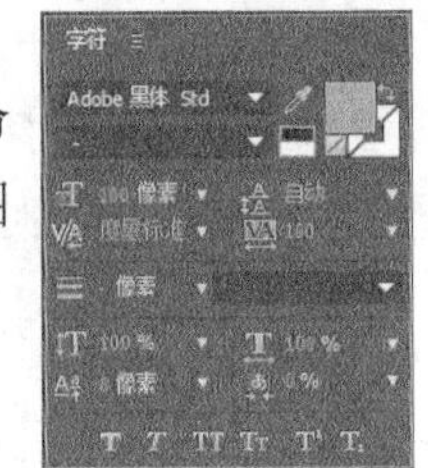

图8-36

参数详解

* 字体：设置文字的字体（字体必须是计算机中已经存在的字体）。

* 字体样式：设置字体的样式。

* 吸管工具：这个工具可以吸取当前计算机界面上的颜色，吸取的颜色将作为字体的颜色或描边的颜色。

* 纯黑/纯白颜色：单击相应的色块可以快速地将字体或描边的颜色设置为纯黑色或纯白色。

* 不填充颜色：单击这个图标可以不对文字或描边填充颜色。

* 颜色切换：快速切换填充颜色和描边颜色。

* 字体/描边颜色：设置字体的填充和描边颜色。

* 文字大小：设置文字的大小。

* 文字行距：设置上下文本之间的行间距。

* 字偶间距：增大或缩小当前字符之间的间距。

* 文字间距：设置文本之间的间距。

* 描边粗细：设置文字描边的粗细。

* 描边方式：设置文字描边的方式，共有“在描边上填充”“在填充上描边”“全部填充在全部描边之上”和“全部描边在全部填充之上”4个选项。

* 文字高度：设置文字的高度缩放比例。

* 文字宽度：设置文字的宽度缩放比例。

* 文字基线：设置文字的基线。

* 比例间距：设置中文或日文字符之间的比例间距。

* 文本粗体：设置文本为粗体。

* 文本斜体：设置文本为斜体。

* 强制大写：强制将所有的文本变成大写。

* 强制大写但区分大小：无论输入的文本是否有大小写区别，都强制将所有的文本转化成大写，但是对小写字符采取较小的尺寸进行显示。

* 文字上下标：设置文字的上下标，适合制作一些数学单位。

执行“窗口>段落”命令，可打开“段落”面板，如图8-37所示。

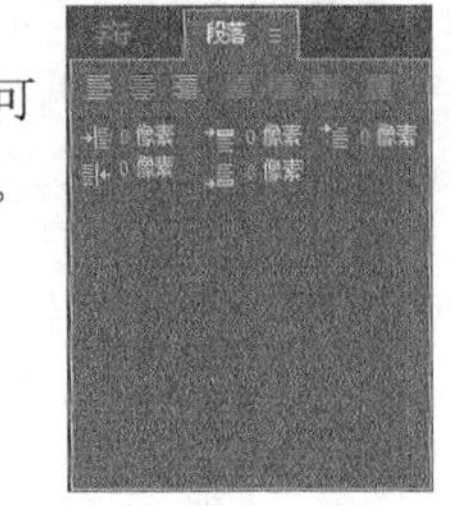

图8-37

参数详解

* 对齐文本：分别为文本居左、居中以及居右对齐。

* 最后一行对齐：分别为文本居左、居中以及居右对齐，并且强制两边对齐。

* 两端对齐：强制文本两边对齐。

* 缩进左边距：设置文本的左侧缩进量。

* 缩进右边距：设置文本的右侧缩进量。

* 段前添加空格：设置段前间距。

* 段后添加空格：设置段末间距。

* 首行缩进：设置段落的首行缩进量。

提示 当选择“直排文字工具” 时，“段落”面板中的属性也会随即发生变化，如图8-38所示。

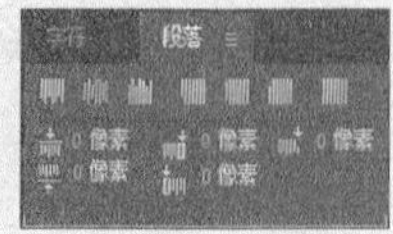

图8-38

8.4 文字的动画

After Effects 为文字图层提供了单独的文字动画选择器，为设计师创建丰富多彩的文字效果提供了更多的选择，也使影片的画面更加鲜活，更具生命力。在实际工作中，制作文字动画的方法主要有以下3种。

第1种：通过“源文本”属性制作动画。

第2种：使用文字图层自带的基本动画与选择器相结合制作单个文字动画或文本动画。

第3种：调用文本动画中的预设动画，然后根据需要进行个性化修改。

本节知识点

名称	作用	重要程度
“源文本”动画	了解如何使用“源文本”属性制作动画	高
“动画制作工具”动画	了解如何使用“动画制作工具”功能创建出复杂的动画效果	高
路径动画文字	了解如何使用路径来制作动画文字	高
预置的文字动画	了解如何使用预置的文字动画	高

8.4.1 课堂案例——文字键入动画

素材位置 实例文件>CH08>课堂案例——文字键入动画
实例位置 实例文件>CH08>课堂案例——文字键入动画
难易指数 ★★★☆☆
学习目标 掌握文字动画及特效技术综合运用

在制作文字键入动画（也就是通常说的打字特效）的时候，很多设计师都是借助一些外挂插件来完成。本案例将向读者介绍一种新的方式，就是将After Effects文字系统中的动画属性与范围选择器属性相结合，并配合简单的表达式来完成动画制作，案例效果如图8-39所示。

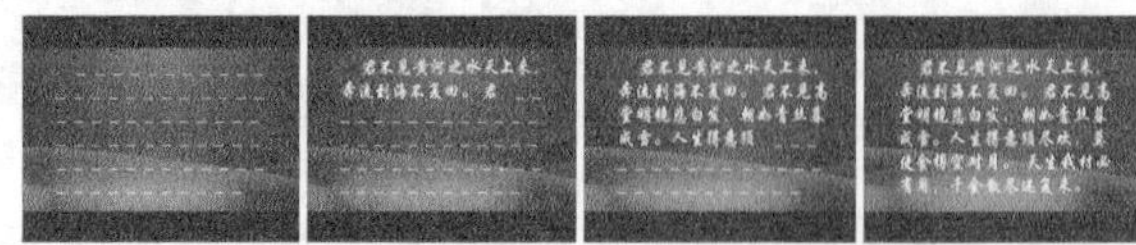

图8-39

（1）新建合成，设置“合成名称”为“字幕制作”、“预设”为PAL D1/DV、“持续时间”为5秒，然后单击“确定”按钮，如图8-40所示。

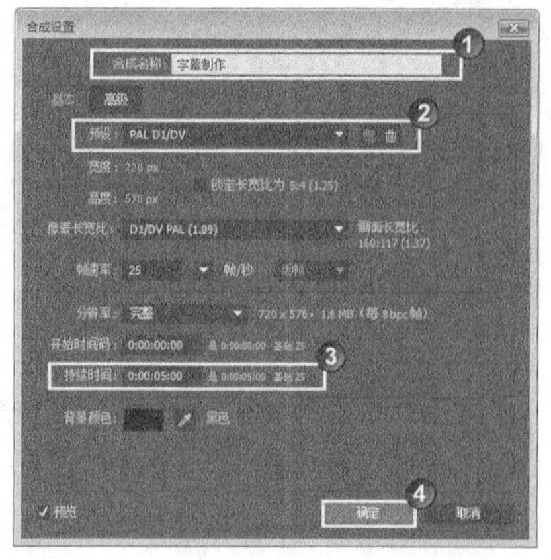

图8-40

（2）使用“横排文字工具” 在“合成”面板中输入文字信息，然后在“字符”面板中设置字体为“华文行楷”、颜色为白色、字号为50 像素，如图8-41所示。

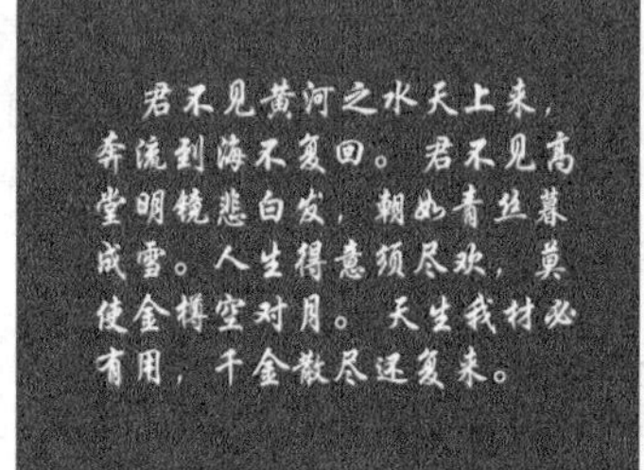

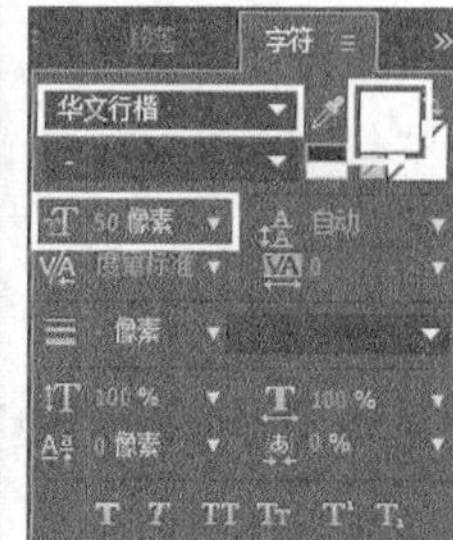

图8-41

（3）展开文本图层的“文本”属性，单击“动画”按钮选择“字符值”命令，然后设置“字符值”为95，如图8-42所示。这样选择器内的文字就变成了“输入光标”的形状，如图8-43所示。

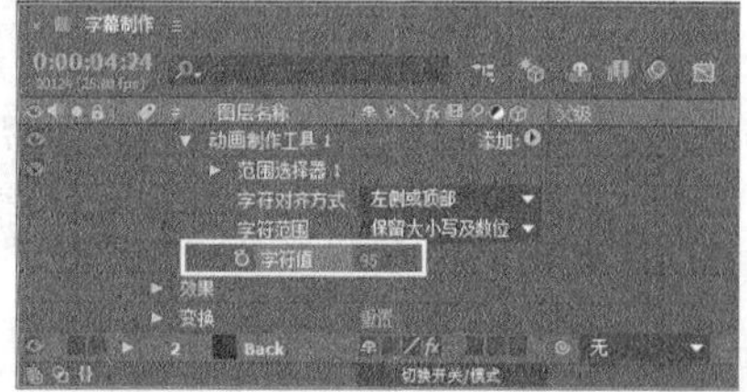

图8-42

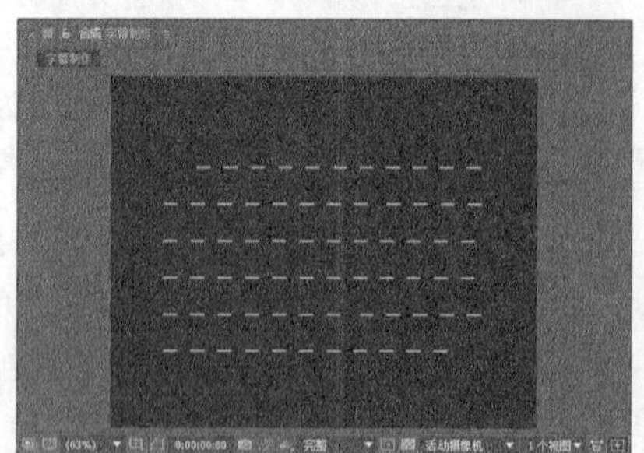

图8-43

（4）选择文本图层，然后展开“文本>动画制作工具 1>范围选择器 1”属性组，接着在第0帧处激活“起始”属性的关键帧，最后在第4秒24帧处设置“起始”为100%，如图8-44所示。

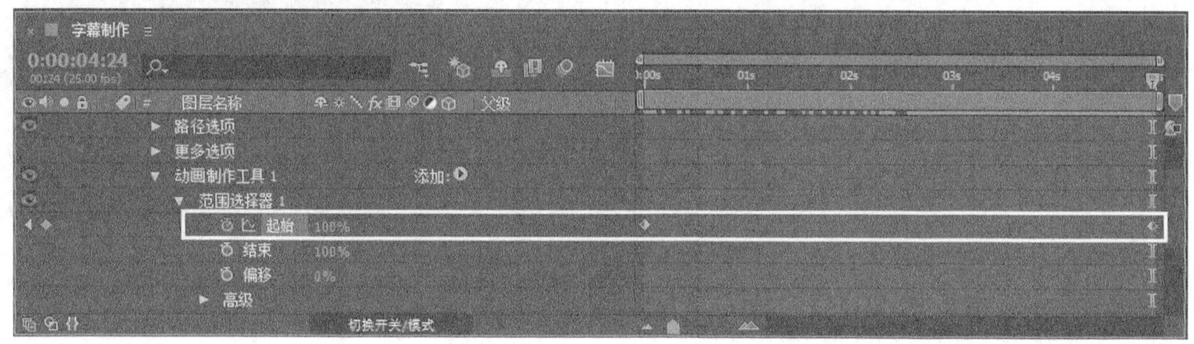

图8-44

（5）导入“实例文件>CH08>课堂案例——文字键入动画>BG.jpg”文件，然后将其拖曳到“时间轴”面板的底层，如图8-45所示。

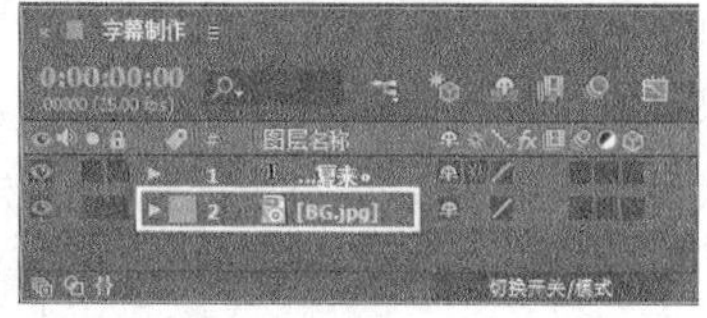

图8-45

（6）渲染并输出动画，最终效果如图8-46所示。

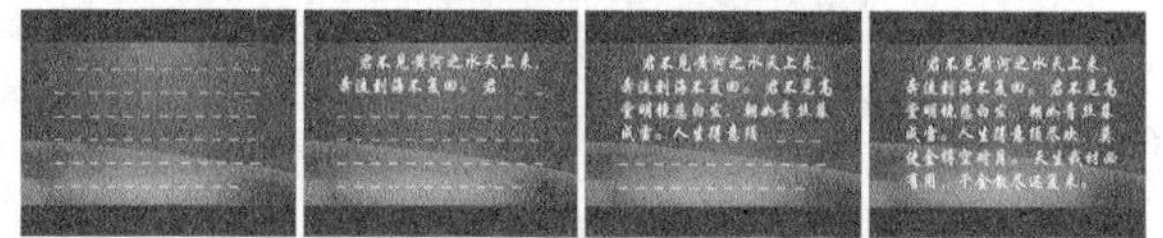

图8-46

8.4.2 源文字动画

使用“源文字”属性可以对文字的内容和段落格式等制作动画，不过这种动画只能是突变性的动画，片长较短的视频字幕可以使用此方法来制作。

8.4.3 动画制作工具动画

创建一个文字图层以后，可以使用“动画制作工具”功能方便快速地创建出复杂的动画效果，一个“动画制作工具”组中可以包含一个或多个动画选择器以及动画属性，如图8-47所示。

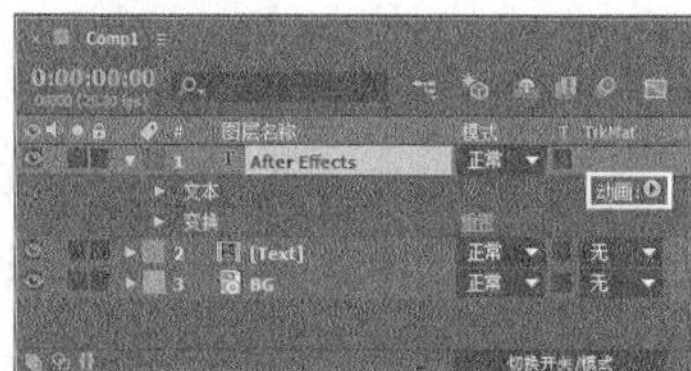

图8-47

1.动画属性

单击动画属性后面的按钮，可以打开动画属性菜单，动画属性主要用来设置文字动画的主要参数（所有的动画属性都可以单独对文字产生动画效果），如图8-48所示。

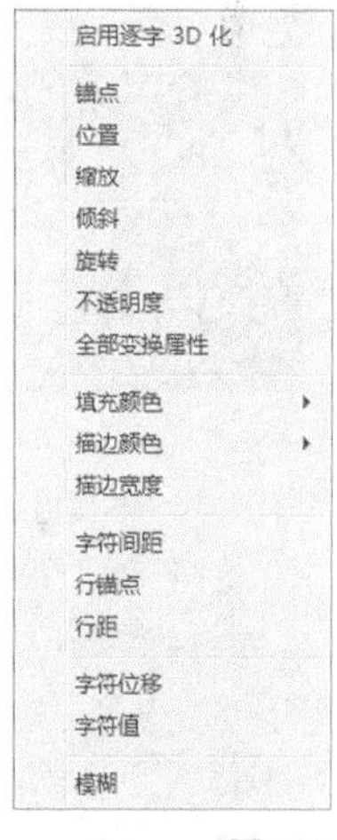

图8-48

参数详解

* 启用逐字3D化：控制是否开启三维文字功能。如果开启了该功能，在文本图层属性中将新增一个“材质选项”，用来设置文字的漫反射、高光以及是否产生阴影等效果，同时“变换”属性也会从二维变换属性转换为三维变换属性。
* 锚点：用于制作文字中心定位点的变换动画。
* 位置：用于制作文字的位移动画。
* 缩放：用于制作文字的缩放动画。
* 倾斜：用于制作文字的倾斜动画。
* 旋转：用于制作文字的旋转动画。
* 不透明度：用于制作文字的不透明度变化动画。
* 全部变换属性：将所有的属性一次性添加到“动画制作工具”中。

⋆ 填充颜色：用于制作文字的颜色变化动画，包括RGB、“色相”“饱和度”“亮度”和“不透明度”5个选项。

⋆ 描边颜色：用于制作文字描边的颜色变化动画，包括RGB、“色相”“饱和度”“亮度”和“不透明度”5个选项。

⋆ 描边宽度：用于制作文字描边粗细的变化动画。

⋆ 字符间距：用于制作文字之间的间距变化动画。

⋆ 行锚点：用于制作文字的对齐动画。值为0%时，表示左对齐；值为50%时，表示居中对齐；值为100%时，表示右对齐。

⋆ 行距：用于制作多行文字的行距变化动画。

⋆ 字符位移：按照统一的字符编码标准（即Unicode标准）为选择的文字制作偏移动画。例如，设置英文bathell的“字符位移”为5，那么最终显示的英文就是gfymjqq（按字母表顺序从b往后数，第5个字母是g；从字母a往后数，第5个字母是f，以此类推），如图8-49所示。

图8-49

⋆ 字符值：按照Unicode文字的编码形式，用设置的“字符值”所代表的字符统一替换原来的文字。如设置“字符值”为100，那么使用文字工具输入的文字都将以字母d进行替换，如图8-50所示。

图8-50

⋆ 模糊：用于制作文字的模糊动画，可以单独设置文字在水平和垂直方向的模糊数值。

下面对添加动画属性的方法进行详细介绍，有以下两种方法。

第1种：单击“动画”属性后面的◙按钮，然后在打开的菜单中选择相应的属性，此时会生产一个“动画制作工具”属性组，如图8-51所示。除了“字符位移”等特殊属性外，一般的动画属性设置完成后都会在“动画制作工具”属性组中产生一个“范围选择器”属性组。

图8-51

第2种：如果文本图层中已经存在“动画制作工具”属性组，那么还可以在这个“动画制作工具”属性组中添加动画属性，如图8-52所示。使用这个方法添加的动画属性可以使几种属性共用一个“范围选择器”属性组，这样就可以很方便地制作出不同属性的相同步调的动画。

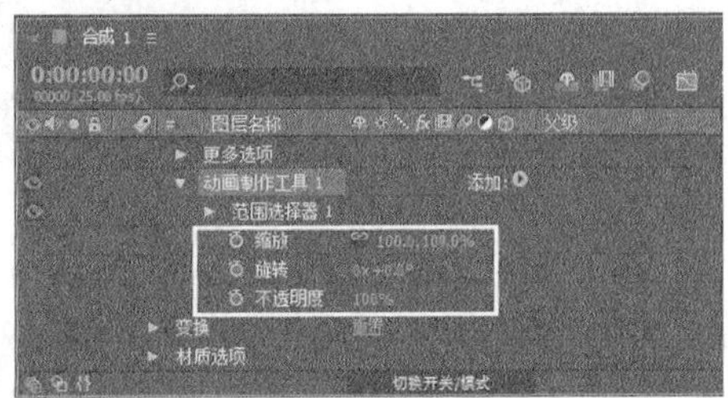

图8-52

文字动画是按照从上向下的顺序进行渲染的，所以在不同的“动画制作工具”组中添加相同的动画属性时，最终结果都是以最后一个“动画制作工具”组中的动画属性为主。

2.动画选择器

每个“动画制作工具”属性组中都包含一个“范围选择器”属性组，可以在一个“动画制作工具”组中继续添加“范围选择器”属性组或是在一个“范围选择器”属性组中添加多个动画属性。如果在一个“动画制作工具”中添加了多个“范围选择器”属性组，那么可以在这个动画器中对各个选择器进行调节，这样可以控制各个范围选择器之间相互作用的方式。

添加选择器的方法是在“时间轴”面板中选择一个“动画制作工具”属性组，然后在其右边的“添加”选项后面单击◙按钮，接着在打开的菜单中选择需要添加的范围选择器，包括“范围”“摆动”和“表达式”3种，如图8-53所示。

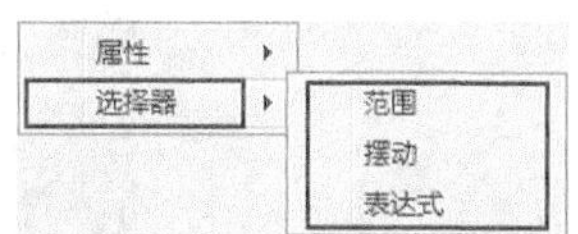

图8-53

3.范围选择器

“范围选择器”可以使文字按照特定的顺序进行移动和缩放，如图8-54所示。

图8-54

参数详解

* 开始：设置选择器的开始位置，与“字符”“词”或“行”的数量以及“单位”“依据”选项的设置有关。

* 结束：设置选择器的结束位置。

* 偏移：设置选择器的整体偏移量。

* 单位：设置选择范围的单位，有“百分比”和“索引”两种。

* 依据：设置选择器动画的基于模式，包含“字符”“排除空格字符”“词”和“行”4种模式。

* 模式：设置多个选择器范围的混合模式，包括“相加”“相减”“相交”“最小值”“最大值”和“差值”6种模式。

* 数量：设置“属性”动画参数对选择器文字的影响程度。0%表示动画参数对选择器文字没有任何作用；50%表示动画参数只能对选择器文字产生一半的影响。

* 形状：设置选择器边缘的过渡方式，包括“正方形”“上斜坡”“下斜坡”“三角形”“圆形”和“平滑”6种方式。

* 平滑度：在设置“形状”类型为“正方形”方式时，该选项才起作用，它决定了一个字符到另一个字符过渡的动画时间。

* 缓和高：特效缓入设置。例如，当设置“缓和高”值为100%时，文字特效从完全选择状态进入部分选择状态的过程就很平缓；当设置“缓和高”值为 - 100%时，文字特效从完全选择状态到部分选择状态的过程就会很快。

* 缓和低：原始状态缓出设置。例如，当设置“缓和低”值为100%时，文字从部分选择状态进入完全不选择状态的过程就很平缓；当设置“缓和低”值为-100%时，文字从部分选择状态到完全不选择状态的过程就会很快。

* 随机排序：决定是否启用随机设置。

提示 在设置选择器的开始和结束位置时，除了可以在“时间轴”面板中对“开始”和“结束”选项进行设置外，还可以在“合成”面板中通过范围选择器光标进行设置，如图8-55所示。

图8-55

4.摆动选择器

使用“摆动选择器”可以让选择器在指定的时间段产生摇摆动画，如图8-56所示。其属性如图8-57所示。

图8-56

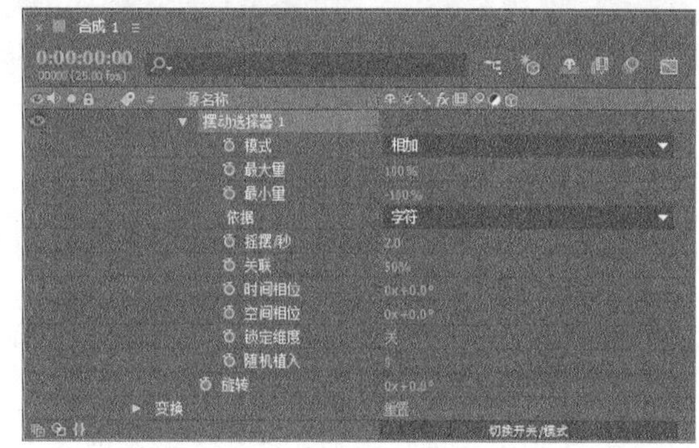

图8-57

参数详解

* 模式：设置“摆动选择器”与其上层“选择器”之间的混合模式，类似于多重遮罩的混合设置。

* 最大/最小量：设定选择器的最大/最小变化幅度。

* 依据：选择文字摇摆动画的基于模式，包括“字符”“不包含空格的字符”“词”和“行”4种模式。

* 摇摆/秒：设置文字摇摆的变化频率。

* 关联：设置每个字符变化的关联性。当其值为100%时，所有字符在相同时间内的摆动幅度都是一致的；当其值为0%时，所有字符在相同时间内的摆动幅度都互不影响。

* 时间/空间相位：设置字符基于时间还是基于空间的相位大小。

* 锁定维度：设置是否让不同维度的摆动幅度拥有相同的数值。

* 随机植入：设置随机的变数。

5.表达式选择器

在使用表达式选择器时，可以很方便地使用动态方法来设置动画属性对文本的影响范围。可以在一个"动画制作工具"组中使用多个"表达式选择器"，并且每个选择器也可以包含多个动画属性，如图8-58所示。

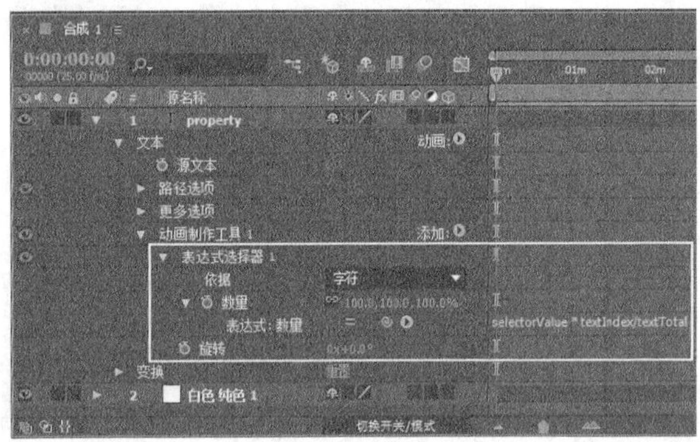

图8-58

参数详解

* 依据：设置选择器的基于方式，包括"字符""不包含空格的字符""词"和"行"4种模式。

* 数量：设定动画属性对表达式选择器的影响范围。0%表示动画属性对选择器文字没有任何影响；50%表示动画属性对选择器文字有一半的影响。

8.4.4 路径动画文字

如果在文字图层中创建了一个蒙版路径，那么就可以将这个蒙版路径作为一个文字的路径来制作动画。路径的蒙版可以是封闭的，也可以是开放的，但是必须要注意一点，如果使用闭合的蒙版作为路径，那么必须设置蒙版的模式为"无"。

在文字图层下展开"文本"属性下面的"路径选项"参数，如图8-59所示。

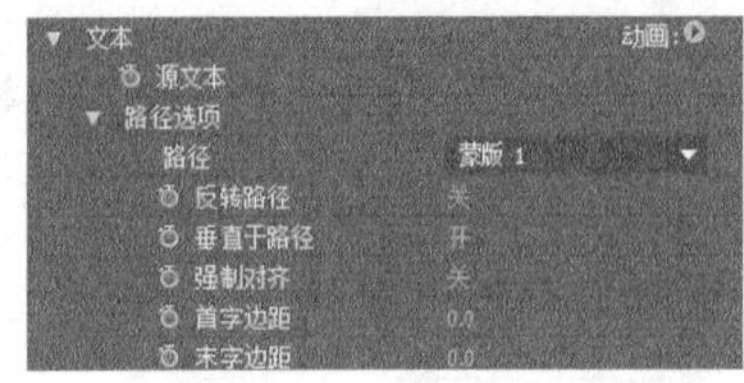

图8-59

参数详解

* 路径：在后面的下拉列表中可以选择作为路径的蒙版。

* 反转路径：控制是否反转路径。

* 垂直于路径：控制是否让文字垂直于路径。

* 强制对齐：将第一个文字和路径的起点强制对齐，或与设置的"首字边距"对齐，同时让最后一个文字和路径的结尾点对齐，或与设置的"末字边距"对齐。

* 首字边距：设置第一个文字相对于路径起点处的位置，单位为像素。

* 末字边距：设置最后一个文字相对于路径结尾处的位置，单位为像素。

8.4.5 预置的文字动画

简单地讲，预置的文字动画就是系统预先做好的文字动画，用户可以直接调用这些文字动画效果。

在After Effects中，系统提供了丰富的预设特效帮助用户创建文字动画。此外，用户还可以借助Adobe Bridge软件可视化地预览这些文字动画预置。

第1步：在"时间轴"面板中，选择需要应用文字动画的文字图层，将时间指针放到动画开始的时间点上。

第2步：执行"窗口>效果和预设"菜单命令，打开特效预置面板，如图8-60所示。

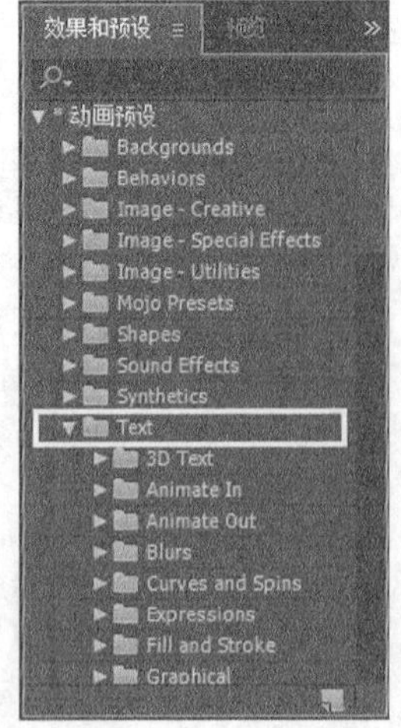

图8-60

第3步：在“效果和预设”面板中，找到合适的文字动画，然后直接将其拖曳到被选择的文字图层上即可。

提示 想要更加直观和方便地看到预置的文字动画效果，可以通过执行“动画>浏览预设”菜单命令，打开Adobe Bridge软件后就可以动态预览各种文字动画效果了。最后在合适的文字动画效果上双击，就可以将动画添加到选择的文字图层上，如图8-61所示。

图8-61

8.5 文字的拓展

在After Effects 中，文字的外轮廓功能为我们进一步创作提供了无限可能，相关的应用如图8-62和图8-63所示。

图8-62

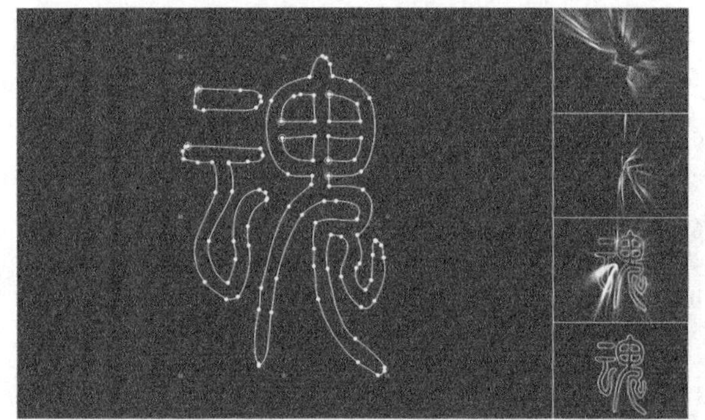

图8-63

After Effects旧版本中的“创建外轮廓”命令，在After Effects新版本版本中被分成了“从文本创建形状”和“从文本创建蒙版”两个命令。其中“从文本创建蒙版”命令的功能和使用方法与原来的“创建外轮廓”命令完全一样。“从文本创建形状”命令可以建立一个以文字轮廓为形状的形状图层。

本节知识点

名称	作用	重要程度
“从文本创建蒙版”	了解如何创建文字蒙版	中
“从文本创建形状”	了解如何创建文字形状轮廓	中

8.5.1 课堂案例——创建文字蒙版

素材位置 实例文件>CH08>课堂案例——创建文字蒙版
实例位置 实例文件>CH08>课堂案例——创建文字蒙版
难易指数 ★★☆☆☆
学习目标 掌握创建文字蒙版的方法

本案例制作的创建文字蒙版效果如图8-64所示。

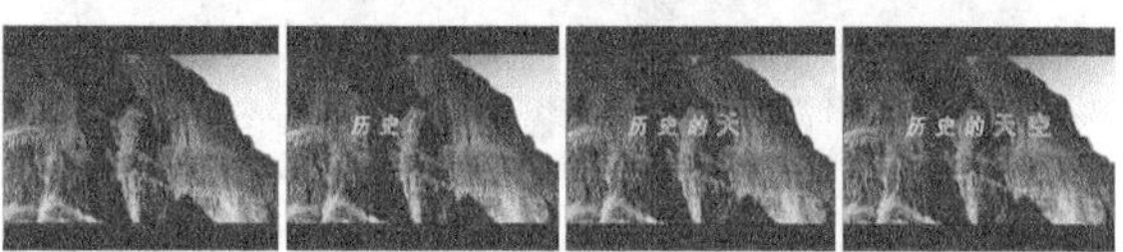

图8-64

（1）打开“实例文件>CH08>课堂案例——创建文字蒙版>课堂案例——创建文字蒙版.aep”文件，然后在“项目”面板中双击“创建文字蒙版”加载合成，如图8-65所示。

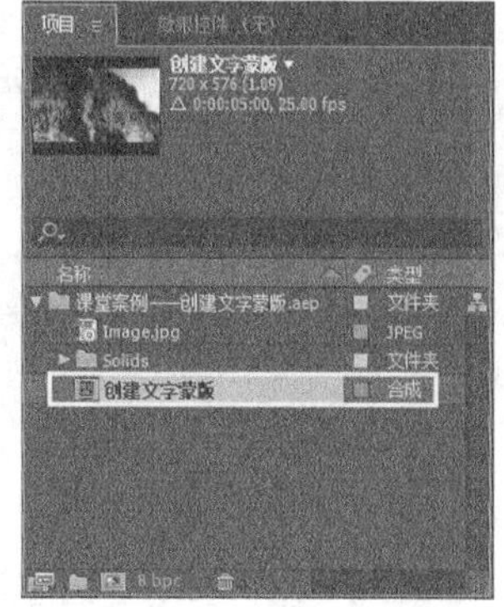

图8-65

（2）选择文本图层，执行“图层>从文本创建蒙版”菜单命令，此时将会生成一个名为“历史的天空 轮廓”的纯色图层，如图8-66所示。

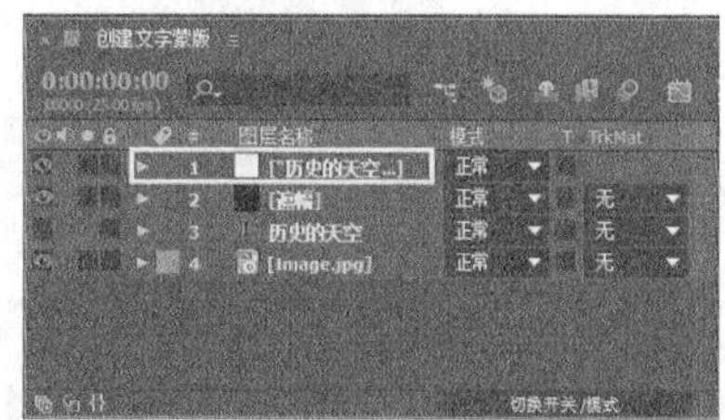

图8-66

(3) 选择“历史的天空 轮廓”图层，执行“效果>生成>描边”菜单命令，然后在“效果控件”面板中选择“所有蒙版”选项，接着设置“颜色”为(R:255，G:228，B:0)、“画笔硬度”为100%、“绘画样式”为“在透明背景上”，如图8-67所示。

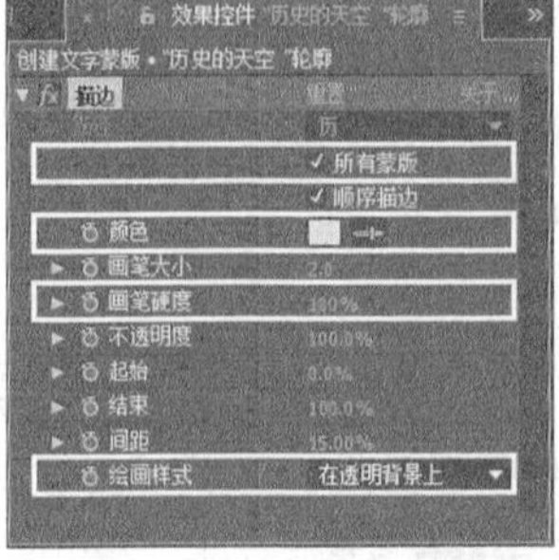

图8-67

(4) 设置“结束”属性的动画关键帧。在第0帧处设置“结束”为0%；在第4秒处设置“结束”为100%，如图8-68所示。

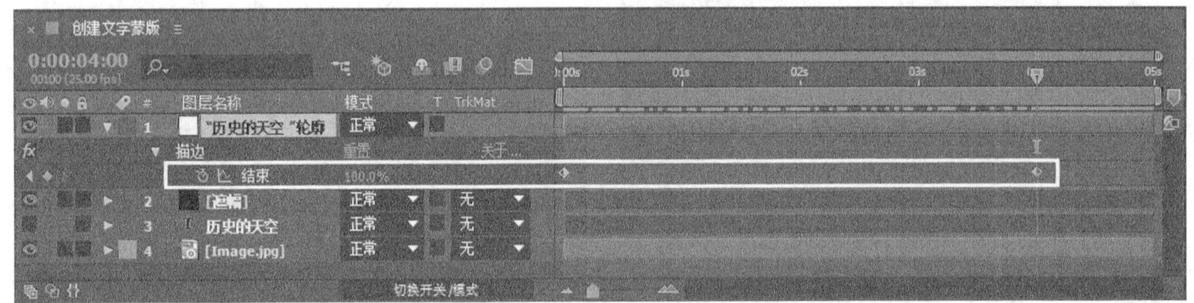

图8-68

(5) 渲染并输出动画，最终效果如图8-69所示。

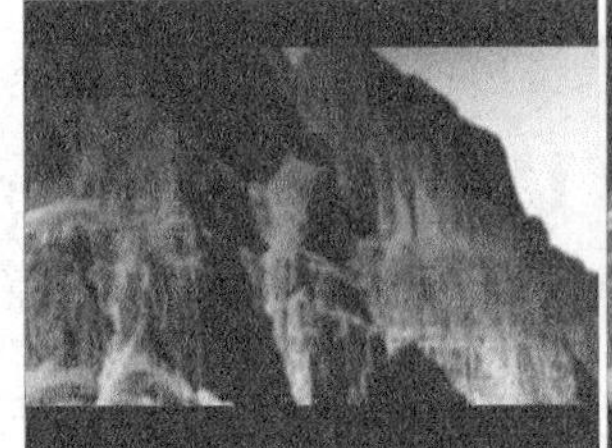

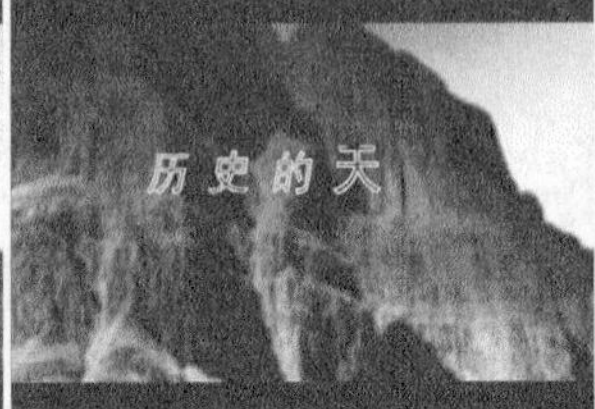
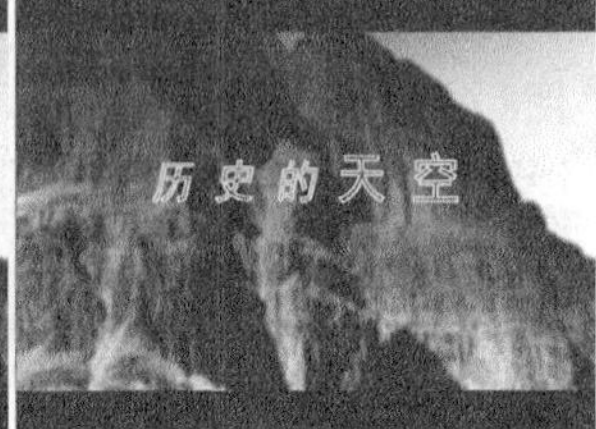

图8-69

8.5.2 创建文字蒙版

在“时间轴”面板中选择文本图层，执行“图层>从文本创建蒙版”菜单命令，系统自动生成一个新的白色的纯色图层，并将蒙版创建到这个图层上，同时原始的文字图层将自动关闭显示，如图8-70和图8-71所示。

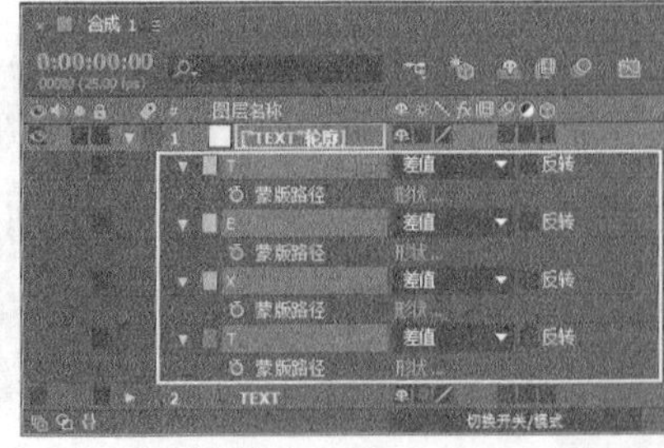

图8-70

图8-71

提示 在After Effects中，“从文本创建蒙版”的功能非常实用，可以在转化后的蒙版图层上应用各种特效，还可以将转化后的蒙版赋予其他图层使用。

8.5.3 创建文字形状

在“时间轴”面板中选择文本图层，执行“图层>从文本创建形状”菜单命令，系统自动生成一个新的文字形状轮廓图层，同时原始的文字图层将自动关闭显示，如图8-72和图8-73所示。

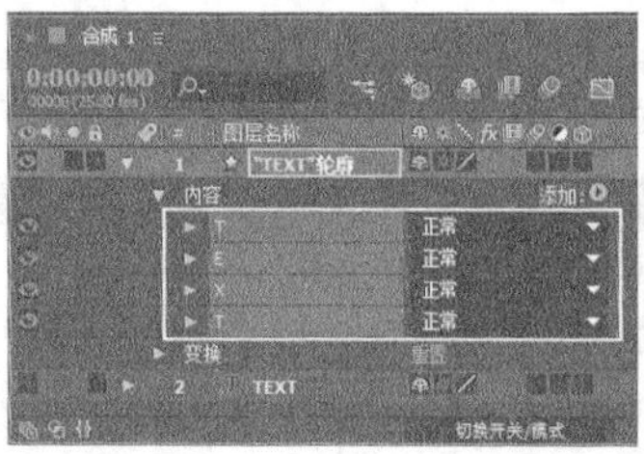

图8-72

图8-73

课堂练习——路径文字动画

素材位置 实例文件>CH08>课堂练习——路径文字动画
实例位置 实例文件>CH08>课堂练习——路径文字动画
难易指数 ★★☆☆☆
练习目标 练习“路径文本”滤镜的用法

本练习制作的路径文字动画效果如图8-74所示。

图8-74

操作提示

第1步：打开“实例文件>CH08>课堂练习——路径文字动画>课堂练习——路径文字动画.aep”文件。

第2步：加载Image合成，然后执行“效果>过时>路径文本”菜单命令，创建文本图层。

第3步：为文本图层设置关键帧动画。

课堂练习——文字淡出动画

素材位置 实例文件>CH08>课堂练习——文字淡出动画
实例位置 实例文件>CH08>课堂练习——文字淡出动画
难易指数 ★★☆☆☆
练习目标 练习“不透明度”动画属性的应用

本练习制作的文字淡出动画效果如图8-75所示。

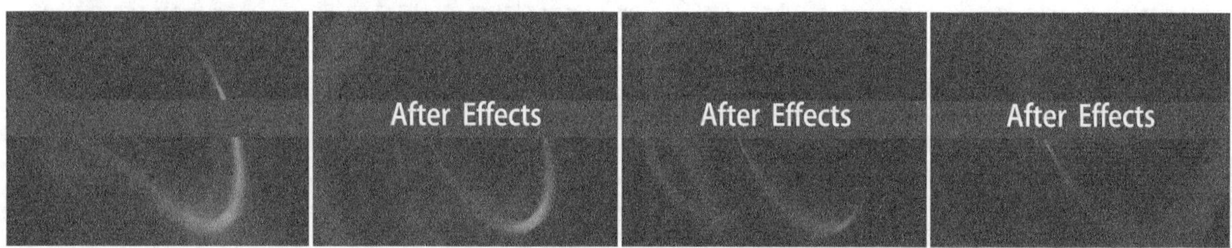

图8-75

操作提示

第1步：打开“实例文件>CH08>课堂练习——文字淡出动画>课堂练习——文字淡出动画.aep” 文件。

第2步：加载“文字淡出动画”合成，然后创建文本图层，并输入文本信息。

第3步：为文本图层添加“动画制作工具”属性，然后为动画属性设置关键帧动画。

课后习题——逐字动画

素材位置	实例文件>CH08>课后习题——逐字动画
实例位置	实例文件>CH08>课后习题——逐字动画
难易指数	★★☆☆☆
练习目标	练习目标“源文字”的具体应用

本习题制作的逐字动画效果如图8-76所示。

图8-76

操作提示

第1步：打开“实例文件>CH08>课后习题——逐字动画>课堂练习——阵列动画.aep” 文件。

第2步：加载“逐字动画”合成，然后选择“花样年华”图层，设置文字的“源文本”的关键帧动画。

第3步：调整文字的“字体大小”和“填充颜色”属性，每隔1秒设置一个字的关键帧动画。

课后习题——创建文字形状轮廓

素材位置	实例文件>CH08>课后习题——创建文字形状轮廓
实例位置	实例文件>CH08>课后习题——创建文字形状轮廓
难易指数	★★☆☆☆
练习目标	练习创建文字形状的方法

本习题制作的创建文字形状轮廓动画效果如图8-77所示。

图8-77

操作提示

第1步：打开“实例文件>CH08>课后习题——创建文字形状轮廓>课后习题——创建文字形状轮廓.aep”文件。

第2步：加载“文字形状”合成，然后选择文本图层，执行“图层>从文本创建蒙版”菜单命令。

第3步：为生成的形状图层设置关键帧动画。

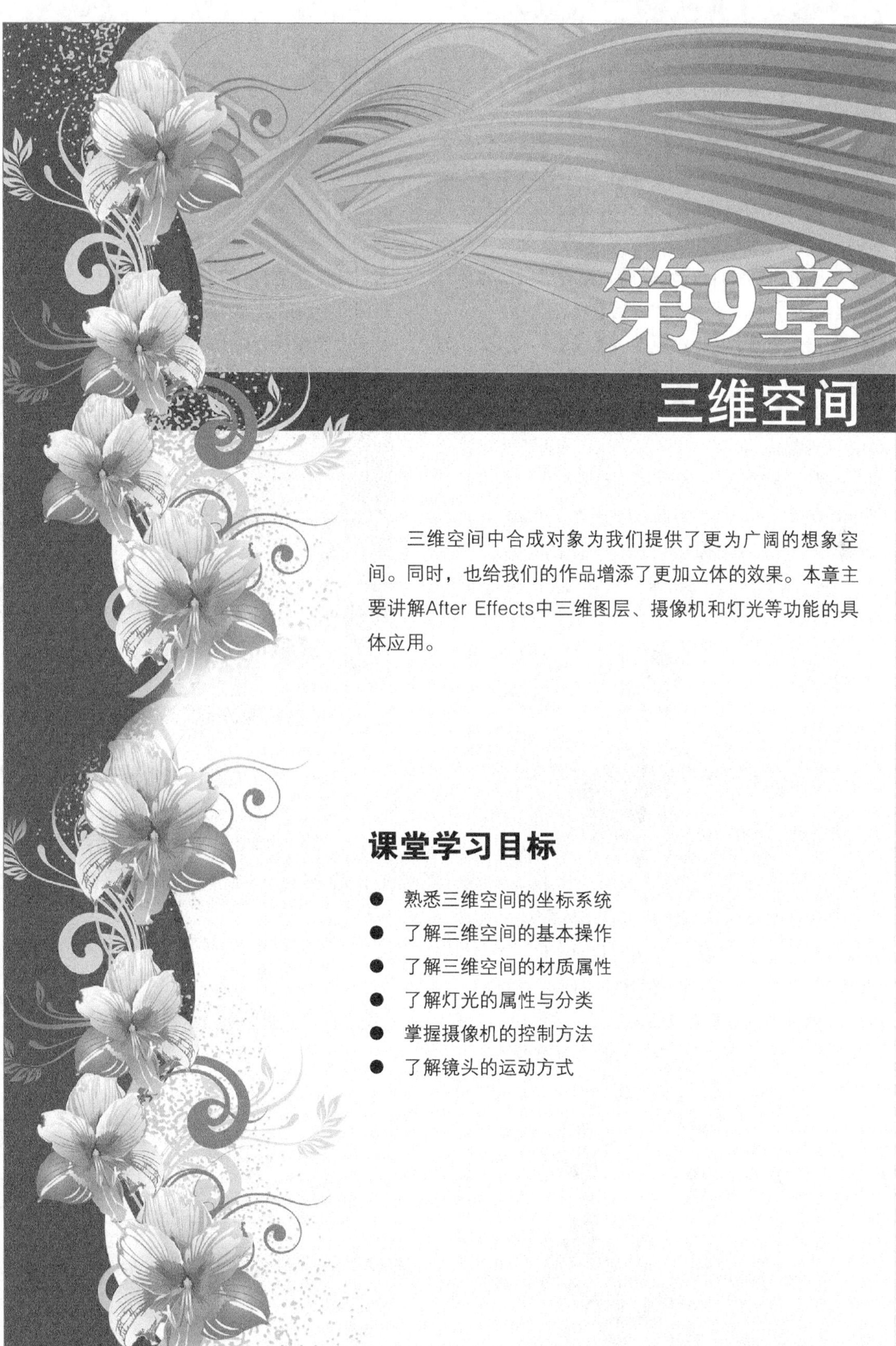

第9章 三维空间

三维空间中合成对象为我们提供了更为广阔的想象空间。同时，也给我们的作品增添了更加立体的效果。本章主要讲解After Effects中三维图层、摄像机和灯光等功能的具体应用。

课堂学习目标

- 熟悉三维空间的坐标系统
- 了解三维空间的基本操作
- 了解三维空间的材质属性
- 了解灯光的属性与分类
- 掌握摄像机的控制方法
- 了解镜头的运动方式

9.1 三维空间的概述

在复杂的项目制作中，普通的二维图层已经很难满足设计师的需求了。因此，After Effects为设计师提供了较为完善的三维系统，在这个系统里可以创建三维图层、摄像机和灯光等进行三维合成操作。这些3D功能为设计师提供了更为广阔的想象空间，也给作品增添了更强的视觉表现力。

在三维空间中，“维”是一种度量单位，表示方向的意思，三维空间分为一维、二维和三维，如图9-1所示。由一个方向确立的空间为一维空间，一维空间呈现为直线型，拥有一个长度方向；由两个方向确立的空间为二维空间，二维空间呈现为面型，拥有长、宽两个方向；由3个方向确立的空间为三维空间，三维空间呈现为立体型，拥有长、宽和高3个方向。

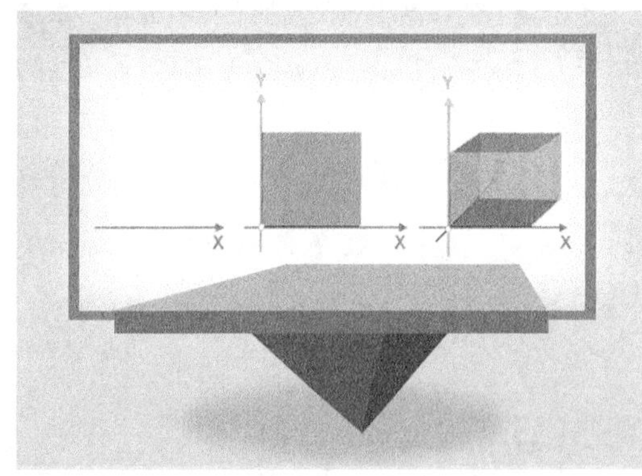

图9-1

对于三维空间，可以从多个不同的视角去观察空间结构，如图9-2所示。随着视角的变化，不同景深的物体之间也会产生一种空间错位的感觉，例如，在移动物体时可以发现处于远处的物体的变化速度比较缓慢，而近处的物体的变化速度则比较快。

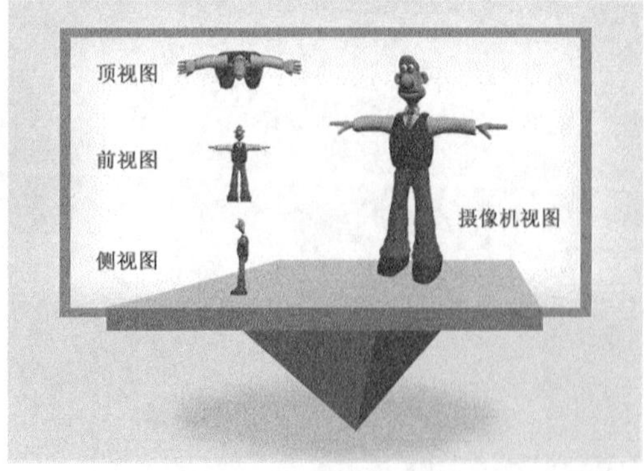

图9-2

9.2 三维空间的属性

After Effects提供的三维图层功能虽然不能像专业的三维软件那样具有建模能力，但在After Effects的三维空间系统中，图层与图层之间同样可以利用三维景深的属性来产生前后遮挡的效果，并且此时的三维图层自身也具备了接收和投射阴影的功能。因此在After Effects中通过摄像机的属性就可以完成各种透视、景深及运动模糊等效果的制作，如图9-3所示。

图9-3

对于一些较复杂的三维场景，可以采用三维软件（例如，Maya、3ds Max和Cinema 4D等）与After Effects结合来制作。只要方法恰当，再加上足够的耐心，就能制作出非常漂亮和逼真的三维场景，如图9-4所示。

图9-4

本节知识点

名称	作用	重要程度
开启三维图层	了解如何开启三维图层	中
三维图层的坐标系统	了解三维图层的坐标系统	高
三维图层的基本操作	掌握三维图层的基本操作	高
三维图层的材质属性	掌握三维图层的材质属性	高

9.2.1 课堂案例——盒子动画

素材位置　实例文件>CH09>课堂案例——盒子动画
实例位置　实例文件>CH09>课堂案例——盒子动画
难易指数　★★☆☆☆
学习目标　掌握轴心点与三维图层控制的具体应用

本案例的盒子动画效果如图9-5所示。

图9-5

（1）导入下载资源中的“实例文件>CH09>课堂案例——盒子动画”文件夹内的图像文件，然后新建合成项目，设置“合成名称”为“盒子动画”、“宽度”为720 px、“高度”为576 px、“持续时间”为5秒，接着单击“确定”按钮，如图9-6所示。

图9-6

（2）将导入的文件拖曳到“时间轴”面板中，然后调整图层的层级关系，如图9-7所示。接着从上到下依次将图层重命名为“顶面”“底面”“侧面A”“侧面B”“侧面C”和“侧面D”，如图9-8所示。

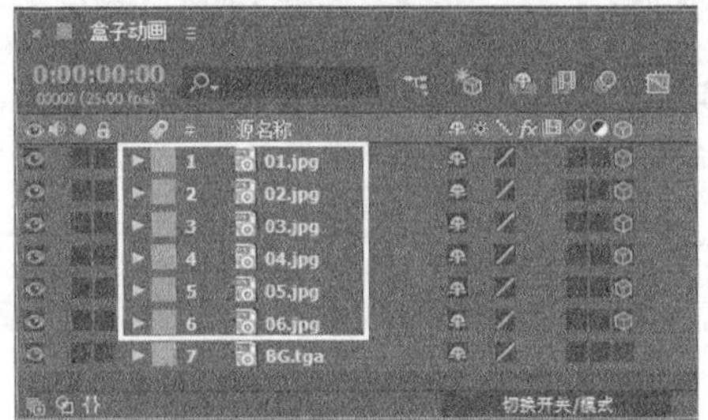

图9-7

图9-8

（3）激活前6个图层的“三维图层”功能，然后设置“顶面”图层的“位置”为（100，0，0）、“底面”图层的“位置”为（99.8，199.8，0）、“侧面A”图层的“位置”为（0，100，0）、“侧面B”图层的“位置”为（300，288，0）、“侧面C”图层的“位置”为（200，100，0）、“侧面D”图层的“位置”为（200，100，0），如图9-9所示。

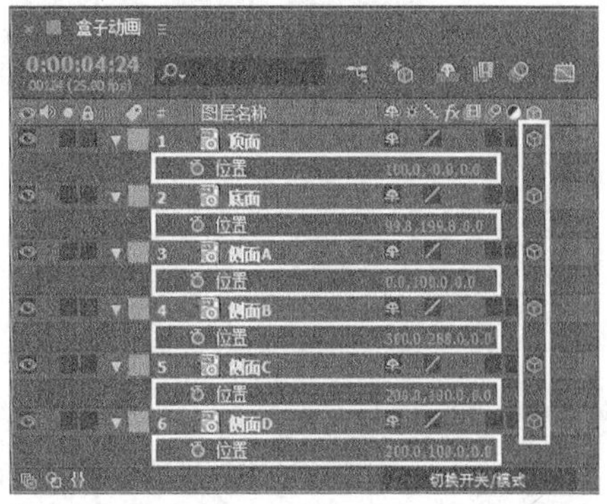

图9-9

（4）设置“顶面”图层的“锚点”为（100，200，0）、“底面”图层的“锚点”为（99.8，-0.3，0）、“侧面A”图层的“锚点”为（200，100，0）、“侧面B”图层的“锚点”为（100，100，0）、“侧面C”图层的“锚点”为（0，100，0）、“侧面D”图层的“锚点”为（0，100，0），如图9-10所示。

图9-10

提示 修改图层的“锚点”位置是为制作盒子打开动画做准备，因为新的图层中心点是图层进行旋转的依据，也是旋转的基准点和支撑点。

（5）设置“侧面B”图层的“X 轴旋转”为（0×-60°）、“Z 轴旋转”为（0×-20°），然后设置“顶面”“底面”“侧面A”和“侧面C”图层的父级为“侧面B”、“侧面D”图层的父级为“侧面C”，如图9-11所示。效果如图9-12所示。

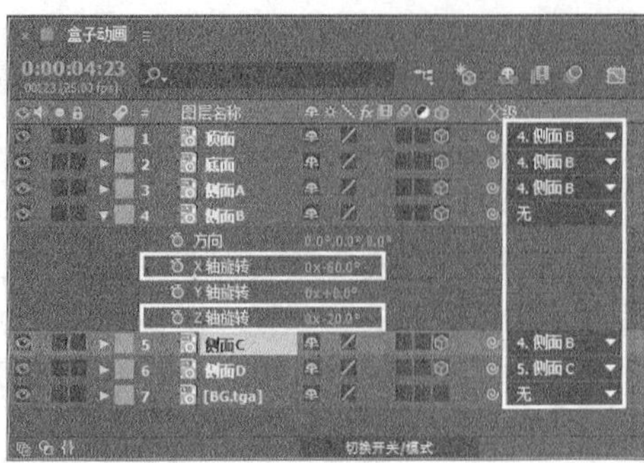

图9-11

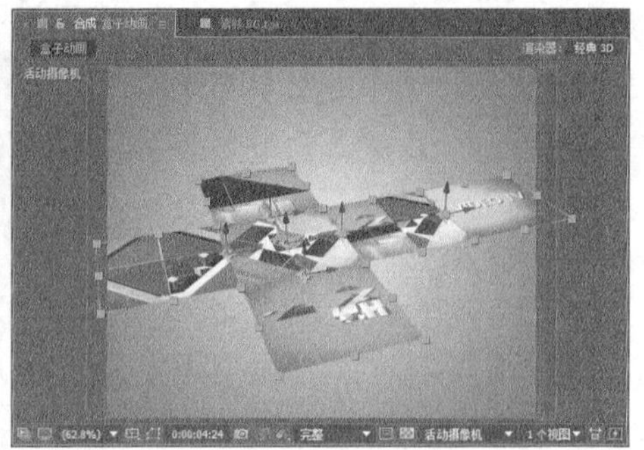

图9-12

提示 设置父子图层关系是为了让父图层的变换属性能够影响到子图层的变换属性，以产生联动效应。就“顶面”图层而言，与它相交的侧面图层发生旋转时会使“顶面”图层也会发生旋转，而“顶面”图层的旋转则不会影响到侧面图层。

（6）设置图层的关键帧动画。在第4秒24帧处激活“顶面”图层的“X轴旋转”、“底面”图层的“X轴旋转”、“侧面A”图层的“Y轴旋转”、“侧面 B”图层的“位置”“X轴旋转”“Z轴旋转”、“侧面C”图层的“Y轴旋转”以及“侧面D”图层的“Y轴旋转”属性的关键帧，然后在第0帧处设置“顶面”图层的“X轴旋转”为（0×90°）、“底面”图层的“X轴旋转”为（0×90°）、“侧面A”图层的“Y轴旋转”为（0×-90°）、“侧面 B”图层的“位置”为（360，345，0）、“X轴旋转”为（0×-50°）、“Z轴旋转”为（0×30°）、“侧面C”图层的“Y轴旋转”为（0×90°）、“侧面D”图层的“Y轴旋转”为（0×90°），如图9-13所示。

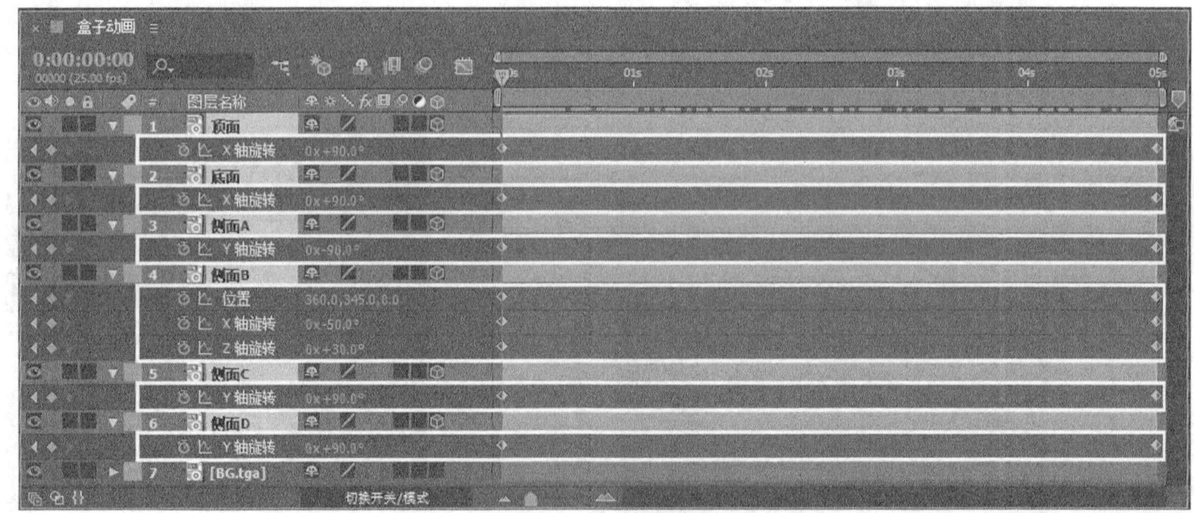

图9-13

（7）渲染并输出动画，最终效果如图9-14所示。

图9-14

9.2.2 开启三维图层

将二维图层转换为三维图层，可在对应的图层后面单击“3D图层”按钮（系统默认的状态是处于空白状态），如图9-15所示。也可以通过执行“图层>3D图层”菜单命令来完成，如图9-16所示。

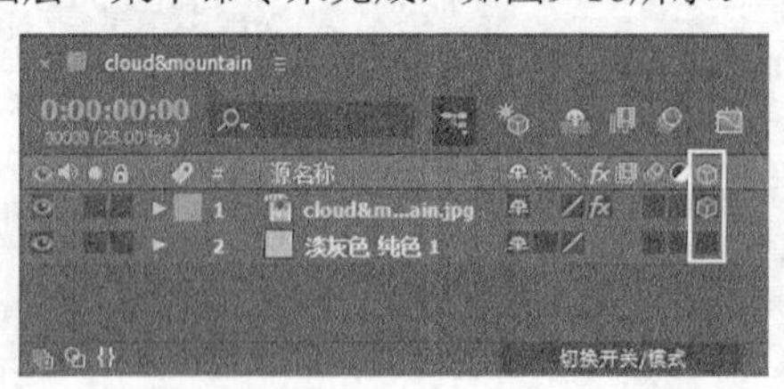

图9-15

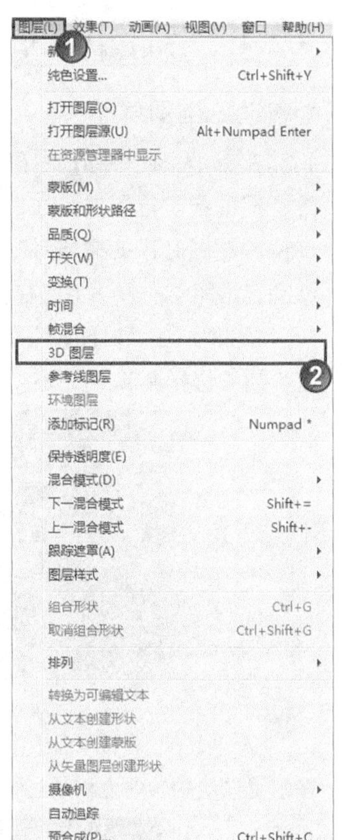

图9-16

提示 在After Effects中，除了音频图层外，其他的图层都可以转换为三维图层。另外，使用文字工具创建的文字图层在激活了“启用逐字3D化”属性之后，还可以对单个的文字制作三维动画效果。

将二维图层转换为三维图层后，三维图层会增加一个z轴属性和一个“材质选项”属性，如图9-17所示。

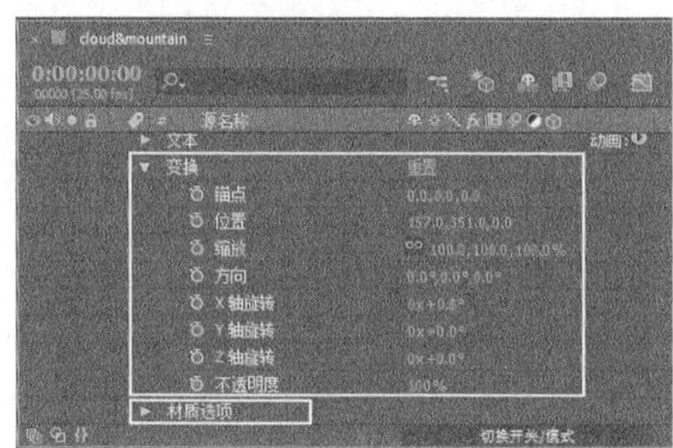

图9-17

提示 在关闭图层的三维图层开关后，所增加的属性也会随之消失，所有涉及的三维参数、关键帧和表达式都将被自动删除，即使重新将二维图层转换为三维图层，这些参数设置也不会恢复回来，因此将三维图层转换为二维图层时需要注意。

9.2.3 三维图层的坐标系统

在After Effects的三维坐标系中，最原始的坐标系统的起点在左上角。x轴从左向右不断增加；y轴从上到下不断增加；而z轴是从近到远不断增加，这与其他三维软件中的坐标系统有比较大的差别。

在操作三维图层对象时，可以根据轴向来对物体进行定位。在“工具”面板中，共有3种定位三维对象坐标的工具，分别是“本地轴模式”、“世界轴模式”和“视图轴模式”，如图9-18所示。

图9-18

1.本地轴模式

“本地轴模式”是采用对象自身的表面作为对齐的依据，如图9-19所示。对于当前选择对象与世界坐标系不一致时特别有用，可以通过调节“本地轴模式”的轴向来对齐世界坐标系。

图9-19

提示 在上图中，红色坐标代表x轴，绿色坐标代表y轴，蓝色坐标代表z轴。

2.世界轴模式

“世界轴模式”对齐于合成空间中的绝对坐标系，无论如何旋转3D图层，其坐标轴始终对齐于三维空间的三维坐标系。x轴始终沿着水平方向延伸；y轴始终沿着垂直方向延伸；而z轴则始终沿着纵深方向延伸，如图9-20所示。

图9-20

3.视图轴模式

“视图轴模式”对齐于用户进行观察的视图轴向。如果在一个自定义视图中对一个三维图层进行了旋转操作，在此之后还继续对该图层进行各种变换操作，那么图层的轴向仍然垂直于对应的视图。

对于摄像机视图和自定义视图，由于它们同属于透视图，所以即使z轴垂直于屏幕平面，但还是可以观察到z轴；对于正交视图而言，由于它们没有透视关系，所以在这些视图中只能观察到x 、y两个轴向，如图9-21所示。

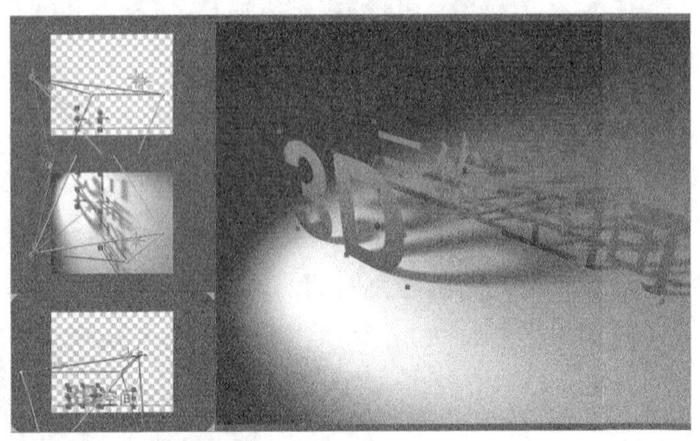

图9-21

提示 要显示或隐藏图层上的三维坐标轴、摄像机或灯光图层的线框图标、目标点和图层控制手柄，可以在“合成”面板中，单击按钮选择“视图选项”命令，然后在打开的对话框中进行相应的设置，如图9-22所示。

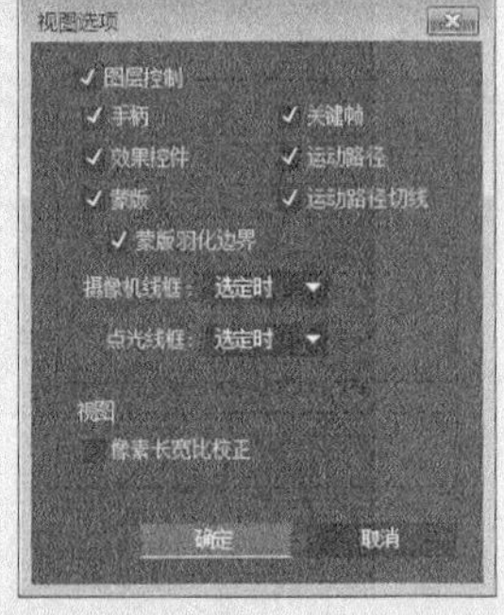

图9-22

如果要持久显示“合成”面板中的三维空间参考坐标系，可以用“合成”面板下方的栅格和标尺下拉菜单中选择“3D参考轴”命令来设置三维参考坐标，如图9-23和图9-24所示。

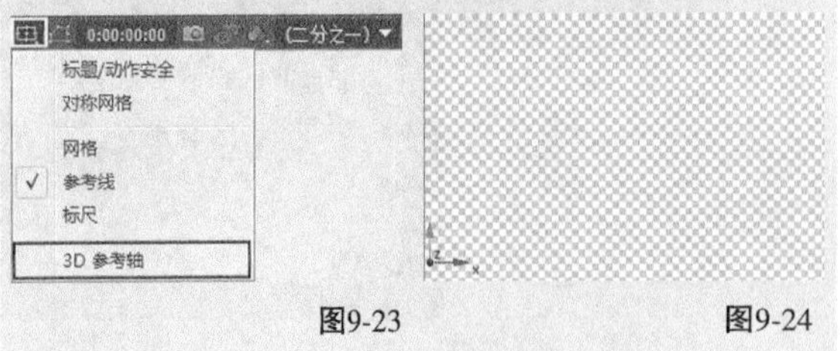

图9-23　　图9-24

9.2.4 三维图层的基本操作

1.移动三维图层

在三维空间中移动三维图层、将对象放置在三维空间的指定位置或是在三维空间中为图层制作空间位移动画时，就需要对三维图层进行移动操作，移动三维图层的方法主要有以下两种。

第1种：在“时间轴”面板中对三维图层的“位置”属性进行调节，如图9-25所示。

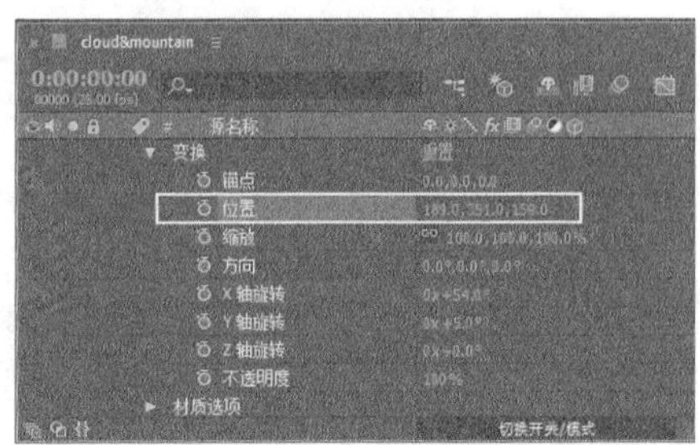

图9-25

第2种：在“合成”面板中使用“选择工具”直接在三维图层的轴向上移动三维图层，如图9-26所示。

图9-26

提示 当光标停留在各个轴向上时，如果光标呈现为形状，表示当前的移动操作锁定在x轴上；如果光标呈现为形状，表示当前的移动操作锁定在y轴上；如果光标呈现为形状，表示当前的移动操作锁定在z轴上。

如果不在单独的轴向上移动三维图层，那么该图层中的“位置”属性的3个数值会同时发生变化。

2.旋转三维图层

按R键展开三维图层的旋转属性，可以观察到三维图层的可操作旋转参数包含4个，分别是“方向”和x/y/z旋转，而二维图层只有一个“旋转”属性，如图9-27所示。

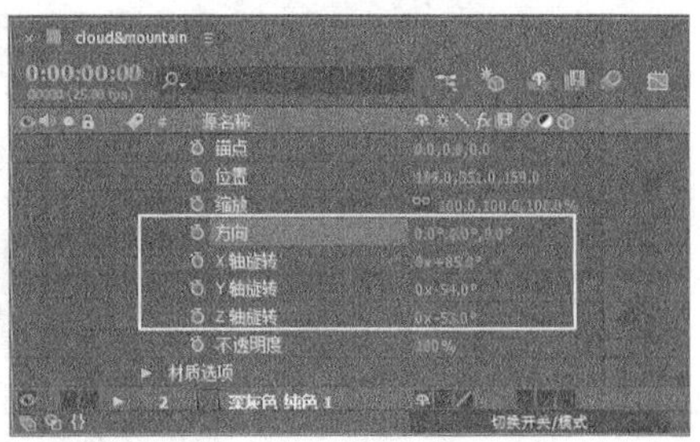

图9-27

旋转三维图层的方法主要有以下两种。

第1种：在“时间轴”面板中直接对三维图层的“方向”属性或“旋转”属性进行调节，如图9-28所示。

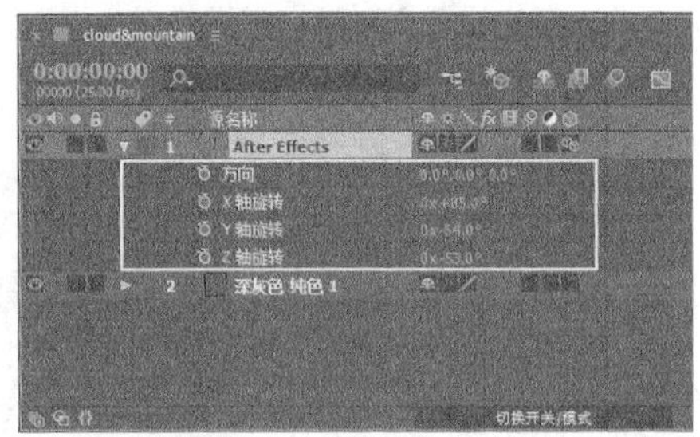

图9-28

提示 使用“方向”的值或者“旋转”的值来旋转三维图层，都是以图层的“轴心点”作为基点来旋转图层。

“方向”属性制作的动画可以产生更加自然平滑的旋转过渡效果，而“旋转”属性制作的动画可以更精确地控制旋转的过程。

在制作三维图层的旋转动画时，不要同时使用“方向”和“旋转”属性，以免在制作旋转动画的过程中产生混乱。

第2种：在“合成”面板中使用“旋转工具”以“方向”或“旋转”的方式直接对三维图层进行旋转操作，如图9-29所示。

图9-29

提示 在“工具”面板中单击“旋转工具”，在面板的右侧会出现一个设置三维图层旋转方式的选项，包含“方向”和“旋转”两种方式。

9.2.5 三维图层的材质属性

将二维图层转换为三维图层后，该图层除了会新增第3个维度的属性外，还会增加一个“材质选项”属性，该属性主要用来设置三维图层与灯光系统的相互关系，如图9-30所示。

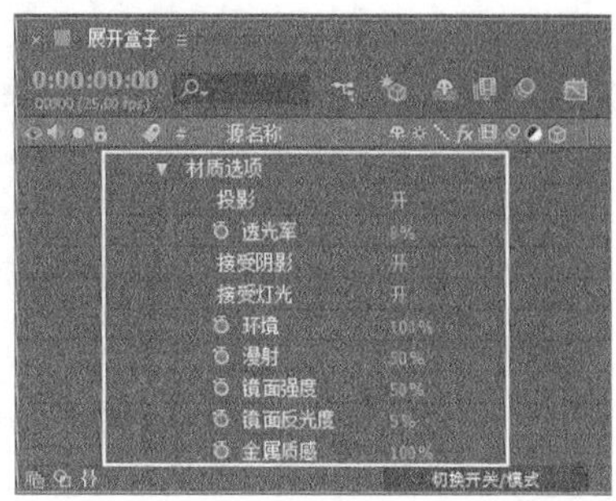

图9-30

参数详解

* 投影：决定三维图层是否投射阴影，包括“关”“开”和“仅”3个选项，其中“仅”选项表示三维图层只投射阴影，如图9-31所示。

图9-31

* 透光率：设置物体接收光照后的透光程度，这个属性可以用来体现半透明物体在灯光下的照射效果，其效果主要体现在阴影上（物体的阴影会受到物体自身颜色的影响）。当“透光率”设置为0%时，物体的阴影颜色不受物体自身颜色的影响；当透光率设置为100%时，物体的阴影颜色受物体自身颜色的影响最大，如图9-32所示。

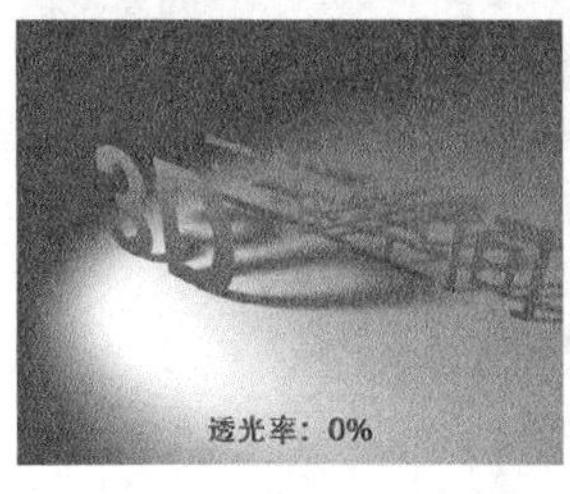

图9-32

* 接受阴影：设置物体是否接受其他物体的阴影投射效果，包含“开”和“关”两种模式，如图9-33所示。

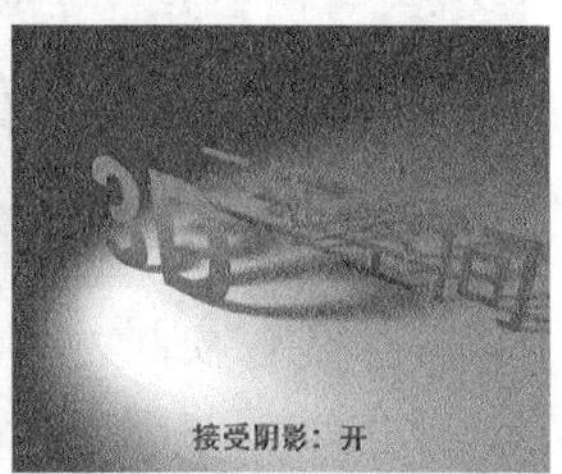

图9-33

* 接受灯光：设置物体是否接受灯光的影响。设置为“开”模式时，表示物体接受灯光的影响，物体的受光面会受到灯光照射角度或强度的影响；设置为“关”模式时，表示物体表面不受灯光照射的影响，物体只显示自身的材质。

* 环境：设置物体受环境光影响的程度，该属性只有在三维空间中存在环境光时才产生作用。

* 漫射：调整灯光漫反射的程度，主要用来突出物体颜色的亮度。

* 镜面强度：调整图层镜面反射的强度。

* 镜面反光度：设置图层镜面反射的区域，其值越小，镜面反射的区域就越大。

* 金属质感：调节镜面反射光的颜色。其值越接近100%，效果就越接近物体的材质；其值越接近0%，效果就越接近灯光的颜色。

提示 只有当场景中使用了灯光系统，“材质选项”中的各个属性才能有作用。

9.3 灯光系统

在前面的内容中已经介绍了三维图层的材质属性，结合三维图层的材质属性，可以让灯光影响三维图层的表面颜色，还可以为三维图层创建阴影效果。

本节知识点

名称	作用	重要程度
创建灯光	了解如何创建灯光	高
属性与类型	了解灯光的属性及4种类型，包括“平行”“聚光”“点”及“环境”	高
灯光的移动	了解如何移动灯光	高

9.3.1 课堂案例——盒子阴影

素材位置　实例文件>CH09>课堂案例——盒子阴影
实例位置　实例文件>CH09>课堂案例——盒子阴影
难易指数　★★★☆☆
学习目标　掌握灯光类型的使用和灯光属性的应用

本案例的盒子阴影效果如图9-34所示。

图9-34

（1）打开“实例文件>CH09>课堂案例——盒子阴影>课堂案例——盒子阴影.aep”文件，接着在“项目”面板中双击“盒子阴影”加载该合成，如图9-35所示。

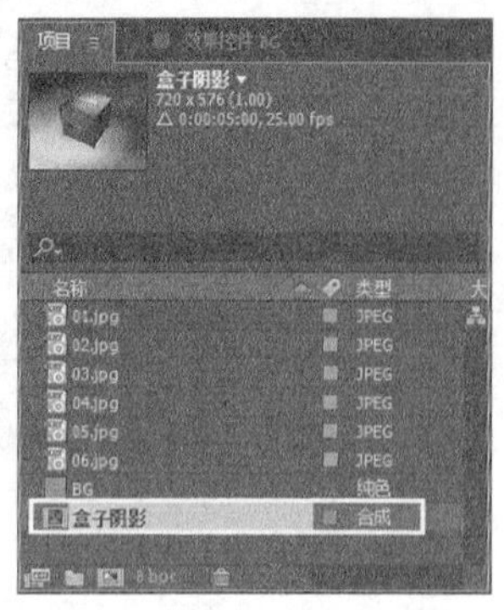

图9-35

（2）执行“图层>新建>灯光”菜单命令，然后在打开的“灯光设置”对话框中设置“名称”为Light 1、“灯光类型”为聚光、“颜色”为（R:252，G:247，B:237）、“强度”为230%、“锥形角度”为70°、“锥形羽化”为100%，接着选择“投影”选项，再设置“阴影深度”为50%、“阴影扩散”为100 px，最后单击“确定”按钮，如图9-36所示。

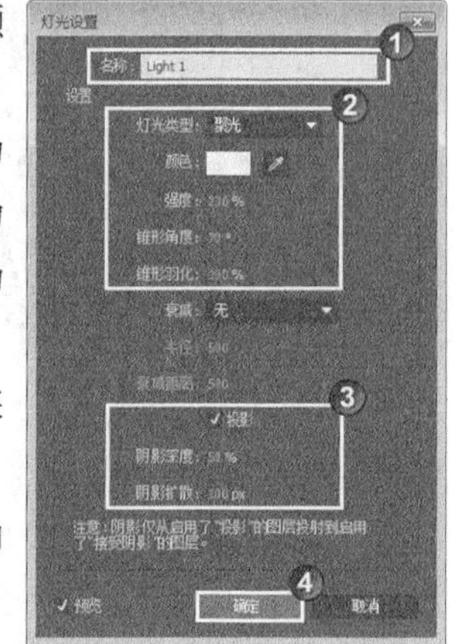

图9-36

（3）将“顶面”“底面”“侧面A”“侧面B”“侧面C”和“侧面D”图层的“投影”设置为“开”，如图9-37所示。

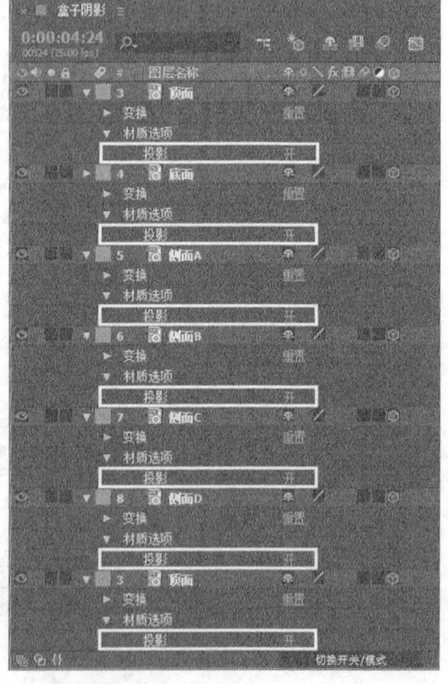

图9-37

(4) 选择Light 1图层，然后设置“目标点”为（300，288，-100）、“位置”为（-700，-200，-580），如图9-38所示。效果如图9-39所示。

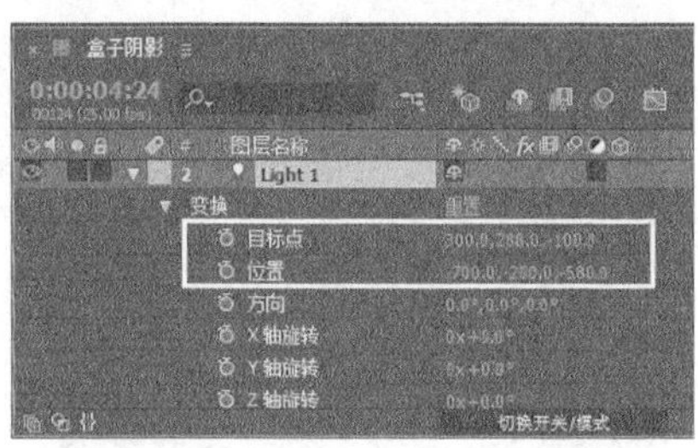

图9-38

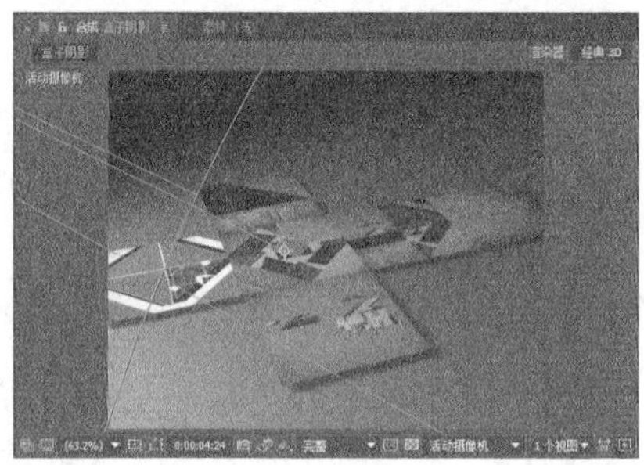

图9-39

(5) 新建一个灯光，设置“名称”为Light 2、“灯光类型”为聚光、“颜色”为（R:228，G:235，B:255）、“强度”为100%、“锥形角度”为30°、“锥形羽化”为100%，然后选择“投影”选项，接着设置“阴影深度”为30%、“阴影扩散”为100 px，最后单击“确定”按钮，如图9-40所示。

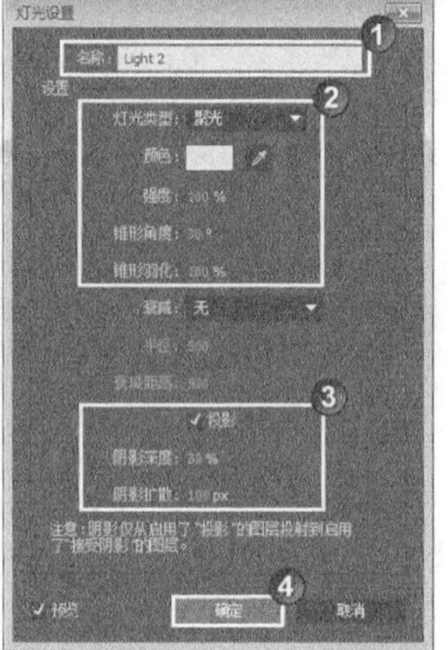

图9-40

(6) 选择Light 2图层，设置“目标点”为（475，278，-100）、“位置”为（1000，-200，-580），如图9-41所示。效果如图9-42所示。

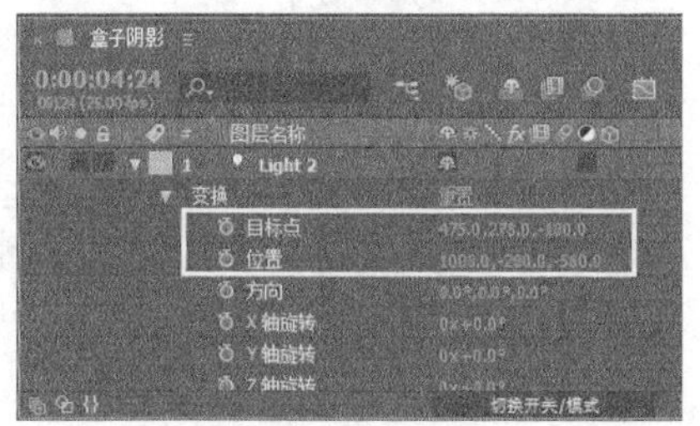

图9-41

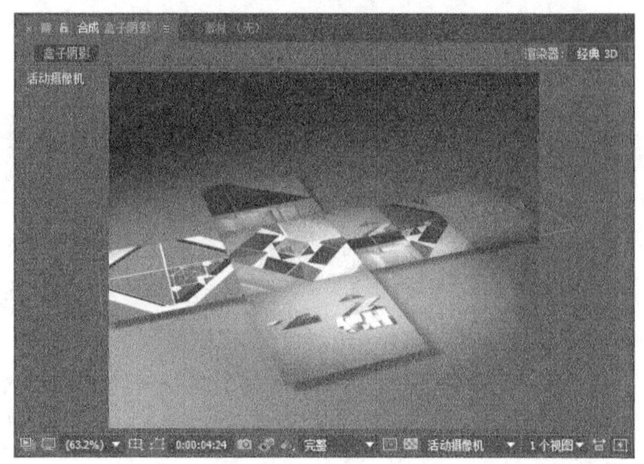

图9-42

(7) 渲染并输出动画，最终效果如图9-43所示。

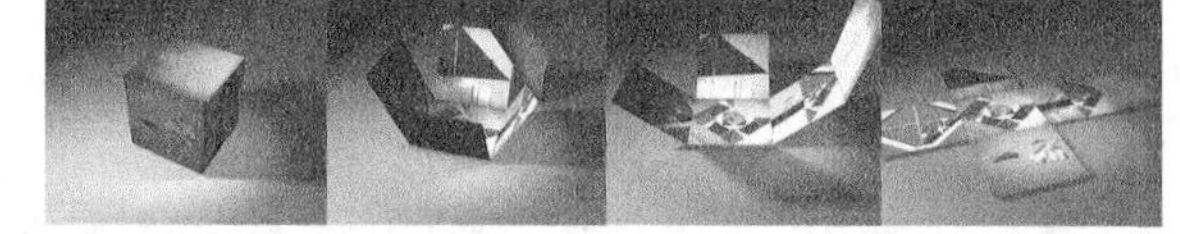

图9-43

9.3.2 创建灯光

执行“图层>新建>灯光”菜单命令或按快捷键Ctrl+Alt+Shift+L就可以创建一盏灯光，如图9-44所示。

图9-44

9.3.3 属性与类型

执行“图层>新建>灯光”菜单命令或按快捷键Ctrl+Alt+Shift+L，将会打开“灯光设置”对话框，在该对话框中可以设置灯光的类型、强度、角度和羽化等相关参数，如图9-45所示。

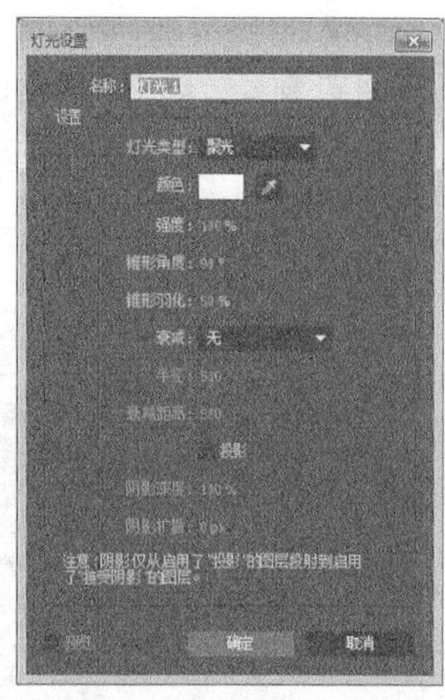

图9-45

参数详解

* 名称：设置灯光的名字。
* 灯光类型：设置灯光的类型，包括“平行”“聚光”“点”和“环境”4种类型。
* 颜色：设置灯光照射的颜色。
* 强度：设置灯光的光照强度。数值越大，光照越强。
* 锥形角度：“聚光”特有的属性，主要用来设置“灯罩”的范围（即聚光灯遮挡的范围）。
* 锥形羽化：“聚光”特有的属性，与“锥形角度”参数一起配合使用，主要用来调节光照区与无光区边缘的过渡效果。
* 半径：灯光照射的范围。
* 衰减距离：控制灯光衰减的范围。
* 投影：控制灯光是否投射阴影。该属性必须在三维图层的材质属性中开启了“投影”选项才能起作用。
* 阴影深度：设置阴影的投射深度，也就是阴影的黑暗程度。
* 阴影扩散：“聚光”和“点”灯光设置阴影的扩散程度，其值越高，阴影的边缘越柔和。

1.平行光

“平行光”类似于太阳光，具有方向性，并且不受灯光距离的限制，也就是光照范围可以是无穷大，场景中的任何被照射的物体都能产生均匀的光照效果，但是只能且产生尖锐的投影，如图9-46所示。

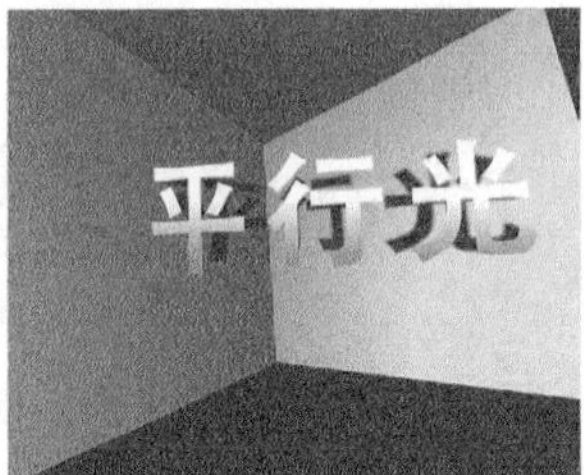

图9-46

2.聚光灯

“聚光灯”可以产生类似于舞台聚光灯的光照效果，从光源处产生一个圆锥形的照射范围，从而形成光照区和无光区。“聚光灯”同样具有方向性，并且能产生柔和的阴影效果和光线的边缘过渡效果，如图9-47所示。

图9-47

3.点光源

“点光源”类似于没有灯罩的灯泡的照射效果，其光线以360°的全角范围向四周照射出来，并且会随着光源和照射对象距离的增大而发生衰减现象。虽然“点光源”不能产生无光区，但是也可以产生柔和的阴影效果，如图9-48所示。

图9-48

4.环境光

“环境光”没有灯光发射点，也没有方向性，不能产生投影效果，不过可以用来调节整个画面的亮度，可以和三维图层材质属性中的“环境光”属性一起配合使用，以影响环境的色调，如图9-49所示。

图9-49

9.3.4 灯光的移动

可以通过调节灯光图层的“位置”和“目标点”来设置灯光的照射方向和范围。

在移动灯光时，除了直接调节参数以及移动其坐标轴的方法外，还可以直接拖曳灯光的图标来自由移动位置，如图9-50所示。

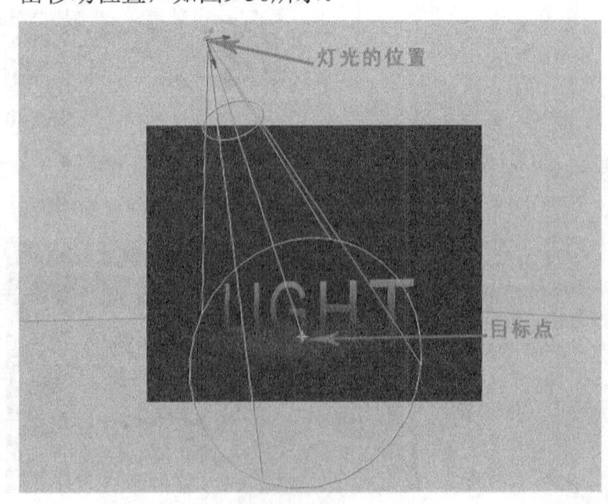

图9-50

提示 灯光的“目标点”主要起定位灯光方向的作用。在默认情况下，“目标点”的位置在合成的中央。

在使用“选择工具”移动灯光的坐标轴时，灯光的目标点也会跟着发生移动，如果只想让灯光的“位置”属性发生改变，而保持“目标点”位置不变，可以使用“选择工具”移动灯光的同时按住Ctrl键进行调整。

9.4 摄像机系统

在After Effects 中创建一个摄像机后，可以在摄像机视图中以任意距离和任意角度来观察三维图层的效果，就像在现实生活中使用摄像机进行拍摄一样方便。

本节知识点

名称	作用	重要程度
创建摄像机	了解如何创建摄像机	高
摄像机的属性设置	了解如何设置摄像机的属性	高
摄像机的基本控制	摄像机的基本控制方法	高
镜头运动方式	了解摄像机的运动拍摄方式，主要包含推、拉、摇和移等	高

9.4.1 课堂案例——3D空间

素材位置 实例文件>CH09>课堂案例——3D空间

实例位置 实例文件>CH09>课堂案例——3D空间

难易指数 ★★★☆☆

学习目标 掌握三维空间、摄像机和灯光的组合应用

本案例的3D空间效果如图9-51所示。

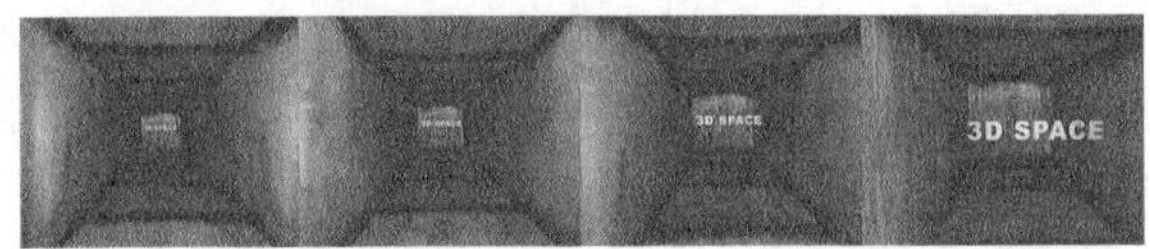

图9-51

（1）新建合成，然后设置“合成名称”为“3D控件”、“预设”为PAL D1/DV、“持续时间”为3秒，接着单击“确定”按钮，如图9-52所示。

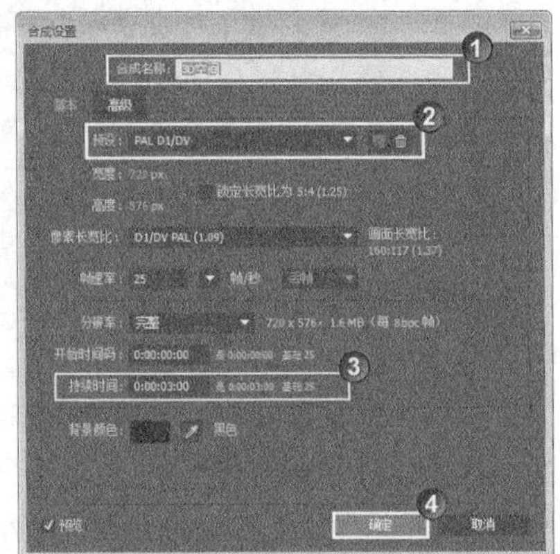

图9-52

（2）导入“实例文件>CH09>课堂案例——3D空间>BG.jpg”文件，然后将其拖曳到“时间轴”面板上，接着将图层重新命名为“左”，再打开图层的三维开关，设置“位置”为（193，320，-146）、“方向”为（0°，270°，0°），如图9-53和图9-54所示。

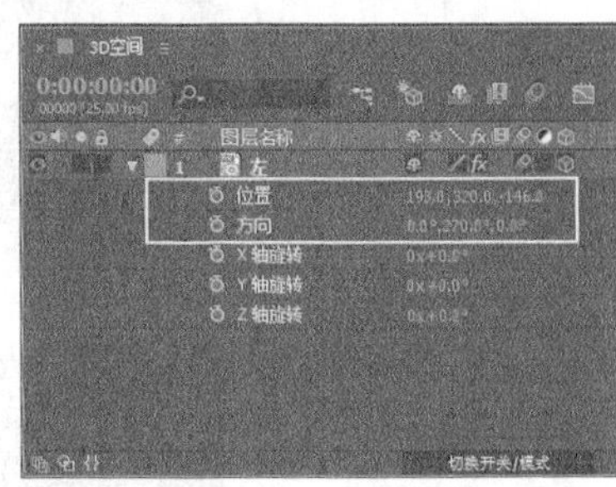

图9-53

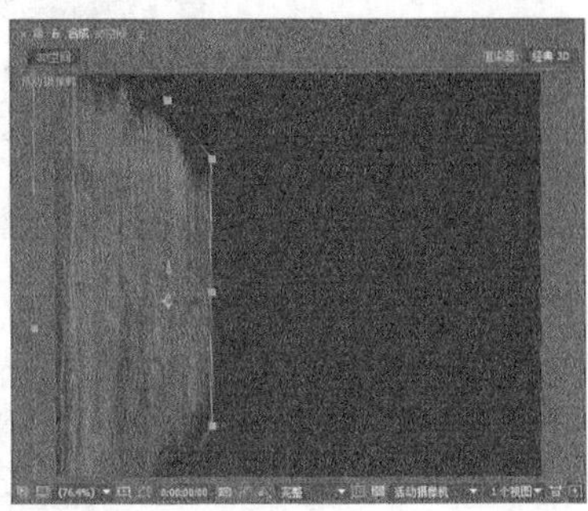

图9-54

（3）选择“左”图层，然后按快捷键Ctrl+D复制出4个图层，并将其分别命名为“后”“下”“上”和“右”。修改“后”图层的“位置”为（440.6，320，2236）、“方向”为（0°，0°，0°），修改“下”图层的“位置”为（402，552，37）、“方向”为（270°，0°，0°），修改“上”图层的“位置”为（397，80，70）、“方向”为（270°，0°，0°），修改“右”图层的“位置”为（633，320，-132）、“方向”为（0°，270°，0°），如图9-55所示。

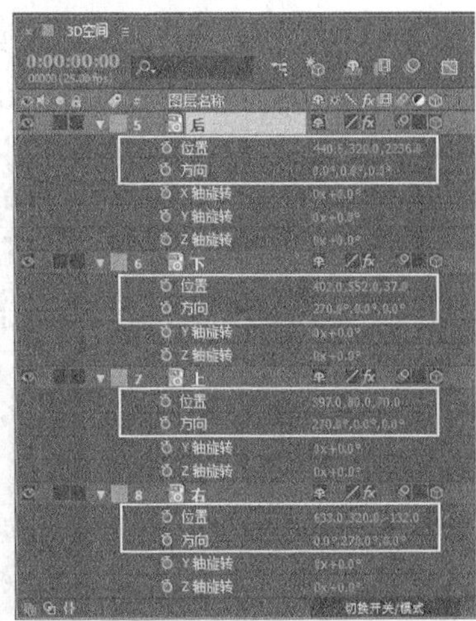

图9-55

（4）选择“左”图层，执行“效果>风格化>动态拼贴”菜单命令，然后在“效果控件”面板中，设置“输出宽度”为500，如图9-56所示。

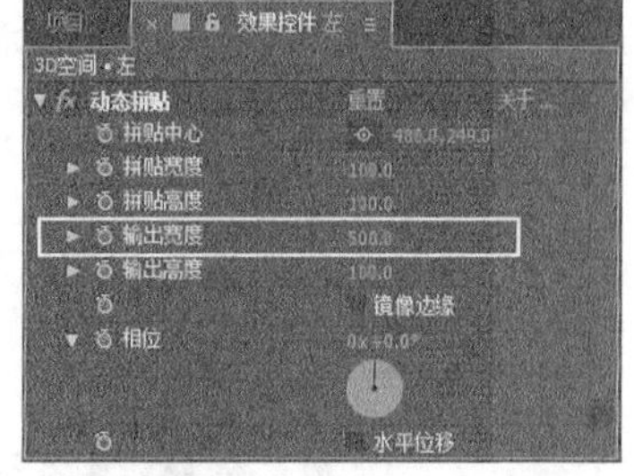

图9-56

（5）使用同样的方法完成“右”“上”和“下”图层的调节，调节之后的效果如图9-57所示。

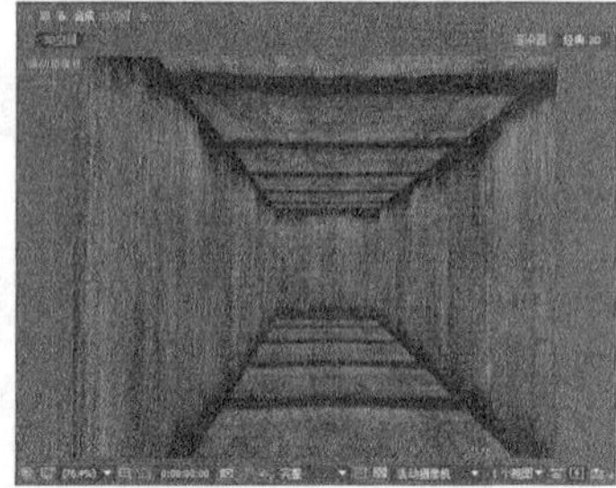

图9-57

（6）选择“左”图层，然后执行“效果>颜色校正>曲线”菜单命令，然后在“效果控件”面板中，调节“绿色”通道中的曲线，如图9-58所示。

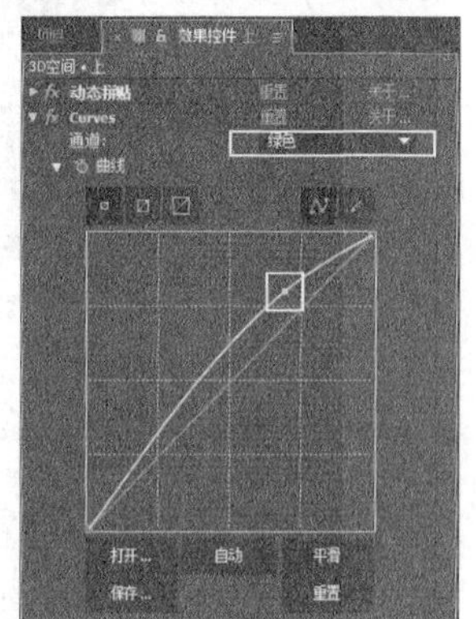

图9-58

（7）使用同样的方法完成其他图层的调节，最后单独调整一下“后”图层的曲线设置，如图9-59和图9-60所示。效果如图9-61所示。

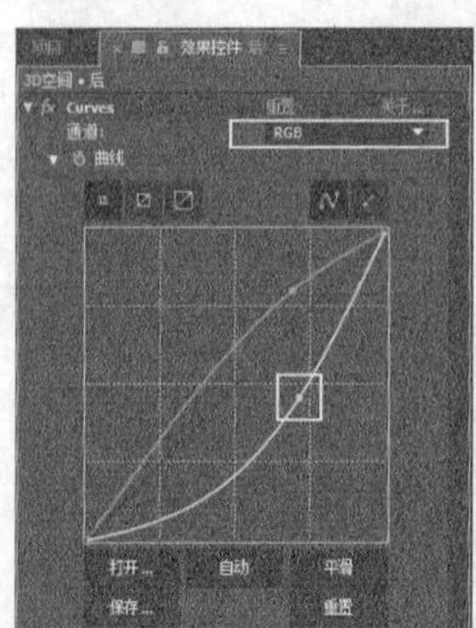

图9-59

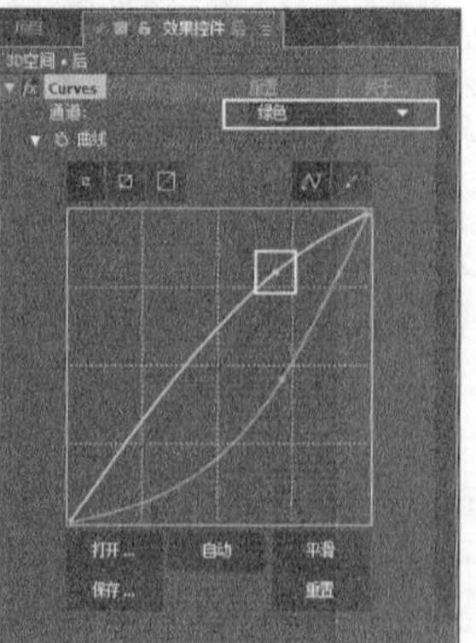

图9-60

图9-61

（8）执行“图层>新建>灯光”菜单命令创建一个灯光，然后设置“名称”为Light 1、“灯光类型”为“点”、“颜色”为（R:191，G:191，B:191）、“强度”为280%，接着单击“确定”按钮，如图9-62所示。

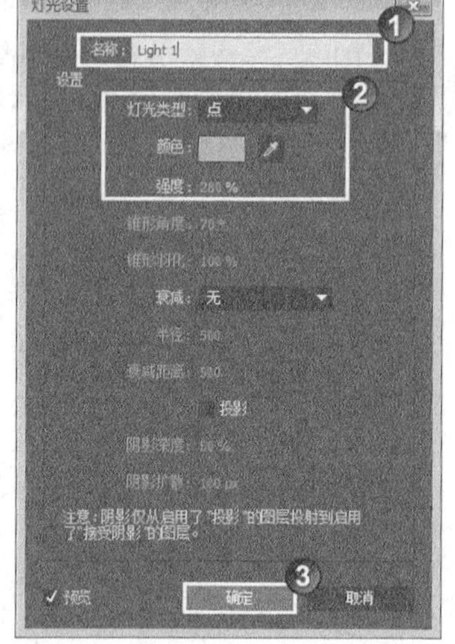

图9-62

（9）执行“图层>新建>摄像机”菜单命令创建一个摄像机，然后设置“名称”为Camera 1、“缩放”为263mm，如图9-63所示。

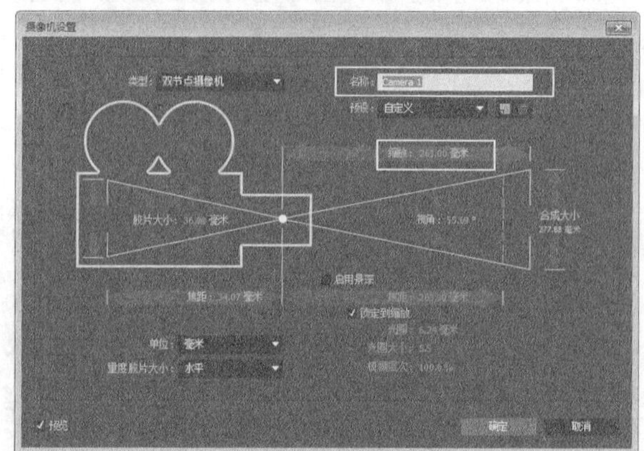

图9-63

（10）设置摄像机的关键帧动画。在第0帧处设置“目标点”为（397.5，320，-304）、“位置”为（397，320，-1050）；在第1秒处设置“目标点”为（353，300，1405）、“位置”为（330，240，663），如图9-64所示。

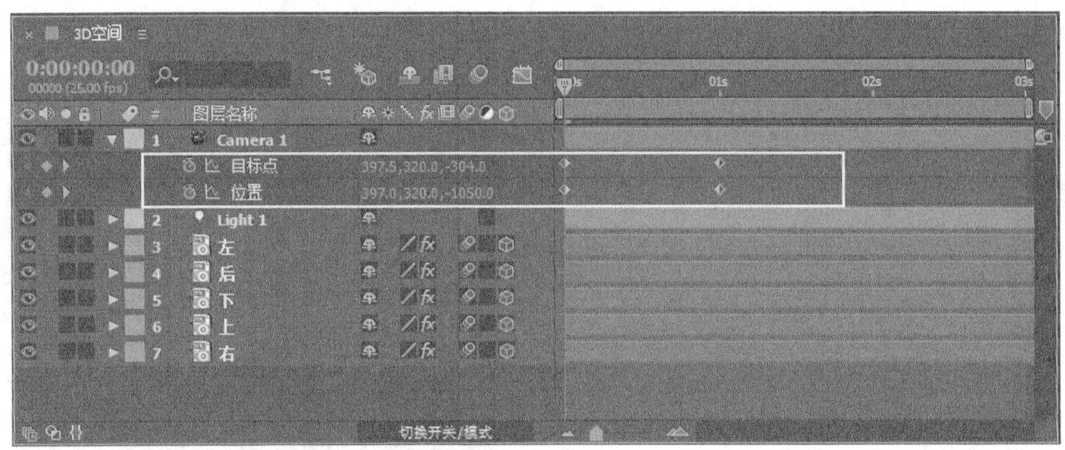

图9-64

（11）设置灯光位置的关键帧动画。在第0帧处设置“位置”为（406，309，-575）；在第1秒处设置“位置”为（406，255，925），如图9-65所示。

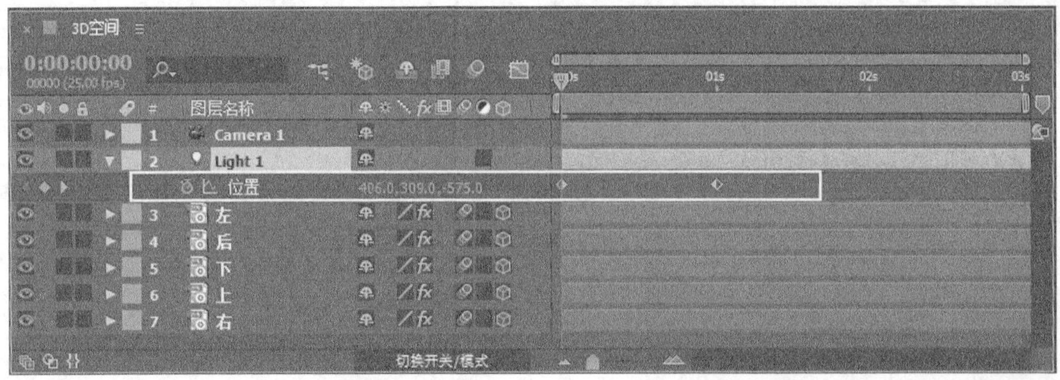

图9-65

（12）使用“文字工具” 输入文字3D SPACE，然后在“字符”面板中设置字体为Arial、字号为48像素、颜色为（R:90，G:120，B:90）、字符间距为60，如图9-66所示。

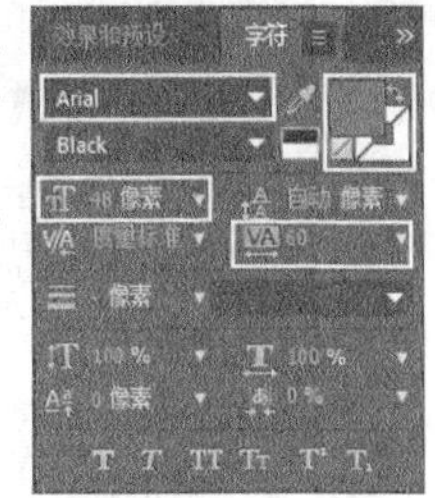

图9-66

（13）开启文字图层的三维开关，然后设置文字的“位置”为（280，300，1200），如图9-67所示。开启每个图层运动模糊的开关，如图9-68所示。

图9-67

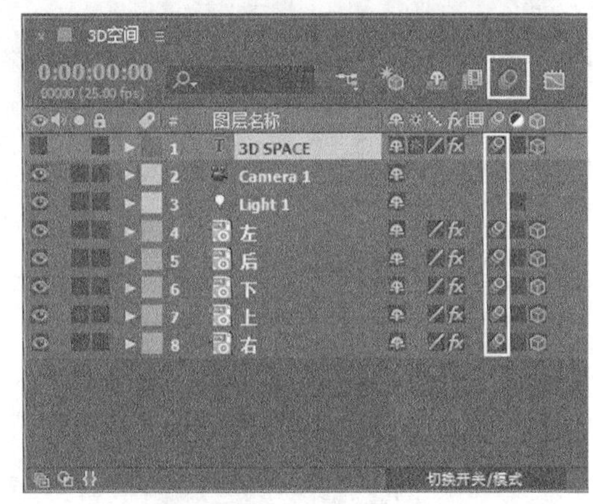

图9-68

（14）渲染并输出动画，最终效果如图9-69所示。

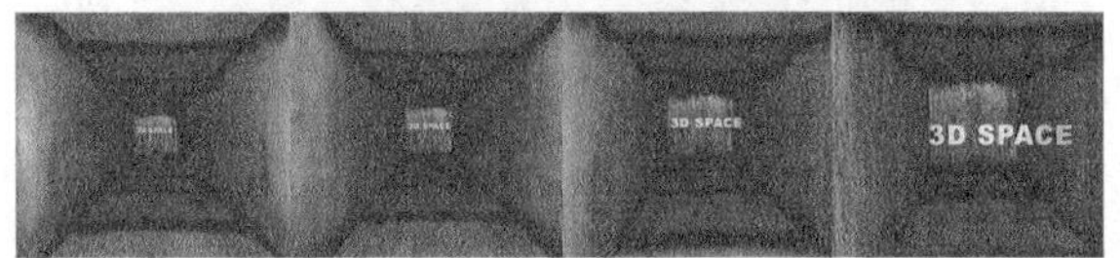

图9-69

9.4.2 创建摄像机

执行“图层>新建>摄像机”菜单命令或按快捷键Ctrl+Alt+Shift+C可以创建一个摄像机，如图9-70所示。

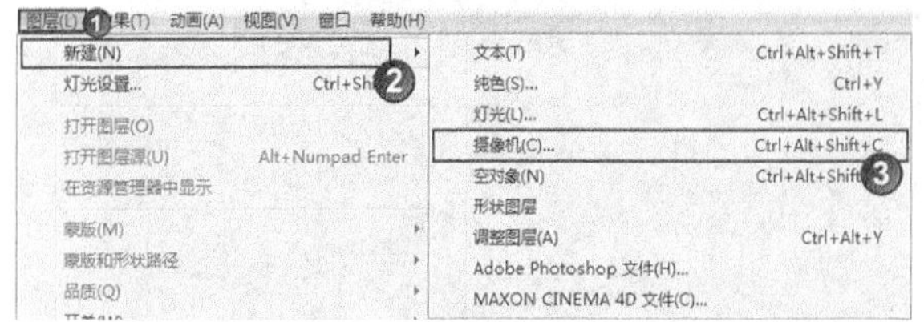

图9-70

After Effects中的摄机是以图层的方式引入到合成中的，这样可以在一个合成项目中对同一场景使用多台摄像机来进行观察和渲染，如图9-71所示。

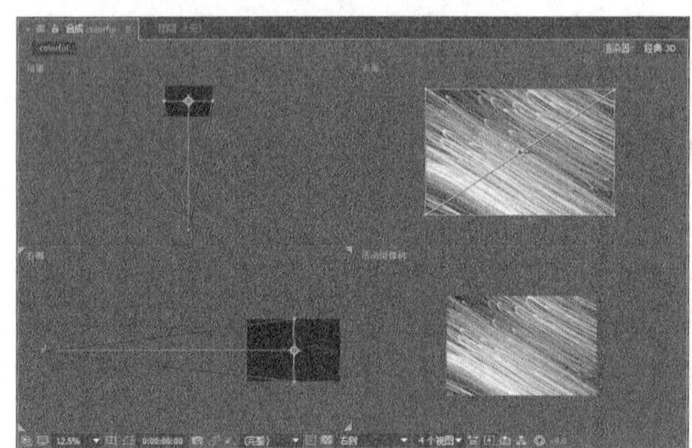

图9-71

提示 如果要使用多台摄像机进行多视角展示，可以在同一个合成中添加多个摄像机图层来完成。如果在场景中使用了多台摄像机，此时应该在“合成”面板中将当前视图设置为“活动摄像机”视图。“活动摄像机”视图显示的是当前图层中最上面的摄像机，在对合成进行最终渲染或对图层进行嵌套时，使用的就是“活动摄像机”视图，如图9-72所示。

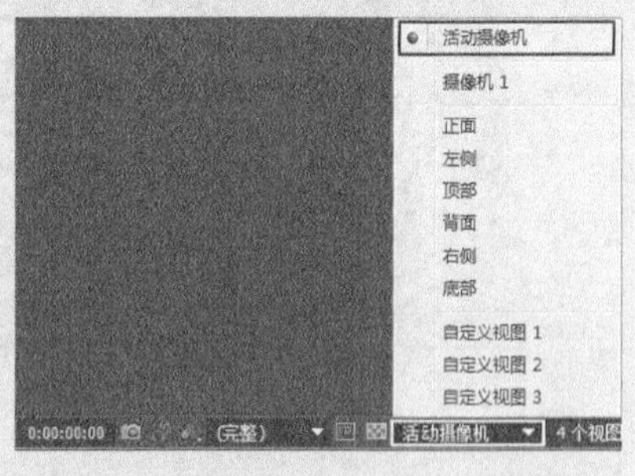

图9-72

9.4.3 摄像机的属性设置

执行“图层>新建>摄像机”菜单命令打开“摄像机设置”对话框，通过该对话框可以设置摄像机的基本属性，如图9-73所示。

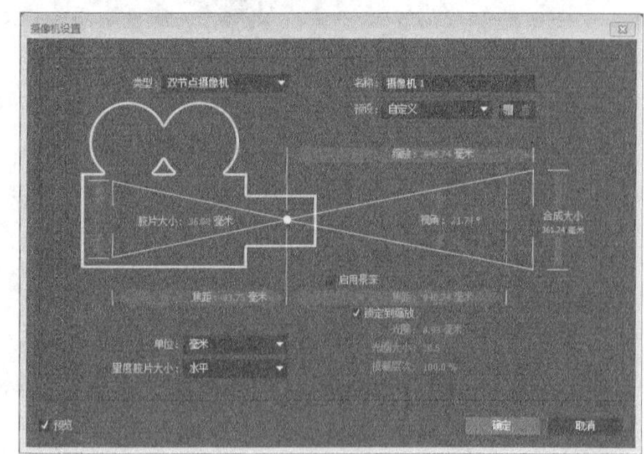

图9-73

参数详解

* 名称：设置摄像机的名字。

* 预设：设置摄像机的镜头类型，包含9种常用的摄像机镜头，如15mm的广角镜头、35mm的标准镜头和200mm的长焦镜头等。

* 单位：设定摄像机参数的单位，包括“像素”“英寸”和“毫米”3个选项。

* 量度胶片大小：设置衡量胶片尺寸的方式，包括“水平”“垂直”和“对角”3个选项。

* 缩放：设置摄像机镜头到焦平面（也就是被拍摄对象）之间的距离。“缩放”值越大，摄像机的视野越小，即变焦设置。

* 视角：设置摄像机的视角，可以理解为摄像机的实际拍摄范围，“焦距”“胶片大小”以及“缩放”3个参数共同决定了“视角”的数值。

* 胶片大小：设置影片的曝光尺寸，该选项与“合成大小”参数值相关。

* 启用景深：控制是否启用景深效果。

* 焦距：设置从摄像机开始到图像最清晰位置的距离。在默认情况下，“焦距”与“缩放”参数是锁定在一起的，它们的初始值也是一样的。

* 光圈：设置光圈的大小。“光圈”值会影响景深效果，其值越大，景深之外的区域的模糊程度越大。

* 光圈大小：“焦距”与“光圈”的比值。其中，“光圈大小”与“焦距”成正比，与“光圈”成反比。“光圈大小”越小，镜头的透光性能越好；反之，透光性能越差。

* 模糊层次：设置景深的模糊程度。值越大，景深效果越模糊。

提示 使用过三维软件（如3ds Max和Maya等）的设计师都知道，三维软件中的摄像机有目标摄像机和自由摄像机之分，但是在After Effects中只能创建一种摄像机，通过分析摄像机的参数发现，这种摄像机就是目标摄像机，因为它有“目标点”属性，如图9-74所示。

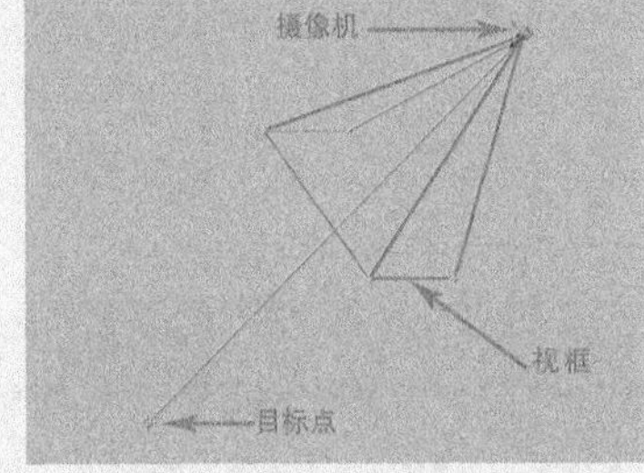

图9-74

在制作摄像机动画时，需要同时调节摄像机的位置和摄像机目标点的位置。例如，使用After Effects 中的摄像机跟踪一辆在S形车道上行驶的汽车，如图9-75所示。如果只使用摄像机位置和摄像机目标点位置来制作关键帧动画，那么很难让摄像机跟随汽车一起运动。这时就需要引入自由摄像机的概念，可以使用空对象图层和父子图层来将目标摄像机变成自由摄像机。

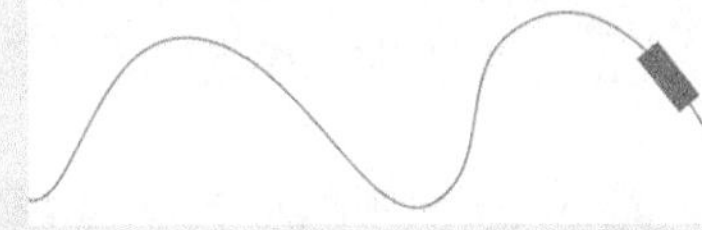

图9-75

新建一个摄像机图层，然后新建一个空对象图层，接着设置空对象图层为三维图层，并将摄像机图层设置为空对象图层的子图层，如图9-76所示。这样就制作出了一台自由摄像机，可以通过调整空对象图层的“位置”和“旋转”属性，来控制摄像机的方向。

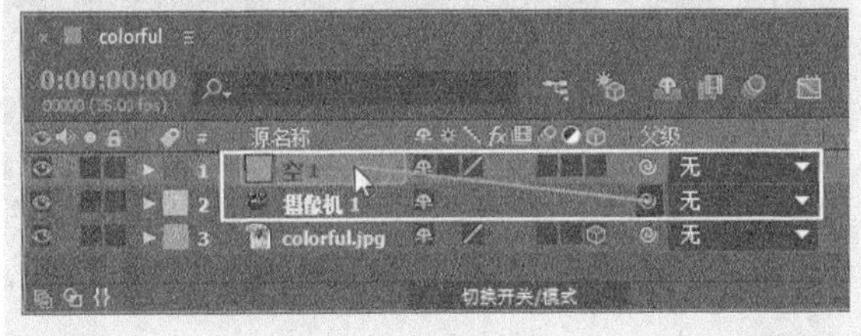

图9-76

9.4.4 摄像机的基本控制

1.位置与目标点

对于摄像机图层，可以通过调节“位置”和“目标点”属性来设置摄像机的拍摄内容。在移动摄像机时，除了调节参数以及移动其坐标轴的方法外，还可以通过拖曳摄像机的图标来移动其位置。

摄像机的“目标点”主要起到定位摄像机的作用。在默认情况下，“目标点”的位置在合成的中央，可以使用调节摄像机的方法来调节目标点的位置。

提示 在使用“选择工具”移动摄像机时，摄像机的目标点也会跟着移动，如果只想让摄像机的“位置”属性发生改变，而保持“目标点”位置不变，可以在使用“选择工具”的同时按住Ctrl键对“位置”属性进行调整。

2.摄像机移动工具

在After Effects中，有4个摄像机工具可以调节摄像机的位移、旋转和推拉等，如图9-77所示。

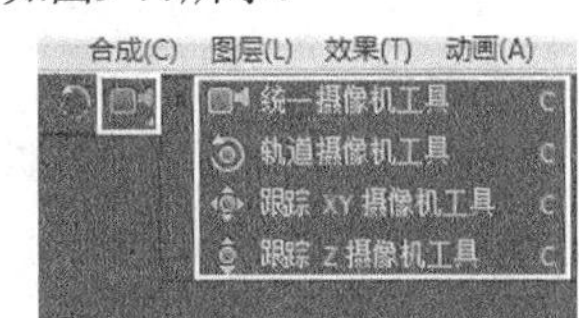

图9-77

提示 当合成中有三维图层和三维摄像机时，摄像机移动工具才能起作用。

参数详解

* 统一摄像机工具：选择该工具后，使用鼠标左键、中键和右键可以分别对摄像机进行旋转、平移和推拉操作。

* 轨道摄像机工具：选择该工具后，可以以目标点为中心来旋转摄像机。

* 跟踪XY摄像机工具：选择该工具后，可以在水平或垂直方向上平移摄像机。

* 跟踪Z摄像机工具：选择该工具后，可以在三维空间中的z轴上平移摄像机，但是摄像机的视角不会发生改变。

提示 按C键可以切换摄像机的各种控制方式。

3.自动朝向

在二维图层中，使用图层的“自动定向”功能可以使图层在运动过程中始终保持运动的朝向路径，如图9-78所示。

图9-78

在三维图层中，使用“自动定向”功能不仅可以使三维图层在运动过程中保持运动的朝向路径，还可以使三维图层在运动过程中始终朝向摄像机。下面讲解如何在三维图层中设置“自动定向”。选择需要进行“自动定向”设置的三维图层，然后执行“图层>变换>自动定向”菜单命令或按快捷键Ctrl+Alt+O打开“自动定向”对话框，接着在该对话框中选择“定位于摄像机”选项，就可以使三维图层在运动过程中始终朝向摄像机，如图9-79所示。

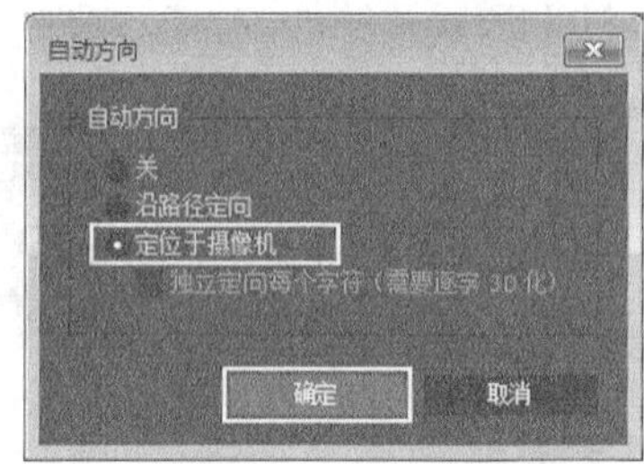

图9-79

参数详解

* 关：不使用自动朝向功能。

* 沿路径定向：设置三维图层自动朝向运动的路径。

* 定位于摄像机：设置三维图层自动朝向摄像机或灯光的目标点，如图9-80所示。如果不选择该选项，摄像机就变成了自由摄像机。

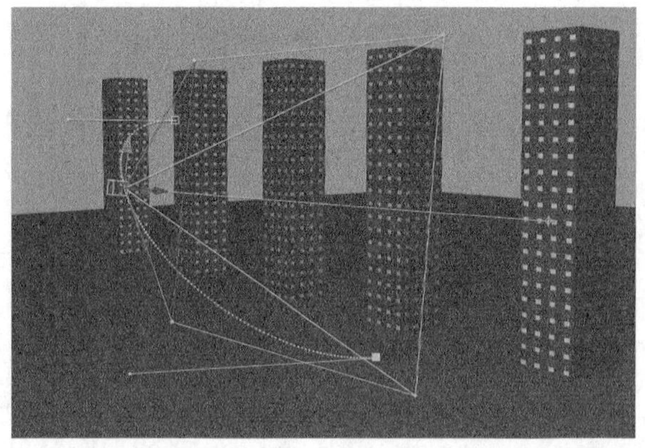

图9-80

9.4.5 镜头运动方式

常规摄像机的运动拍摄方式主要包含推、拉、摇和移等形式，而运动摄像符合人们观察事物的习惯，在表现固定景物较多的内容时运用运动镜头，可以让固定景物变为活动的画面，增强画面的活力和表现力。

1.推镜头

推镜头是指摄像机正面拍摄时通过向前直线移动摄像机或旋转镜头使拍摄的景别从大景别向小景别变化的拍摄手法，在After Effects中有两种方法可以实现推镜头效果的制作。

第1种：增大摄像机图层“z轴位置”的数值来向前推摄像机，从而使视图中的主体物体变大，如图9-81和图9-82所示。

图9-81

图9-82

提示 使用改变摄像机位置的方式可以创建出主体进入焦点距离的效果，也可以产生突出主体的效果，通过这种方法来推镜头可以使主体和背景的透视关系不发生改变。

第2种：保持摄像机的位置不变，修改“缩放”值来实现。在推的过程中让主体和“焦距”的相对位置保持不变，并且可以让镜头在运动过程中保持主体的景深模糊效果不变，如图9-83和图9-84所示。

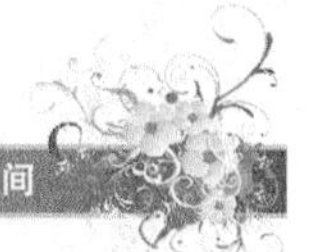

图9-83

图9-84

提示 使用这种变焦的方法推镜头有一个缺点，就是在推的过程中，画面的透视关系会发生变化。

2.拉镜头

拉镜头是指摄像机正面拍摄时通过向后直线移动摄像机或旋转镜头使拍摄的景别从小景别向大景别变化的拍摄手法。拉镜头的操作方法与推镜头是完全相反的一套设置，这里不再演示。

3.摇镜头

摇镜头是指摄像机在拍摄时，保持主体物体、摄像机的位置以及视角都不变，通过改变镜头拍摄的轴线方向来摇动画面的拍摄手法。在After Effects 中，可以先定位好摄像机的“位置”，然后改变“目标点”来模拟摇镜头效果，如图9-85和图9-86所示。

图9-85

图9-86

4.移镜头

移镜头能够较好地展示环境和人物，常用的拍摄方法有水平方向的横移、垂直方向的升降和沿弧线方向的环移等。在After Effects中，移镜头可以使用摄像机移动工具来完成，移动起来也比较方便，这里不再演示。

提示 简单介绍一下镜头景深效果。

景深就是图像的聚焦范围，在这个范围内的被拍摄对象可以清晰地呈现出来，而景深范围之外的对象则会产生模糊效果。在启用“景深”功能时，可以通过调节“焦距”“光圈”“光圈大小”以及“模糊层次”参数来自定义景深效果。

课堂练习——翻书动画

素材位置	实例文件>CH09>课堂案例——翻书动画
实例位置	实例文件>CH09>课堂案例——翻书动画
难易指数	★★★★☆
练习目标	练习三维技术综合运用

本练习综合使用了三维图层的知识和技巧，案例效果如图9-87所示。

图9-87

操作提示

第1步：打开“实例文件> CH09>课堂练习——翻书动画>课堂练习——翻书动画.aep”文件。

第2步：用纯色图层制作出书的框架。

第3步：制作翻书的关键帧动画。

第4步：将素材替换到相应的纯色图层。

课后习题——文字动画

素材位置	实例文件>CH09>课后习题——文字动画
实例位置	实例文件>CH09>课后习题——文字动画
难易指数	★★★★☆
练习目标	练习三维摄像机的运用

本习题使用三维摄像机制作的文字动画效果如图9-88所示。

图9-88

操作提示

第1步：打开“实例文件> CH09>课堂练习——文字动画>课堂练习——文字动画.aep”文件。

第2步：加载text合成，然后激活所有文本图层的“运动模糊”功能。

第3步：加载Camera合成，然后创建一个摄像机，接着为摄像机图层的“目标点”和“位置”属性设置关键帧动画。

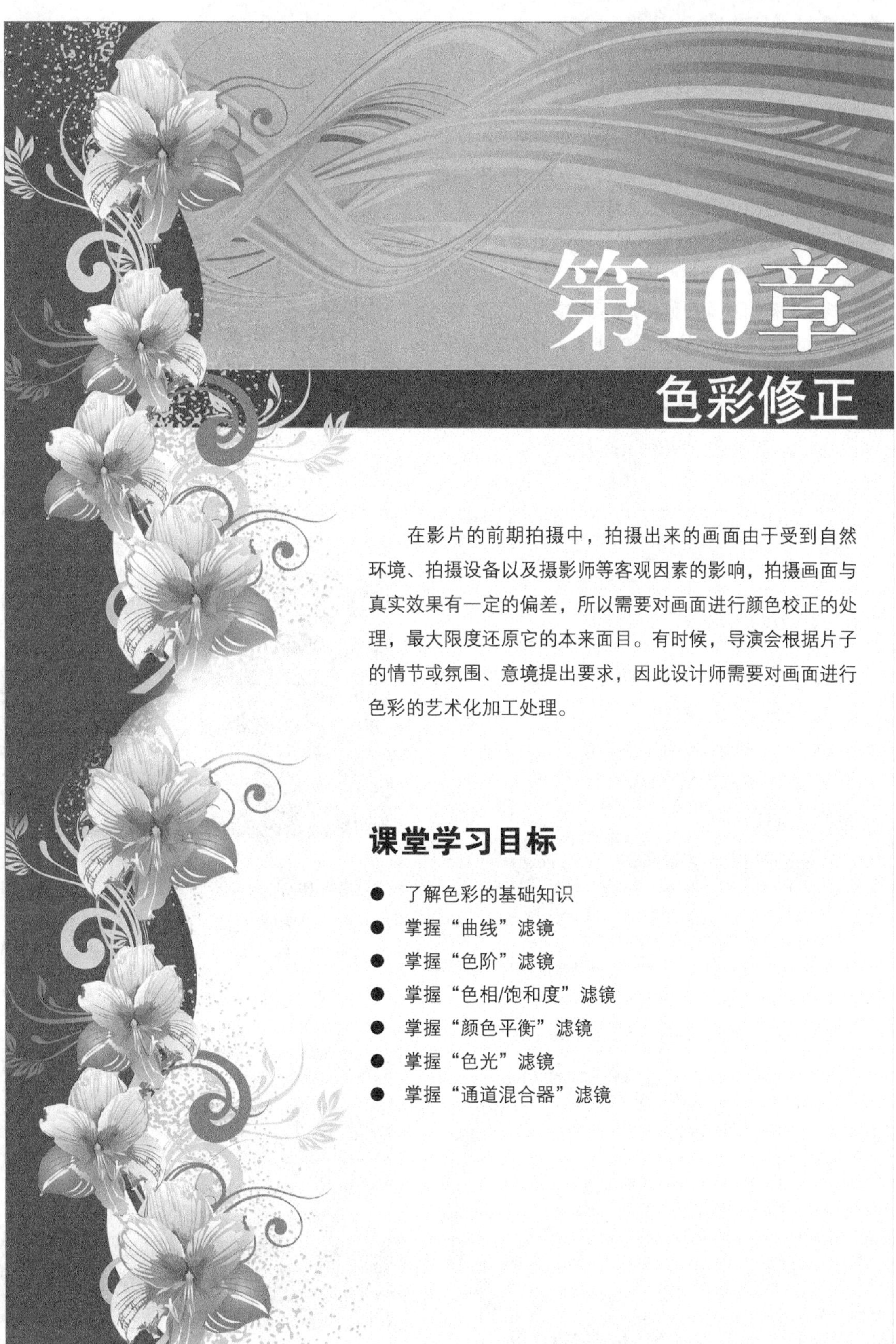

第10章 色彩修正

在影片的前期拍摄中，拍摄出来的画面由于受到自然环境、拍摄设备以及摄影师等客观因素的影响，拍摄画面与真实效果有一定的偏差，所以需要对画面进行颜色校正的处理，最大限度还原它的本来面目。有时候，导演会根据片子的情节或氛围、意境提出要求，因此设计师需要对画面进行色彩的艺术化加工处理。

课堂学习目标

- 了解色彩的基础知识
- 掌握“曲线”滤镜
- 掌握“色阶”滤镜
- 掌握“色相/饱和度”滤镜
- 掌握“颜色平衡”滤镜
- 掌握“色光”滤镜
- 掌握“通道混合器”滤镜

10.1 色彩基础知识

在影视制作中，不同的色彩会给我们带来不同的心理感受，舒服的色彩可以营造各种独特的氛围和意境，在拍摄过程中由于受到自然环境、拍摄设备以及摄影师等客观因素的影响，拍摄画面与真实效果会有一定的偏差，这样就需要对画面进行色彩校正，最大限度还原色彩的本来面目。有时候，导演会根据片子的情节、氛围或意境提出色彩上的要求，因此设计师需要根据要求对画面色彩进行处理。本章将重点讲解After Effects色彩修正中的三大核心滤镜和内置常用滤镜，并通过具体的案例来讲解常见的色相修正技法。

本节知识要点

名称	作用	重要程度
色彩模式	了解4种常用色彩模式	中
位深度	了解位深度的含义	中

10.1.1 色彩模式

色彩修正是影视制作中非常重要的内容，也是后期合成中必不可少的步骤之一。在学习调色之前，我们需要对色彩的基础知识有一定的了解。下面将介绍几种常用的色彩模式。

1.HSB色彩模式

HSB是我们在学习色彩知识的时候认识的第一个色彩模式，在学习色彩的时候，或者在平时的日常生活中，我们能准确地说出红色、绿色，或者某人的衣服太艳、太灰、太亮等，是因为颜色具有色相、饱和度和亮度这3个基本属性特征。

色相取决于光谱成分的波长，它在拾色器中用度数来表示，0°表示红色，360°也表示红色，其中黑、白、灰属于无彩色，在色相环中找不到其位置，如图10-1和10-2所示。

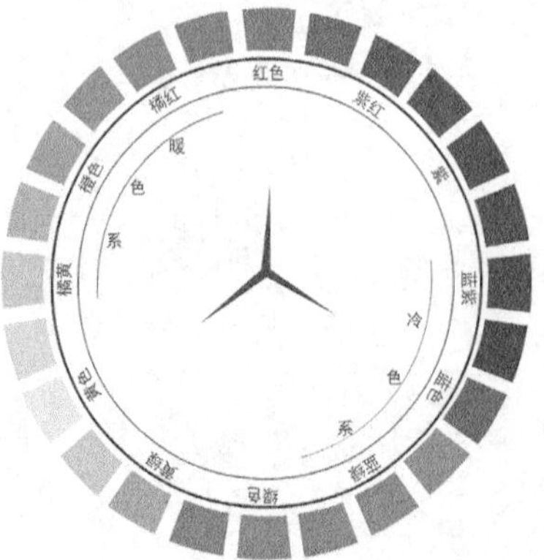

图10-1

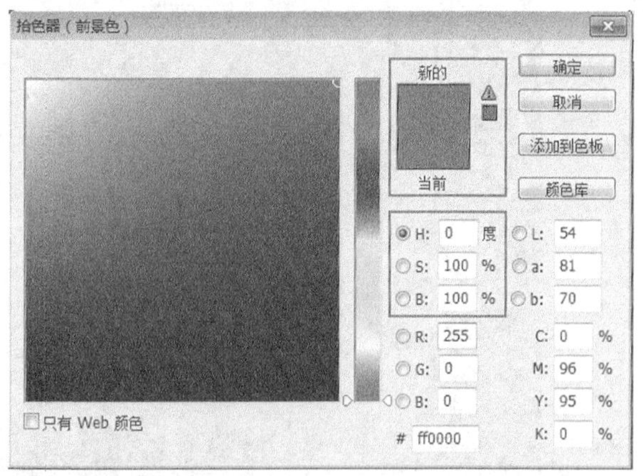

图10-2

当调色的时候，如果说"这个画面偏蓝色一点"，或者说"把这个模特的绿色衣服调整为红颜色"，其实调整的都是画面的色相，图10-3所示的是同一个物体在不同色相下的对比。

图10-3

饱和度也叫纯度，指的是颜色的鲜艳程度、纯净程度。饱和度越高，颜色越鲜艳，饱和度越低，颜色越偏向灰色。饱和度用百分比来表示，饱和度为0时，画面变为灰色，图10-4所示的是不同饱和度下的对比效果。

图10-4

明度指的是物体颜色的明暗程度，明度用百分比来表示。物体在不同强弱的照明光线下会产生明暗的差别。明度越高，颜色越明亮，明度越低，颜色越暗，图10-5所示的是不同明度下的对比。一个物体正是由于有了色相、饱和度和亮度，它的色彩才会丰富。

图10-5

2.RGB色彩模式

RGB（红、绿、蓝）色彩模式是工业界的一种颜色标准，这个标准几乎包括了人类视觉所能感知的所有颜色，也是目前运用最广的颜色系统之一。在RGB模式下，计算机会按照每个通道256种（0~255）灰度色阶来表示，它们按照不同的比例混合，在屏幕上重现16777216（256 × 256 × 256）种颜色。

在常用的拾色器中，可以通过数据的变化来理解色彩的计算方式。打开拾色器，当RGB数值为（255，0，0）时，表示该颜色是纯红色，如图10-6所示。

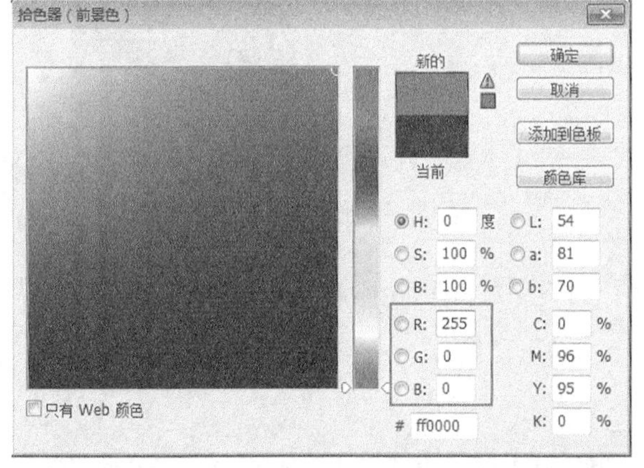

图10-6

同样的道理，当RGB数值为（0，255，0）时，表示该颜色是纯绿色；当RGB数值为（0，0，255）时，表示该颜色是纯蓝色，如图10-7和图10-8所示。

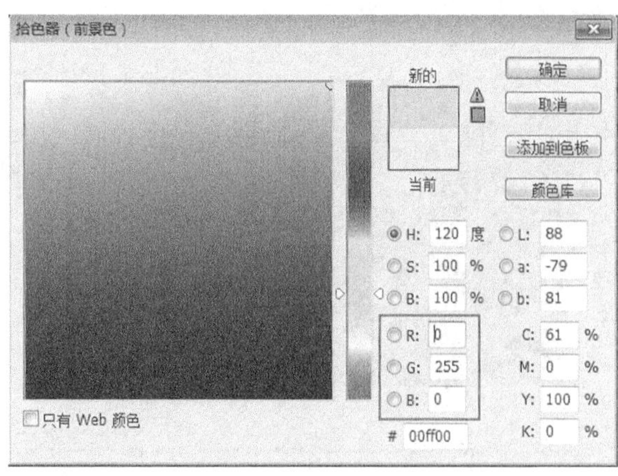

图10-7

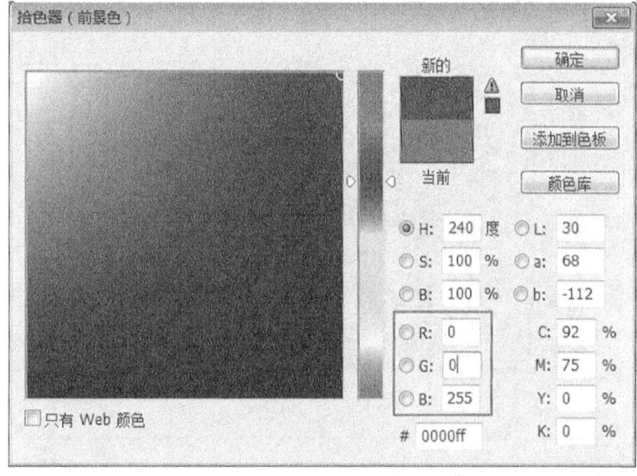

图10-8

当RGB的3种光色混合在一起的时候，3种光色的最大值可以产生白色，而且它们混合的颜色一般比原来的颜色亮度值要高，因此我们称这种模式为加色模式，加色常常用于光照、视频和显示器，如图10-9所示。

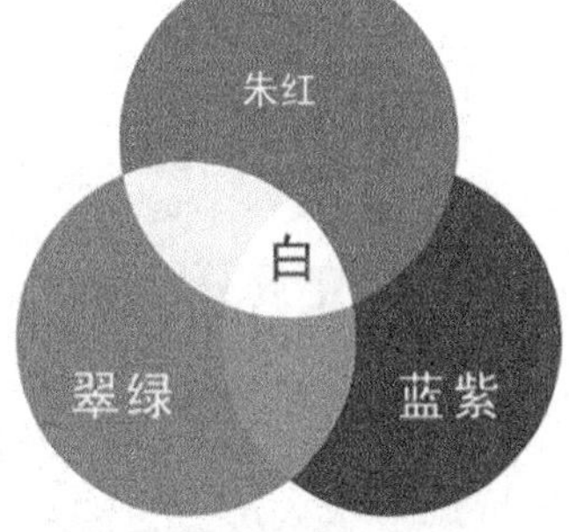

图10-9

当RGB的3个色光数值相等时，得出的是纯灰色。数值越小，颜色程度越偏向灰色，呈现出深灰色；数值越大，灰色程度越偏向白色，呈现出浅灰色，如图10-10和图10-11所示。

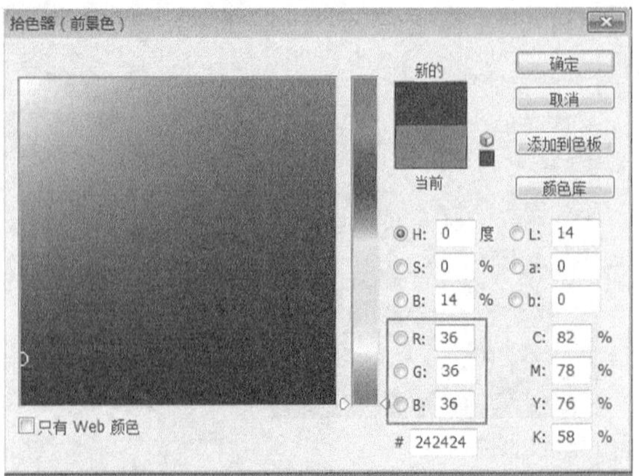

图10-10

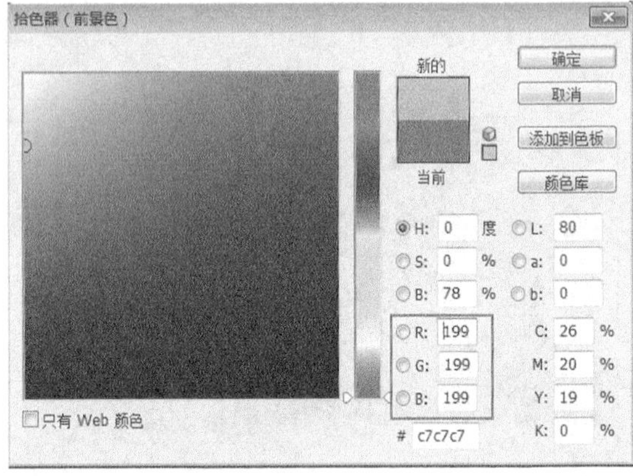

图10-11

3.CMYK色彩模式

CMY（青色、品红色、黄色）是印刷的三原色，印刷是通过油墨来印刷，通过油墨浓淡的不同配比可以产生出不同的颜色，它是按照0~100%来划分的。

打开拾色器，通过数据的变化来理解色值的计算方式。当CMY数值为（0，0，0）时，得到的是白色，如图10-12所示。

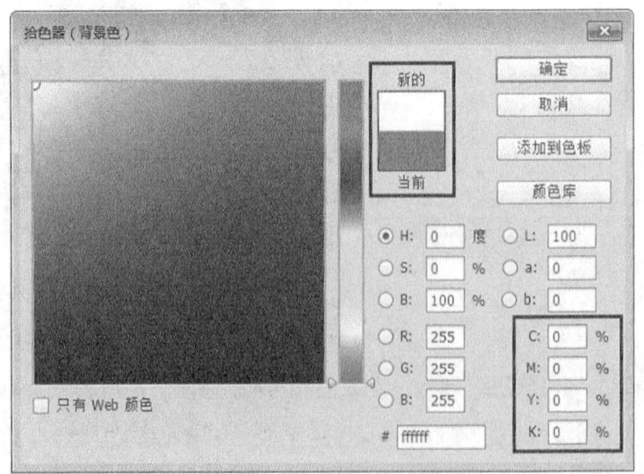

图10-12

如果要印刷黑色，那就要求CMY的数值为（100，100，100）。在一张白纸上，青色、品红色、黄色数值都为100的时候，这3种颜色混合到一起后得到的就是黑色，但是这种黑色并不是纯黑色，如图10-13所示。

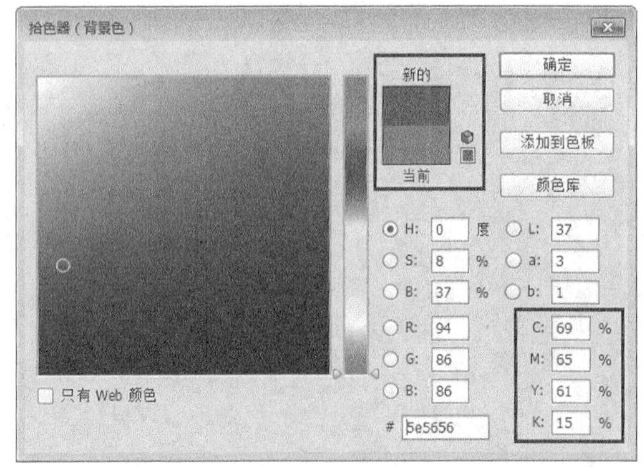

图10-13

理论上，将CMY这3个色值调整到100%是可以调配出黑色的，但实际的印刷工艺却无法调配出非常纯正的黑色油墨。为了将黑色印刷得更漂亮，于是在印刷中专门生产了一种黑色油墨，英文用Black来表示，简称为K，所以印刷为四色而不是三色。

RGB的3种色光的最大值可以得到白色，而CMY的3种油墨的最大值得到的是黑色，由于青色、品红色和黄色3种油墨按照不同的浓淡百分比来混合的时候，光线的亮度也会越来越低，这种色彩模式被称为减色模式，如图10-14所示。

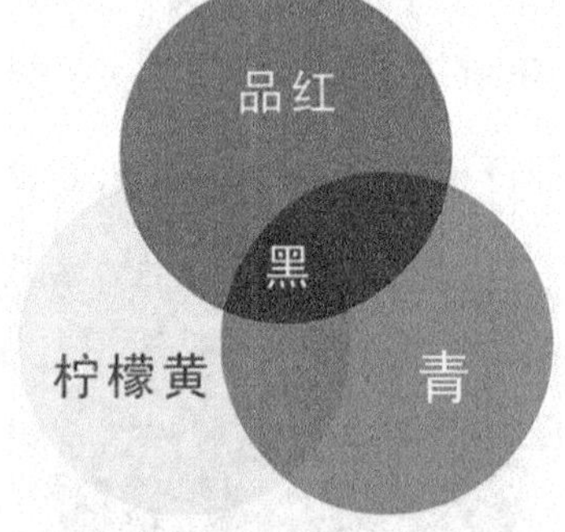

图10-14

10.1.2 位深度

位深度称为像素深度或者色深度，即每像素/位，它是显示器、数码相机和扫描仪等使用的专业术语。一般处理的图像文件都是由RGB或者RGBA通道组成的，用来记录每个通道颜色的量化位数就是位深度，也就是图像中有多少位像素表现颜色。

在计算机中，描述一个数据空间通常用2^n来表示，通常情况下用到的图像都是8bit，即用2^8来进行量化，这样每个通道就是256种颜色。

在普通的RGB图像中，每个通道都用8bit来进行量化，即256×256×256，约1678万种颜色。

在制作高分辨率项目时，为了表现更加丰富的画面，通常使用16bit高位量化的图像。每个通道的颜色用2^{16}来进行量化，这样每个通道有高达65000种颜色信息，比8bit图像包含更多的颜色信息，所以它的色彩会更加平滑，细节也会非常丰富。

提示 为了保证调色的质量，建议在调色时将项目的位深度设置为32bit，因为32bit的图像称之为HDR（高动态范围）图像，它的文件信息和色调比16bit图像还要丰富很多，当然这主要用于电影级别的项目。

10.2 核心滤镜

After Effects的“颜色校正”滤镜包中提供了很多色彩校正滤镜，本节挑选了3个常用的滤镜来进行讲解，即“曲线”“色阶”和“色相/饱和度”滤镜。这3个滤镜覆盖了色彩修正中的绝大部分需求，掌握好它们是十分重要和必要的。

本节知识点

名称	作用	重要程度
“曲线”滤镜	一次性精确地完成图像整体或局部的对比度、色调范围以及色彩的调节	高
“色阶”滤镜	通过直方图调整图像的色调范围或色彩平衡等，同时可以扩大图像的动态范围，查看和修正曝光，提高对比度等	高
“色相/饱和度”滤镜	调整图像的色调、亮度和饱和度	高

10.2.1 课堂案例——三维立体文字

素材位置 实例文件>CH10>课堂案例——三维立体文字

实例位置 实例文件>CH10>课堂案例——三维立体文字

难易指数 ★★★☆☆

学习目标 掌握色彩修正技术综合运用

本案例主要讲解如何运用后期制作方法去模拟文字的三维立体效果，对于那些要求不是很高、制作周期短的项目，该制作思路具有较高的参考价值，案例的前后对比效果如图10-15所示。

图10-15

（1）打开“实例文件>CH10>课堂案例——三维立体文字>课堂案例——三维立体文字.aep”文件，然后加载Text合成，如图10-16所示。

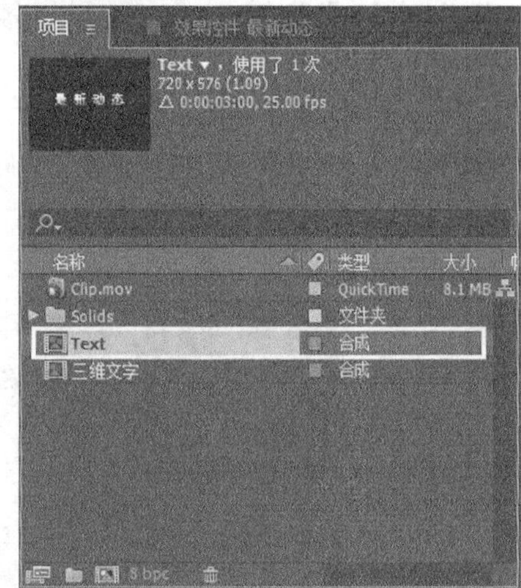

图10-16

（2）选择“最新动态”图层，然后执行“效果>生成>梯度渐变”菜单命令，接着在“效果控件”面板中设置“渐变起点”为（360，210）、“起始颜色”为（R:27，G:27，B:27）、“渐变终点”为（360，315）、“结束颜色”为（R:168，G:168，B:168），如图10-17所示。效果如图10-18所示。

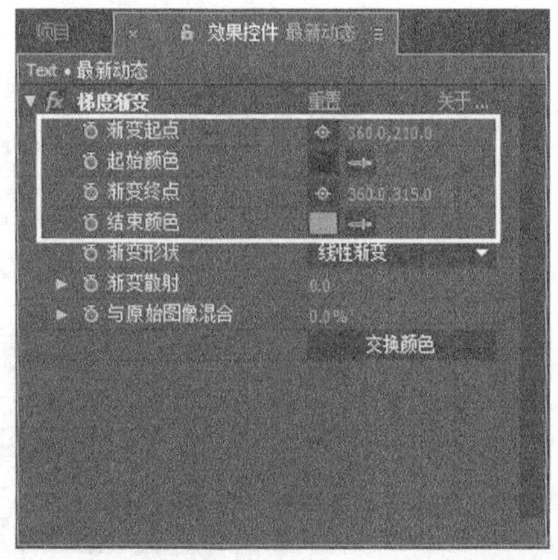

图10-17

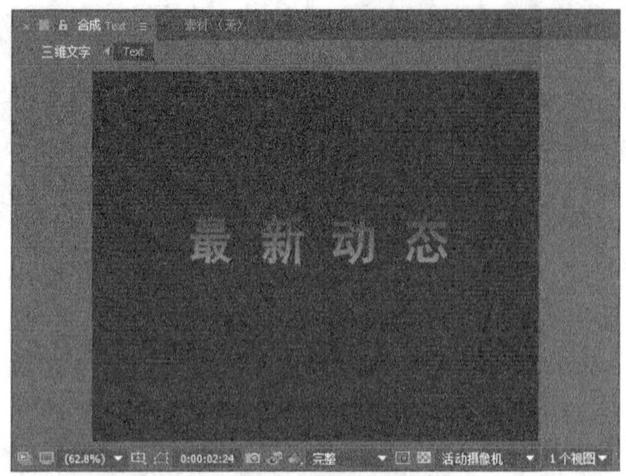

图10-18

（3）选择“最新动态”图层，然后执行“效果>透视>投影”菜单命令，接着在“效果控件”面板中设置“不透明度”为100%、“方向”为（0×245°）、“距离”为2，如图10-19所示。

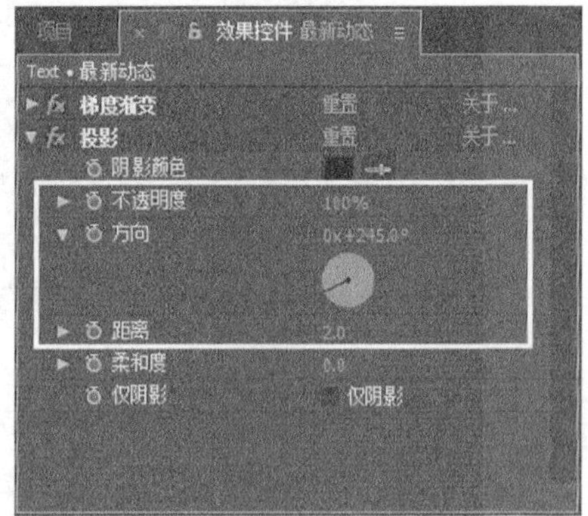

图10-19

（4）选择“最新动态”图层，然后执行“效果>透视>斜面Alpha”菜单命令，接着在“效果控件”面板中设置“边缘厚度”为1、“灯光角度”为（0×-120°）、“灯光强度”为0.5，如10-20所示。

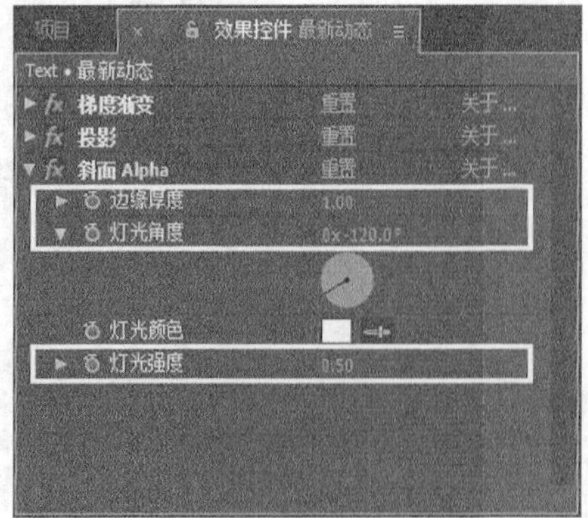

图10-20

（5）选择“最新动态”图层，然后执行“效果> 颜色校正>曲线”菜单命令，接着在“效果控件”面板中设置“通道”为RGB，接着调整曲线的形状，如图10-21和图10-22所示。

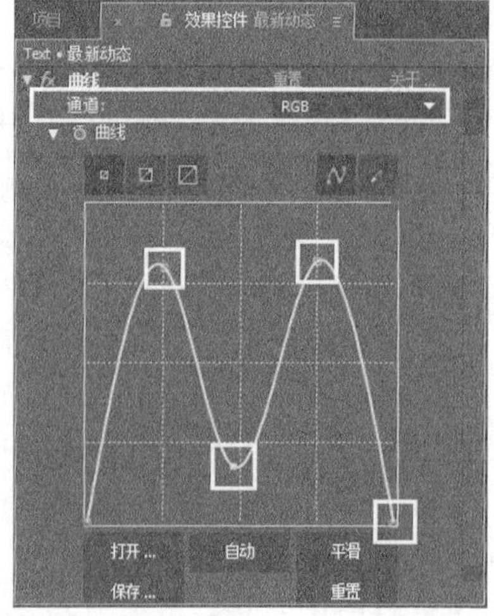

图10-21

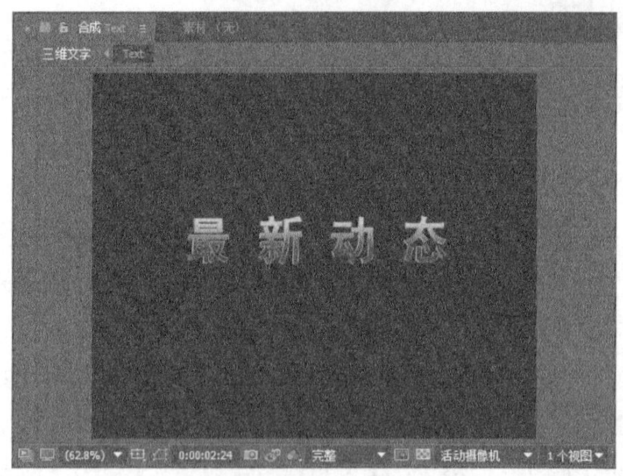

图10-22

（6）选择“最新动态”图层，然后执行“效果>颜色校正>色相/饱和度”菜单命令，接着在“效果控件”面板中选择“彩色化”选项，设置“着色色相”为（0×55°）、“着色饱和度”为100、“着色亮度”为10，如图10-23所示。效果如图10-24所示。

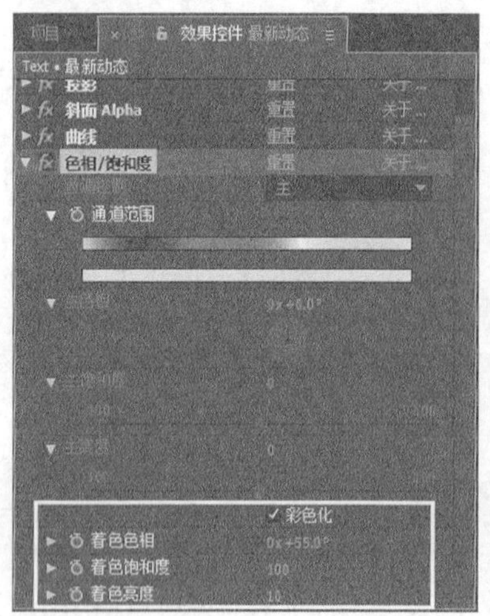

图10-23

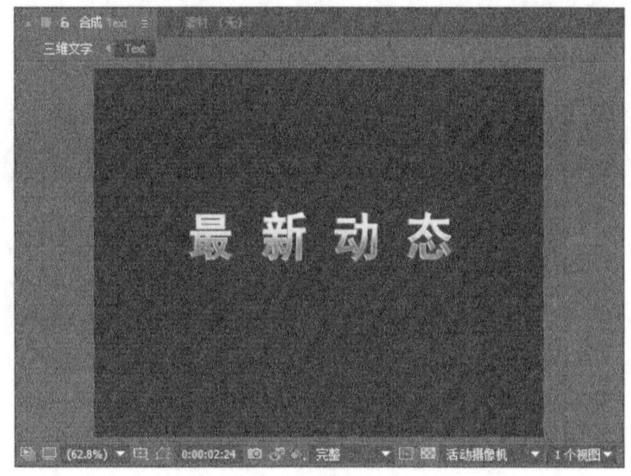

图10-24

（7）选择“最新动态”图层，按快捷键Ctrl+D复制图层，然后设置复制图层的混合模式为“屏幕”，接着设置“不透明度”为60%，如图10-25所示。效果如图10-26所示。

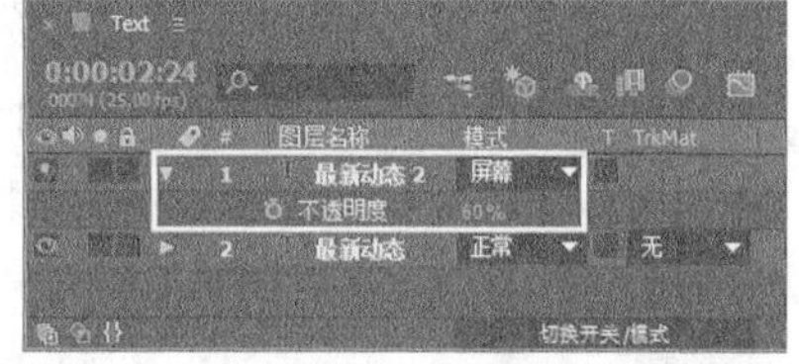

图10-25

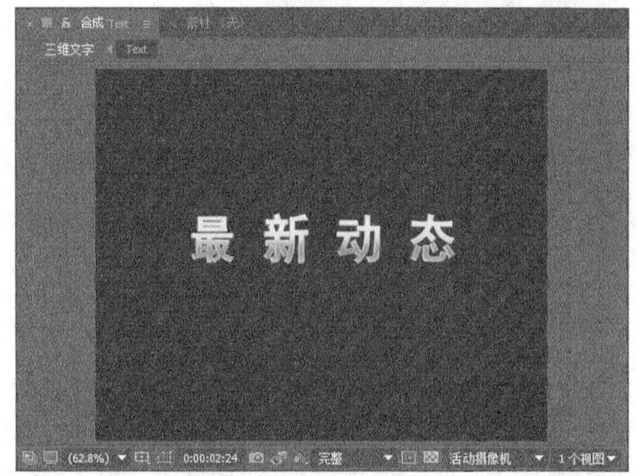

图10-26

（8）加载“三维文字”合成，然后渲染并输出动画，最终效果如图10-27所示。

图10-27

10.2.2 曲线滤镜

使用“曲线”滤镜可以在一次操作中就精确地完成图像整体或局部的对比度、色调范围以及色彩的调节，在进行色彩校正的处理时，可以获得更多的自由度，甚至可以让糟糕的镜头重新焕发光彩。如果想让整个画面明朗一些，细节表现得更加丰富，拉开暗调反差，“曲线”滤镜是不二的选择。

执行“效果>颜色校正>曲线”菜单命令，在“效果控件”面板中展开“曲线”滤镜的属性，如图10-28所示。

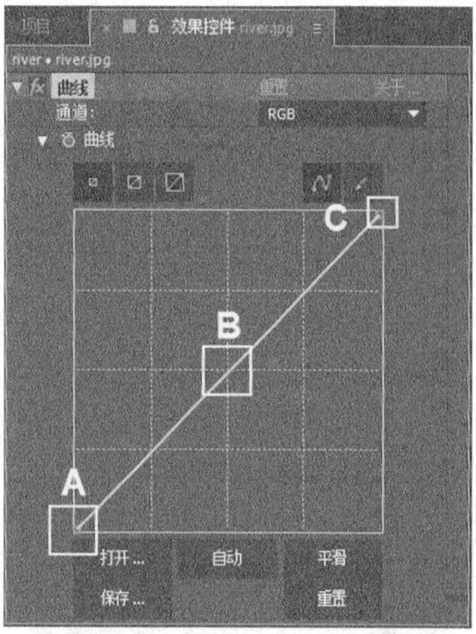

图10-28

曲线左下角的端点A代表暗调（黑场），中间的过渡B代表中间调（灰场），右上角的端点C代表高光（白场）。图形的水平轴表示输入色阶，垂直轴表示输出色阶。曲线初始状态的色调范围显示为45°的对角基线，因为输入色阶和输出色阶是完全相同的。

曲线往上移动就是加亮，往下移动就是减暗，加亮的极限是255，减暗的极限是0。“曲线”滤镜与Photoshop中的曲线命令功能极其相似。

参数详解

* 通道：选择需要调整的色彩通道。包括RGB、“红色”“绿色”“蓝色”和Alpha通道。

* 曲线：通过调整曲线的坐标或绘制曲线来调整图像的色调。

- 切换：用来切换操作区域的大小。
- 曲线工具：使用该工具可以在曲线上添加节点，并且可以移动添加的节点。如果要删除节点，只需要将选择的节点拖曳到曲线图之外即可。

- 铅笔工具：使用该工具可以在坐标图上任意绘制曲线。
- 打开：打开保存好的曲线，也可以打开Photoshop中的曲线文件。
- 自动：自动修改曲线，增加应用图层的对比度。
- 平滑：使用该工具可以将曲折的曲线变得更加平滑。
- 保存：将当前色调曲线存储起来，以便于以后重复利用。保存好的曲线文件可以应用到Photoshop中。
- 重置：将曲线恢复到默认的直线状态。

10.2.3 色阶滤镜

1.关于直方图

直方图就是用图像的方式来展示视频的影调构成。一张8bit通道的灰度图像可以显示256个灰度级，因此灰度级可以用来表示画面的亮度层次。

对于彩色图像，可以将彩色图像的R、G、B通道分别用8bit的黑白影调层次来表示，而这3个颜色通道共同构成了亮度通道。对于带有Alpha通道的图像，可以用4个通道来表示图像的信息，也就是通常所说的RGB+Alpha通道。

在图10-29中，直方图表示在黑与白的256个灰度级别中，每个灰度级别在视频中有多少个像素。从图中可以直观地发现整个画面偏暗，绝大部分像素都集中在0~128级别中，其中0表示纯黑，255表示纯白。

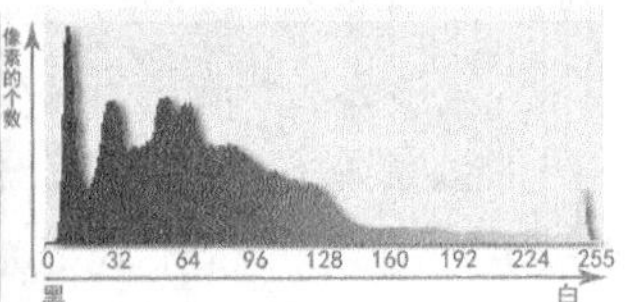

图10-29

通过直方图可以很容易地观察出视频画面的影调分布，如果一张照片中具有大面积的偏暗色，那么它的直方图的左边肯定分布了很多峰状的波形，如图10-30所示。

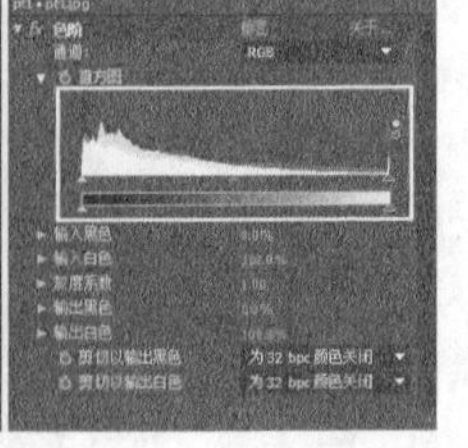

图10-30

如果一张照片中具有大面积的偏亮色，那么它的直方图的右边肯定分布了很多峰状波形，如图10-31所示。

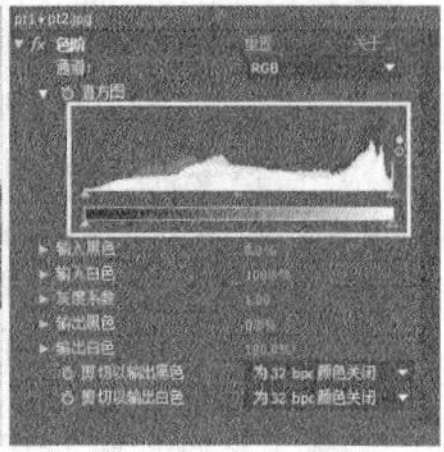

图10-31

除了可以显示图片的影调分布外，最为重要的一点是直方图还显示了画面上阴影和高光的位置。当使用"色阶"滤镜调整画面影调时，直方图可以寻找高光和阴影来提供视觉上的线索。

除此之外，通过直方图还可以很方便地辨别出视频的画质，如果在直方图中发现顶部被平切了，这就表示视频的一部分高光或阴影受到了损失。如果中间出现了缺口，那么就表示对这张图片进行了多次操作，并且画质受到了严重损失。

2.色阶滤镜

"色阶"滤镜，用直方图描述出的整张图片的明暗信息。通过调整图像的阴影、中间调和高光的关系，从而调整图像的色调范围或色彩平衡等。另外，使用"色阶"滤镜可以扩大图像的动态范围（动态范围是指相机能记录的图像的亮度范围），查看和修正曝光，提高对比度等。

执行"效果> 颜色校正>色阶"菜单命令，在"效果控件"面板中展开"色阶"滤镜的属性，如图10-32所示。

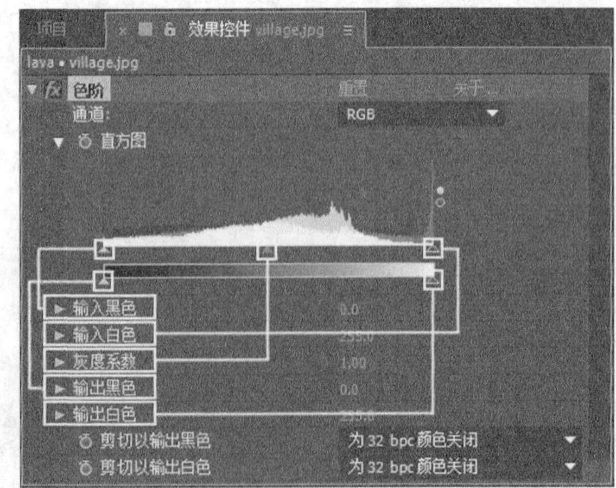

图10-32

参数详解

* 通道：设置滤镜要应用的通道。可以选择RGB“红色”“绿色”“蓝色”和Alpha通道进行单独色阶调整。
* 直方图：通过直方图可以观察到各个影调的像素在图像中的分布情况。
* 输入黑色：控制输入图像中的黑色阈值。
* 输入白色：控制输入图像中的白色阈值。
* 灰度系数：调节图像影调的阴影和高光的相对值。
* 输出黑色：控制输出图像中的黑色阈值。
* 输出白色：控制输出图像中的白色阈值。

提示 如果不对“输出黑色”和“输出白色”进行调整，只单独调整“灰度系数”数值，当“灰度系数”滑块向右移动时，图像的暗调区域将逐渐增大，而高亮区域将逐渐减小，如图10-33所示。

图10-33

当“灰度系数”滑块向左移动时，图像的高亮区域将逐渐增大，而暗调区域将逐渐减小，如图10-34所示。

图10-34

10.2.4 色相/饱和度滤镜

“色相/饱和度”滤镜是基于HSB颜色模式，因此使用“色相/饱和度”滤镜可以调整图像的色调、亮度和饱和度。具体来说，使用“色相/饱和度”滤镜可以调整图像中单个颜色成分的色相、饱和度和亮度，是一个功能非常强大的图像颜色调整工具。“色相/饱和度”滤镜不仅可以改变色相和饱和度，还可以改变图像的亮度。

执行“效果>颜色校正>色相/饱和度”菜单命令，在“效果控件”面板中展开“色相/饱和度”滤镜的属性，如图10-35所示。

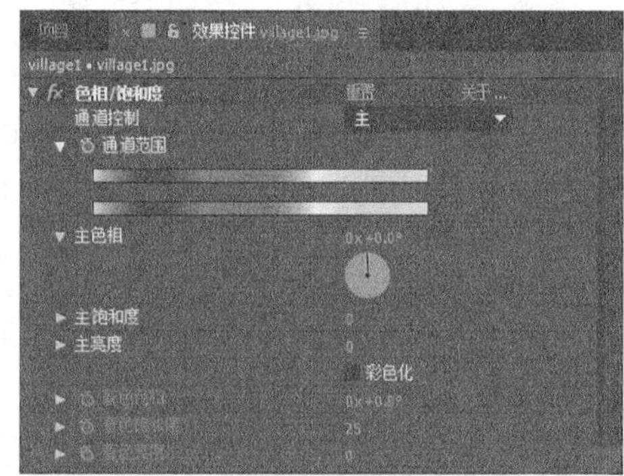

图10-35

参数详解

* 通道控制：控制受滤镜影响的通道，默认设置为“主”，表示影响所有的通道；如果选择其他通道，通过“通道范围”选项可以查看通道受滤镜影响的范围。
* 通道范围：显示通道受滤镜影响的范围。
* 主色相：控制所调节颜色通道的色调。
* 主饱和度：控制所调节颜色通道的饱和度。
* 主亮度：控制所调节颜色通道的亮度。
* 彩色化：控制是否将图像设置为彩色图像。选择该选项之后，将激活“着色色相”“着色饱和度”和“着色亮度”属性。
* 着色色相：将灰度图像转换为彩色图像。
* 着色饱和度：控制彩色化图像的饱和度。
* 着色亮度：控制彩色化图像的亮度。

提示 在“主饱和度”属性中，数值越大饱和度越高，反之饱和度越低，其数值的范围为-100~100。

在“主亮度”属性中，数值越大，亮度越高，反之越低，数值的范围为-100~100。

10.3 其他常用滤镜

在本节，我们挑选了“颜色校正”滤镜包中最常见的滤镜来进行讲解，主要包括“颜色平衡”“色光”“通道混合器”“色调”“三色调”“曝光度”“照片滤镜”和“更改颜色”等滤镜。

本节知识点

名称	作用	重要程度
“颜色平衡”滤镜	精细调整图像的高光、暗部和中间色调	高
“颜色平衡（HLS）”滤镜	调整图像的色彩平衡效果	中
“色光”滤镜	将选择的颜色映射到素材上，还可以选择素材进行置换，甚至通过黑白映射进行抠像	中
“通道混合器”	通过混合当前通道来改变画面的颜色通道	高
“色调”滤镜	将画面中的暗部以及亮部替换成自定义的颜色	中
“三色调”滤镜	将画面中的阴影、中间调和高光进行颜色映射，从而更换画面的色调	中
“曝光度”滤镜	修复画面的曝光度	中
“照片滤镜”滤镜	校正颜色或补偿光线	中
“更改颜色”/“更改为颜色”滤镜	改变某个色彩范围内的色调，以达到置换颜色的目的	中

10.3.1 课堂案例——电影风格的校色

素材位置　实例文件>CH10>课堂案例——电影风格的校色
实例位置　实例文件>CH10>课堂案例——电影风格的校色
难易指数　★★★☆☆
学习目标　掌握色彩修正技术的综合运用

在本案例中，我们综合应用了“色调”“曲线”和“颜色平衡”等多个滤镜，通过学习，读者可以掌握电影风格的校色方法，如图10-36所示。

图10-36

（1）打开“实例文件>CH10>课堂案例——电影风格的校色>课堂案例——电影风格的校色.aep”文件，然后加载Text合成，如图10-37所示。

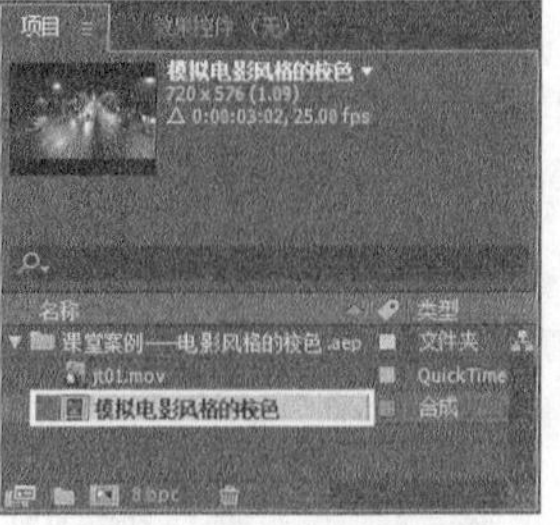

图10-37

（2）选择jt01.mov图层，然后执行“效果>颜色校正>色调”菜单命令，接着在“效果控件”面板中设置“着色数量”为45%，如图10-38所示。

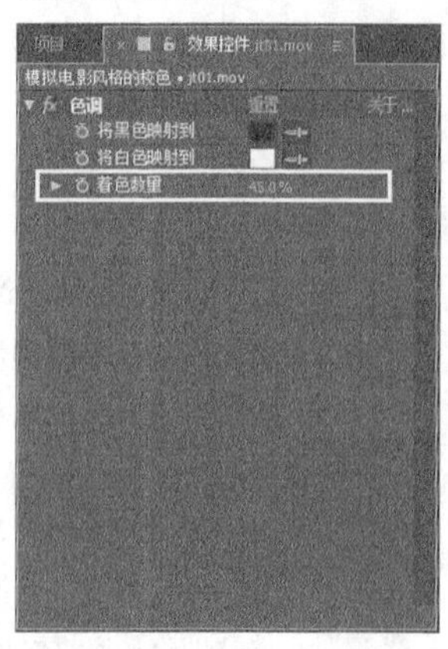

图10-38

（3）选择jt01.mov图层，然后执行“效果>颜色校正>曲线”菜单命令，接着在“效果控件”面板中分别设置RGB、“红色”“绿色”和“蓝色”通道中的曲线，如图10-39~图10-42所示。效果如图10-43所示。

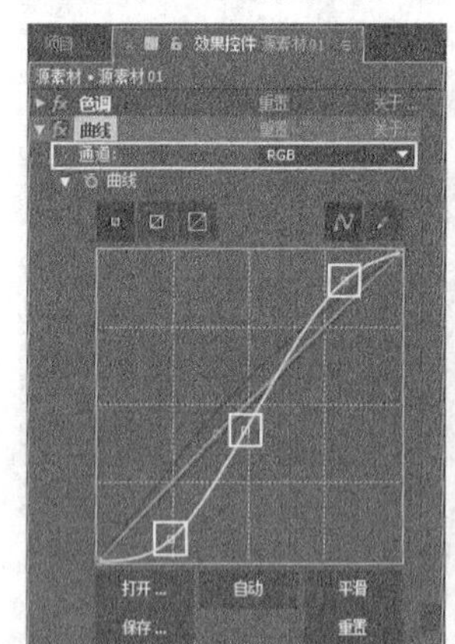

图10-39

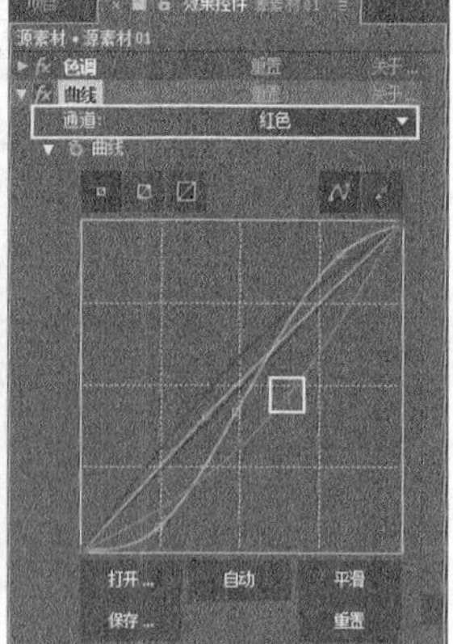

图10-40

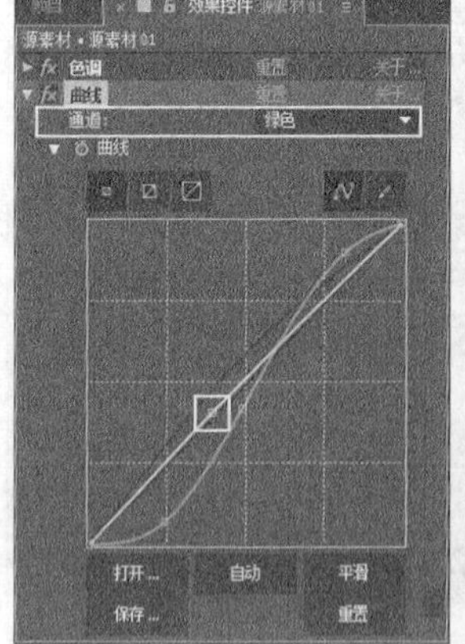

图10-41

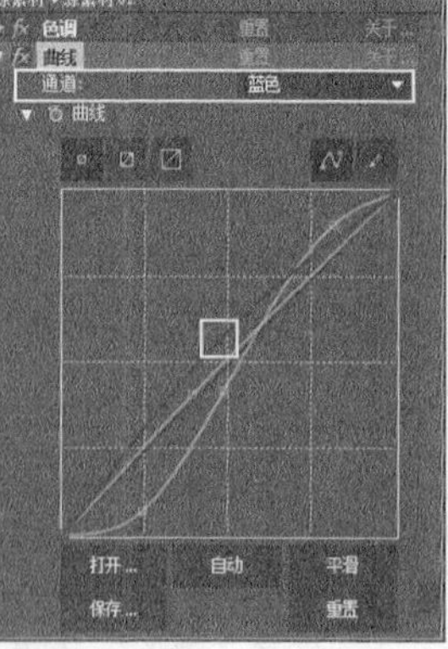

图10-42

图10-43

（4）选择jt01.mov图层，然后执行“效果>颜色校正>色调”菜单命令，接着在“效果控件”面板中设置“着色数量”为50%，如图10-44所示。

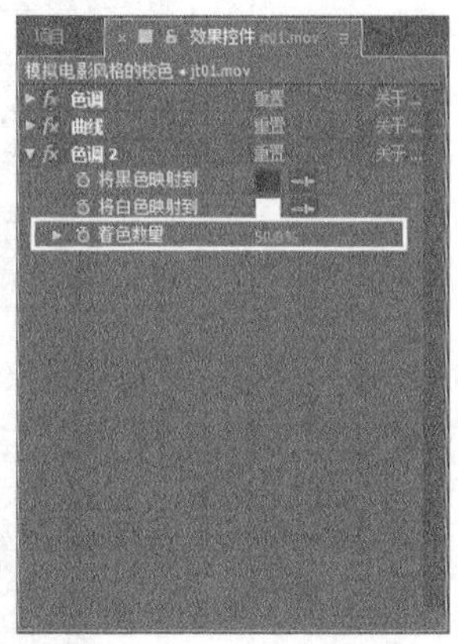

图10-44

（5）选择jt01.mov图层，然后执行“效果>颜色校正>颜色平衡”菜单命令，接着在“效果控件”面板中分别设置其阴影、中间调和高光部分的参数，如图10-45所示。效果如图10-46所示。

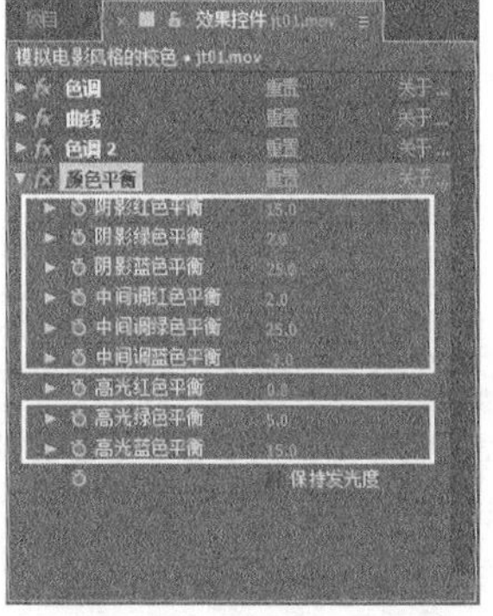

图10-45

图10-46

10.3.2 颜色平衡滤镜

“颜色平衡”滤镜主要依靠控制红、绿、蓝在中间色、阴影和高光之间的比重来控制图像的色彩，非常适合于精细调整图像的高光、暗部和中间色调，如图10-47所示。

图10-47

执行“效果>颜色校正>颜色平衡”菜单命令，在“效果控件”面板中展开“颜色平衡”滤镜的参数，如图10-48所示。

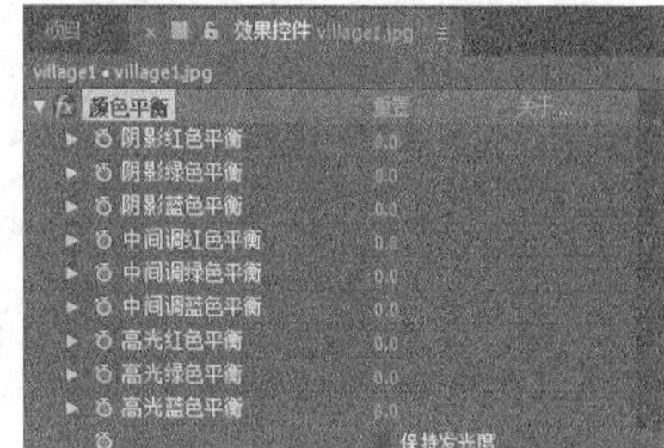

图10-48

参数详解

* 阴影红/绿/蓝平衡：在暗部通道中调整颜色的范围。
* 中间调红/绿/蓝平衡：在中间调通道中调整颜色的范围。
* 高光红/绿/蓝平衡：在高光通道中调整颜色的范围。
* 保持发光度：保留图像颜色的平均亮度。

10.3.3 颜色平衡（HLS）滤镜

“颜色平衡（HLS）”滤镜可以理解为“色相/饱和度”滤镜的一个简化版本，通过调整“色相”“饱和度”和“亮度”参数来调整图像的色彩平衡效果，其滤镜属性如图10-49所示。

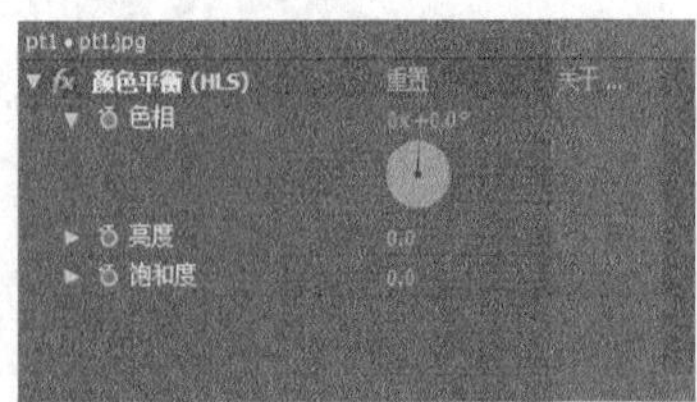

图10-49

图10-50所示的是一个风景画面，在分别添加“色相/饱和度”滤镜和“颜色平衡（HLS）”滤镜后，“色相”和“饱和度”使用统一参数，得到的图10-51和图10-52所示效果是完全一致的。

图10-50

图10-51

图10-52

10.3.4 色光滤镜

“色光滤镜”滤镜与Photoshop软件里的渐变映射原理基本一样，可以根据画面不同的灰度将选择的颜色映射到素材上，还可以选择素材进行置换，甚至通过黑白映射来抠像，如图10-53所示。

图10-53

执行“效果>颜色校正>色光”菜单命令，在“效果控件”面板中展开“色光”滤镜的属性，如图10-54所示。

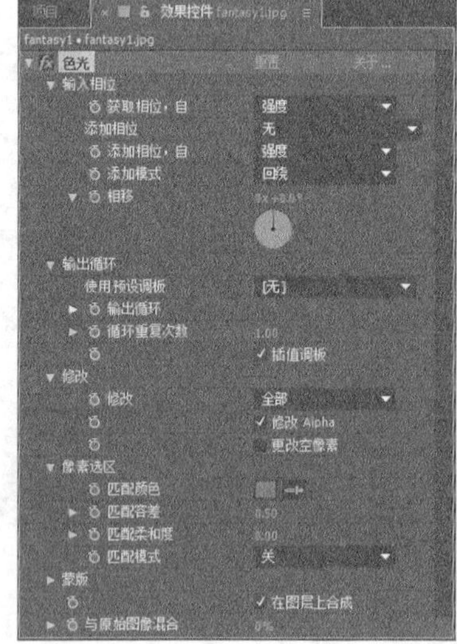

图10-54

参数详解

* 输入相位：设置彩光的特性和产生彩光的图层。

• 获得相位，自：指定采用图像的哪一种元素来产生彩光。

• 添加相位：指定在合成图像中产生彩光的图层。

• 添加相位，自：指定用哪一个通道来添加色彩。

• 添加模式：指定彩光的添加模式。

• 相移：切换彩光的相位。

* 输出循环：用于设置彩光的样式。通过“输出循环”色轮可以调节色彩区域的颜色变化。

• 使用预设调板：从系统自带的30多种彩光效果中选择一种样式。

• 循环重复次数：控制彩光颜色的循环次数。数值越高，杂点越多，如果将其设置为0将不起作用。

• 插值调板：如果关闭该选项，系统将以256色在色轮上产生彩色光。

⋆ 修改：在其下拉列表中可以指定一种影响当前图层色彩的通道。

⋆ 像素选区：指定彩光在当前图层上影响像素的范围。

• 匹配颜色：指定匹配彩光的颜色。

• 匹配容差：指定匹配像素的容差度。

• 匹配柔和度：指定选择像素的柔化区域，使受影响的区域与未受影响的像素产生柔化的过渡效果。

• 匹配模式：设置颜色匹配的模式。如果选择“关”模式，系统将忽略像素匹配而影响整个图像。

⋆ 蒙版：指定一个蒙版层，并且可以为其指定蒙版模式。

⋆ 与原始图像混合：设置当前效果层与原始图像的融合程度。

10.3.5 通道混合器滤镜

“通道混合器”滤镜可以通过混合当前通道来改变画面的颜色通道，使用该滤镜可以制作出普通色彩修正滤镜不容易达到的效果，如图10-55所示。

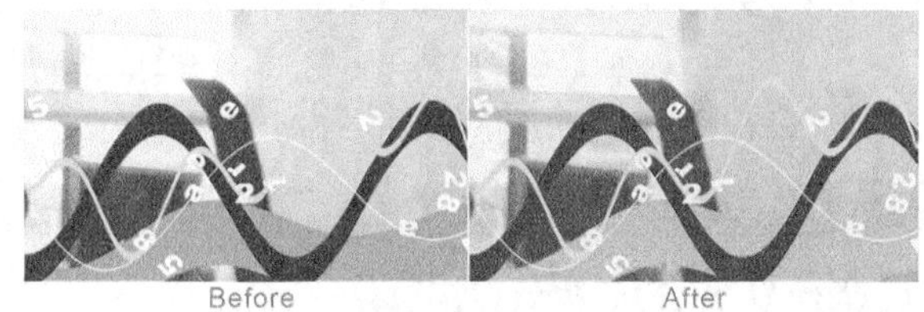

图10-55

执行“效果>颜色校正>通道混合器”菜单命令，在“效果控件”面板中展开“通道混合器”滤镜的属性，如图10-56所示。

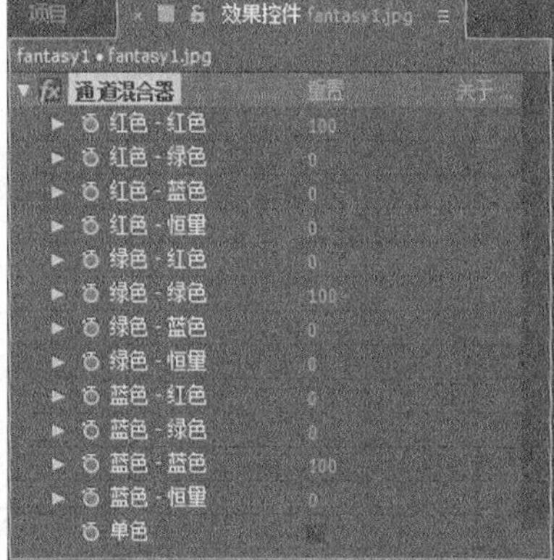

图10-56

参数详解

⋆ 红色-红色/红色-绿色/红色-蓝色：用来设置红色通道颜色的混合比例。

⋆ 绿色-红色/绿色-绿色/绿色-蓝色：用来设置绿色通道颜色的混合比例。

⋆ 蓝色-红色/蓝色-绿色/蓝色-蓝色：用来设置蓝色通道颜色的混合比例。

⋆ 红/绿/蓝恒量：用来调整红、绿和蓝通道的对比度。

⋆ 单色：选择该选项后，彩色图像将转换为灰度图。

10.3.6 色调滤镜

“色调”滤镜可以将画面中的暗部以及亮部替换成自定义的颜色，如图10-57所示。

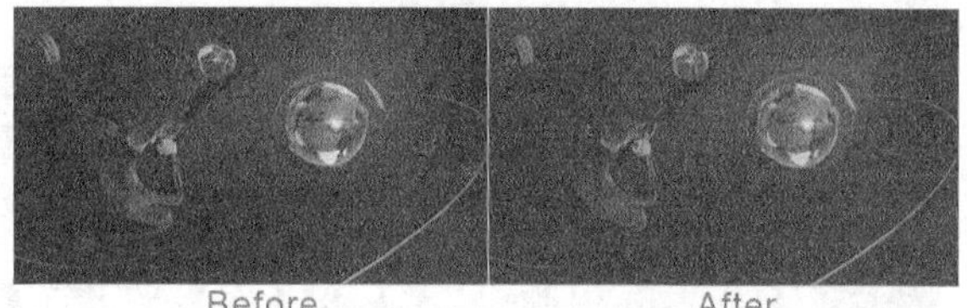

图10-57

执行“效果>颜色校正>色调”菜单命令，在“效果控件”面板中展开“色调”滤镜的属性，如图10-58所示。

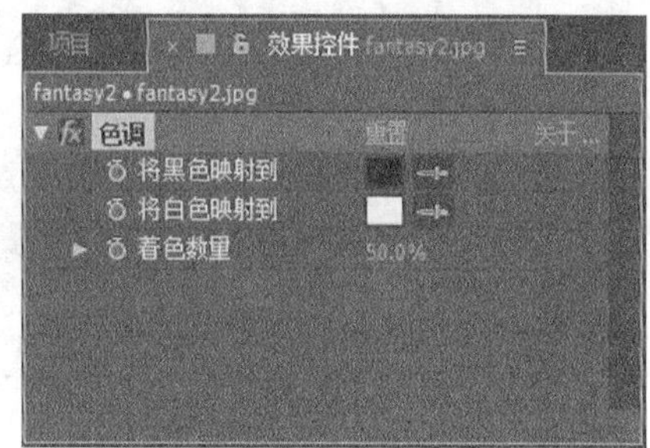

图10-58

参数详解

⋆ 将黑色映射到：将图像中的黑色替换成指定的颜色。

⋆ 将白色映射到：将图像中的白色替换成指定的颜色。

⋆ 着色数量：设置染色的作用程度，0%表示完全不起作用，100%表示完全作用于画面。

10.3.7 三色调滤镜

“三色调”滤镜可以理解为“色调”滤镜的一个强化版本，可以将画面中的阴影、中间调和高光进行颜色映射，从而更换画面的色调，其滤镜属性如图10-59所示。

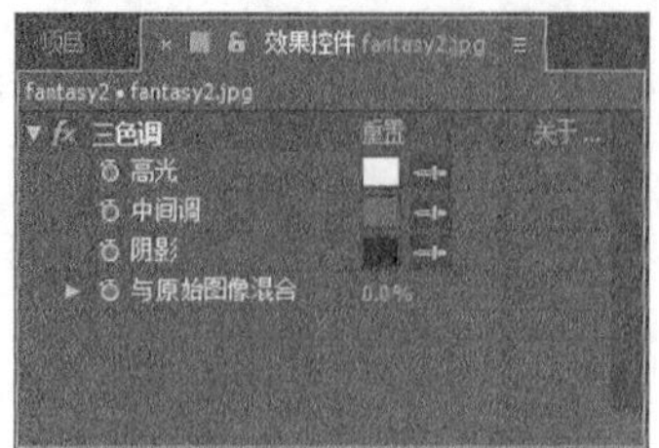

图10-59

其中，“高光”用来设置替换高光的颜色，“中间调”用来设置替换中间调的颜色，“阴影”用来设置替换阴影的颜色，“与原始图像混合”用来设置效果层与来源层的融合程度。

以图10-60所示的原始画面为例，在分别添加“三色调”滤镜和“色调”滤镜后，可以很明显地观察到图10-61比图10-62的效果细腻很多。

图10-60

图10-61

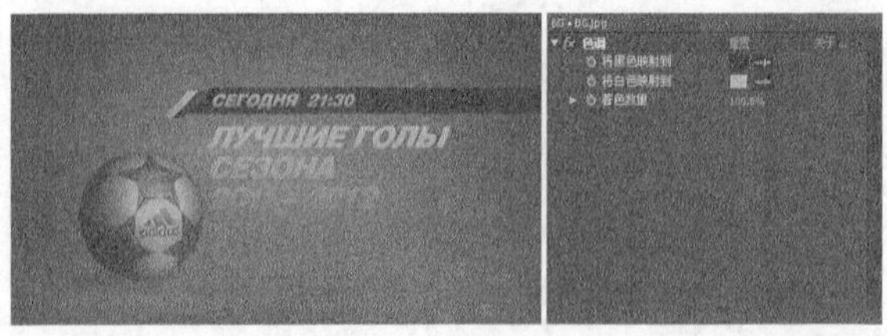

图10-62

10.3.8 曝光度滤镜

对于那些曝光不足和较暗的镜头，可以使用“曝光度”滤镜来修正颜色。“曝光度”滤镜主要用来修复画面的曝光度，其滤镜参数如图10-63所示。

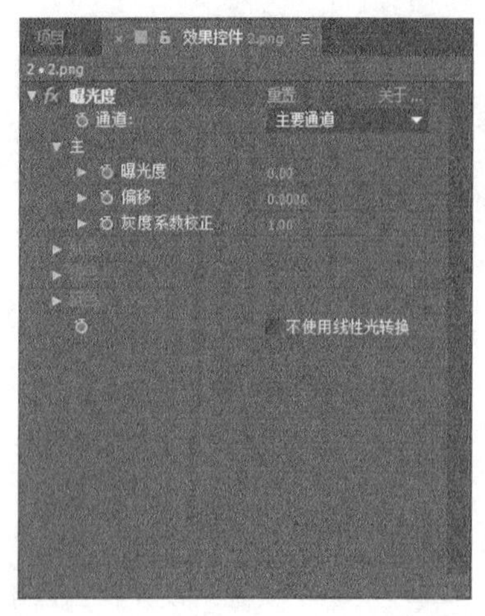

图10-63

参数详解

* 通道：指定通道的类型，包括“主要通道”和“单个通道”两种类型。“主要通道”选项是一次性调整整体通道；“单个通道”选项主要用来对RGB通道中的各个通道进行单独调整。

* 主：该选项是一次性调整整体通道，“单个通道”选项主要用来对RGB的各个通道进行单独调整。

- 曝光度：控制图像的整体曝光度。
- 偏移：设置图像整体色彩的偏移程度。
- 灰度系数校正：设置图像整体的灰度值。

* 红色/绿色/蓝色：分别用来调整RGB通道的“曝光度”“偏移”和“灰度系数校正”数值，只有设置“通道”为“单个通道”时，这些属性才会被激活。

10.3.9 照片滤镜滤镜

“照片滤镜”滤镜相当于为素材加入一个滤色镜，以达到颜色校正或光线补偿的作用，如图10-64所示。

图10-64

提示 滤色镜也称“滤光镜”，是根据不同波段对光线进行选择性吸收（或通过）的光学器件。由镜圈和滤光片组成，常装在照相机或摄像机镜头前面。黑白摄影用的滤色镜主要用于校正黑白片感色性以及调整反差、消除干扰光等；彩色摄影用的滤色镜主要用于校正光源色温，对色彩进行补偿。

执行“效果>颜色校正>照片滤镜”菜单命令，在“效果控件”面板中展开“照片滤镜”的属性，如图10-65所示。

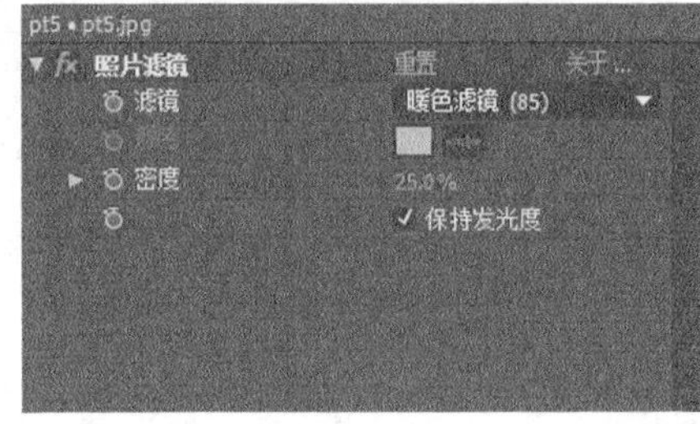

图10-65

参数详解

* 滤镜：设置需要过滤的颜色，可以从其下拉列表中选择系统自带的18种过滤色。

* 颜色：用户自己设置需要过滤的颜色。只有设置“滤镜”为“自定义”选项时，该选项才可用。

* 密度：设置重新着色的强度，值越大，效果越明显。

* 保持发光度：选择该选项时，可以在过滤颜色的同时保持原始图像的明暗分布层次。

10.3.10 更改颜色/更改为颜色滤镜

“更改颜色”滤镜可以改变某个色彩范围内的色调，以达到置换颜色的目的，如图10-66所示。

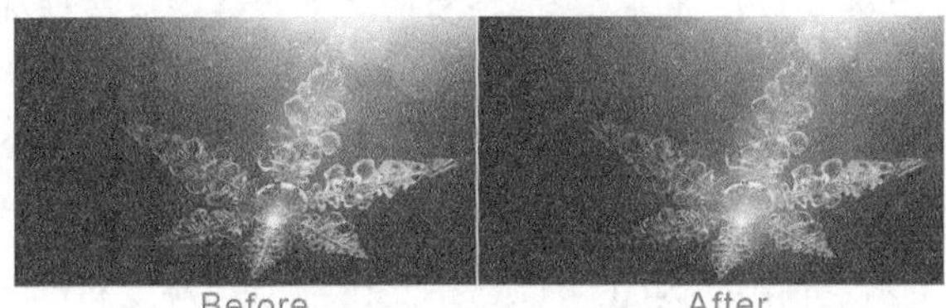

图10-66

执行“效果>颜色校正>更改颜色”菜单命令，在“效果控件”面板中展开“更改颜色”滤镜的属性，如图10-67所示。

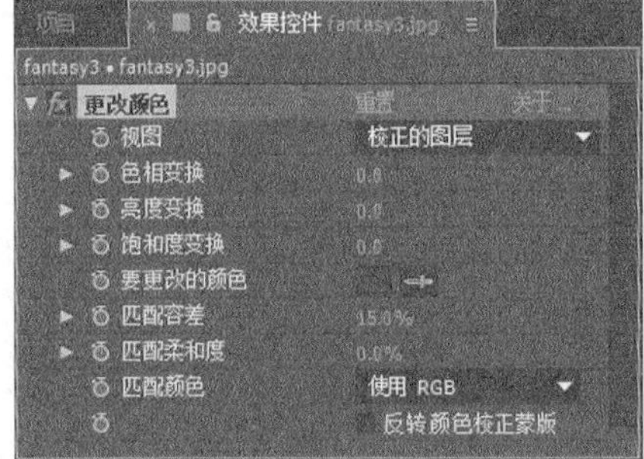

图10-67

参数详解

* 视图：设置在“合成”面板中查看图像的方式。“校正的图层”显示的是颜色校正后的画面效果，也就是最终效果；“颜色校正蒙版”显示的是颜色校正后的遮罩部分的效果，也就是图像中被改变的部分。

* 色相变换：调整所选颜色的色相。

* 亮度变换：调节所选颜色的亮度。

* 饱和度变换：调节所选颜色的色彩饱和度。

* 要更改的颜色：指定将要被修正的区域的颜色。

* 匹配容差：指定颜色匹配的相似程度，即颜色的容差度。值越大，被修正的颜色区域越大。

* 匹配柔和度：设置颜色的柔和度。

* 匹配颜色：指定匹配的颜色空间，共有“使用RGB”“使用色相”和“使用色度”3个选项。

* 反转颜色校正蒙版：反转颜色校正的蒙版，可以使用吸管工具拾取图像中相同的颜色区域来进行反转操作。

“更改为颜色”滤镜类似于“更改颜色”滤镜，可以将画面中某个特定颜色置换成另外一种颜色，只不过“更改为颜色”滤镜的可控参数更多，得到的效果也更加精确，其属性如图10-68所示。

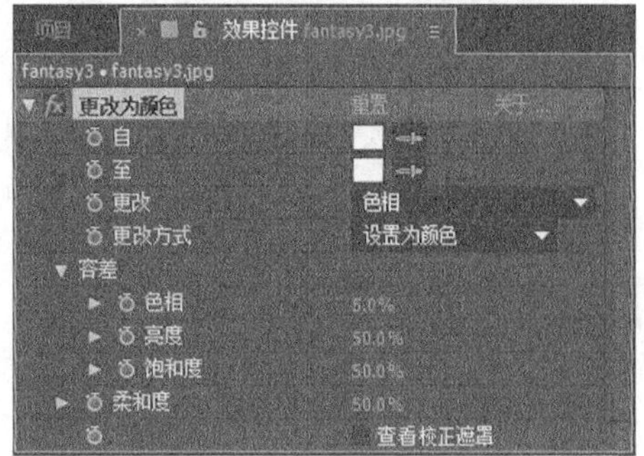

图10-68

参数详解

* 自：用来指定要转换的颜色。

* 至：用来指定转换成何种颜色。

* 更改：用来指定影响HLS色彩模式中的哪一个通道。

* 更改方式：用来指定颜色的转换方式，共有“设置为颜色”和“变换为颜色”两个选项。

* 容差：用来指定色相、明度和饱和度的数值。

* 柔和度：用来控制转换后的颜色的柔和度。

* 查看校正遮罩：选择该选项时，可以查看哪些区域的颜色被修改过。

课堂练习——季节更换

素材位置	实例文件>CH10>课堂练习——季节更换
实例位置	实例文件>CH10>课堂练习——季节更换
难易指数	★★★☆☆
练习目标	练习“色相/饱和度”滤镜的用法

本练习调色的前后对比效果如图10-69所示。

图10-69

操作提示

第1步：打开“实例文件>CH10>课堂练习——季节更换>课堂练习——季节更换.aep”文件。

第2步：加载“季节更换”合成，然后为Image.01.tga图层添加“色相/饱和度”滤镜。

课堂练习——色彩平衡滤镜的应用

素材位置　实例文件>CH10>课堂练习——色彩平衡滤镜的应用
实例位置　实例文件>CH10>课堂练习——色彩平衡滤镜的应用
难易指数　★★☆☆☆
练习目标　练习“颜色平衡”滤镜的用法

本练习调色的前后对比效果如图10-70所示。

图10-70

操作提示

第1步：打开“实例文件>CH10>课堂练习——色彩平衡滤镜的应用>课堂练习——色彩平衡滤镜的应用.aep”文件。

第2步：加载“色彩平衡滤镜的应用”合成，然后为Image.01.tga图层添加“颜色平衡”滤镜。

课后习题——通道混合器滤镜的应用

素材位置　实例文件>CH10>课后习题——通道混合器滤镜的应用
实例位置　实例文件>CH10>课后习题——通道混合器滤镜的应用
难易指数　★★☆☆☆
练习目标　练习“通道混合器”滤镜的用法

本习题调色的前后对比效果如图10-71所示。

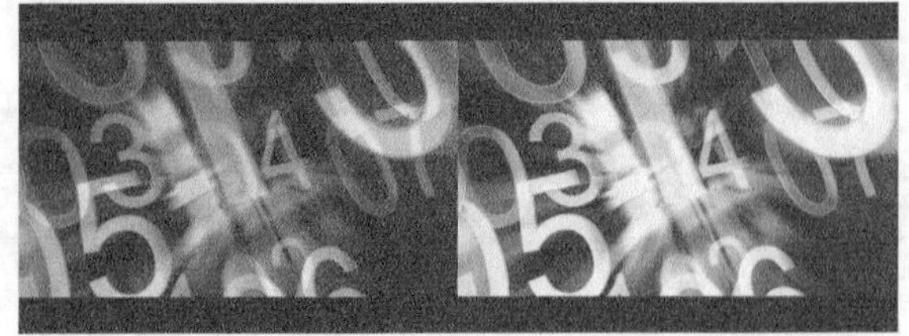

图10-71

操作提示

第1步：打开“实例文件>CH10>课后习题——通道混合器滤镜的应用>课后习题——通道混合器滤镜的应用.aep”文件。

第2步：加载“通道混合器滤镜的应用”合成，然后复制Im.tga图层，接着将复制图层的混合模式设置为“屏幕”。

第3步：为Im.tga图层添加“通道混合器”滤镜。

课后习题——三维素材后期处理

素材位置　实例文件>CH10>课后习题——三维素材后期处理
实例位置　实例文件>CH10>课后习题——三维素材后期处理
难易指数　★★★☆☆
练习目标　练习色彩修正技术综合运用

本习题主要介绍了三维素材的后期处理技术，通过学习，读者可以掌握三维软件渲染的素材在After Effects中该如何优化处理，案例效果如图10-72所示。

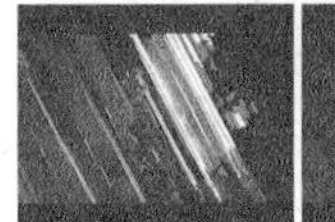

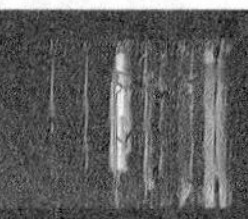
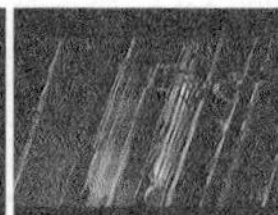

图10-72

操作提示

第1步：打开“实例文件>CH10>课后习题——三维素材后期处理>课后习题——三维素材后期处理.aep”文件。

第2步：加载“三维素材后期处理”合成，然后将GL_TGA.mov文件拖曳到“时间轴”面板的倒数第2层。

第3步：为GL_TGA.mov图层添加“亮度和对比度”以及“色相/饱和度”滤镜。

第4步：将GL_TGA.mov图层的混合模式设置为“相加”，然后复制GL_TGA.mov图层。

第11章 键控技术

键控是影视拍摄制作中的常用技术，在很多著名的影视大片中，那些气势恢宏的场景和令人瞠目结舌的特效，都使用了大量的键控处理。键控的好坏，一方面取决于前期对人物、背景屏幕、灯光的精心准备和拍摄而成的源素材，另一方面还要依靠后期合成制作中的键控技术。本章将详细介绍“键控”滤镜组、“遮罩”滤镜组、Keylight滤镜的用法及常规技巧。

课堂学习目标

- 了解键控技术的基本原理
- 掌握“键控”滤镜组
- 掌握“遮罩”滤镜组
- 掌握Keylight滤镜的基本键控
- 掌握Keylight滤镜的高级键控

11.1 特技键控技术简介

键控一词是从早期电视制作中得来的，英文名称为Key，意思是吸取画面中的某一种颜色，将其从画面中去除，从而留下主体，形成两层画面的叠加合成。例如，把一个人物从画面中抠出来之后和一段爆炸的素材合成到一起，那将是非常火爆的镜头，而这些特技镜头效果常常会在荧屏中见到。

一般情况下，在拍摄需要键控的画面的时候，都使用蓝色或绿色的幕布作为载体。这是因为人体中含有的蓝色和绿色是最少的，另外，蓝色和绿色也是三原色（RGB）中的两种主要颜色，颜色纯正，方便后期处理。

镜头键控是影视特效制作中最常用的技术之一，在电影电视里面的应用极为普遍，国内很多电视节目、电视广告也都一直在使用这类技术，如图11-1所示。

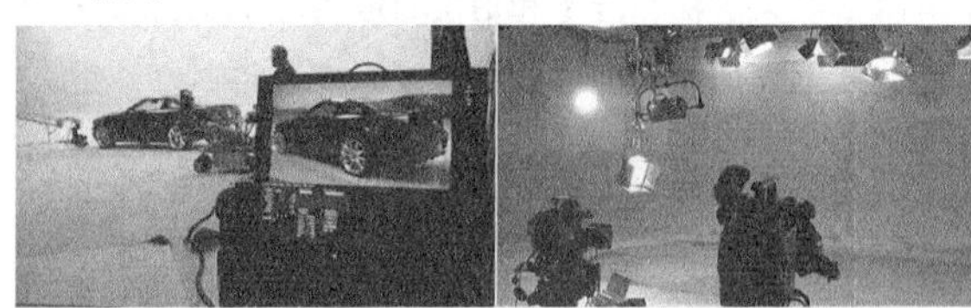

图11-1

在After Effects 中，其键控功能也是日益完善和强大。一般情况下，用户可以从“键控”和“遮罩”滤镜组着手，有些镜头的键控也需要蒙版、图层的混合模式、跟踪遮罩和画笔等工具来辅助配合。

总体来说，键控的好坏取决于两个方面，一方面是前期拍摄的源素材，另一方面是后期合成制作中的键控技术。针对不同的镜头，其键控的方法和结果也不尽相同。

11.2 键控滤镜组

在After Effects中，键控是通过定义图像中特定范围内的颜色值或亮度值来获取透明通道，当这些特定的值被抠出时，那么所有具有这个相同颜色或亮度的像素都将变成透明状态。将图像抠出来后，就可以将其运用到特定的背景中，以获得镜头所需的视觉效果，如图11-2所示。

图11-2

在After Effects 中，所有的“键控”滤镜都集中在“效果>键控”的子菜单中，如图11-3所示。

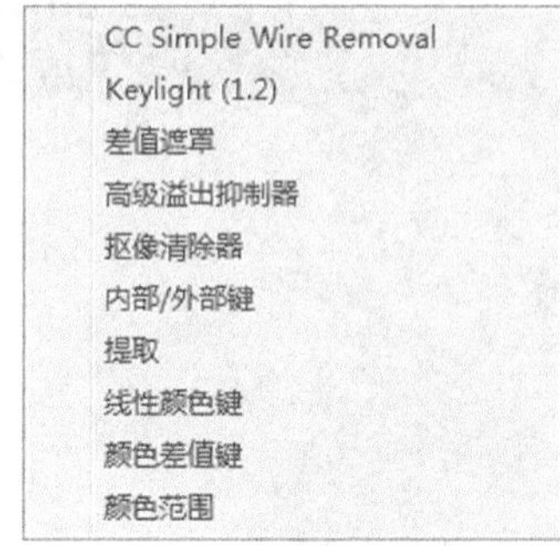

图11-3

本节知识点

名称	作用	重要程度
“颜色差值键”滤镜	将图像分成A、B两个不同起点的蒙版来创建透明度信息	高
“颜色键”滤镜	通过指定一种颜色，将图像中处于这个颜色范围内的图像抠出，使其变为透明	高
“颜色范围”滤镜	在Lab、YUV或RGB任意一个颜色空间中通过指定的颜色范围来设置抠出的颜色	高
“差值遮罩”滤镜	创建前景的Alpha通道	高
“提取”滤镜	将指定的亮度范围内的像素抠出，使其变成透明像素	中
“内部/外部键”滤镜	根据两个遮罩间的像素差异来定义抠出边缘并进行键控，适用于抠取毛发	中
“线性颜色键”滤镜	将画面上每个像素的颜色和指定的抠出色进行比较	中
“亮度键”滤镜	抠出画面中指定的亮度区域	中
“溢出抑制”滤镜	消除键控后图像中残留的颜色痕迹或图像边缘溢出的抠出颜色	中

11.2.1 课堂案例——使用颜色差值键滤镜

素材位置　实例文件>CH11>课堂案例——使用颜色差值键滤镜
实例位置　实例文件>CH11>课堂案例——使用颜色差值键滤镜
难易指数　★★☆☆☆
学习目标　掌握“颜色差值键”滤镜的用法

本案例的前后对比效果如图11-4所示。

图11-4

（1）打开“实例文件>CH11>课堂案例——使用颜色差值键滤镜>课堂案例——使用颜色差值键滤镜.aep”文件，然后加载“使用颜色差值键滤镜抠像”合成，如图11-5所示。

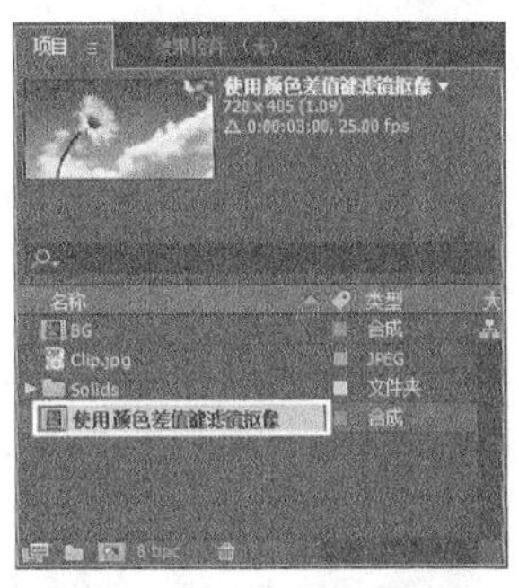

图11-5

（2）选择Clip.jpg图层，然后执行“效果>键控>颜色差值键”菜单命令，接着在“效果控件”面板中单击“主色”属性后面工具，最后在“合成”面板中拾取背景色，如图11-6所示。

图11-6

（3）设置“视图”为“已校正遮罩”、“黑色遮罩”为69、“白色遮罩”为189、“遮罩灰度系数”为0.8，如图11-7所示。效果如图11-8所示。

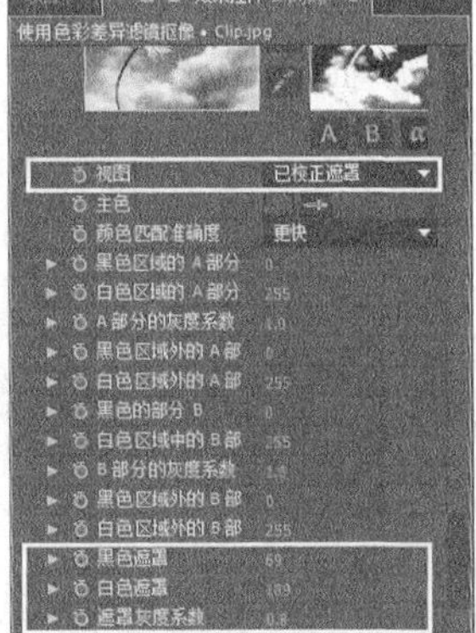

图11-7

图11-8

（4）设置“视图”为“最终输出”，效果如图11-9所示。选择Clip.jpg图层，然后执行“效果>颜色校正>色调”菜单命令，接着在“效果控件”面板中设置“中间调”为（R:255，G:151，B:59），如图11-10所示。效果如图11-11所示。

图11-9

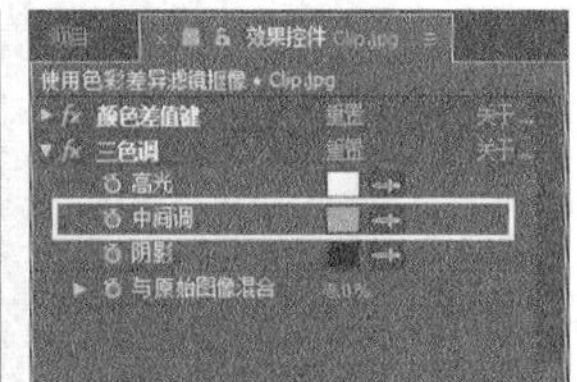

图11-10

图11-11

11.2.2 颜色差值键滤镜

“颜色差值键”滤镜可以将图像分成A、B两个不同起点的蒙版来创建透明度信息。蒙版B基于指定抠出颜色来创建透明度信息，蒙版A则基于图像区域中不包含第2种不同颜色来创建透明度信息，结合A、B蒙版就创建出了Alpha蒙版，通过这种方法，

“颜色差值键”可以创建出很精确的透明度信息。尤其适合抠取具有透明和半透明区域的图像，如烟、雾和阴影等，如图11-12所示。

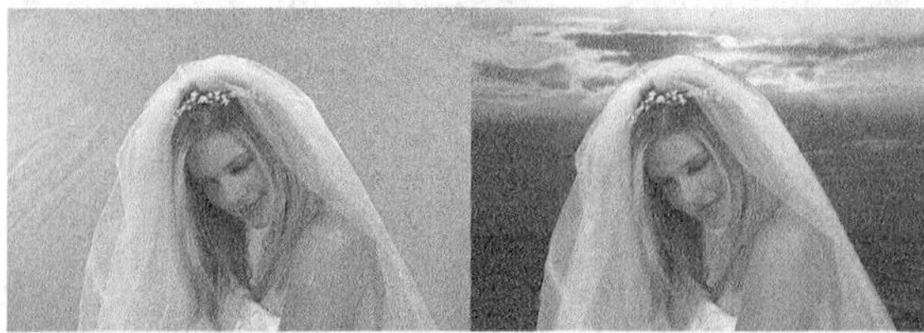

图11-12

执行“效果>键控>颜色差值键”菜单命令，在“效果控件”面板中展开“颜色差值键”滤镜的属性，如图11-13所示。

图11-13

参数详解

⋆ 视图：共有9种视图查看模式，如图11-14所示。

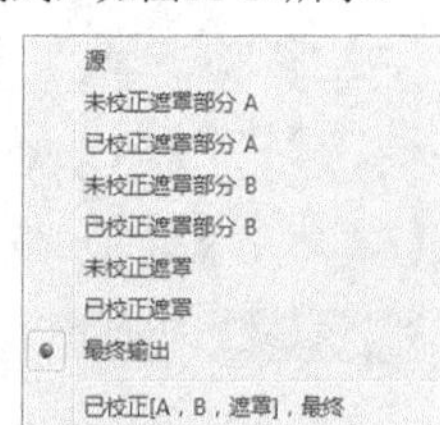

图11-14

- 源：显示原始的素材。
- 未校正遮罩部分A：显示没有修正的图像的遮罩A。
- 已校正遮罩部分A：显示已经修正的图像的遮罩A。
- 未校正遮罩部分B：显示没有修正的图像的遮罩B。
- 已校正遮罩部分B：显示已经修正的图像的遮罩B。
- 未校正遮罩：显示没有修正的图像的遮罩。
- 已校正遮罩：显示修正的图像的遮罩。
- 最终输出：最终的画面显示。
- 已校正[A，B，遮罩]，最终：同时显示遮罩A、遮罩B、修正的遮罩和最终输出的结果。

⋆ 主色：用来采样拍摄的动态素材幕布的颜色。

⋆ 颜色匹配准确度：设置颜色匹配的精度，包含“更快”和“更准确”两个选项。

⋆ 黑色区域的A部分：控制A通道的透明区域。

⋆ 白色区域的A部分：控制A通道的不透明区域。

⋆ A部分的灰度系数：用来影响图像的灰度范围。

⋆ 黑色区域外的A部分：控制A通道的透明区域的不透明度。

⋆ 白色区域外的A部分：控制A通道的不透明区域的不透明度。

⋆ 黑色的部分B：控制B通道的透明区域。

⋆ 白色区域中的B部分：控制B通道的不透明区域。

⋆ B部分的灰度系数：用来影响图像的灰度范围。

⋆ 黑色区域外的B部分：控制B通道的透明区域的不透明度。

⋆ 白色区域外的B部分：控制B通道的不透明区域的不透明度。

⋆ 黑色遮罩：控制Alpha通道的透明区域。

⋆ 白色遮罩：控制Alpha通道的不透明区域。

⋆ 遮罩灰度系数：用来影响图像Alpha通道的灰度范围。

提示 该滤镜在实际操作中非常简单，在指定完抠出颜色后，将“视图”模式切换为“已校正遮罩”后，修改“黑色遮罩”“白色遮罩”和“遮罩灰度系数”参数，最后将“视图”模式切换为“最终输出”即可。

11.2.3 颜色键滤镜

“颜色键”滤镜可以通过指定一种颜色，将图像中处于这个颜色范围内的图像抠出，使其变为透明，如图11-15所示。

图11-15

执行“效果>过时>颜色键”菜单命令，在“效果控件”面板中展开“颜色键”滤镜的属性，如图11-16所示。

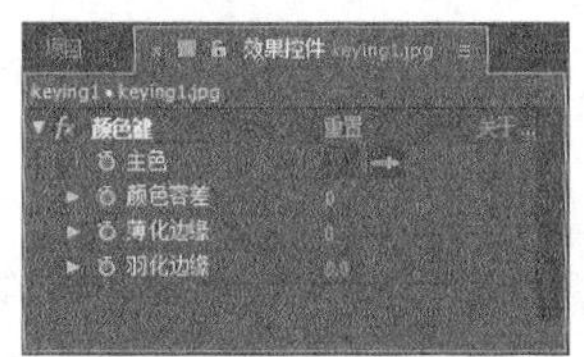

图11-16

参数详解

* 颜色容差：设置颜色的容差值。容差值越高，与指定颜色越相近的颜色越透明。
* 薄化边缘：用于调整抠出区域的边缘。正值为扩大遮罩范围，负值为缩小遮罩范围。
* 羽化边缘：用于羽化抠出的图像的边缘

提示 使用“颜色键”滤镜进行抠像只能产生透明和不透明两种效果，所以它只适合抠出背景颜色变化不大、前景完全不透明以及边缘比较精确的素材。

对于前景为半透明，背景比较复杂的素材，“颜色键”滤镜就无能为力了。

11.2.4 颜色范围滤镜

“颜色范围”滤镜可以在Lab、YUV或RGB任意一个颜色空间中通过指定的颜色范围来设置抠出的颜色。

执行“效果>过时>颜色范围”菜单命令，在“效果控件”面板中展开“颜色范围”滤镜的属性，如图11-17所示。

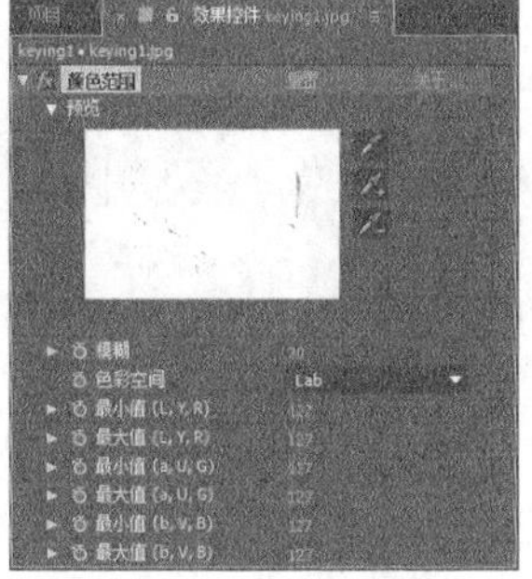

图11-17

参数详解

* 模糊：用于调整边缘的柔化度。
* 色彩空间：指定抠出颜色的模式，包括Lab、YUV和RGB这3种颜色模式。
* 最小值（L，Y，R）：如果“色彩空间”模式为Lab，则控制该色彩的第1个值L；如果是YUV模式，则控制该色彩的第1个值Y；如果是RGB模式，则控制该色彩的第1个值R。
* 最大值（L，Y，R）：控制第1组数据的最大值。
* 最小值（a，U，G）：如果“色彩空间”模式为Lab，则控制该色彩的第2个值a；如果是YUV模式，则控制该色彩的第2个值U；如果是RGB模式，则控制该色彩的第2个值G。
* 最大值（a，U，G）：控制第2组数据的最大值。
* 最小值（b，V，B）：控制第3组数据的最小值。
* 最大值（b，V，B）：控制第3组数据的最大值。

提示 如果镜头画面由多种颜色构成，或者是灯光不均匀的蓝屏或绿屏背景，那么“颜色范围”滤镜将会很容易帮你解决抠像问题。

11.2.5 差值遮罩滤镜

“差值遮罩”滤镜的基本思想是先把前景物体和背景一起拍摄下来，然后保持机位不变，去掉前景物体，单独拍摄背景。这样拍摄出来的两个画面相比较，在理想状态下，背景部分是完全相同的，而前景出现的部分则是不同的，这些不同的部分就是需要的Alpha通道，如图11-18所示。

图11-18

执行“效果>过时>差值遮罩”菜单命令，在“效果控件”面板中展开“差值遮罩”滤镜的属性，如图11-19所示。

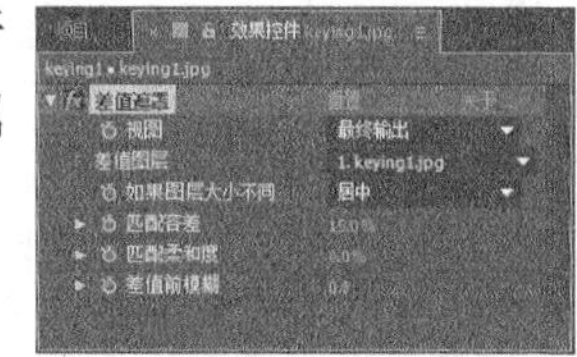

图11-19

参数详解

* 差值图层：选择用于对比的差异图层，可以用于抠出运动幅度不大的背景。
* 如果图层大小不同：当对比图层的尺寸不同时，该选项用于对图层进行相应处理，包括“居中”和“伸缩以合适”两个选项。
* 匹配容差：用于指定匹配容差的范围。
* 匹配柔和度：用于指定匹配容差的柔和程度。

* 差值前模糊：用于模糊比较相似的像素，从而清除合成图像中的杂点（这里的模糊只是计算机在进行比较运算的时候进行模糊，而最终输出的结果并不会产生模糊效果）。

提示 有时候没有条件进行蓝屏幕抠像时，就可以采用这种手段。但是即使机位完全固定，两次实际拍摄效果也不会是完全相同的，光线的微妙变化、胶片的颗粒以及视频的噪波等都会使再次拍摄到的背景有所不同，所以这样得到的通道通常都很不干净。

11.2.6 提取滤镜

“提取”滤镜可以将指定的亮度范围内的像素抠出，使其变成透明像素。该滤镜适用于白色或黑色背景的素材，或前景和背景亮度反差比较大的镜头，如图11-20所示。

图11-20

执行“效果>过时>提取”菜单命令，在“效果控件”面板中展开“提取”滤镜的属性，如图11-21所示。

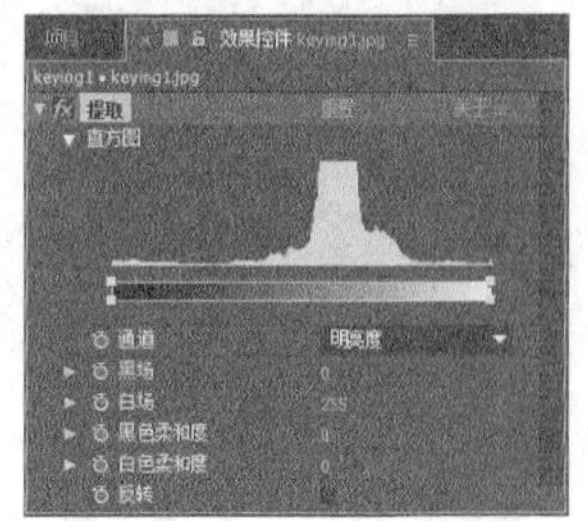

图11-21

参数详解

* 通道：用于选择抠取颜色的通道，包括“明亮度”“红色”“绿色”“蓝色”和Alpha这5个通道。

* 黑场：用于设置黑色点的透明范围，小于黑色点的颜色将变为透明。

* 白场：用于设置白色点的透明范围，大于白色点的颜色将变为透明。

* 黑色柔和度：用于调节暗色区域的柔和度。

* 白色柔和度：用于调节亮色区域的柔和度。

* 反转：反转透明区域。

提示 “提取”滤镜还可以用来消除人物的阴影。

11.2.7 内部/外部键滤镜

“内部/外部键”滤镜特别适用于抠取毛发。使用该滤镜时需要绘制两个遮罩，一个用来定义抠出范围内的边缘，另外一个用来定义抠出范围之外的边缘，系统会根据这两个遮罩间的像素差异来定义抠出边缘并进行抠像，如图11-22所示。

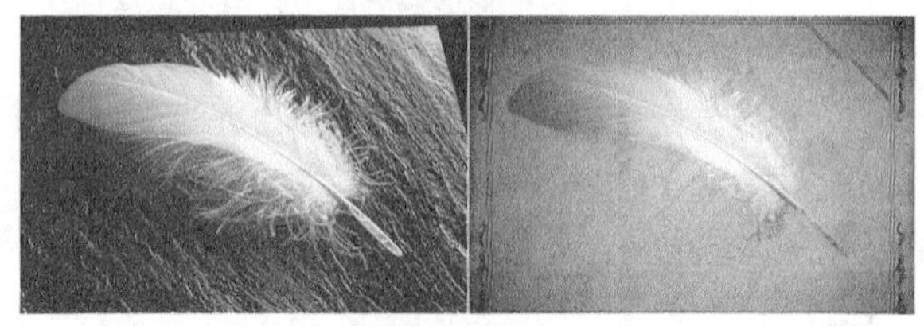

图11-22

执行“效果>过时>内部/外部键”菜单命令，在“效果控件”面板中展开“内部/外部键”滤镜的属性，如图11-23所示。

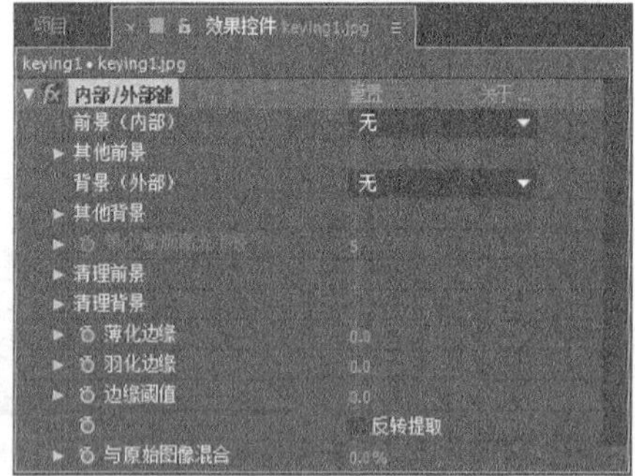

图11-23

参数详解

* 前景（内部）：用来指定绘制的前景蒙版。

* 其他前景：用来指定更多的前景蒙版。

* 背景（外部）：用来指定绘制的背景蒙版。

* 其他背景：用来指定更多的背景蒙版。

* 单个蒙版高光半径：当只有一个蒙版时，该选项才被激活，只保留蒙版范围里的内容。

* 清理前景：清除图像的前景色。

* 清理背景：清除图像的背景色。

* 边缘阈值：用来设置图像边缘的容差值。

* 反转提取：反转抠像的效果。

提示 “内部/外部键”滤镜还会修改边界的颜色，将背景的残留颜色提取出来，然后自动净化边界的残留颜色，因此把经过抠像后的目标图像叠加在其他背景上时，会显示出边界的模糊效果。

11.2.8 线性颜色键滤镜

“线性颜色键”滤镜可以将画面中每个像素的颜色和指定的抠出色进行比较，如果像素颜色和指定的颜色完全匹配，那么这个像素的颜色就会被完全抠出；如果像素颜色和指定的颜色不匹配，那么这些像素就会被设置为半透明；如果像素颜色和指定的颜色完全不匹配，那么这些像素就完全不透明。

执行“效果>过时>线性颜色键”菜单命令，在“效果控件”面板中展开“线性颜色键”滤镜的属性，如图11-24所示。

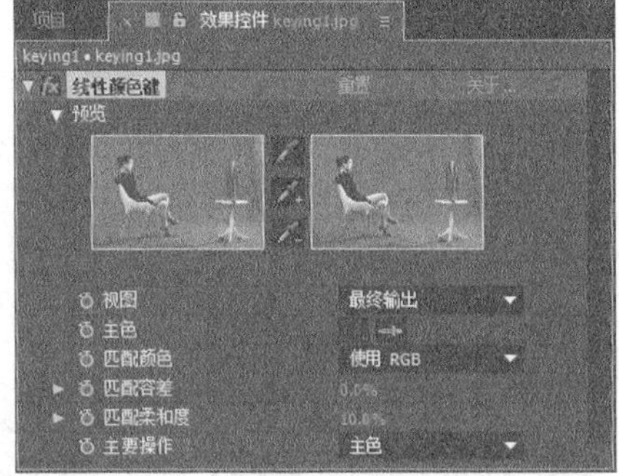

图11-24

在“预览”窗口中可以观察到两个缩略视图，左侧的视图窗口用于显示素材图像的缩略图，右侧的视图窗口用于显示抠像的效果。

线性颜色键参数介绍

参数详解

* 视图：指定在“合成”面板中显示图像的方式。包括“最终输出”“仅限源”和“仅限遮罩”3个选项。

* 主色：指定将被抠出的颜色。

* 匹配颜色：指定键控色的颜色空间，包括“使用RGB”“使用色相”和“使用饱和度”3种类型。

* 匹配容差：用于调整抠出颜色的范围值。容差匹配值为0时，画面全部不透明；容差匹配值为100时，整个图像将完全透明。

* 匹配柔和度：柔化“匹配容差”的值。

* 主要操作：用于指定抠出色是“主色”还是“保持颜色”。

11.2.9 亮度键滤镜

“亮度键”滤镜主要用来抠出画面中指定的亮度区域。使用“亮度键”滤镜对于创建前景和背景的明亮度差别比较大的镜头非常有用，如图11-25所示。

图11-25

执行“效果>过时>亮度键”菜单命令，在“效果控件”面板中展开“亮度键”滤镜的属性，如图11-26所示。

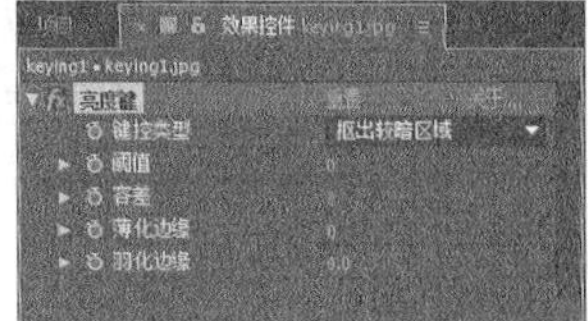

图11-26

参数详解

* 键控类型：指定亮度抠出的类型，共有以下4种。
- 抠出较亮区域：使比指定亮度更亮的部分变为透明。
- 抠出较暗区域：使比指定亮度更暗的部分变为透明。
- 抠出亮度相似的区域：抠出“阈值”附近的亮度。
- 抠出亮度不同的区域：抠出“阈值”范围之外的亮度。

* 阈值：设置阈值的亮度值。

* 容差：设定被抠出的亮度范围。值越低，被抠出的亮度越接近“阈值”设定的亮度范围；值越高，被抠出的亮度范围越大。

* 薄化边缘：调节抠出区域边缘的宽度。

* 羽化边缘：设置抠出边缘的柔和度。值越大，边缘越柔和，但是需要更多的渲染时间。

11.2.10 溢出抑制滤镜

通常情况下，抠像之后的图像都会有残留的抠出颜色的痕迹，而“溢出抑制”滤镜就可以用来消除这些残留的颜色痕迹，另外还可以消除图像边缘溢出的抠出颜色。

执行“效果>过时>溢出抑制”菜单命令，在“效果控件”面板中展开“溢出抑制”滤镜的属性，如图11-27所示。

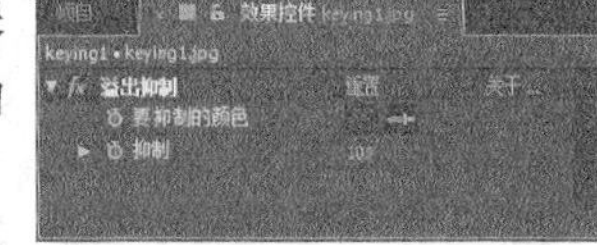

图11-27

参数详解

* 要抑制的颜色：用来清除图像残留的颜色。

* 抑制：用来设置抑制颜色强度。

提示 这些溢出的抠出色常常是由于背景的反射造成的，如果使用“溢出抑制”滤镜依然不能得到满意的结果，可以使用“色相/饱和度”降低饱和度，从而弱化抠出的颜色。

11.3 遮罩滤镜组

键控是一门综合技术，除了键控滤镜本身的使用方法外，还包括键控后图像边缘的处理技术、与背景合成时的色彩匹配技术等。在这一节，我们将介绍图像边缘的处理技术。

本节知识点

名称	作用	重要程度
“遮罩阻塞工具”滤镜	处理图像的边缘	高
“调整实边遮罩”滤镜	处理图像的边缘或控制抠出图像的Alpha噪波干净纯度	高
“简单阻塞工具”滤镜	处理较为简单或精度要求比较低的边缘	高

11.3.1 课堂案例——使用差值遮罩滤镜

素材位置 实例文件>CH11>课堂案例——使用差值遮罩滤镜
实例位置 实例文件>CH11>课堂案例——使用差值遮罩滤镜
难易指数 ★★☆☆☆
学习目标 掌握“差值遮罩”滤镜的用法

本案例的前后对比效果如图11-28所示。

图11-28

（1）打开“实例文件>CH11>课堂案例——使用差值遮罩滤镜>课堂案例——使用差值遮罩滤镜.aep”文件，然后在“项目”面板中双击“使用差值遮罩滤镜抠像”加载合成，如图11-29所示。

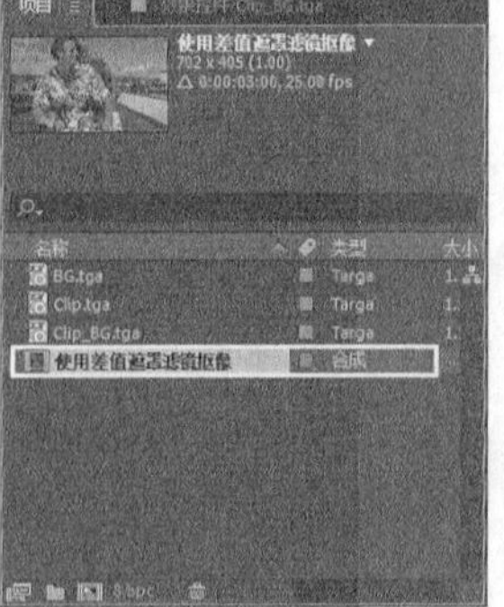

图11-29

（2）选择Clip.tga图层，然后执行“效果>键控>差值遮罩”菜单命令，接着在“效果控件”面板中设置“差值图层”为4. Clip_BG.tga、“匹配容差”为5%、“匹配柔和度”为2%，如图11-30所示。效果如图11-31所示。

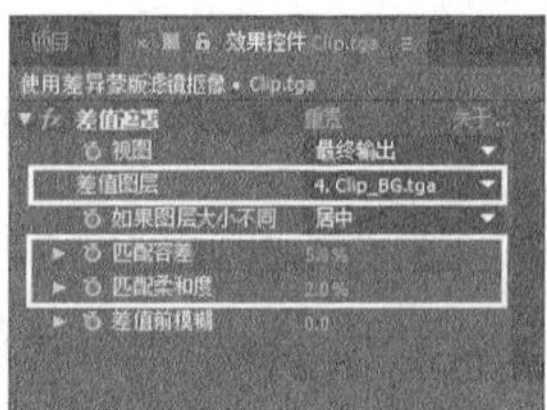

图11-30

图11-31

（3）选择Clip.tga图层，然后执行“效果>遮罩>简单阻塞工具”菜单命令，接着在“效果控件”面板中设置“阻塞遮罩”为2，如图11-32所示。效果如图11-33所示。

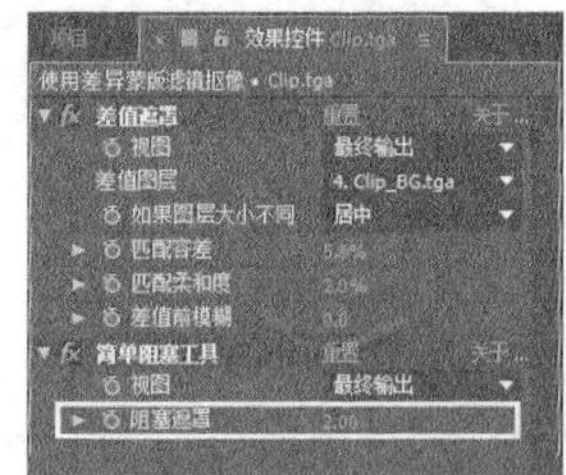

图11-32

图11-33

11.3.2 遮罩阻塞工具滤镜

“遮罩阻塞工具”滤镜是功能非常强大的图像边缘处理工具，如图11-34所示。

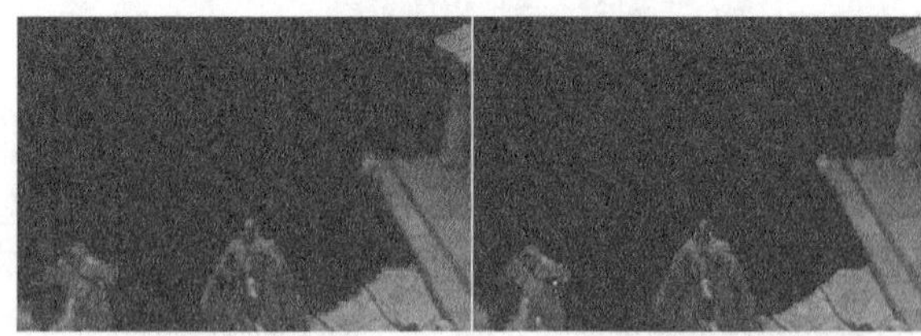

图11-34

执行“效果>遮罩>遮罩阻塞工具”菜单命令，在“效果控件”面板中展开“遮罩阻塞工具”滤镜的属性，如图11-35所示。

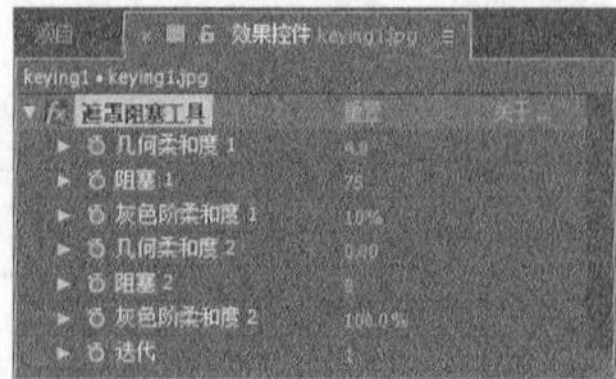

图11-35

参数详解

* 几何柔和度1：用来调整图像边缘的一级光滑度。
* 阻塞1：用来设置图像边缘的一级"扩充"或"收缩"。
* 灰色阶柔和度1：用来调整图像边缘的一级光滑度程度。
* 几何柔和度2：用来调整图像边缘的二级光滑度。
* 阻塞2：用来设置图像边缘的二级"扩充"或"收缩"。
* 灰色阶柔和度2：用来调整图像边缘的二级光滑度程度。
* 迭代：用来控制图像边缘"收缩"的强度。

11.3.3 调整实边遮罩滤镜

"调整实边遮罩"滤镜不仅仅可以用来处理图像的边缘，还可以用来控制抠出图像的Alpha噪波干净纯度，如图11-36所示。

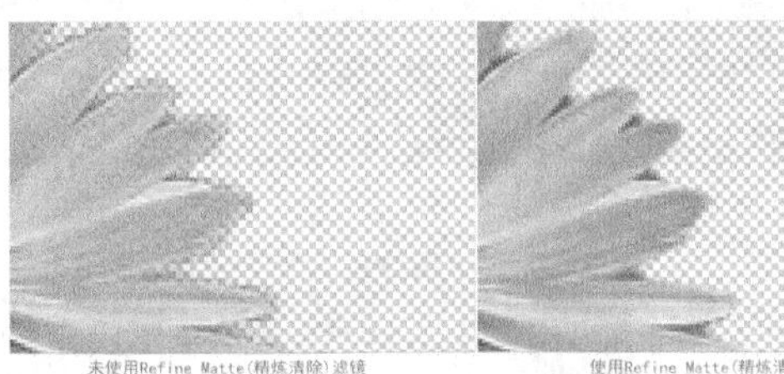

图11-36

执行"效果>遮罩>调整实边遮罩"菜单命令，在"效果控件"面板中展开"调整实边遮罩"滤镜的属性，如图11-37所示。

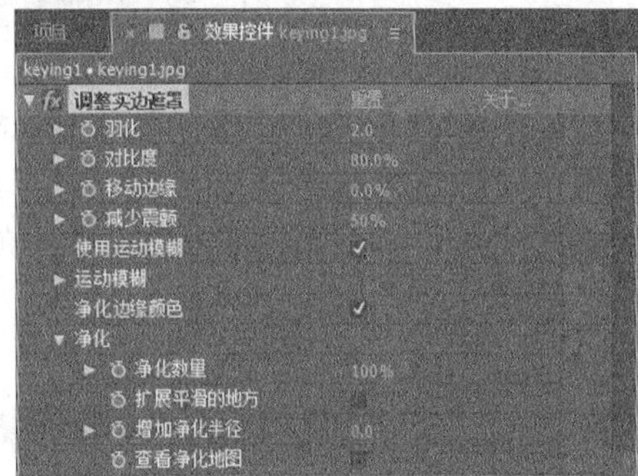

图11-37

参数详解

* 羽化：用来设置图像边缘的光滑程度。
* 对比度：用来调整图像边缘的羽化过渡。
* 减少震颤：用来设置运动图像上的噪波。
* 使用运动模糊：对于带有运动模糊的图像来说，该选项很有用处。
* 净化边缘颜色：可以用来处理图像边缘的颜色。

11.3.4 简单阻塞工具滤镜

"简单阻塞工具"滤镜属于边缘控制组中最为简单的一款滤镜，不太适合处理较为复杂或精度要求比较高的边缘。

执行"效果>遮罩>简单阻塞工具"菜单命令，在"效果控件"面板中展开"简单阻塞工具"滤镜的属性，如图11-38所示。

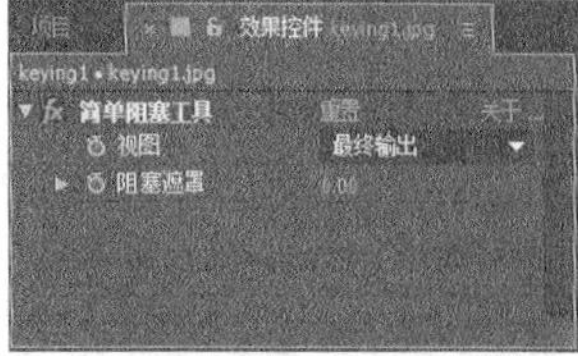

图11-38

参数详解

* 视图：用来设置图像的查看方式。
* 阻塞遮罩：用来设置图像边缘的"扩充"或"收缩"。

11.4 Keylight（1.2）滤镜

Keylight是一个屡获殊荣并经过产品验证的蓝绿屏幕键控插件，同时Keylight是曾经获得学院奖的键控工具之一。多年以来，Keylight不断进行改进和升级，目的就是为了使键控能够更快捷、简单。

使用Keylight可以轻松地抠取带有阴影、半透明或毛发的素材，并且还有Spill Suppression（溢出抑制）功能，可以清除键控蒙版边缘的溢出颜色，这样可以使前景和背景更加自然地融合在一起。

Keylight能够无缝集成到一些世界领先的合成和编辑系统中，包括Autodesk媒体和娱乐系统、Avid DS、Digital Fusion、Nuke、Shake和Final Cut Pro。当然也可以无缝集成到After Effects中，如图11-39所示。

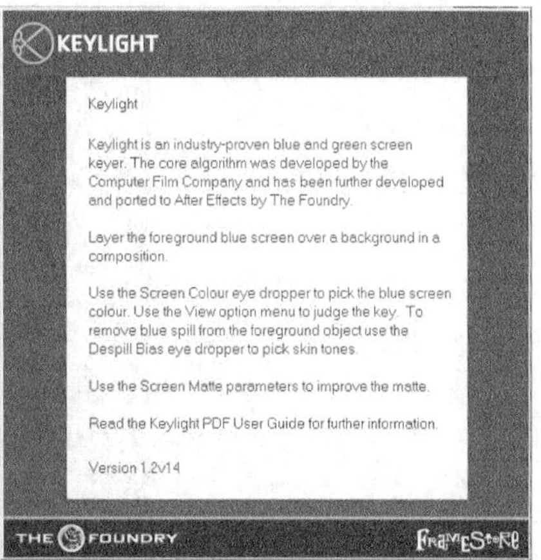

图11-39

本节知识点

名称	作用	重要程度
基本键控	了解如何进行基本抠图	高
高级键控	了解如何进行高级抠图	高

11.4.1 课堂案例——虚拟演播室

素材位置　实例文件>CH11>课堂案例——虚拟演播室
实例位置　实例文件>CH11>课堂案例——虚拟演播室
难易指数　★★★☆☆
学习目标　掌握特技键控技术的综合运用

本案例主要讲解镜头的蓝屏键控、图像边缘处理和场景色调匹配等键控技术的应用，案例的前后对比效果如图11-40所示。

图11-40

（1）打开“实例文件>CH11>课堂案例——虚拟演播室>课堂案例——虚拟演播室.aep”文件，然后在“项目”面板中双击“虚拟演播室”加载合成，如图11-41所示。

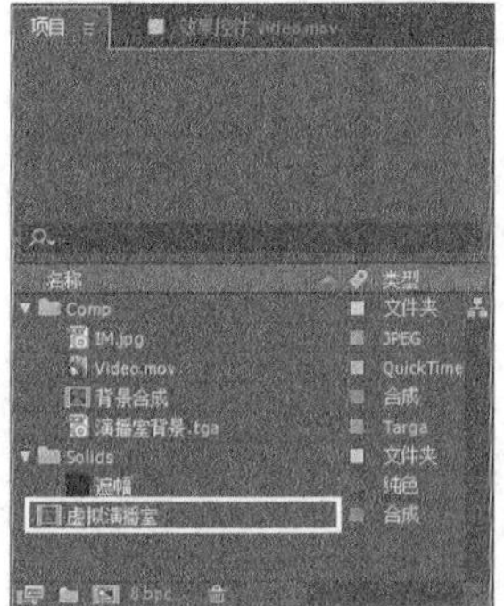

图11-41

（2）选择Video.mov图层，然后执行“效果>键控>Keylight（1.2）”菜单命令，接着在“效果控件”面板中展开Source Crops（源裁剪）属性组，最后设置X Method（*x*轴方式）为Repeat（重复）、Y Method（*y*轴方式）为Repeat（重复）、Left（左）为45，如图11-42所示。效果如图11-43所示。

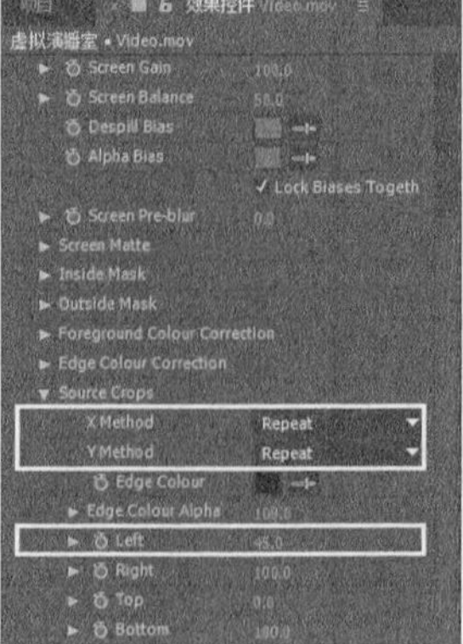

图11-42

图11-43

（3）单击Screen Colour（屏幕色）属性后面的工具，然后在“合成”面板中吸取背景色，如图11-44所示。抠出后的画面效果如图11-45所示。

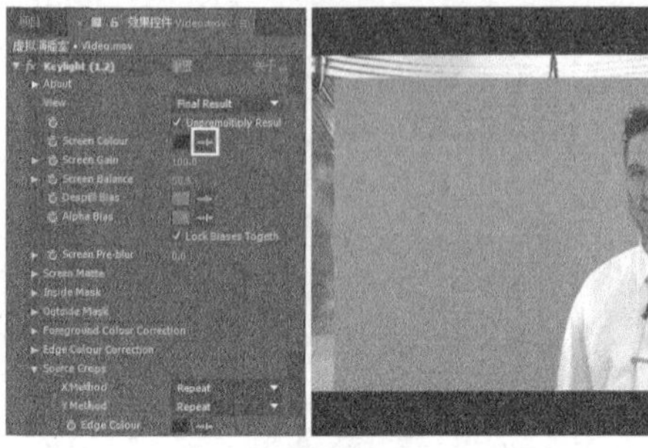

图11-44

图11-45

（4）设置View（视图）为Screen Matte（屏幕蒙版），在“合成”面板中可以观察到人物部分有残留的灰色，说明抠出的图像带有透明信息，如图11-46所示。为了保证抠出的图像正确，需要将人物区域调整为纯白色，背景为纯黑色。

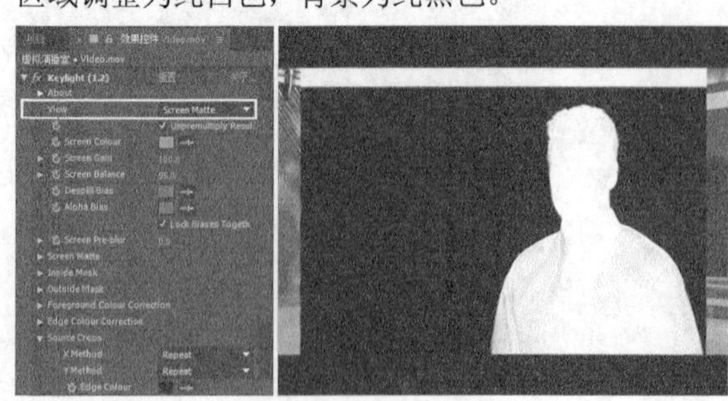

图11-46

（5）设置Screen Gain（屏幕增益）为110、Screen Balance（屏幕平衡）为0，然后在Screen Matte（屏幕蒙版）属性组下设置Clip White（剪切白色）为80、Screen Shrink/Grow（屏幕收缩/扩张）为-1.5、Screen Softness（屏幕柔化）为0.5，如图11-47所示。

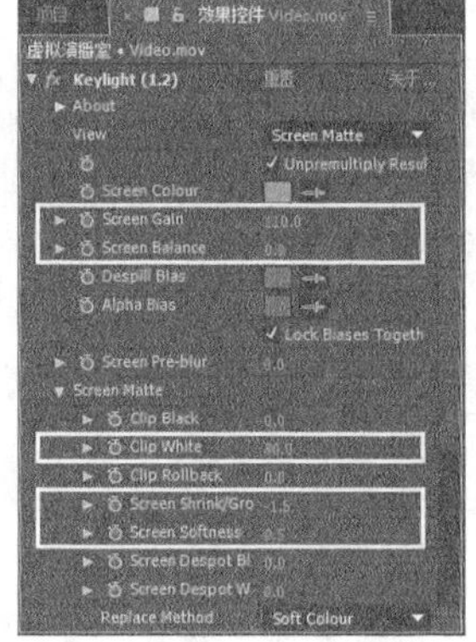

图11-47

（6）设置View（视图）方式为Final Result（最终结果），此时画面的预览效果如图11-48所示。

图11-48

11.4.2 基本键控

基本抠像的工作流程一般是先设置Screen Colour（屏幕色）参数，然后设置要抠出的颜色。如果在蒙版的边缘有抠出颜色的溢出，此时就需要调节Despill Bias（反溢出偏差）参数，为前景选择一个合适的表面颜色；如果前景颜色被抠出或背景颜色没有被完全抠出，这时就需要适当调节Screen Matte（屏幕蒙版）属性组下面的Clip Black（剪切黑色）和Clip White（剪切白色）参数。

执行“效果>键控>Keylight（1.2）”菜单命令，在“效果控件”面板中展开Keylight（1.2）滤镜的属性，如图11-49所示。

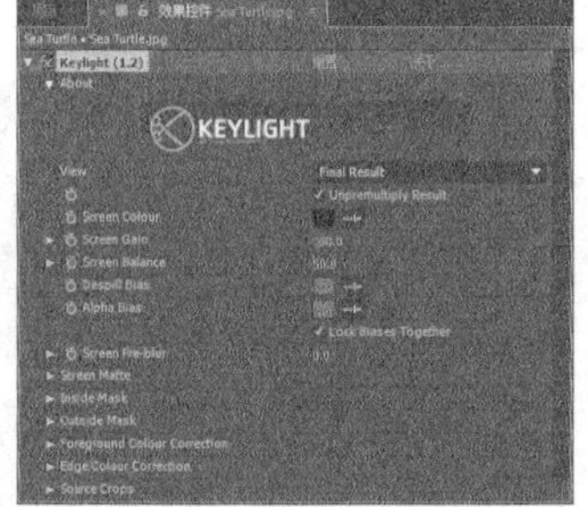

图11-49

1.View（视图）

View（视图）选项用来设置查看最终效果的方式，在其下拉列表中提供了11种查看方式，如图11-50所示。下面将介绍View（视图）方式中的几个最常用的选项。

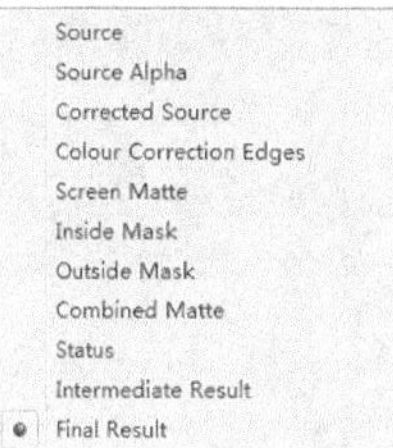

图11-50

提示 在设置Screen Colour（屏幕色）时，不能将View（视图）选项设置为Final Result（最终结果），因为在进行第1次取色时，被选择抠出的颜色大部分都被消除了。

参数详解

★ Screen Matte（屏幕蒙版）：在设置Clip Black（剪切黑色）和Clip White（剪切白色）时，可以将View（视图）方式设置为Screen Matte（屏幕蒙版），这样可以将屏幕中本来应该是完全透明的地方调整为黑色，将完全不透明的地方调整为白色，将半透明的地方调整为合适的灰色，如图11-51所示。

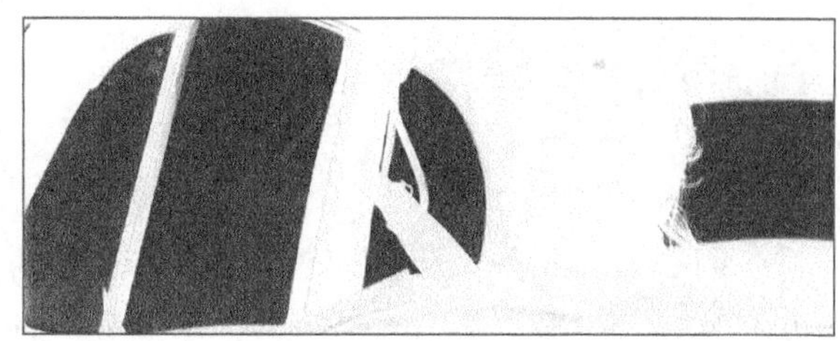

图11-51

提示 在设置Clip Black（剪切黑色）和Clip White（剪切白色）参数时，最好将View（视图）方式设置为Screen Matte（屏幕蒙版）模式，这样可以更方便地查看蒙版效果。

★ Status（状态）：将蒙版效果进行夸张、放大渲染，这样即便是很小的问题在屏幕上也将被放大显示出来，如图11-52所示。

图11-52

提示 在Status（状态）视图中显示了黑、白、灰3种颜色，黑色区域在最终效果中处于完全透明状态，也就是颜色被完全抠出的区域，这个地方可以使用其他背景来代替；白色区域在最终效果中显示为前景画面，这个地方的颜色将完全保留下来；灰色区域表示颜色没有被完全抠出，显示的是前景和背景叠加的效果，在画面前景的边缘需要保留灰色像素来达到一种完美的前景边缘过渡与处理效果。

* Final Result（最终结果）：显示当前键控的最终效果。

提示 一般情况下，Despill Bias（反溢出偏差）参数和Alpha Bias（Alpha偏差）参数是关联在一起的，不管调节其中的任何一个参数，另一个参数也会跟着发生相应的改变。

2.Screen Colour（屏幕色）

Screen Colour（屏幕色）用来设置需要被抠出的屏幕色，可以使用该选项后面的“吸管工具”在Composition（合成）面板中吸取相应的屏幕色，这样就会自动创建一个Screen Matte（屏幕蒙版），并且这个蒙版会自动抑制蒙版边缘溢出的抠出颜色。

11.4.3 高级键控

1.Screen Colour（屏幕色）

无论是基本键控还是高级键控，Screen Colour（屏幕色）都是必须设置的一个选项。使用Keylight（1.2）滤镜进行键控的第1步就是使用Screen Colour（屏幕色）后面的“吸管工具”在屏幕上对抠出的颜色进行取样，取样的范围包括主要色调（如蓝色和绿色）与颜色饱和度。

一旦指定了Screen Colour（屏幕色）后，Keylight（1.2）滤镜就会在整个画面中分析所有的像素，并且比较这些像素的颜色和取样的颜色在色调和饱和度上的差异，然后根据比较的结果来设定画面的透明区域，并相应地对前景画面的边缘颜色进行修改。

提示 这里介绍一下图像像素与Screen Colour（屏幕色）的关系。

背景像素：如果图像中的像素的色相与Screen Colour（屏幕色）类似，并且饱和度与设置的抠出颜色的饱和度一致或更高，那么这些像素就会被认为是图像的背景像素，因此将会被全部抠出，变成完全透明的效果，如图11-53所示。

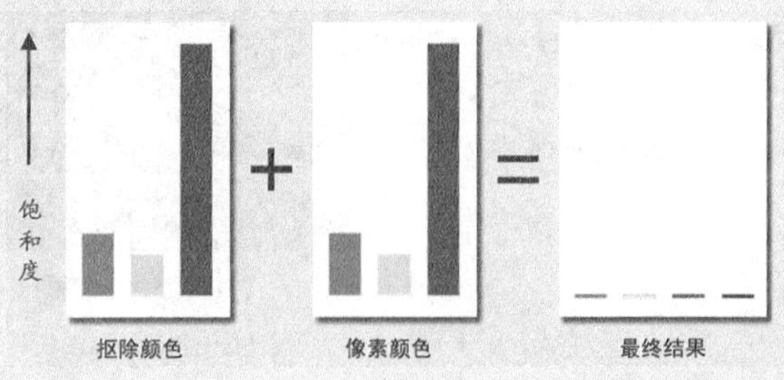

图11-53

边界像素：如果图像中像素的色相与Screen Colour（屏幕色）的色相类似，但是它的饱和度要低于屏幕色的饱和度，那么这些像素就会被认为是前景的边界像素，这样像素颜色就会减去屏幕色的加权值，从而使这些像素变成半透明效果，并且会对它的溢出颜色进行适当的抑制，如图11-54所示。

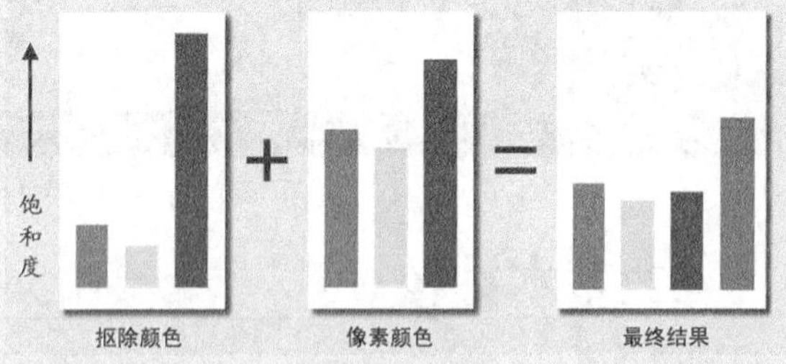

图11-54

前景像素：如果图像中像素的色相与Screen Colour（屏幕色）的色相不一致，例如，在图11-55中，像素的色相为绿色，Screen Colour（屏幕色）的色相为蓝色，这样Keylight（1.2）滤镜经过比较后就会将绿色像素当作前景颜色，因此绿色将完全被保留下来。

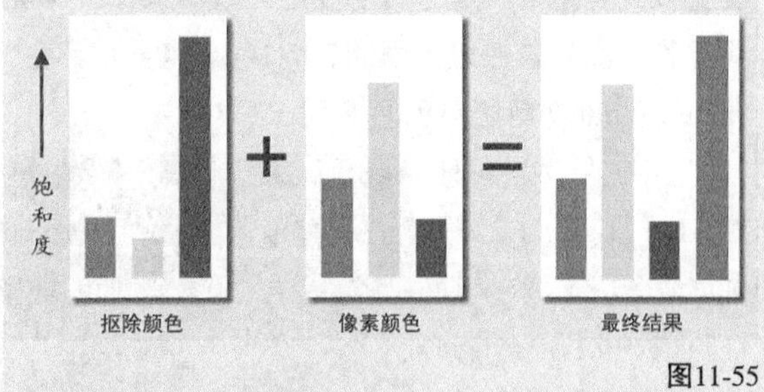

图11-55

2.Despill Bias（反溢出偏差）

Despill Bias（反溢出偏差）属性可以用来设置

Screen Colour（屏幕色）的反溢出效果，例如，在图11-56（左）中直接对素材应用Screen Colour（屏幕色），然后设置抠出颜色为蓝色后的键控效果并不理想，如图11-56（右）所示。此时Despill Bias（反溢出偏差）属性为默认值。

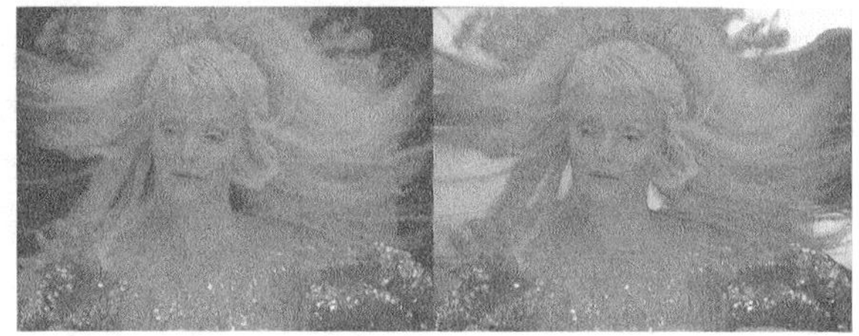

图11-56

从图11-75（右）中不难看出，头发边缘还有蓝色像素没有被完全抠出，这时就需要设置Despill Bias（反溢出偏差）颜色为前景边缘的像素颜色，也就是毛发的颜色，这样抠取出来的图像效果就会得到很大改善，如图11-57所示。

图11-57

3.Alpha Bias（Alpha偏差）

在一般情况下都不需要单独调节Alpha Bias（Alpha偏差）属性，但是在绿屏中的红色信息多于绿色信息时，并且前景的红色通道信息也比较多的情况下，就需要单独调节Alpha Bias（Alpha偏差）属性，否则很难抠出图像，如图11-58所示。

图11-58

提示 在选取Alpha Bias（Alpha偏差）颜色时，一般都要选择与图像中的背景颜色具有相同色相的颜色，并且这些颜色的亮度要比较高才行。

4.Screen Gain（屏幕增益）

Screen Gain（屏幕增益）属性主要用来设置Screen Colour（屏幕色）被抠出的程度，其值越大，被抠出的颜色就越多，如图11-59所示。

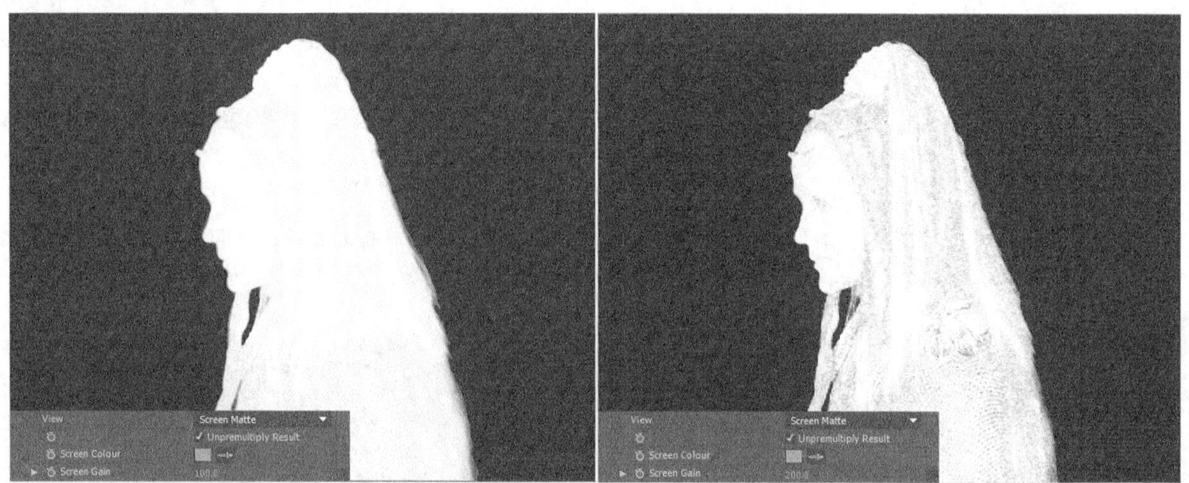

图11-59

提示 在调节Screen Gain（屏幕增益）属性时，其数值不能太小，也不能太大。在一般情况下，使用Clip Black（剪切黑色）和Clip White（剪切白色）两个参数来优化Screen Matte（屏幕蒙版）的效果比使用Screen Gain（屏幕增益）的效果要好。

5.Screen Balance（屏幕平衡）

Screen Balance（屏幕平衡）属性是通过在RGB颜色值中对主要颜色的饱和度与其他两个颜色通道的饱和度的平均加权值进行比较，所得出的结果就是Screen Balance（屏幕平衡）的属性值。例如，Screen Balance（屏幕平衡）为100%时，Screen Colour（屏幕色）的饱和度占绝对优势，而其他两种颜色的饱和度几乎为0。

提示 根据素材的不同，需要设置的Screen Balance（屏幕平衡）值也有所差异。在一般情况下，蓝屏素材设置为95%左右即可，而绿屏素材设置为50%左右就可以了。

6.Screen Pre-blur（屏幕预模糊）

Screen Pre-blur（屏幕预模糊）参数可以在对素材进行蒙版操作前，对画面进行轻微的模糊处理，这种预模糊的处理方式可以降低画面的噪点效果。

7.Screen Matte（屏幕蒙版）

Screen Matte（屏幕蒙版）属性组主要用来微调蒙版效果，这样可以更加精确地控制前景和背景的界线。展开Screen Matte（屏幕蒙版）属性组的相关属性，如图11-60所示。

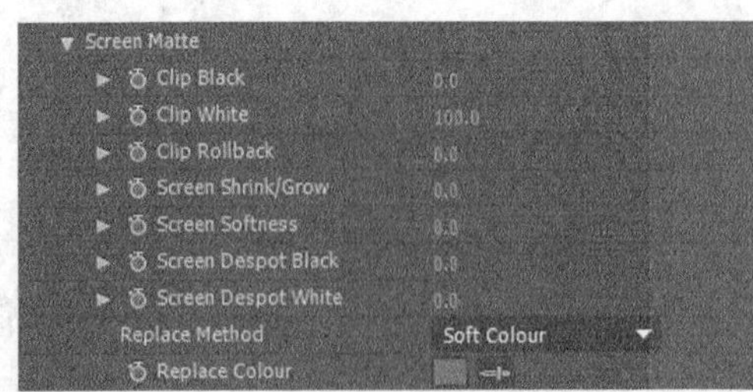

图11-60

参数详解

* Clip Black（剪切黑色）：设置蒙版中黑色像素的起点值。如果在背景像素的地方出现了前景像素，那么这时就可以适当增大Clip Black（剪切黑色）的数值，以抠出所有的背景像素，如图11-61所示。

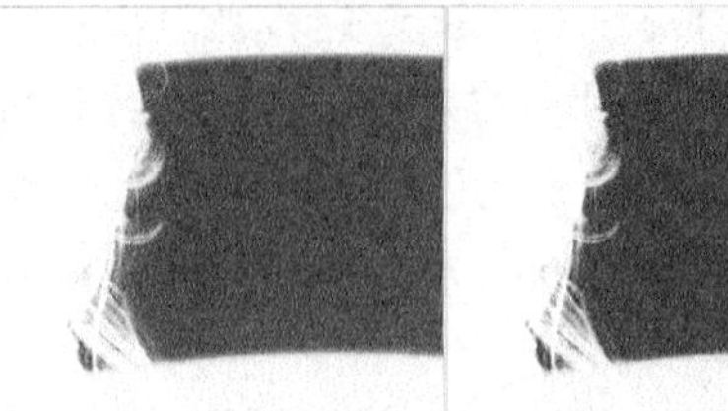

图11-61

* Clip White（剪切白色）：设置蒙版中白色像素的起点值。如果在前景像素的地方出现了背景像素，那么这时就可以适当降低Clip White（剪切白色）数值，以达到满意的效果，如图11-62所示。

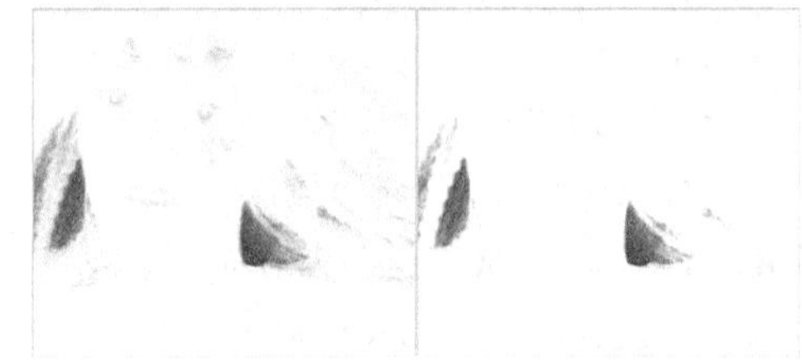

图11-62

* Clip Rollback（剪切削减）：在调节Clip Black（剪切黑色）和Clip White（剪切白色）参数时，有时会对前景边缘像素产生破坏，如图11-63所示（左）。这时候就可以适当调整Clip Rollback（剪切削减）的数值，对前景的边缘像素进行一定程度的补偿，如图11-63所示（右）。

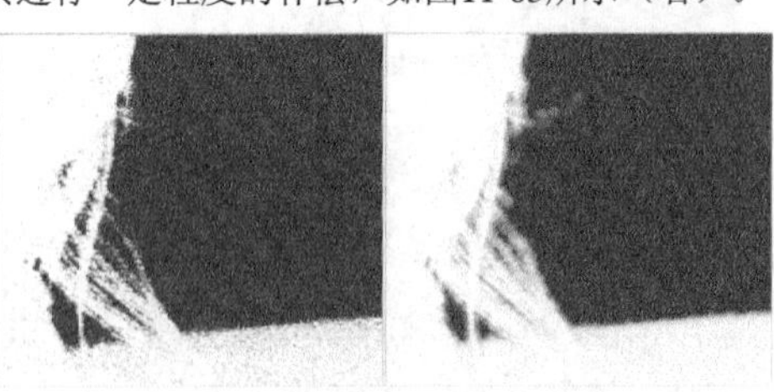

图11-63

* Screen Shrink/Grow（屏幕收缩/扩张）：用来收缩或扩大蒙版的范围。

* Screen Softness（屏幕柔化）：对整个蒙版进行模糊处理。注意，该选项只影响蒙版的模糊程度，不会影响到前景和背景。

* Screen Despot Black（屏幕独占黑色）：让黑点与周围像素进行加权运算。增大其值可以消除白色区域内的黑点，如图11-64所示。

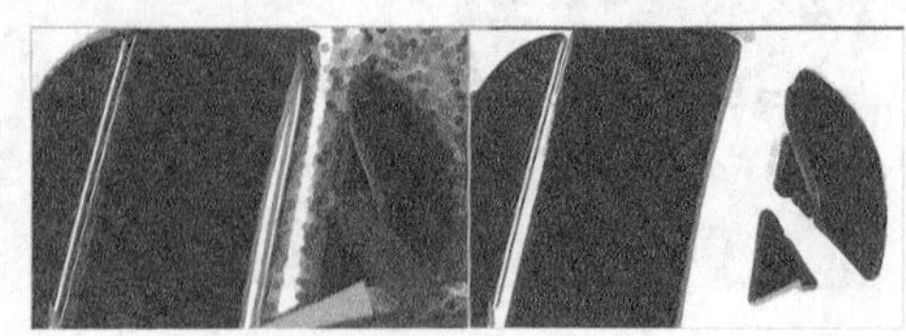

图11-64

★ Screen Despot White（屏幕独占白色）：让白点与周围像素进行加权运算。增大其值可以消除黑色区域内的白点，如图11-65所示。

图11-65

★ Replace Colour（替换颜色）：根据设置的颜色来对Alpha通道的溢出区域进行补救。

★ Replace Method（替换方式）：设置替换Alpha通道溢出区域颜色的方式，共有以下4种。

- None（无）：不进行任何处理。
- Source（源）：使用原始素材像素进行相应的补救。
- Hard Colour（硬度色）：对任何增加的Alpha通道区域直接使用Replace Colour（替换颜色）进行补救，如图11-66所示。

图11-66

- Soft Colour（柔和色）：对增加的Alpha通道区域进行Replace Colour（替换颜色）补救时，根据原始素材像素的亮度来进行相应的柔化处理，如图11-67所示。

图11-67

8.Inside Mask /Outside Mask（内/外侧遮罩）

使用Inside Mask（内侧遮罩）可以将前景内容隔离出来，使其不参与键控处理。如前景中的主角身上穿有淡蓝色的衣服，但是这位主角又是站在蓝色的背景下进行拍摄的，那么就可以使用Inside Mask（内侧遮罩）来隔离前景颜色。使用Outside Mask（外侧遮罩）可以指定背景像素，不管遮罩内是何种内容，一律视为背景像素来进行抠出，这对于处理背景颜色不均匀的素材非常有用。

展开Inside Mask /Outside Mask（内/外侧遮罩）属性组的参数，如图11-68所示。

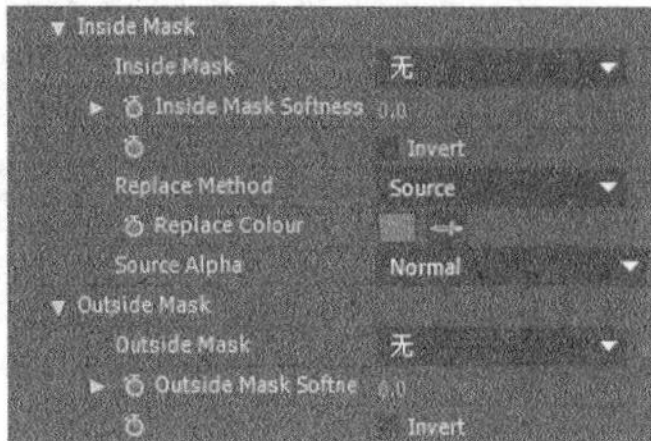

图11-68

参数详解

★ Inside Mask /Outside Mask（内/外侧遮罩）：选择内侧或外侧的遮罩。

★ Inside Mask Softness /Outside Mask Softness（内/外侧遮罩柔化）：设置内/外侧遮罩的柔化程度。

★ Invert（反转）：反转遮罩的方向。

★ Replace Method（替换方式）：与Screen Matte（屏幕蒙版）属性组中的Replace Method（替换方式）属性相同。

★ Replace Colour（替换颜色）：与Screen Matte（屏幕蒙版）属性组中的Replace Colour（替换颜色）属性相同。

★ Source Alpha（源Alpha）：该属性决定了Keylight（1.2）滤镜如何处理源图像中本来就具有的Alpha通道信息。

9.Foreground Colour Correction（前景颜色校正）

Foreground Colour Correction（前景颜色校正）属性用来校正前景颜色，可以调整的属性包括Saturation（饱和度）、Contrast（对比度）、Brightness（亮度）、Colour Suppression（颜色抑制）和Colour Balancing（色彩平衡）。

10.Edge Colour Correction（边缘颜色校正）

Edge Colour Correction（边缘颜色校正）参数与Foreground Colour Correction（前景颜色校正）属性相似，主要用来校正蒙版边缘的颜色，可以在View（视图）列表中选择Colour Correction Edge（边缘颜色校正）来查看边缘像素的范围。

11.Source Crops（源裁剪）

Source Crops（源裁剪）属性组中的参数可以使用水平或垂直的方式来裁切源素材的画面，这样可以将图像边缘的非前景区域直接设置为透明效果。

课堂练习——使用颜色键滤镜

素材位置　实例文件>CH11>课堂练习——使用颜色键滤镜
实例位置　实例文件>CH11>课堂练习——使用颜色键滤镜
难易指数　★★☆☆☆
练习目标　练习"颜色键"滤镜的用法

本练习的前后对比效果如图11-69所示。

图11-69

操作提示

第1步：打开"实例文件>CH11>课堂练习——使用颜色键滤镜>课堂练习——使用颜色键滤镜.aep"文件。

第2步：加载"使用颜色键滤镜抠像"合成，然后为Clip.tga图层添加"颜色键"滤镜抠出人物。

第3步：为GL_TGA.mov图层添加"色阶"和"移除颗粒"滤镜优化图像。

课堂练习——抠取颜色接近的镜头

素材位置　实例文件>CH11>课堂练习——抠取颜色接近的镜头
实例位置　实例文件>CH11>课堂练习——抠取颜色接近的镜头
难易指数　★★★☆☆
练习目标　练习Keylight（1.2）滤镜的高级用法

本练习的前后对比效果如图11-70所示。

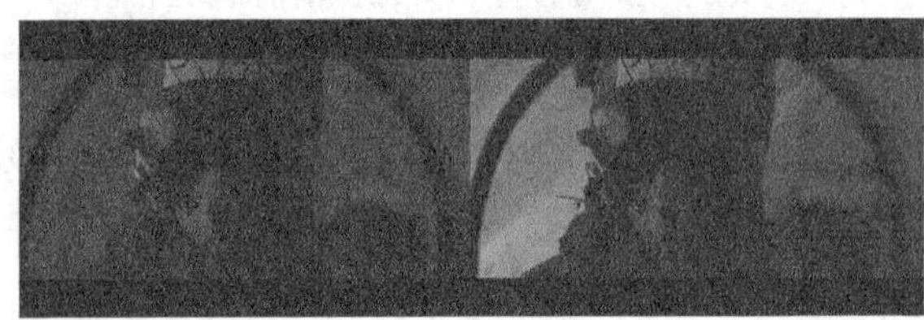

图11-70

操作提示

第1步：打开"实例文件>CH11>课堂练习——抠取颜色接近的镜头>课堂练习——抠取颜色接近的镜头.aep"文件。

第2步：加载"使用Keylight滤镜抠取颜色接近的镜头"合成，然后为Clip.tga图层添加Keylight (1.2)滤镜。

课后习题——使用颜色范围滤镜

素材位置　实例文件>CH11>课后习题——使用颜色范围滤镜
实例位置　实例文件>CH11>课后习题——使用颜色范围滤镜
难易指数　★★☆☆☆
练习目标　练习"颜色范围"滤镜的用法

本习题的前后对比效果如图11-71所示。

图11-71

操作提示

第1步：打开"实例文件>CH11>课后习题——使用颜色范围滤镜>课后习题——使用颜色范围滤镜.aep"文件。

第2步：加载"使用颜色范围滤镜"合成，然后为Light.tga图层添加"颜色范围"滤镜。

第3步：复制Light.tga图层，然后将复制图层的混合模式设置为"柔光"。

课后习题——使用Keylight（1.2）滤镜快速键控

素材位置　实例文件>CH11>课后习题——使用Keylight（1.2）滤镜快速键控
实例位置　实例文件>CH11>课后习题——使用Keylight（1.2）滤镜快速键控
难易指数　★★★☆☆
练习目标　练习Keylight（1.2）滤镜的常规用法

本习题的前后对比效果如图11-72所示。

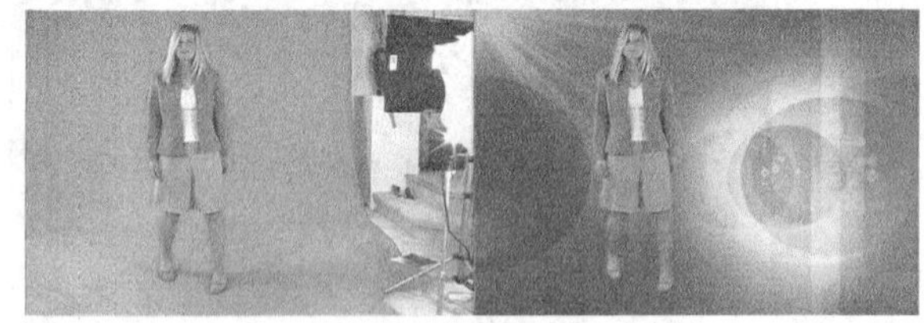

图11-72

操作提示

第1步：打开"实例文件>CH11>课后习题——使用Keylight（1.2）滤镜快速键控>课后习题——使用Keylight（1.2）滤镜快速键控.aep"文件。

第2步：加载"使用Keylight滤镜快速抠像"合成，然后为Clip.mov图层添加Keylight（1.2）滤镜。

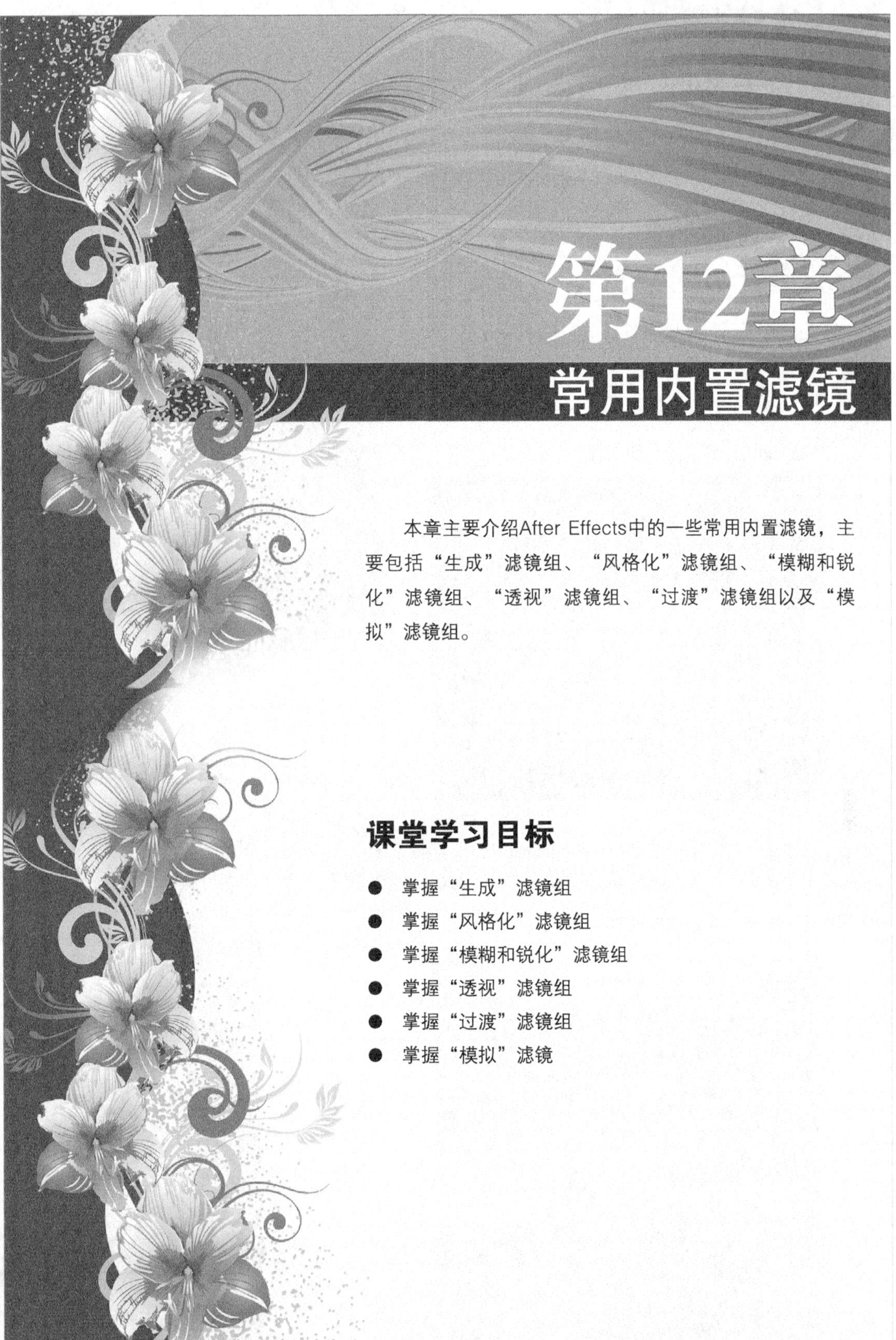

第12章 常用内置滤镜

本章主要介绍After Effects中的一些常用内置滤镜，主要包括“生成”滤镜组、“风格化”滤镜组、“模糊和锐化”滤镜组、“透视”滤镜组、“过渡”滤镜组以及“模拟”滤镜组。

课堂学习目标

- 掌握“生成”滤镜组
- 掌握“风格化”滤镜组
- 掌握“模糊和锐化”滤镜组
- 掌握“透视”滤镜组
- 掌握“过渡”滤镜组
- 掌握“模拟”滤镜

12.1 生成滤镜组

本节主要学习“生成”滤镜组下的“梯度渐变”滤镜和“四色渐变”滤镜。

本节知识点

名称	作用	重要程度
“梯度渐变”滤镜	创建色彩过渡的效果	高
“四色渐变”滤镜	模拟霓虹灯、流光异彩等迷幻效果	高

12.1.1 课堂案例——视频背景的制作

素材位置 无
实例位置 实例文件>CH12>课堂案例——视频背景的制作
难易指数 ★★☆☆☆
学习目标 掌握“四色渐变”滤镜的用法

完成的视频背景效果如图12-1所示。

图12-1

（1）新建一个合成，设置“合成名称”为“视频背景的制作”、“预设”为PAL D1/DV，然后单击“确定”按钮，如图12-2所示。

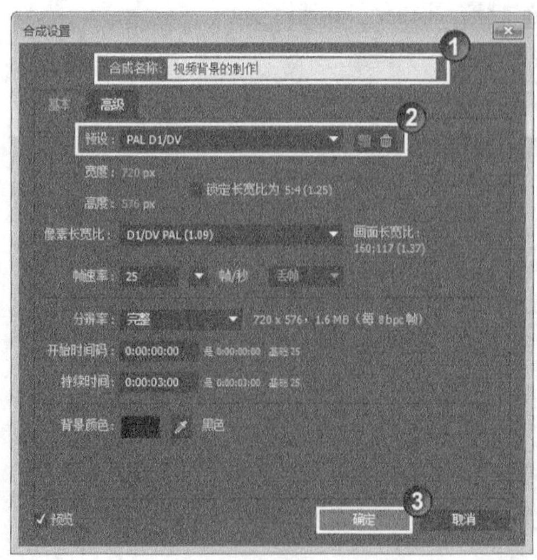

图12-2

（2）新建一个纯色图层，然后设置“名称”为BG，接着单击“制作合成大小”按钮，最后单击“确定”按钮，如图12-3所示。

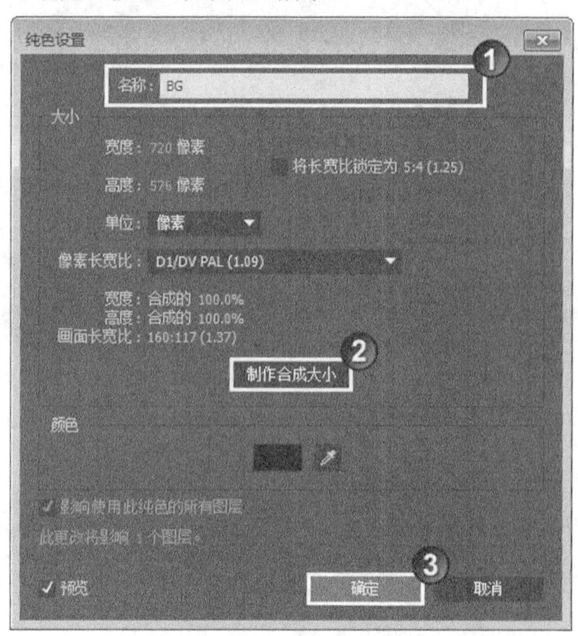

图12-3

（3）选择BG图层，然后执行“效果>生成>四色渐变”菜单命令，接着在“效果控件”面板中设置“点1”为（0，288）、“颜色 1”为（R:189，G:1，B:165）、“点2”为（360，288）、“颜色 2”为（R:212，G:72，B:194）、“点 3”为（720，0）、“颜色 3”为（R:27，G:62，B:141）、“点 4”为（720，570）、“颜色 4”为（R:0，G:10，B:32）、“混合”为10，如图12-4所示。效果如图12-5所示。

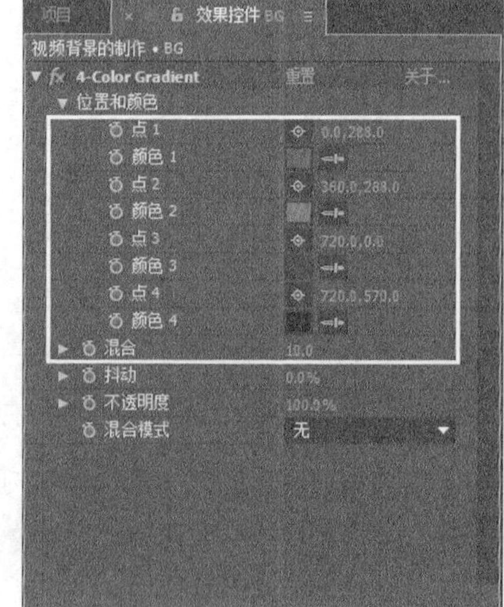

图12-4

图12-5

12.1.2 梯度渐变滤镜

“梯度渐变”滤镜可以用来创建色彩过渡的效果，其应用频率非常高。执行“效果>生成>梯度渐变”菜单命令，然后在“效果控件”面板中展开“梯度渐变”滤镜的属性，如图12-6所示。

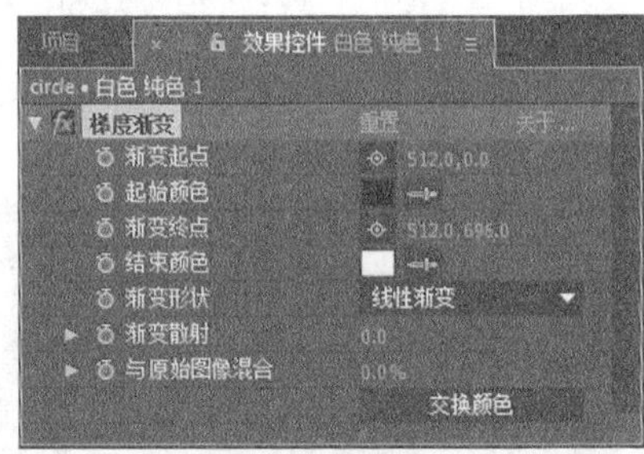

图12-6

参数详解

* 渐变起点：用来设置渐变的起点位置。
* 起始颜色：用来设置渐变开始位置的颜色。
* 渐变终点：用来设置渐变的终点位置。
* 结束颜色：用来设置渐变终点位置的颜色。
* 渐变形状：用来设置渐变的类。有以下两种类型，如图12-7所示。

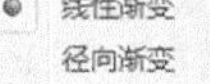

图12-7

• 线性渐变：沿着一根轴线（水平或垂直）改变颜色，从起点到终点颜色进行顺序渐变。

• 径向渐变：从起点到终点颜色从内到外进行圆形渐变。

* 渐变散射：用来设置渐变颜色的颗粒效果（或扩展效果）。
* 与原始图像混合：用来设置与源图像融合的百分比。
* 交换颜色：使“渐变起点”和“渐变终点”的颜色交换。

12.1.3 四色渐变滤镜

“四色渐变”滤镜在一定程度上弥补了“梯度渐变”滤镜在颜色控制方面的不足。使用该滤镜还可以模拟霓虹灯、流光异彩等迷幻效果。选择要添加效果的图层，然后执行“效果>生成>四色渐变”菜单命令，然后在“效果控件”面板中展开“四色渐变”滤镜的属性，如图12-8所示。

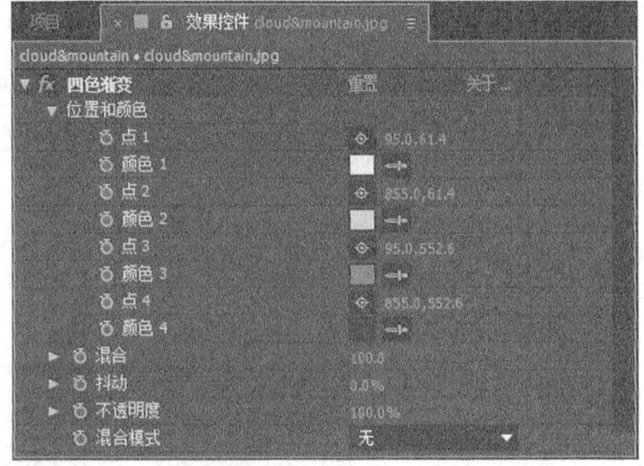

图12-8

参数详解

* 位置和颜色：包含了4种颜色和每种颜色的位置。
  • 点1：设置颜色1的位置。
  • 颜色1：设置位置1处的颜色。
  • 点2：设置颜色2的位置。
  • 颜色2：设置位置2处的颜色。
  • 点3：设置颜色3的位置。
  • 颜色3：设置位置3处的颜色。
  • 点4：设置颜色4的位置。
  • 颜色4：设置位置4处的颜色。
* 混合：设置4种颜色之间的融合度。
* 抖动：设置颜色的颗粒效果（或扩展效果）。
* 不透明度：设置四色渐变的不透明度。
* 混合模式：设置四色渐变与源图层的图层叠加模式。

12.2 风格化滤镜组

本节主要学习“风格化”滤镜组下的“发光”滤镜。

本节知识点

名称	作用	重要程度
“发光”滤镜	使图像中的文字、Logo和带有Alpha通道的图像产生发光的效果	高

12.2.1 课堂案例——光线辉光效果

素材位置　实例文件>CH12>课堂案例——光线辉光效果
实例位置　实例文件>CH12>课堂案例——光线辉光效果
难易指数　★★☆☆☆
学习目标　掌握“发光”滤镜的用法

制作光线辉光效果后的对比效果如图12-9所示。

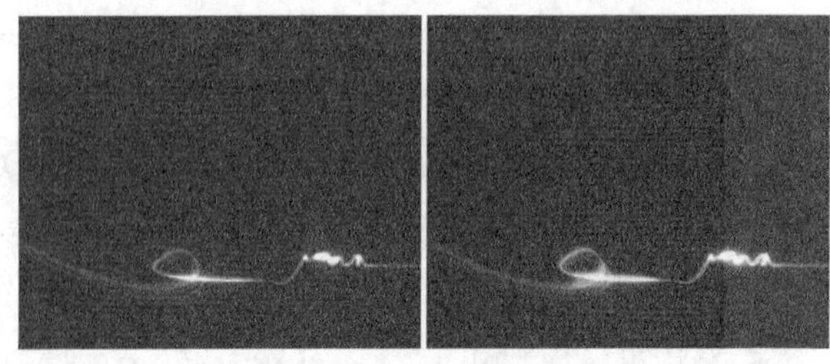

图12-9

（1）打开“实例文件>CH12>课堂案例——光线辉光效果>课堂案例——光线辉光效果.aep”文件，然后加载Light合成，如图12-10所示。

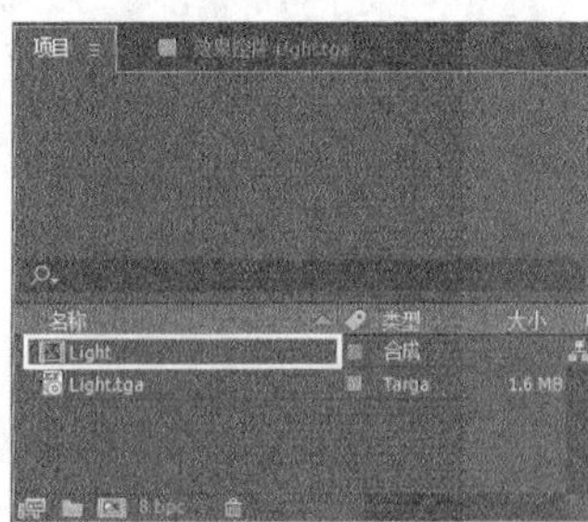

图12-10

（2）选择Light.tga图层，然后执行“效果>风格化>发光”菜单命令，接着在“效果控件”面板中设置“发光阈值”为30%、“发光半径”为15、“发光颜色”为“A和B颜色”、“颜色 A”为（R:255，G:122，B:122）、“颜色B”为（R:255，G:0，B:0），如图12-11所示。效果如图12-12所示。

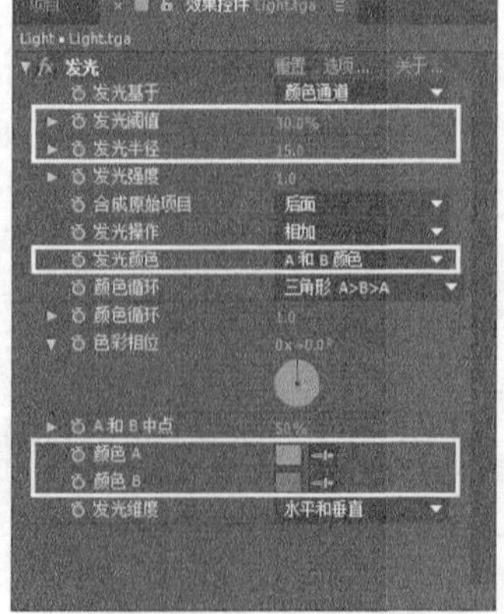

图12-11

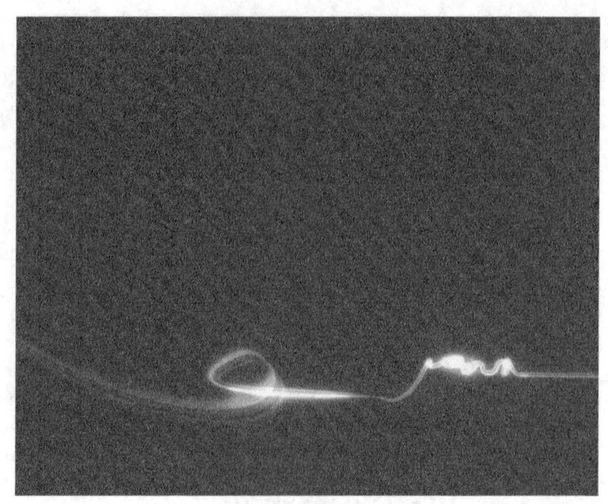

图12-12

12.2.2 发光滤镜

“发光”滤镜经常用于图像中的文字、Logo和带有Alpha通道的图像，产生发光的效果。选择要添加效果的图层，然后执行“效果>风格化>发光”菜单命令，接着在“效果控件”面板中展开“发光”滤镜的属性，如图12-13所示。

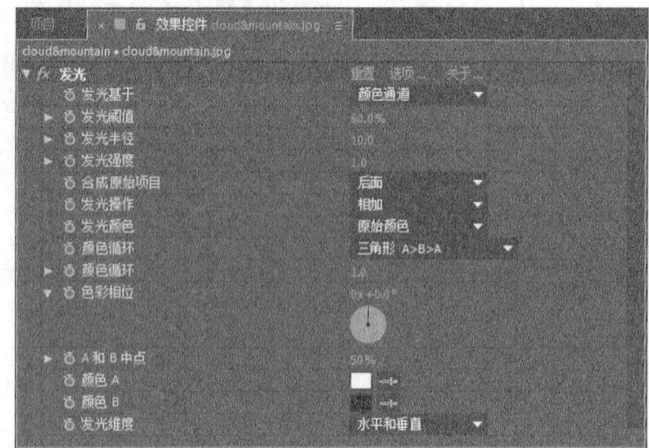

图12-13

参数详解

* 发光基于：设置光晕基于的通道，有以下两种类型，如图12-14所示。

Alpha 通道
颜色通道

图12-14

- Alpha通道：基于Alpha通道的信息产生光晕。
- 颜色通道：基于颜色通道的信息产生光晕。

* 发光阈值：用来设置光晕的容差值。
* 发光半径：设置光晕的半径大小。
* 发光强度：设置光晕发光的强度值。

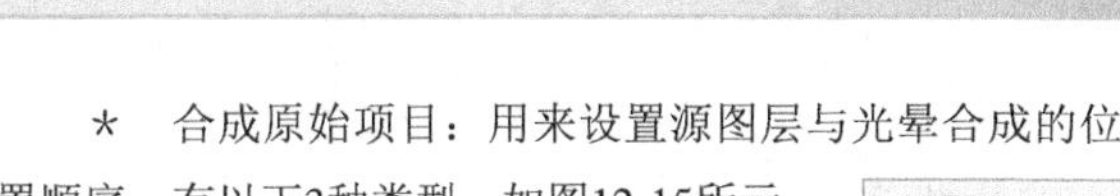

* 合成原始项目：用来设置源图层与光晕合成的位置顺序，有以下3种类型，如图12-15所示。

顶端
后面
无

图12-15

- 顶端：源图层颜色信息在光晕的上面。
- 后面：源图层颜色信息在光晕的后面。
- 无：无。

* 发光操作：用来设置发光的模式，类似层模式的选择。

* 发光颜色：用来设置光晕颜色的控制方式，有以下3种类型，如图12-16所示。

原始颜色
A 和 B 颜色
任意映射

图12-16

- 原始颜色：光晕的颜色信息来源于图像的自身颜色。
- A和B颜色：光晕的颜色信息来源于自定义的A和B的颜色。
- 任意映射：光晕的颜色信息来源于任意图像。

* 颜色循环：设置光晕颜色循环的控制方式。

* 颜色循环：设置光晕的颜色循环。

* 色彩相位：设置光晕的颜色相位。

* A和B中点：设置颜色A和B的中点百分比。

* 颜色A：颜色A的颜色设置。

* 颜色B：颜色B的颜色设置。

* 发光维度：设置光晕作用方向。

12.3 模糊和锐化滤镜组

模糊是滤镜合成工作中最常用的效果之一，模拟画面的视觉中心、虚实结合等，这样即使是平面素材的后期合成处理，也能给人以对比和空间感，获得更好的视觉感受。

另外，可以适当使用模糊来提升画面的质量（在三维建筑动画的后期合成中，模糊可谓是必杀技），很多相对比较粗糙的画面，经过模糊处理后都可以变得赏心悦目。

本节主要学习“模糊和锐化”滤镜组下的“快速模糊”“高斯模糊”“摄像机镜头模糊”“复合模糊”和“径向模糊”滤镜。

本节知识点

名称	作用	重要程度
“快速模糊”/“高斯模糊”滤镜	模糊和柔化图像，去除画面中的杂点	高
“摄像机镜头模糊”滤镜	模拟画面的景深效果	高
“复合模糊”滤镜	根据参考层画面的亮度值对效果层的像素进行模糊处理	高
“径向模糊”滤镜	围绕自定义的一个点产生模糊效果，常用于模拟镜头的推拉和旋转效果	高

12.3.1 课堂案例——镜头视觉中心

素材位置 实例文件>CH12>课堂案例——镜头视觉中心
实例位置 实例文件>CH12>课堂案例——镜头视觉中心
难易指数 ★★★☆☆
学习目标 掌握“摄像机镜头模糊”滤镜的用法

完成镜头视觉中心处理后的前后对比效果如图12-17所示。

图12-17

（1）打开“实例文件>CH12>课堂案例——镜头视觉中心>课堂案例——镜头视觉中心.aep”文件，然后加载“使用摄像机镜头模糊滤镜”合成，如图12-18所示。

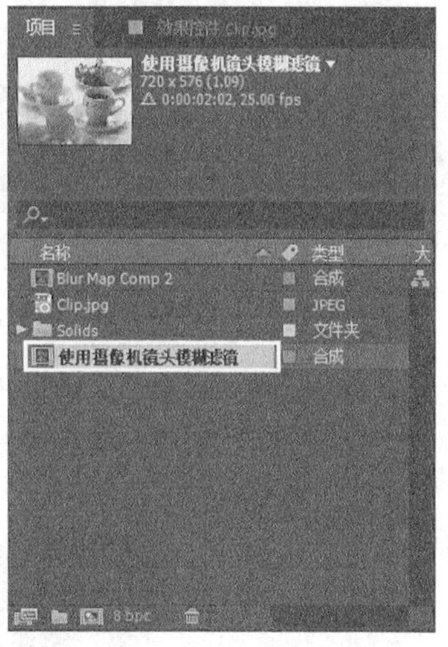

图12-18

（2）选择Clip.jpg图层，然后执行“效果>模糊和锐化>摄像机镜头模糊”滤镜，接着在“效果控件”面板中展开“模糊图”属性组，设置“图层”为2. Blur Map Comp 2、“声道”为“明亮度”，最后选择“重复边缘像素”选项，如图12-19所示。效果如图12-20所示。

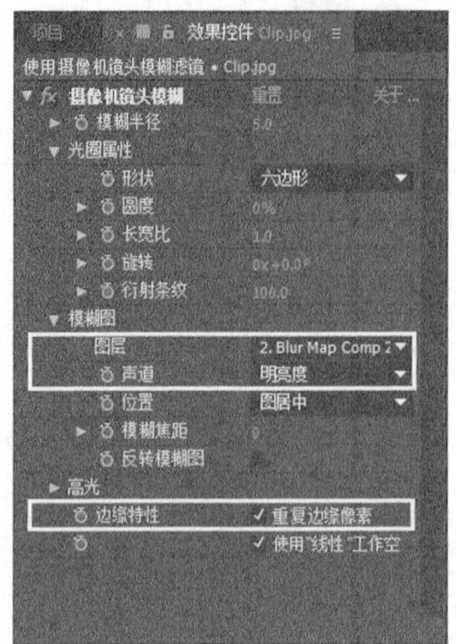

图12-19

图12-20

12.3.2 快速模糊/高斯模糊滤镜

“快速模糊”和“高斯模糊”这两个滤镜的属性都差不多，都可以用来模糊和柔化图像，去除画面中的杂点，其参数如图12-21所示。

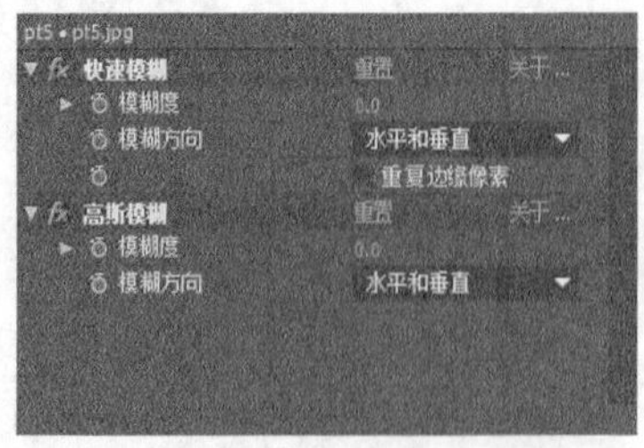

图12-21

参数详解

* 模糊度：用来设置画面的模糊强度。

* 模糊方向：用来设置图像模糊的方向，有以下3个选项，如图12-22所示。

水平和垂直
水平
垂直

图12-22

- 水平和垂直：图像在水平和垂直方向都产生模糊。
- 水平：图像在水平方向上产生模糊。
- 垂直：图像在垂直方向上产生模糊。

* 重复边缘像素：“快速模糊”滤镜中有该选项，主要用来设置图像边缘的模糊。

通过上述参数对比，两个滤镜之间的区别在于“快速模糊”比“高斯模糊”多了“重复边缘像素”选项。当图像设置为高质量时，“快速模糊”滤镜与“高斯模糊”滤镜效果极其相似，只不过“快速模糊”对于大面积的模糊速度更快，且可以控制图像边缘的模糊重复值。

下面介绍一下“快速模糊”与“高斯模糊”滤镜的区别。前面介绍过，“快速模糊”滤镜比“高斯模糊”滤镜多出了“重复边缘像素”选项，现在来了解一下该选项的具体含义和应用。

观察图12-23和图12-24，这两张图使用的是相同图像和相同的“模糊度”，其中图12-23没有选择“重复边缘像素”选项，此时图像的边缘出现了透明的效果；而图12-24选择了“重复边缘像素”选项，此时图像的边缘与整体画面同步执行模糊的效果。

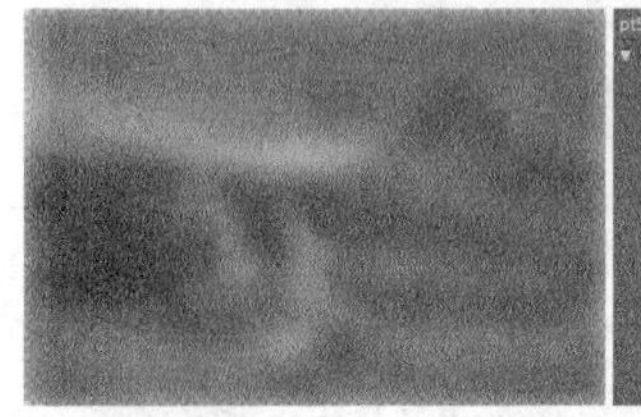
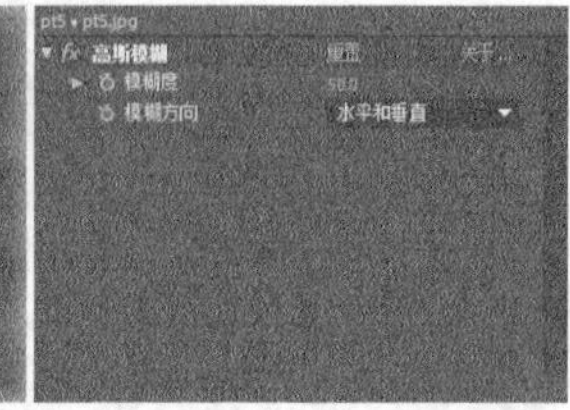

图12-23

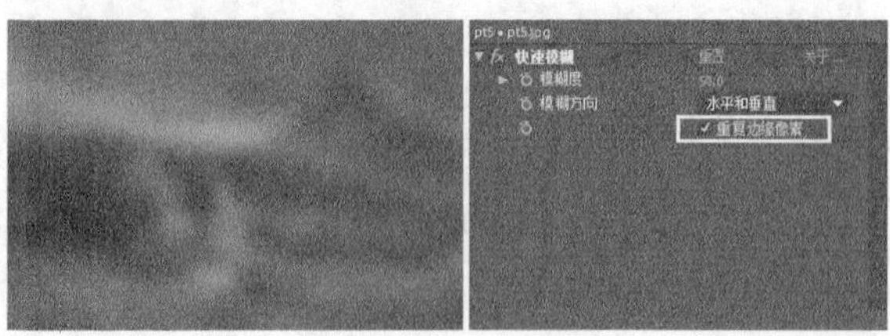

图12-24

再来观察图12-25和图12-26。在图12-25中，添加了“高斯模糊”滤镜，此时图像的边缘也出现了透明的效果；而在图12-26中，添加了“快速模糊”滤镜，同时不选择“重复边缘像素”选项，此时图像的边缘出现透明效果。

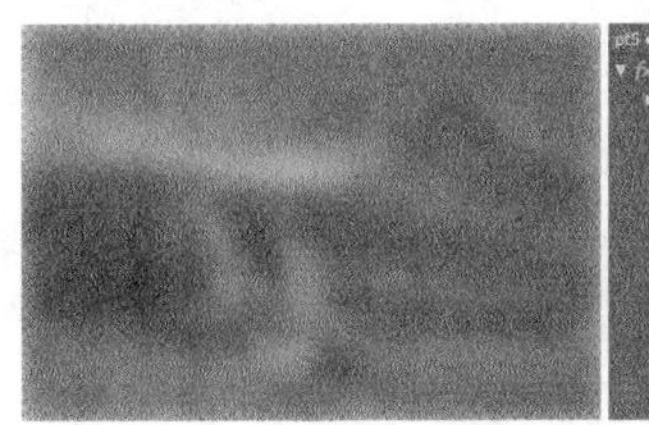

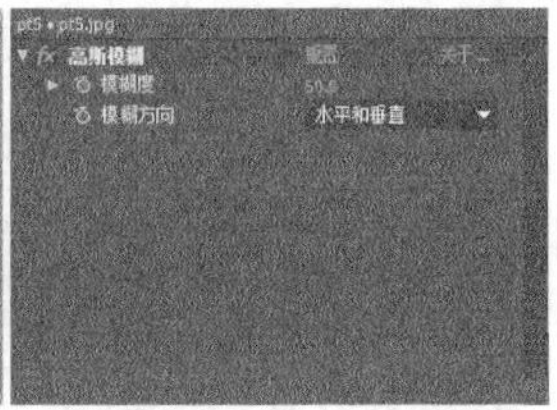

图12-25

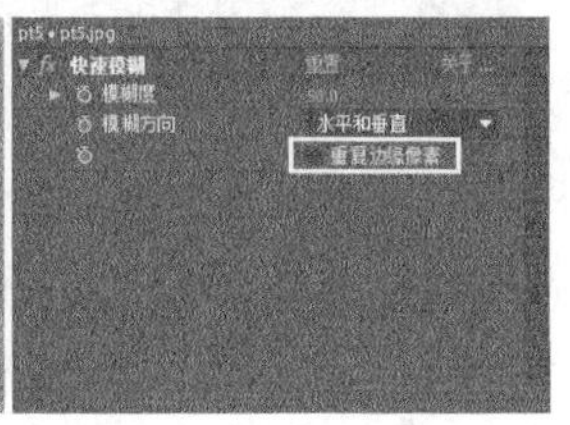

图12-26

综上所述，在一定的情况下，“高斯模糊”滤镜产生的效果等同于“快速模糊”滤镜未选择“重复边缘像素”选项时所产生的效果。

12.3.3 摄像机镜头模糊滤镜

“摄像机镜头模糊”滤镜可以用来模拟不在摄像机聚焦平面内物体的模糊效果（即用来模拟画面的景深效果），其模糊的效果取决于“光圈属性”和“模糊图”的设置。

执行“效果>模糊和锐化>摄像机镜头模糊”菜单命令，在“效果控件”面板中展开滤镜的属性，如图12-27所示。

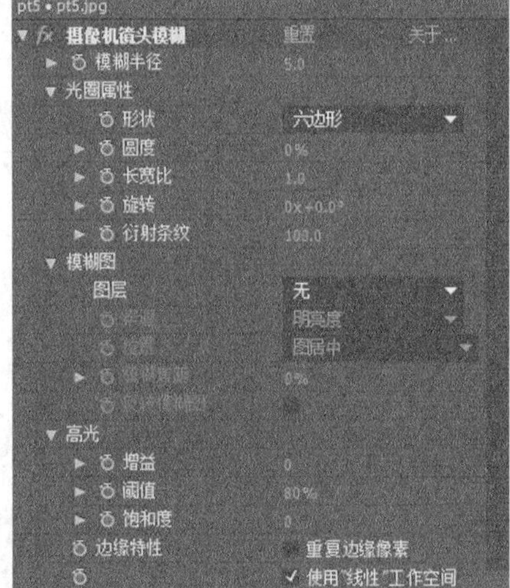

图12-27

参数详解

* 模糊半径：设置镜头模糊的半径大小。
* 光圈属性：设置摄像机镜头的属性。

- 形状：用来控制摄像机镜头的形状。一共有“三角形”“正方形”“五边形”“六边形”“七边形”“八边形”“九边形”和“十边形”8种，如图12-28所示。

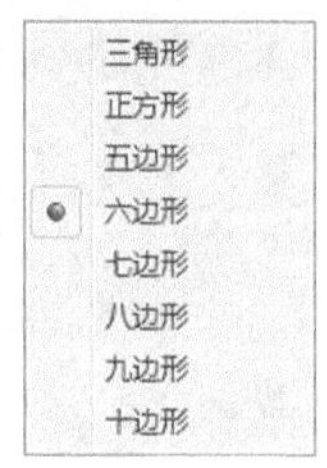

图12-28

- 圆度：用来设置镜头的圆滑度。
- 长宽比：用来设置镜头的画面比率。

* 模糊图：用来读取模糊图像的相关信息。

- 图层： 指定设置镜头模糊的参考图层。
- 声道：指定模糊图像的图层通道。
- 位置：指定模糊图像的位置。
- 模糊焦距：指定模糊图像焦点的距离。
- 反转模糊图：用来反转图像的焦点。

* 高光：用来设置镜头的高光属性。

- 增益：用来设置图像的增益值。
- 容差：用来设置图像的容差值。
- 饱和度：用来设置图像的饱和度。

12.3.4 复合模糊滤镜

“复合模糊”滤镜可以理解为“摄像机镜头模糊”滤镜的简化版本。“复合模糊”滤镜根据参考层画面的亮度值对效果层的像素进行模糊处理。执行“效果>模糊和锐化>复合模糊”菜单命令，在“效果控件”面板中展开滤镜的属性，如图12-29所示。

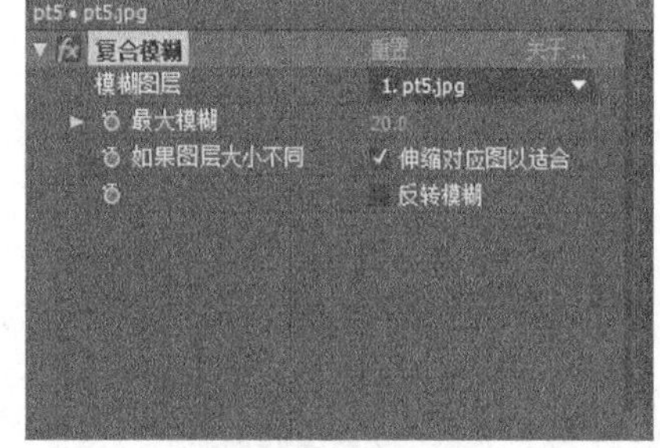

图12-29

参数详解

* 模糊图层：用来指定模糊的参考图层。
* 最大模糊：用来设置图层的模糊强度。
* 如果图层大小不同：用来设置图层的大小匹配方式。

* 反转模糊：用来反转图层的焦点。

“复合模糊”滤镜一般会配合“置换图”滤镜来使用，常说的烟雾字效果就是其典型的案例。在本章后面的实战中，会有具体的讲解。

12.3.5 径向模糊滤镜

“径向模糊”滤镜围绕自定义的一个点产生模糊效果，常用来模拟镜头的推拉和旋转效果。在图层高质量开关打开的情况下，可以指定抗锯齿的程度，在草图质量下没有抗锯齿作用。

执行“效果>模糊和锐化>径向模糊”菜单命令，在“效果控件”面板中展开滤镜的属性，如图12-30所示。

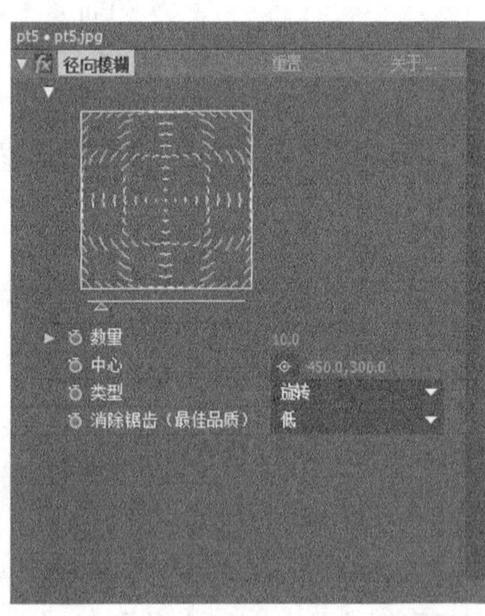

图12-30

参数详解

* 数量：设置径向模糊的强度。

* 中心：设置径向模糊的中心位置。

* 类型：设置径向模糊的样式，共有两种样式，如图12-31所示。

旋转
缩放

图12-31

- 旋转：围绕自定义的位置点，模拟镜头旋转的效果。
- 缩放：围绕自定义的位置点，模拟镜头推拉的效果。

* 消除锯齿（最佳品质）：设置图像的质量，共有两种质量选择，如图12-32所示。

低
高

图12-32

- 低：设置图像的质量为草图级别（低级别）。
- 高：设置图像的质量为高质量。

12.4 透视滤镜组

本节主要学习“透视”滤镜组中的“斜面Alpha”“投影”滤镜和“径向投影”滤镜。

本节知识点

名称	作用	重要程度
“斜面Alpha”滤镜	通过二维的Alpha（通道）使图像出现分界，形成假三维的倒角效果	高
“投影”/“径向投影”滤镜	“投影”滤镜是由图像的Alpha（通道）所产生的图像阴影形状所决定的；“径向投影”滤镜则通过自定义光源点所在的位置并照射图像产生阴影效果	高

12.4.1 课堂案例——画面阴影效果的制作

素材位置 实例文件>CH12>课堂案例——画面阴影效果的制作
实例位置 实例文件>CH12>课堂案例——画面阴影效果的制作
难易指数 ★★☆☆☆
学习目标 掌握“径向投影”滤镜的用法

本案例的画面阴影效果的前后对比如图12-33所示。

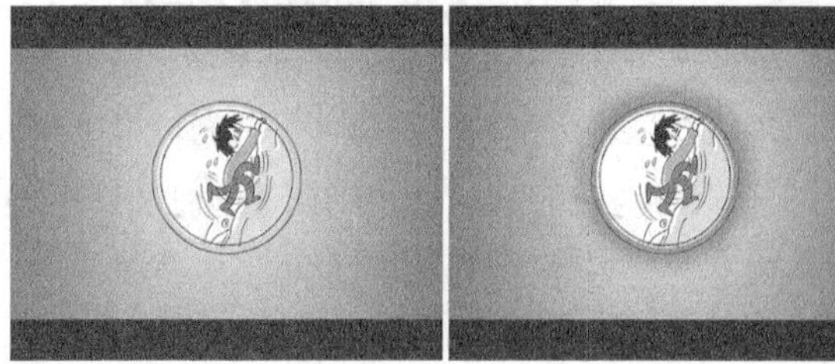

图12-33

（1）打开“实例文件>CH12>课堂案例——画面阴影效果的制作>课堂案例——画面阴影效果的制作.aep”文件，然后加载Shadow合成，如图12-34所示。

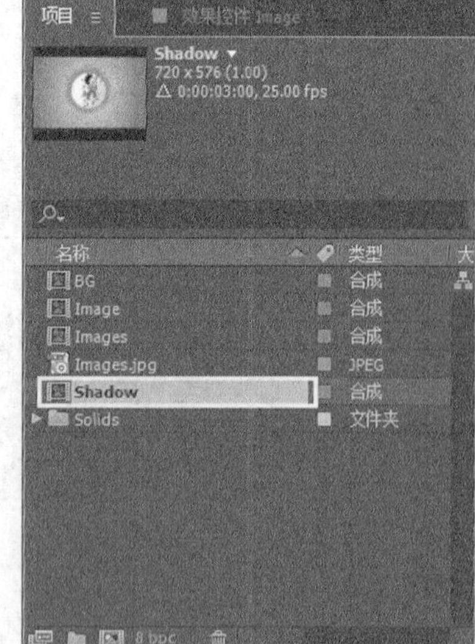

图12-34

（2）选择Image图层，然后执行“效果>透视>径向投影”菜单命令，接着在“效果控件”面板中设置“不透明度”为25%、“光源”为（360，288）、“投影距离”为20、“柔和度”为30，如图12-35所示。效果如图12-36所示。

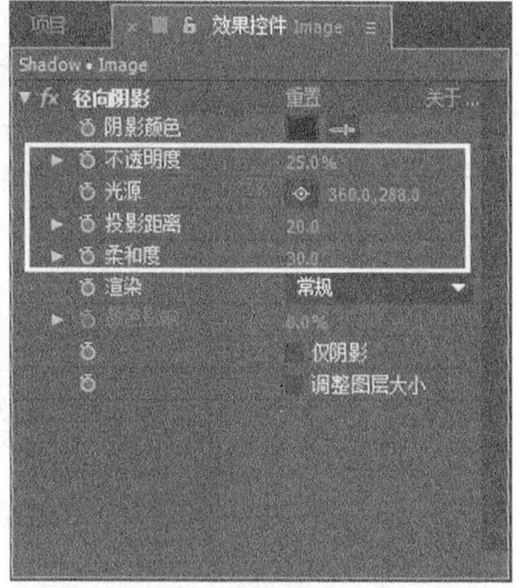

图12-35

图12-36

12.4.2 斜面Alpha滤镜

“斜面Alpha”滤镜，通过二维的Alpha（通道）使图像出现分界，形成假三维的效果。执行“效果>透视>斜面Alpha”菜单命令，然后在“效果控件”面板中展开滤镜的属性，如图12-37所示。

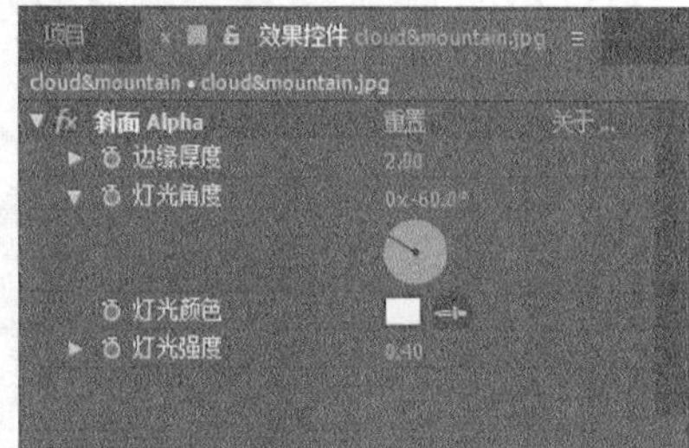

图12-37

参数详解

* 边缘厚度：用来设置图像的边缘的厚度效果。
* 灯光角度：用来设置灯光照射的角度。
* 灯光颜色：用来设置灯光照射的颜色。
* 灯光强度：用来设置灯光照射的强度。

提示 在日常合成工作中，“斜面Alpha”滤镜的使用频率非常高，相关参数调节也是实时预览可见的。适当有效地使用该滤镜，能让画面中的视觉主体元素更加突出。

12.4.3 投影/径向投影滤镜

“投影”与“径向投影”滤镜的区别在于，“投影”滤镜所产生的图像阴影形状是由图像的Alpha（通道）所决定的，而“径向投影”滤镜则通过自定义光源点所在的位置并照射图像产生阴影效果。在“效果控件”面板中展开滤镜的属性，如图12-38所示。

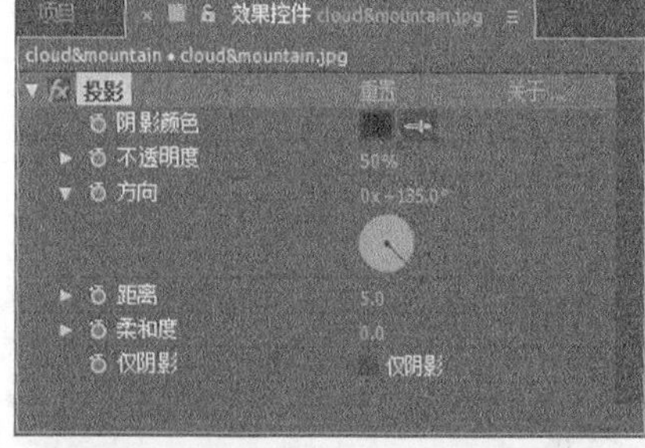

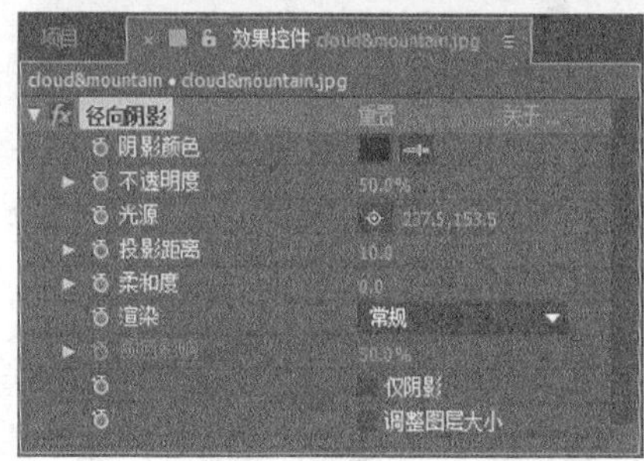

图12-38

参数详解

两者共有的参数如下。

* 阴影颜色：用来设置图像投影的颜色效果。
* 不透明度：用来设置图像投影的透明度效果。
* 柔和度：用来设置图像投影的柔化效果。
* 仅阴影：用来设置单独显示图像的投影效果。
* 两者不同的参数如下。
* 光源：用来设置自定义灯光的位置。
* 方向：用来设置图像的投影方向。

* 距离：用来设置图像投影到图像的距离。
* 渲染：用来设置图像阴影的渲染方式。
* 颜色影响：可以调节有色投影的范围影响。
* 调整图层大小：用来设置阴影是否适用于当前图层而忽略当前层的尺寸。

12.5 过渡滤镜组

在转场组中，主要学习“过渡”滤镜组中的“块状融合”“卡片擦除”“线性擦除”和“百叶窗”滤镜，使用这些滤镜可以完成图层或图层间的一些常见的转场效果制作。

本节知识点

名称	作用	重要程度
“块状融合”滤镜	通过随机产生的板块（或条纹状）来溶解图像	高
“卡片擦除”滤镜	模拟卡片的翻转并通过擦除切换到另一个画面	高
“线性擦除”滤镜	以线性的方式从某个方向形成擦除效果	高
“百叶窗”滤镜	通过分割的方式对图像进行擦拭，如同生活中的百叶窗闭合一样	高

12.5.1 课堂案例——烟雾字特技

素材位置 实例文件>CH12>课堂案例——烟雾字特技
实例位置 实例文件>CH12>课堂案例——烟雾字特技
难易指数 ★★★☆☆
学习目标 掌握本章节中多个滤镜的综合应用

在本案例中，我们综合应用了“复合模糊”“置换图”“发光”和“线性擦除”等多个滤镜，通过案例制作可以对本章所学技术进行巩固并直接指导应用时间，动画效果如图12-39所示。

图12-39

（1）打开“实例文件>CH12>课堂案例——烟雾字特技>课堂案例——烟雾字特技.aep”文件，然后加载Final合成，如图12-40所示。

图12-40

（2）选择Text图层，然后执行“效果>模糊和锐化>复合模糊”菜单命令，接着在“效果控件”面板中设置“模糊图层”为“3.烟雾制作”、“最大模糊”为100，如图12-41所示。效果如图12-42所示。

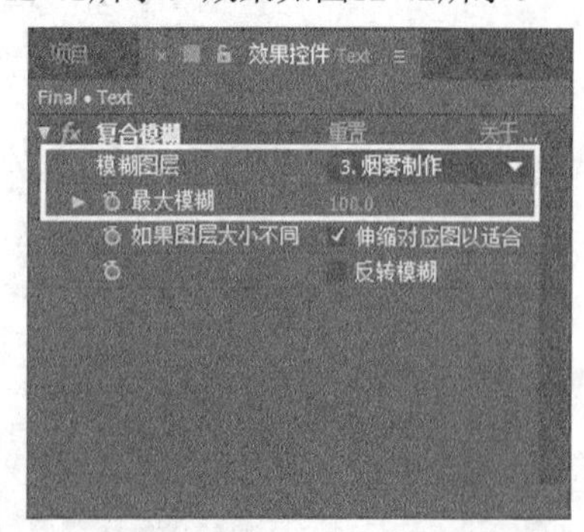

图12-41

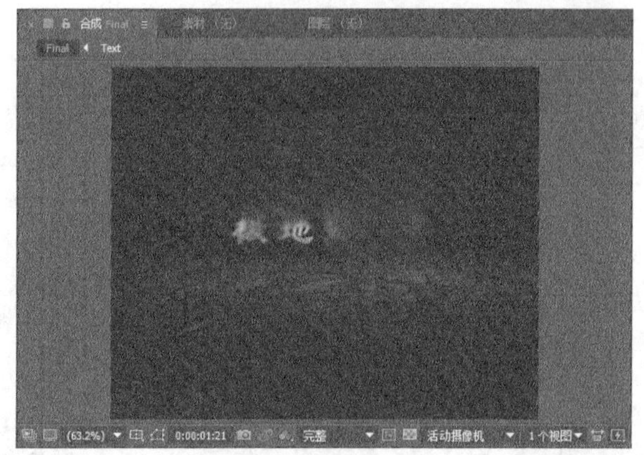

图12-42

（3）选择Text图层，然后执行“效果>扭曲>置换图”菜单命令，接着在“效果控件”面板中，设置“置换图层”为“3.烟雾制作”、“最大水平置换”为100、“最大垂直置换”为100、“置换图特性”为“伸缩对应图以适合”，如图12-43所示。效果如图12-44所示。

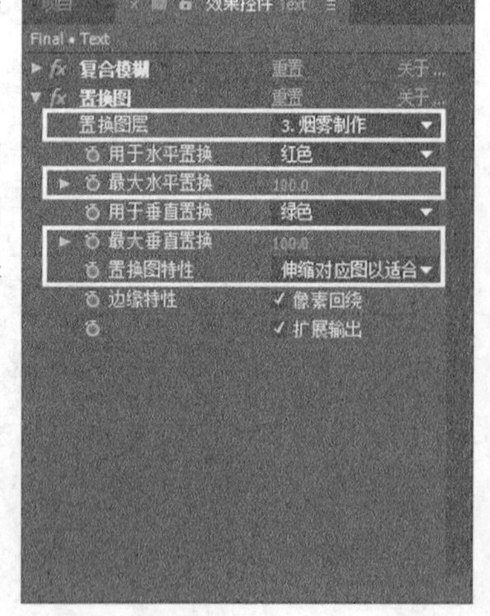

图12-43

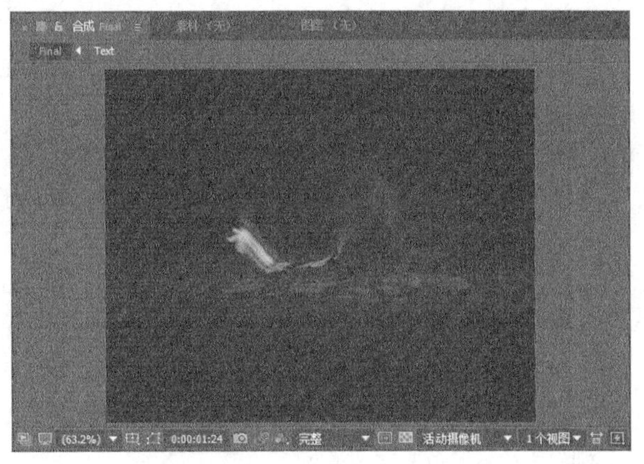

图12-44

（4）选择Text图层，然后执行“效果>风格化>发光”菜单命令，接着在“效果控件”面板中设置“发光阈值”为6%、“发光半径”为100、“发光强度”为2、“发光颜色”为“A和B颜色”、“颜色A”为（R:35，G:91，B:170），如图12-45所示。效果如图12-46所示。

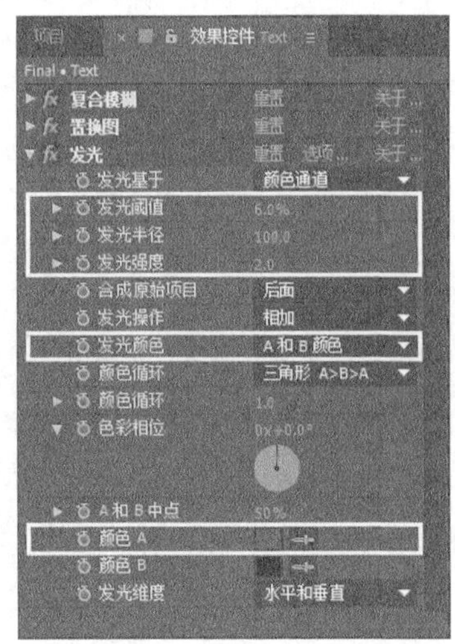

图12-45

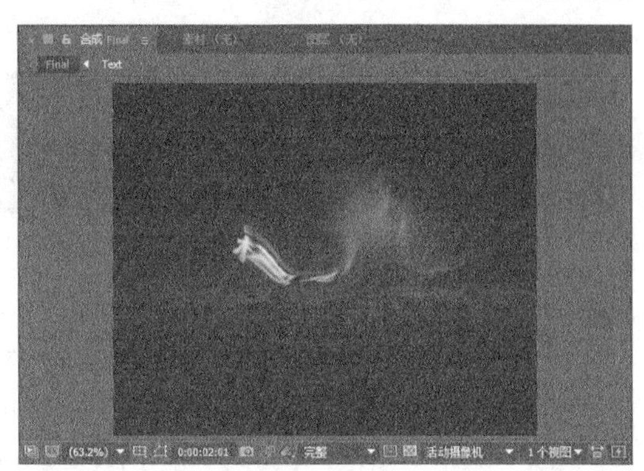

图12-46

（5）选择Text图层，然后执行“效果>过渡>线性擦除”菜单命令，接着在“效果控件”面板中设置“过渡完成”为100%、“擦除角度”为（0×-90°）、“羽化”为100，如图12-47所示。效果如图12-48所示。

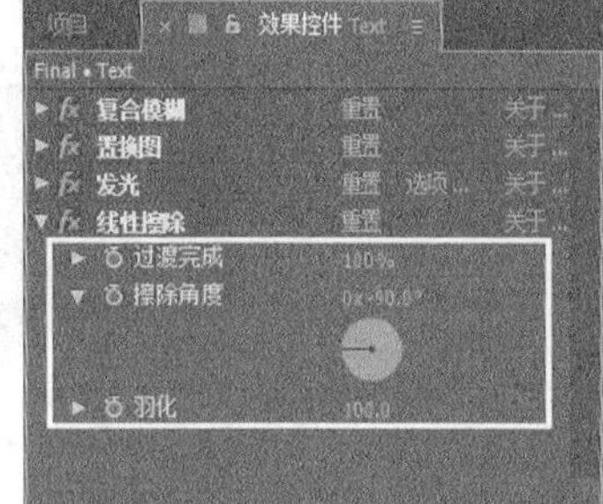

图12-47

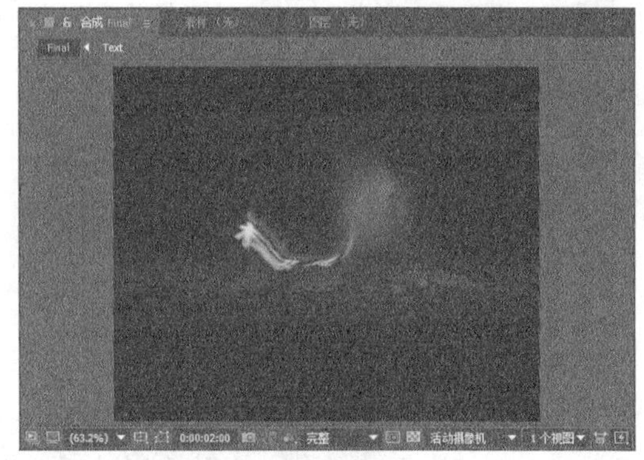

图12-48

（6）设置“过渡完成”属性的动画关键帧。在第0帧处设置“过渡完成”为100%；在第3秒处设置“过渡完成”为0%，如图12-49所示。

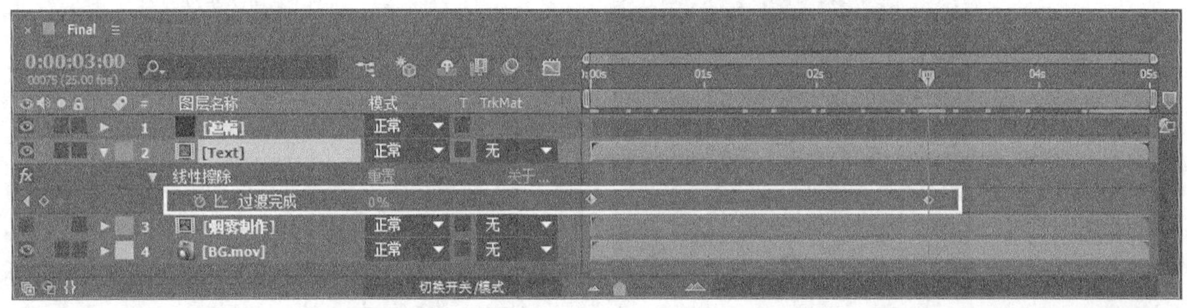

图12-49

（7）渲染并输出动画，最终效果如图12-50所示。

图12-50

12.5.2 块融合滤镜

“块融合”滤镜可以通过随机产生的板块（或条纹状）来溶解图像，在两个图层的重叠部分进行切换转场。执行“效果>过渡>块融合”菜单命令，然后在“效果控件”面板中展开滤镜的属性，如图12-51所示。

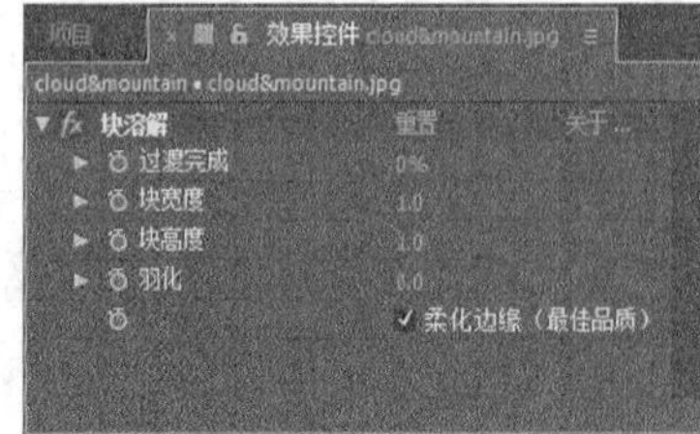

图12-51

参数详解

* 过渡完成：控制转场完成的百分比。值为0时，完全显示当前层画面，值为100%时完全显示切换层画面。

* 块宽度：控制融合块状的宽度。

* 块高度：控制融合块状的高度。

* 羽化：控制融合块状的羽化程度。

* 柔化边缘：设置图像融合边缘的柔和控制（仅当质量为最佳时有效）。

12.5.3 卡片擦除滤镜

“卡片擦除”滤镜可以模拟卡片的翻转并通过擦除切换到另一个画面。执行“效果>过渡>卡片擦除”菜单命令，然后在“效果控件”面板中展开滤镜的属性，如图12-52所示。

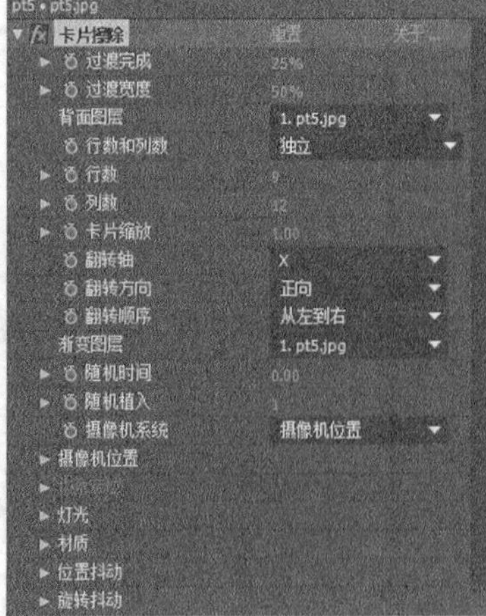

图12-52

参数详解

* 过渡完成：控制转场完成的百分比。值为0时，完全显示当前层画面；值为100%时，完全显示切换层画面。

* 过渡宽度：控制卡片擦拭宽度。

* 背面图层：在下拉列表中设置一个与当前层进行切换的背景。

* 行数和列数：在“独立”方式下，“行数”和“列数”参数是相互独立的；在“列数受行数限制”方式下，“列数”参数由“行数”控制。

* 行/列数：设置卡片行/列的值，在“列数受行数限制”方式下无效。

* 卡片缩放：控制卡片的尺寸大小。

* 翻转轴：在下拉列表中设置卡片翻转的坐标轴向。*x*/*y*分别控制卡片在*x*轴或者*y*轴翻转，“随机”设置在*x*轴和*y*轴上无序翻转。

* 翻转方向：在下拉列表中设置卡片翻转的方向。“正向”设置卡片正向翻转，“反向”设置卡片反向翻转，“随机”设置随机翻转。

* 翻转顺序：设置卡片翻转的顺序。

* 渐变图层：设置一个渐变层影响卡片切换效果。

* 随机时间：可以对卡片进行随机定时设置，使所有的卡片翻转时间产生一定偏差，而不是同时翻转。

* 随机植入：设置卡片以随机度切换，不同的随机值将产生不同的效果。

* 摄像机系统：控制用于滤镜的摄像机系统。选择不同的摄像机系统其效果也不同。选择“摄像机位置”后可以通过下方的“摄像机位置”参数控制摄像机观察效果；选择“边角定位”后将由“边角定位”参数控制摄像机效果；选择“合成摄像机”则通过合成图像中的摄像机控制其效果，比较适用于当滤镜层为3D层时。

* 位置抖动：可以对卡片的位置进行抖动设置，使卡片产生颤动的效果。在其属性中可以设置卡片在*x*、*y*、*z*轴的偏移颤动以及“抖动量”，还可以控制“抖动速度”。

* 旋转抖动：可以对卡片的旋转进行抖动设置，属性控制与“位置抖动”类似。

12.5.4 线性擦除滤镜

“线性擦除”滤镜以线性的方式从某个方向形成擦除效果，以达到切换转场的目的。执行“效果>过渡>线性擦除”菜单命令，然后在“效果控件”面板中展开滤镜的属性，如图12-53所示。

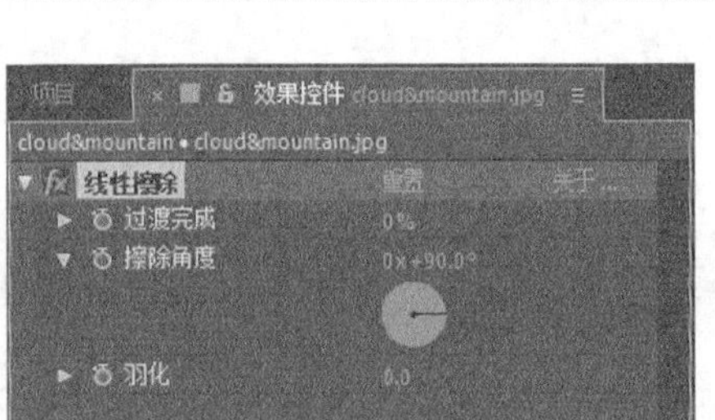

图12-53

参数详解

* 过渡完成：控制转场完成的百分比。
* 擦除角度：设置转场擦除的角度。
* 羽化：控制擦除边缘的羽化。

12.5.5 百叶窗滤镜

"百叶窗"滤镜通过分割的方式对图像进行擦拭，以达到切换转场的目的，就如同生活中的百叶窗闭合。执行"效果>过渡>线性擦除"菜单命令，然后在"效果控件"面板中展开滤镜的属性，如图12-54所示。

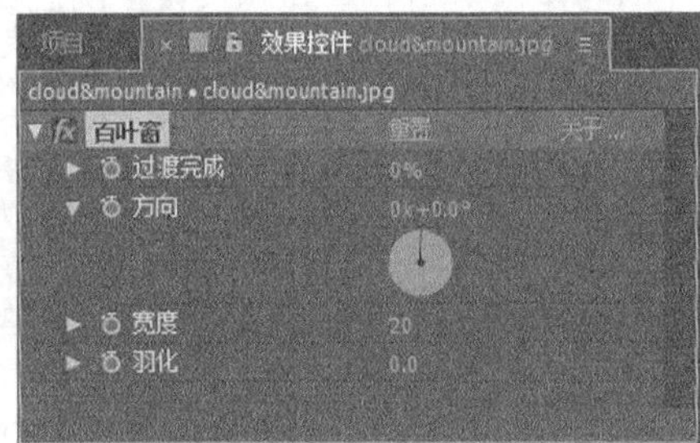

图12-54

参数详解

* 过渡完成：控制转场完成的百分比。
* 方向：控制擦拭的方向。
* 宽度：设置分割的宽度。
* 羽化：控制分割边缘的羽化。

12.6 模拟滤镜

粒子仿真系统在影视后期制作中的应用越来越广泛，也越来越重要，这标志着后期软件功能越来越强大。由于粒子系统的参数设置项较多，操作相对复杂，所以被认为是比较难学的内容。其实，只要理清基本的操作思路和具备一定的物理学力学基础，粒子系统还是很容易掌握的。图12-55所示的是使用After Effects的粒子滤镜制作的粒子特效，效果非常漂亮。

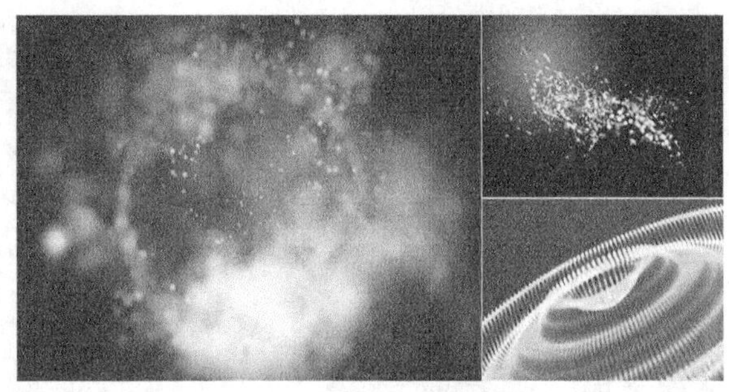
图12-55

本节知识点

名称	作用	重要程度
"碎片"滤镜	对图像进行粉碎和爆炸处理	高
"粒子运动场"滤镜	模拟各种符合自然规律的粒子运动效果	高
Particular（粒子）滤镜	模拟出真实世界中的烟雾、爆炸等效果	高
Form（形状）滤镜	制作如流水、烟雾、火焰等复杂的3D几何图形	高

12.6.1 课堂案例——舞动的光线

素材位置　实例文件>CH12>课堂案例——舞动的光线
实例位置　实例文件>CH12>课堂案例——舞动的光线
难易指数　★★★☆☆
学习目标　掌握仿真粒子特效技术的综合运用

本案例主要讲解了舞动光线特效的制作，虚拟体与人物动作的匹配、虚拟体与灯光的匹配和自定义光带类型是本案的技术重点，案例效果如图12-56所示。

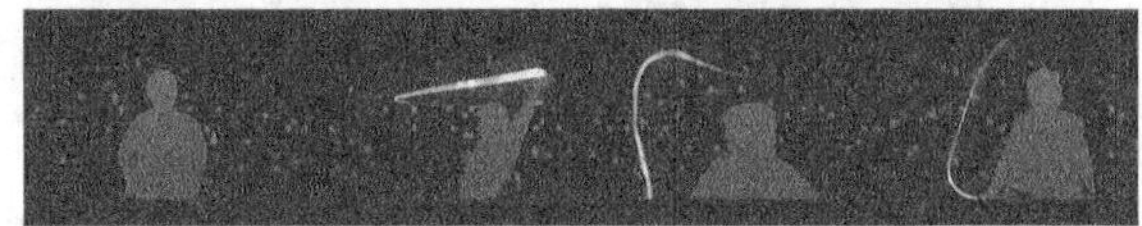
图12-56

（1）打开"实例文件>CH12>课堂案例——舞动的光线>课堂案例——舞动的光线.aep"文件，然后加载"舞动的光线"合成，如图12-57所示。

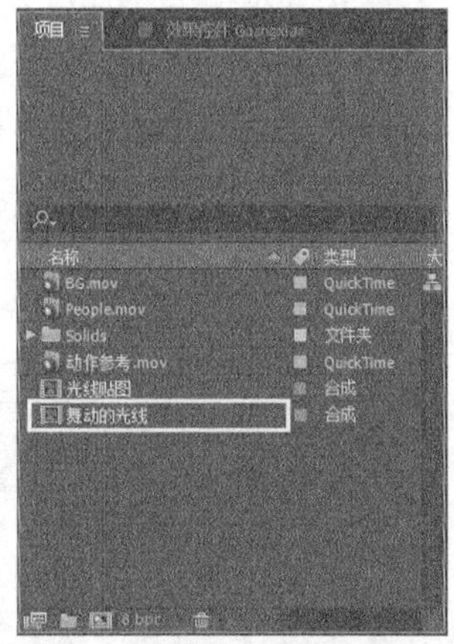

图12-57

（2）创建一个名为Guangxian的黑色纯色图层，然后将其移至第3层，接着将混合模式设置为“相加”，最后将入点时间设置在第15帧处，如图12-58所示。

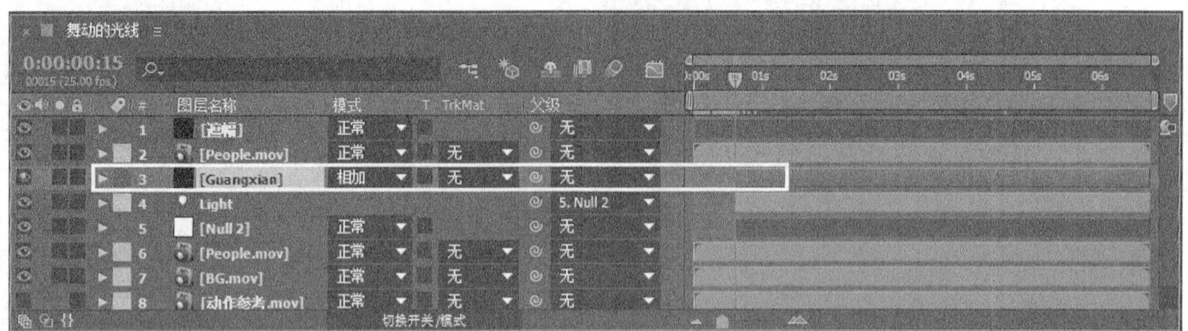

图12-58

（3）选择Guangxian图层，然后为该图层执行“效果>Trapcode> Particle（粒子）”菜单命令，接着在“效果控件”面板中单击滤镜名称后面的“选项”蓝色字样，再在打开的对话框中将Light name starts with（灯光的名称）设置为Light，最后单击OK（确定）按钮，如图12-59所示。

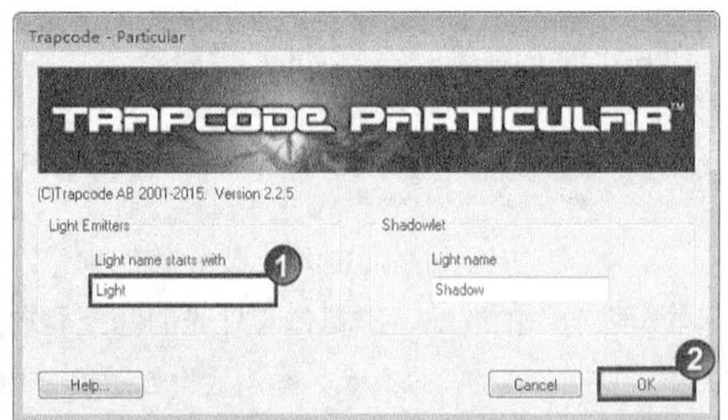

图12-59

（4）在Emitter（发射器）属性组中设置Particles/sec（每秒发射粒子数）为3000、Emitter Type（发射类型）为Light（s）（灯光）、Position Subframe（位置）为10× Linear（10倍线性），最后分别将Velocity（初始速度）、Velocity Random[%]（随机速度）、Velocity Distribution（速度分布）、Velocity From Motion [%]（运动速度）、Emitter Size X（发射大小x）、Emitter Size Y（发射大小y）和Emitter Size Z（发射大小z）设置为0，如图12-60所示。

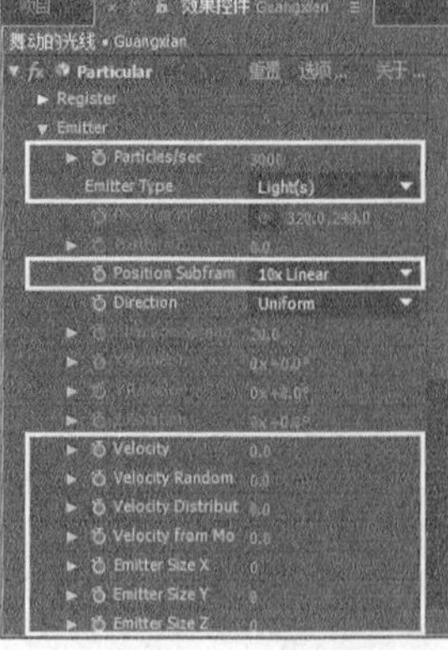

图12-60

（5）在Particle（粒子）属性组中，设置Life[sec]（生命周期）为1、Particle Type（粒子类型）为Textured Polygon（纹理多边形），然后展开Texture（纹理）属性组，设置Layer（图层）为“9.光线贴图”、Time Sampling（时间采样）为Start at Birth-Loop（开始出生-循环），如图12-61所示。

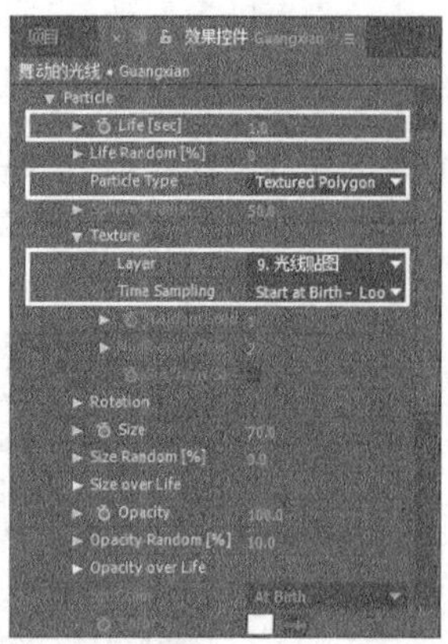

图12-61

（6）设置Size（大小）为70、Opacity Random[%]（不透明度的随机值）为10，然后设置Size over Life（粒子死亡后的大小）、Opacity over Life（粒子死亡后的不透明度）的属性，如图12-62所示。效果如图12-63所示。

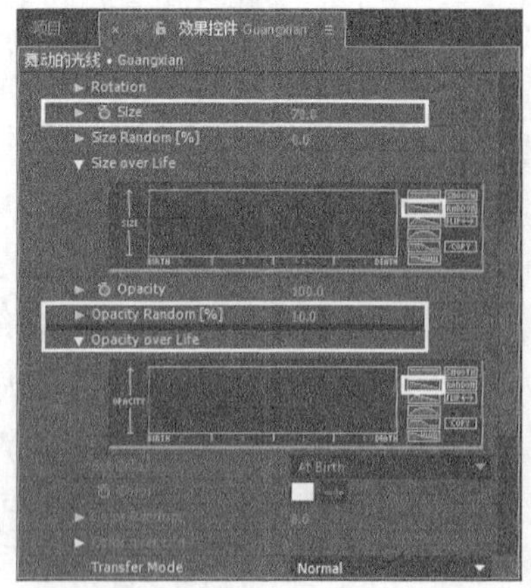

图12-62

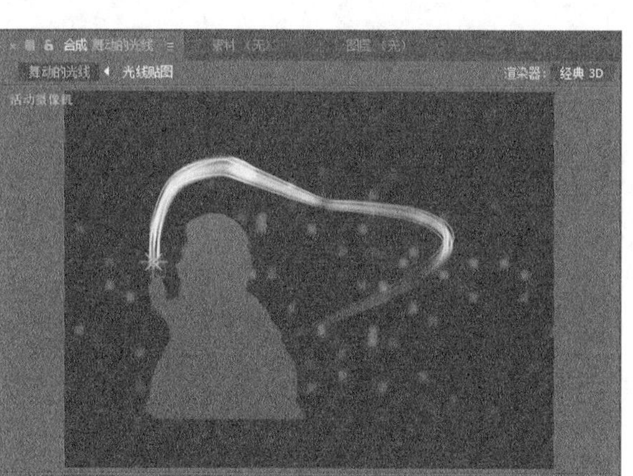

图12-63

（7）选择Guangxian图层，然后执行“效果>颜色校正>色相/饱和度”菜单命令，接着在“效果控件”面板中选择“彩色化”选项，最后设置“着色色相”为（0×45°）、“着色饱和度”为100、“着色亮度”为-40，如图12-64所示。效果如图12-65所示。

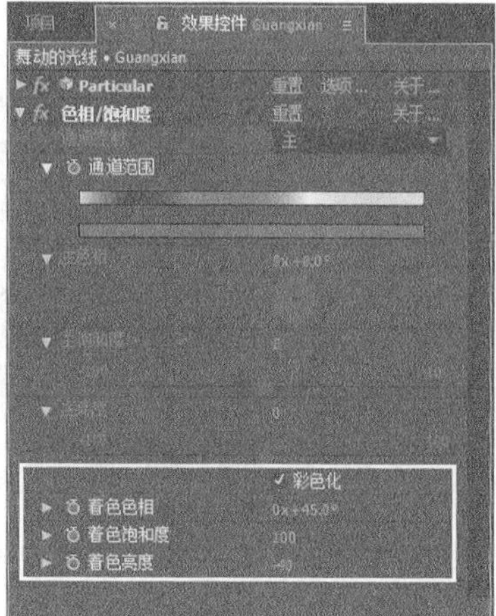

图12-64

图12-65

（8）选择Guangxian图层，然后执行“效果>风格化>光晕”菜单命令，接着在“效果控件”面板中设置“发光阈值”为53%、“发光半径”为60、“发光强度”为1.5，如图12-66所示。效果如图12-67所示。

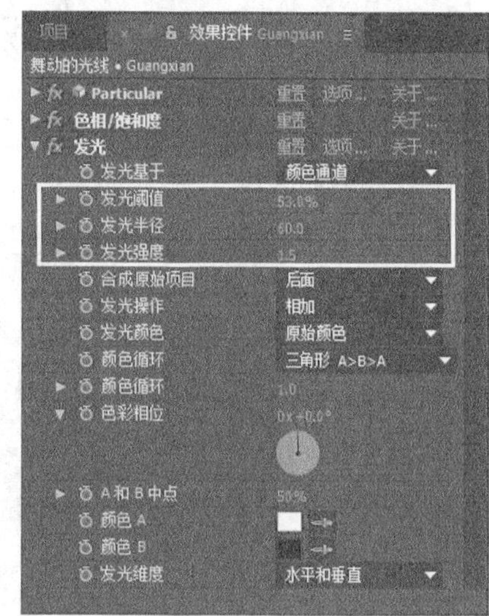

图12-66

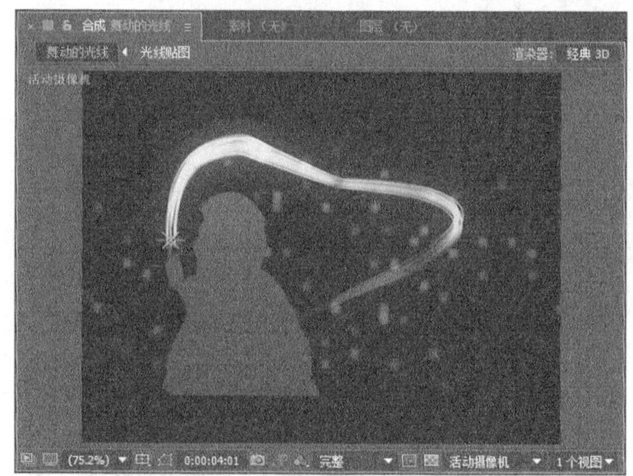

图12-67

（9）渲染并输出动画，最终效果如图12-68所示。

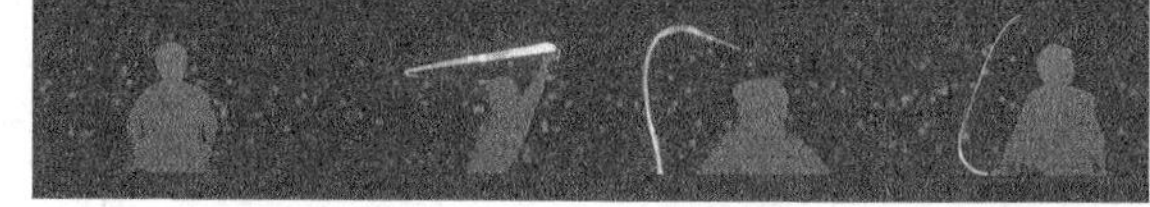

图12-68

12.6.2 碎片滤镜

“碎片”滤镜可以对图像进行粉碎和爆炸处理，并可以对爆炸的位置、力量和半径等进行控制。另外，还可以自定义爆炸时产生碎片的形状，如图12-69所示。

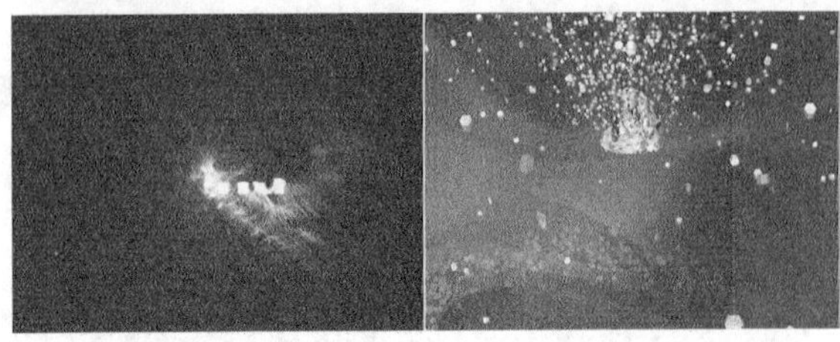

图12-69

执行“效果>模拟>碎片”菜单命令，在“效果控件”面板中展开“碎片”滤镜的属性，如图12-70所示。

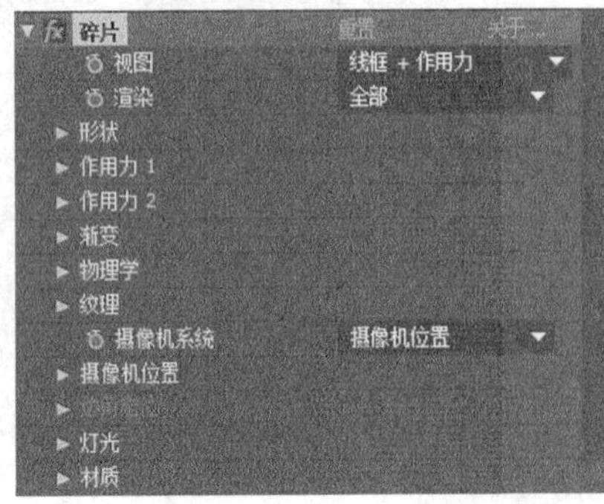

图12-70

参数详解

①“视图与渲染”属性组

* 视图：指定爆炸效果的显示方式。
* 渲染：指定显示的目标对象。
    - 全部：显示所有对象。
    - 图层：显示未爆炸的图层。
    - 块：显示已炸的碎块。

②“形状”属性组

该属性组可以对爆炸产生的碎片状态进行设置，其属性控制如图12-71所示。

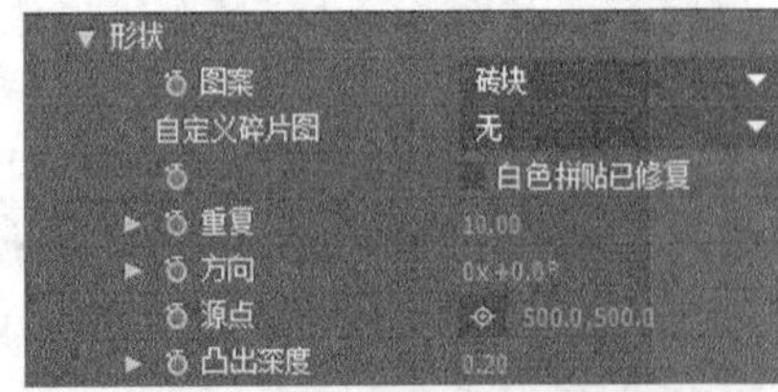

图12-71

* 图案：下拉列表中提供了众多系统预制的碎片外形。
* 自定义碎片图：当在“图案”中选择了“自定义碎片图”后，可以在该选项的下拉列表中选择一个目标层，这个层将影响爆炸碎片的形状。
* 白色拼贴已修复：可以开启白色平铺的适配功能。
* 重复：指定碎片的重复数目，较大的数值可以分解出更多的碎片。
* 方向：设置碎片产生时的方向。
* 源点：指定碎片的初始位置。
* 凸出深度：指定碎片的厚度，数值越大，碎片越厚。

③“作用力1/2”属性组

该属性组用于指定爆炸产生的两个力场的爆炸范围，默认仅使用一个力，如图12-72所示。其属性控制如图12-73所示。

图12-72

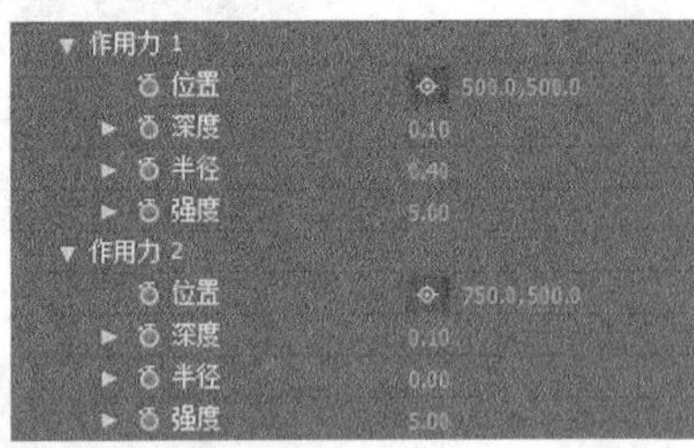

图12-73

* 位置：指定力产生的位置。
* 深度：控制力的深度。
* 半径：指定力的半径。数值越高半径越大，受力范围越广。半径为0时不会产生变化。
* 强度：指定产生力的强度。数值越高，强度越大，产生碎片飞散越远。数值为负值时，飞散方向与正值方向相反。

④“渐变”属性组

该属性组可以指定一个层，然后利用指定层来影响爆炸效果，其属性控制如图12-74所示。

图12-74

* 碎片阈值：指定碎片的容差值。
* 渐变图层：指定合成图像中的一个层作为爆炸渐变层。

* 反转渐变：反转渐变层。

⑤“物理学”属性组

该属性组控制爆炸的物理属性，其属性控制如图12-75所示。

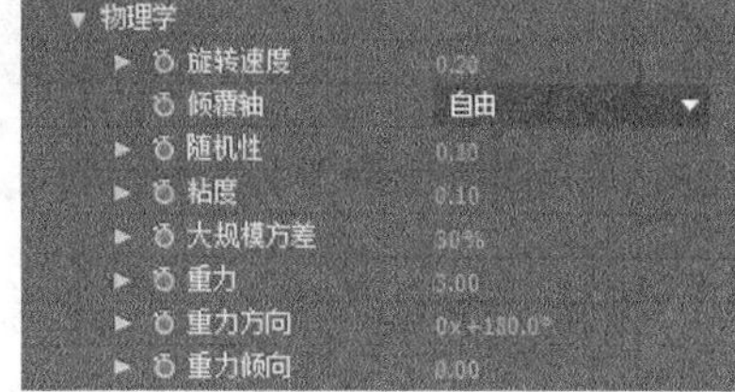

图12-75

* 旋转速度：指定爆炸产生的碎片的旋转速度。数值为0时不会产生旋转。

* 倾覆轴：指定爆炸产生的碎片如何翻转。可以将翻转锁定在某个坐标轴上，也可以选择自由翻转。

* 随机性：用于控制碎片飞散的随机值。

* 粘度：控制碎片的粘度。

* 大规模方差：控制爆炸碎片集中的百分比。

* 重力：为爆炸施加一个重力。如同自然界中的重力一样，爆炸产生的碎片会受到重力影响而坠落或上升。

* 重力方向：指定重力的方向。

* 重力倾向：给重力设置一个倾斜度。

⑥“纹理”属性组

该属性组可以对碎片进行颜色纹理的设置，其属性控制如图12-76所示。

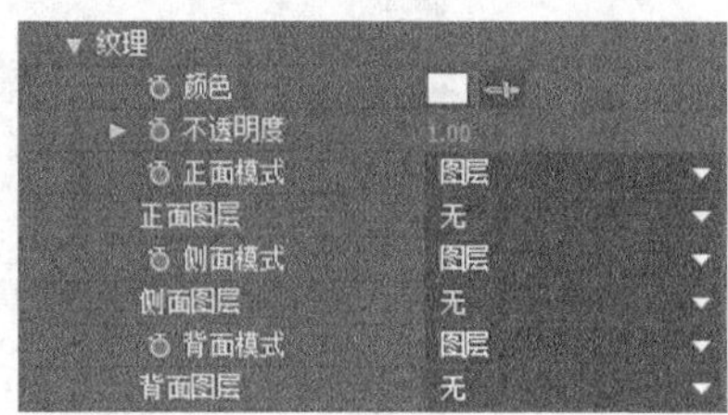

图12-76

* 颜色：指定碎片的颜色，默认情况下使用当前层作为碎片颜色。

* 不透明度：用来设置碎片的不透明度。

* 正面模式：设置碎片正面材质贴图的方式。

* 正面图层：在下拉列表中指定一个图层作为碎片正面材质的贴图。

* 侧面模式：设置碎片侧面材质贴图的方式。

* 侧面图层：在下拉列表中指定一个图层作为碎片侧面材质的贴图。

* 背面模式：设置碎片背面材质贴图的方式。

* 背面图层：在下拉列表中指定一个图层作为碎片背面材质的贴图。

⑦“摄像机系统”属性组

该属性组控制用于爆炸特效的摄像机系统，在其下拉列表中选择不同的摄像机系统，产生的效果也不同，如图12-77所示。

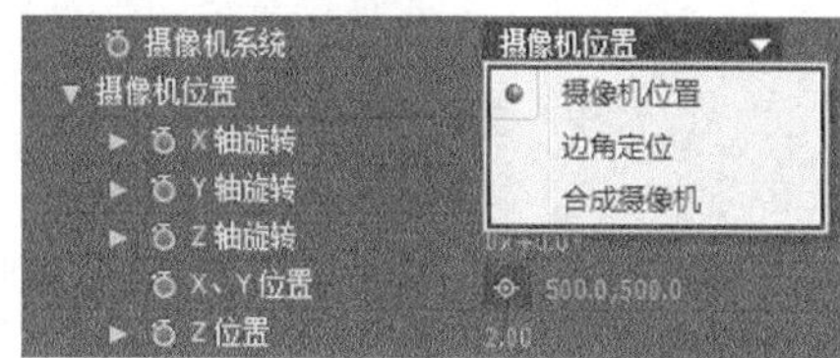

图12-77

* 摄像机位置：选择“摄像机位置”后，可通过下方的“摄像机位置”参数控制摄像机。

* 边角定位：选择“边角定位”后将由“边角定位”参数控制摄像机。

* 摄像机位置：选择“合成摄像机”则通过合成图像中的摄像机控制其效果，当特效层为3D层时比较适用。

⑧“摄像机位置”属性组

该属性组当选择“摄像机位置”作为摄像机系统时，可以激活其相关属性，如图12-78所示。

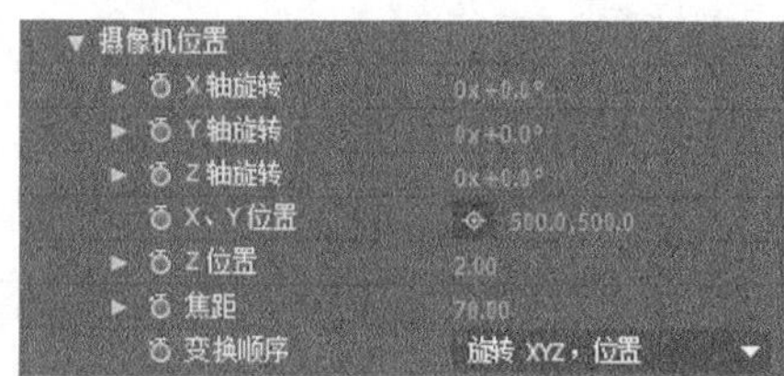

图12-78

* X/Y/Z轴旋转：控制摄像机在x、y、z轴上的旋转角度。

* X、Y位置：控制摄像机在三维空间的位置属性。可以通过参数控制摄像机位置，也可以在合成图像中移动控制点来确定其位置。

* 焦距：控制摄像机焦距。

* 变换顺序：指定摄像机的变换顺序。

⑨“边角定位”属性组

当选择“边角定位”作为摄像机系统时，可以激活其相关属性，如图12-79所示。

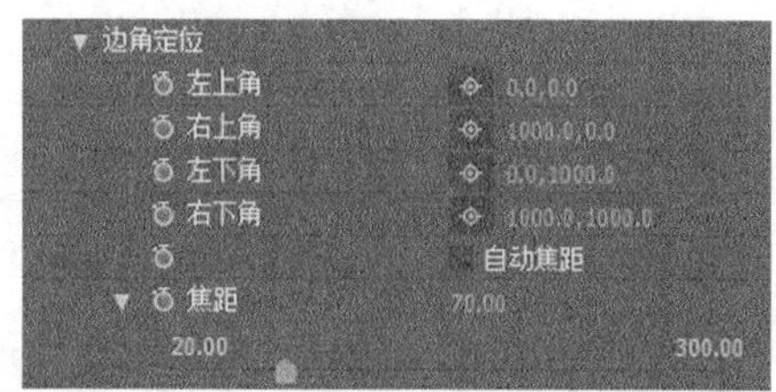

图12-79

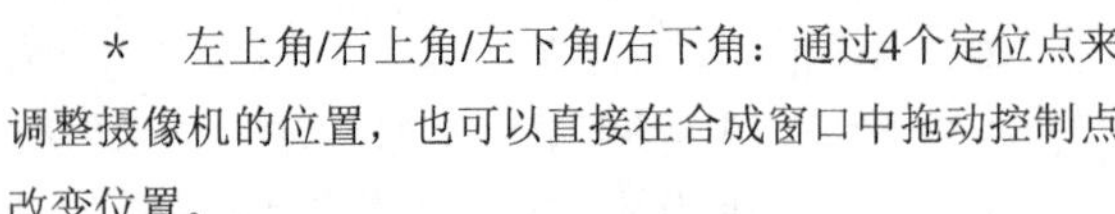

* 左上角/右上角/左下角/右下角：通过4个定位点来调整摄像机的位置，也可以直接在合成窗口中拖动控制点改变位置。

* 自动焦距：选择该选项后，将会指定设置摄像机的自动焦距。

* 焦距：通过参数控制焦距。

⑩“灯光”属性组

该属性组对特效中的灯光属性进行控制，其属性控制如图12-80所示。

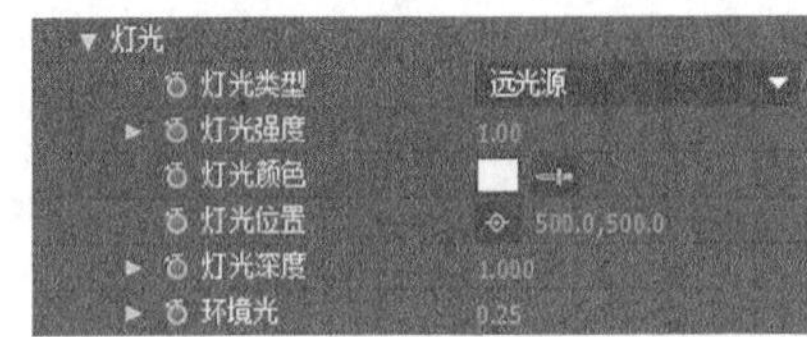

图12-80

* 灯光类型：指定特效使用灯光的方式。“点”表示使用点光源照明方式，“远光源”表示使用远光照明方式，“首选合成光”表示使用合成图像中的第一盏灯作为照明方式。使用“首选合成灯光”时，必须确认合成图像中已经建立了灯光。

* 灯光强度：控制灯光照明强度。

* 灯光颜色：指定灯光的颜色。

* 灯光位置：指定灯光光源在空间中x、y轴的位置，默认在图层中心的位置。通过改变其参数或拖动控制点改变它的位置。

* 灯光深度：控制灯光在z轴上的深度位置。

* 环境光：指定灯光在层中的环境光强度。

⑪“材质”属性组

该属性组指定特效中的材质属性，其属性控制如图12-81所示。

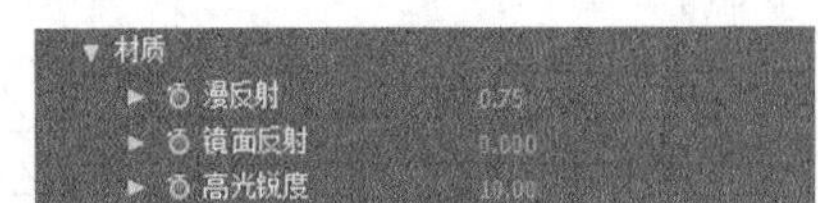

图12-81

* 漫反射：控制漫反射强度。

* 镜面反射：控制镜面反射强度。

* 高光锐度：控制高光锐化强度。

12.6.3 粒子动力场

“粒子动力场”滤镜可以从物理学和数学上对各类自然效果进行描述，从而模拟各种符合自然规律的粒子运动效果，如图12-82所示。

图12-82

执行“效果>模拟>粒子动力场”菜单命令，在“效果控件”面板中展开“粒子动力场”滤镜的属性，如图12-83所示。

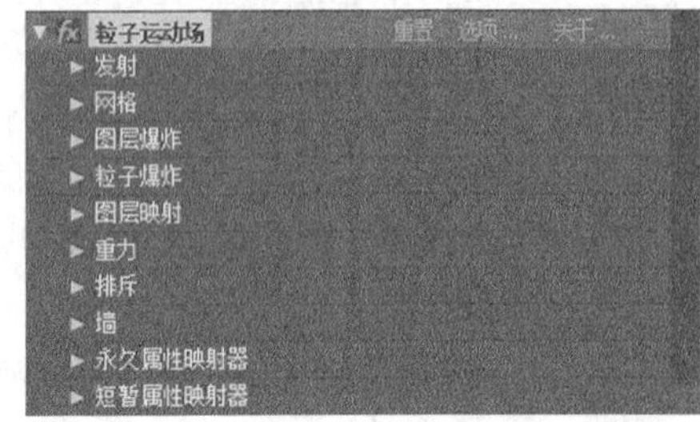

图12-83

参数详解

①“发射”属性组

该属性组根据指定的方向和速度发射粒子。默认状态下，它以每秒100粒的速度朝框架的顶部发射红色的粒子，其属性控制如图12-84所示。

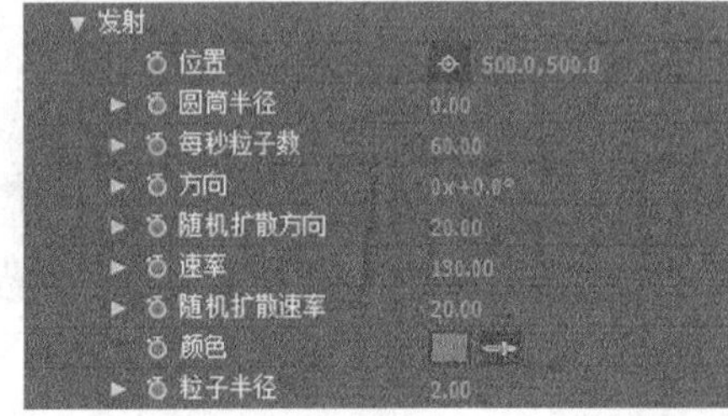

图12-84

* 位置：指定粒子发射点的位置。

* 圆筒半径：控制粒子活动的半径。

* 每秒粒子数：指定粒子每秒钟发射的数量。

* 方向：指定粒子发射的方向。

* 随机扩散方向：指定粒子发射方向的随机偏移方向。

* 速率：控制粒子发射的初始速度。

* 随机扩散速率：指定粒子发射速度的随机变化。

* 颜色：指定粒子的颜色。

* 粒子半径：指定粒子的半径。

②“网格”属性组

该属性组可以从一组网格交叉点产生一个连续的粒子

面，可以设置在一组网格的交叉点处生成一个连续的粒子面，其中的粒子运动只受重力、排斥力、墙和映像的影响，其属性控制如图12-85所示。

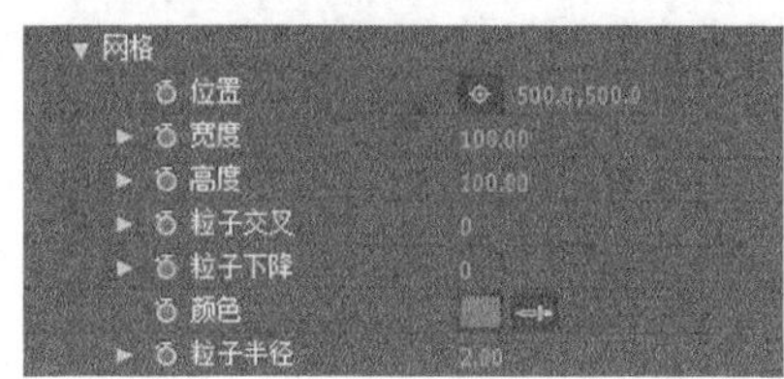

图12-85

* 位置：指定网格中心的x、y坐标。

* 宽度/高度：以像素为单位确定网格的边框尺寸。

* 粒子交叉/下降：分别指定网格区域中水平和垂直方向上分布的粒子数，仅当该值大于1时才产生粒子。

* 颜色：指定圆点或文本字符的颜色。当用一个已存在的层作为粒子源时该特效无效。

* 粒子半径：用来控制粒子的大小。

③“图层爆炸”属性组

该属性组可以分裂一个层作为粒子，用来模拟爆炸效果，其属性控制如图12-86所示。

图12-86

* 引爆图层：指定要爆炸的层。

* 新粒子的半径：指定爆炸所产生的新粒子的半径，该值必须小于原始层和原始粒子的半径值。

* 分散速度：以像素为单位，决定了所产生粒子速度变化范围的最大值。较高的值产生更为分散的爆炸效果，较低的值则粒子聚集在一起。

④“粒子爆炸”属性组

该属性组可以把一个粒子分裂成为很多新的粒子，以迅速增加粒子数量，方便模拟爆炸和烟火等特效，其属性控制如图12-87所示。

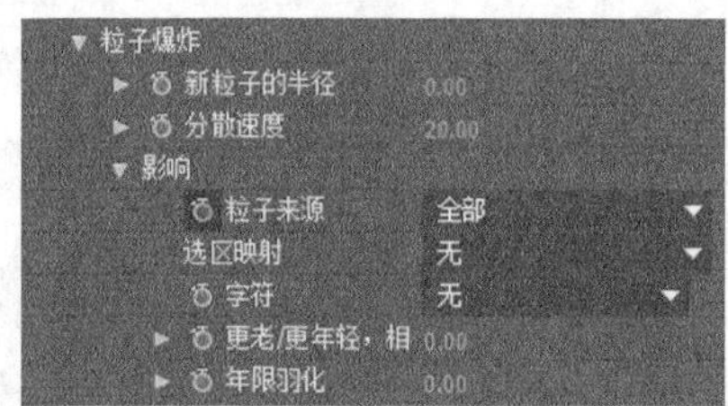

图12-87

* 新粒子的半径：指定新粒子半径，该值必须小于原始层和原始粒子的半径值。

* 分散速度：以像素为单位，决定了所产生粒子速度变化范围的最大值，较高的值产生更为分散的爆炸，较低的值则粒子聚集在一起。

* 影响：指定哪些粒子受选项影响。

• 粒子来源：可以在下拉列表中选择粒子发射器，或选择受对应属性影响的粒子发射器组合。

• 选区映射：在下拉列表中指定一个映像层，来决定在当前选项下影响哪些粒子。选择是根据层中的每个像素的亮度决定的，当粒子穿过不同亮度的映像层时，粒子所受的影响不同。

• 字符：在下拉列表中可以指定受当前选项影响的字符的文本区域。只有在将文本字符作为粒子使用时才有效。

• 更老/更年轻，相：指定粒子的年龄阈值。正值影响较老的粒子，而负值影响年轻的粒子。

• 年限羽化：以秒为单位指定一个时间范围，该范围内所有老的和年轻的粒子都被羽化或柔和，产生一个逐渐而非突然的变化效果。

⑤“图层映射”属性组

在该属性组中可以指定合成图像中任意层作为粒子的贴图来替换圆点粒子。例如，可以将一只飞舞的蝴蝶素材作为粒子的贴图，那么系统将会用这只蝴蝶替换所有圆点粒子，产生蝴蝶群飞舞的效果。并且可以将贴图指定为动态的视频，产生更为生动和复杂的变化，其属性控制如图12-88所示。

图12-88

* 使用图层：用于指定作为映像的层。

* 时间偏移类型：指定时间位移类型。

* 时间偏移：控制时间位移效果参数。

⑥“重力”属性组

该属性组用于设置重力场，可以模拟现实世界中的重力现象，其属性控制如图12-89所示。

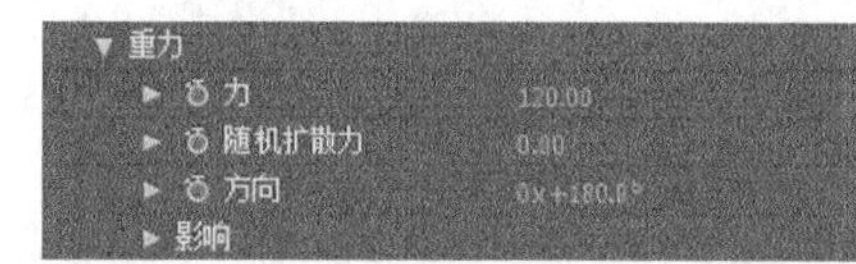

图12-89

* 力：较大的值增大重力影响。正值使重力沿重力方向影响粒子，负值沿重力反方向影响粒子。

* 随机扩散力：值为0时所有的粒子都以相同的速率下落，当值较大时，粒子以不同的速率下落。

* 方向：默认180°，重力向下。

⑦ “排斥”属性组

该属性组可以设置粒子间的斥力，控制粒子相互排斥或相互吸引，其属性控制如图12-90所示。

图12-90

* 力：控制斥力的大小（即斥力影响程度），值越大斥力越大。正值排斥，负值吸引。

* 力半径：指定粒子受到排斥或者吸引的范围。

* 排斥物：指定哪些粒子作为一个粒子子集的排斥源或者吸引源。

⑧ “墙”属性组

该属性组可以为粒子设置墙属性。所谓墙属性就是用屏蔽工具建立起一个封闭的区域，约束粒子在这个指定的区域活动，其属性控制如图12-91所示。

图12-91

* 边界：从下拉列表中指定一个封闭区域作为边界墙。

⑨ “永久属性映射器”属性组

该属性组用于指定持久性的属性映像器。在另一种影响力或运算出现之前，持续改变粒子的属性，其属性控制如图12-92所示。

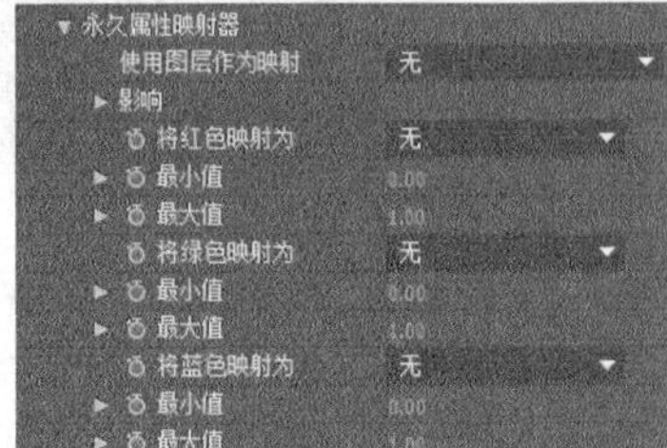

图12-92

* 使用图层作为映射：指定一个层作为影响粒子的层映像。

* 影响：指定哪些粒子受选项影响。在“将红色映射为/将绿色映射为/将蓝色映射为”中，可以通过选择下拉列表中指定层映像的RGB通道来控制粒子的属性。当设置其中一个选项作为指定属性时，粒子运动场将从层映像中复制该值并将它应用到粒子。

- 无：不改变粒子。
- 红/绿/蓝：复制粒子的R、G、B通道的值。
- 动态摩擦：复制运动物体的阻力值，增大该值可以减慢或停止运动的粒子。
- 静态摩擦：复制粒子不动的惯性值。
- 角度：复制粒子移动方向的一个值。
- 角速度：复制粒子旋转的速度，该值决定了粒子绕自身的旋转速度。
- 扭矩：复制粒子旋转的力度。
- 缩放：复制粒子沿着x、y轴缩放的值。
- X/Y缩放：复制粒子沿x轴或y轴缩放的值。
- X/Y：复制粒子沿着x轴或y轴的位置。
- 渐变速度：复制基于层映像在x轴或者y轴运动面上的区域的速度调节。
- X/Y速度：复制粒子在x轴向或y轴向的速度，即水平方向的速度或垂直方向的速度。
- 梯度力：复制基于层映像在x轴或者y轴运动区域的力度调节。
- X/Y力：复制沿x轴或者y轴运动的强制力。
- 不透明度：复制粒子的透明度。值为0时全透明，值为1时不透明，可以通过调节该值使粒子产生淡入或淡出效果。
- 质量：复制粒子聚集，通过所有粒子相互作用调节张力。
- 寿命：复制粒子的生存期，默认的生存期是无限的。
- 字符：复制对应于ASCll文本字符的值，通过在层映像上涂抹或画灰色阴影指定哪些文本字符显现。值为0时不产生字符，对于U.S English字符，使用值从32~127。仅当用文本字符作为粒子时可以这样用。
- 字体大小：复制字符的点大小，当用文本字符作为粒子时才可以使用。
- 时间偏移：复制层映像属性用的时间位移值。
- 缩放速度：复制粒子沿着x、y轴缩放的速度。正值扩张粒子，负值收缩粒子。

⑩ “短暂属性映射器”属性组

该属性组用于指定短暂性的属性映像器。可以指定一种算术运算来扩大、减弱或限制结果值，其属性控制如图12-93所示。该属性与“永久属性映射器”调节参数基本相同，相同的参数请参考“永久属性映射器”的参数解释。

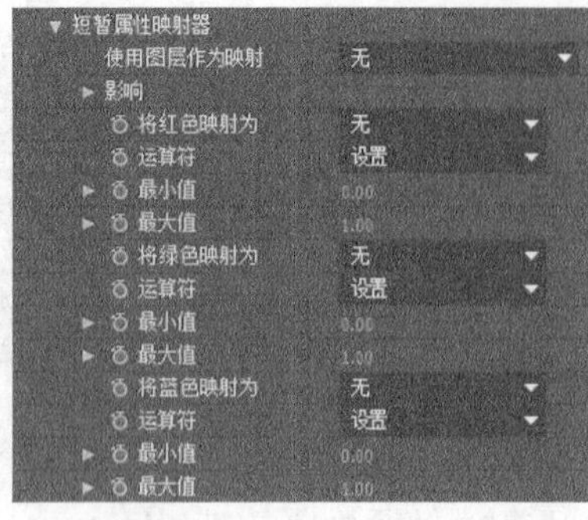

图12-93

* 相加：使用粒子属性与相对应的层映像像素值的合计值。

* 差值：使用粒子属性与相对应的层映像像素亮度值的差的绝对值。

* 相减：以粒子属性的值减去对应的层映像像素的亮度值。

* 相乘：使用粒子属性值和相对应的层映像像素值相乘的值。

* 最小值：取粒子属性值与相对应的层映像像素亮度值中较小的值。

* 最大值：取粒子属性值与相对应的层映像像素亮度值中较大的值。

12.6.4 Particular（粒子）

Particular（粒子）属于Red Giant Trapcode系列滤镜包中一款功能非常强大的三维粒子滤镜。通过该滤镜可以模拟出真实世界中的烟雾、爆炸等效果，如图12-94所示。

图12-94

执行“效果>Trapcode>Particular（粒子）”菜单命令，在“效果控件”面板中展开Particular（粒子）滤镜的属性，如图12-95所示。

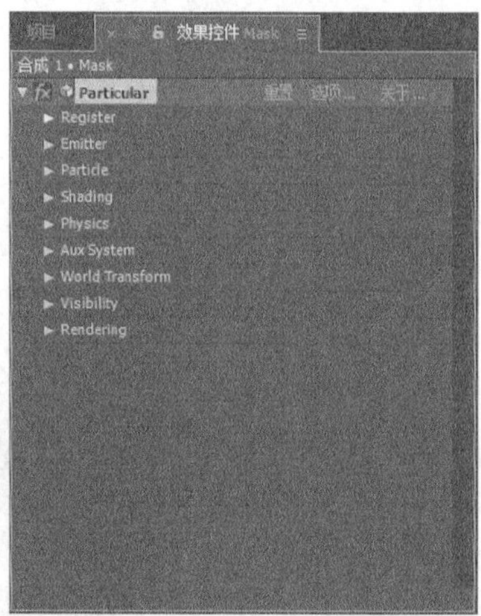

图12-95

参数详解

① Emitter（发射）属性组

该属性组用来设置粒子产生的位置、粒子的初速度和粒子的初始发射方向等，如图12-96所示。

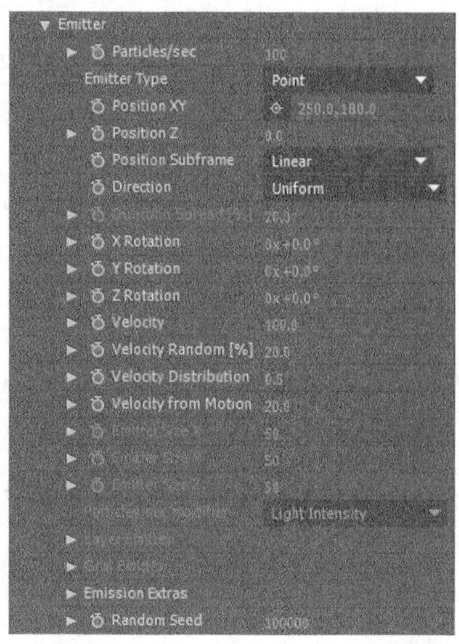

图12-96

* Particles/sec（每秒发射粒子数）：通过数值调整来控制每秒发射的粒子数。

* Emitter Type（发射类型）：粒子发射的类型，主要包含以下7种类型，如图12-97所示。

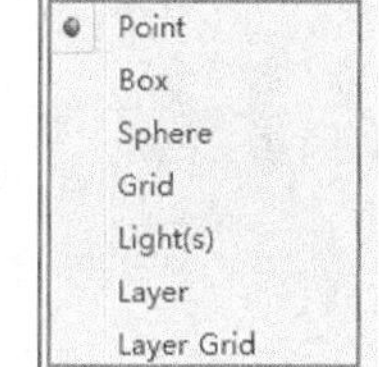

图12-97

- Point（点）：所有粒子都从一个点中发射出来。
- Box（立方体）：所有粒子都从一个立方体中发射出来。
- Sphere（球体）：所有粒子都从一个球体内发射出来。
- Grid（栅格）：所有粒子都从一个二维或三维栅格中发射出来。
- Light（s）（灯光）：所有粒子都从合成中的灯光发射出来。
- Layer（图层）：所有粒子都从合成中的一个图层中发射出来。
- Layer Grid（图层栅格）：所有粒子都从一个图层中以栅格的方式向外发射出来。

★ Position XY/Position Z（*xy*/*z*位置）：如果为该选项设置关键帧，可以创建拖尾效果。

★ Direction Spread[%]（扩散）：用来控制粒子的扩散，该值越大，向四周扩散出来的粒子越多；该值越小，向四周扩散出来的粒子越少。

★ X/Y/Z Rotation（*x*/*y*/*z*轴向旋转）：通过调整它们的数值，控制发射器方向的旋转。

★ Velocity（初始速度）：用来控制发射的速度。

★ Velocity Random[%]（随机速度）：控制速度的随机值。

★ Velocity from Motion[%]（运动速度）：粒子运动的速度。

★ Emitter Size X/ Y/ Z（发射器大小*x*/*y*/*z*）：只有当Emitter Type（发射类型）设置为Box（盒子）、Sphere（球体）、Grid（网格）和Light（灯光）时，才能设置发射器在*x*、*y*、*z*轴的大小；而对于Layer（图层）和Layer Grid（图层栅格）发射器，只能调节*z*轴方向发射器的大小。

② Particle（粒子）属性组

该属性组中的参数主要用来设置粒子的外观，例如，粒子的大小、不透明度以及颜色属性等，如图12-98所示。

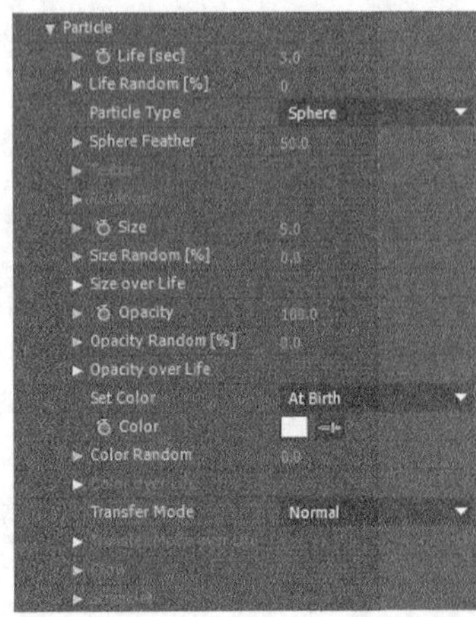

图12-98

★ Life[sec]（生命周期）：通过数值调整可以控制粒子的生命周期，以秒来计算。

★ Life Random[%]（生命周期的随机性）：用来控制粒子生命周期的随机性。

★ Particle Type（粒子类型）：在它的下拉列表中有11种类型，分别为Sphere（球形）、Glow sphere（发光球形）、Star（星形）、Cloudlet（云层形）、Streaklet（烟雾形）、Sprite（雪花）、Sprite Colorize（颜色雪花）、Sprite Fill（雪花填充）以及3种自定义类型。

★ Size（大小）：用来控制粒子的大小。

★ Size Random[%]（大小随机值[%]）：用来控制粒子大小的随机属性。

★ Size over life（粒子死亡后的大小）：用来控制粒子死亡后的大小。

★ Opacity（不透明度）：用来控制粒子的不透明度。

★ Opacity Random（随机不透明度）：用来控制粒子随机的不透明度。

★ Opacity over life（粒子死亡后的不透明度）：用来控制粒子死亡后的不透明度。

★ Set Color（设置颜色）：用来设置粒子的颜色，设置粒子的颜色有3种方法，分别是AtBirth（出生）用于设置粒子刚生成时的颜色，并在整个生命期内有效；OverLife（生命周期）用于设置粒子的颜色在生命期内变化；Random from Gradient（随机）用于选择随机颜色。

★ Transfer Mode（合成模式）：设置粒子的叠加模式，如图12-99所示。

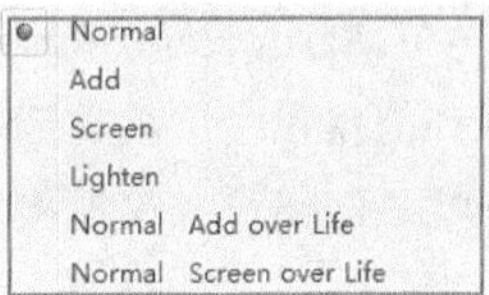

图12-99

• Normal（正常）：正常模式。

• Add（增加）：粒子效果添加在一起，用于光效和火焰效果。

• Screen（屏幕）：用于光效和火焰效果。

• Lighten（加亮）：先比较通道颜色中的数值，然后把亮的部分调整得比原来更亮。

• Normal Add over Life（正常 消亡后增加）：在Normal（正常）模式和Add（相加）模式之间切换。

• Normal Screen over Life（正常 消亡后屏幕）：在Normal（正常）模式和Screen（屏幕）模式之间切换。

★ Transfer Mode over Life（粒子死亡之后的合成模式）：用来控制粒子死亡后的合成模式。

• Glow（辉光）：用来控制粒子产生的光晕属性效果。

• Streaklet（条纹）：用来设置条纹状粒子的属性。

③ Shading（着色）属性组

该属性组中的参数主要用来设置粒子与合成灯光的相互作用，类似于三维图层的材质属性。该属性组的内容如图12-100所示。

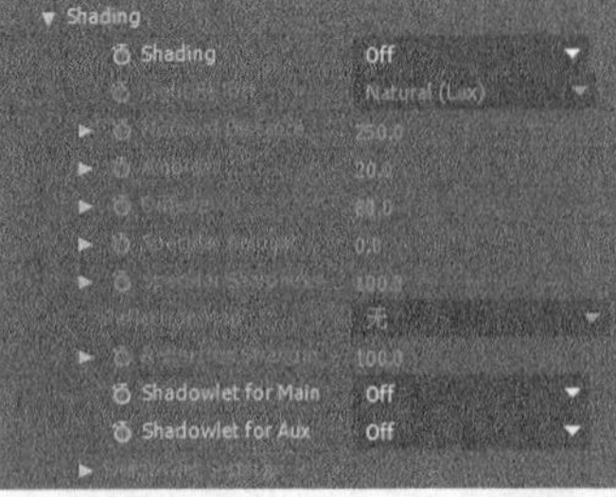

图12-100

④ Physics（物理性）属性组

该属性组中的参数主要用来设置粒子在发射以后的运动情况，包括粒子的重力、紊乱程度以及设置粒子与同一合成中的其他图层产生的碰撞效果，如图12-101所示。

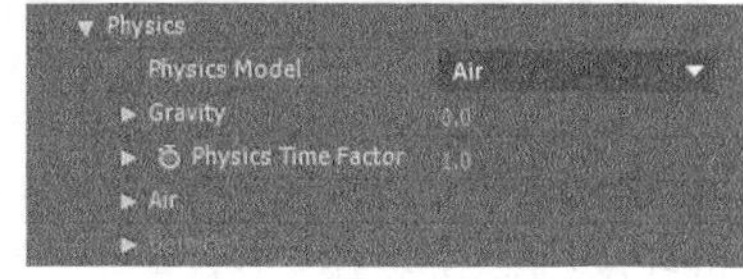

图12-101

* Physics Model（物理模式）：它有以下两个选项，分别是Air（空气）：该模式用于创建粒子穿过空气时的运动效果，主要设置空气的阻力、扰动等参数；Bounce（弹跳）：该模式用来实现粒子的弹跳。

* Gravity（重力）：用来设置粒子受重力影响的状态。

* Physics Time Factor（物理时间因数）：调节粒子运动的速度。默认值是1（表示时间和现实相同）；0表示冻结时间；2表示正常速度的两倍；-1表示时间倒流。

* Air（空气）：该模式用于创建粒子穿过空气时的运动效果，主要设置空气的阻力、扰动等属性。

* Bounce（弹跳）：该模式实现粒子的弹跳。

⑤ Aux System（辅助系统）属性组

该属性组中的参数主要用来设置辅助粒子系统（也就是子粒子系统）的相关参数，这个子粒子系统可以从主粒子系统的粒子中产生新的粒子，Aux System（辅助系统）非常适合制作烟花和拖尾特效，如图12-102和12-103所示。

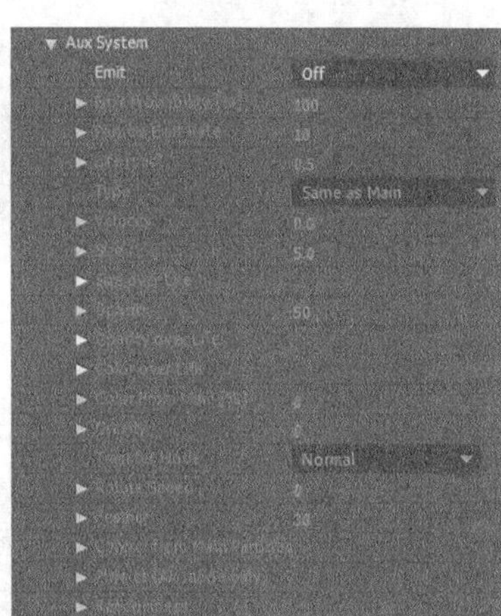

图12-102

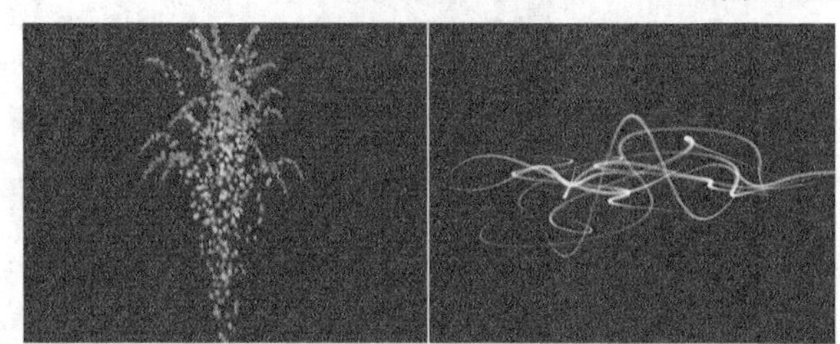

图12-103

* Emit（发射）：当Emit（发射）选择为off（关闭）时，Aux System（辅助系统）中的参数无效。

提示 只有选择At Bounce Event（反弹事件）或Continously（连续）时，Aux System（辅助系统）中的参数才有效，才能发射Aux粒子，如图12-104所示。

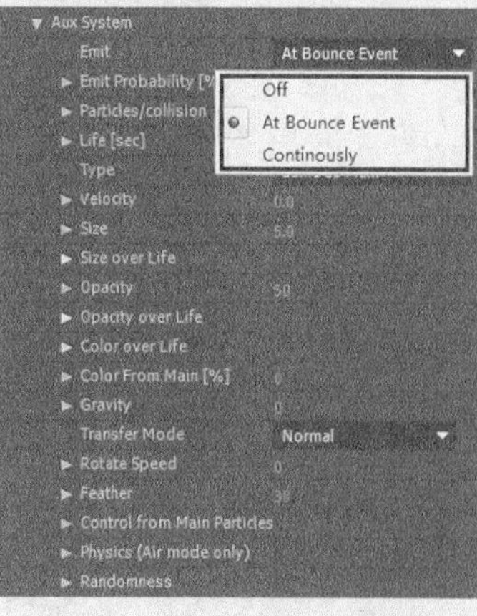

图12-104

* Emit Probability[%]（发射的概率）：用来控制主粒子实际产生了多少Aux粒子。

* Particle Emit Rate（粒子发射速率）：用来设置粒子发射的速率。

* Life[sec]（粒子生命周期）：用来控制粒子的生命周期。

* Type（类型）：用来控制Aux粒子的类型。

* Velocity（初始速度）：初始化Aux粒子的速度。

* Size（大小）：用来设置粒子的大小。

* Size over life（粒子死亡后的大小）：用来设置粒子死亡后的大小。

* Opacity（不透明度）：用来控制粒子的不透明度。

* Opacity over life（粒子死亡后的不透明度）：用来控制粒子死亡后的不透明度。

* Color over life（颜色衰减）：控制粒子颜色的变化。

* Color From Main[%]（颜色主要来源）：用来设置Aux粒子的颜色。

* Gravity（重力）：用来设置粒子受重力影响的状态。

* Transfer Mode（叠加模式）：设置叠加模式。

⑥ World Transform（坐标空间变换）属性组

该属性组中的参数主要用来设置视角的旋转和位移状态，如图12-105所示。

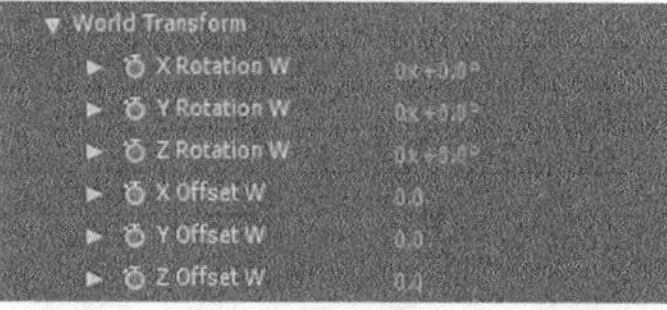

图12-105

⑦ Visibility（可见性）属性组

该属性组中的参数主要用来设置粒子的可视性，如图12-106所示。例如，在远处的粒子可以被设置为淡出或消失效果，图12-107所示的是Visibility（可视性）属性组中的各属性之间的关系。

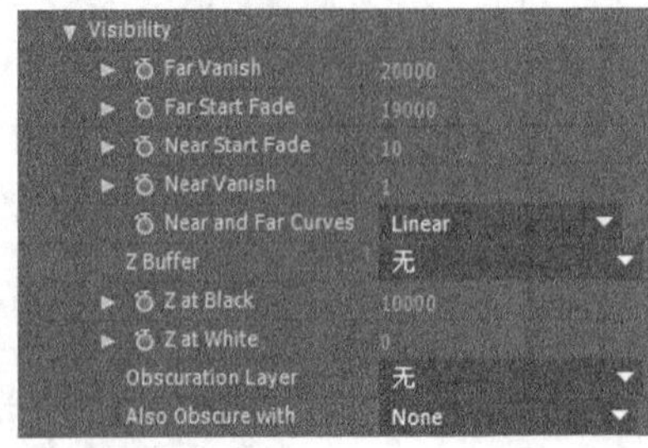

图12-106

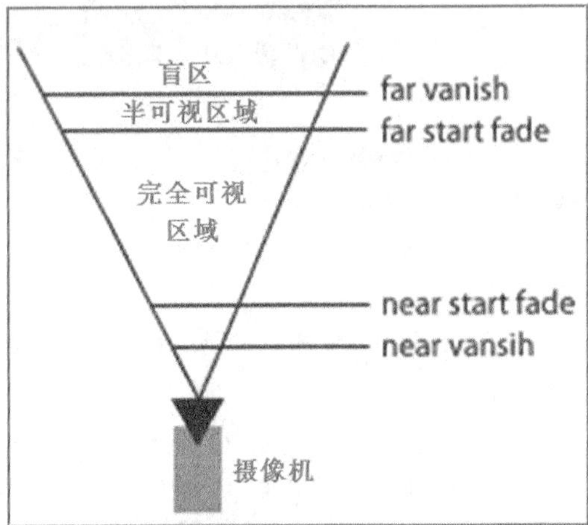

图12-107

⑧ Rendering（渲染）属性组

该属性组中的参数主要用来设置渲染方式、摄像机景深以及运动模糊等效果，如图12-108所示。

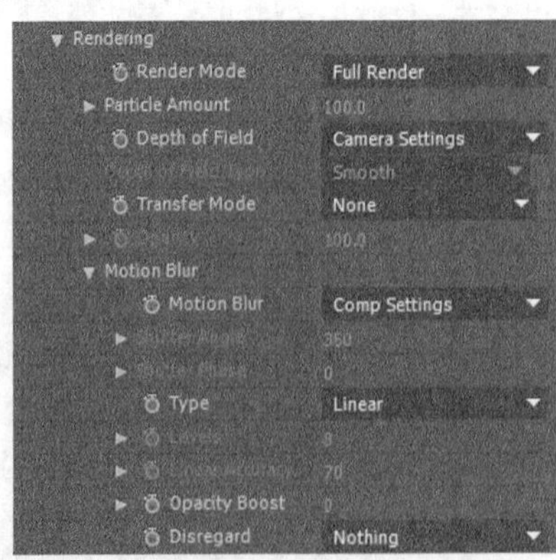

图12-108

* Render Mode（渲染模式）：用来设置渲染的方式，它有以下两个选项。

- Full Render（完全渲染）：这是默认模式。
- Motion Preview（预览）：快速预览粒子运动。

* Depth of Field（景深）：设置摄像机景深。

* Transfer Mode（叠加模式）：设置叠加的模式。

* Motion Blur（运动模糊）：使粒子的运动更平滑，模拟真实摄像机效果。

* Shutter Angle（快门角度）/Shutter Phase（快门相位）：这两个选项只有在Motion Blur（运动模糊）为On（打开）时，才有效。

* Opacity Boost（透明度补偿设置）：当粒子透明度降低时，可以利用该选项进行补偿，提高粒子的亮度。

12.6.5 Form（形状）

Form（形状）属于Red Giant Trapcode系列滤镜包中的一款基于网格的三维粒子滤镜，与其他的粒子软件不同的是，它的粒子没有产生、生命周期和死亡等基本属性，它的粒子从开始就存在。同时可以通过不同的图层贴图以及不同的场来控制粒子的大小和形状等参数，以形成动画。

Form（形状）比较适合制作如流水、烟雾和火焰等复杂的3D几何图形。另外，它内置音频分析器，能够帮助用户轻松提取音乐节奏频率等参数，并且用来驱动粒子的相关参数，如图12-109所示。

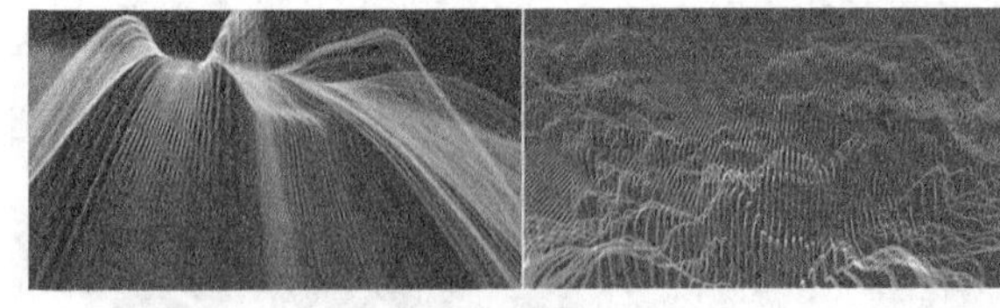

图12-109

执行“效果>Trapcode>Form（形状）”菜单命令，在“效果控件”面板中展开Form（形状）滤镜的属性，如图12-110所示。

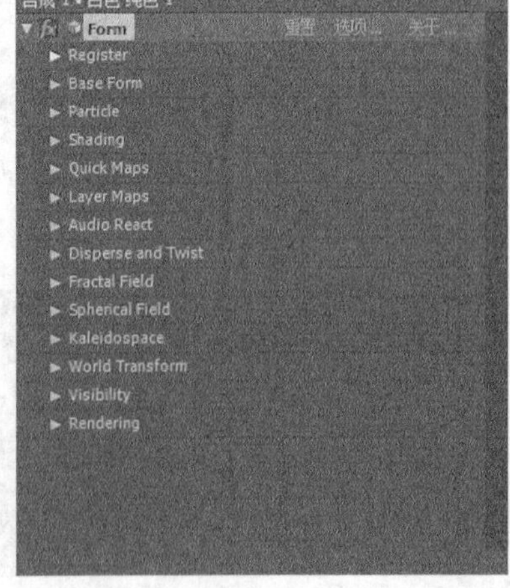

图12-110

参数详解

① Base Form（基础网格）属性组

该属性组用来设置网格的类型、大小、位置、旋转、粒子的密度以及OBJ设置等参数，其参数控制面板如图12-111所示。

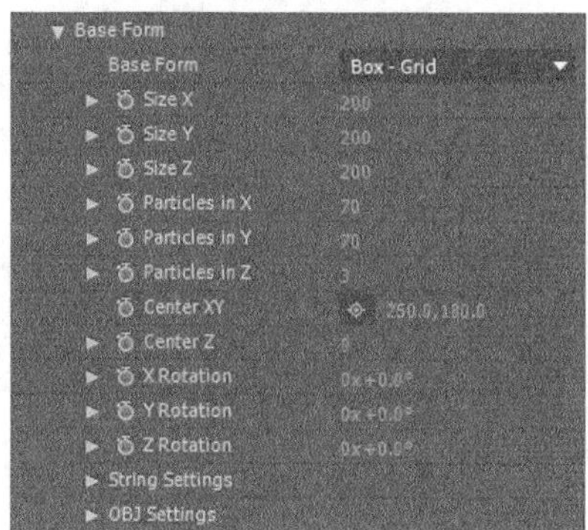

图12-111

* Base Form（基础网格）：在它的下拉列表中有4种类型，分别为Box-Grid（盒子-网格）、Box-Strings（串状立方体）、Sphere-Layered（球型）和OBJ Model（OBJ模型）。

* Size X/Y/ Z（$x/y/z$的大小）：这3个选项用来设置网格大小，其中Size Z和下面的Particles in Z（z轴的粒子）两个属性将一起控制整个网格粒子的密度。

* Particles in X/Y/Z（$x/y/z$轴上的粒子）：指在大小设定好的范围内，x、y、z轴方向上拥有的粒子数量。Particles in X/Y/Z对Form（形状）的最终渲染有很大影响，特别是Particles in Z的数值。

* Center XY/ Z（xy轴中心位置/z轴的位置）：用来设置Form的锚点。

* X/Y/Z Rotation（$x/y/z$轴的旋转）：用来设置Form的旋转。

* String Settings（线型设置）：当选择Base Form（基础网格）的类型为Box-Strings（串状立方体）时，该选项才处于可用状态，如图12-112所示。

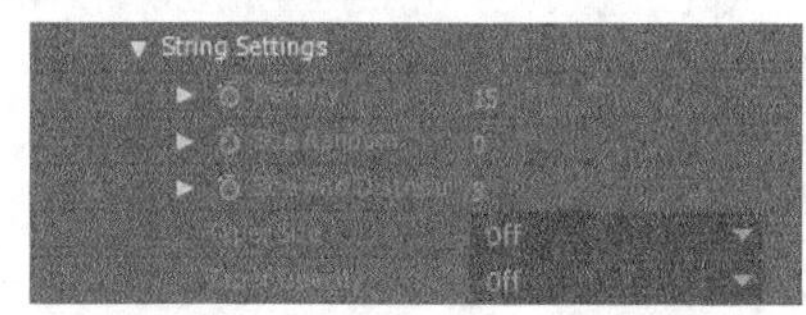

图12-112

• Density（密度）：String（（串状）是由若干粒子组成的线条，因此Density（密度）越大，线条的效果越明显；Density（密度）越小，粒子的效果越明显。

• Size Random（大小随机值）：该选项可以让线条变得粗细不均匀。

• Size Rnd Distribution（随机分布值）：该选项可以让线条粗细效果更为明显。

• Taper Size（锥化大小）：该选项用来修改锥化的数值大小。

• Taper Opacity（锥化不透明度）：用来控制线条从中间向两边逐渐变细、变透明。

② Particle（粒子）属性组

该属性组中的参数主要用来设置构成粒子形态的属性（例如，粒子的类型、大小、不透明度和颜色等），其参数控制面板如图12-113所示。

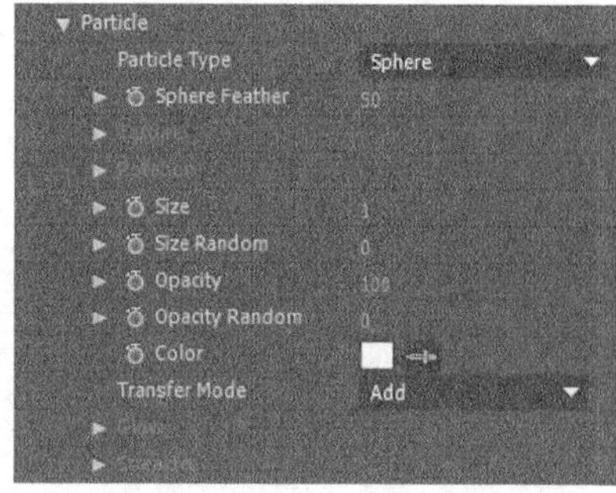

图12-113

* Particle Type（粒子类型）：在它的下拉列表中有11种类型，分别为Sphere（球形）、Glow sphere（发光球形）、Star（星形）、Cloudlet（云层形）、Streaklet（烟雾形）、Sprite（雪花）、Sprite Colorize（颜色雪花）、Sprite Fill（雪花填充）以及3种自定义类型。

* Sphere Feather（球体羽化）：用来设置粒子边缘的羽化效果。

* Texture（纹理）：用来设置自定义粒子的纹理属性。

* Rotation（旋转）：用来设置粒子的旋转属性。

* Size（大小）：用来设置粒子的大小。

* Size Random（大小的随机值）：用来设置粒子的大小的随机值。

* Opacity（不透明度）：用来设置粒子的不透明度。

* Opacity Random（不透明度的随机值）：用来设置粒子的不透明度的随机值。

* Color（颜色）：用来设置粒子的颜色。

* Transfer Mode（叠加模式）：用来设置粒子与源素材的画面叠加方式。

* Glow（光晕）：用来设置光晕的属性。

* Streaklet（烟雾形）：用来设置烟雾形的属性。

③ Shading（着色）属性组

该属性组中的参数主要用来设置粒子与合成灯光的相互作用，类似于三维图层的材质属性，其参数面板如图12-114所示。

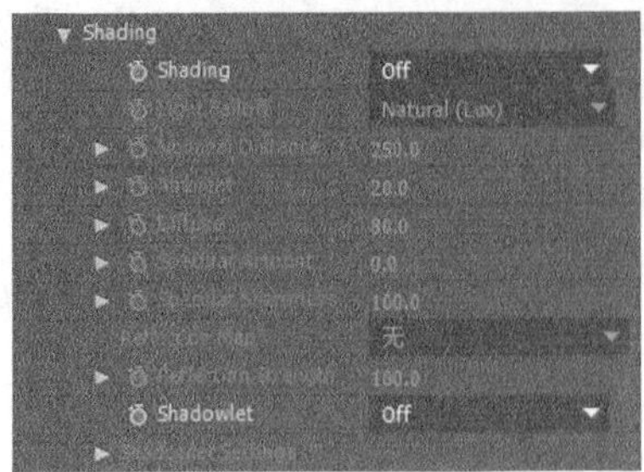

图12-114

* Shading（着色）：开启着色功能。

* Light Falloff（灯光衰减）：设置灯光的衰减。

* Nominal Distance（距离）：设置距离值。

* Ambient（环境色）：用来设置粒子的环境色。

* Diffuse（漫反射）：用来设置粒子的漫反射。

* Specular Amount（高光的强度）：用来设置粒子的高光强度。

* Specular Sharpness（高光的锐化）：用来设置粒子的高光锐化。

* Reflection Map（反射贴图）：用来设置粒子的反射贴图。

* Reflection Strength（反射强度）：用来设置粒子的反射强度。

* Shadowlet（阴影）：用来设置粒子的阴影。

* Shadowlet Settings（阴影设置）：用来调整粒子的阴影设置。

④ Quick Maps（快速映射）属性组

该属性组中的参数主要用来快速改变粒子网格的状态。例如，可以使用一个颜色渐变贴图来分别控制粒子的x、y或z轴，也可以通过贴图来改变轴向上粒子的大小或改变粒子网格的聚散度。这种改变只是在应用了Form（形状）滤镜的图层中进行，而不需要应用多个图层。图12-115所示的是Quick Maps（快速映射）的相关参数。

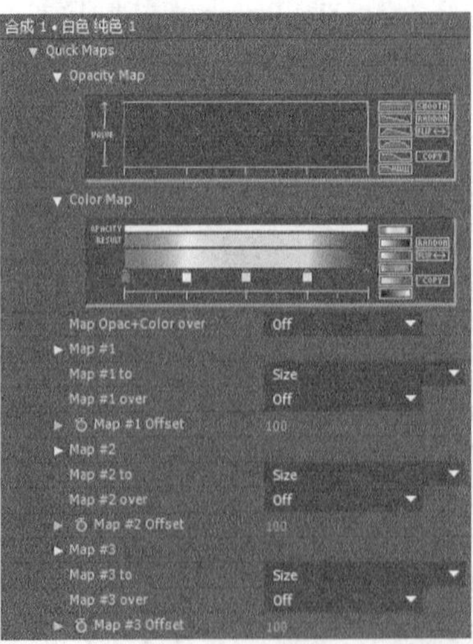

图12-115

* Opacity Map（不透明度映射）：定义了透明区域和颜色贴图的Alpha通道。其中图表中的y轴用来控制透明通道的最大值，x轴用来控制透明通道和颜色贴图在已指定粒子网格轴向（x、y、z或径向）的位置。

* Color Map（颜色映射）：该属性主要用来控制透明通道和颜色贴图在已指定粒子网格轴向上的RGB颜色值。

* Map Opac+Color over（映射不透明和颜色）：定义贴图的方向，可以在其下拉列表中选择Off（关闭）、x、y、z或Radial（径向）5种方式，如图12-116所示。

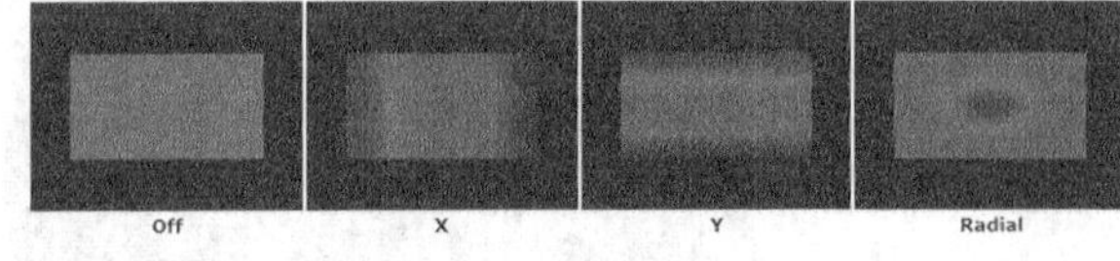

图12-116

* Map #1/ Map #2/ Map #3（映射#1/2/3）：这些属性主要用来设置贴图可以控制的参数数量。

⑤ Layer Maps（图层映射）属性组

该属性组可以通过其他图层的像素信息来控制粒子网格的变化。注意，被用来作为控制的图层必须是进行预合成或是经过预渲染的文件。如果想要得到更好的渲染效果，控制图层的尺寸应该与Base Form（基础网格）属性组中定义的粒子网格尺寸保存一致。图12-117所示的是Layer Maps（图层映射）的相关参数。

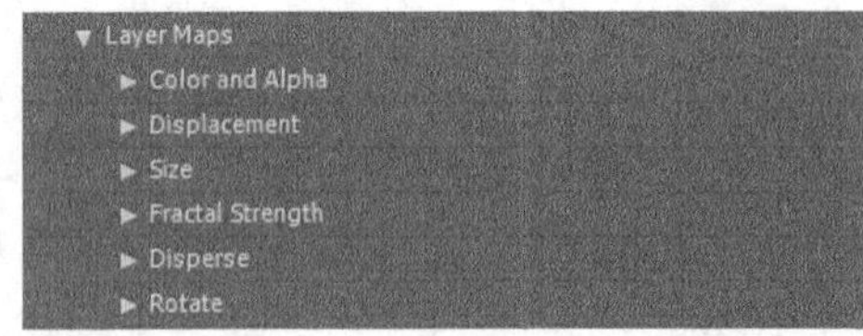

图12-117

* Color and Alpha（颜色和通道）：该属性主要通过贴图图层来控制粒子网格的颜色和Alpha通道。

提示 当选择映射方式为RGB to RGB（RGB到RGB）模式时，就可以将贴图图层的颜色映射成粒子的颜色；当选择映射方式为RGBA to RGBA（RGBA到RGBA）模式时，可以将贴图图层的粒子颜色及Alpha通道映射成粒子的颜色和Alpha通道；当选择映射方式为A to A（A到A）模式时，可以将贴图图层的Alpha通道转换成粒子网格的Alpha通道；当选择映射方式为lightness to A（亮度到A）模式时，可以将贴图图层的亮度信息映射成粒子网格的透明信息。图12-118所示的是将带Alpha信息的文字图层通过RGBA to RGBA（RGBA到RGBA）模式映射到粒子网格后的状态。

图12-118

* Displacement（置换）：该属性组中的参数可以使用控制图层的亮度信息来移动粒子的位置，如图12-119所示。

图12-119

* Size（大小）：该属性组中的参数可以根据图层的亮度信息来改变粒子的大小。

* Fractal Strength（分形强度）：该属性组中的参数允许通过指定图层的亮度值来定义粒子躁动的范围，如图12-120所示。

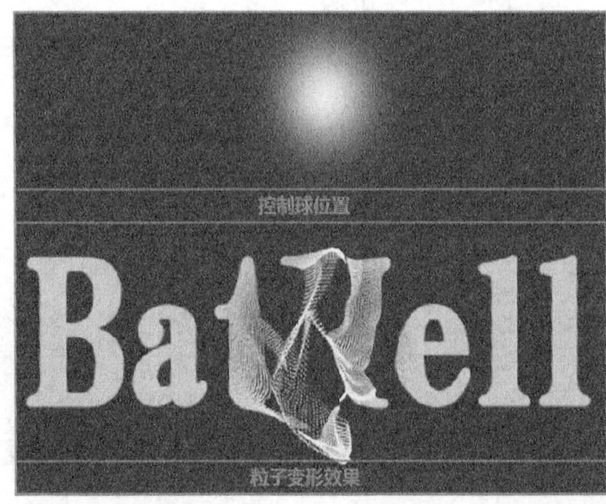

图12-120

* Disperse（分散）：该属性组的作用与Fractal Strength（分形强度）属性组的作用类似，只不过它控制的是Disperse and Twist（分散和扭曲）属性组的效果。

* Rotate（旋转）：该属性组中的参数可以控制粒子的旋转参考。

⑥ Audio React（音频反应）属性组

该属性组允许使用一条声音轨道来控制粒子网格，从而产生各种各样的声音变化效果，其参数面板如图12-121所示。

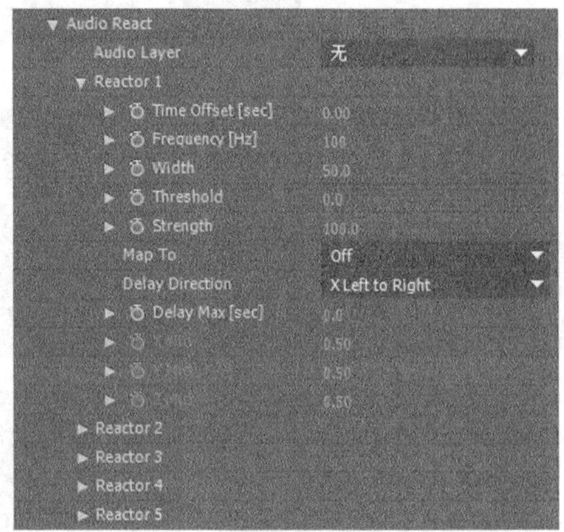

图12-121

* Audio Layer（音频图层）：选择一个声音图层作为声音取样的源文件。

* Reactor 1/2/ 3/4/5（反应器1/2/3/4/5）：这5个反应器的控制属性都一样，每个反应器都是在前一个的基础上产生倍乘效果。

- Time Offset[sec]（时间偏移）：在当前时间上设置音源在时间上的偏移量。
- Frequency[Hz]（频率）：设置反应器的有效频率。在一般情况下，50~500Hz是低音区；500~5000Hz是中音区；高于5000Hz是高音区。
- Width（宽度）：以Frequency（频率）属性值为中心来定义Form（形状）滤镜发生作用的音频范围。
- Threshold（阈值）：该属性的主要作用是消除或减少声音，这个功能对抑制音频中的噪音非常有效。
- Strength（强度）：设置音频影响Form（形状）滤镜效果的程度，相当于放大器增益的效果。
- Map To（映射到）：设置声音文件影响Form（形状）滤镜粒子网格的变形效果。
- Delay Direction（延迟方向）：设置Form（形状）滤镜根据声音的延迟波产生的缓冲的移动方向。
- Delay Max[sec]（最大延迟）：设置延迟缓冲的长度，也就是一个音节效果在视觉上的持续长度。

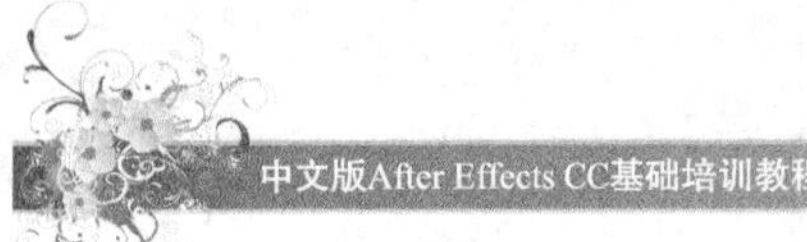

• X/Y/Z Mid（*x*/*y*/*z*中间）：当设置Delay Direction（延迟方向）为Outwards（向外）和Inwards（向内）时才有效。主要用来定义三维空间中的粒子网格中的粒子效果从可见到不可见的位置。

⑦ Disperse and Twist（分散和扭曲）属性组

该属性组主要用来在三维空间中控制粒子网格的离散及扭曲效果，如图12-122和图12-123所示。

图12-122

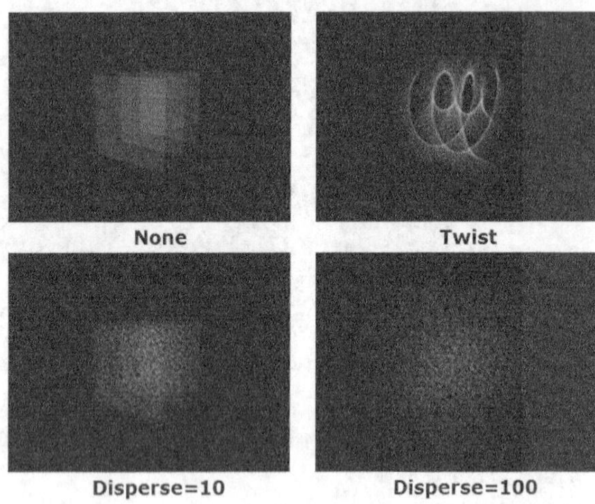

图12-123

⋆ Disperse（分散）：为每个粒子的位置增加随机值。

⋆ Twist（扭曲）：围绕*x*轴对粒子网格进行扭曲。

⑧ Fractal Field（分形场）属性组

该属性组基于*x*、*y*、*z*轴方向，并且会根据时间的变化而产生类似于分形噪波的变化，如图12-124所示。

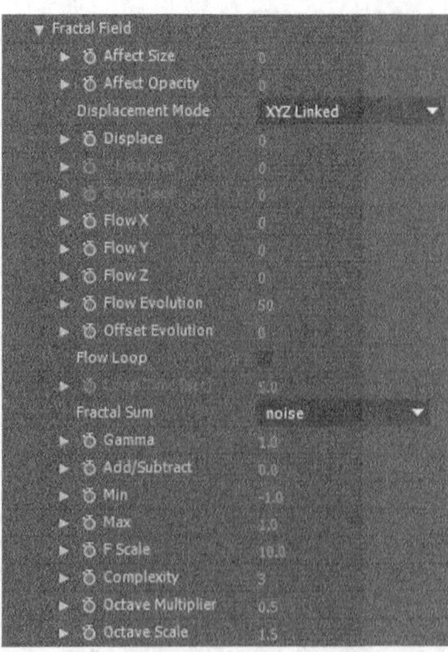

图12-124

⋆ Affect Size（影响大小）：定义噪波影响粒子大小的程度。

⋆ Affect Opacity（影响不透明度）：定义噪波影响粒子不透明度的程度。

⋆ Displacement Mode（置换模式）：设置噪波的置换方式。

⋆ Displace（置换）：设置置换的强度。

⋆ Y Displace /Z Displace（*y*/*z*置换）：设置*y*和*z*轴上粒子的偏移量。

⋆ Flow X/Flow Y/Flow Z（流动*x*/*y*/*z*）：分别定义每个轴向的粒子的偏移速度。

⋆ Flow Evolution（流动演变）：控制噪波运动变化。

⋆ Offset Evolution（偏移演变）：设置噪波的随机变化。

⋆ Flow Loop（循环流动）：设定Fractal Field（分形场）在一定时间内可以循环的次数。

⋆ Loop Time[sec]（循环时间）：定义噪波重复的时间量。

⋆ Fractal Sum（分形和）：该属性有两个选项，Noise（噪波）选项是在原噪波的基础上叠加一个有规律的Perlin（波浪）噪波，所以这种噪波看起来比较平滑；abs（noise）（abs（噪波））选项是absolute noise（绝对噪波）的缩写，表示在原噪波的基础上叠加一个绝对的噪波值，产生的噪波边缘比较锐利。

⋆ Gamma（伽马）：调节噪波的伽马值，Gamma（伽马）值越小，噪波的亮度对比度越大；Gamma（伽马）值越大，噪波的亮度对比度越小。

⋆ Add/Subtract（加法、减法）：用来改变噪波的大小值。

⋆ Min（最小）：定义一个最小的噪波值，任何低于该值的噪波将被消除。

⋆ Max（最大）：定义一个最大的噪波值，任何大于该值的噪波将被强制降低为最大值。

⋆ F-Scale（F缩放）：定义噪波的尺寸。F-Scale（F-缩放）值越小，产生的噪波越平滑；F-Scale（F-缩放）值越大，噪波的细节越多，如图12-125所示。

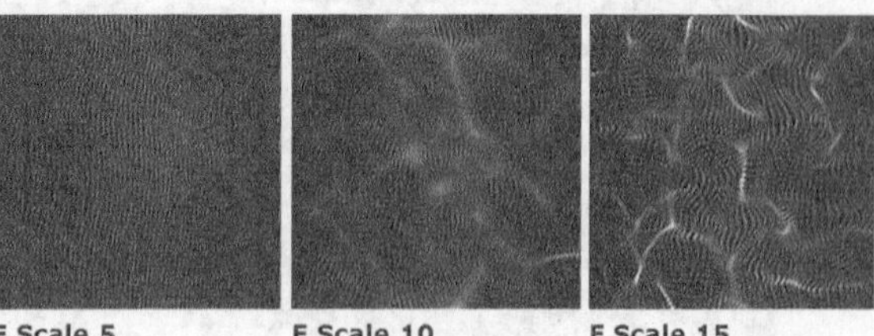

图12-125

* Complexity（复杂度）：设置组成Perlin（波浪）噪波函数的噪波层的数量。值越大，噪波的细节越多。

* Octave Multiplier（8倍增加）：定义噪波图层的凹凸强度。值越大，噪波的凹凸感越强。

* Octave Scale（8倍缩放）：定义噪波图层的噪波尺寸。值越大，产生的噪波尺寸越大。

⑨ Spherical Field（球形场）属性组

该属性组设置噪波受球形力场的影响，Form（形状）滤镜提供了两个球形力场，如图12-126所示的参数面板。

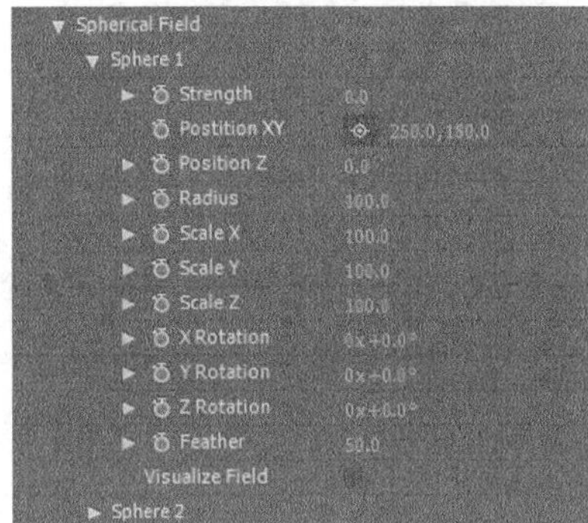

图12-126

* Strength（强度）：设置球形力场的力强度，有正负值之分，如图12-127所示。

图12-127

* Position XY/Position Z（*xy*/*z*位置）：设置球形力场的中心位置。

* Radius（半径）：设置球形力场的力的作用半径。

* Scale X/Scale Y/Scale Z（*x*/*y*/*z*的大小）：用来设置力场形状的大小。

* Feather（羽化）：设置球形力场的力的衰减程度。

* Visualize Field（可见场）：将球形力场的作用力用颜色显示出来，以便于观察。

⑩ Kaleidospace（Kaleido空间）属性组

该属性组设置粒子网格在三维空间中的对称性，具体参数如图12-128所示。

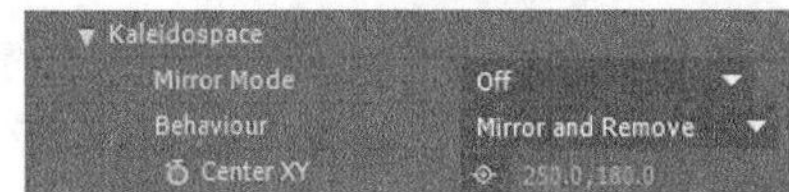

图12-128

* Mirror Mode（镜像模式）：定义镜像的对称轴，可以选择Off（关闭）、Horizontal（水平）、Vertical（垂直）以及H+V（水平+垂直）4种模式，如图12-129所示。

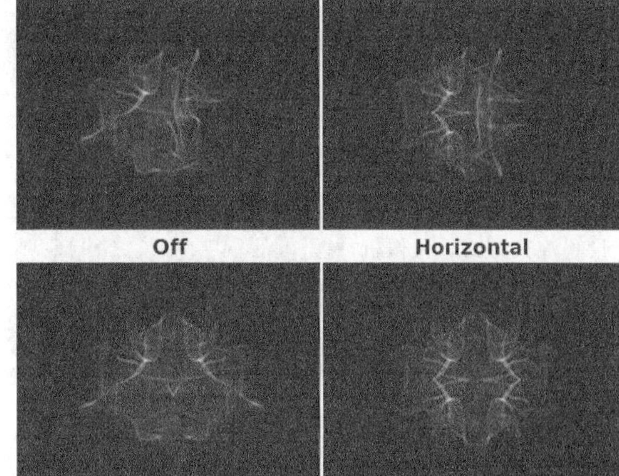

图12-129

* Behaviour（行为）：定义对称的方式，当选择Mirror and Remove（镜像和移除）选项时，只有一半被镜像，另外一半将不可见；当选择Mirror Everything（镜像一切）选项时，所有的图层都将被镜像，如图12-130所示。

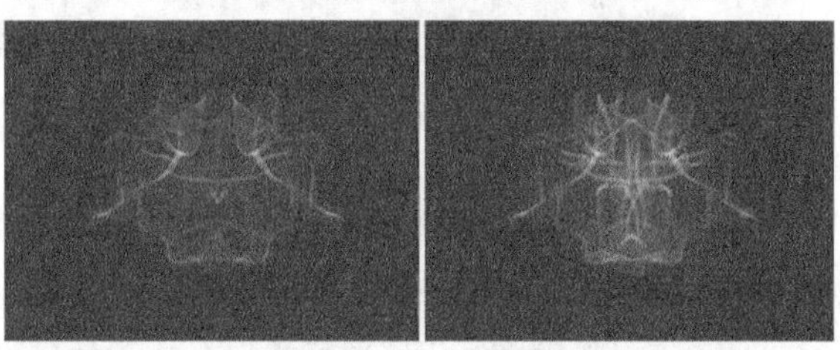

图12-130

* Center XY（*xy*中心）：设置对称的中心。

⑪ World Transform（坐标空间变换）属性组

该属性组重新定义已有粒子场的位置、尺寸和偏移方向，其参数如图12-131所示。

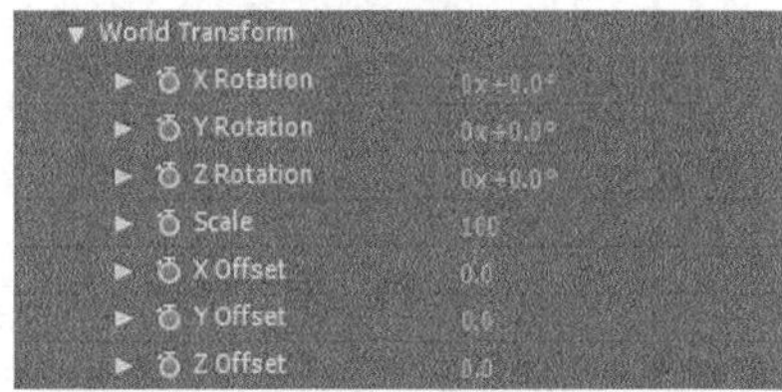

图12-131

* X/Y/Z Rotation（*x*/*y*/*z*轴的旋转）：用来设置粒子场的旋转。

* Scale（缩放）：用来设置粒子场的缩放。

* X/Y/Z Offset（*x*/*y*/*z*轴的偏移）：用来设置粒子场的偏移。

⑫ Visibility（可见性）属性组

该属性组主要用来设置粒子的可视性，如图12-132所示。

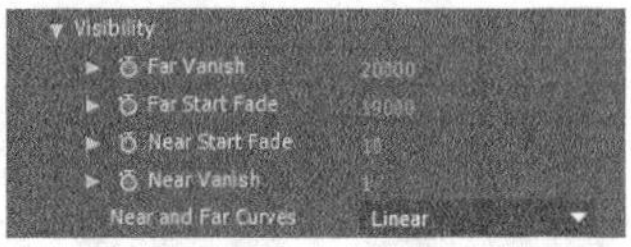

图12-132

⑬ Rendering（渲染）属性组

该属性组主要用来设置渲染方式、摄像机景深以及运动模糊等效果，如图12-133所示。

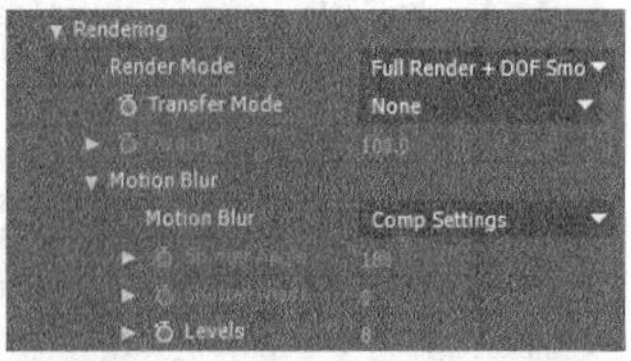

图12-133

课堂练习——镜头转场特技

素材位置　实例文件>CH12>课堂练习——镜头转场特技
实例位置　实例文件>CH12>课堂练习——镜头转场特技
难易指数　★★☆☆☆
练习目标　练习“块融合”滤镜的用法

本练习的镜头转场特技效果如图12-134所示。

图12-134

操作提示

第1步：打开“实例文件>CH12>课堂练习——镜头转场特技>课堂练习——镜头转场特技.aep”文件。

第2步：加载“镜头转场特技”合成，然后为“图片01.jpg”图层添加“块溶解”滤镜，接着为“过渡完成”属性设置关键帧动画。

第3步：为“图片02.jpg”图层添加“块溶解”滤镜，然后为“过渡完成”属性设置关键帧动画。

课堂练习——数字粒子流

素材位置　实例文件>CH12>课堂练习——数字粒子流
实例位置　实例文件>CH12>课堂练习——数字粒子流
难易指数　★★☆☆☆
练习目标　练习“粒子动力场”的应用方法

本练习的数字粒子流效果如图12-135所示。

图12-135

操作提示

第1步：打开“实例文件>CH12>课堂练习——数字粒子流>课堂练习——数字粒子流.aep”文件。

第2步：加载“数字”合成，然后为“数字”图层添加“粒子运动场”滤镜，接着复制“数字”图层并修改“粒子运动场”滤镜的参数。

第3步：加载“数字粒子流”合成，为“数字”图层添加“残影”滤镜。

第4步：复制“数字”图层，然后将其移至第2层，接着为其添加“定向模糊”滤镜。

课后习题——镜头模糊开场

素材位置　实例文件>CH12>课后习题——镜头模糊开场
实例位置　实例文件>CH12>课后习题——镜头模糊开场
难易指数　★☆☆☆☆
练习目标　练习“快速模糊”滤镜的用法

本习题的镜头模糊开场效果如图12-136所示。

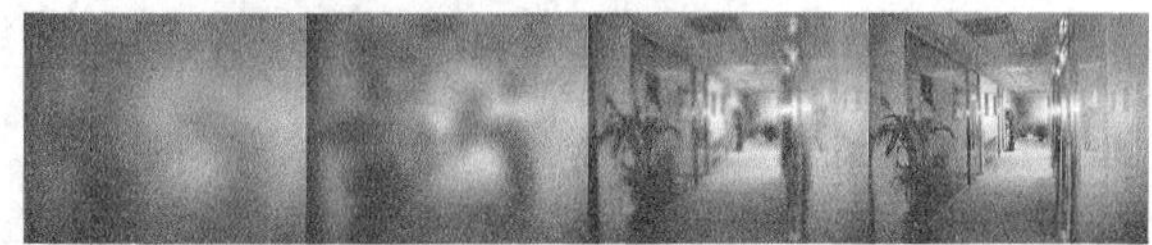

图12-136

操作提示

第1步：打开“实例文件>CH12>课后习题——镜头模糊开场>课后习题——镜头模糊开场.aep”文件。

第2步：加载C_begin_Blur合成，然后为Clip.JPG图层添加“快速模糊”滤镜。

第3步：为“模糊度”属性设置关键帧动画。

课后习题——卡片翻转转场特技

素材位置　实例文件>CH12>课后习题——卡片翻转转场特技
实例位置　实例文件>CH12>课后习题——卡片翻转转场特技
难易指数　★★☆☆☆
练习目标　练习“卡片擦除”滤镜的用法

本习题的卡片翻转转场特技效果如图12-137所示。

图12-137

操作提示

第1步：打开“实例文件>CH12>课后习题——卡片翻转转场特技>课后习题——卡片翻转转场特技.aep”文件。

第2步：加载“卡片翻转转场特技”合成，然后为“图片03.jpg”图层添加“卡片擦除”滤镜。

第3步：为“过渡完成”属性设置关键帧动画。

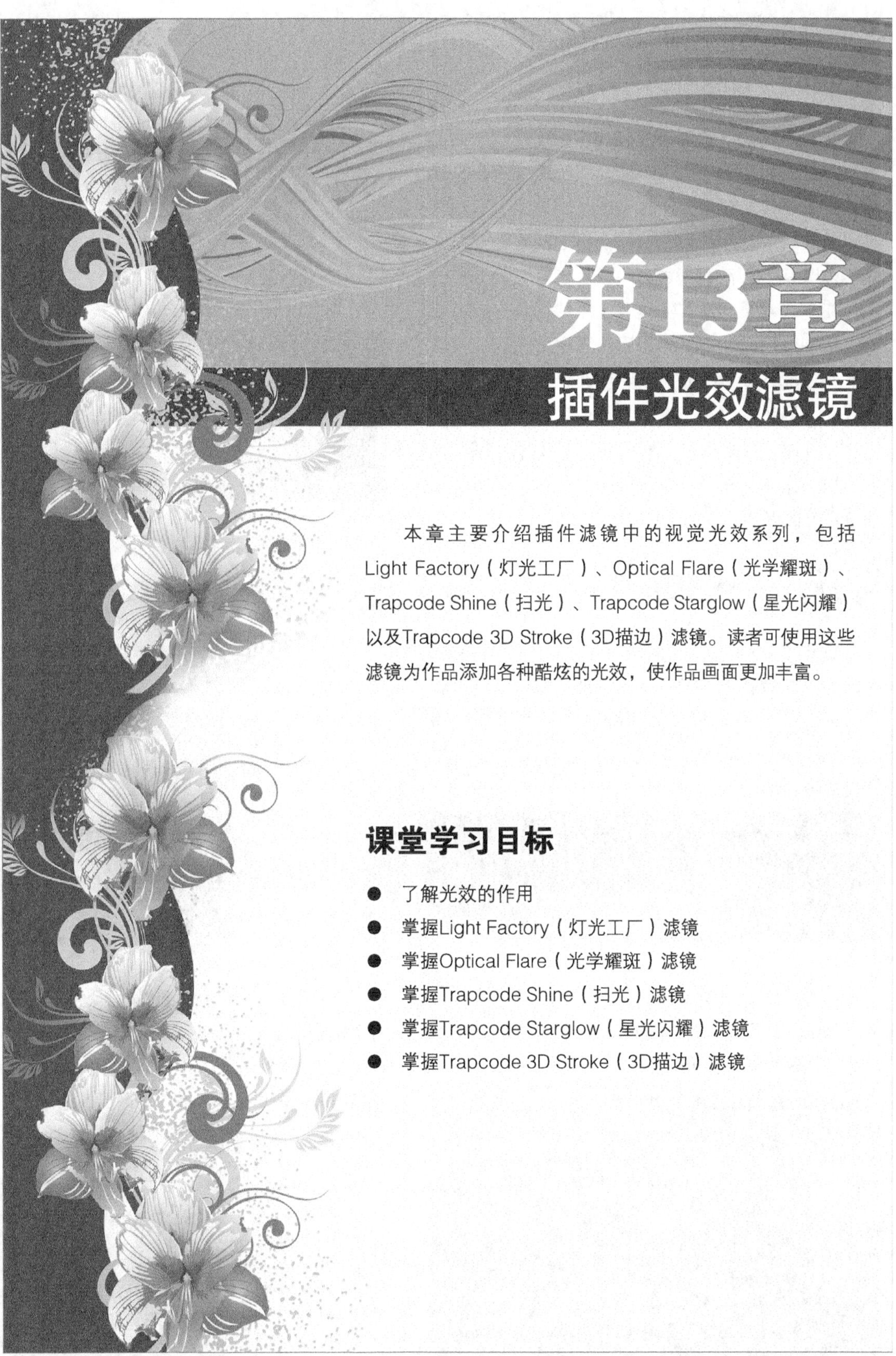

第13章 插件光效滤镜

本章主要介绍插件滤镜中的视觉光效系列，包括Light Factory（灯光工厂）、Optical Flare（光学耀斑）、Trapcode Shine（扫光）、Trapcode Starglow（星光闪耀）以及Trapcode 3D Stroke（3D描边）滤镜。读者可使用这些滤镜为作品添加各种酷炫的光效，使作品画面更加丰富。

课堂学习目标

- 了解光效的作用
- 掌握Light Factory（灯光工厂）滤镜
- 掌握Optical Flare（光学耀斑）滤镜
- 掌握Trapcode Shine（扫光）滤镜
- 掌握Trapcode Starglow（星光闪耀）滤镜
- 掌握Trapcode 3D Stroke（3D描边）滤镜

13.1 光效的作用

在很多影视特效及电视包装作品中都能看到光效的应用，尤其是一些炫彩的光线特效。不少设计师把光效看作是画面的一种点缀、一种能吸引观众眼球的表现手段，这种观念体现出这些设计师对光效的认识深度是相对肤浅的。

在笔者看来，光其实是有生命的，是具有灵性的。从创意层面来讲，光常用来表示传递、连接、激情、速度、时间（光）、空间和科技等概念。因此，在不同风格的片子中，光也代表着不同的表达概念。同时，光效的制作和表现也是影视后期合成中永恒的主题，光效在烘托镜头的气氛，丰富画面细节等方面起着非常重要的作用。

13.2 灯光工厂

Light Factory（灯光工厂）滤镜是一款非常强大的灯光特效制作滤镜，各种常见的镜头耀斑、眩光、晕光、日光、舞台光和线条光等都可以使用Light Factory（灯光工厂）滤镜来制作，其商业应用效果如图13-1所示。

图13-1

Light Factory（灯光工厂）滤镜是一款非常经典的灯光插件，曾一度作为After Effects内置插件Lens Flare（镜头光晕）滤镜的加强版，如图13-2所示。

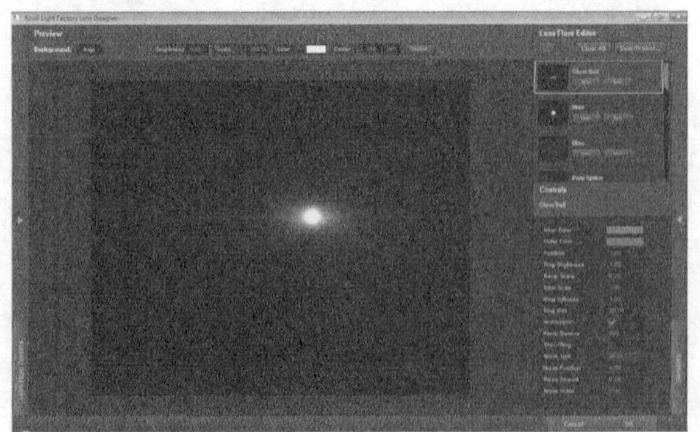

图13-2

本节知识点

名称	作用	重要程度
Light Factory（灯光工厂）滤镜详解	了解Light Factory（灯光工厂）滤镜的详细参数及界面	高

13.2.1 课堂案例——产品表现

素材位置　实例文件>CH13>课堂案例——产品表现
实例位置　实例文件>CH13>课堂案例——产品表现
难易指数　★★☆☆☆
学习目标　掌握Light Factory（灯光工厂）滤镜的使用方法

本案例的前后对比效果如图13-3所示。

图13-3

（1）打开“实例文件>CH13>课堂案例——产品表现>课堂案例——产品表现.aep”文件，然后加载“产品表现”合成，如图13-4所示。

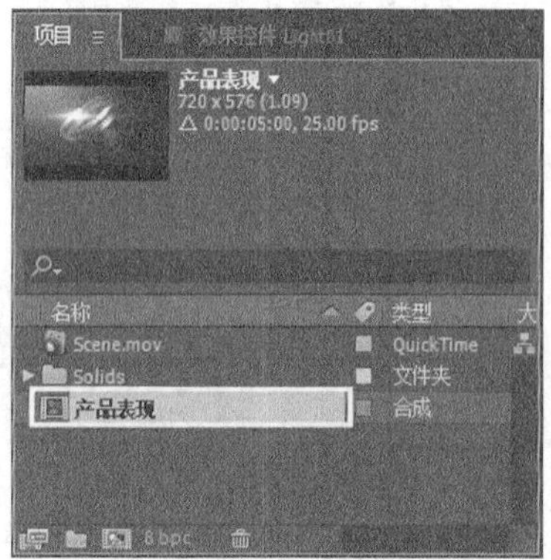

图13-4

（2）新建一个名为Light01的黑色纯色图层，然后执行“效果>Knoll Light Factory>Light Factory（灯光工厂）”菜单命令，接着在“效果控件”面板中单击滤镜名称后面的“选项”蓝色字样，如图13-5所示。

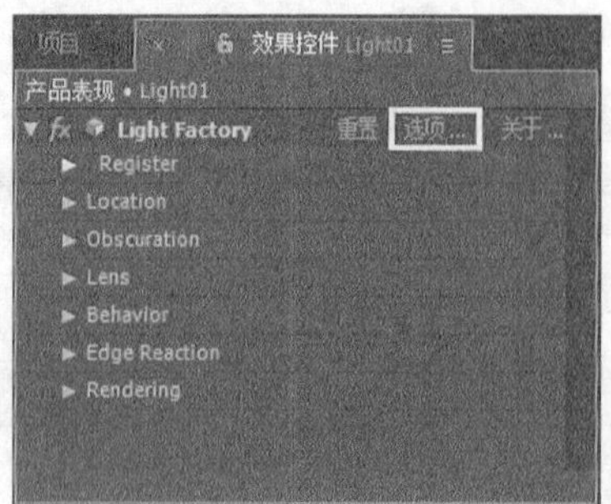

图13-5

（3）在打开的Knoll Light Factory Lens Designer（镜头光效元素设计）对话框中选择Lens Flare Presets（镜头光晕预设）面板中的Digital Preset（数码预设）效果，如图13-6所示。

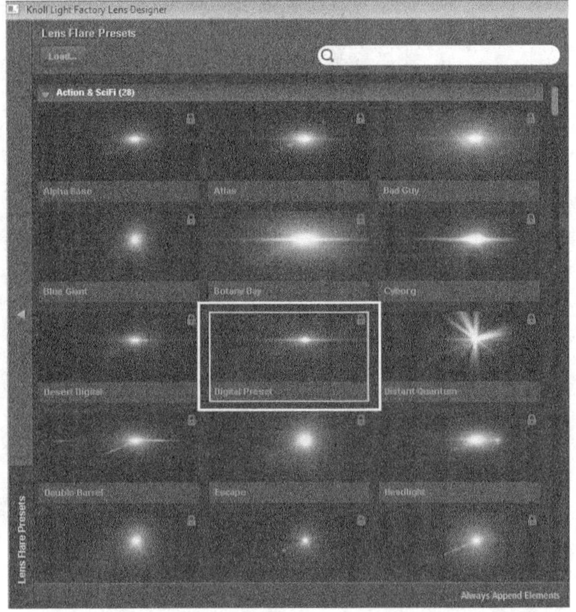

图13-6

（4）在Lens Flare Editor（镜头光晕编辑）面板中选择Glow Ball（光晕球体）效果，然后在Control（控制）面板中设置Ramp Scale（渐变缩放）为0.55、Total Scale（整体）为1.25，接着单击OK（确定）按钮，如图13-7所示。

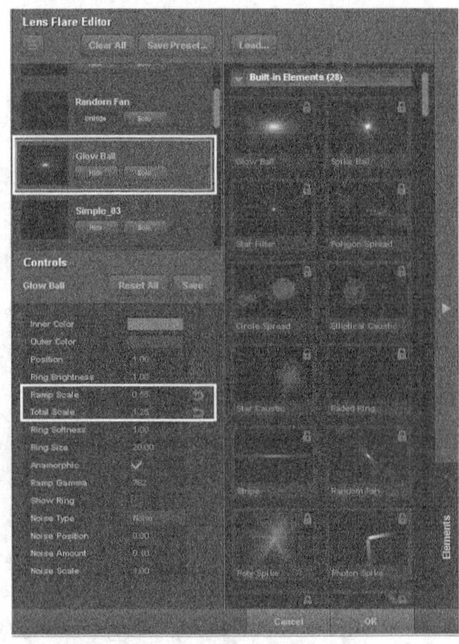

图13-7

（5）将Light01图层的混合模式设置为“相加”，然后设置Light Source Location（光源位置）的动画关键帧。在第0帧处设置Light Source Location（光源位置）为（260，236）；在第4秒24帧处设置Light Source Location（光源位置）为（221.2，335），如图13-8所示。效果如图13-9所示。

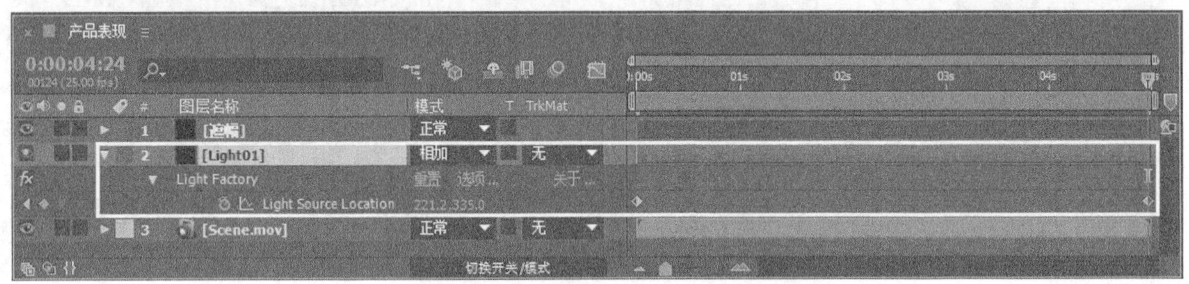

图13-8

图13-9

（6）新建一个名为Glow的黑色纯色图层，然后执行“效果>Knoll Light Factory>Light Factory（灯光工厂）”菜单命令，接着打开Knoll Light Factory Lens Designer（镜头光效元素设计）对话框，最后在Lens Flare Presets（镜头光晕预设）区域中选择Sunset（日光）效果，如图13-10所示。

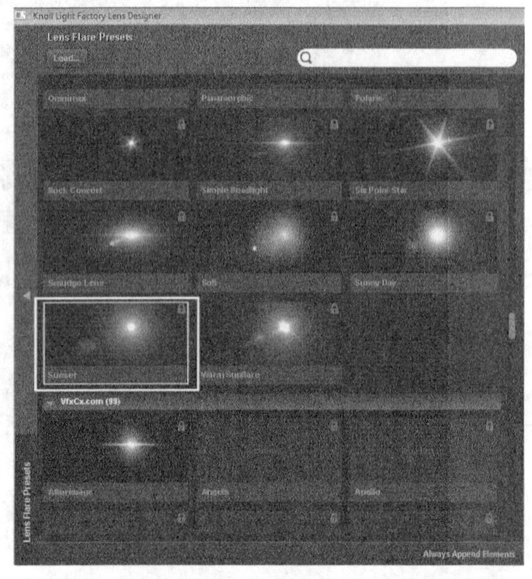

图13-10

（7）在“效果控件”面板中展开Lens（镜头）属性组，设置Brightness（亮度）为110、Scale（大小）值为2、Color（颜色）为（R:250，G:220，B:125），如图13-11所示。

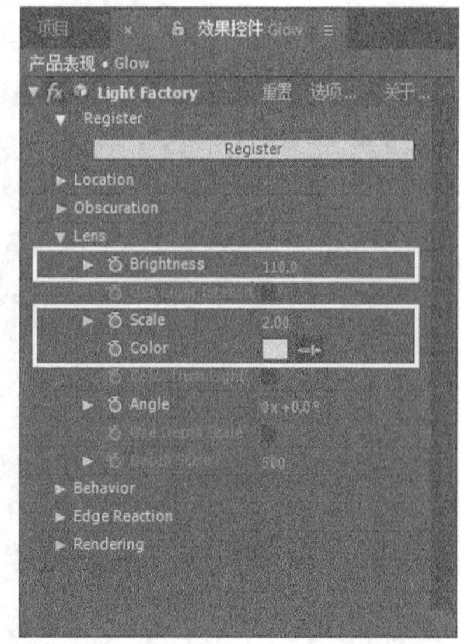

图13-11

（8）将Glow图层的混合模式设置为“相加”，然后设置Light Source Location（光源位置）的动画关键帧。在第0帧处设置Light Source Location（光源位置）为（65，-50）；在第4秒24帧处设置Light Source Location（光源位置）为（-63，-50），如图13-12所示。效果如图13-13所示。

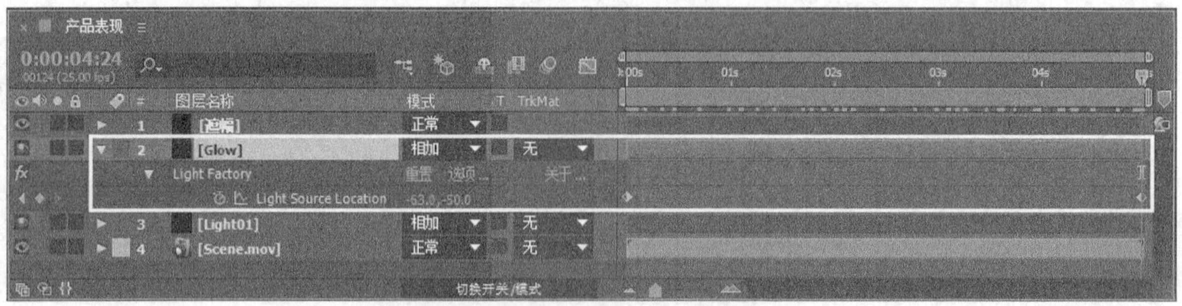

图13-12

图13-13

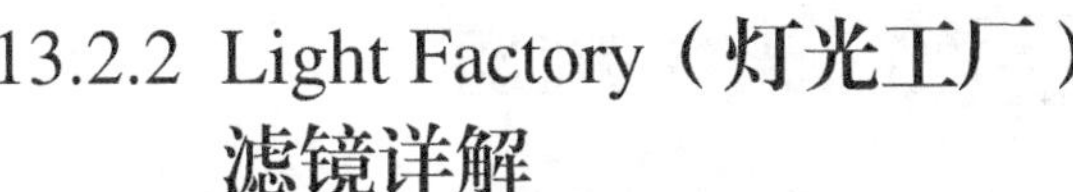

13.2.2 Light Factory（灯光工厂）滤镜详解

执行“效果> Knoll Light Factory> Light Factory（灯光工厂）”菜单命令，在“效果控件”面板中展开Light Factory（灯光工厂）滤镜的属性，如图13-14所示。

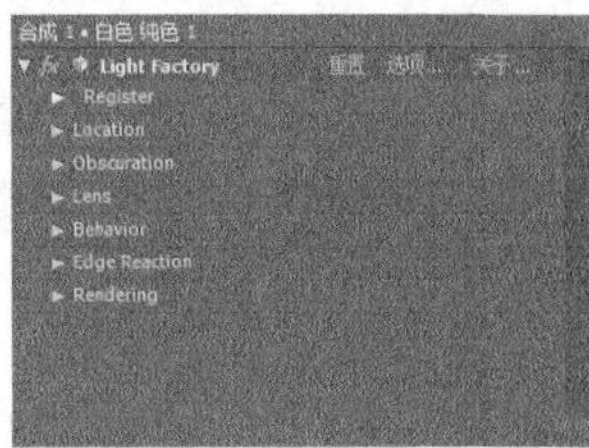

图13-14

参数详解

* Register（注册）：用来注册插件。

* Location（位置）：用来设置灯光的位置。

• Light Source Location（光源位置）：用来设置光源的位置。

• Use Lights（使用灯光）：选择该选项后，将会启用合成中的灯光进行照射或发光。

• Light Source Naming（灯光的名称）：用来指定合成中参与照射的灯光，如图13-15所示。

图13-15

• Location Layer（发光层）：用来指定某一个图层发光。

* Obscuration（屏蔽设置）：如果光源是从某个物体后面发射出来的，那么该选项会很有用。

• Obscuration Type（屏蔽类型）：在下拉列表中可以选择不同的屏蔽类型。

• Obscuration Layer（屏蔽层）：用来指定屏蔽的图层。

• Source Size（光源大小）：可以设置光源的大小变化。

• Threshold（容差）：用来设置光源的容差值。值越小，光的颜色越接近于屏蔽层的颜色；值越大，光的颜色越接近于光自身初始的颜色。

* Lens（镜头）：用来设置镜头的相关属性。

• Brightness（亮度）：用来设置灯光的亮度值。

• Use Light Intensity（灯光强度）：使用合成中灯光的强度来控制灯光的亮度。

• Scale（大小）：可以设置光源的大小变化。

• Color（颜色）：用来设置光源的颜色。

• Angle（角度）：设置灯光照射的角度。

* Behavior（行为）：用来设置灯光的行为方式。

* Edge Reaction（边缘控制）：用来设置灯光边缘的属性。

* Rendering（渲染）：用来设置是否将合成背景透明化。

单击Options（选项）蓝色字样进入Knoll Light Factory Lens Designer（镜头光效元素设计）对话框，如图13-16所示。

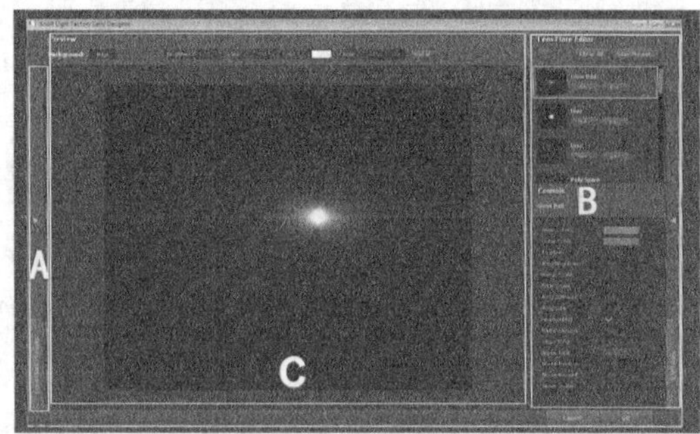

图13-16

简洁可视化的工作界面，分工明确的预设区、元素区以及强大的参数控制功能，完美支持3D摄像机和灯光控制，并提供了超过100个精美的预设，这些都是Light Factory（灯光工厂）第3版本最大的亮点。图13-17所示的是Lens Flare Presets（镜头光晕预设）面板（也就是图13-16中标示的A部分），在这里可以选择各式各样的系统预设的镜头光晕。

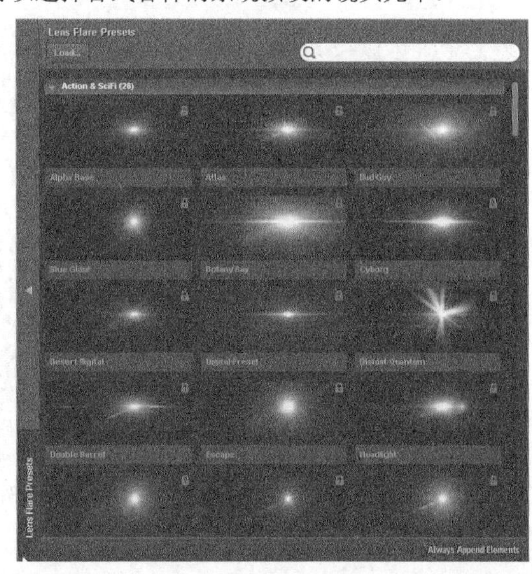

图13-17

图13-18所示的是Lens Flare Editor（镜头光晕编辑）区域（也就是图13-16中标示的B部分），在这里可以对选择好的灯光进行自定义设置，包括添加、删除、隐藏、大小、颜色、角度和长度等。

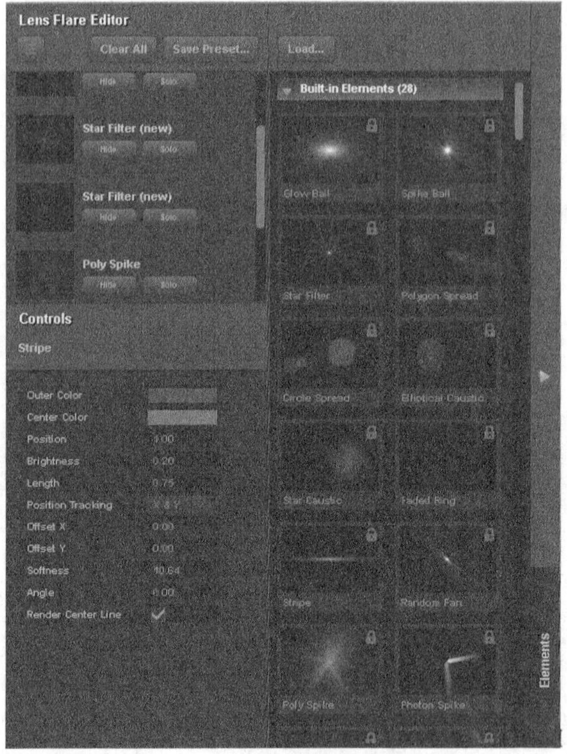

图13-18

图13-19所示的是Preview（预览）区域（也就是图13-16中标示的C部分），在这里可以观看自定义后的灯光效果。

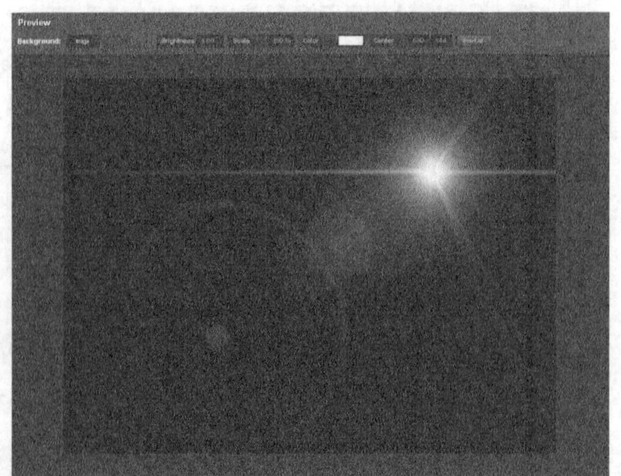

图13-19

13.3 光学耀斑

Optical Flares（光学耀斑）是Video Copilot开发的一款镜头光晕插件，Optical Flares（光学耀斑）滤镜在控制性能、界面友好度以及效果等方面都非常出彩，其应用案例效果如图13-20所示。

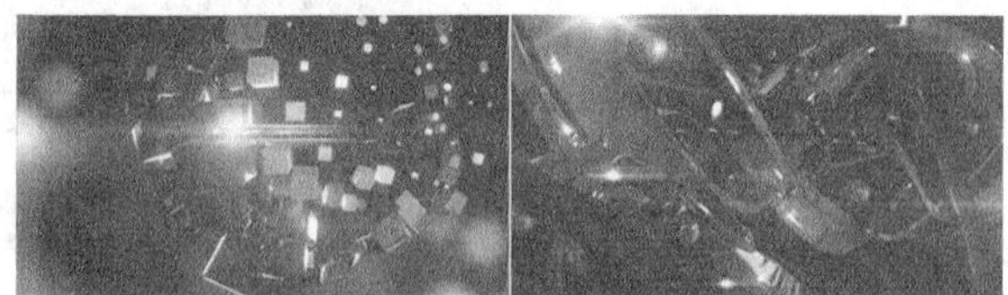

图13-20

本节知识点

名称	作用	重要程度
Optical Flares（光学耀斑）滤镜详解	了解Optical Flares（光学耀斑）滤镜的详细参数及界面	高

13.3.1 课堂案例——光闪特效

素材位置　实例文件>CH13>课堂案例——光闪特效
实例位置　实例文件>CH13>课堂案例——光闪特效
难易指数　★★★★☆
学习目标　掌握各光效滤镜的综合运用

本案例主要讲解如何通过“色相/饱和度”“发光”和Optical Flares（光学耀斑）滤镜的配合完成光闪特技的制作，案例效果如图13-21所示。

图13-21

（1）打开“实例文件>CH13>课堂案例——光闪特效>课堂案例——光闪特效.aep”文件，然后加载End合成，如图13-22所示。

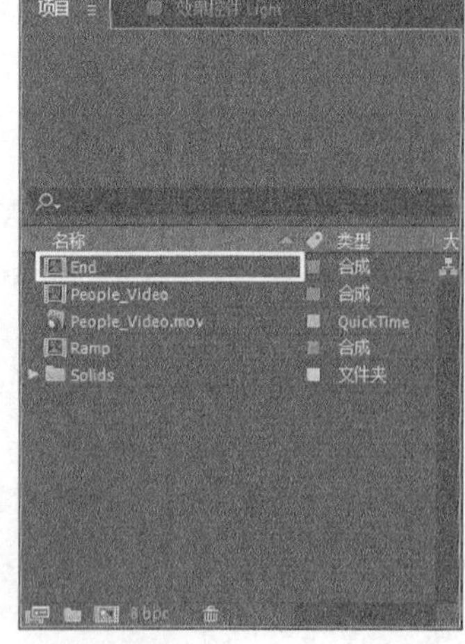

图13-22

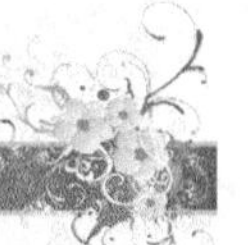

（2）新建一个名为Light的黑色纯色图层，然后将其移至第3层，接着设置混合模式为“相加”，如图13-23所示。

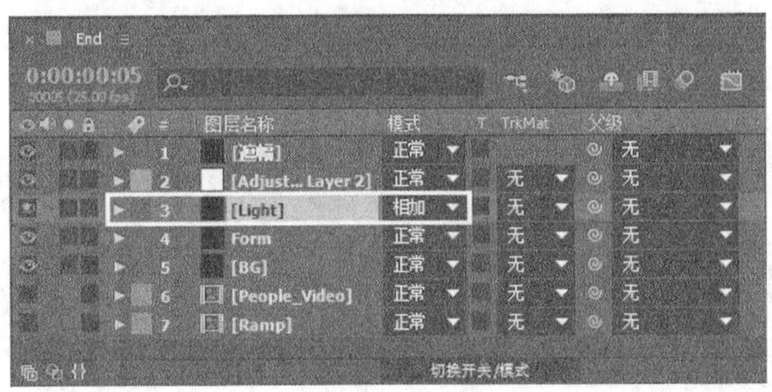

图13-23

（3）选择Light图层，然后执行“效果>Video Copilot > Optical Flares（光学耀斑）”菜单命令，接着单击Options（选项）按钮，如图13-24所示。

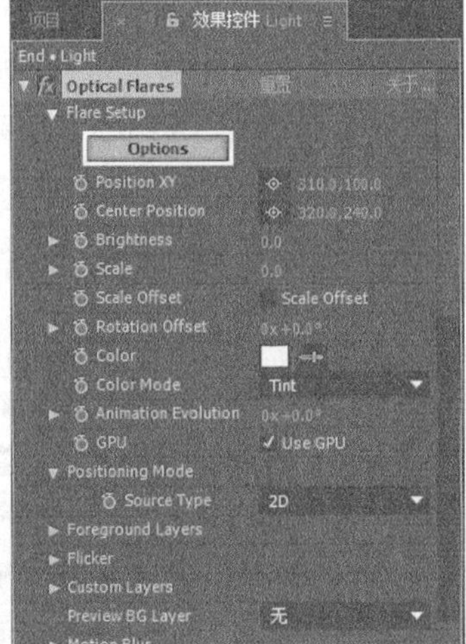

图13-24

（4）在打开的对话框中选择Browser 面板中的Preset Browser（浏览光效预设）选项卡，然后双击Network Presets（52）文件夹，如图13-25所示。接着选择deep_galaxy效果，如图13-26所示。

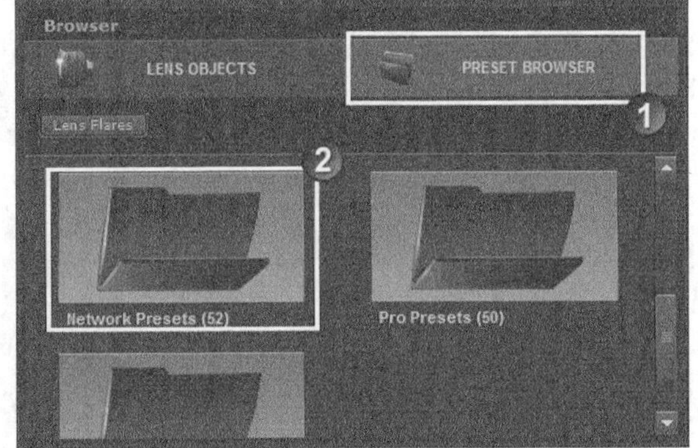

图13-25

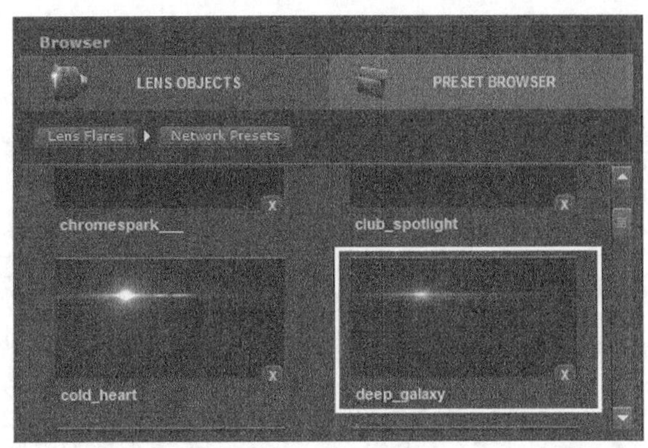

图13-26

（5）在Stack（元素库）面板中，设置Glow（光晕）元素的缩放值为10%，如图13-27所示。预览效果如图13-28所示。

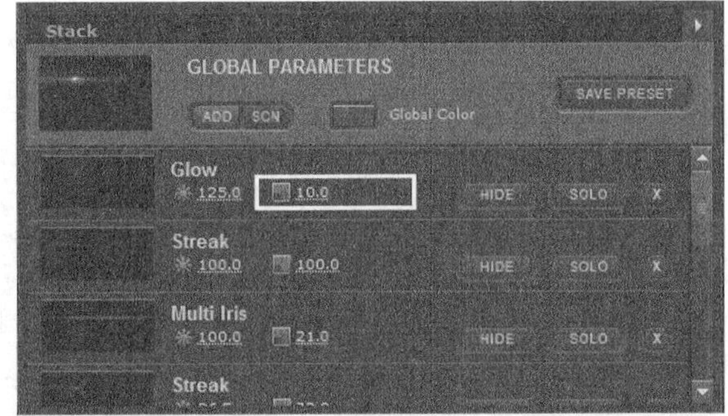

图13-27

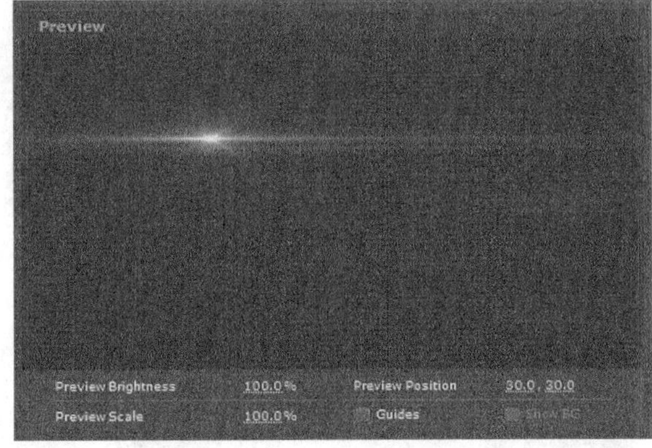

图13-28

（6）设置Optical Flares（光学耀斑）滤镜的Brightness（亮度）、Scale（缩放）和Position XY（*xy*位置）属性的动画关键帧。在第2帧处设置Brightness（亮度）为0、Scale（缩放）为0；在第6帧处设置Brightness（亮度）为120、Scale（缩放）为60、Position XY（*xy*位置）为（310，100）；在第10帧处设置Brightness（亮度）为100、Scale

（缩放）为30、Position XY（*xy*位置）为（310，131）；在第16帧处设置Position XY（*xy*位置）为（310，142）；在第1秒处设置Position XY（*xy*位置）为（310，214）；在第2秒处设置Position XY（*xy*位置）为（310，384）；在第2秒6帧处设置Position XY（*xy*位置）值为（310，427）、Brightness（亮度）为100、Scale（缩放）为30；在第2秒9帧处设置Brightness（亮度）为120、Scale（缩放）为100；在第2秒11帧处设置Brightness（亮度）为0、Scale（缩放）为0，如图13-29所示。

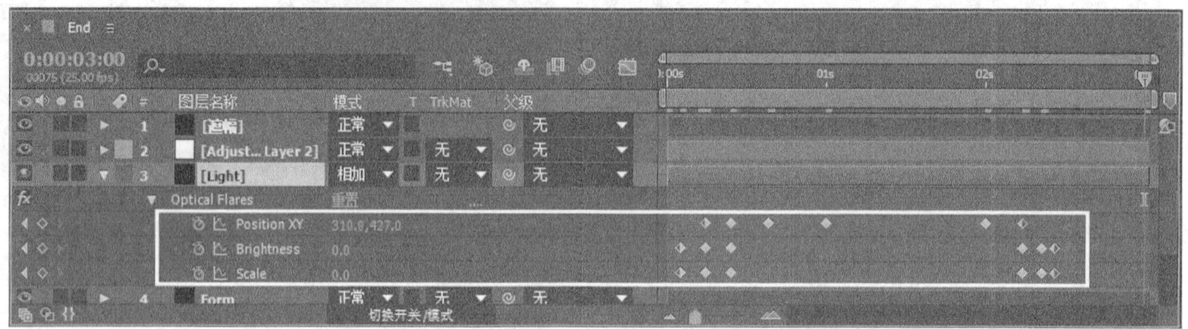

图13-29

（7）设置Optical Flares（光学耀斑）滤镜中的Render Mode（渲染方式）为On Transparent（透明），如图13-30所示。效果如图13-31所示。

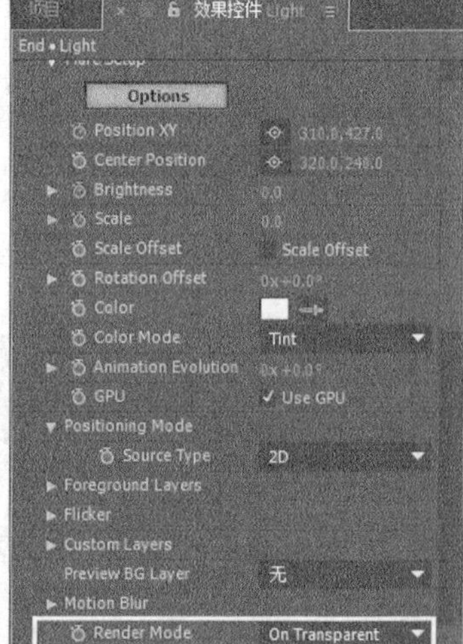
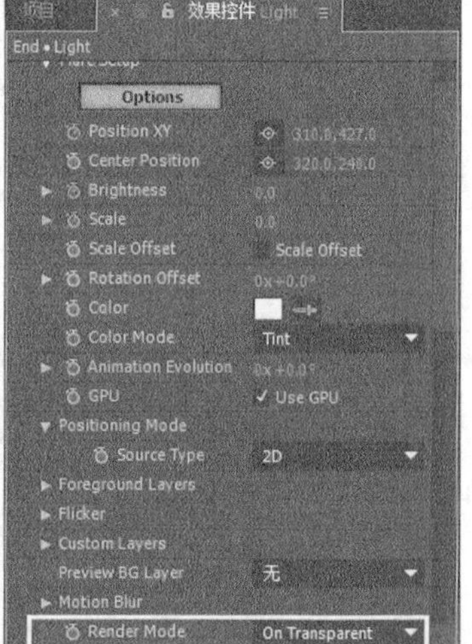

图13-30

（8）选择Light图层，然后执行“效果>颜色校正>色相/饱和度”菜单命令，然后在“效果控件”面板中设置“主色相”为（0×-200°），如图13-32所示。效果如图13-33所示。

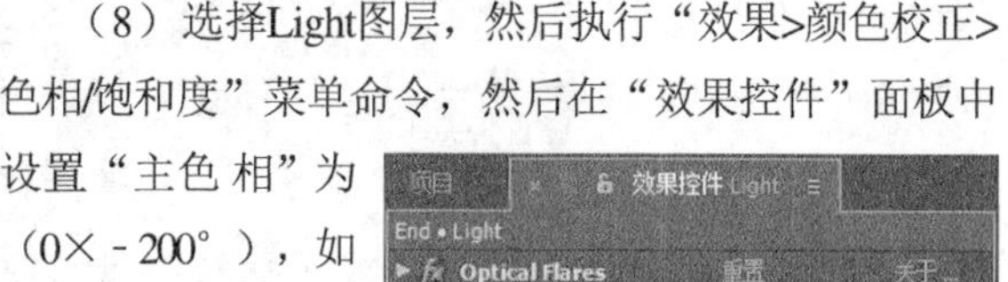
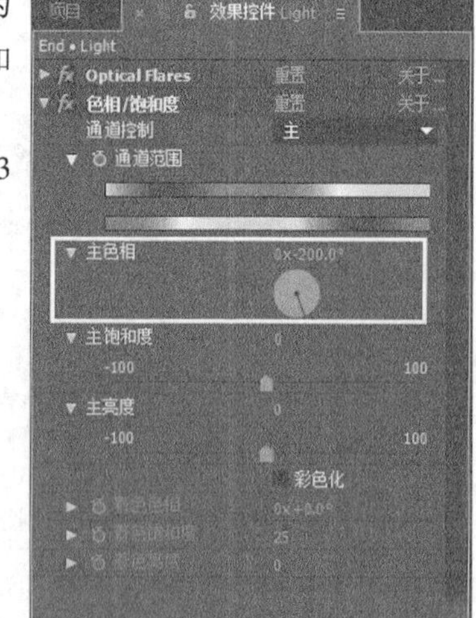

图13-32

图13-31

图13-33

（9）选择Light图层，然后执行“效果>风格化>发光”菜单命令，接着在“效果控件”面板中设置“发光阈值”为30%、“发光半径”为30、“发光强度”为10，如图13-34所示。效果如图13-35所示。

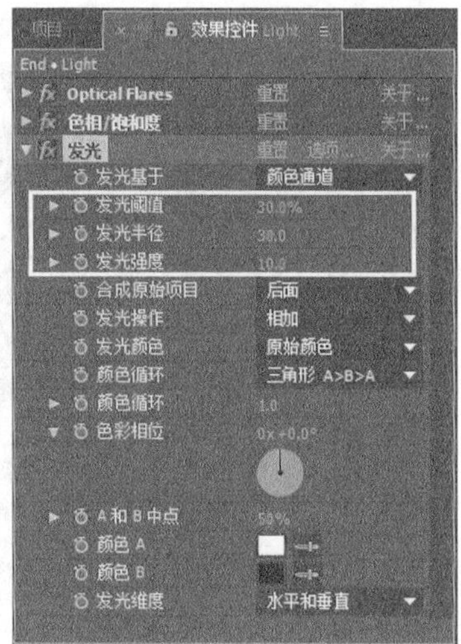

图13-34

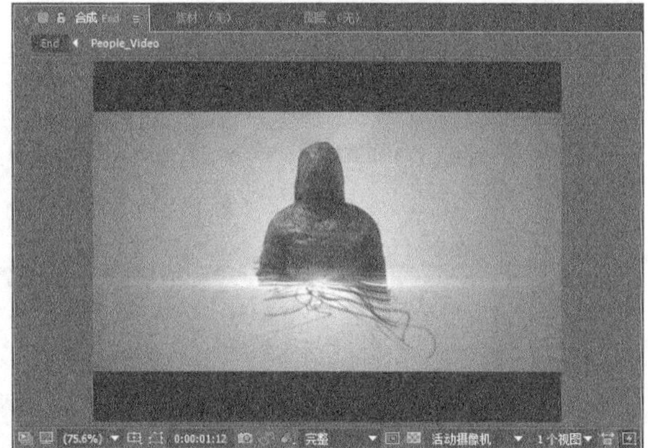

图13-35

13.3.2 Optical Flares（光学耀斑）滤镜详解

执行“效果>Video Copilot>Optical Flares（光学耀斑）”菜单命令，在启动滤镜过程中，会先加载版本信息，如图13-36所示。

图13-36

在“效果控件”面板中展开Optical Flares（光学耀斑）滤镜的属性，如图13-37所示。

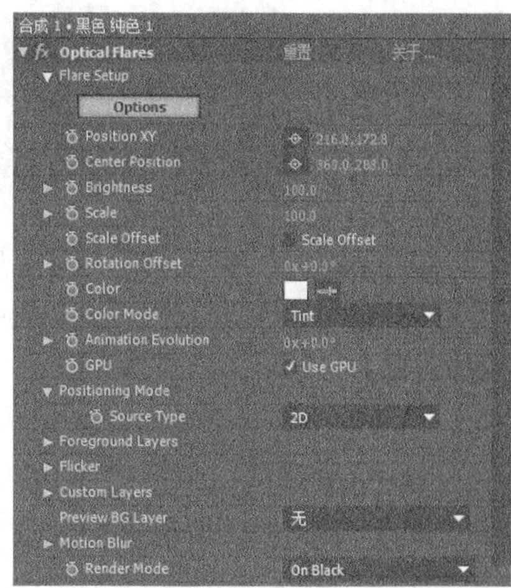

图13-37

参数详解

* Position XY（xy位置）：用来设置灯光在x、y轴的位置。

* Center Position（中心位置）：用来设置光的中心位置。

* Brightness（亮度）：用来设置光效的亮度。

* Scale（缩放）：用来设置光效的大小缩放。

* Rotation Offset（旋转偏移）：用来设置光效的自身旋转偏移。

* Color（颜色）：对光进行染色控制。

* Color Mode（颜色模式）：用来设置染色的颜色模式。

* Animation Evolution（动画演变）：用来设置光效自身的动画演变。

* Positioning Mode（位移模式）：用来设置光效的位置状态。

* Foreground Layers（前景层）：用来设置前景图层，具体属性如图13-38所示。

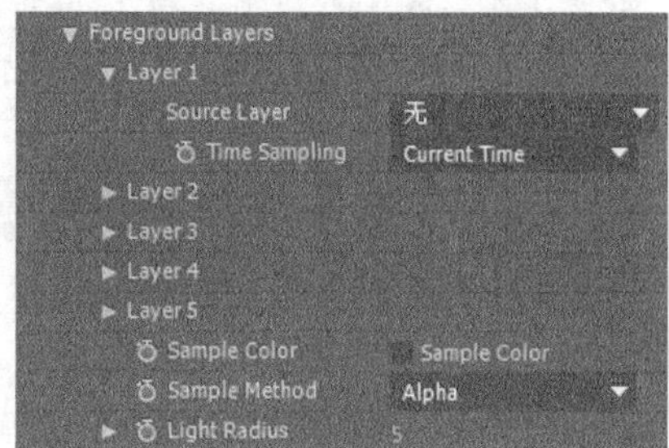

图13-38

* Flicker（过滤）：用来设置光效过滤效果，具体属性如图13-39所示。

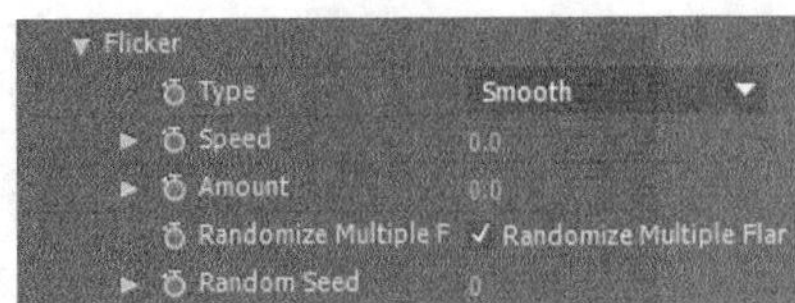

图13-39

* Motion Blur（运动模糊）：用来设置运动模糊效果。

* Render Mode（渲染模式）：用来设置光效的渲染叠加模式。

单击Options（选项）按钮，用户可以选择和自定义光效，如图13-40所示。Optical Flares（光学耀斑）滤镜的属性控制面板主要包含4大板块，分别是Preview（预览）、Stack（元素库）、Editor（属性编辑）和Browser（光效数据库）。

图13-40

在Preview（预览）窗口中，可以预览光效的最终效果，如图13-41所示。

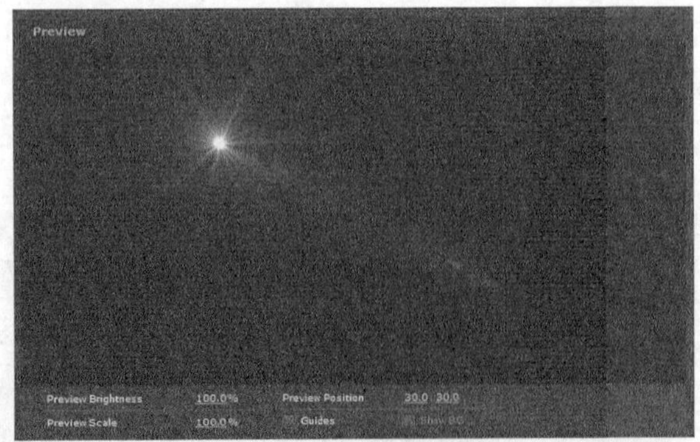

图13-41

在Stack（元素库）窗口中，可以设置每个光效元素的亮度、缩放、显示和隐藏属性，如图13-42所示。

图13-42

在Editor（属性编辑）窗口中，可以更加精细地调整和控制每个光效元素的属性，如图13-43所示。

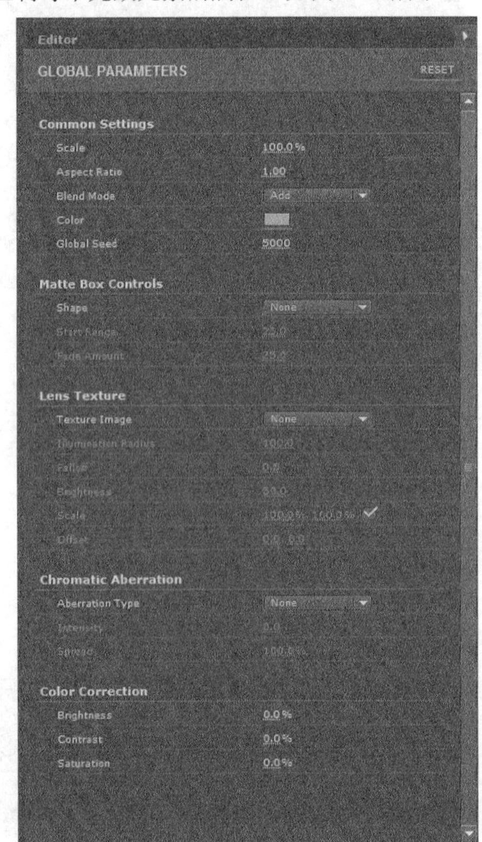

图13-43

Browser（光效数据库）窗口分为Lens Objects（镜头对象）和Preset Browser（预设）两部分。在Lens Objects（镜头对象）窗口中，可以添加单一光效元素，如图13-44所示。

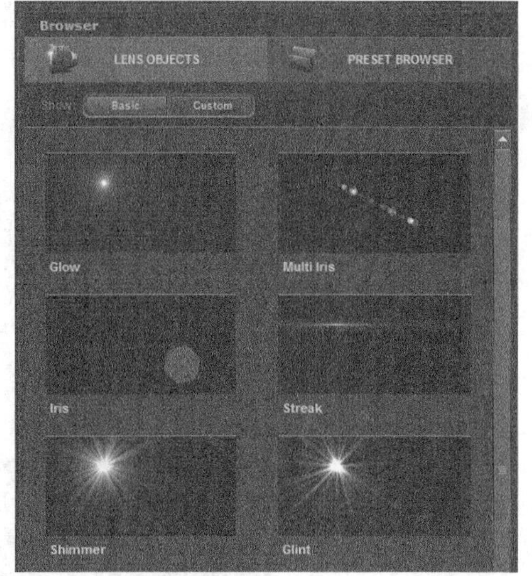

图13-44

在Preset Browser（浏览光效预设）窗口中，可以选择系统中预设好的Lens Flares（镜头光晕），如图13-45所示。

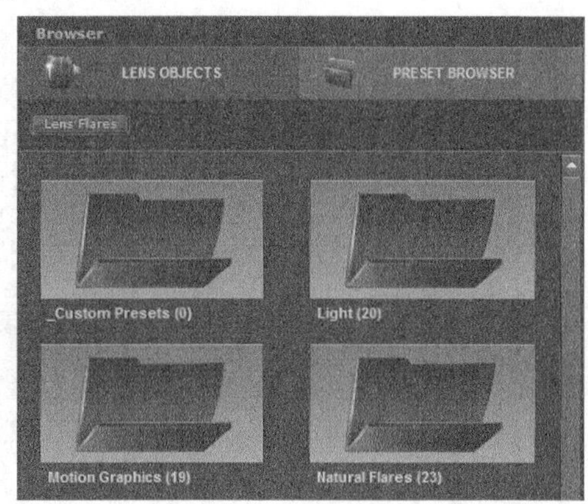

图13-45

13.4 Trapcode系列

本节知识点

名称	作用	重要程度
Shine（扫光）滤镜	快速扫光插件，便于制作片头和特效	高
Starglow（星光闪耀）滤镜	星光特效插件，根据源图像的高光部分建立星光闪耀效果	高
3D Stroke（3D描边）滤镜	将图层中的一个或多个遮罩转换为线条或光线，并制作动画效果	高

13.4.1 课堂案例——飞舞光线

素材位置　实例文件>CH13>课堂案例——飞舞光线
实例位置　实例文件>CH13>课堂案例——飞舞光线
难易指数　★★★☆☆
学习目标　掌握3D Stroke（3D描边）滤镜的使用方法

本案例的动画效果如图13-46所示。

图13-46

（1）打开“实例文件>CH13>课堂案例——飞舞光线>课堂案例——飞舞光线.aep”文件，然后加载“飞舞光线”合成，如图13-47所示。

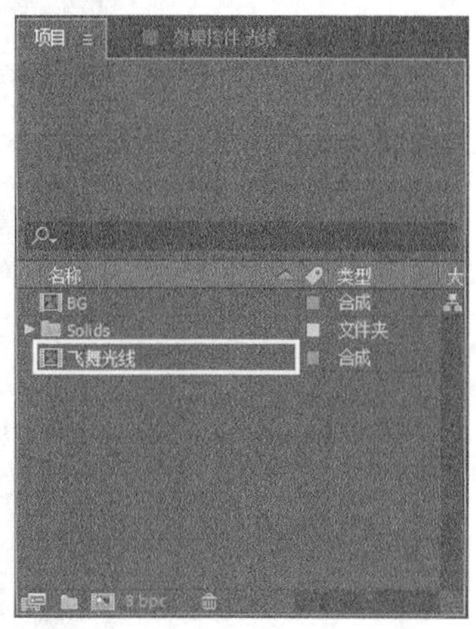

图13-47

（2）创建一个名为“光线”的黑色纯色图层，然后将其移至第2层，如图13-48所示。接着使用“钢笔工具”绘制一个蒙版，如图13-49所示。

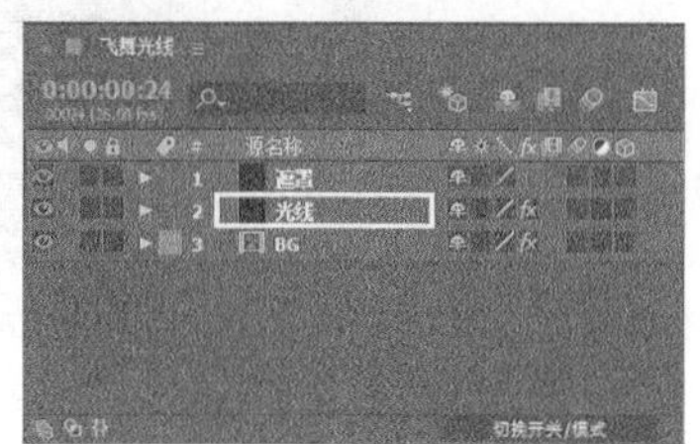

图13-48

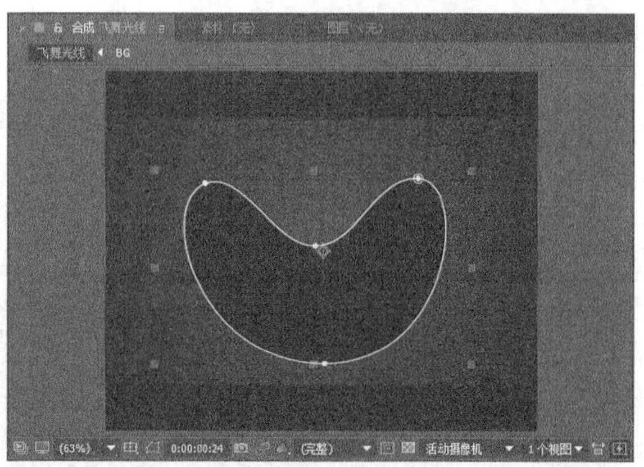

图13-49

（3）选择“光线”图层，然后执行“效果>Trapcode>3D Stroke（3D描边）”菜单命令，接着在“效果控件”面板中设置Thickness（厚度）为5、Offset（偏移）为-80，再展开Taper（锥化）属性组，选择Enable（启用）选项，最后设置Start Shape（起始大小）为5、End Shape（结束大小）为5，如图13-50所示。

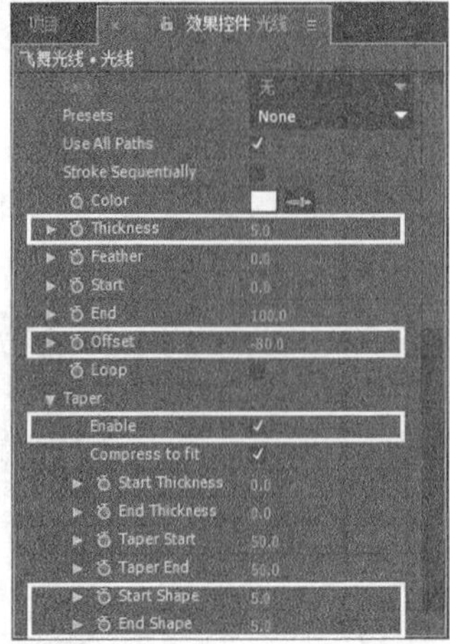

图13-50

（4）展开Transform（变换）属性组，设置Bend（弯曲）值为2、Bend Axis（弯曲角度）为（0×45°）、Z Rotation（z旋转）为（0×45°），如图13-51所示。

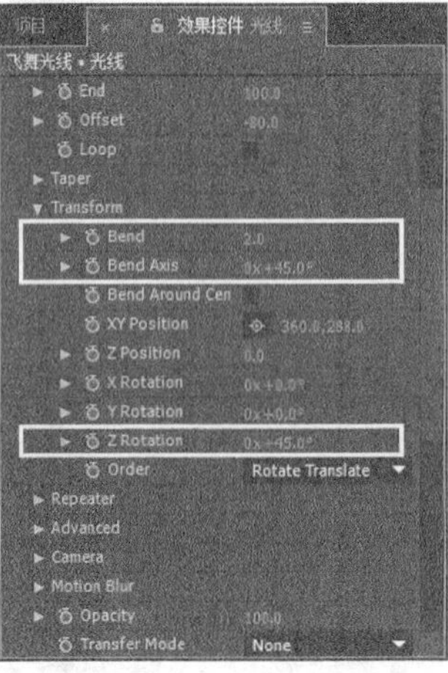

图13-51

（5）展开Repeater（重复）属性组，然后选择Enable（激活）和Symmetric Double（对称复制）选项，接着设置Scale（缩放）为180、X Rotation（x旋转）为（0×60°）、Y Rotation（y旋转）为（0×-60°）、Z Rotation（z旋转）为（0×90°），如图13-52所示。效果如图13-53所示。

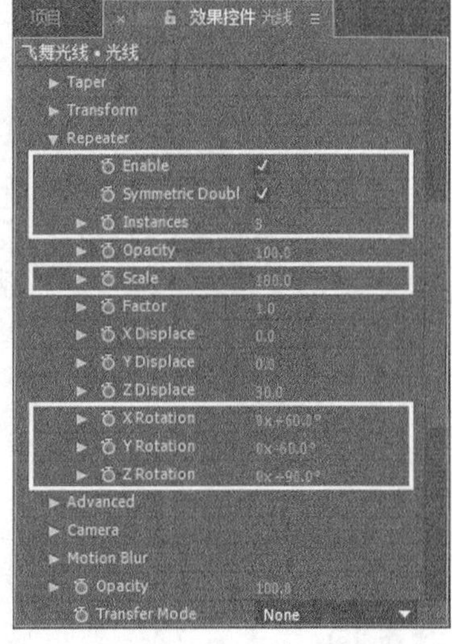

图13-52

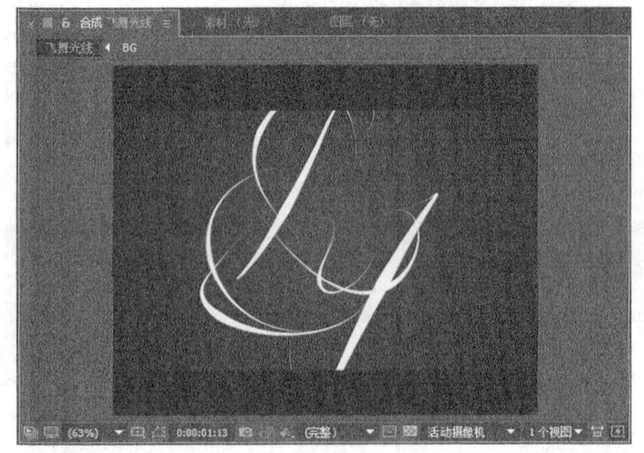

图13-53

（6）为“光线”图层设置光线的动画关键帧。在第0秒处设置Offset（偏移）为-80、Bend（弯曲）为2、Z Rotation（z旋转）为（0×45°）、Scale（缩放）为180；在第3秒处设置Offset（偏移）为80、Bend（弯曲）为0、Z Rotation（z旋转）为（0×0°）、Scale（缩放）为1，如图13-54所示。

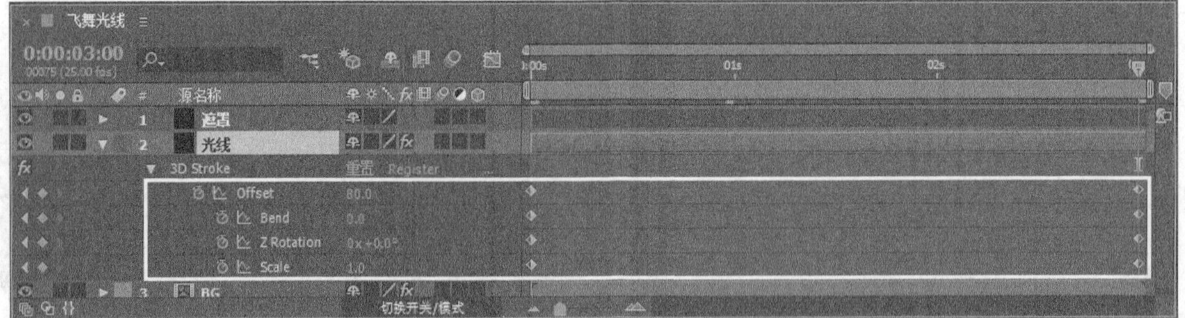

图13-54

（7）选择"光线"图层，然后执行"效果>Trapcode>Starglow（星光闪耀）"菜单命令，接着在"效果控件"面板中设置Preset（预设）为Red（红色）、Streak Length（光线长度）为10，如图13-55所示。效果如图13-56所示。

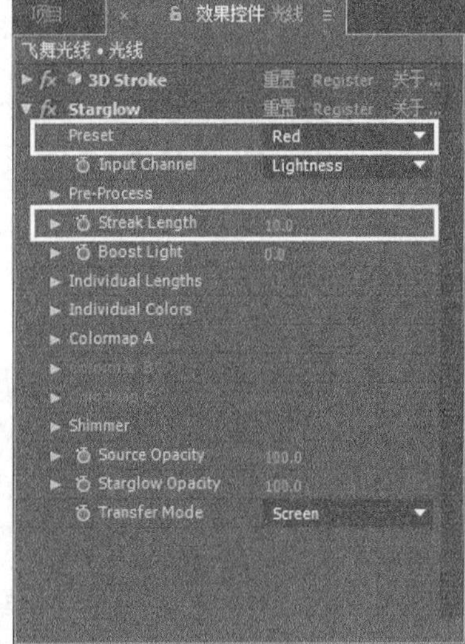

图13-55

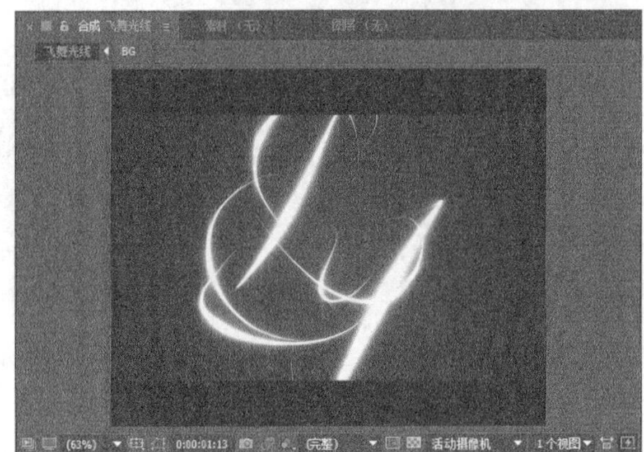

图13-56

13.4.2 Shine（扫光）滤镜

Shine（扫光）滤镜是Trapcode公司为After Effects开发的快速扫光插件，它的问世为用户制作片头和特效带来了极大的便利，以下是该滤镜的应用效果，如图13-57所示。

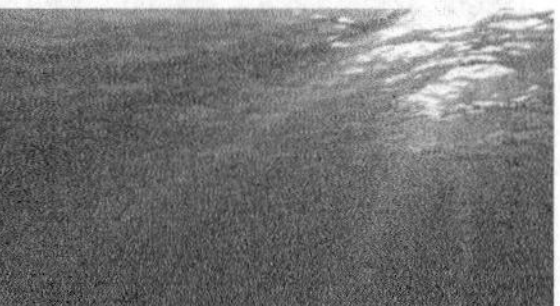

图13-57

执行"效果>Trapcode>Shine（扫光）"菜单命令，在"效果控件"面板中展开Shine（扫光）滤镜的属性，如图13-58所示。

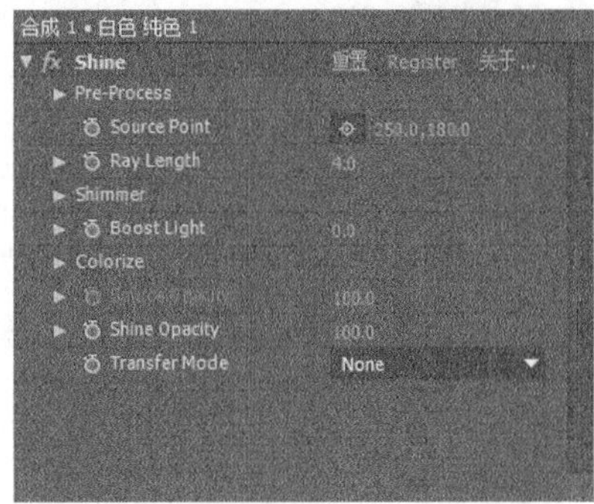

图13-58

参数详解

* Pre-Process（预处理）：在应用Shine（扫光）滤镜之前需要设置的功能属性，如图13-59所示。

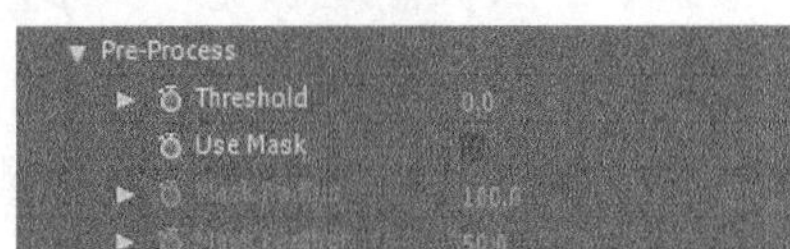

图13-59

- Threshold（阈值）：分离Shine（扫光）所能发生作用的区域，不同的Threshold（阈值）可以产生不同的光束效果。

- Use Mask（使用遮罩）：设置是否使用遮罩效果，选择Use Mask（使用遮罩）以后，它下面的Mask Radius（遮罩半径）和Mask Feather（遮罩羽化）参数才会被激活。

- Source Point（发光点）：发光的基点，产生的光线以此为中心向四周发射。可以通过更改它的坐标数值来改变中心点的位置，也可以在Composition（合成）面板的预览窗口中用鼠标移动中心点的位置。

* Ray Length（光线长度）：用来设置光线的长短，数值越大，光线长度越长；数值越小，光线长度越短。

* Shimmer（微光）：该属性组中的属性主要用来设置光效的细节，具体属性如图13-60所示。

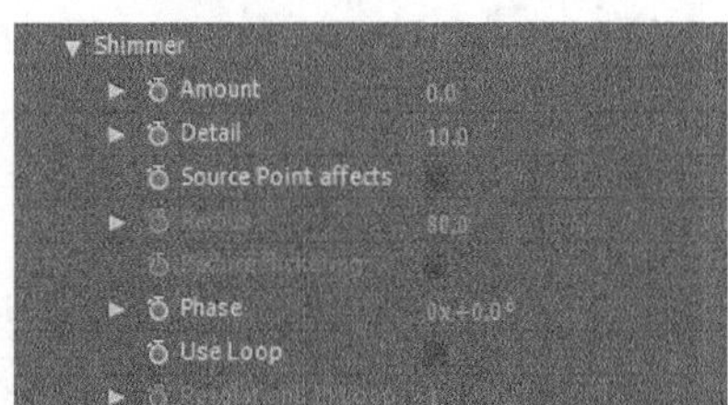

图13-60

• Amount（数量）：微光的数量。

• Detail（细节）：微光的细节。

• Source Point affect（光束影响）：光束中心对微光是否发生作用。

• Radius（半径）：微光受中心影响的半径。

• Reduce flickering（减少闪烁）：减少闪烁。

• Phase（相位）：可以在这里调节微光的相位。

• Use Loop（循环）：控制是否循环。

• Revolutions in Loop（循环中旋转）：控制在循环中的旋转圈数。

* Boost Light（光线亮度）：用来设置光线的高亮程度。

* Colorize（颜色）：用来调节光线的颜色，选择预置的各种不同Colorize（颜色），可以对不同的颜色进行组合，如图13-61所示。

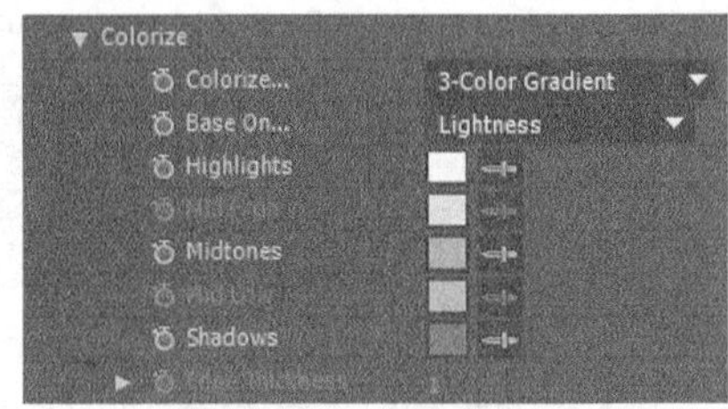

图13-61

• Base On：决定输入通道，共有7种模式，分别是Lightness（明度），使用明度值；Luminance（亮度），使用亮度值；Alpha（通道），使用Alpha通道；Alpha Edges（Alpha通道边缘），使用Alpha通道的边缘；Red（红色），使用红色通道；Green（绿色），使用绿色通道；Blue（蓝色），使用蓝色通道。

• Highlights（高光）/Mid High（中间高光）/Midtones（中间色）/Mid Low（中间阴影）/Shadows（阴影）：分别用来自定义高光、中间高光、中间调、中间阴影和阴影的颜色。

• Edge Thickness（边缘厚度）：用来控制光线边缘的厚度。

* Source Opacity（源素材不透明度）：用来调节源素材的不透明度。

* Transfer Mode（叠加模式）：该属性和层的叠加方式类似。

13.4.3 Starglow（星光闪耀）滤镜

Starglow（星光闪耀）插件是Trapcode公司为After Effects提供的星光特效插件，是一个根据源图像的高光部分建立星光闪耀效果的特效滤镜，类似于实际拍摄时使用漫射镜头得到星光耀斑，其应用案例效果如图13-62所示。

图13-62

执行“效果>Trapcode> Starglow（星光闪耀）”菜单命令，在“效果控件”面板中展开Starglow（星光闪耀）滤镜的属性，如图13-63所示。

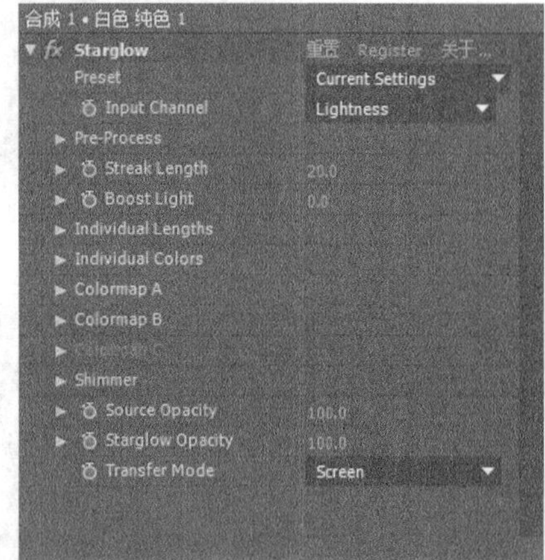

图13-63

参数详解

* Preset（预设）：该滤镜预设了29种不同的星光闪耀特效，将其按照不同类型可以划分为4组。

• 第1组是Red（红色）、Green（绿色）、Blue（蓝色），这组效果是最简单的星光特效，并且仅使用一种颜色贴图，效果如图13-64所示。

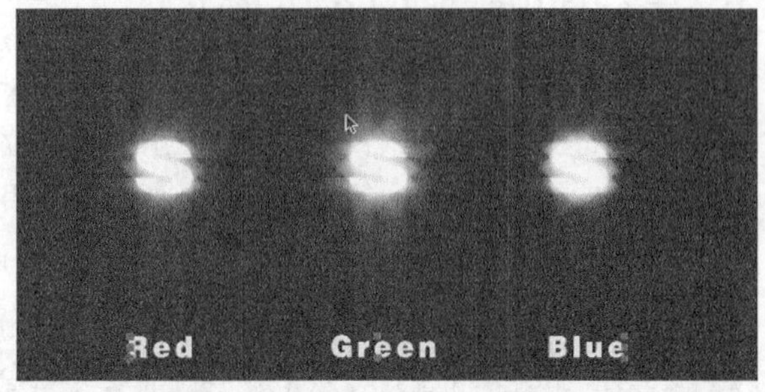

图13-64

• 第2组是一组白色星光特效，它们的星形是不同的，如图13-65所示。

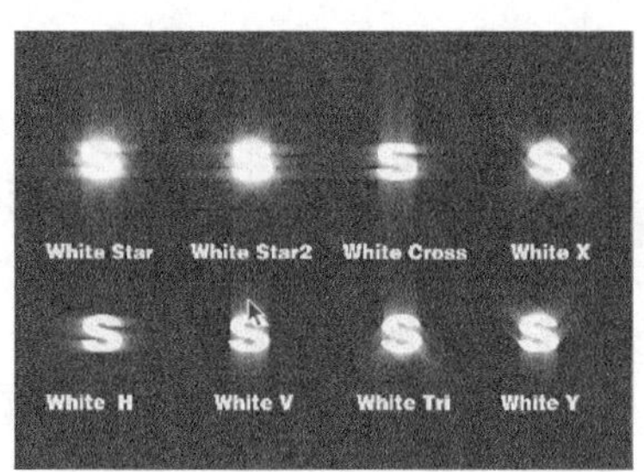

图13-65

• 第3组是一组五彩星光特效，每个具有不同的星形，效果如图13-66所示。

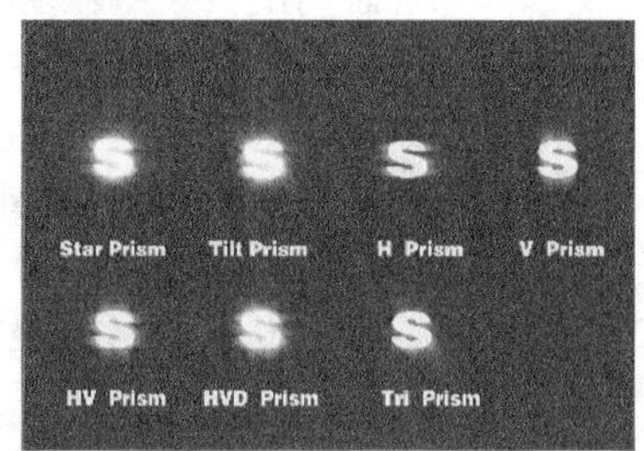

图13-66

• 第4组是不同色调的星光特效，有暖色和冷色及其他一些色调，效果如图13-67所示。

图13-67

* Input Channel（输入通道）：选择特效基于的通道，它包括Lightness（明度）、Luminance（亮度）、Red（红色）、Green（绿色）、Blue（蓝色）、Alpha等通道类型。

* Pre-Process（预处理）：在应用Starglow（星光闪耀）效果之前需要设置的功能参数，它包括下面的一些参数，如图13-68所示。

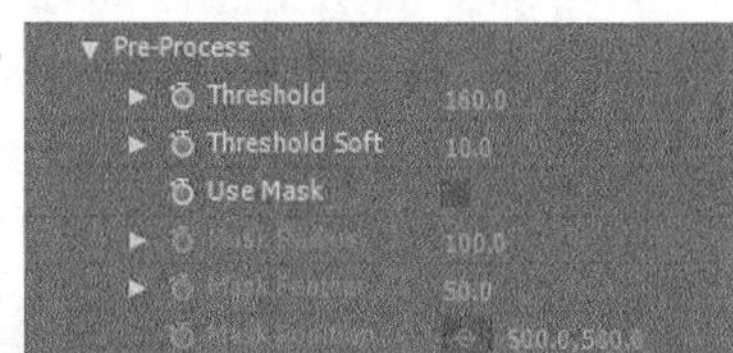

图13-68

• Threshold（阈值）：用来定义产生星光特效的最小亮度值。值越小，画面上产生的星光闪耀特效越多；值越大，产生星光闪耀的区域亮度要求越高。

• Threshold Soft（区域柔化）：用来柔和高亮和低亮区域之间的边缘。

• Use Mask（使用遮罩）：选择这个选项可以使用一个内置的圆形遮罩。

• Mask Radius（遮罩半径）：可以设置遮罩的半径。

• Mask Feather（遮罩羽化）：用来设置遮罩的边缘羽化。

• Mask Position（遮罩位置）：用来设置遮罩的具体位置。

* Streak Length（光线长度）：用来调整整个星光的散射长度。

* Boost Light（星光亮度）：调整星光的强度（亮度）。

* Individual Lengths（单独光线长度）：调整每个方向的Glow（光晕）大小，如图13-69和图13-70所示。

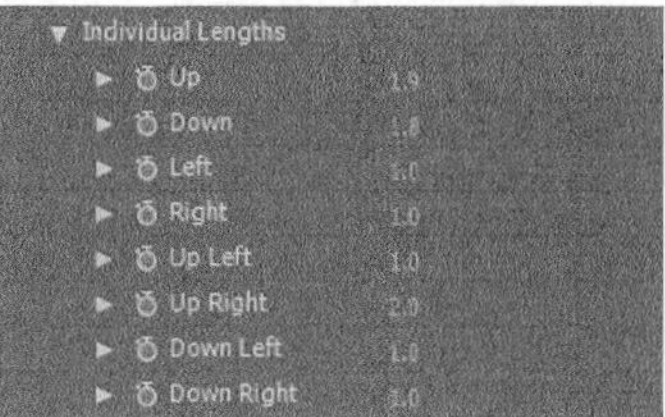

图13-69

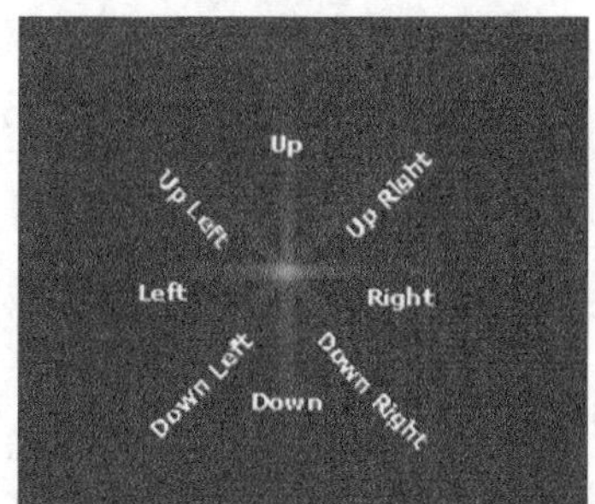

图13-70

* Individual Colors（单独光线颜色）：用来设置每个方向的颜色贴图，最多有A、B、C 3种颜色贴图选择，如图13-71所示。

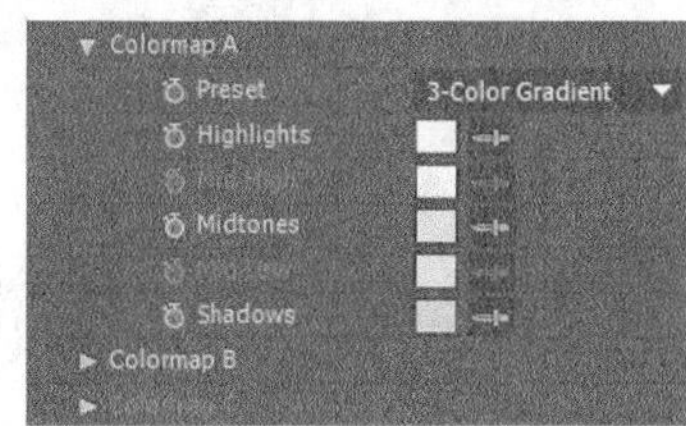

图13-71

* Shimmer（微光）：用来控制星光效果的细节部分，如图13-72所示。

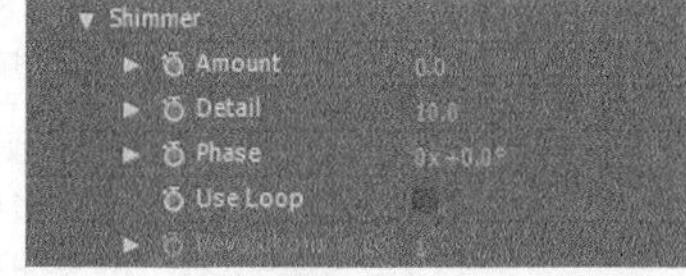

图13-72

- Amount（数量）：设置微光的数量。
- Detail（细节）：设置微光的细节。
- Phase（位置）：设置微光的当前相位，给这个参数加上关键帧，就可以得到一个动画的微光。
- Use Loop（使用循环）：选择这个选项可以强迫微光产生一个无缝的循环。
- Revolutions in Loop（循环旋转）：在循环情况下，相位旋转的总体数目。

★ Source Opacity（源素材不透明度）：用来设置源素材的不透明度。

★ Starglow Opacity（星光特效不透明度）：用来设置星光特效的不透明度。

★ Transfer Mode（叠加模式）：用来设置星光闪耀特效和源素材的画面叠加方式。

提示 Starglow（星光闪耀）的基本功能就是依据图像的高光部分建立一个星光闪耀特效，它的星光包含8个方向（上、下、左、右以及4个对角线），每个方向都可以单独调整强度和颜色贴图，一次最多可以使用3种不同的颜色贴图。

13.4.4 3D Stroke（3D描边）滤镜

使用3D Stroke（3D描边）滤镜可以将图层中的一个或多个路径转换为线条或光线，在三维空间中可以自由地移动或旋转这些光线，还可以为这些光线做各种动画效果，效果如图13-73所示。

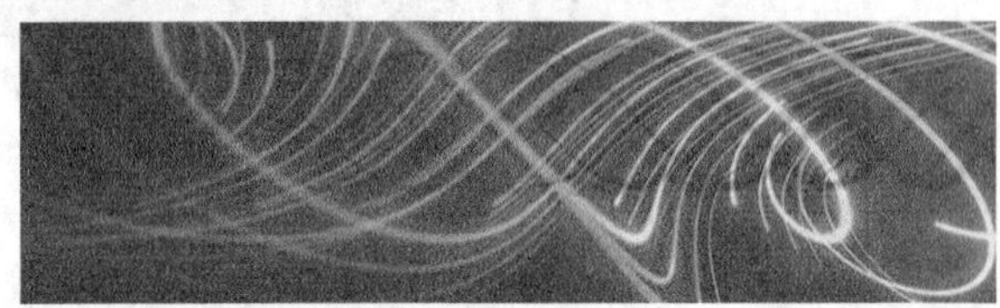

图13-73

执行“效果>Trapcode>3D Stroke（3D描边）”菜单命令，在“效果控件”面板中展开3D Stroke（3D描边）滤镜的属性，如图13-74所示。

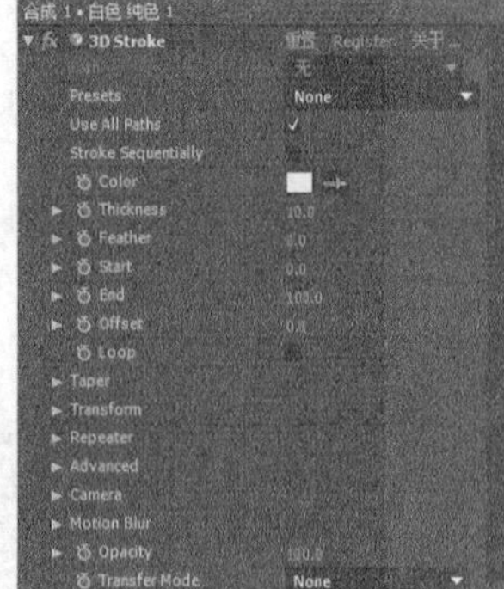

图13-74

参数详解

★ Path（路径）：指定绘制的路径作为描边路径。

★ Presets（预设）：使用滤镜内置的描边效果。

★ Use All Paths（使用所有路径）：将所有绘制的路径作为描边路径。

★ Stroke Sequentially（描边顺序）：让所有的路径按照顺序进行描边。

★ Color（颜色）：设置描边路径的颜色。

★ Thickness（厚度）：设置描边路径的厚度。

★ Feather（羽化）：设置描边路径边缘的羽化程度。

★ Start（开始）：设置描边路径的起始点。

★ End（结束）：设置描边路径的结束点。

★ Offset（偏移）：设置描边路径的偏移值。

★ Loop（循环）：控制描边路径是否循环连续。

★ Taper（锥化）：设置路径描边的两端的锥化效果，如图13-75所示。

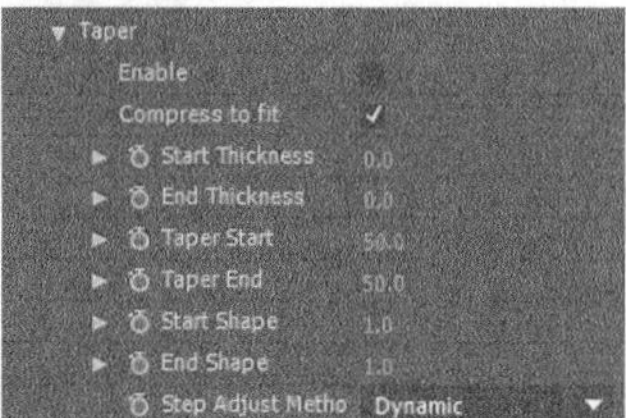

图13-75

- Enable（开启）：选择该选项后，可以启用锥化设置。
- Start Thickness（开始的厚度）：用来设置描边开始部分的厚度。
- End Thickness（结束的厚度）：用来设置描边结束部分的厚度。
- Taper Start（锥化开始）：用来设置描边锥化开始的位置。
- Taper End（锥化结束）：用来设置描边锥化结束的位置。
- Step Adjust Method（调整方式）：用来设置锥化效果的调整方式，有两种方式可供选择。一是None（无），不做调整；二是Dynamic（动态），做动态的调整。

★ Transform（变换）：设置描边路径的位置、旋转和弯曲等属性，如图13-76所示。

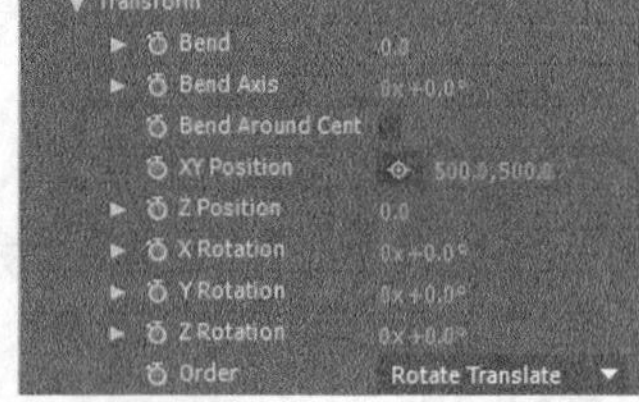

图13-76

- Bend（弯曲）：控制描边路径弯曲的程度。
- Bend Axis（弯曲角度）：控制描边路径弯曲的角度。
- Bend Around Center（围绕中心弯曲）：控制是否弯曲到环绕的中心位置。
- XY/Z Position（*xy*/*z*的位置）：设置描边路径的位置。
- X/Y/Z Rotation（*x*/*y*/*z*旋转）：设置描边路径的旋转。
- Order（顺序）：设置描边路径位置和旋转的顺序。有两种方式可供选择。一是Rotate Translate（旋转位移），先旋转后位移；二是Translate Rotate（位移 旋转），先位移后旋转。

⋆ Repeater（重复）：设置描边路径的重复偏移量，通过该属性组中的参数可以将一条路径有规律地偏移复制出来，如图13-77所示。

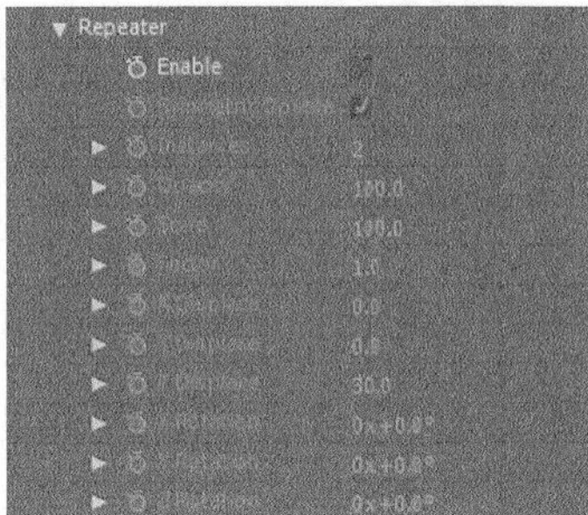

图13-77

- Enable（开启）：选择后可以开启路径描边的重复。
- Symmetric Doubler（对称复制）：用来设置路径描边是否要对称复制。
- Instances（重复）：用来设置路径描边的数量。
- Opacity（不透明度）：用来设置路径描边的不透明度。
- Scale（缩放）：用来设置路径描边的缩放效果。
- Factor（因数）：用来设置路径描边的伸展因数。
- X/Y/Z Displace（*x*/*y*/*z*偏移）：分别用来设置在*x*、*y*和*z*轴的偏移效果。
- X/Y/Z Rotate（*x*/*y*/*z*旋转）：分别用来设置在*x*、*y*和*z*轴的旋转效果。

⋆ Advanced（高级）：用来设置描边路径的高级属性，如图13-78所示。

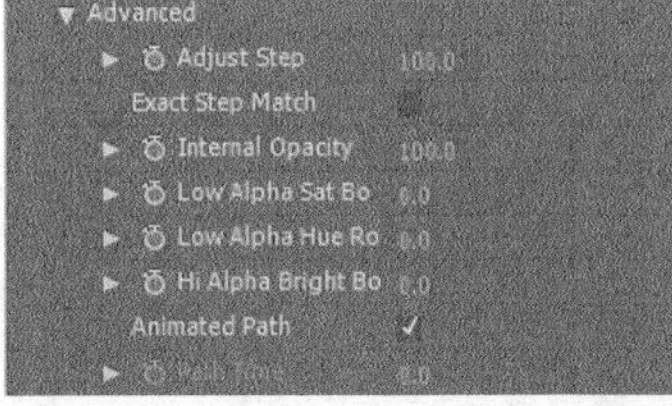

图13-78

- Adjust Step（调节步幅）：用来调节步幅。数值越大，路径描边上的线条显示为圆点且间距越大，如图13-79所示。

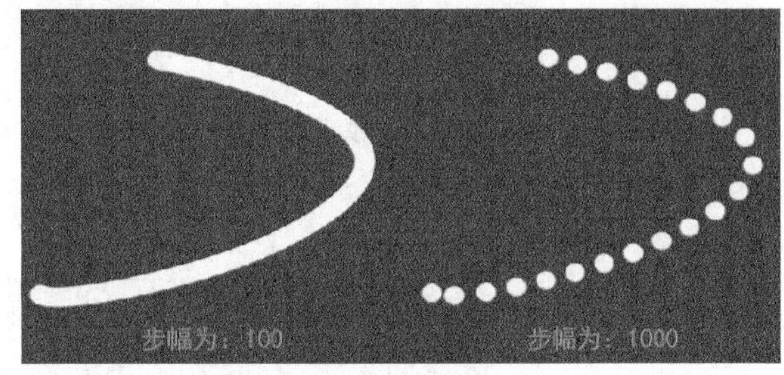

图13-79

- Exact Step Match （精确匹配）：用来设置是否选择精确步幅匹配。
- Internal Opacity （内部的不透明度）：用来设置路径描边的线条内部的不透明度。
- Low Alpha Sat Boot（Alpha饱和度）：用来设置路径描边的线条的Alpha饱和度。
- Low Alpha Hue Rotation （Alpha色调旋转）：用来设置路径描边的线条的Alpha色调旋转。
- Hi Alpha Bright Boost（Alpha亮度）：用来设置路径描边的线条的Alpha亮度。
- Animated Path （全局时间）：用来设置是否使用全局时间。
- Path Time（路径时间）：用来设置路径的时间。

⋆ Camera（摄像机）：设置摄像机的观察视角或使用合成中的摄像机，如图13-80所示。

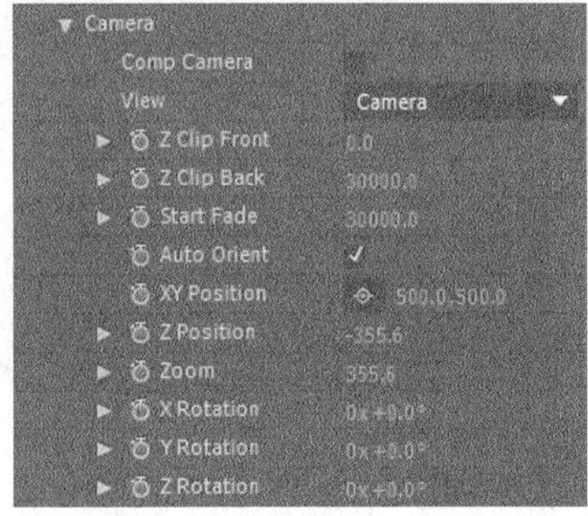

图13-80

- Comp Camera（合成中的摄像机）：用来设置是否使用合成中的摄像机。
- View（视图）：选择视图的显示状态。
- Z Clip Front/Back（前/后面的剪切平面）：用来设置摄像机在*z*轴深度的剪切平面。
- Start Fade（淡出）：用来设置剪辑平面的淡出。
- Auto Orient（自动定位）：控制是否开启摄像机的自动定位。

• XY Position（*xy*位置）：用来设置摄像机的*x*、*y*轴的位置。

• Zoom（缩放）：用来设置摄像机的推拉。

• X/Y/Z Rotation（*x*/*y*/*z*旋转）：分别用来设置摄像机在*x*、*y*和*z*轴的旋转。

* Motion Blur（运动模糊）：设置运动模糊效果，可以单独进行设置，也可以继承当前合成的运动模糊参数，如图13-81所示。

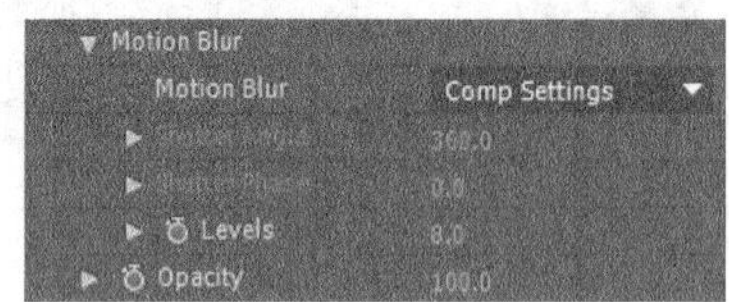

图13-81

• Motion Blur（运动模糊）：用来设置运动模糊是否开启或使用合成中的运动模糊设置。

• Shutter Angle（快门的角度）：用来设置快门的角度。

• Shutter Phase（快门的相位）：用来设置快门的相位。

• Levels（平衡）：用来设置快门的平衡。

* Opacity（不透明度）：设置描边路径的不透明度。

* Transfer Mode（叠加模式）：设置描边路径与当前图层的叠加模式。

课堂练习——炫彩星光

素材位置	实例文件>CH13>课堂练习——炫彩星光
实例位置	实例文件>CH13>课堂练习——炫彩星光
难易指数	★★☆☆☆
练习目标	练习Starglow（星光闪耀）滤镜的使用方法

本练习的前后对比效果如图13-82所示。

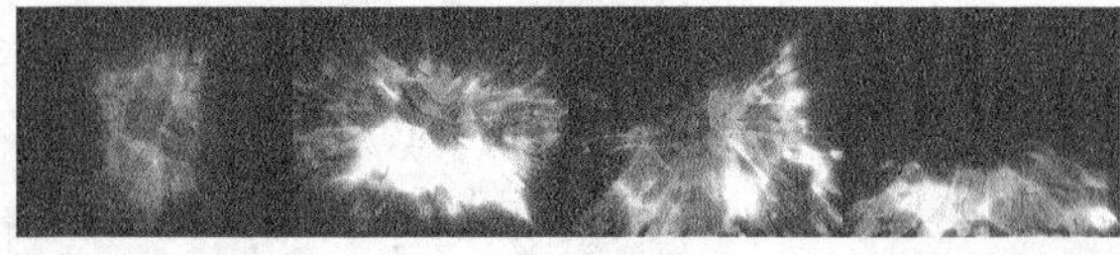

图13-82

操作提示

第1步：打开“实例文件>CH13>课堂练习——炫彩星光>课堂练习——炫彩星光.aep”文件。

第2步：加载“炫彩星光”合成，然后为Clip.mov图层添加Starglow滤镜。

课后习题——模拟日照

素材位置	实例文件>CH13>课后习题——模拟日照
实例位置	实例文件>CH13>课后习题——模拟日照
难易指数	★★☆☆☆
练习目标	练习Optical Flare（光学耀斑）滤镜的使用方法

本习题的前后对比效果如图13-83所示。

图13-83

操作提示

第1步：打开“实例文件>CH13>课后习题——模拟日照>课后习题——模拟日照.aep”文件。

第2步：加载Clip合成，然后新建一个黑色的纯色图层，接着将其移至第2层，最后设置混合模式为“相加”。

第3步：为新建的纯色图层添加Optical Flares滤镜，然后设置关键帧动画。

第14章 商业制作实训

使用After Effects可以制作出很多漂亮的特效，结合其他3D软件还可以制作出更高级的影视特效。在前面的章节中系统讲解了After Effects的各项功能，本章将继续深入应用这些技术，并通过商业案例制作，让读者学习并掌握如何在电视栏目包装中制作动画和特效。

课堂学习目标

- 掌握导视系统的后期制作方法
- 掌握频道ID演绎动画的制作方法

14.1 导视系统后期制作

素材位置 实例文件>CH14>导视系统后期制作
实例位置 实例文件>CH14>导视系统后期制作
难易指数 ★★★★☆
学习目标 掌握图层混合模式、Light Factory（灯光工厂）滤镜的高级应用

本案例主要介绍为镜头添加的各种光效，包括CC Light Sweep（扫光）、Light Factory（灯光工厂）和Strarglow（星光闪耀），以增加片头的时尚感和绚丽感，效果如图14-1所示。

图14-1

14.1.1 创建合成

（1）新建合成，然后设置“合成名称”为“导视系统后期制作”、“宽度”为960 px、“高度”为486 px、“像素长宽比”为“方形像素”、“持续时间”为4秒，接着单击“确定”按钮，如图14-2所示。

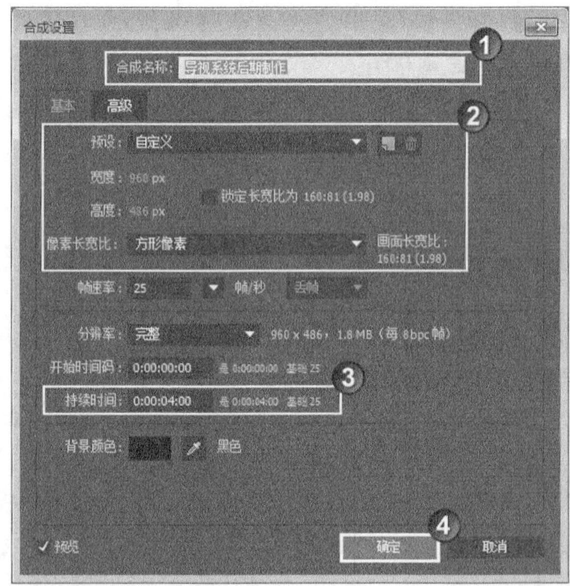

图14-2

（2）导入“实例文件>CH14>导视系统后期制作>Logo.mov”文件，接着将其添加到“时间轴”面板中，如图14-3所示。

图14-3

14.1.2 添加扫光特效

（1）选择Logo.mov图层，按快捷键Ctrl+D复制图层，然后将其重命名为Logo_2.mov，接着设置Logo_2.mov图层的混合模式为“屏幕”、“不透明度”为30%，如图14-4所示。

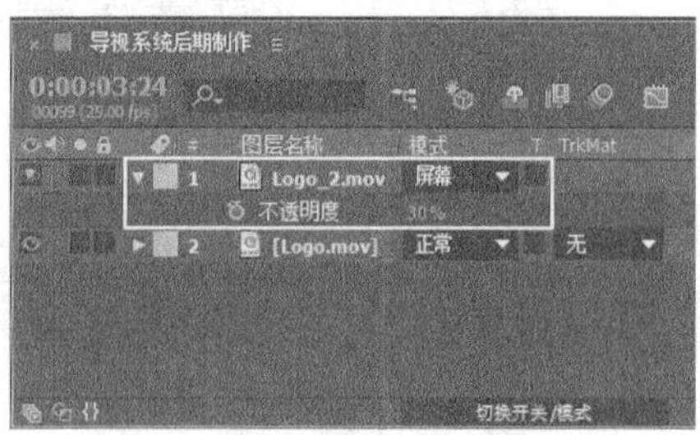

图14-4

（2）按快捷键Ctrl+Alt+Y创建一个调整图层，然后执行“效果>生成>CC Light Sweep（扫光）”菜单命令，接着在“效果控件”面板中设置Width（宽度）为60、Sweep Intensity（扫光强度）为100、Edge Intensity（边缘强度）为200、Light Color（灯光颜色）为（R:230，G:162，B:30），如图14-5所示。

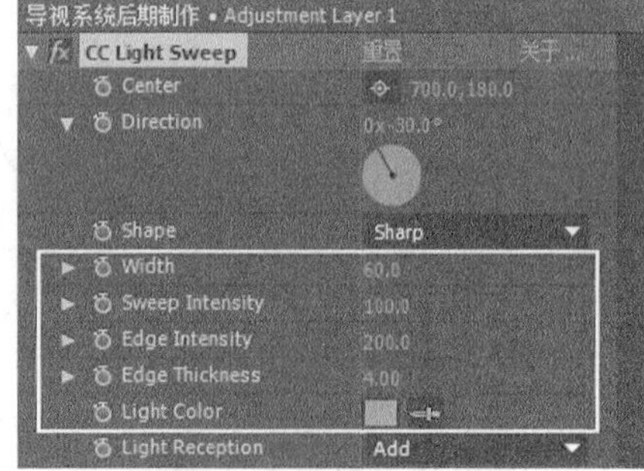

图14-5

（3）将调整图层的入点时间设置在第2秒10帧处，然后设置CC Light Sweep（扫光）滤镜中Center（中心）属性的动画关键帧。在第2秒10帧处设置Center（中心）为（400，180）；在第3秒15帧处设置Center（中心）为（1080，180），如图14-6所示。效果如图14-7所示。

图14-6

图14-7

14.1.3 优化背景

（1）导入“实例文件>CH14>导视系统后期制作>Line.mov”文件，接着将其添加到“时间轴”面板中，如图14-8所示。

图14-8

（2）选择Line.mov图层，执行“效果>颜色校正>灰度系数/基值/增益”菜单命令，然后在“效果控件”面板中设置“红色灰度系数”为1.3、“绿色灰度系数”为1.2、“蓝色灰度系数”为1.3、“蓝色增益”为0.8，如图14-9所示。效果如图14-10所示。

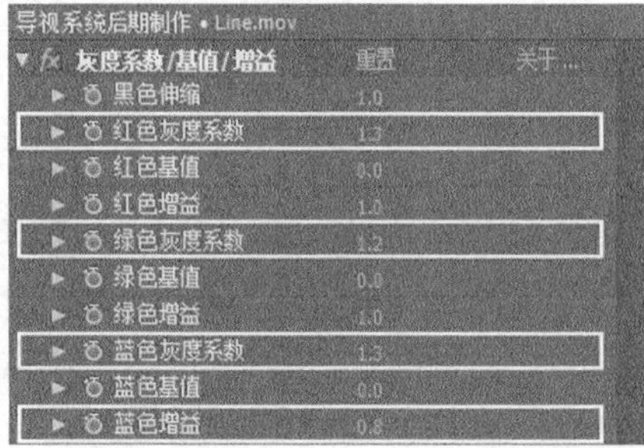

图14-9

图14-10

（3）导入“实例文件>CH14>导视系统后期制作>Plate.mov”文件，接着将其添加到“时间轴”面板中，如图14-11所示。

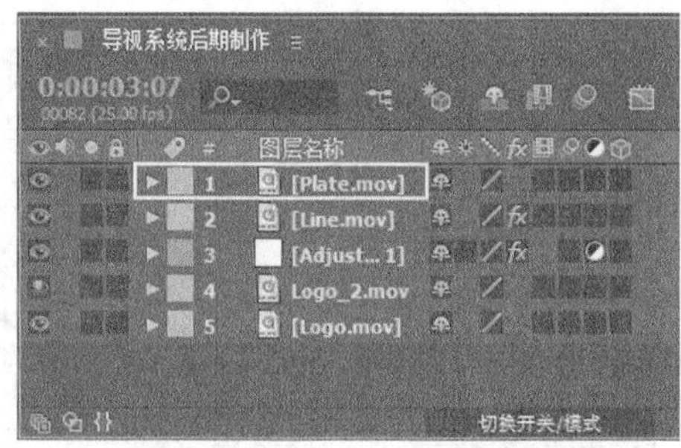

图14-11

（4）选择Plate.mov图层，按快捷键Ctrl+D复制图层，然后将复制的图层重命名为Plate_2.mov，接着设置其混合模式为“屏幕”，如图14-12所示。效果如图14-13所示。

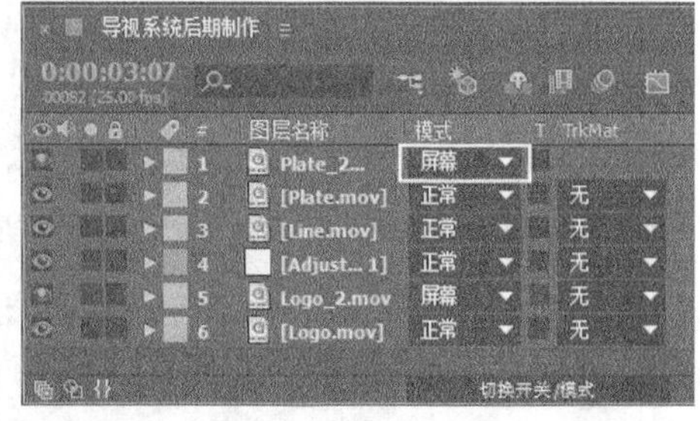

图14-12

图14-13

（5）导入“实例文件>CH14>导视系统后期制作>Lifter.mov”文件，然后将其添加到“时间轴”面板中，接着选择Lifter图层，执行“效果>模糊和锐化>快速模糊”菜单命令，最后在图层属性中设置“模糊度”为10，如图14-14所示。效果如图14-15所示。

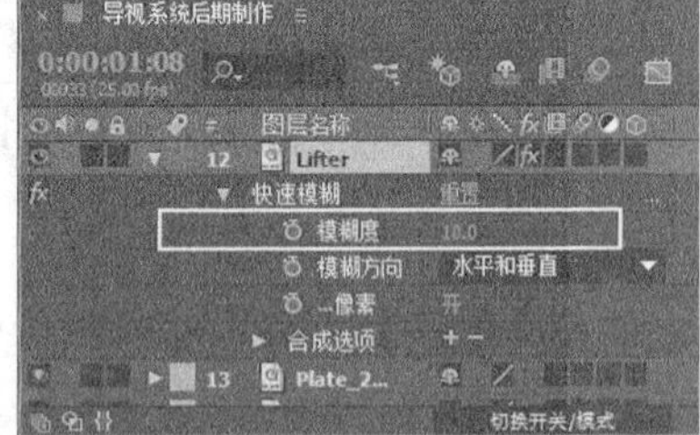

图14-14

图14-15

（6）选择Lifter图层，按快捷键Ctrl+D复制图层，然后将复制的图层重新命名为Lifter02，接着删除该图层中的“快速模糊”滤镜，再选择Lifter02图层，按快捷键Ctrl+D复制图层，并将复制的图层重命名为Lifter03，最后设置Lifter03图层的混合模式为“屏幕”、“不透明度”为50%，如图14-16所示。效果如图14-17所示。

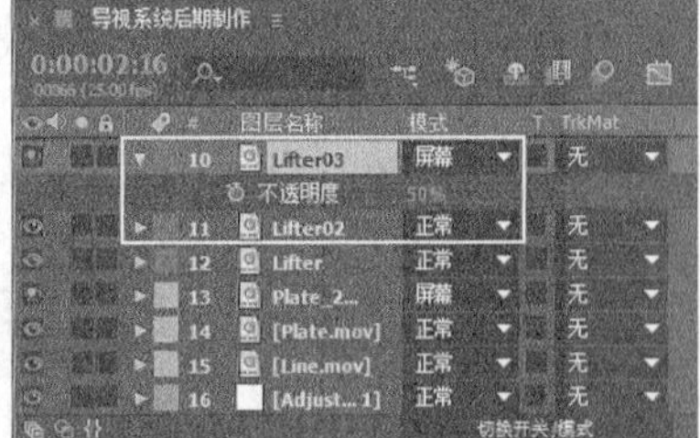

图14-16

图14-17

14.1.4 添加光效

（1）导入“实例文件>CH14>导视系统后期制作>Text.mov”文件，然后将其添加到“时间轴”面板中，接着选择Text.mov图层，执行“效果>Trapcode>Starglow（星光闪耀）”菜单命令，最后在“效果控件”面板中，设置Preset（预设）为Blue（蓝色）、Streak Length（光线长度）为1、Transfer Mode（叠加模式）为Color（颜色），如图14-18所示。

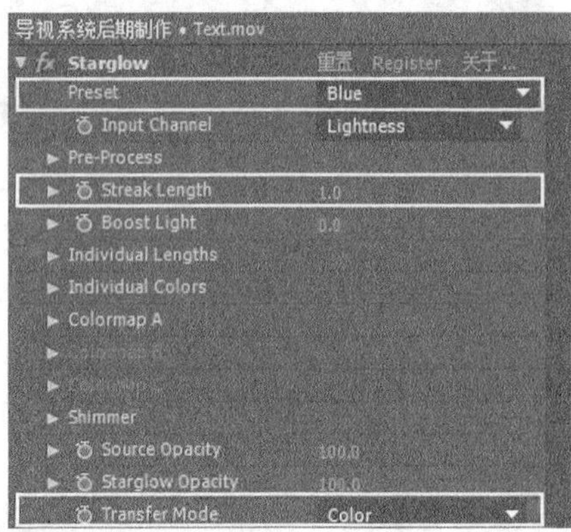

图14-18

（2）选择Text.mov图层，然后执行“效果>Trapcode>Shine（扫光）”菜单命令，接着在“效果控件”面板中，设置Source Point（发光点）为（416，380）、Ray Length（光线长度）为1，再展开Colorize（颜色）属性组，设置Colorize（颜色）为None（无），最后设置Transfer Mode（叠加模式）为Add（相加）模式，如图14-19所示。效果如图14-20所示。

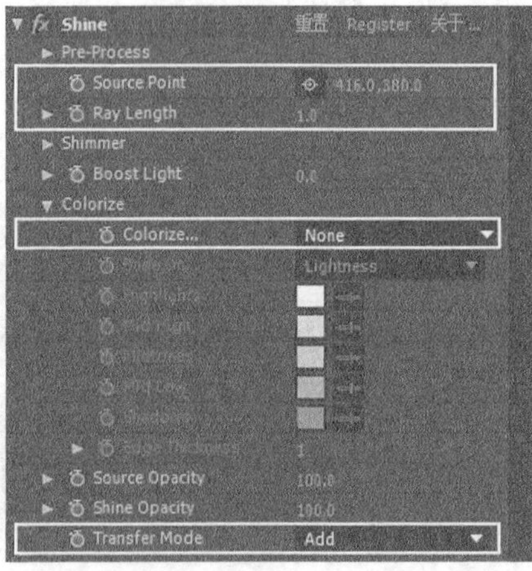

图14-19

图14-20

（3）选择Text.mov图层，按快捷键Ctrl+D复制图层，然后将复制的图层重命名为Text02，接着在“效果控件”面板中，删除Shine（扫光）滤镜，如图14-21所示。效果如图14-22所示。

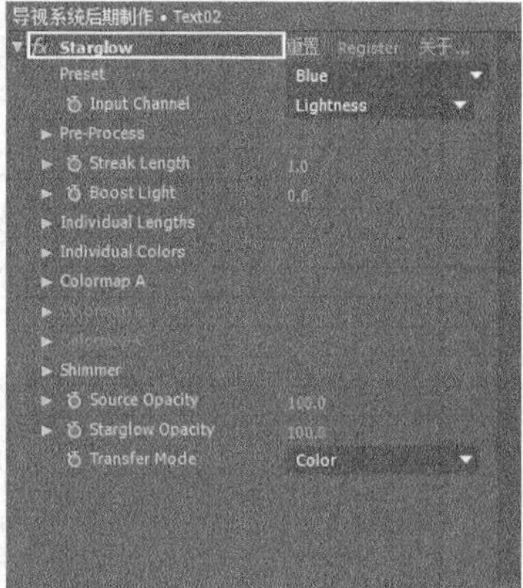

图14-21

图14-22

（4）按快捷键Ctrl+Y创建纯色层，然后设置“名称”为G01，接着单击“制作合成大小”，再设置“颜色”为黑色，最后单击“确定”按钮，如图14-23所示。

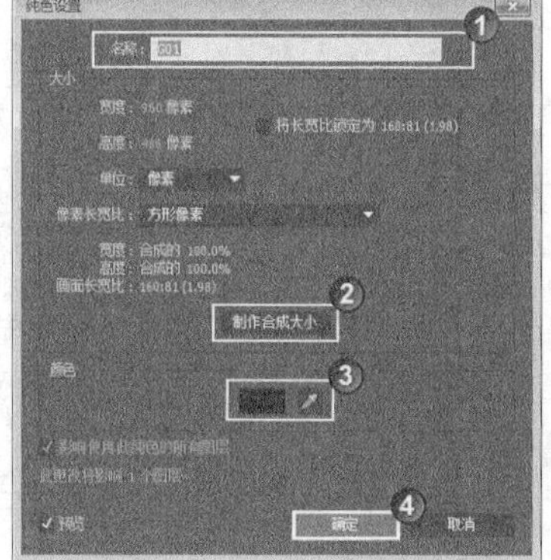

图14-23

（5）选择G01图层，执行“效果> Knoll Light Factory> Light Factory（灯光工厂）”菜单命令，然后在“效果控件”面板中单击“选项”蓝色字样打开Knoll Light Factory Lens Designer（镜头光效元素设计）对话框，接着在Lens Flare Presets（镜头光晕预设）面板中选择Digital Preset（数码预设），如图14-24所示。

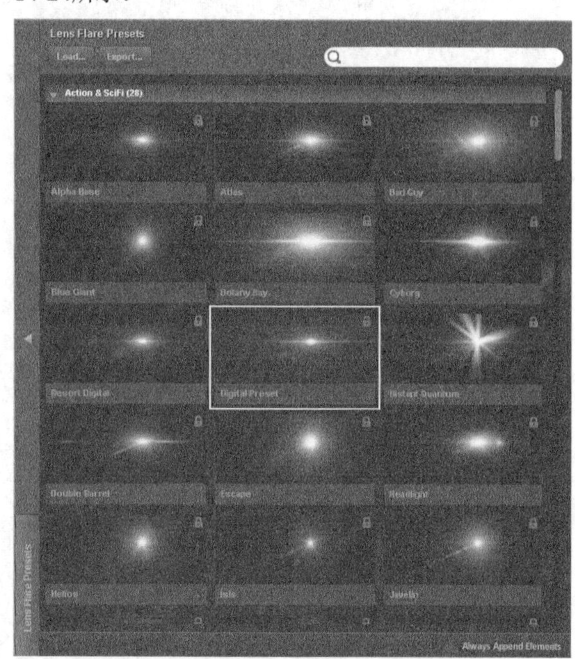

图14-24

（6）在Lens Flare Editor（镜头光晕编辑）面板中，隐藏Random Fan、Disc、Star Caustic、PolygonSpread和两个Rectangular Spread效果，如图14-25所示。

图14-25

（7）选择Glow Ball（光晕球体）效果，在Control（控制）面板中设置Ramp Scale（渐变缩放）为0.4，然后选择Stripe（条纹）效果，在Control（控制）面板中设置Length（长度）为0.4，如图14-26所示。

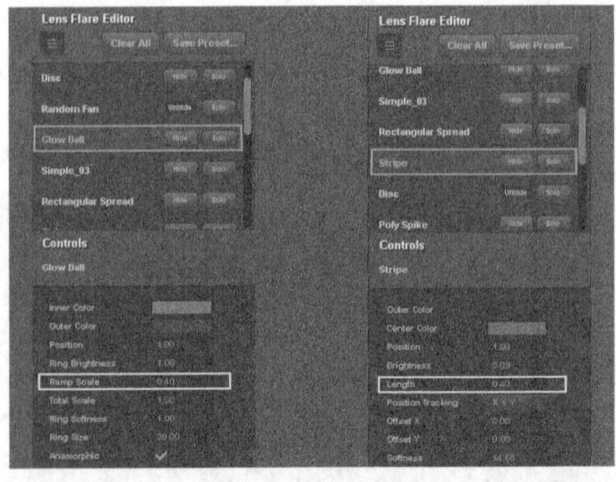

图14-26

（8）将G01图层的混合模式设置为“相加”，根据图14-27所示的Line元素运动路径，设置Light Source Location（光源位置）的动画关键帧。在第3帧处设置该值为（19，150）；在第15帧处设置该值为（282，182）；在第21帧处设置该值为（408，230）；在第24帧处设置该值为（468，268）；在第1秒3帧处设置该值为（550，338）；在第1秒5帧处设置该值为（582，380）；在第1秒6帧处设置该值为（587，386），如图14-28所示。

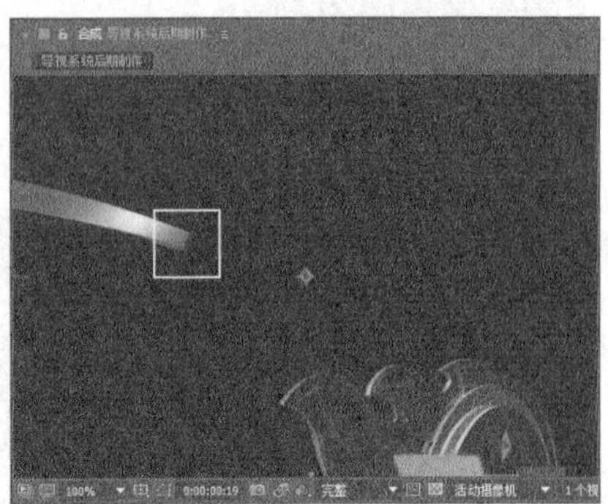

图14-27

图14-28

（9）设置Light Factory（灯光工厂）滤镜中Brightness（亮度）和Scale（缩放）属性的动画关键帧。在2帧处设置Brightness（亮度）为0、Scale（缩放）为0；在5帧处设置Brightness（亮度）为100、Scale（缩放）为1；在1秒6帧处设置Brightness（亮度）为100、Scale（缩放）为1；在1秒7帧处设置Brightness（亮度）为150、Scale（缩放）为1.1；在1秒8帧处设置Brightness（亮度）为0、Scale（缩放）为0，如图14-29所示。效果如图14-30所示。

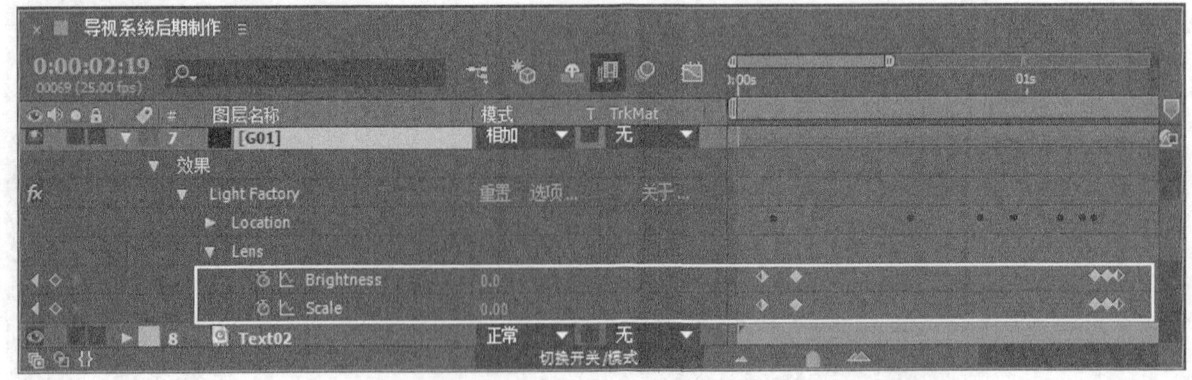

图14-29

图14-30

（10）选择G01图层，按快捷键Ctrl+D复制图层，然后将复制的图层重命名为G02，接着删除G02图层中的动画关键帧，如图14-31所示。

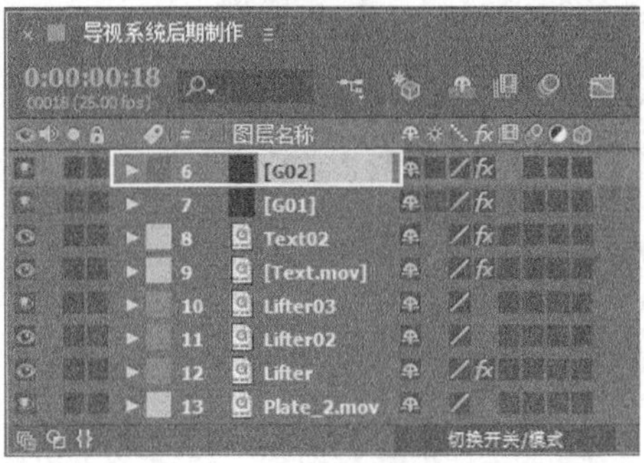

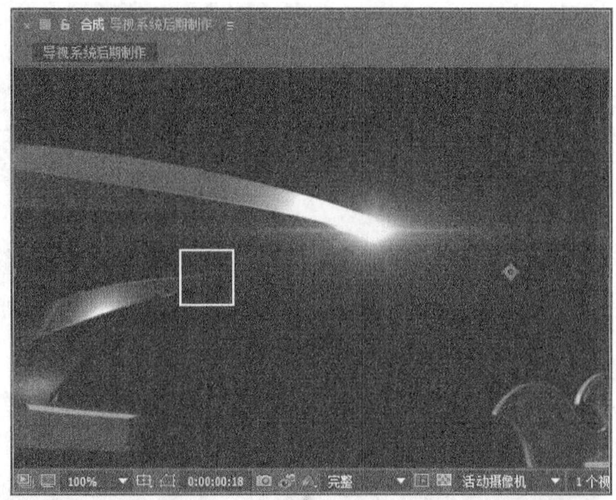

图14-31

（11）根据图14-32所示的Line元素运动路径，重新设置Light Source Location（光源位置）的动画关键帧。在第7帧处设置该值为（-6，348）；在第12帧处设置该值为（54，296）；在第17帧处设置该值为（153，253）；在第1秒处设置该值为（391，258）；在第1秒5帧处设置该值为（496，317）；在第1秒9帧处设置该值为（516，370）；在第1秒10帧处设置该值为（523，383）；在第1秒12帧处设置该值为（523，403）；在第3秒9帧处设置该值为（-42，403），如图14-33所示。

图14-32

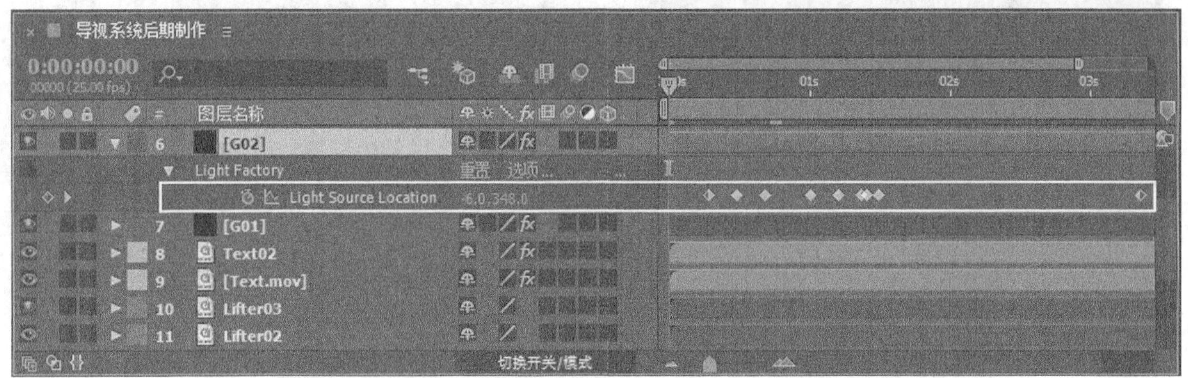

图14-33

（12）设置Light Factory（灯光工厂）滤镜中Brightness（亮度）和Scale（缩放）属性的动画关键帧。在0帧处设置Brightness（亮度）为0、Scale（缩放）为0；在7帧处设置Brightness（亮度）为80、Scale（缩放）为0.9；在1秒9帧处设置Brightness（亮度）为80、Scale（缩放）为0.9；在1秒10帧处设置Brightness（亮度）为120、Scale（缩放）为1；在1秒12帧处设置Brightness（亮度）为100、Scale（缩放）为1；在2秒24帧处设置Brightness（亮度）为100、Scale（缩放）为1；在3秒9帧处设置Brightness（亮度）为0、Scale（缩放）为0，如图14-34所示。效果如图14-35所示。

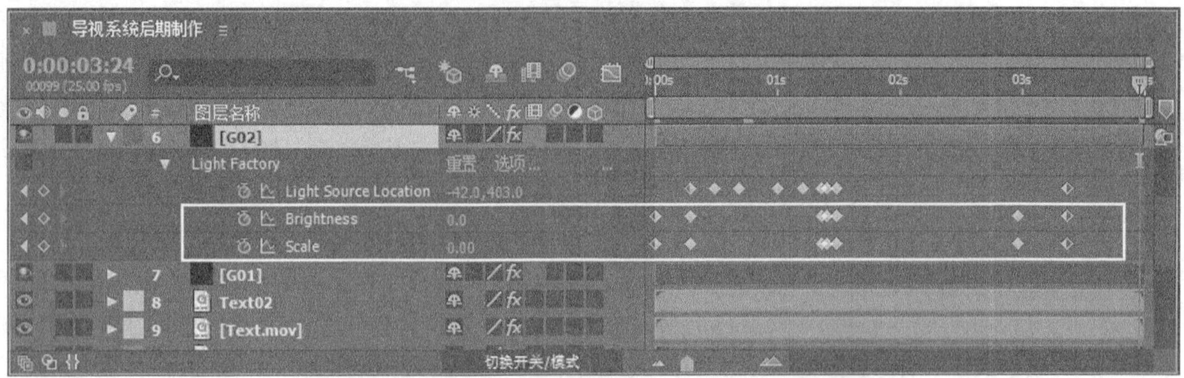

图14-34

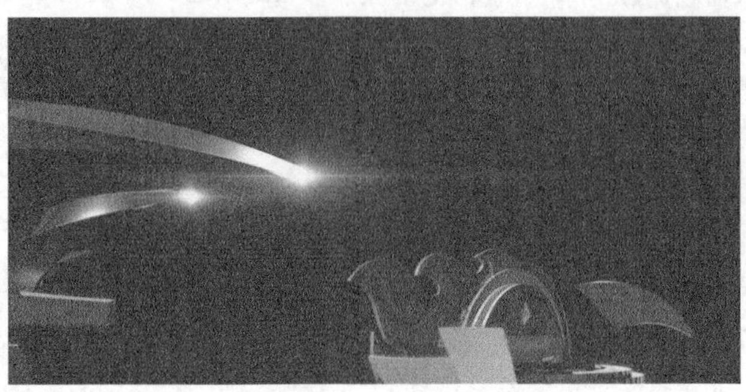

图14-35

（13）选择G02图层，按快捷键Ctrl+D复制图层，然后将复制的图层重命名为G03，接着选中G03图层，修设置第3秒9帧处的Light Source Location（光源位置）为（1086，403），如图14-36所示。效果如图14-37所示。

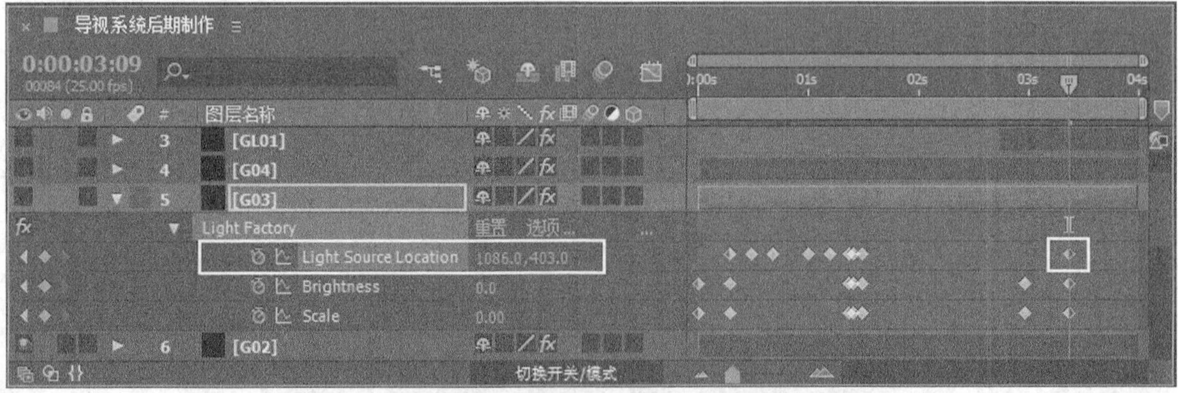

图14-36

图14-37

（14）选择G03图层，按快捷键Ctrl+D复制图层，然后将复制的图层重命名为G04，删除G04图层中的动画关键帧，如图14-38所示。

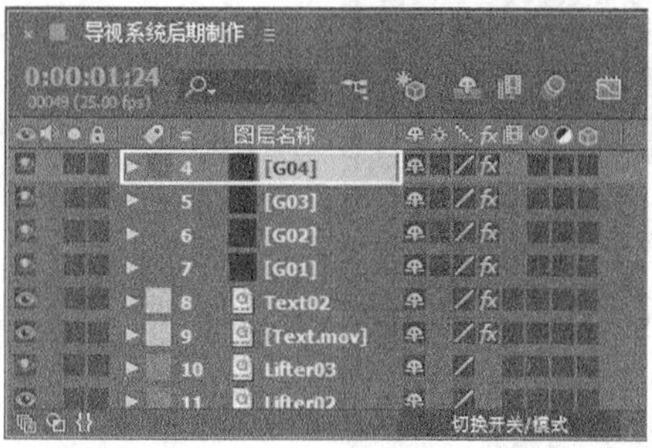

图14-38

（15）设置Light Source Location（光源位置）属性的动画关键帧。在第5帧处设置该值为（-10，386）；在第11帧处设置该值为（40，388）；在第1秒5帧处设置该值为（240，400）；在第2秒19帧处设置该值为（261，159）；在第2秒21帧处设置该值为（287，159）；在第2秒24帧处设置该值为（347，159）；在第3秒3帧处设置该值为（427，159）；在第3秒7帧处设置该值为（509，159）；在第3秒12帧处设置该值为（611，159），如图14-39所示。

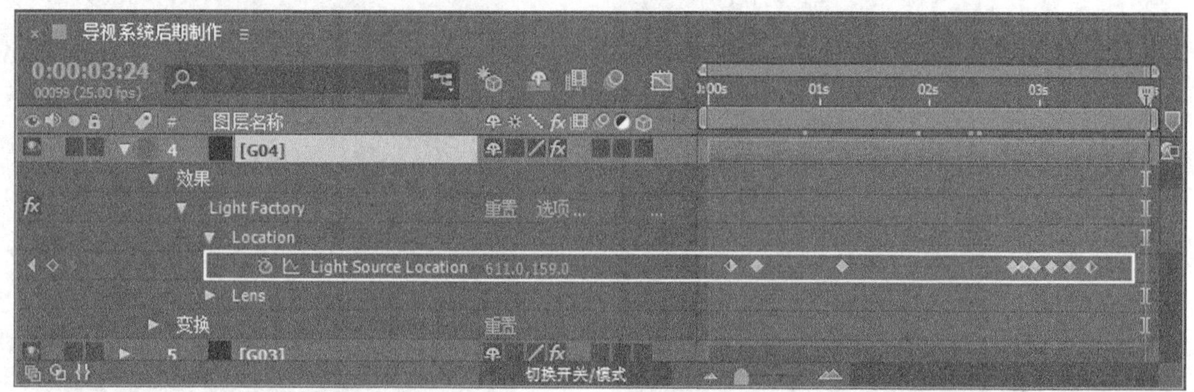

图14-39

（16）设置Light Factory（灯光工厂）滤镜中Brightness（亮度）和Scale（缩放）属性的动画关键帧。在5帧处设置Brightness（亮度）为0、Scale（缩放）为0；在8帧处设置Brightness（亮度）为100、Scale（缩放）为0.6；在1秒2帧处设置Brightness（亮度）为120、Scale（缩放）为1；在1秒5帧处设置Brightness（亮度）为130、Scale（缩放）为1.2；在1秒7帧处设置Brightness（亮度）为0、Scale（缩放）为0；在2秒18帧处设置Brightness（亮度）为0、Scale（缩放）为0；在2秒19帧处设置Brightness（亮度）为110、Scale（缩放）为1.2；在3秒12帧处设置Brightness（亮度）为100、Scale（缩放）为1；在3秒17帧处设置Brightness（亮度）为0、Scale（缩放）为0，如图14-40所示。效果如图14-41和图14-42所示。

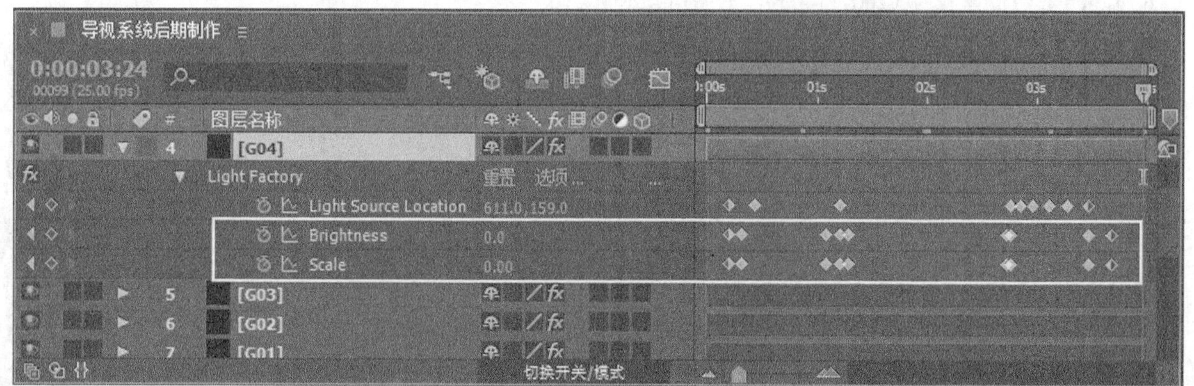

图14-40

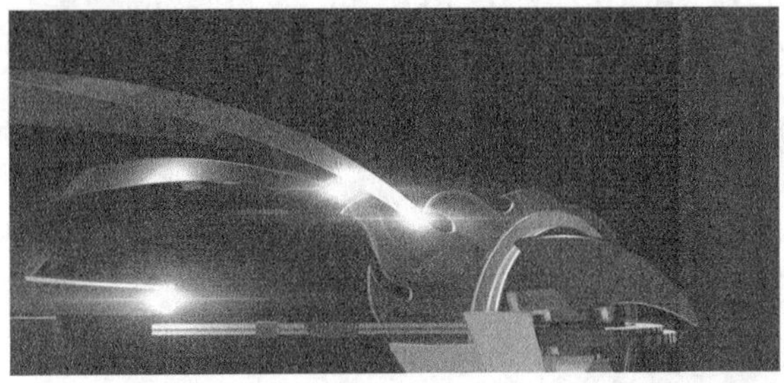
图14-41

图14-42

（17）按快捷键Ctrl+Y创建纯色图层，然后设置“名称”为GL01，接着单击“制作合成大小”按钮，再设置“颜色”为黑色，最后单击“确定”按钮，如图14-43所示。

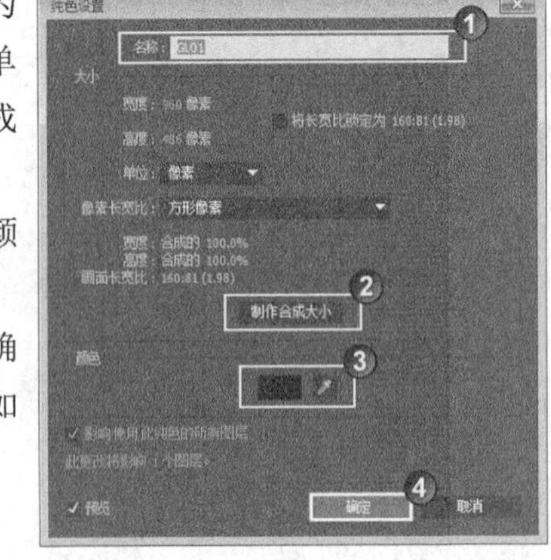
图14-43

（18）选择GL01图层，执行“效果> Knoll Light Factory> Light Factory（灯光工厂）”菜单命令，然后在“效果控件”面板中，单击“选项”蓝色字样打开Knoll Light Factory Lens Designer（镜头光效元素设计）对话框，接着单击Lens Flare Editor（镜头光晕编辑）面板中的Clear All（清除所有）按钮，再单击Elements（元素）面板中的Disc（圆状）效果，最后设置Middle Ramp Width（中间过渡的宽度）为135、Outside Ramp Width（外圈过渡的宽度）为445，如图14-44所示。

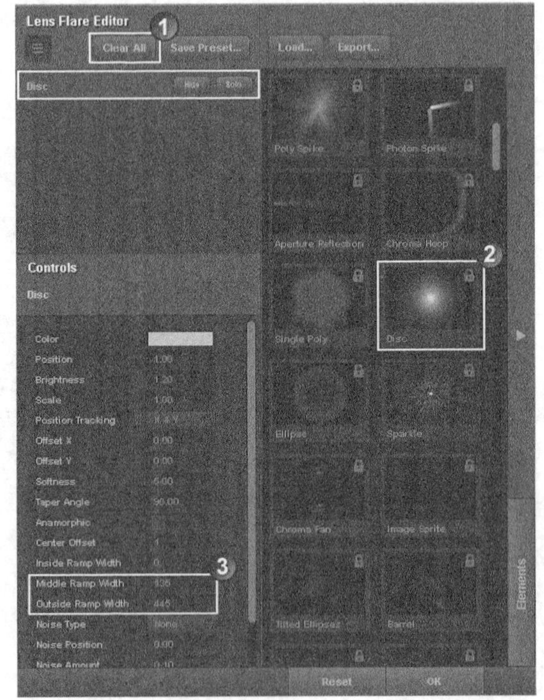
图14-44

（19）设置GL01图层的混合模式为“相加”，然后设置入点时间在第2秒18帧处，接着设置Light Source Location（光源位置）为（260，140），如图14-45所示。

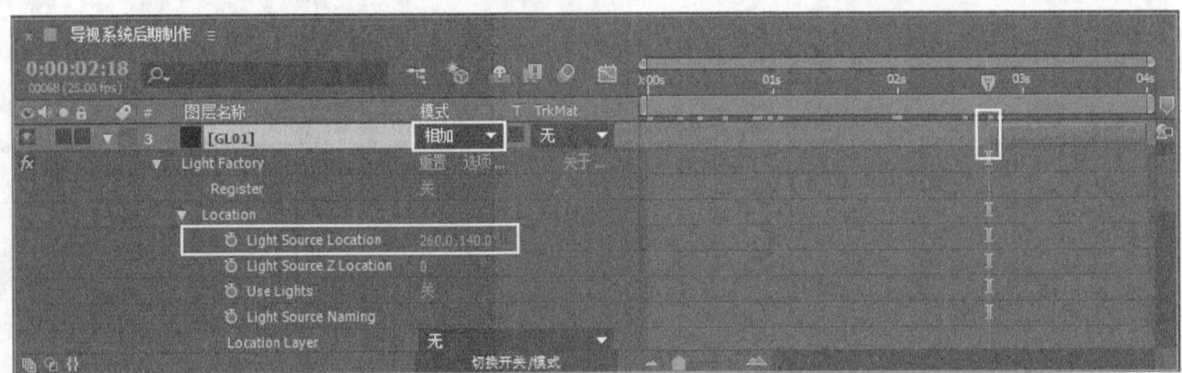

图14-45

（20）选择GL01图层，设置Brightness（亮度）、Scale（缩放）的动画关键帧。在第2秒18帧处设置Brightness（亮度）为0、Scale（缩放）为0；在第2秒19帧处设置Brightness（亮度）为100、Scale（缩放）为0.2；在第3秒13帧处设置Brightness（亮度）为129、Scale（缩放）为0.2，如图14-46所示。

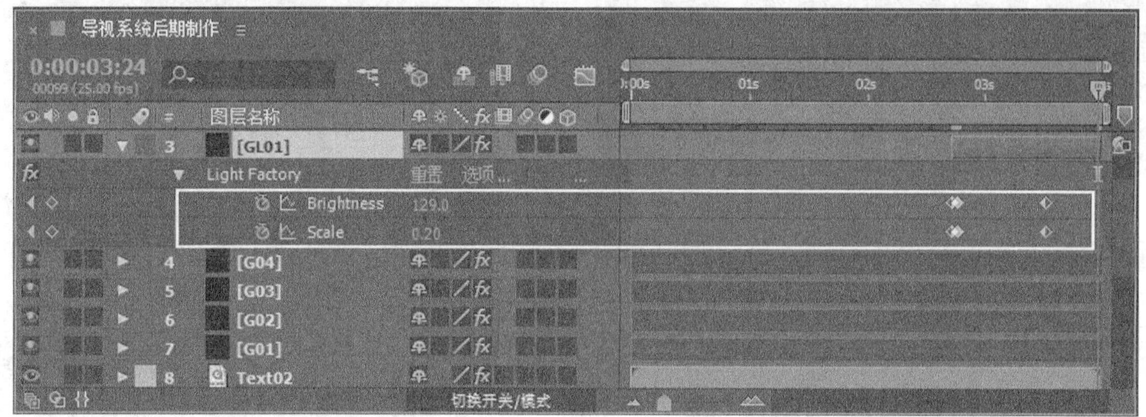

图14-46

（21）选择GL01图层，按快捷键Ctrl+D复制图层，然后将复制的图层重命名为GL02，接着设置入点时间在第3秒2帧处，最后设置Light Source Location（光源位置）为（433，138），如图14-47所示。

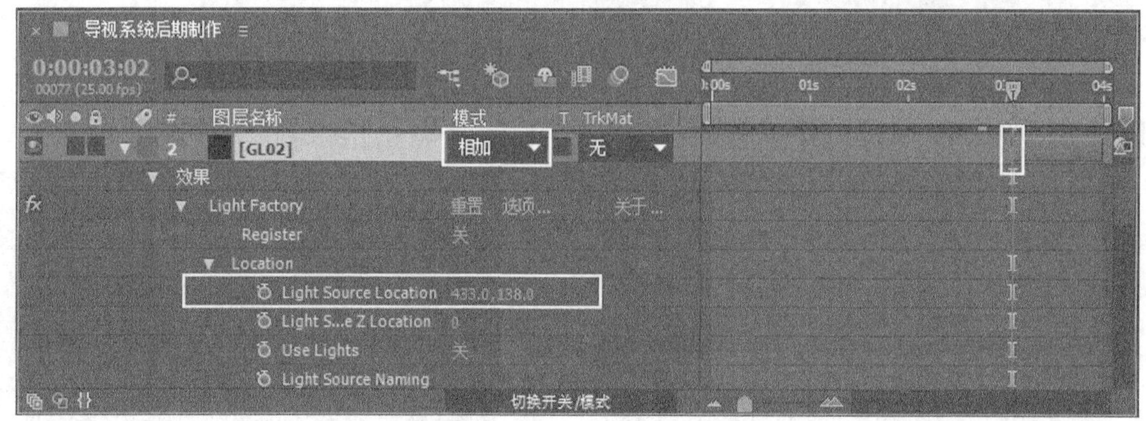

图14-47

（22）选择GL02图层，按快捷键Ctrl+D复制图层，然后将复制的图层重新命名为GL03，接着设置入点时间在第3秒12帧处，最后设置Light Source Location（光源位置）为（607，141），如图14-48所示。效果如图14-49所示。

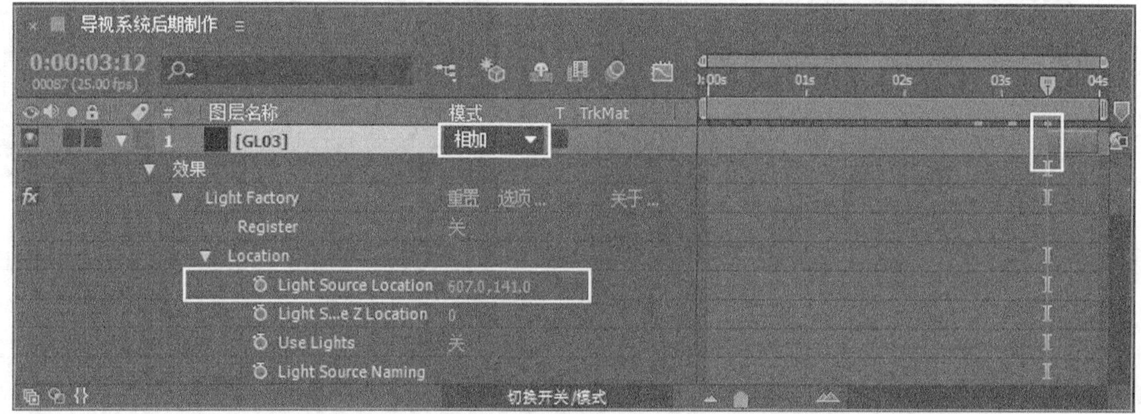

图14-48

图14-49

14.2 电视频道ID演绎

素材位置	实例文件>CH14>电视频道ID演绎
实例位置	实例文件>CH14>电视频道ID演绎
难易指数	★★★★☆
学习目标	掌握画面的色彩优化、画面视觉中心处理以及文字翻页动画等技术的应用

本案例的电视频道ID演绎的后期合成效果如图14-50所示。

图14-50

14.2.1 镜头1

（1）新建一个合成，然后设置“合成名称”为HGTV、“预设”为PAL D1/DV、“持续时间”为6秒10帧，接着单击“确定”按钮，如图14-51所示。

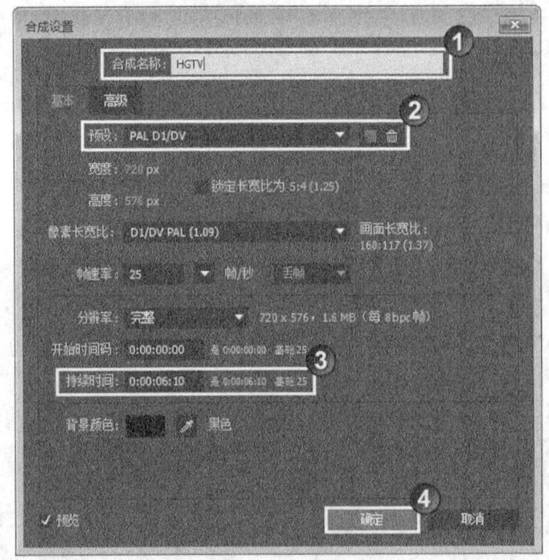

图14-51

（2）按快捷键Ctrl+Y创建一个纯色图层，然后设置“名称”为“背景01”、“颜色”为（R:100，G:225，B:250），接着单击“确定”按钮，如图14-52所示。

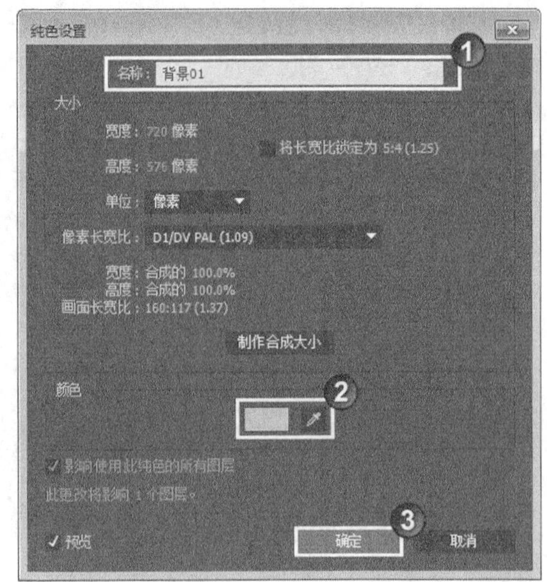

图14-52

（3）选择“背景01”图层，然后按快捷键Ctrl+D复制，接着选择复制后的图层，按快捷键Ctrl+Shift+Y打开“纯色设置”对话框，最后设置“名称”为“压脚01”、“颜色”为（R:0，G:90，B:110），如图14-53所示。

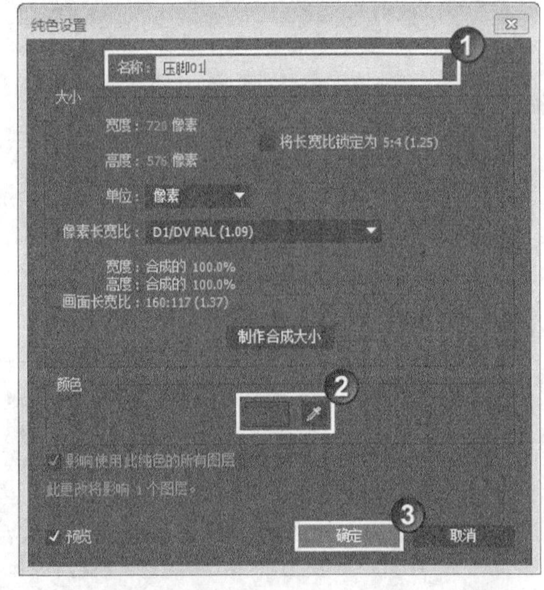

图14-53

（4）选择“压脚01”图层，然后使用“椭圆工具”绘制一个蒙版，如图14-54所示。接着在“时间轴”面板中展开“蒙版”属性组，再选择“反转”选项，最后设置“蒙版羽化”为（300，300像素），如图14-55所示。

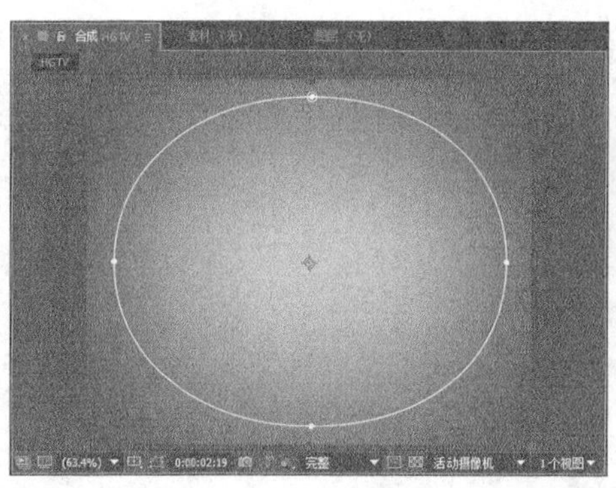
图14-54

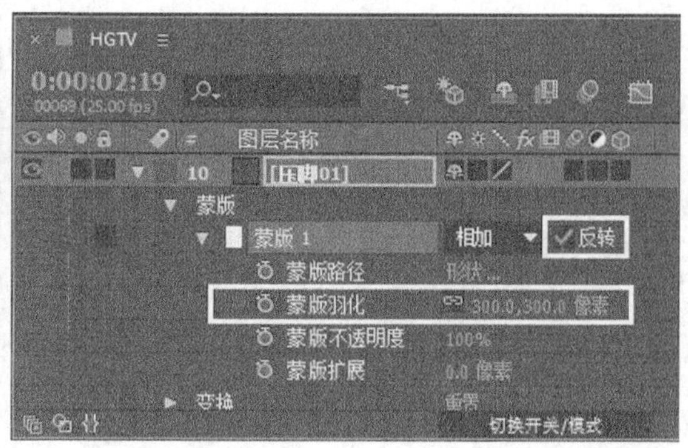

图14-55

（5）导入“实例文件>CH14>电视频道ID演绎>Clip01.mov”文件，然后将其添加到“时间轴”面板中，接着设置“背景01”“压脚01”和Clip01图层的出点时间在第4秒15帧处，如图14-56所示。

图14-56

（6）选择Clip01.mov图层，然后执行“效果>颜色校正>曲线”菜单命令，接着在“效果控件”面板中设置曲线的关键帧动画。在第0帧处调整曲线的形状，如图14-57所示；在第2秒23帧处调整曲线的形状，如图14-58所示；在第4秒15帧处调整曲线的形状，如图14-59所示。

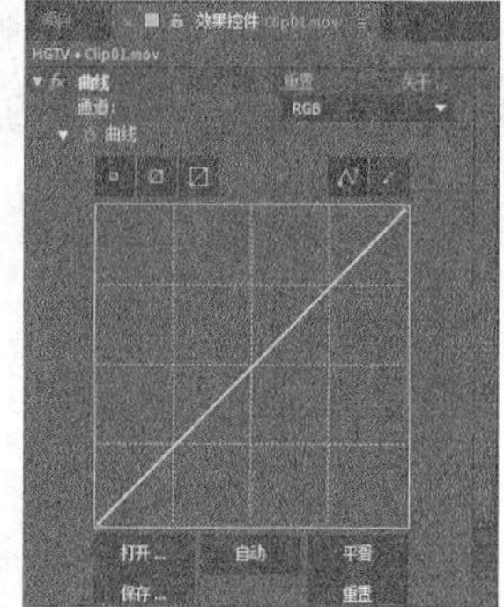
图14-57

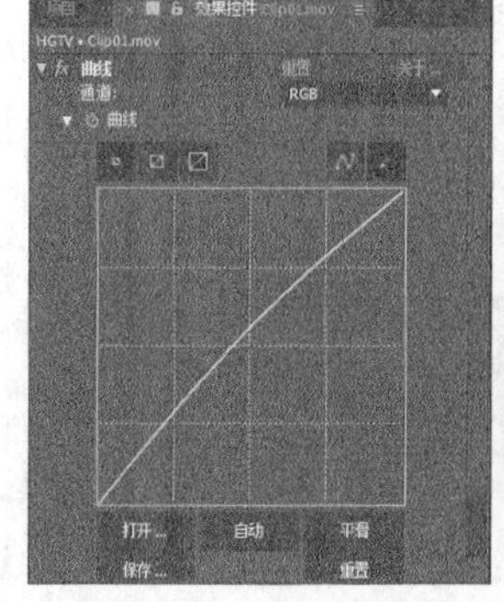
图14-58

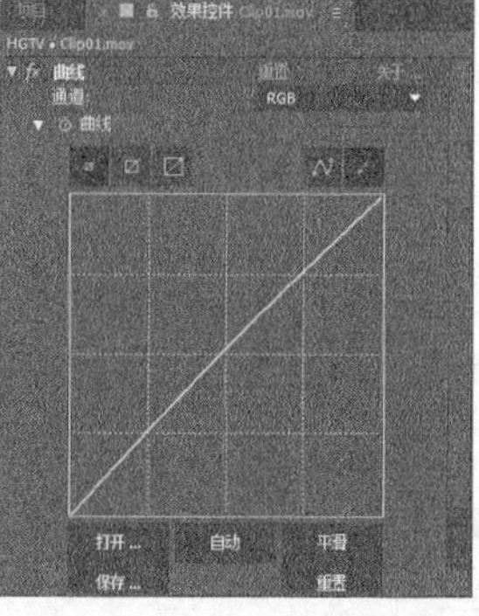
图14-59

（7）选择Clip01.mov图层，然后执行“效果>透视>投影”菜单命令，接着在“效果控件”面板中设置“方向”为（1×84°）、“距离”为13、“柔和度”为30，如图14-60所示。

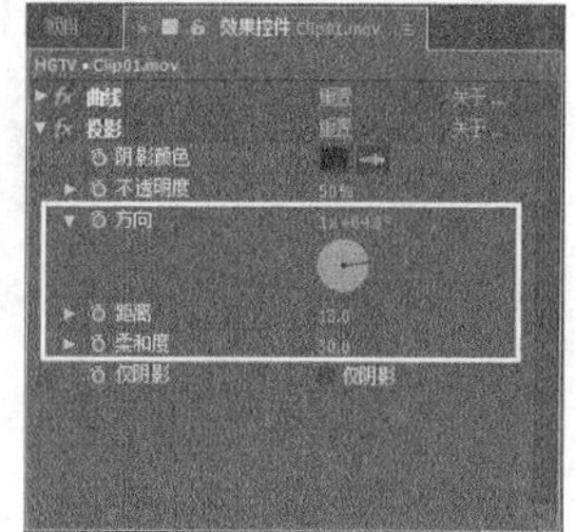
图14-60

（8）选择Clip01.mov图层，然后执行“效果>颜色校正>色阶”菜单命令，接着在“效果控件”面板中设置“直方图”和“灰度系数”属性的关键帧动画。在第0帧处设置属性，如图14-61所示；在第2秒4帧处设置属性，如图14-62所示；在第4秒15帧处设置属性，如图14-63所示。

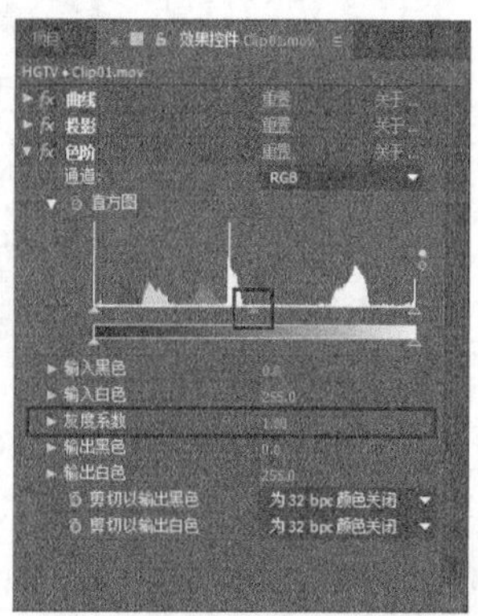
图14-61

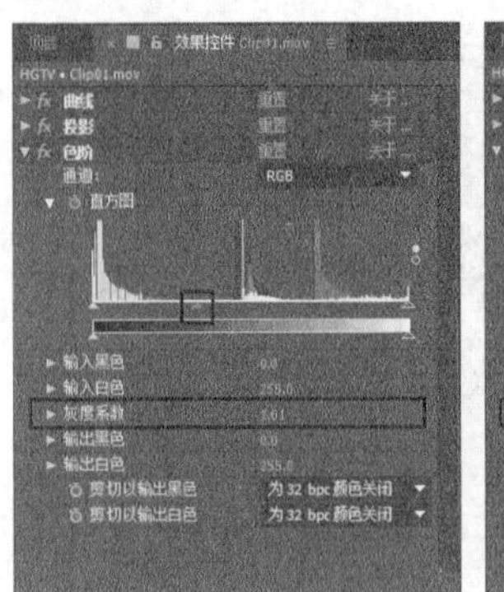

图14-62

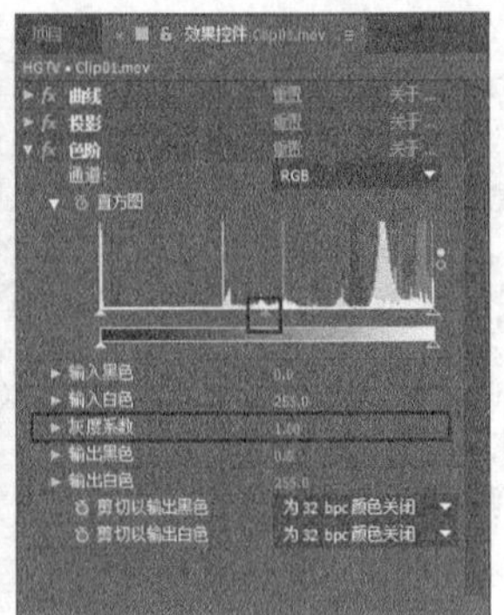

图14-63

14.2.2 镜头2

（1）新建一个纯色图层，然后设置“名称”为“背景02”、“颜色”为（R:195，G:225，B:25），接着单击“确定”按钮，如图14-64所示。再将图层的混合模式设置为“叠加”，最后将“背景02”图层的入点时间设置在第4秒15帧处，如图14-65所示。

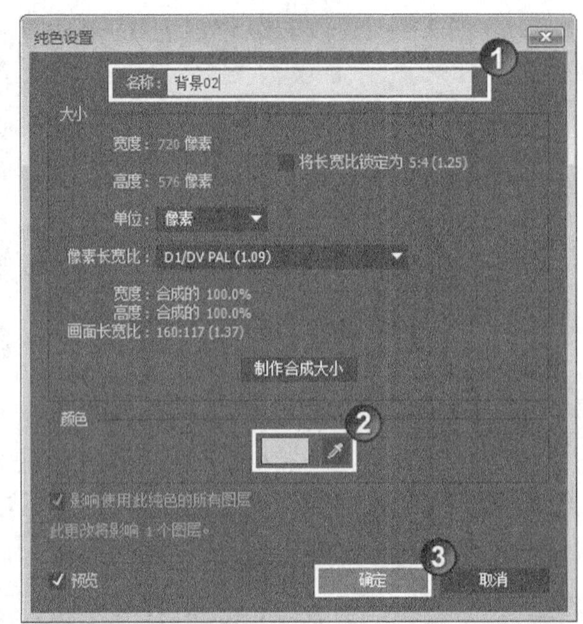

图14-64

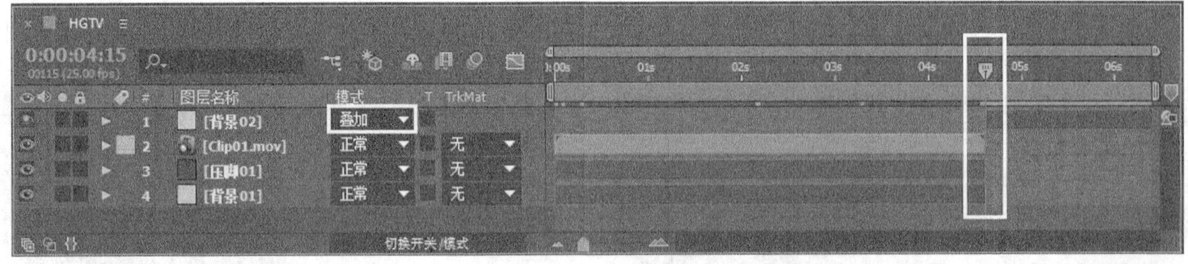

图14-65

（2）选择“背景02”图层，然后执行“效果>生成>梯度渐变”菜单命令，接着在“效果控件”面板中设置“渐变起点”为（130，285）、“起始颜色”为（R:187，G:214，B:47）、“渐变终点”为（917，297）、“结束颜色”为（R:102，G:120，B:8），如图14-66所示。

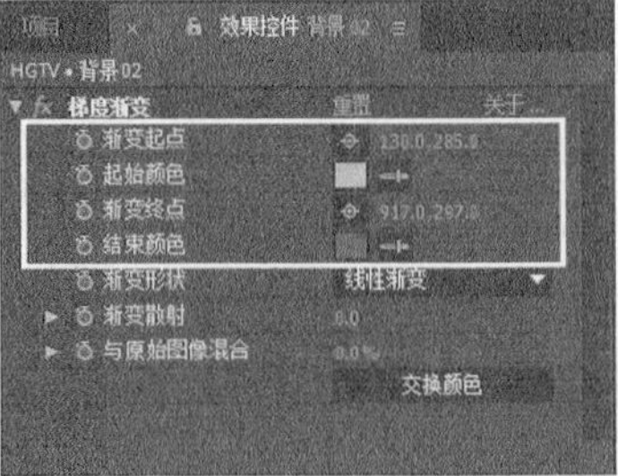

图14-66

（3）复制一个“背景02”图层，然后为复制出的图层设置“名称”为“压脚02”、“颜色”为（R:65，G:80，B:8），如图14-67所示。接着在“效果控件”面板中删除该图层的“梯度渐变”滤镜。

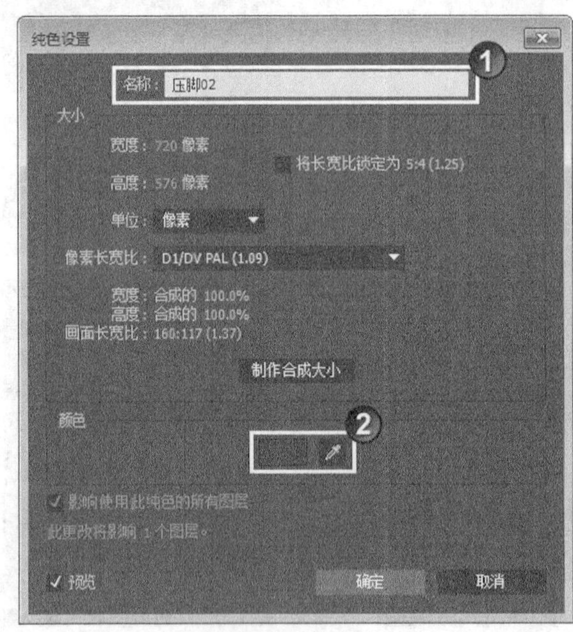

图14-67

（4）选择“压脚02”图层，然后使用“椭圆工具”绘制一个蒙版，如图14-68所示。接着在“时间轴”面板中展开“蒙版”属性组，再选择“反转”选项，最后设置“蒙版羽化”为（250，250 像素）、“蒙版不透明度”为90%，如图14-69所示。

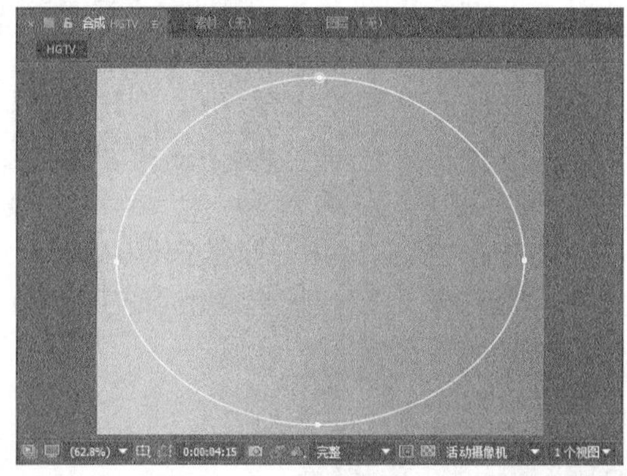

图14-68

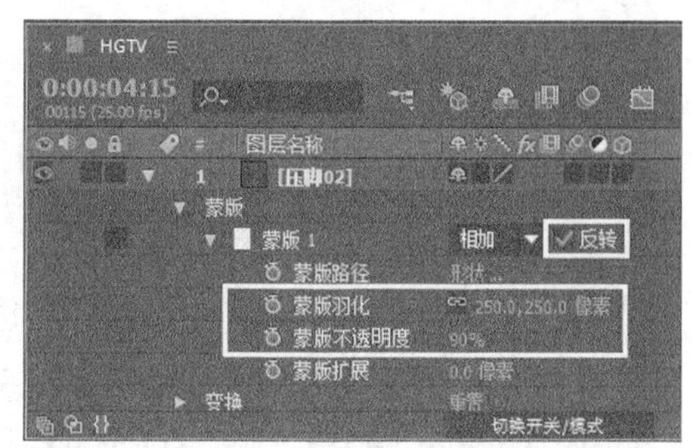

图14-69

（5）导入“实例文件>CH14>电视频道ID演绎>Im.jpg”文件，然后将其添加到“时间轴”面板中，接着设置图层的混合模式为“叠加”、“不透明度”为20%，最后设置“压脚02”和Im图层的入点时间在第4秒15帧处，如图14-70所示。

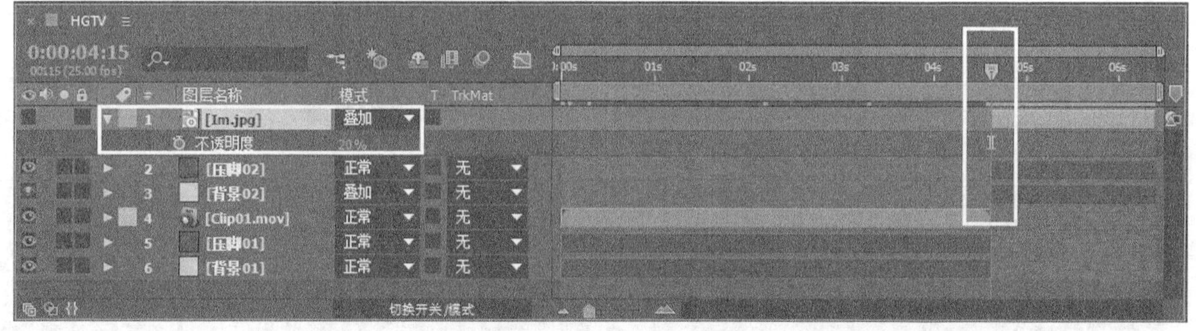

图14-70

（6）导入“实例文件>CH14>电视频道ID演绎>Clip02.mov”文件，然后将其添加到“时间轴”面板中，接着设置Clip02.mov图层的入点时间在第4秒15帧处，如图14-71所示。

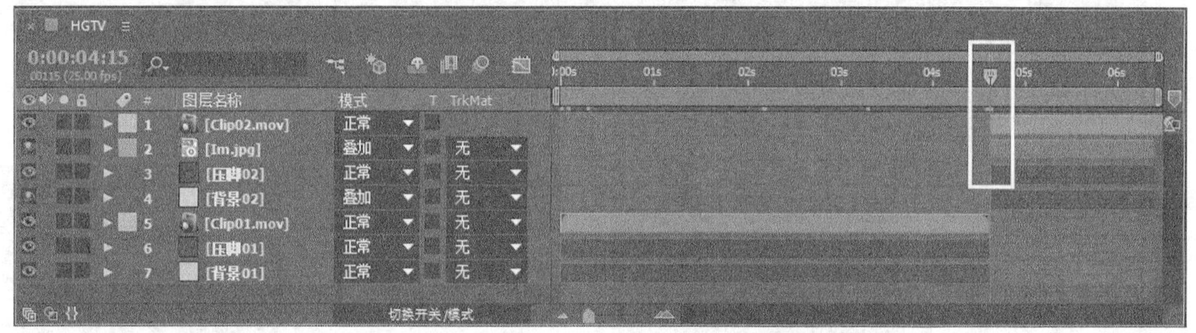

图14-71

（7）选择Clip02.mov图层，然后执行“效果>颜色校正>曲线”菜单命令，接着在“效果控件”面板中设置“曲线”的关键帧动画。在第4秒15帧处调整曲线，如图14-72所示；在第6秒05帧处调整曲线，如图14-73所示。

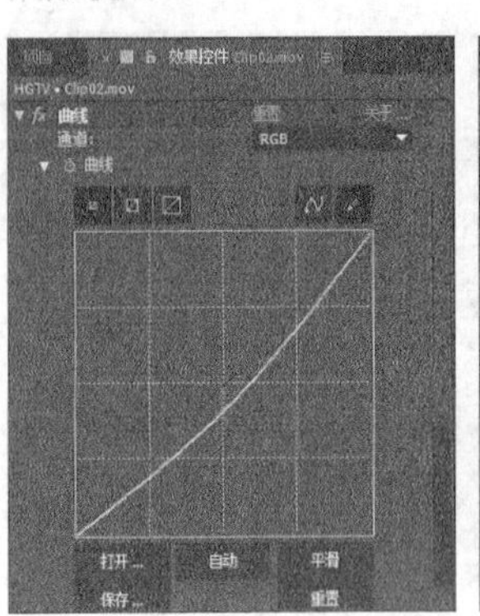

图14-72

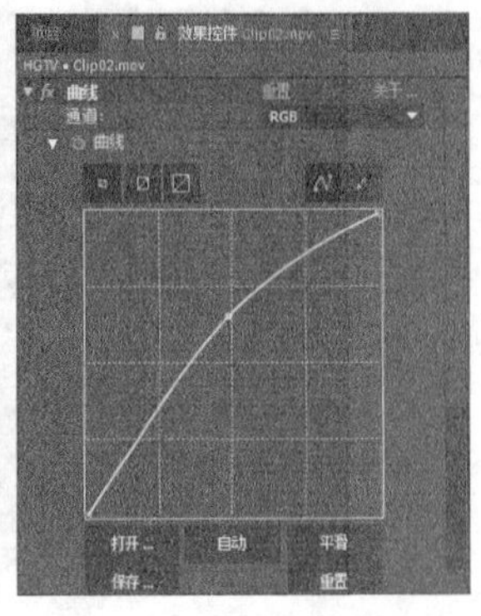

图14-73

（8）选择Clip02.mov图层，然后执行“效果>透视>投影”菜单命令，接着在“效果控件”面板中设置“不透明度”为20%、“方向”为（0×180°）、“距离”为3，如图14-74所示。

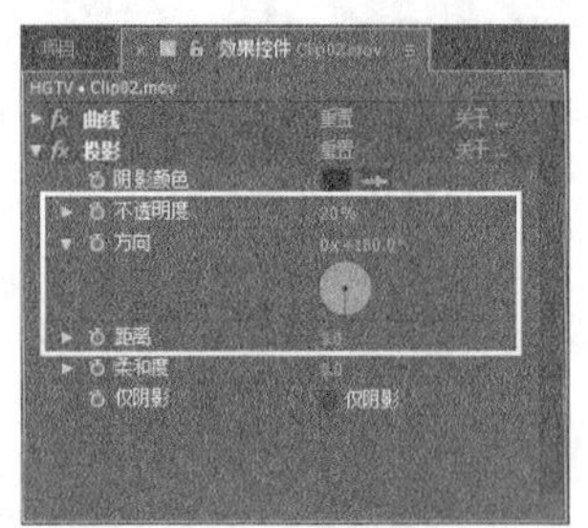

图14-74

（9）创建文字图层，然后输入文字START AT HOME，接着在“字符”面板中设置字体为Arial、字号为23 像素、颜色为（R:230，G:226，B:226），如图14-75所示。最后将该文字图层的入点时间设置在第5秒16帧处，如图14-76所示。

图14-75

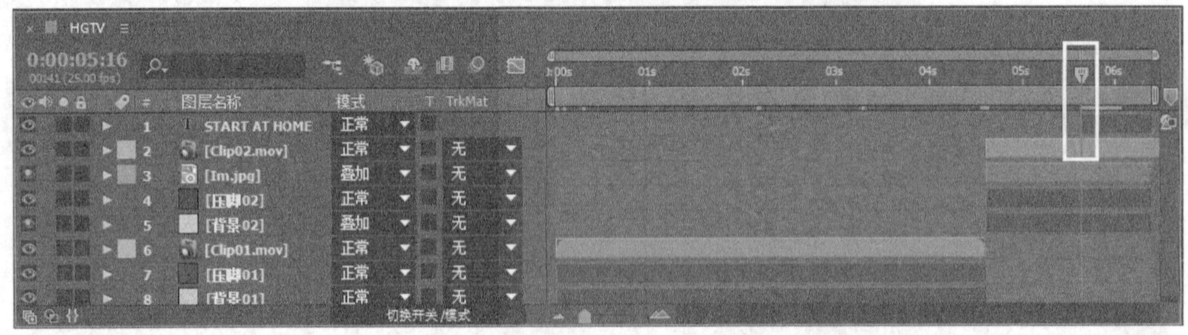

图14-76

（10）选择文字图层，然后执行“效果>透视>斜面Alpha”菜单命令，接着在“效果控件”面板中设置“边缘厚度”为0.8、“灯光强度”为0.61，如图14-77所示。

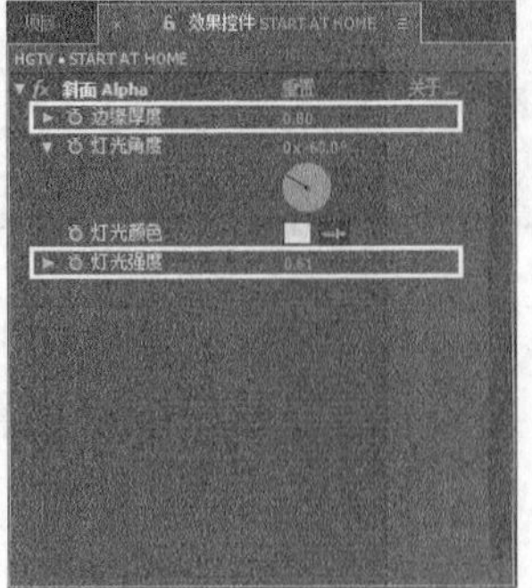

图14-77

（11）选择文字图层，然后执行“效果>透视>投影”菜单命令，接着在“效果控件”面板中设置“不透明度”为20%、“距离”为2，如图14-78所示。效果如图14-79所示。

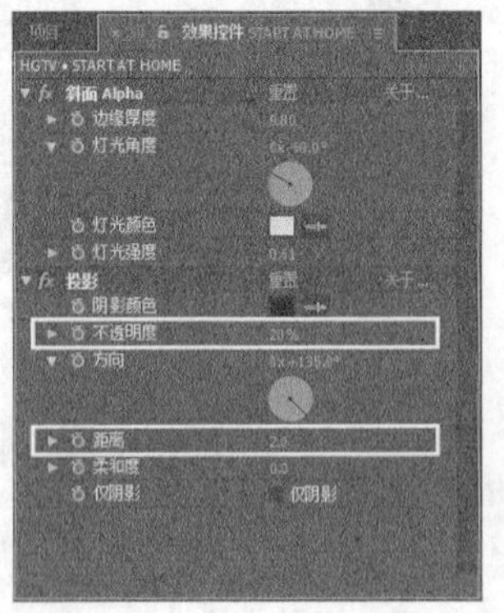

图14-78

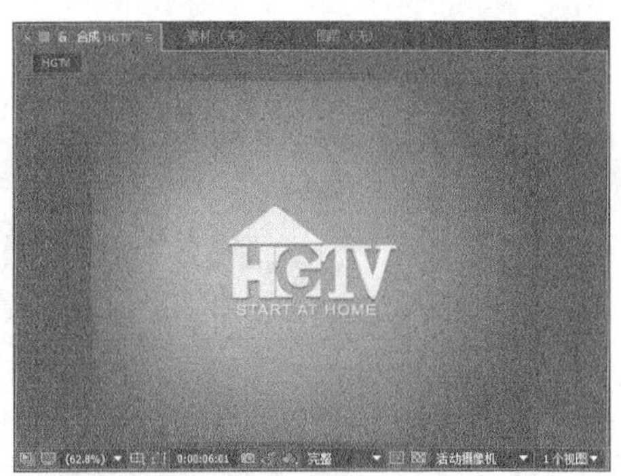

图14-79

14.2.3 优化画面

（1）新建一个纯色图层，然后设置“名称”为“压脚”、“颜色”为黑色，如图14-80所示。

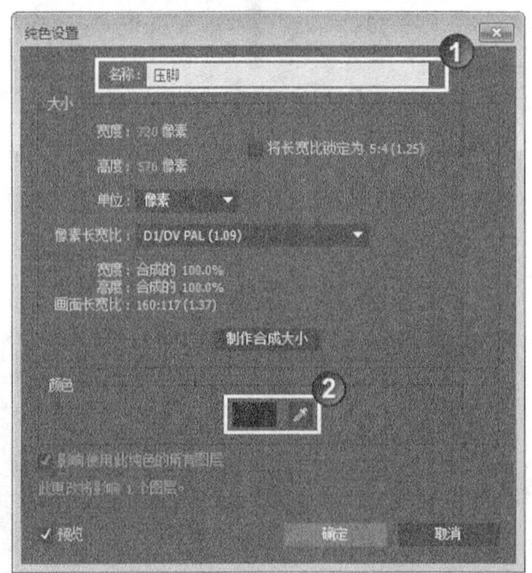

图14-80

（2）选择“压脚”图层，然后使用“椭圆工具”绘制一个蒙版，如图14-81所示。接着在“时间轴”面板中展开“蒙版”属性组，再选择“反转”选项，最后设置“蒙版羽化”为（200，200 像素）、“蒙版不透明度”为35%、“蒙版扩展”为60像素，如图14-82所示。

图14-81

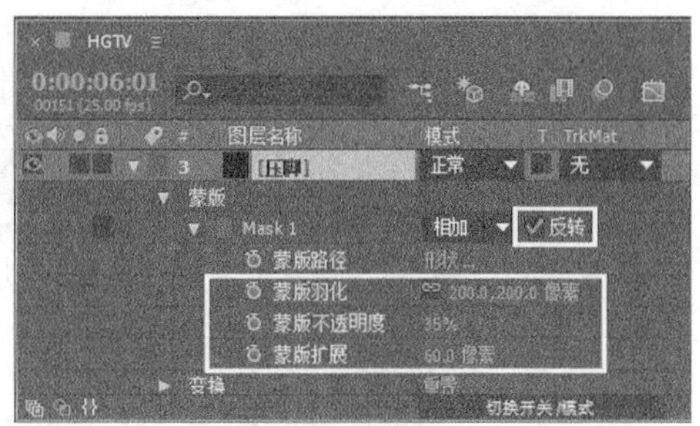

图14-82

（3）新建一个调整图层，然后使用“椭圆工具”绘制一个蒙版，如图14-83所示。接着在“时间轴”面板中展开“蒙版”属性组，再选择“反转”选项，最后设置“蒙版羽化”为（100，100 像素），如图14-84所示。

图14-83

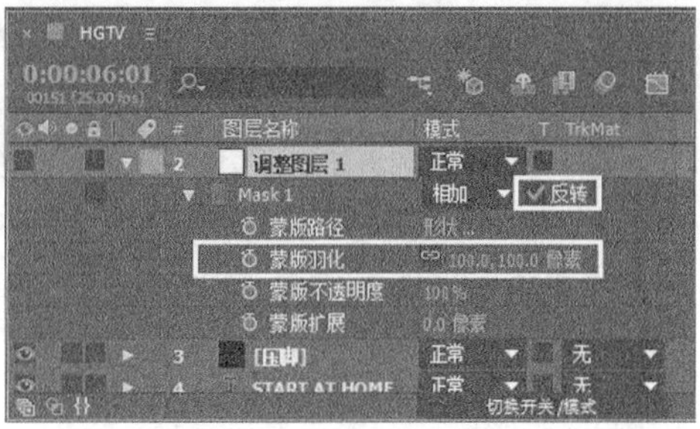

图14-84

（4）选择调整图层，然后执行“效果>模糊和锐化>快速模糊”菜单命令，接着在“效果控件”面板中设置“模糊度”为10，最后选择“重复边缘像素”选项，如图14-85所示。效果如图14-86所示。

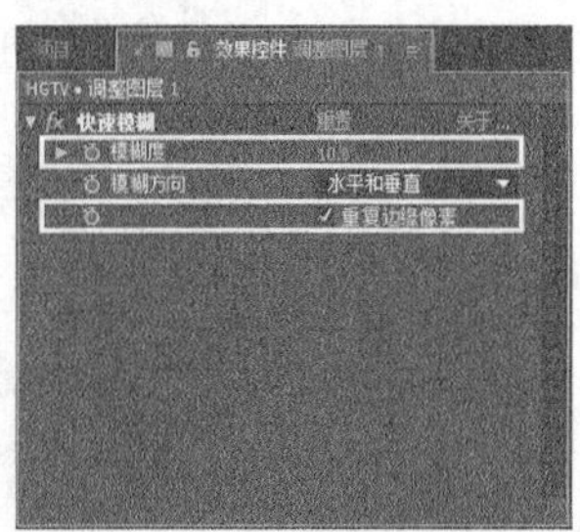

图14-85

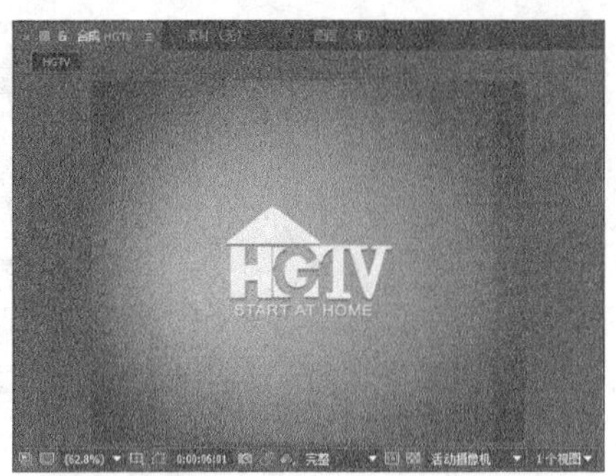

图14-86

（5）导入“实例文件>CH14>电视频道ID演绎>Music.wav”文件，然后将其添加到“时间轴”面板中，如图14-87所示。

图14-87

14.3 教育频道包装

素材位置	实例文件>CH14>电视频道ID演绎
实例位置	实例文件>CH14>电视频道ID演绎
难易指数	★★★★☆
技术掌握	常规视频包装制作的基本方法和流程

教育频道包装的后期合成效果如图14-88所示。

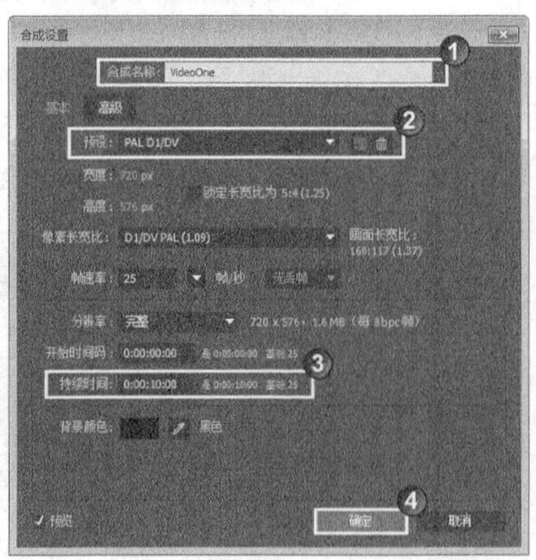

图14-88

14.3.1 制作背景

（1）新建一个合成，然后设置“合成名称”为VideoOne、“预设”为PAL D1/DV、“持续时间”为10秒，接着单击“确定”按钮，如图14-89所示。

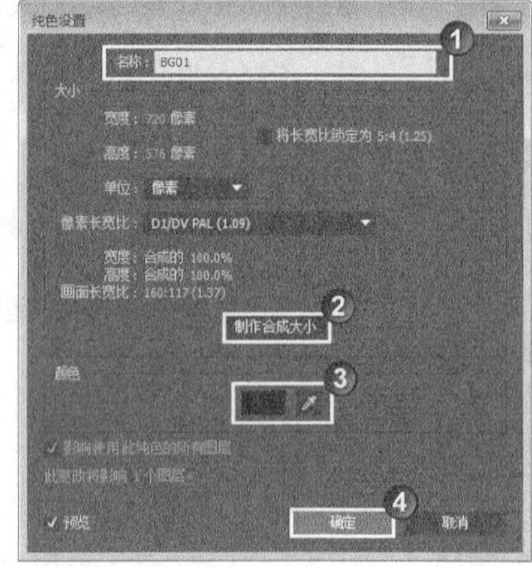

图14-89

（2）按快捷键Ctrl+Y创建一个纯色图层，然后设置“名称”为BG01，接着单击“制作合成大小”按钮，再设置“颜色”为黑色，最后单击“确定”按钮，如图14-90所示。

图14-90

（3）选择“背景02”图层，然后执行“效果>生成>梯度渐变”菜单命令，接着在“效果控件”面板中设置“渐变起点”为（360，398）、“起始颜色”为（R:0，G:108，B:135）、“渐变终点”为（360，576）、“结束颜色”为（R:72，G:189，B:255），如图14-91所示。

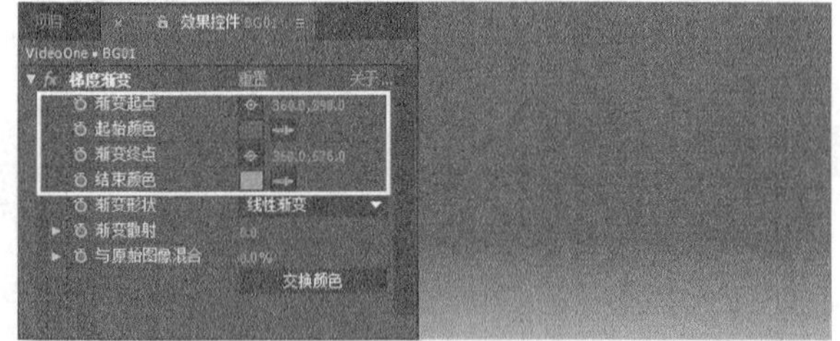

图14-91

（4）按快捷键Ctrl+Y创建一个纯色图层，然后设置“名称”为BG02，接着单击“制作合成大小”按钮，再设置“颜色”为白色，最后单击“确定”按钮，如图14-92所示。

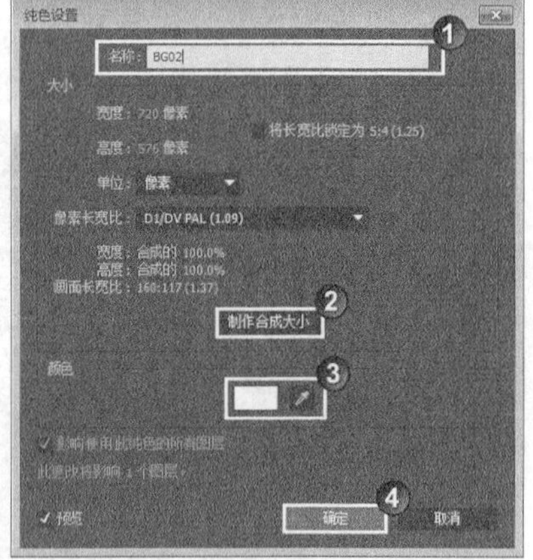

图14-92

（5）选择图层BG02，然后使用“钢笔工具” 绘制蒙版，如图14-93所示。接着设置“蒙版羽化”为（65，65 像素）、蒙版不透明度为50%、“蒙版扩展”为10 像素，如图14-94所示。

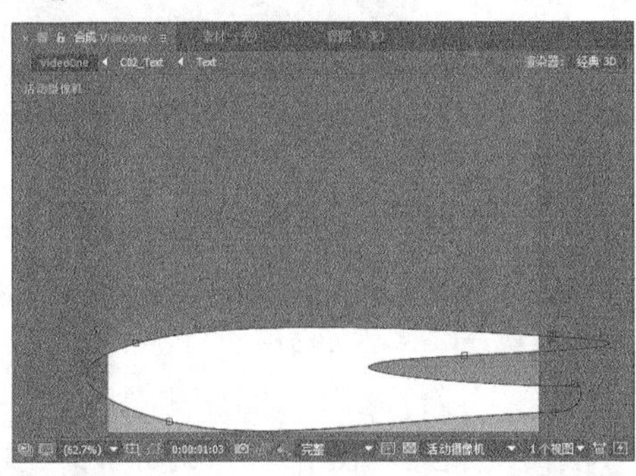

图14-93

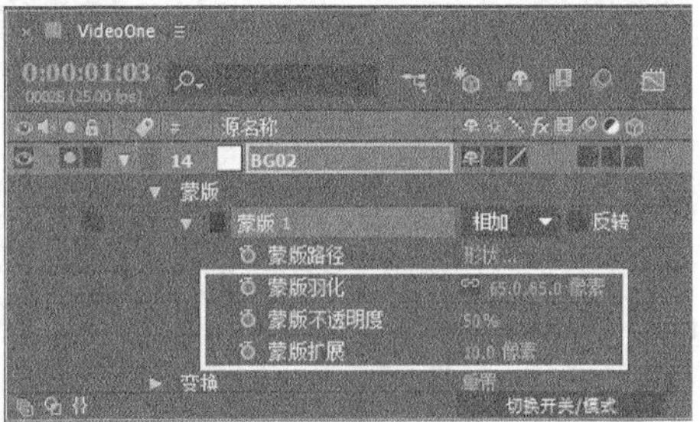

图14-94

（6）新建一个名为BG03的白色纯色图层，然后使用“椭圆工具” 绘制一个蒙版，接着调整蒙版的形状，如图14-95所示。

图14-95

（7）设置图层BG03的蒙版的动画关键帧。在第0帧处设置“蒙版羽化”为（250，250 像素）、蒙版不透明度为100%，在第1秒处设置“蒙版羽化”为（200，200 像素）、蒙版不透明度为60%，最后设置“蒙版扩展”为80 像素，如图14-96所示。

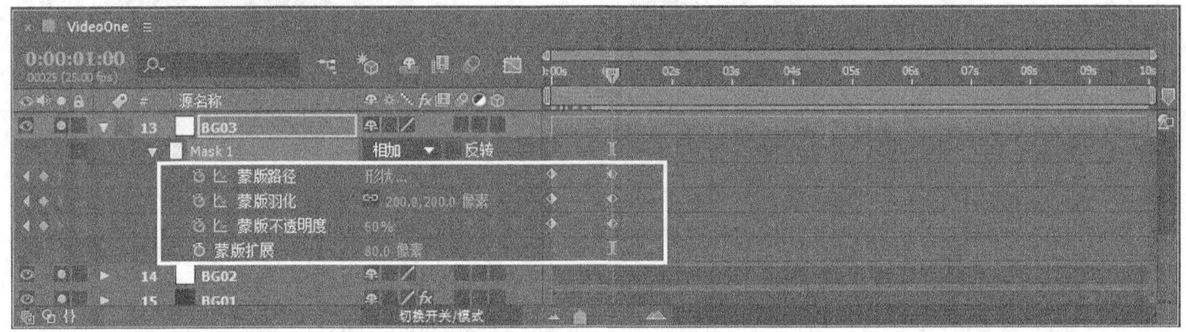

图14-96

（8）分别在第0帧和第1秒处设置“蒙版路径”的关键帧动画，如图14-97所示。

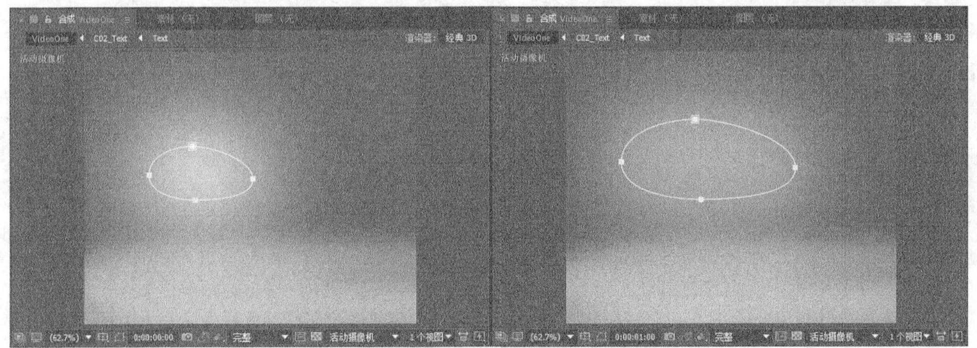

图14-97

14.3.2 制作文字元素

（1）新建一个合成，然后设置“合成名称”为Text、“预设”为PAL D1/DV、“持续时间”为10秒，接着单击“确定”按钮，如图14-98所示。

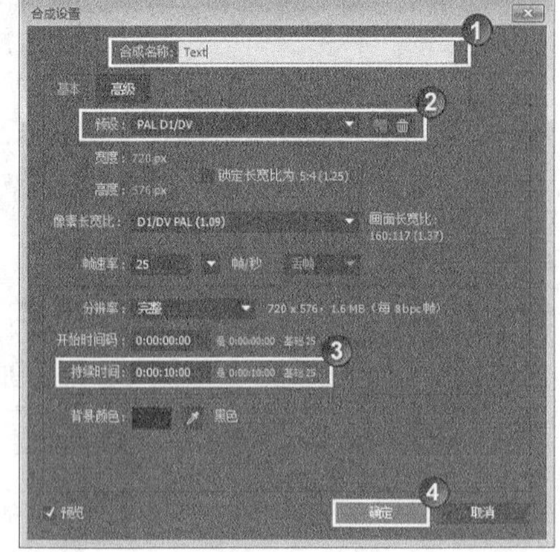

图14-98

（2）使用“文字工具”创建文本，然后输入文字信息，接着在“字符”面板中设置字体为Arial、颜色为（R: 0, G:121, B:184）、字号为120像素、字符间距为-20、描边宽度为3像素、垂直缩放为119%，如图14-99所示。效果如图14-100所示。

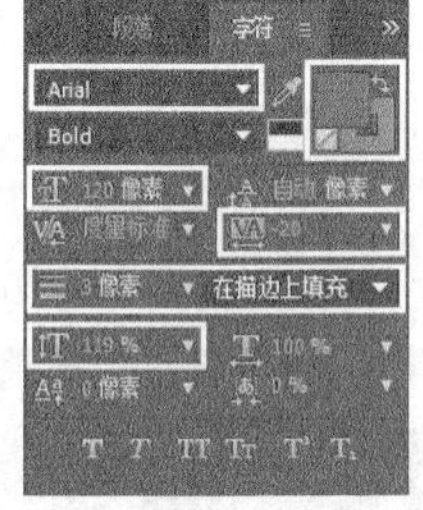

图14-99

图14-100

（3）使用“文字工具”创建文本，然后输入文字信息，接着在“字符”面板中设置字体为Arial、颜色为白色、字号为120像素、字符间距为10、垂直缩放为119%，如图14-101所示。效果如图14-102所示。

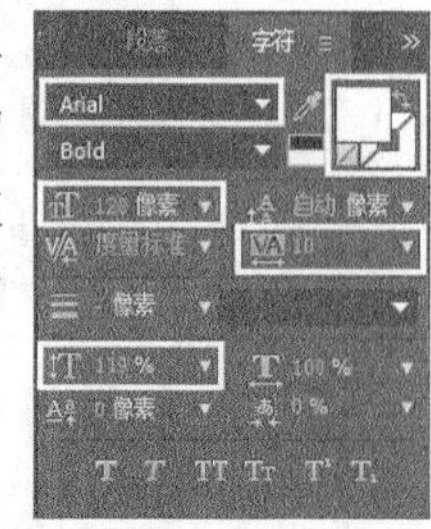

图14-101

图14-102

14.3.3 文字元素的动画制作

（1）将Text合成拖曳到VideoOne合成的“时间轴”面板中，然后激活Text图层的三维功能，接着设置Text图层“位置”的关键帧动画。在第0帧处设置“位置”为（360，280，0）；在第20帧处设置“位置”为（367，280，50）；第2秒处设置“位置”为（360，280，0）；第2秒21帧处设置“位置”为（230，196，-968），如图14-103所示。

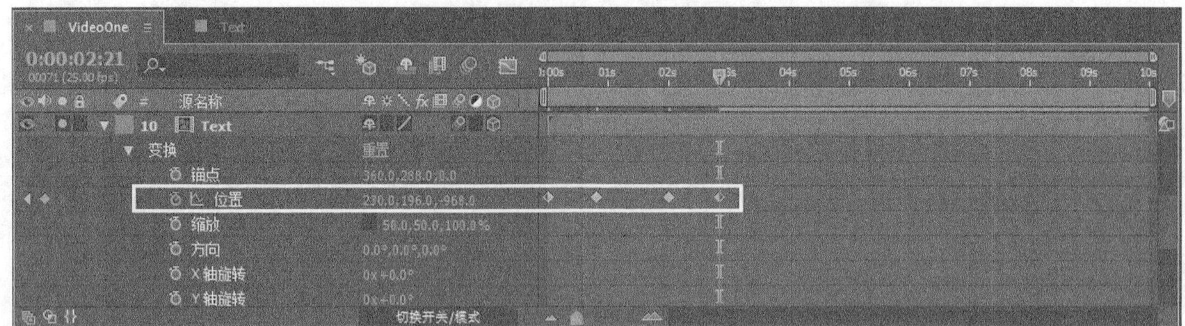

图14-103

（2）设置Text图层“缩放”的关键帧动画。在第20帧处设置“缩放”为（50，50，100）；第2秒处设置“缩放”为（55，55，100）；第2秒21帧处设置“缩放”为（600，600，1000），如图14-104所示。

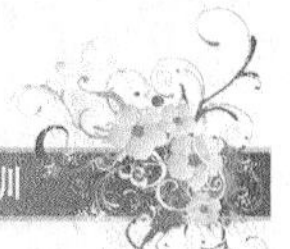

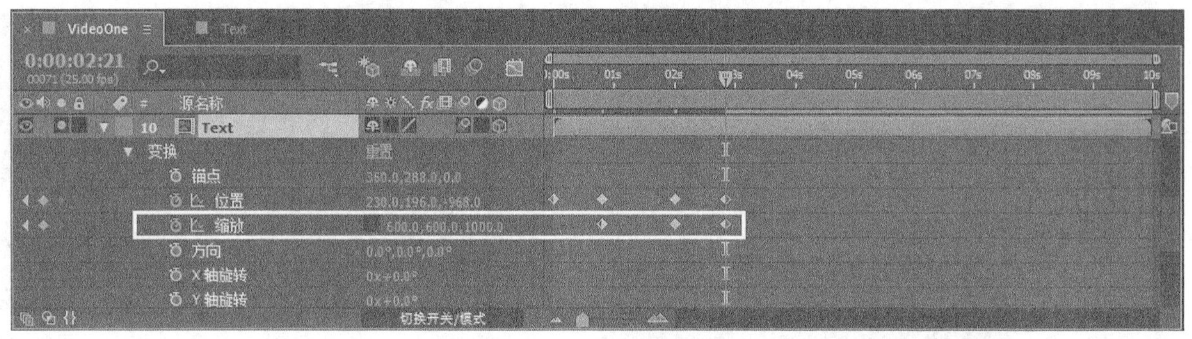

图14-104

（3）设置Text图层“Z轴旋转”的关键帧动画。第2秒处设置“Z轴旋转”为（0×0º）；第2秒21帧处设置“Z轴旋转”为（0×90º），如图14-105所示。

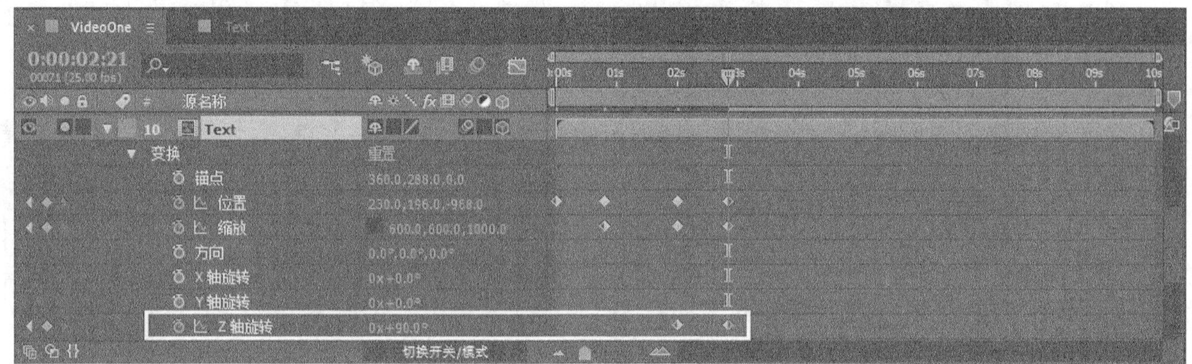

图14-105

（4）使用“椭圆工具”绘制蒙版，然后分别在第0帧和第20帧处设置“蒙版路径”的关键帧动画，如图14-106所示。接着设置“蒙版羽化”为（47，47 像素）、蒙版不透明度为50%、“蒙版扩展”为-5 像素，如图14-107所示。

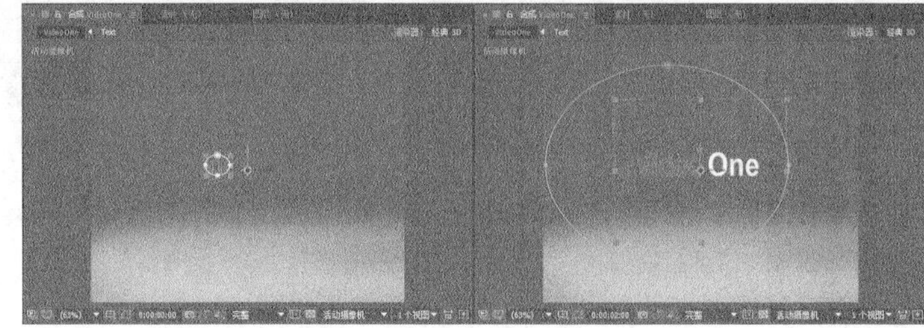

图14-106

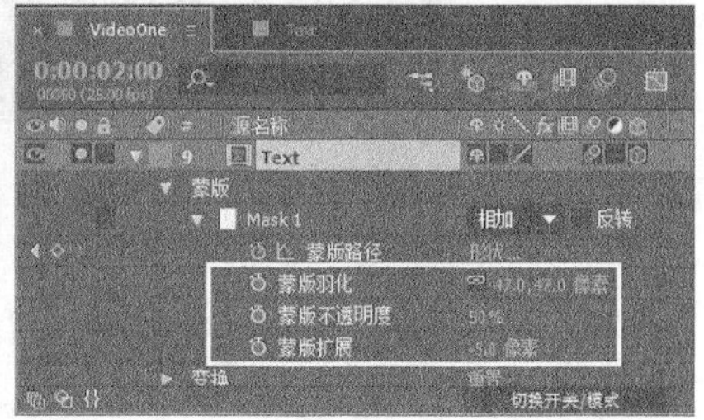

图14-107

（5）复制Text图层，然后为复制出的图层添加“效果>扭曲>镜像”滤镜，接着在“效果控件”面板中设置“反射中心”为（362.2，367.6）、“反射角度”为（0×90º），如图14-108所示。最后在“时间轴”面板中设置“不透明度”为20%，如图14-109所示。

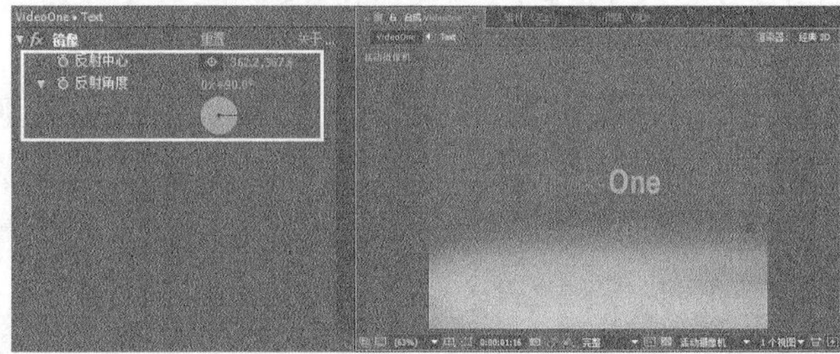

图14-108

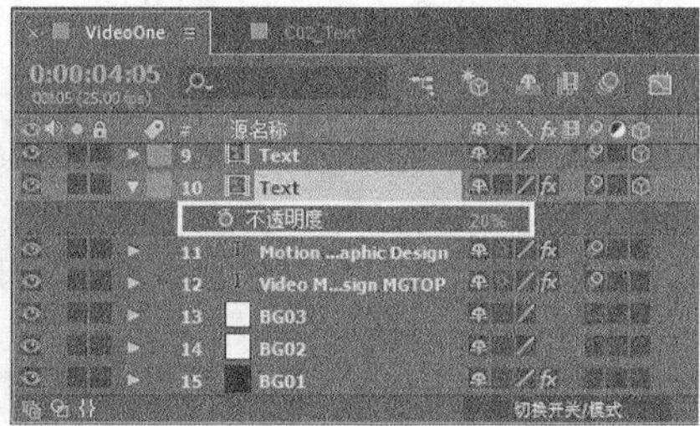

图14-109

14.3.4 横幅01与文字的动画制作

（1）按快捷键Ctrl+Y创建一个纯色图层，然后设置“名称”为“横幅01”，接着单击“制作合成大小”按钮，再设置“颜色”为白色，最后单击“确定”按钮，如图14-110所示。

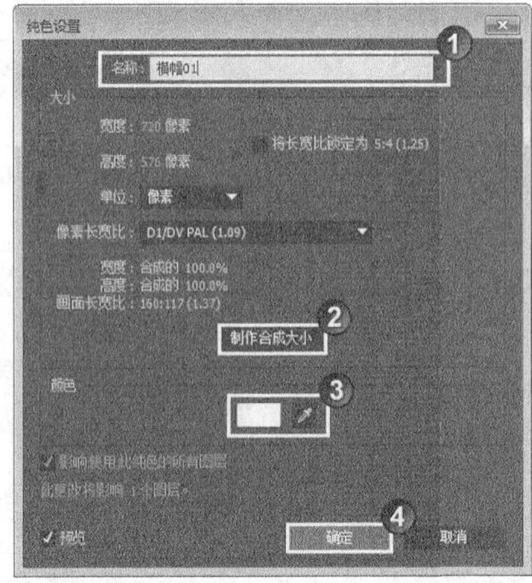

图14-110

（2）选择“横幅01”图层，然后使用“矩形工具”绘制一个蒙版，如图14-111所示。接着在“时间轴”面板中设置“蒙版羽化”为（2，2 像素），如图14-112所示。

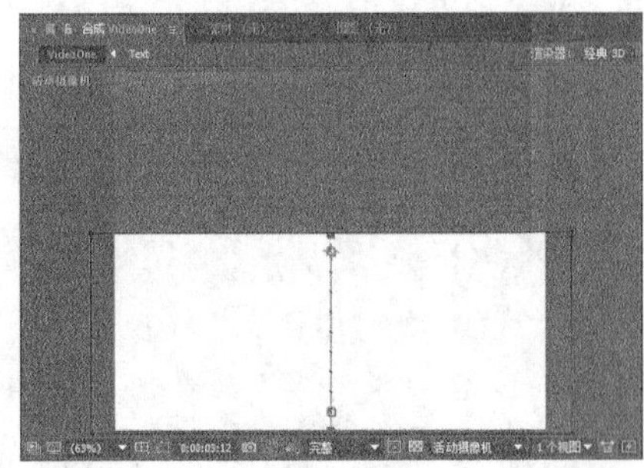

图14-111

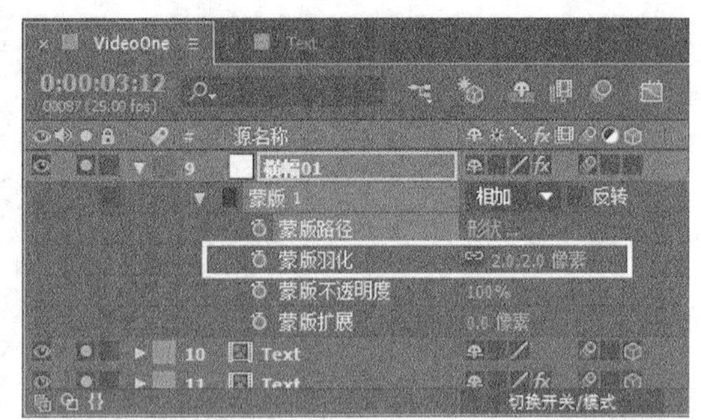

图14-112

（3）选择“横幅01”图层，然后执行“效果>生成>梯度渐变”菜单命令，接着在“效果控件”面板中设置“渐变起点”为（358，254）、“起始颜色”为白色、“渐变终点”为（358，574）、“结束颜色”为（R:170，G:170，B:170），如图14-113所示。

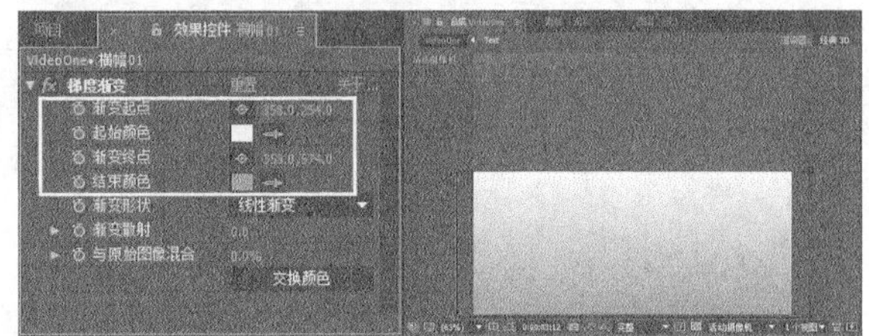

图14-113

（4）在第2秒12帧和第2秒17帧处设置“蒙版路径”的关键帧动画，如图14-114所示。

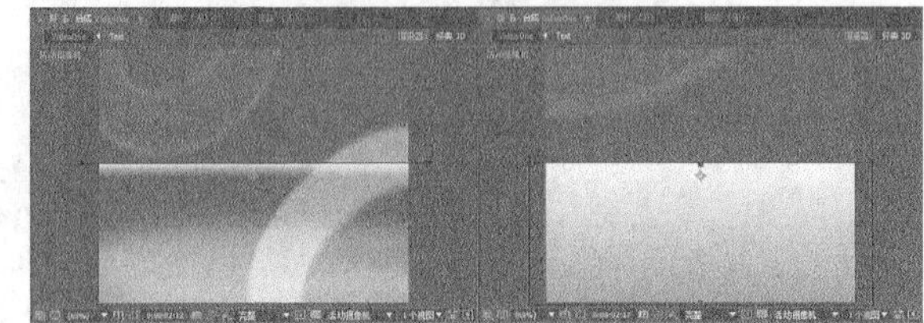

图14-114

（5）设置“横幅01”图层“位置”的关键帧动画。在第3秒15帧处设置“位置”为（360，288）；在第3秒23帧处设置“位置”为（360，545），在第4秒处设置“位置”为（360，615），如图14-115所示。

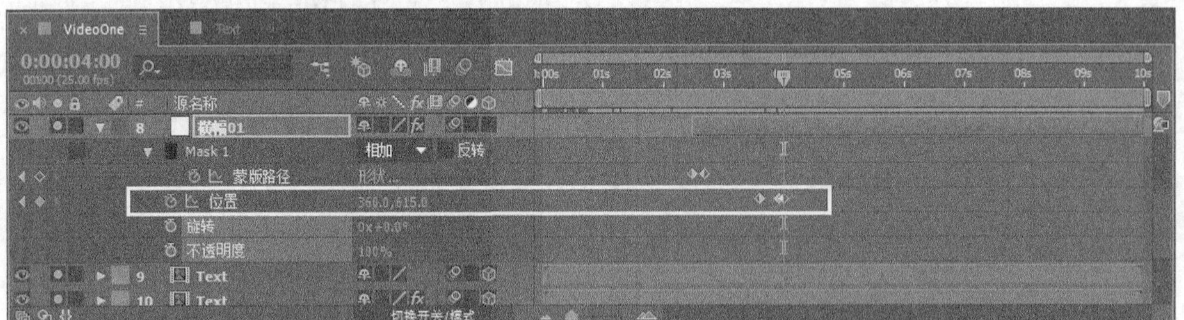

图14-115

（6）设置“横幅01”图层“旋转”的关键帧动画。在第2秒12帧处设置“旋转”为（0×-10º）；在第2秒20帧处设置“旋转”为（0×0º），如图14-116所示。

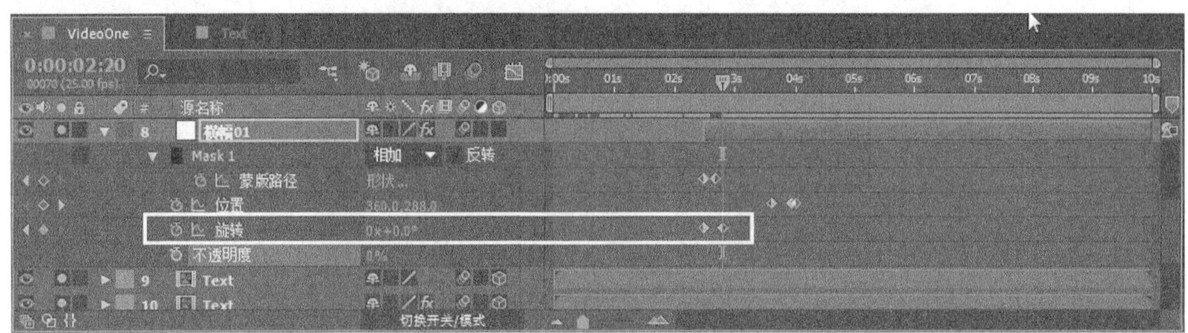

图14-116

（7）设置“横幅01”图层“不透明度”的关键帧动画。在第2秒12帧处设置“不透明度”为0%；在第2秒17帧处设置“不透明度”为100%，如图14-117所示。

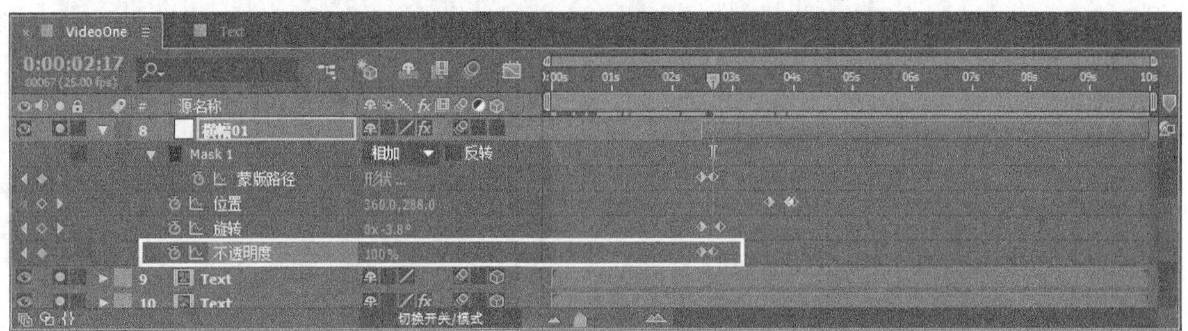

图14-117

（8）选择“横幅01”图层，取消“约束比例”功能，然后设置“缩放”为（110，100%），如图14-118所示。

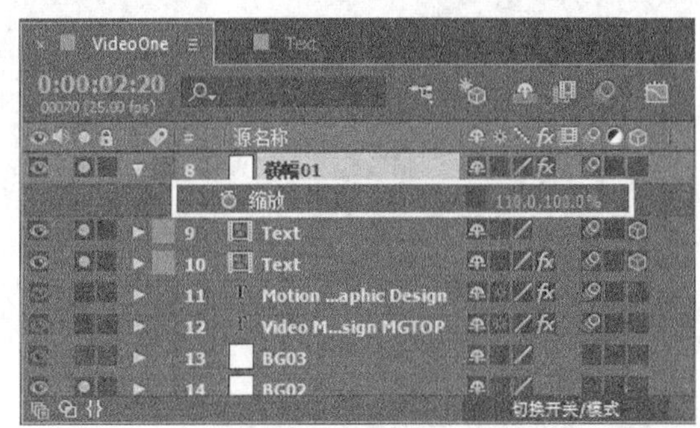

图14-118

（9）使用“文字工具” 创建文本，然后输入文字信息，如图14-119所示。接着选择文字Video，再在“字符”面板中设置字体为Arial、颜色为（R:0，G:144，B:175）、字号为65像素、字符间距为-68、垂直缩放为85%，最后激活仿粗体功能，如图14-120所示。效果如图14-121所示。

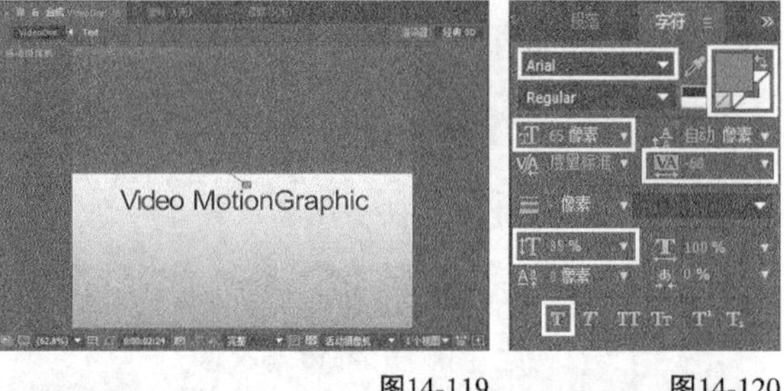

图14-119　图14-120

图14-121

（10）选择文字MotionGraphic，然后在“字符”面板中设置字体为Myriad Pro、颜色为（R:0，G:144，B:175）、字号为65像素、字符间距为-17、垂直缩放为84%，如图14-122所示。效果如图14-123所示。

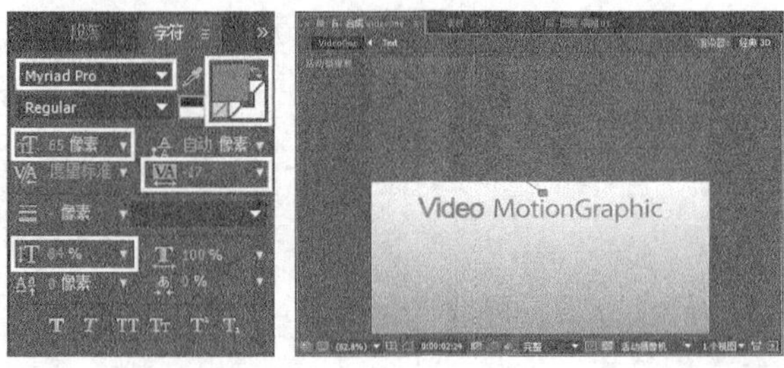

图14-122　　图14-123

（11）将文字图层的入点设置在第2秒12帧处，然后在第2秒12帧处设置“缩放”为（52，52%）、“位置”为（352，303）；在第2秒15帧处设置“缩放”为100%、“位置”为（395，318）；在第3秒15帧处设置“位置”为（395，318）、在第3秒23帧处设置“位置”为（395，603），如图14-124所示。

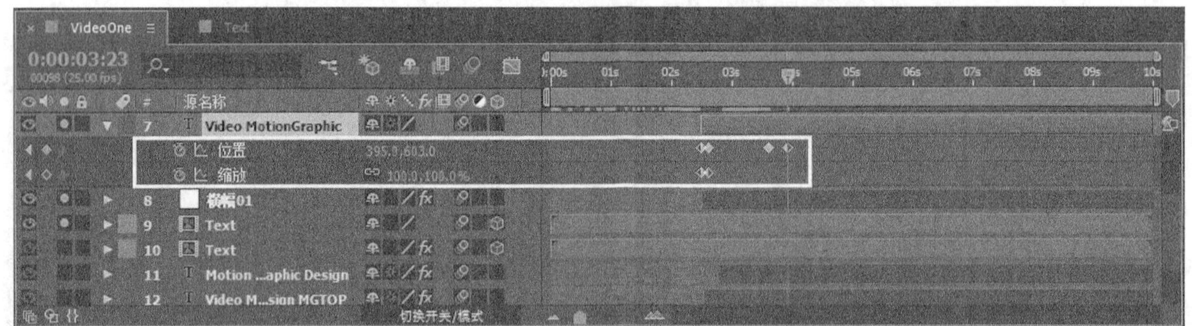

图14-124

（12）在第2秒12帧处设置“旋转”为（0×-10°）、“不透明度”为0%；在第2秒17帧处设置“不透明度”为100%；在第2秒20帧处设置“旋转”为（0×0°），如图14-125所示。效果如14-126所示。

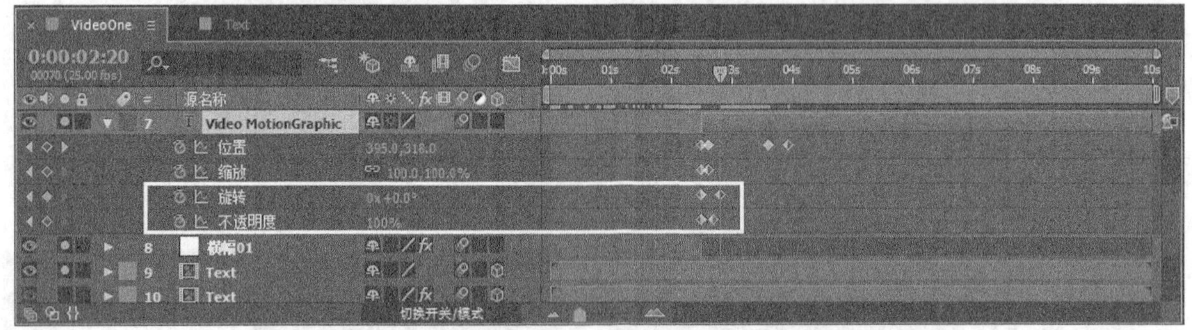

图14-125

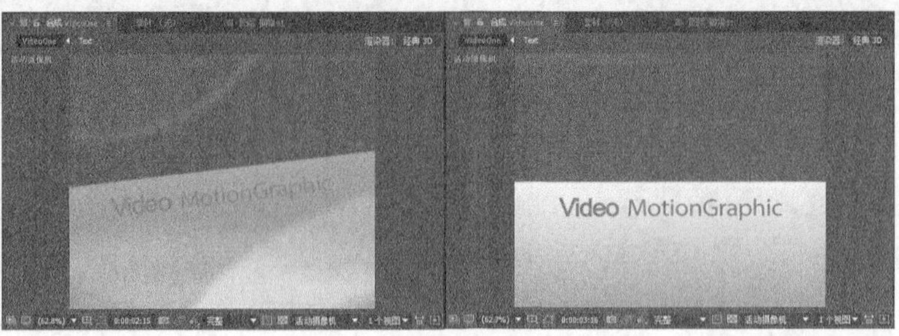

图14-126

14.3.5 修饰文字的动画制作

（1）使用“文字工具”T创建文本，然后输入文字信息，如图14-127所示。接着选择文字Video，再在“字符”面板中设置字体为Arial、颜色为（R:205，G:254，B:255）、字号为15像素、字符间距为37、垂直缩放为119%，最后激活仿粗体功能，如图14-128所示。

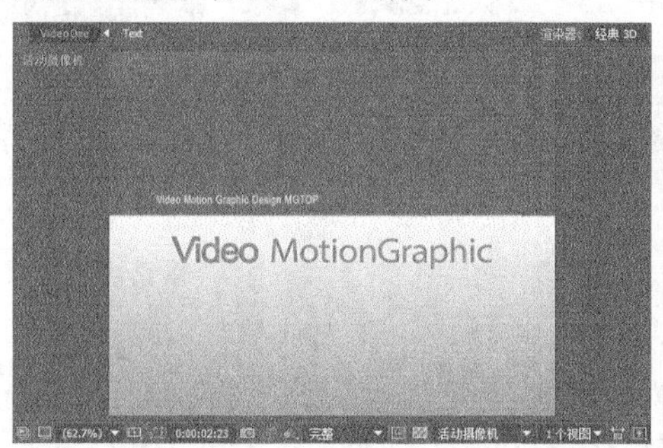

图14-127

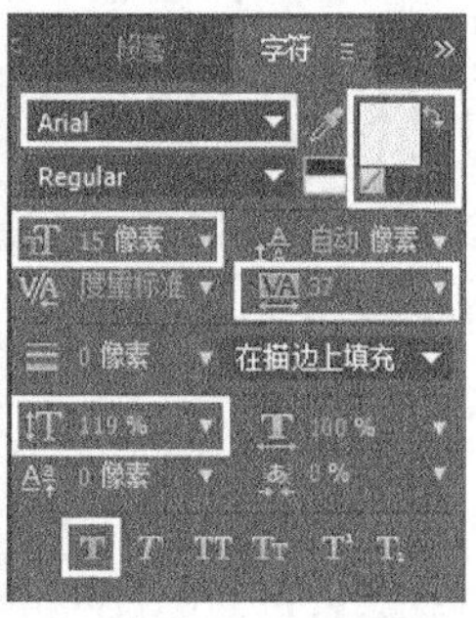

图14-128

（2）将该文字图层的入点设置在第2秒13帧处，然后在第2秒13帧处设置“位置”为(-4，240)、“不透明度”为0%；在第3秒处设置“不透明度”为90%；在第3秒21帧处设置“位置”为(-44，240)，如图14-129所示。

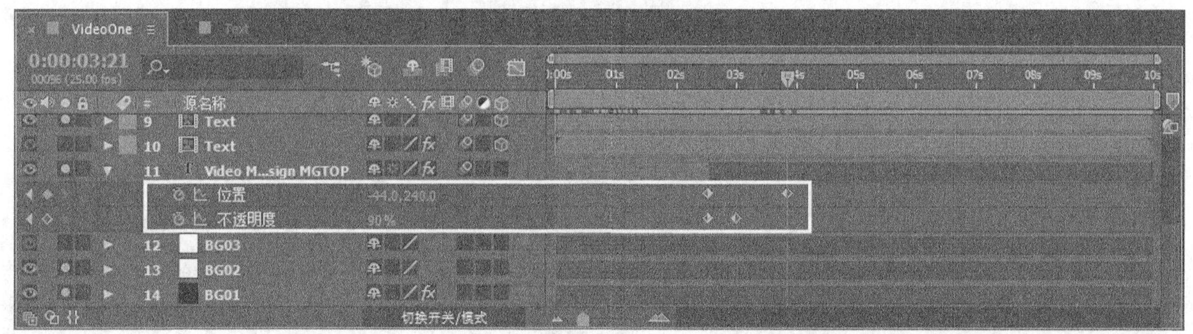

图14-129

（3）选择文字图层，执行“效果>模糊和锐化>快速模糊”菜单命令，然后在“效果控件”面板中设置“模糊度”为1.5，接着选择“重复边缘像素”选项，如图14-130所示。

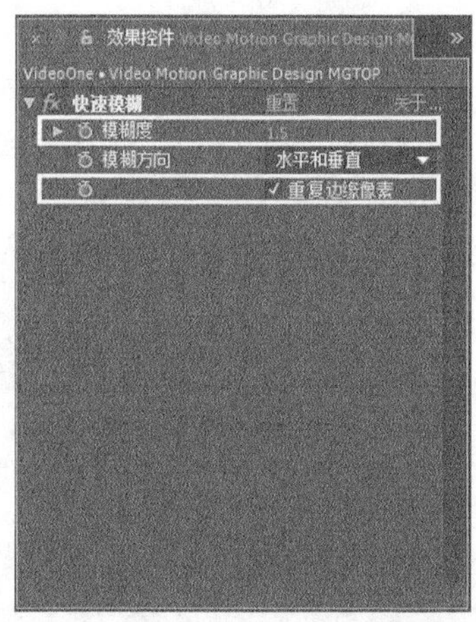

图14-130

（4）选择文字图层，执行“效果>过渡>线性擦除”菜单命令，然后在“效果控件”面板中设置“过渡完成”为100%、“擦除角度”为（0×-90°）、“羽化”为180，如图14-131所示。效果如图14-132所示。

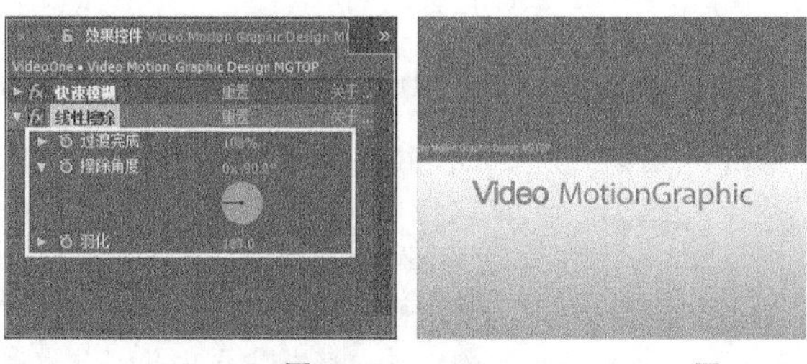

图14-131 图14-132

（5）在第2秒13帧处设置“过渡完成”为100%；在第3秒15帧处设置“过渡完成”为0%；在第3秒21帧处设置“过渡完成”为64%；在第3秒14帧处设置“擦除角度”为（0×-90°）；在第3秒15帧处“擦除角度”为（0×90°），如图14-133所示。

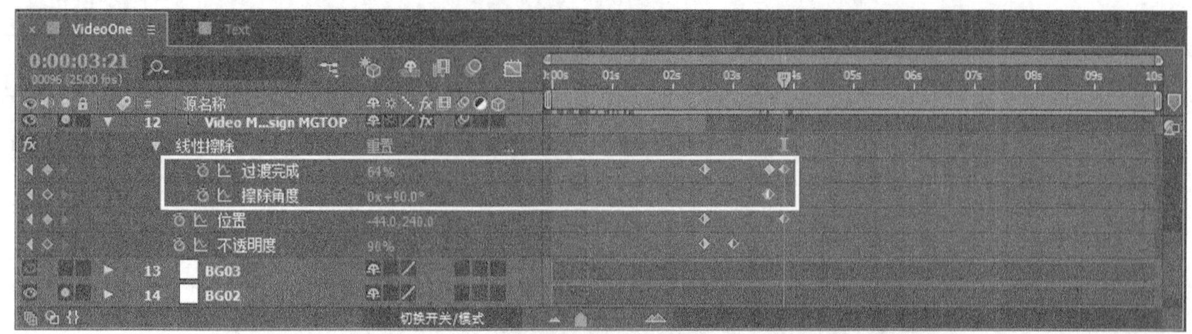

图14-133

（6）使用“文字工具”T创建文本，然后输入文字信息，接着在“字符”面板中设置字体为Arial、颜色为（R:205，G:254，B:255）、字号为10像素、字符间距为37、垂直缩放为119%，最后激活仿粗体功能，如图14-134所示。效果如图14-135所示。

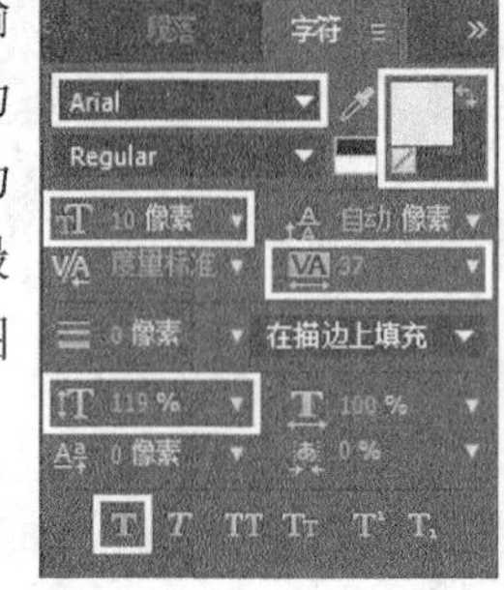

图14-134

图14-135

（7）将该文字图层的入点设置在第2秒19帧处，然后在第2秒19帧处设置“位置”为（115，253）、“不透明度”为0%；在第3秒6帧处设置“不透明度”为90%；在第3秒21帧处设置“位置”为（190，253），如图14-136所示。

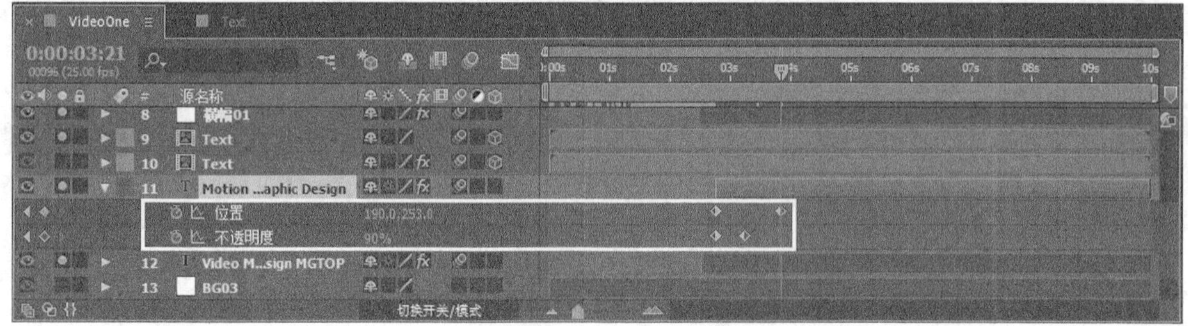

图14-136

（8）选择文字图层，执行“效果>模糊和锐化>快速模糊”菜单命令，然后在“效果控件”面板中设置“模糊度”为1.5，接着选择“重复边缘像素”选项，如图14-137所示。

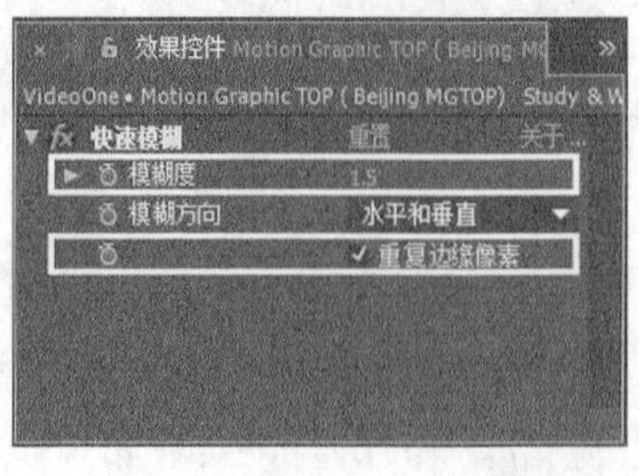

图14-137

（9）选择文字图层，执行“效果>过渡>线性擦除”菜单命令，然后在“效果控件”面板中设置“过渡完成”为100%、“擦除角度”为（0×-90°）、“羽化”为190，如图14-138所示。效果如图14-139所示。

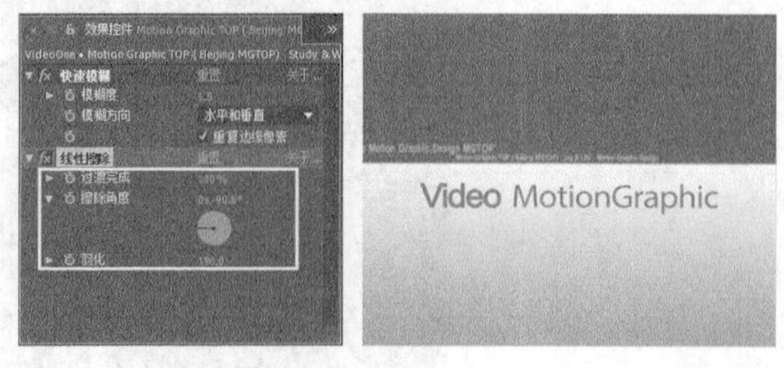

图14-138　图14-139

（10）在第2秒19帧处设置“过渡完成”为100%；在第3秒15帧处设置“过渡完成”为0%；在第3秒21帧处设置“过渡完成”为64%；在第3秒14帧处设置“擦除角度”为（0×-90°）；在第3秒15帧处“擦除角度”为（0×90°），如图14-140所示。

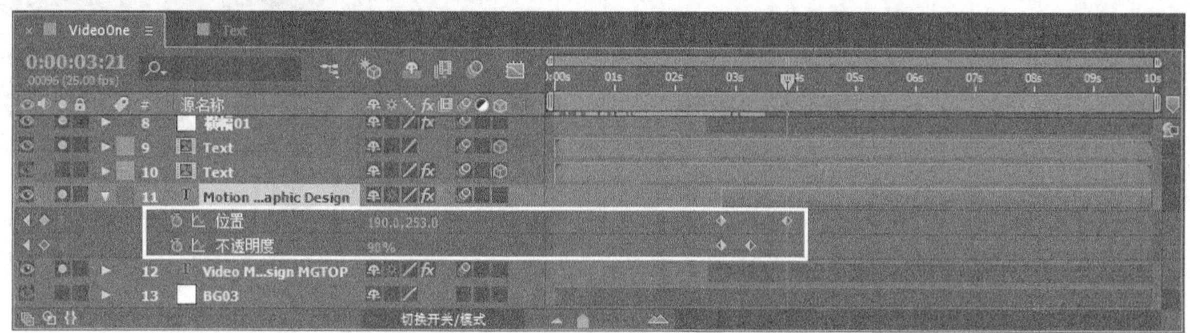

图14-140

（11）将两个文字图层移动到图层BG03的上面，如图14-141所示。画面的最终效果，如图14-142所示。

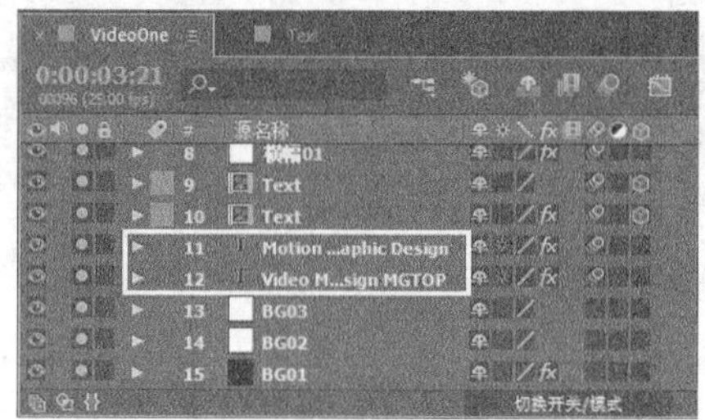

图14-141

图14-142

14.3.6 镜头二的动画制作

（1）新建一个合成，然后设置“合成名称”为C02_Text、“预设”为PAL D1/DV、“持续时间”为10秒，接着单击“确定”按钮，如图14-143所示。

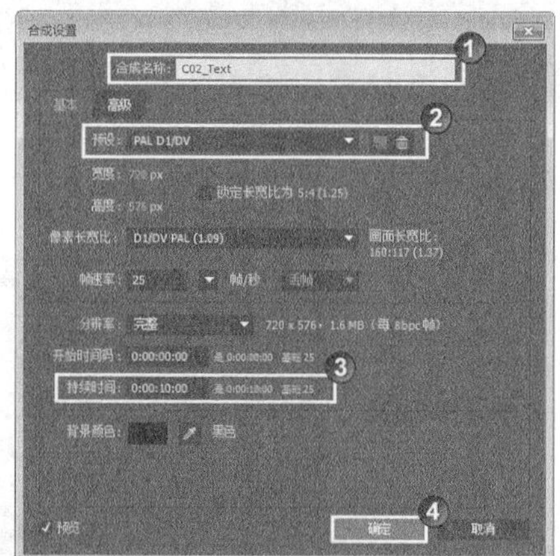

图14-143

（2）使用“文字工具”创建文本，然后输入文字信息，如图14-144所示。接着选择文字MG，再在“字符”面板中设置字体为Arial、颜色为（R:0，G:144，B:175）、字号为66像素、字符间距为37、垂直缩放为119%，最后激活仿粗体功能，如图14-145所示。

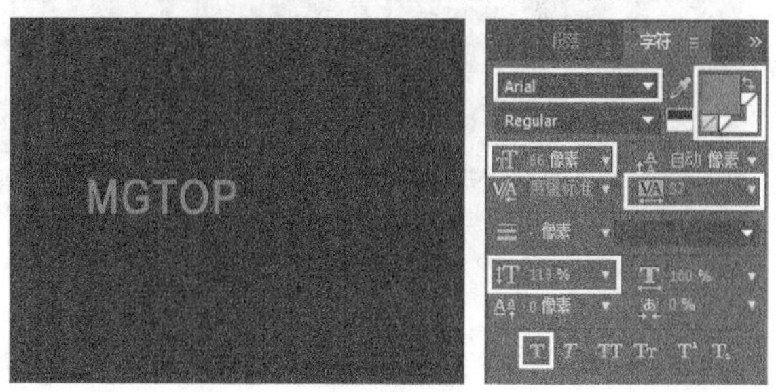

图14-144　　图14-145

（3）选择文字MG，再在“字符”面板中字符间距为37，如图14-146所示。效果如图14-147所示。

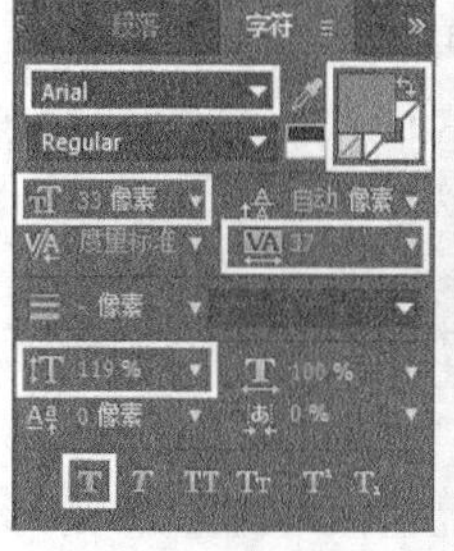

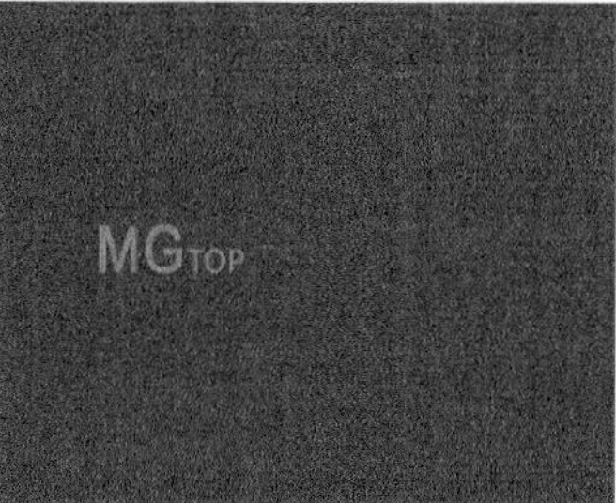

图14-146　　图14-147

（4）使用“文字工具” 创建文本，然后输入文字信息，接着在“字符”面板中设置字体为Arial、颜色为（R:211，G:226，B:229）、字号为55像素、字符间距为37、垂直缩放为119%，如图14-148所示。效果如图14-149所示。

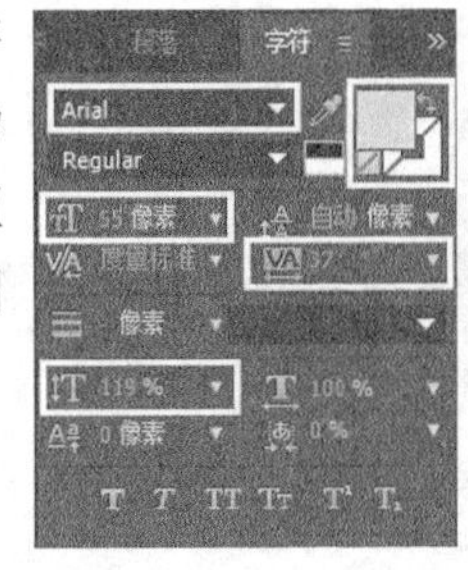
图14-148

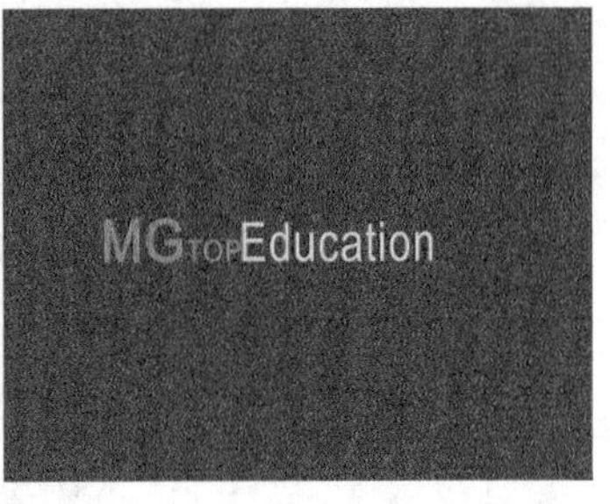

图14-149

（5）设置MGTOP文字图层的关键帧动画。在第4秒处设置“位置”为（122，-1）；在第4秒09帧处设置“位置”为（122，306）；在第5秒10帧处设置“位置”为（122，306）；在第5秒18帧处设置“位置”为（122，370），然后设置“缩放”为（100，90%），如图14-150所示。

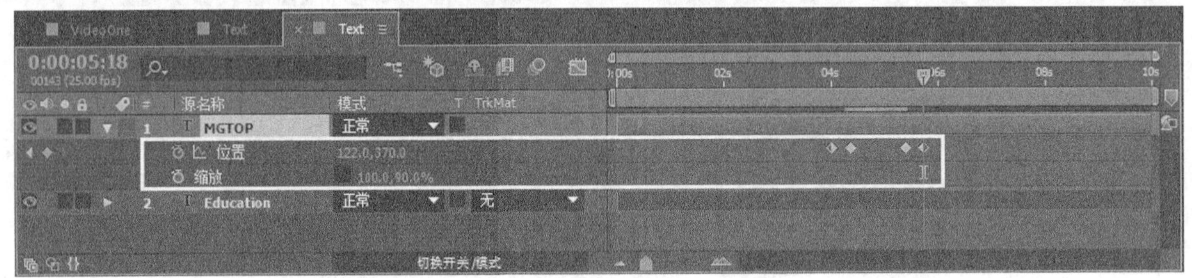
图14-150

（6）设置Education文字图层的关键帧动画。在第4秒处设置“位置”为（290，-1）；在第4秒09帧处设置“位置”为（290，306）；在第5秒13帧处设置“位置”为（290，306）；在第5秒21帧处设置“位置”为（290，374），如图14-151所示。

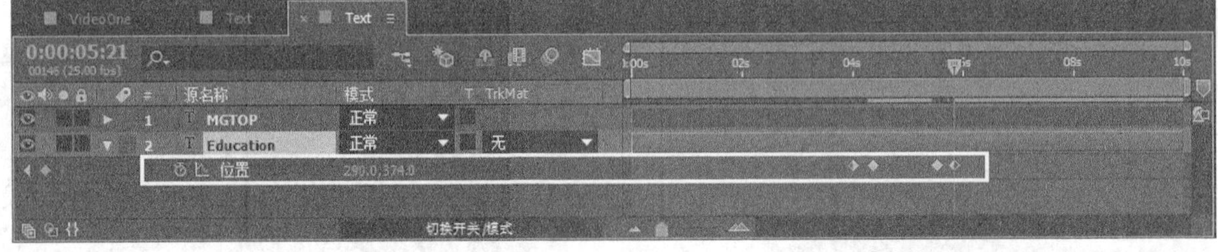
图14-151

（7）选择MGTOP和Education图层，执行按快捷键Ctrl+Shift+C进行预合成，然后在打开的对话框中设置“新合成名称”为Text，接着单击“确定”按钮，如图14-152所示。

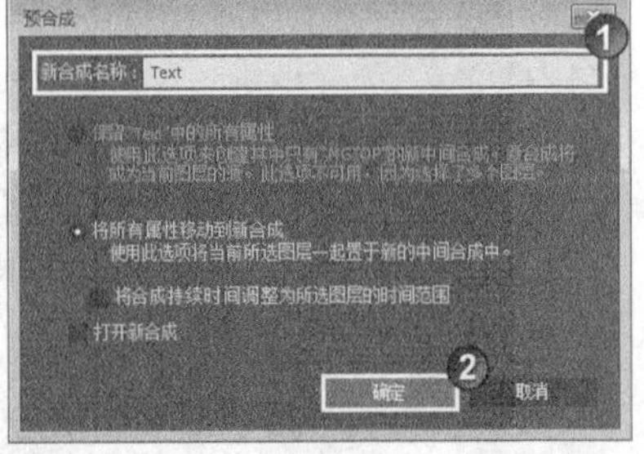
图14-152

（8）新建纯色图层，然后设置“名称”为MASK、“颜色”为白色，接着单击“确定”按钮，如图14-153所示。

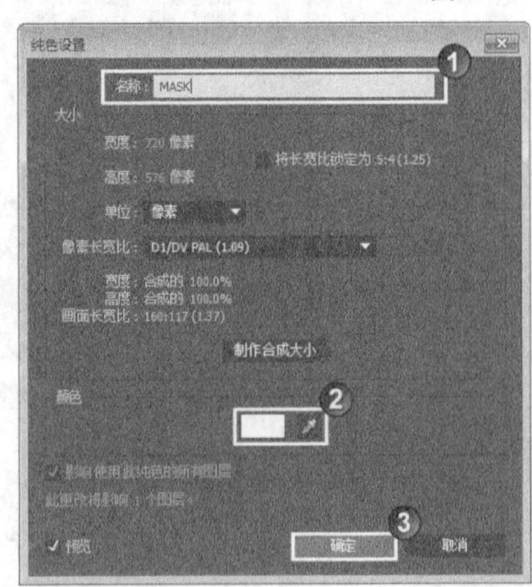
图14-153

（9）选择MASK图层，设置“位置”为（360，595），然后设置跟踪遮罩为“Alpha 反转遮罩 MASK”，如图14-154所示。效果如图14-155所示。

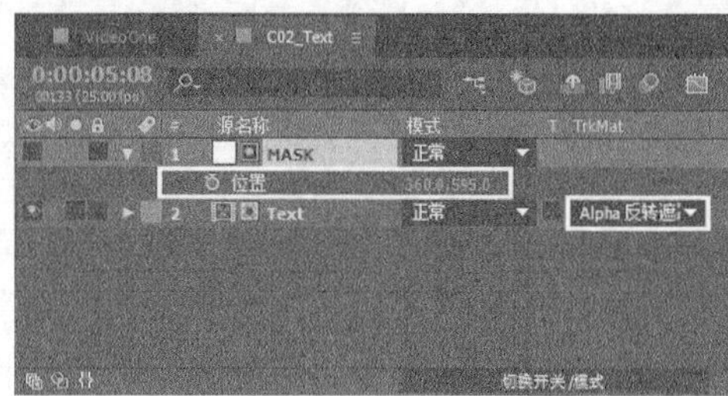

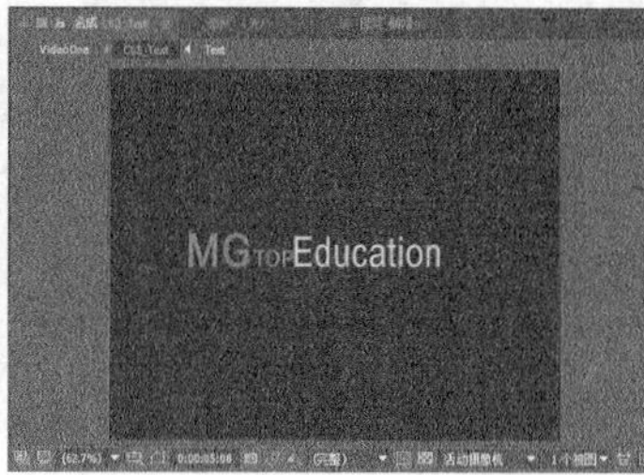

图14-154 图14-155

（10）将C02_Text合成添加到VideoOne合成中，然后设置C02_Text图层的出点时间在第9秒14帧处，如图14-156所示。

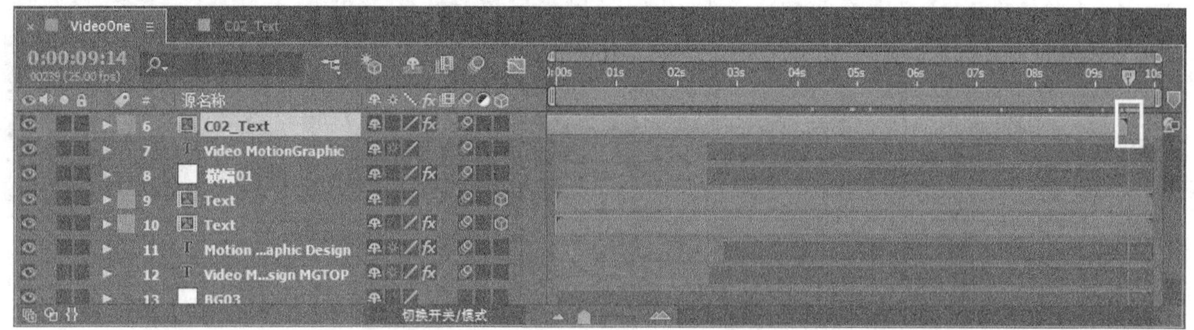

图14-156

（11）复制C02_Text图层，然后选择复制的图层，执行“效果>扭曲>镜像”菜单命令，接着在“效果控件”面板中设置“反射中心”为（362.2，367.6）、“反射角度”为（0×90°），如图14-157所示。最后在“时间轴”面板中设置“不透明度”为20%，如图14-158所示。

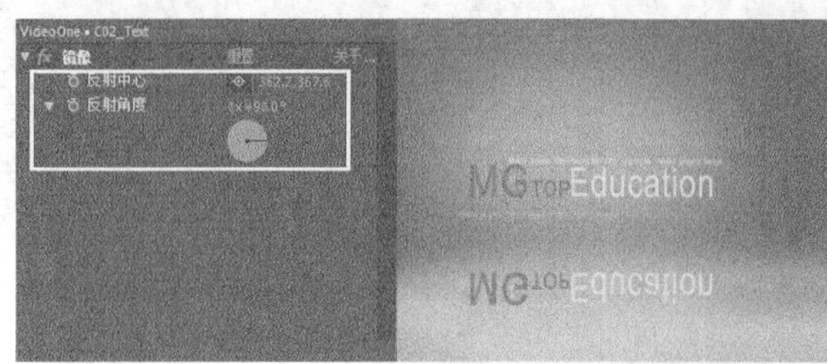

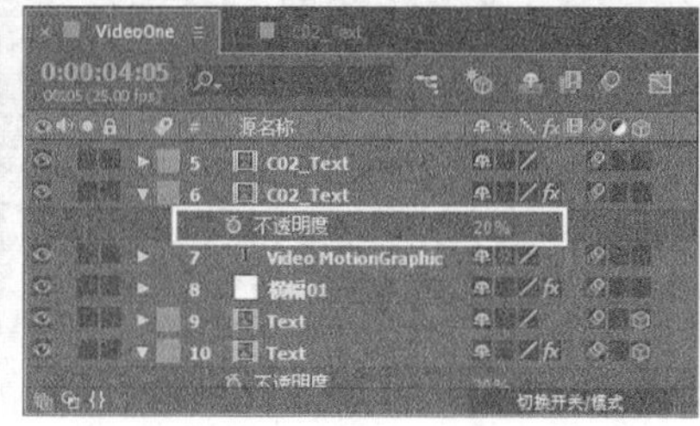

图14-157 图14-158

（12）复制“Motion... Design” 图层，然后将复制出来的图层拖曳到顶层，如图14-159所示。

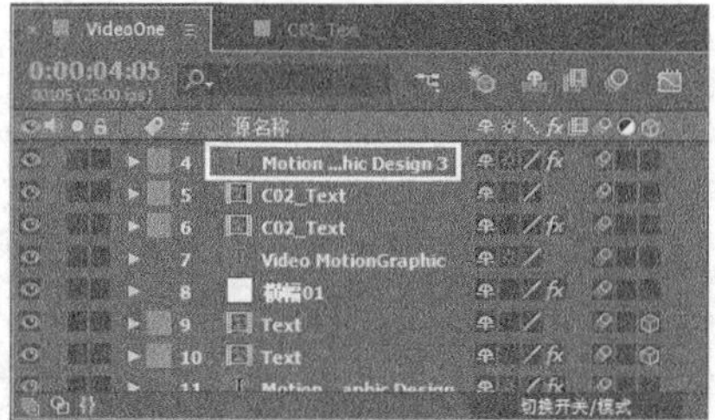

图14-159

（13）将图层的入点设置在第3秒11帧处，然后在3秒11帧处设置“位置”为（77，340）、“不透明度”为0%；在4秒23帧处设置“位置”为（136，340）、“不透明度”为100%，如图14-160所示。

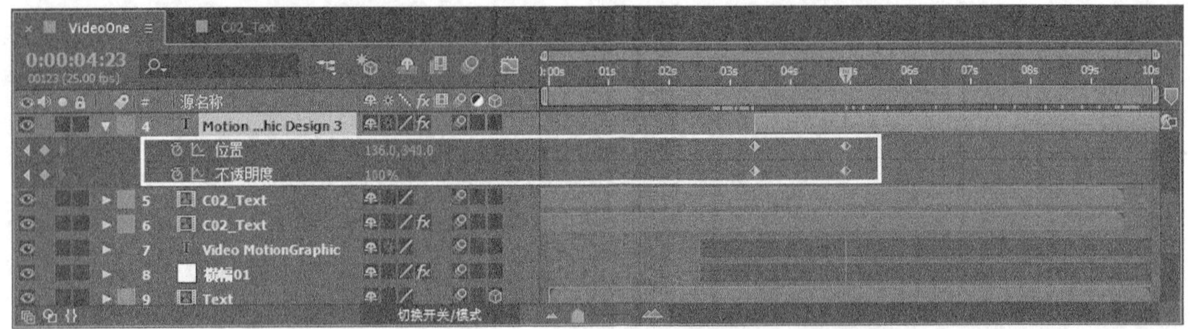

图14-160

（14）为复制图层添加“效果>过渡>线性擦除”滤镜，然后在“效果控件”面板中设置“过渡完成”为100%、“擦除角度”为（0×-90°）、“羽化”为190，如图14-161所示。接着为图层添加“效果>模糊和锐化>快速模糊”菜单命令，再在“效果控件”面板中设置“模糊度”为3，最后选择“重复边缘像素”选项，如图14-162所示。

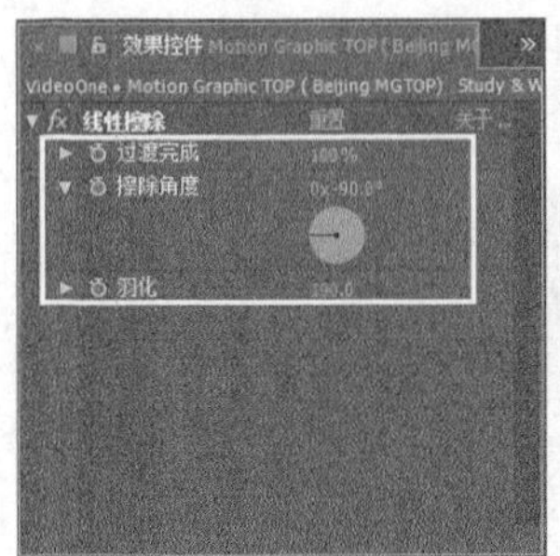

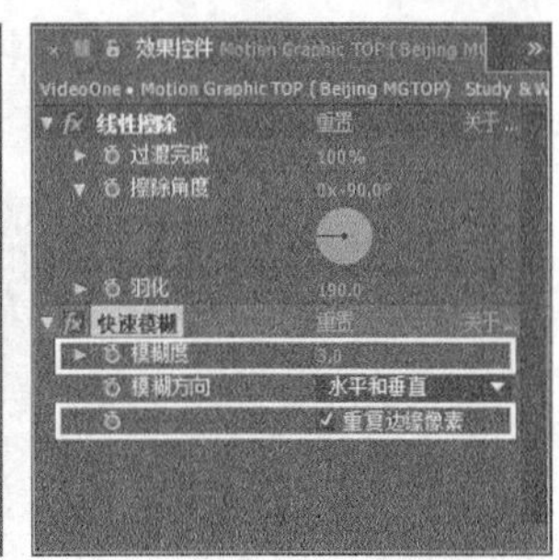

图14-161　　图14-162

（15）设置“线性擦除”滤镜的关键帧动画。在第3秒11帧处设置“过渡完成”为100%；在第4秒23帧处设置“过渡完成”为0%；在第5秒1帧处设置“过渡完成”为100%；在第4秒22帧处设置“擦除角度”为（0×-90°）；4第秒23帧处设置“擦除角度”为（0×90°），如图14-163所示。

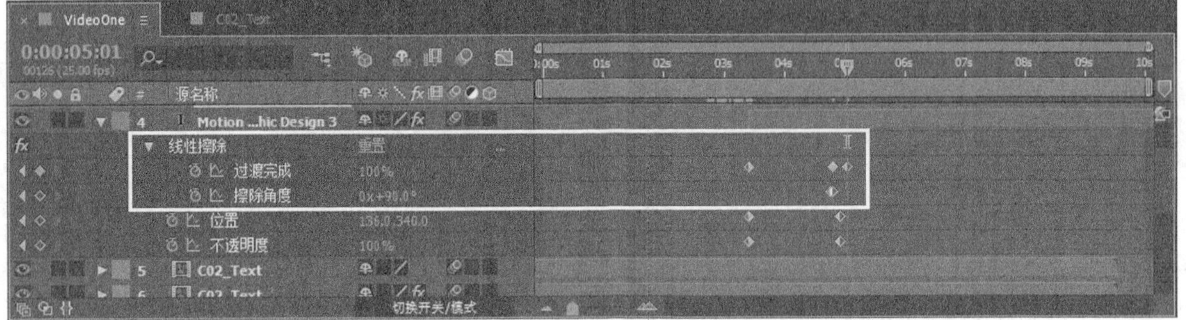

图14-163

（16）复制上一步的图层，然后在第3秒11帧处设置“位置”为（345，316）；在第4秒23帧处设置“位置”为（345，316），如图14-164所示。效果如图14-165所示。

图14-164

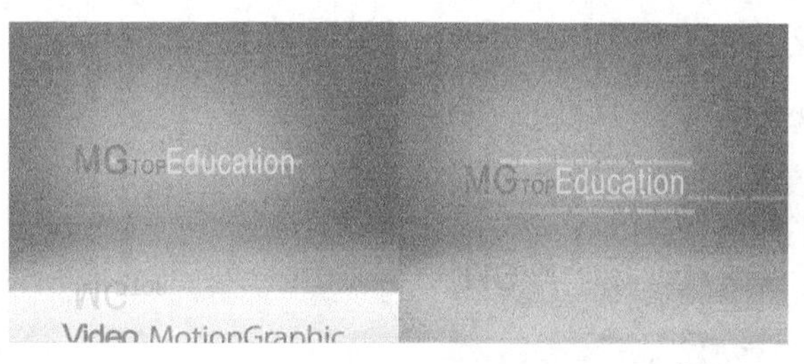

图14-165

14.3.7 定版动画制作

（1）新建一个合成，然后设置“合成名称”为Logo、“预设”为PAL D1/DV、“持续时间”为10秒，接着单击“确定”按钮，如图14-166所示。

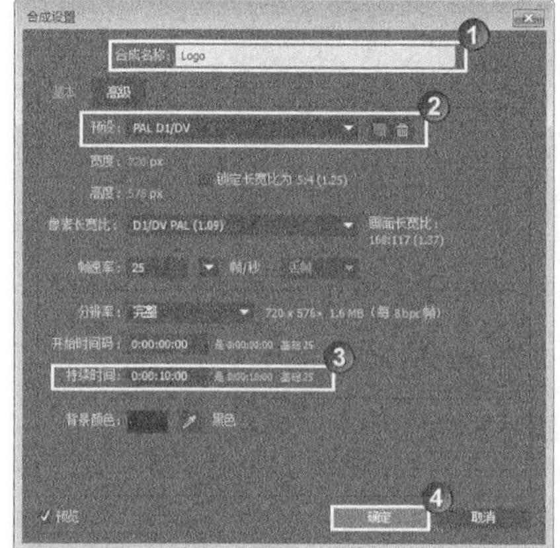

图14-166

（2）新建一个名为Color的黑色纯色图层，然后使用“钢笔工具”绘制蒙版，如图14-167所示。接着为Color图层添加“效果>生成>梯度渐变”滤镜，最后在“效果控件”面板中设置“渐变起点”为（380，118）、“起始颜色”为（R:43，G:201，B:234）、“渐变终点”为（380，432）、“结束颜色”为（R:6，G:117，B:147），如图14-168所示。

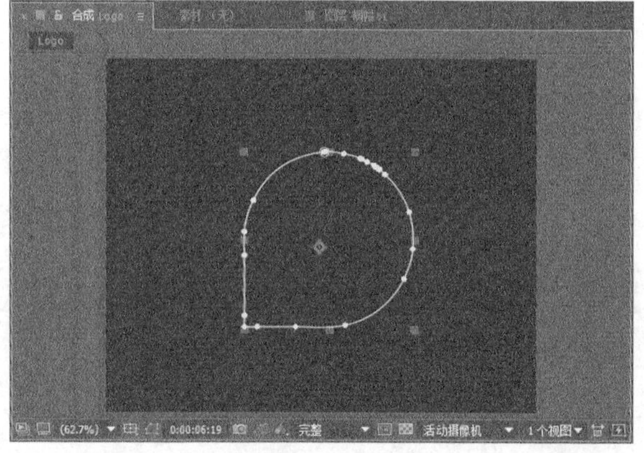

图14-167

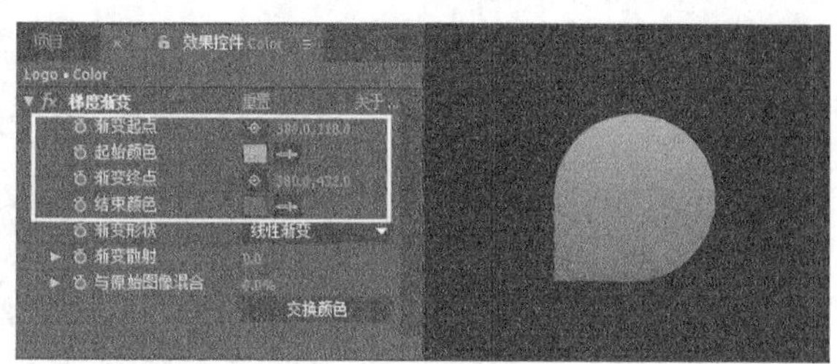

图14-168

（3）新建一个名为1的黑色纯色图层，然后使用“钢笔工具” 绘制蒙版。接着为Color图层添加“效果>生成>梯度渐变”滤镜，最后在“效果控件”面板中设置“渐变起点”为（100，0）、“起始颜色”为白色、“渐变终点”为（100，300）、“结束颜色”为（R:170，G:170，B:170），如图14-169所示。

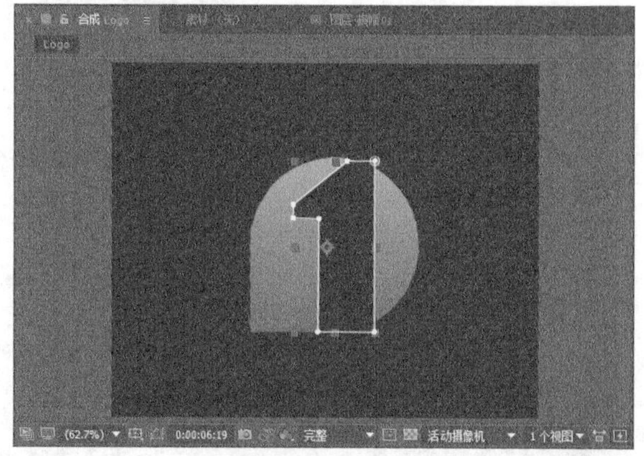

图14-169

（4）选择1图层，执行“效果>生成>梯度渐变”菜单命令，然后在“效果控件”面板中设置“渐变起点”为（100，0）、“起始颜色”为（R:255，G:255，B:255）、“渐变终点”为（100，300）、“结束颜色”为（R:170，G:170，B:170），如图14-170所示。

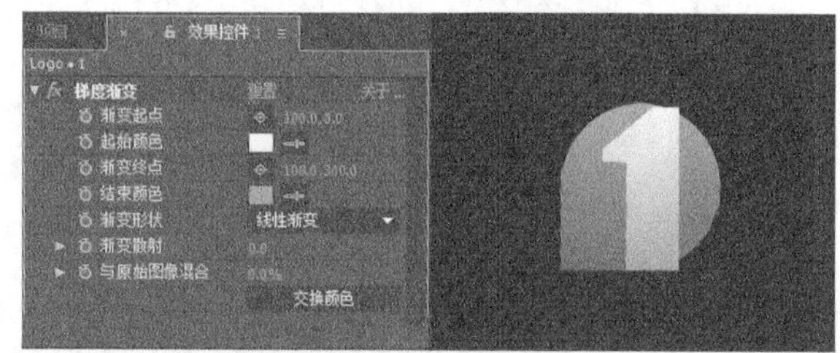

图14-170

（5）复制Color图层，然后移至顶层，接着将图层1的跟踪遮罩设置为“Alpha 遮罩 Color”，如图14-171所示。

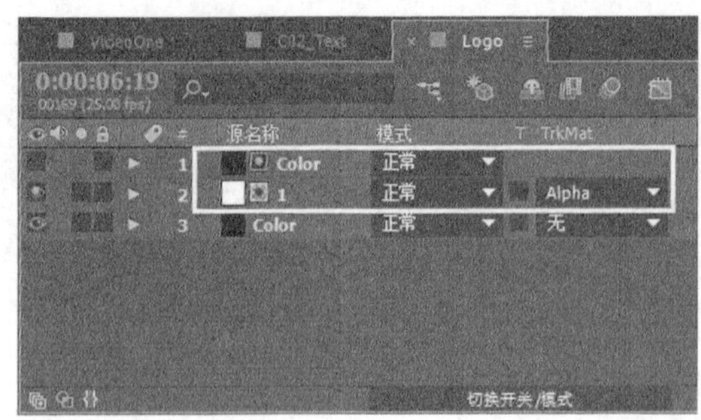

图14-171

(6) 将Logo合成添加到VideoOne合成中，然后将Logo图层的入点设置在第5秒处，接着使用“钢笔工具”绘制蒙版，如图14-172所示。最后在“时间轴”面板中设置“蒙版羽化”为(128，128 像素)，如图14-173所示。

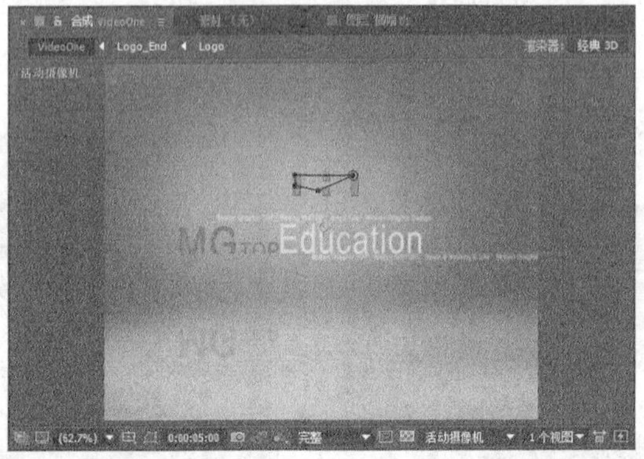

图14-172

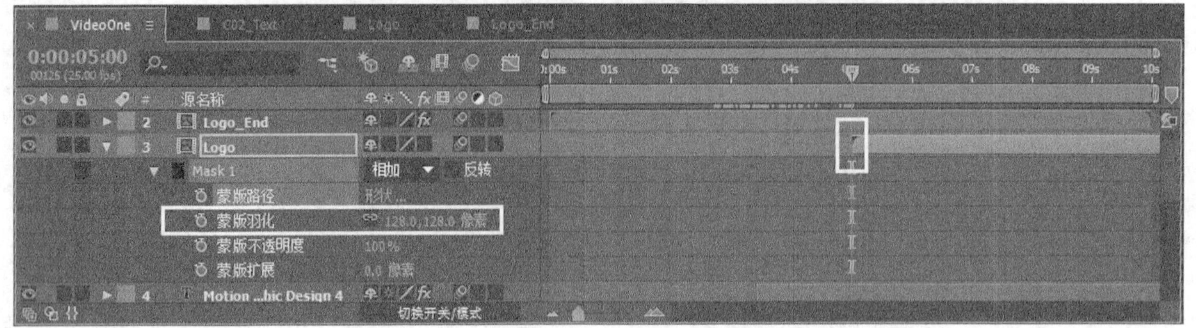

图14-173

(7) 分别在第5秒、第5秒11帧、第5秒16帧和第6秒5帧处设置“蒙版路径”的关键帧动画，如图14-174~图14-177所示。

图14-174

图14-175

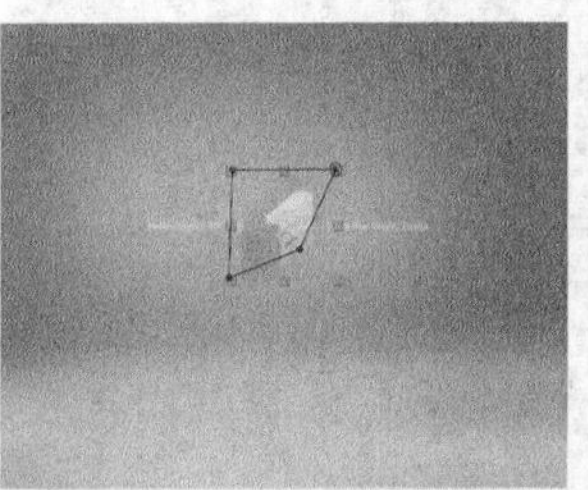

图14-176

图14-177

(8) 选择Logo图层，在第5秒处设置“不透明度”为0、“缩放”为(42，42%)；在第6秒8帧处设置“不透明度”为100%；在第10秒处设置“缩放”为(45，45%)，如图14-178所示。

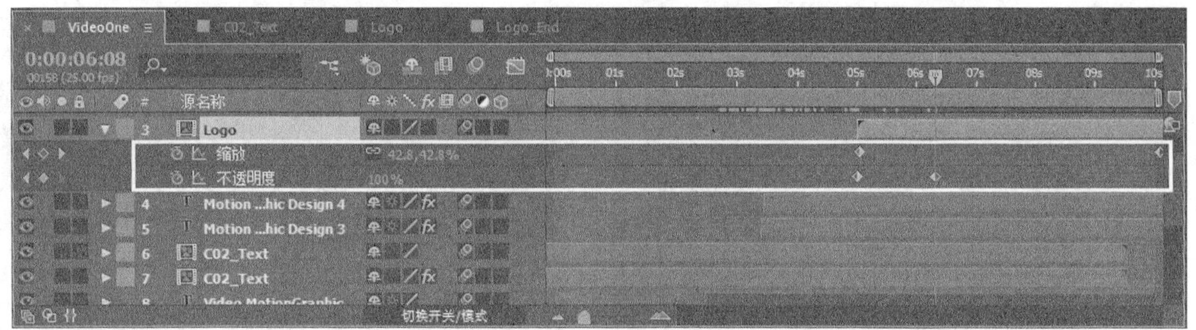

图14-178

（9）选择Logo图层，执行“效果>透视>斜面Alpha”菜单命令，接着在“效果控件”面板中设置“灯光强度”为0.3，如图14-179所示。

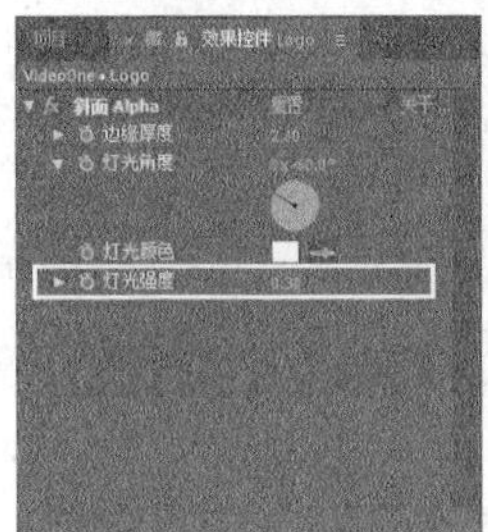

图14-179

（10）使用“文字工具”创建文本，然后输入文字信息，接着在“字符”面板中设置字体为Arial、颜色为（R:1，G:108，B:131）、字号为25像素，最后激活“仿粗体”功能，如图14-180所示。效果如图14-181所示。

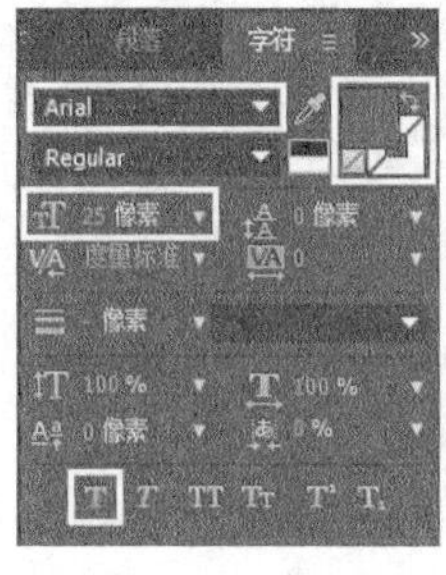

图14-180

图14-181

（11）将VideoOne图层的入点设置在第5秒18帧处，然后在第5秒18帧处设置“缩放”为（100，95%）、“不透明度”为0%；在第6秒9帧处设置“不透明度”为8%，在第6秒23帧处设置“不透明度”为100%；在第9秒24帧处设置“缩放”为（105，95%），如图14-182所示。

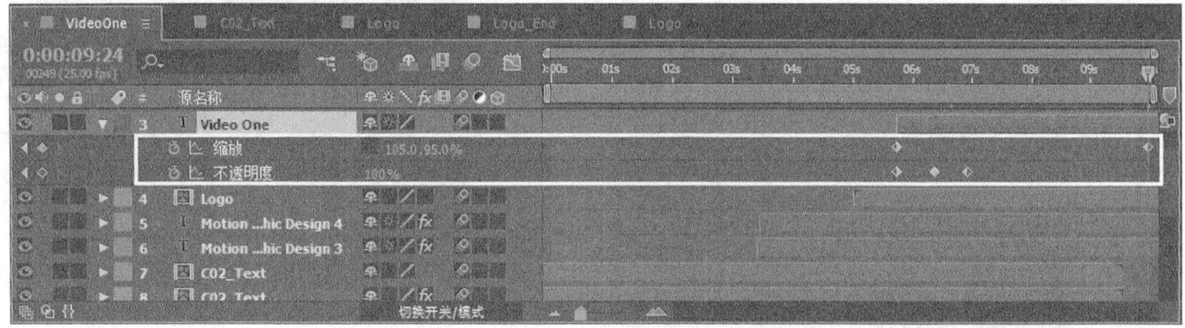

图14-182

（12）选择VideoOne图层，然后使用“矩形工具”绘制蒙版，如图14-183所示。接着在“时间轴”面板中设置“蒙版羽化”为（19，19 像素）、“蒙版不透明度”为85%、“蒙版扩展”为10 像素，如图14-184所示。

图14-183

图14-184

（13）在第6秒14帧和第6秒22帧处分别设置“蒙版路径”的动画关键帧，如图14-185和图14-186所示。

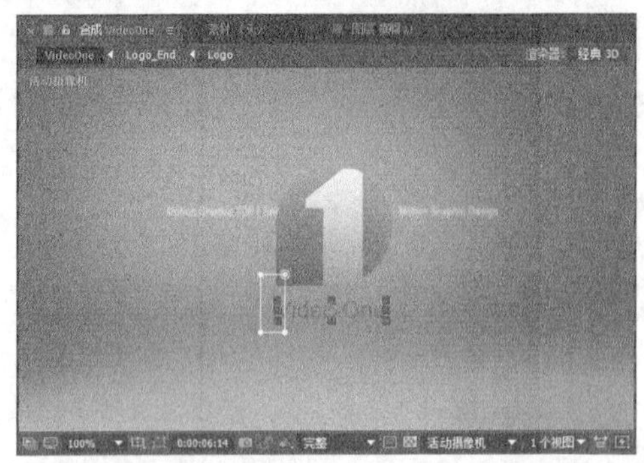
图14-185

图14-186

（14）选择Logo和VideoOne图层，按快捷键Ctrl+Shift+C进行预合成，然后在打开的对话框中设置“新合成名称”为Logo_End，接着单击“确定”按钮，如图14-187所示。

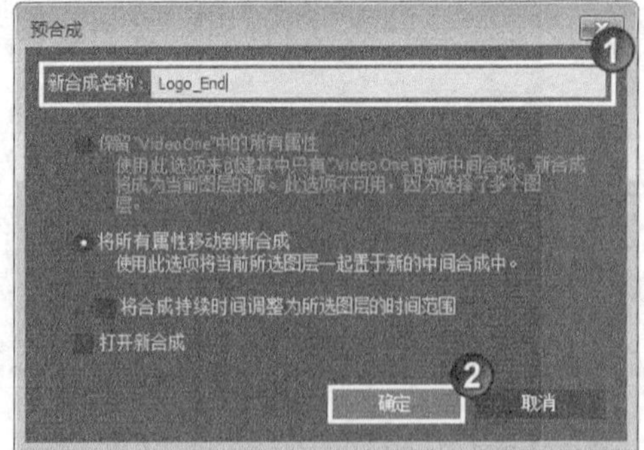

图14-187

（15）复制Logo_End图层，然后选择复制后的图层，接着执行“效果>扭曲>镜像”菜单命令，再在“效果控件”面板中设置“反射中心”为（362.2，367.6）、“反射角度”为（0×90°），如图14-188所示。最后在“时间轴”面板中设置“不透明度”为20%，如图14-189所示。

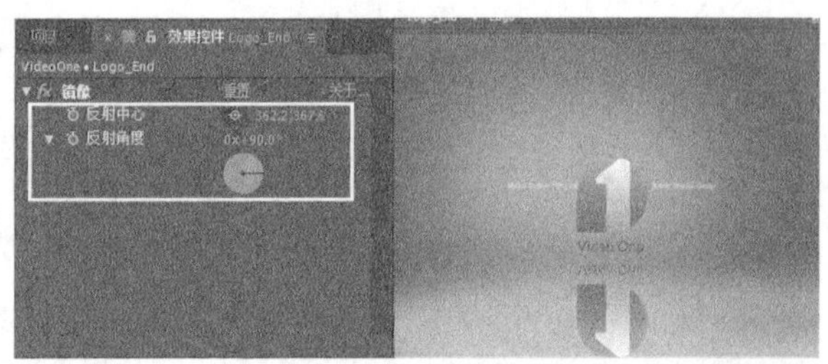
图14-188

图14-189

（16）激活除背景以外的所有图层的“运动模糊”功能，如图14-190所示。最终效果如图14-191所示。

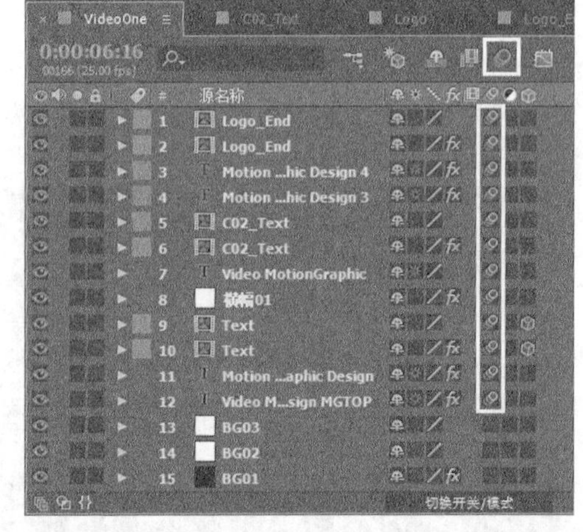

图14-190

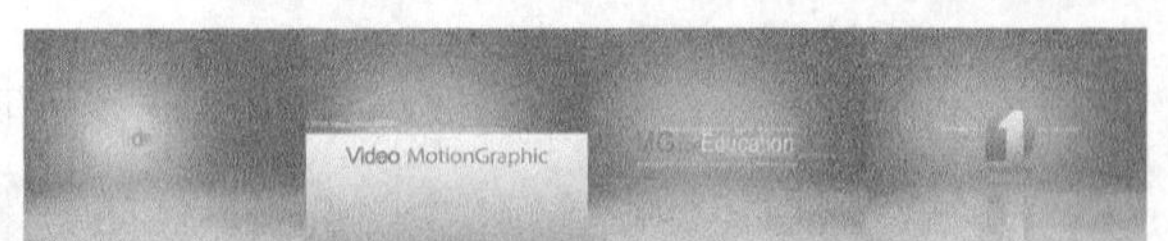

图14-191